# Studienbücher Chemie

**Reihe herausgegeben von**
Jürgen Heck, Hamburg, Deutschland
Burkhard König, Regensburg, Deutschland
Roland Winter, Dortmund, Deutschland

Die „Studienbücher Chemie" sollen in Form einzelner Bausteine grundlegende und weiterführende Themen aus allen Gebieten der Chemie abdecken. Sie streben nicht unbedingt die Breite eines umfassenden Lehrbuchs oder einer umfangreichen Monographie an, sondern sollen Studierende der Chemie – durch ihren Praxisbezug aber auch bereits im Berufsleben stehende Chemiker – kompakt und dennoch kompetent in aktuelle und sich in rascher Entwicklung befindende Gebiete der Chemie einführen. Die Bücher sind zum Gebrauch neben der Vorlesung, aber auch anstelle von Vorlesungen geeignet. Es wird angestrebt, im Laufe der Zeit alle Bereiche der Chemie in derartigen Texten vorzustellen. Die Reihe richtet sich auch an Studierende anderer Naturwissenschaften, die an einer exemplarischen Darstellung der Chemie interessiert sind.

Weitere Bände in der Reihe http://www.springer.com/series/12700

Rudi Hutterer

# Fit in Anorganik

Das Prüfungstraining für alle
Naturwissenschaftler und Mediziner

## 4. Auflage

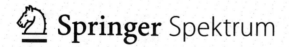

Rudi Hutterer
Institut für Analytische Chemie
Universität Regensburg
Regensburg, Deutschland

ISSN 2627-2970          ISSN 2627-2989   (electronic)
Studienbücher Chemie
ISBN 978-3-658-30485-0          ISBN 978-3-658-30486-7   (eBook)
https://doi.org/10.1007/978-3-658-30486-7

Die Deutsche Nationalbibliothek verzeichnet diese Publikation in der Deutschen Nationalbibliografie; detaillierte bibliografische Daten sind im Internet über http://dnb.d-nb.de abrufbar.

Planung/Lektorat: Désirée Claus
Springer Spektrum ist ein Imprint der eingetragenen Gesellschaft Springer Fachmedien Wiesbaden GmbH und ist ein Teil von Springer Nature.
Die Anschrift der Gesellschaft ist: Abraham-Lincoln-Str. 46, 65189 Wiesbaden, Germany

# Vorwort

Das Lernen allein genügt nicht,
Hinzukommen müssen Übung und Gewöhnung.

Epiktet

„Was empfehlen Sie mir als Vorbereitung für die Klausur – gibt es ein empfehlenswertes Übungsbuch?"

Mit dieser Frage wurde ich immer wieder konfrontiert, seit ich hier in Regensburg Studenten der Medizin, der Zahnmedizin und der molekularen Medizin auf dem Weg durch zwei Semester Chemie begleite. Und in der Tat, Aufgaben mit medizinischem Hintergrund, chemischer Denksport also, mit dem Anspruch, Gelerntes nicht nur zu reproduzieren sondern anzuwenden, mit ausführlich diskutierten Lösungen, schienen Mangelware zu sein.

Den Anfang machte eine Aufgabensammlung zur organischen Chemie mit dem Titel „Fit in Organik", erschienen im Jahr 2006. Die positive Resonanz von Seiten der Studierenden motivierte, auch für die allgemeine und anorganische Chemie sowie die Biochemie ein derartiges Werk zusammenzustellen.

Erneut ist der Titel „Fit in Anorganik" zugleich Programm: Fitness erfordert fleißiges Training – nicht das Reproduzieren von Fakten ist gefragt, sondern aktives Lösen von Problemen. Viel zu viel wird im Medizinstudium nur auswendig gelernt, zuwenig problemorientiertes Denken verlangt und gefördert. Die Chemie ist für die Medizin nur eine Hilfswissenschaft. Umso mehr scheint es geboten, anhand möglichst praxisrelevanter Beispiele – was zugegebenermaßen in der anorganischen Chemie nicht ganz so leicht fällt, wie in der organischen Chemie oder der Biochemie – zu zeigen, warum auch die allgemeine und anorganische Chemie für den angehenden Mediziner, Zahnmediziner, molekularen Mediziner oder Biologen eine wichtige Rolle spielt.

Die nun vorliegende 4. Auflage wurde komplett neu überarbeitet und enthält zahlreiche neue Aufgaben. Diese orientieren sich an den vom Gegenstandskatalog (GK) vorgegebenen Inhalten und behandeln das typische grundlegende Handwerkszeug: Periodensystem und chemische Bindung, chemische Gleichgewichte, Säure-Base-Chemie und Titration, Redoxchemie, schwer lösliche Salze, Komplexe, Photometrie stellen den überwiegenden Teil der Aufgaben, aber auch andere wichtige Phänomene, wie z. B. VSEPR-Modell, Isotope, Elementaranalyse, Reaktionskinetik, Dialyse oder Osmose wurden berücksichtigt. Einige Aufgaben übersteigen dabei sicherlich das für die Mediziner und Zahnmediziner zugrundezulegende Niveau, bieten aber für Studierende der Chemie und Biologie in den ersten Semestern eine nützliche Spielwiese, denn auch hier gilt:

Übung macht den Meister!

Wie in den früheren Auflagen enthält Kapitel 1 Aufgaben vom Multiple Choice-Typus, wie sie im Physikum vorgelegt werden. Der zugehörige Lösungsteil diskutiert jede einzelne Antwortmöglichkeit, so dass der Studierende exakt nachvollziehen kann, warum eine einzelne Antwort richtig oder falsch ist. So werden einzelne Sachverhalte immer wieder wiederholt, prägen sich ins Gedächtnis ein und stehen für die Lösung ähnlicher Aufgaben zur Verfügung.

Kapitel 2 ist ähnlich gestaltet, nur handelt es sich hier um Multiple Choice-Aufgaben, bei denen jeweils mehrere Antworten als richtig bzw. falsch zu identifizieren sind. Durch die nicht bekannte Anzahl richtiger Antworten ist es hier erforderlich, jede Antwortalternative genau zu prüfen.

Die freien Aufgaben sind – zum Teil neu – nach Themengebieten (Kapitel 3–12) sortiert, so dass es leichter fällt, jeweils zu einem Stoffgebiet der Lehrveranstaltung passende Aufgaben zu finden. Gefordert werden hier (stöchiometrische) Berechnungen, Erklärungen, Strukturformeln und v. a. die Formulierung von Reaktionsgleichungen für Säure-Base-, Redox-, Fällungs- und Komplexbildungsreaktionen. Nicht immer war eine eindeutige Zuordnung möglich; insbesondere das 12. Kapitel enthält daher einige themenübergreifende Aufgaben zusammen mit z.T. etwas ausführlicher gehaltenen Hintergrundinformationen zum Gegenstand der Aufgabe.

In den Lösungen wird Wert darauf gelegt, die Antworten so verständlich wie möglich zu gestalten. Neben meist ausführlichen Begründungen spielt der Einsatz von Farbe, insbesondere bei Redoxgleichungen und Strukturformeln zur Kennzeichnung von Ladungen, eine wichtige Rolle bei der Veranschaulichung von Reaktionsabläufen.

Komplett neu in dieser Auflage sind die „Werkzeugkästen": So wurden zu Beginn jedes Kapitels die wichtigsten Begriffe und benötigten Gleichungen in knapper Form zusammengestellt, so dass ein rascher Zugriff auf das Wichtigste zur Lösung der Aufgaben erforderliche Handwerkzeug gegeben ist. Diese „Toolbox" kann natürlich eine Vorlesung / ein Lehrbuch nicht ersetzen, sollte aber für eine kurze Wiederholung nützlich sein.

Ich hoffe, dass es Ihnen mit diesem Buch besser gelingt, sich auf Prüfungssituationen vorzubereiten, und Sie zugleich etwas Spaß am Problemlösen entwickeln.

Mein Dank gilt allen Studierenden, die durch ihre Fragen und Anregungen mithelfen, die Lehre weiter zu verbessern und mich auf Fehler aufmerksam gemacht haben, sowie dem Verlag Springer Spektrum für die Realisierung.

Regensburg, im Juni 2020                              Rudi Hutterer

# Inhalt

**Hinweise zur Benutzung**

# Hinweise zur Benutzung

**Folgende Symbole und Farbcodes werden benutzt:**

In Redoxgleichungen / Strukturformeln:

$\Delta$      Erhitzen (höhere Temperatur)

rot:     Elektronen; negative Ladungen; freie Elektronenpaare

blau:    Protonen; positive Ladungen

($s$)      Feststoff; schwer lösliche Verbindung

($aq$)    Verbindung oder Ionen, die in wässriger Lösung hydratisiert vorliegen

($l$)       flüssige Verbindung

($g$)      gasförmige Verbindung

Hinweis: Diese Symbole werden nicht in allen Reaktionen verwendet, sondern nur, wo dies zur Verdeutlichung des Reaktionsablaufs angebracht schien.

In Berechnungen:

[ ]    normierte Konzentrationen, die mathematisch korrekt logarithmiert werden können

# Abkürzungen:

WK      Werkzeugkasten

PSE     Periodensystem der Elemente

ÄP      Äquivalenzpunkt

HÄP    Halbäquivalenzpunkt

EN      Elektronegativität

EA      Elektronenaffinität

HG      Hauptgruppe

KoZ     Koordinationszahl

# Icons:

Die Icons in den Werkzeugkästen wurden von monkik bei www.flaticon.com angefertigt.

# Der Weg....

Anpacken

Scheitern

Weitermachen

Besser scheitern

⋮

Ankommen

# Kapitel 1

# Multiple-Choice-Aufgaben (Einfachauswahl)

## Aufgabe 1

Welche Aussage zum Periodensystem der Elemente trifft nicht zu?

(A)  In einer Periode sind jeweils chemisch verwandte Elemente zusammengefasst.

(B)  Die Elemente sind ausnahmslos nach steigender Kernladungszahl geordnet.

(C)  Innerhalb der Nebengruppen werden von einem Element zum nächsten innere Elektronenschalen aufgefüllt.

(D)  Insgesamt finden sich im Periodensystem mehr Metalle als Nichtmetalle.

(E)  Die biochemisch wichtigen Hauptgruppenelemente C, O und S befinden sich in der zweiten und dritten Periode.

(F)  Von einigen stabilen Elementen existieren auch radioaktive Isotope, die z. T. medizinische Verwendung finden.

## Aufgabe 2

Welche Aussage über Atome in ihrem neutralen Zustand trifft generell zu?

(A)  Neutrale Atome kommen niemals in freier Form vor, sondern stets entweder als Ionen gebunden in einem Kristallgitter oder verbunden durch kovalente Bindungen mit anderen Atomen.

(B)  Die Differenz aus Protonen und Neutronenzahl ist gleich der Zahl der Elektronen.

(C)  Die Summe der Zahl der Protonen und der Neutronen ist gleich der Zahl der Elektronen.

(D)  Die Zahl der Neutronen ist gleich der Zahl der Elektronen.

(E)  Die Zahl der Neutronen ist gleich der Zahl der Protonen.

(F)  Die Zahl der Elektronen entspricht der Ordnungszahl des Elements im PSE.

## Aufgabe 3

Welche der folgenden Aussagen zu Orbitalen und ihren Energien ist richtig?

(A)  Orbitale mit gleicher Hauptquantenzahl sind entartet.

(B)  Innerhalb einer Periode sinken die Orbitalenergien mit zunehmender Ordnungszahl.

© Springer Fachmedien Wiesbaden GmbH, ein Teil von Springer Nature 2020
R. Hutterer, *Fit in Anorganik*, Studienbücher Chemie,
https://doi.org/10.1007/978-3-658-30486-7_1

(C)  Nach der Hund'schen Regel werden energiegleiche Orbitale stets mit zwei Elektronen gefüllt, bevor ein neues leeres Orbital besetzt wird.

(D)  Die Elektronegativität nimmt innerhalb einer Periode von links nach rechts ab.

(E)  In einem oktaedrischen Metallkomplex sind zwei der d-Orbitale gegenüber dem isolierten Metallion abgesenkt, die übrigen drei sind energetisch angehoben.

(F)  Die Energie eines Orbitals mit einer höheren Hauptquantenzahl ($n + 1$) ist stets höher als ein Orbital der Hauptquantenzahl $n$.


## Aufgabe 4

Welche Aussage über eine Ionenbindung trifft nicht zu?

(A)  Es handelt sich um eine ungerichtete elektrostatische Bindung.

(B)  Sie kommt zwischen Elementen stark unterschiedlicher Elektronegativität vor.

(C)  Sie wirkt in alle drei Raumrichtungen.

(D)  Sie kann zum Aufbau eines Kristallgitters führen.

(E)  Sie beruht auf einem gemeinsamen Elektronenpaar.

(F)  Typische Bindungsenergien betragen mehr als 100 kJ/mol.


## Aufgabe 5

Die Elemente im Periodensystem der Elemente (PSE) werden häufig unterschieden in Metalle und Nichtmetalle.

Welche Aussage hierzu ist falsch?

(A)  Es existieren wesentlich mehr metallische als nichtmetallische Elemente.

(B)  In den ersten beiden Hauptgruppen des PSE findet man Metalle.

(C)  Die Bindung in Metallen kommt durch Elektronenpaarbindung zwischen den Metallatomen zustande.

(D)  Der Schmelzpunkt von Metallen kann in einem weiten Temperaturbereich variieren.

(E)  In den meisten Metallen bilden die Atome eine hexagonal oder kubisch dichteste Kugelpackung aus.

(F)  Bei einer Reaktion eines Metalls mit einem Nichtmetall fungiert das Metall typischerweise als Reduktionsmittel.

## Aufgabe 6

Welche der folgenden Aussagen über Atome und ihre Orbitale trifft zu?

(A) Die Orbitale eines Atoms, die zur gleichen Hauptquantenzahl („Schale") gehören, liegen auf dem gleichen Energieniveau.

(B) Die effektive Kernladung $Z_{eff}$ ist unabhängig von der Elektronenzahl in einem Atom.

(C) Elektronen in einem s-Orbital schirmen andere Elektronen effektiver von der Kernladung ab, als Elektronen in anderen Orbitalen.

(D) Elektronen mit der Nebenquantenzahl $l = 2$ schirmen besser ab als solche mit $l = 1$.

(E) Ein Elektron in einem p-Orbital unterliegt einer größeren effektiven Kernladung als eines im s-Orbital der gleichen Schale.

(F) Innerhalb einer Schale gilt für die Orbitalenergien die Reihenfolge $s < p < f < d$.

## Aufgabe 7

Der Begriff Orbital ist landläufig mit möglichen Aufenthaltsräumen von Elektronen in Atomen bzw. Molekülen verknüpft. Welche der folgenden Aussagen ist falsch?

(A) Durch Addition bzw. Subtraktion von Atomorbitalen entstehen neue Orbitale.

(B) Gemäß der Hund'schen Regel werden energiegleiche Orbitale zunächst einfach besetzt.

(C) Hybridorbitale werden erhalten, wenn man entsprechende Atomorbitale von zwei benachbarten Atomen linear kombiniert.

(D) Die Kombination von zwei s-Orbitalen ergibt ein bindendes σ- und ein antibindendes σ*-Molekülorbital, die beide rotationssymmetrisch um die Kern-Kern-Verbindungsachse sind.

(E) Eine Besetzung eines Orbitals mit zwei Elektronen ist nur möglich, wenn diese antiparallelen Spin besitzen.

(F) Eine Kombination von p-Orbitalen kann sowohl zu einem σ- als auch zu einem π-Orbital führen.

## Aufgabe 8

Der Mensch muss mit seiner Nahrung mineralische Substanzen aufnehmen.

Von welchem der folgenden Elemente muss im Mittel die größte Masse in Form der jeweiligen Kationen bzw. Anionen aufgenommen werden?

(A) Calcium      (B) Eisen      (C) Iod

(D) Kupfer      (E) Fluor      (F) Barium

## Aufgabe 9

Das Element Mangan hat die Ordnungszahl 25.

Welche Angabe der Elektronenkonfiguration für den Grundzustand dieses Atoms trifft zu?

(A)  $1s^2\, 2s^2\, 2p^6\, 3s^2\, 3p^6\, 3d^7$

(B)  $1s^2\, 2s^2\, 2p^6\, 3s^2\, 3p^6\, 3d^{10}\, 4s^2\, 4p^5$

(C)  $1s^2\, 2s^2\, 2p^6\, 2d^{10}\, 3s^2\, 3p^3$

(D)  $1s^2\, 2s^2\, 2p^6\, 3s^2\, 3p^6\, 3d^5\, 4s^2$

(E)  $1s^2\, 2s^2\, 2p^6\, 3s^2\, 3p^6\, 4s^2\, 4p^5$

(F)  keine

## Aufgabe 10

Welche der Aussagen zu Atom- bzw. Ionenradien trifft zu?

(A)  Innerhalb einer Periode steigt der Atomradius mit zunehmender Ordnungszahl.

(B)  Kationen weisen größere Radien auf als die entsprechenden neutralen Atome.

(C)  Ein Ion kann niemals größer sein als das zugrunde liegende Atom.

(D)  Natrium-Ionen sind größer als Magnesium-Ionen.

(E)  Von den beiden isoelektronischen Ionen mit 10 e$^-$ ist das Magnesium-Ion größer als das Oxid-Ion.

(F)  Verschiedene Isotope eines Elements unterscheiden sich etwas in ihrem Atomradius.

## Aufgabe 11

Ordnen Sie die folgenden Elemente nach zunehmender erster Ionisierungsenergie:

K  /  P  /  O  /  Ne  /  Mg  /  Al

(A)  K < Mg < Al < O < P < Ne

(B)  Ne < K < Al < Mg < P < O

(C)  K < Al < Mg < P < O < Ne

(D)  Mg < Al < K < P < O < Ne

(E)  Ne < K < Mg < Al < P < O

(F)  K < Mg < O < Al < P < Ne

## Aufgabe 12

Welche der folgenden Aussagen zu Gitterenthalpien trifft zu?

(A)  Je höher die Gitterenthalpie eines Salzes, desto schwerer löslich ist es in Wasser.

(B)  Die Gitterenthalpie eines Salzes AB entspricht der Wärmemenge, die aufgebracht werden muss, um AB in hydratisierte Ionen zu überführen.

(C)  Carbonate und Hydrogencarbonate weisen ähnliche Gitterenthalpien auf.

(D) Iodide sind i. A. schwerer löslich als Chloride, da sie höhere Gitterenthalpien aufweisen.

(E) Gitterenthalpien verhalten sich proportional zu den Ionenladungen und -radien.

(F) Die Gitterenthalpie von Silbersulfat (Löslichkeit 8 g/L) ist höher als von Silberiodid (Löslichkeit 0,3 mg/L).

## Aufgabe 13

Ordnen Sie die folgenden Salze in der Reihenfolge zunehmender für die Zerstörung des Ionengitters aufzubringender Gitterenergie:

| NaF | CaO | KBr | $Al_2O_3$ | $CaBr_2$ | BaS |
|-----|-----|-----|-----------|----------|-----|
| 1 | 2 | 3 | 4 | 5 | 6 |

(A) $1 < 3 < 6 < 5 < 2 < 4$      (B) $3 < 6 < 1 < 2 < 5 < 4$

(C) $4 < 5 < 2 < 6 < 1 < 3$      (D) $3 < 1 < 5 < 6 < 2 < 4$

(E) $1 < 2 < 3 < 6 < 5 < 4$      (F) $2 < 5 < 6 < 3 < 1 < 4$

## Aufgabe 14

Zwischen den nachfolgenden Atompaaren bestehe jeweils eine chemische Bindung. Reihen Sie die folgenden Paare nach zunehmendem ionischem Charakter der Bindung.

| HF | CaO | CBr | CH | HCl | NN |
|----|-----|-----|-----|-----|-----|
| 1 | 2 | 3 | 4 | 5 | 6 |

(A) $4 < 6 < 3 < 5 < 1 < 2$      (B) $6 < 4 < 3 < 5 < 1 < 2$

(C) $2 < 1 < 5 < 3 < 4 < 6$      (D) $4 < 3 < 6 < 1 < 5 < 2$

(E) $6 < 4 < 1 < 5 < 3 < 2$      (F) $2 < 5 < 6 < 3 < 1 < 4$

## Aufgabe 15

Ordnen Sie die folgenden Elemente nach zunehmender Elektronegativität:

H / C / O / Cl / Mg / I / Ca

(A) $Mg < Ca < I < H < C < Cl < O$      (B) $Mg < Ca < H < I \approx C < O < Cl$

(C) $Ca < Mg < I \approx C < H < Cl < O$      (D) $O < Cl < I \approx C < H < Mg < Ca$

(E) $Ca < Mg < H < I \approx C < Cl < O$      (F) $Ca < Mg < H < C < O < I < Cl$

# Aufgabe 16

Welche der folgenden Aussagen zu Elektronenaffinitäten ist richtig?

(A) Die Elektronenaffinität entspricht der Energieänderung bei der Aufnahme eines Elektrons durch ein Atom im Gaszustand.

(B) Elektronenaffinitäten für Hauptgruppenelemente sind stets negativ.

(C) Da Helium ein sehr kleines Atom ist und die Elektronen somit nahe am Kern sind, ist der Wert für seine Elektronenaffinität stark negativ.

(D) Die Elektronenaffinität für ein Anion ist negativer als für das entsprechende Atom.

(E) Elektronenaffinitäten sind besonders stark negativ, wenn das aufgenommene Elektron eine neue Schale besetzt.

(F) Die Elektronenaffinität von Stickstoff ist negativer als diejenige von Kohlenstoff.

# Aufgabe 17

Welche Aussage über die Anionen der Halogene ist richtig?

(A) Sie bilden mit Alkali- und Erdalkalimetall-Kationen in Wasser schwer lösliche Salze.

(B) Ihre Ionenradien nehmen mit steigender Ordnungszahl ab und sind kleiner als die entsprechenden Atomradien.

(C) Schwer lösliche Salze dieser Anionen (z. B. AgCl) können durch Säurezugabe nicht gelöst werden.

(D) Mit Kationen der Alkali- und Erdalkalimetalle bilden sie in festem Zustand niedrig schmelzende Molekülverbindungen.

(E) Diese Anionen sind, z. B. im Vergleich zum Sulfid-Ion, recht gute Reduktionsmittel.

(F) Aufgrund der hohen Elektronegativität der Halogene nehmen Halogenid-Ionen leicht ein Elektron auf.

# Aufgabe 18

Welche der folgenden Angaben trifft zu für das Elementsymbol $^{32}P$?

(A) Es handelt sich um ein Chalkogen.

(B) Es handelt sich um ein Nebengruppenelement.

(C) Die Ordnungszahl beträgt 32.

(D) Die Zahl der Neutronen im Kern ist daraus nicht zu erschließen.

(E) Das Symbol kennzeichnet ein Radioisotop.

(F) Insgesamt sind 32 Elektronen in den Schalen vorhanden.

## Aufgabe 19

Die Verbindung $H_2S$ ist recht bekannt aufgrund ihres höchst unangenehmen Geruchs nach faulen Eiern, der nicht unbedingt auf die enge chemische Verwandschaft zu Wasser schließen lässt.

Welche Aussage zu den beiden Substanzen $H_2O$ und $H_2S$ ist falsch?

(A)  Der Schmelzpunkt von $H_2O$ ist höher als von $H_2S$.

(B)  Die molare Masse von $H_2S$ ist größer als von $H_2O$.

(C)  Der Siedepunkt von $H_2S$ ist höher als von $H_2O$.

(D)  Die Acidität von $H_2S$ ist größer als von $H_2O$.

(E)  Die Toxizität von $H_2S$ ist größer als von $H_2O$.

(F)  Die Fähigkeit zur Ausbildung von Wasserstoffbrücken ist bei $H_2O$ größer als bei $H_2S$.

## Aufgabe 20

Welche Aussage zu dem Element Calcium ist richtig?

(A)  Calcium bildet Salze mit analoger Zusammensetzung wie das Kalium.

(B)  Calcium kommt im Organismus vor und reagiert folglich nicht mit Wasser.

(C)  Nach Eisen ist Calcium das häufigste Metall im Organismus.

(D)  Calcium bildet keine stabilen Komplexe.

(E)  Calcium kann durch β-Zerfall aus einem radioaktiven Isotop des Kaliums entstehen.

(F)  Calcium ist ebenso wie Blei toxisch und wird daher aus dem Trinkwasser durch Ionen-austausch entfernt.

## Aufgabe 21

Das Element Kohlenstoff existiert in mehreren Erscheinungsformen, von denen Graphit und Diamant die bekanntesten sind.

Welche der folgenden Aussagen zum Element Kohlenstoff trifft nicht zu?

(A)  Die verschiedenen Zustandsformen des Kohlenstoffs können als mesomere Grenzstrukturen aufgefasst werden.

(B)  Da von den verschiedenen Formen Graphit die thermodynamisch stabilste ist, ist zu erwarten, dass ein Diamant mit der Zeit zu Graphitstaub zerfällt.

(C)  Die unterschiedlichen Zustandsformen des Kohlenstoffs werden auch als Modifikationen bezeichnet.

(D)  Neben Diamant und Graphit sind weitere Formen des Kohlenstoffs bekannt.

(E)   Kohlenstoff kann neun verschiedene Oxidationszahlen annehmen.

(F)   Da die Aktivierungsbarriere für einen Übergang Diamant → Graphit sehr hoch ist, kann Diamant als kinetisch stabil bezeichnet werden.

## Aufgabe 22

Welche Aussage über das Nuklid $^{35}_{17}Cl$ trifft zu?

(A)   Der Atomkern enthält 35 Neutronen.

(B)   $^{35}_{17}Cl$ enthält zwei Neutronen weniger als $^{37}_{17}Cl$.

(C)   Der Atomkern enthält 35 Protonen.

(D)   Aus den Massenzahlen von Nuklid $^{35}_{17}Cl$ und Nuklid $^{37}_{17}Cl$ folgt für die relative Atommasse des Elements Chlor: $M_r = 36$.

(E)   Ein Atom von $^{35}_{17}Cl$ enthält weniger Neutronen als Elektronen.

(F)   Keine der Aussagen ist richtig.

## Aufgabe 23

Welche Aussage zu den Edelgasen ist richtig?

(A)   Im Periodensystem der Elemente schließt jede Periode mit einem Edelgas, das acht Valenzelektronen aufweist.

(B)   Das Edelgas Helium löst sich besser in Wasser als z. B. Stickstoff und wird deshalb im Gemisch mit Sauerstoff von Tauchern eingesetzt.

(C)   Edelgase bilden keinerlei Verbindungen aus.

(D)   Edelgase liegen als zweiatomige Moleküle vor.

(E)   Der Name „Edelgase" rührt daher, dass sie der idealen Gasgleichung perfekt genügen.

(F)   Edelgase kommen in größerer Konzentration in der Umgebungsluft vor als $CO_2$.

## Aufgabe 24

Welche der folgenden Aussagen zu Sauerstoff trifft nicht zu?

(A)   Oxide von nichtmetallischen Elementen weisen typischerweise in Wasser saure Eigenschaften auf.

(B)   Der Partialdruck des Sauerstoffs in der Luft beträgt bei Normaldruck etwa 0,21 bar.

(C)  Oxide wie $Na_2O$ können in Wasser nicht gelöst werden, ohne dass es zu einer chemischen Reaktion kommt.

(D)  Mit steigender Temperatur verbessert sich die Löslichkeit von Sauerstoff in Wasser.

(E)  Im Zuge der zellulären Atmung wird ein Sauerstoffmolekül durch Aufnahme von insgesamt vier Elektronen zu Wasser reduziert.

(F)  Sauerstoff ist nach der MO-Theorie ein Diradikal und verhält sich paramagnetisch.

## Aufgabe 25

Welche Aussage über Erdalkalimetall-Kationen ist richtig?

(A)  Diese Kationen bilden mit Halogenid-Ionen in Wasser schwer lösliche Salze.

(B)  Ihre Ionenradien nehmen mit steigender Ordnungszahl ab und sind größer als die entsprechenden Atomradien.

(C)  Sie können leicht zu den entsprechenden Erdalkalimetallen reduziert werden.

(D)  Die Sulfate dieser Kationen sind leicht löslich.

(E)  Im Gegensatz zu den meisten Übergangsmetall-Ionen bilden sie nur wenige stabile Komplexe.

(F)  Diese Kationen spielen im menschlichen Organismus praktisch keine Rolle.

## Aufgabe 26

Welche Aussage zur Verbindung Bariumsulfat ist falsch?

(A)  In einer gesättigten Bariumsulfat-Lösung ist die Konzentration an Barium-Ionen genauso groß wie die Konzentration der Sulfat-Ionen.

(B)  In einer gesättigten Bariumsulfat-Lösung ist die Konzentration der Barium-Ionen unabhängig von der Menge des vorhandenen Bodenkörpers.

(C)  Festes Bariumsulfat lässt sich durch Zusatz geringer Mengen einer schwachen Säure in Lösung bringen.

(D)  Da Calciumsulfat eine höhere Löslichkeitsprodukt-Konstante besitzt als Bariumsulfat, ist die Sulfat-Konzentration in einer gesättigten Calciumsulfat-Lösung höher als in einer gesättigten Bariumsulfat-Lösung.

(E)  Man kann erwarten, dass sich Bariumsulfat in Ethanol schlechter löst als in Wasser.

(F)  Bariumsulfat lässt sich mit üblichen Oxidationsmitteln nicht oxidieren.

## Aufgabe 27

Welche Aussage zur Verbindung Kaliumhydrogencarbonat ist richtig?

(A)   Die Verbindung liefert den Hauptbeitrag zur sogenannten Wasserhärte.

(B)   Obwohl die Verbindung als Brønstedt-Säure aufzufassen ist reagiert sie in Wasser nicht merklich sauer.

(C)   Die Verbindung kann zu Kaliumcarbonat oxidiert werden.

(D)   Bei Zugabe von HCl-Lösung bildet sich Wasserstoffgas.

(E)   Die Verbindung wird durch folgende Molekülformel beschrieben: $K-CO_3-H$

(F)   Zusammen mit Kaliumcarbonat bildet Kaliumhydrogencarbonat das wichtigste Puffersystem im Organismus.

## Aufgabe 28

Welche Aussage zur Verbindung Schwefeldioxid ist falsch?

(A)   Die Verbindung kann als Anhydrid der schwefligen Säure bezeichnet werden.

(B)   Für die Verbindung lassen sich mehrere mesomere Grenzstrukturen formulieren.

(C)   Die Verbindung kann leicht oxidiert werden.

(D)   Die Verbindung ist linear gebaut.

(E)   Es handelt sich um ein stechend riechendes Gas.

(F)   Die Verbindung ist im Vergleich zu $CO_2$ deutlich besser wasserlöslich.

## Aufgabe 29

Welche Aussage zur Verbindung Ammoniumhydrogensulfit ist falsch?

(A)   Die Verbindung ist leicht löslich.

(B)   Eine wässrige Lösung der Verbindung reagiert leicht sauer.

(C)   Bei Zugabe von HCl-Lösung bildet sich schweflige Säure.

(D)   Die Verbindung kann zu Ammoniumhydrogensulfat oxidiert werden.

(E)   Bei Zugabe von Bariumhydroxid bildet sich schwer lösliches Bariumsulfat.

(F)   Die Verbindung bildet ein Ionengitter aus.

## Aufgabe 30

Cyanwasserstoff (HCN) ist bei Raumtemperatur eine farblose Flüssigkeit, die bei 25,7 °C in den Gaszustand übergeht. Ihr im Verhältnis zur molaren Masse relativ hoher Siedepunkt deutet auf eine starke Assoziation der HCN-Moleküle hin. Die wässrige Lösung von HCN („Blausäure") ist eine recht schwache Säure mit charakteristischem Geruch nach bitteren Mandeln.

Welche Aussage zu dieser Verbindung ist falsch?

(A)   Aus wässrigen Cyanid-Lösungen wird im sauren Milieu des Magens rasch Cyanwasserstoff freigesetzt.

(B)   Das Cyanid-Ion kann als Nucleophil mit dem C-Atom einer Carbonylgruppe (>C=O) unter Ausbildung einer C–C-Bindung reagieren.

(C)   Der H–C–N-Bindungswinkel im Cyanwasserstoff beträgt 120°.

(D)   Die korrespondierende Base von Cyanwasserstoff ist ein guter Komplexligand.

(E)   Die Toxizität von Cyanid-Ionen beruht auf der Bindung an das Eisen-Ion der Häm-Gruppe in der Cytochrom c-Oxidase.

(F)   Das Anion der Blausäure ist isoelektronisch mit Kohlenmonoxid.

## Aufgabe 31

Bei welcher der folgenden Verbindungen handelt es sich um ein Radikal?

(A)   Chlorwasserstoff       (B)   Chlor

(C)   Stickstoff             (D)   Stickstoffmonoxid

(E)   Ozon                   (F)   Wasserstoffperoxid

## Aufgabe 32

Die folgende Abbildung zeigt Valenzstrichformeln für einige Moleküle bzw. Ionen.

Welche der angegebenen Formeln stellt keine gültige Valenzschreibweise dar?

(A) **1**   (B) **2**   (C) **3**   (D) **4**   (E) **5**   (F) **6**

# Aufgabe 33

Wasser – Lösungs- und Lebensmittel! Welche Aussage zu diesem essentiellen Stoff trifft zu?

(A)  Die Bindungsenergie einer Wasserstoffbrückenbindung entspricht in etwa einer typischen kovalenten Bindung.

(B)  Der Bindungswinkel H–O–H im Wassermolekül beträgt 109°.

(C)  Die freien Elektronenpaare des O-Atoms eines Wassermoleküls treten mit H-Atomen benachbarter Wassermoleküle in Wechselwirkung.

(D)  Die Wasserstoffatome des Wassermoleküls tragen jeweils eine negative Partialladung.

(E)  Jedes Wassermolekül bildet gleichzeitig maximal sechs Wasserstoffbrückenbindungen mit sechs benachbarten Wassermolekülen aus.

(F)  Aufgrund seiner Absorption im sichtbaren Spektralbereich trägt Wasserdampf in der Atmosphäre zum Treibhauseffekt bei.

# Aufgabe 34

Das Element Sauerstoff existiert in zwei verschiedenen Modifikationen, die unterschiedliche Eigenschaften aufweisen.

Welche Aussage zum Ozon trifft zu?

(A)  Bei Anregung mit Licht zerfällt ein Ozonmolekül in zwei Moleküle $O_2$.

(B)  Es ist in wässriger Lösung ein starkes Reduktionsmittel.

(C)  Das Ozonmolekül besitzt die gleiche räumliche Struktur wie $CO_2$.

(D)  Die Oxidationsstufe der O-Atome im Ozon ist verschieden von derjenigen der O-Atome im Wasserstoffperoxid.

(E)  Ozon ist ein Zwischenprodukt in der Atmungskette, da es das Coenzym $FADH_2$ wieder zu FAD oxidiert.

(F)  Eine maßvolle inhalative Zuführung von Ozon ist sinnvoll zur Verbesserung der Sauerstoffversorgung des Organismus.

# Aufgabe 35

Schwefel ist ein relativ häufiges und schon seit sehr langer Zeit bekanntes Element. Auch für den menschlichen Organismus ist Schwefel unverzichtbar.

Welche der folgenden Aussagen ist falsch?

(A)  Schwefel bildet in verschiedenen Oxidationsstufen stabile Verbindungen aus.

(B)  Im Gegensatz zu Sauerstoff nimmt Schwefel bereitwillig die höchstmögliche Oxidationsstufe an.

(C) Vom Schwefel sind mehrere stabile Oxide bekannt.

(D) Durch Reduktion schwefelhaltiger Verbindungen im Organismus kann Schwefelwasser-stoff entstehen.

(E) Schwefel löst sich bereitwillig in Wasser unter Bildung von Schwefelsäure.

(F) Im Festzustand liegt Schwefel bevorzugt in Form von $S_8$-Ringen vor.

## Aufgabe 36

Selen (Se) ist ein Spurenelement, d. h. es wird vom Organismus (wenn auch nur in sehr gerin-gen Mengen) benötigt. In den letzten Jahren häufen sich Empfehlungen, durch Nahrungser-gänzungspräparate zusätzlich Selen zu sich zu nehmen, da es als Bestandteil des Enzyms Glutathionperoxidase eine wichtige Rolle u. a. bei der Reduktion von Peroxiden und $H_2O_2$ hat.

Welche Aussage zum Selen und seinen Verbindungen ist falsch?

(A) Es ist zu erwarten, dass Selen recht ähnliche Eigenschaften wie Schwefel besitzt.

(B) Selenwasserstoff ist eine etwas stärkere Säure als Schwefelwasserstoff.

(C) Das Selenid-Ion ($Se^{2-}$) ist eine harte Lewis-Base und findet sich daher in der Natur be-vorzugt in der Gegenwart harter Lewis-Säuren wie z. B. $Al^{3+}$.

(D) Die Elektronegativität von Selen ist geringer, als diejenige des Schwefels.

(E) Das Selen befindet sich an der Grenze zwischen metallischen und nichtmetallischen Elementen.

(F) Selendioxid kann als Anhydrid der selenigen Säure ($H_2SeO_3$) aufgefasst werden.

## Aufgabe 37

Welche der folgenden, das Element Eisen betreffenden, Aussagen ist richtig?

(A) Eisen-Ionen sind für den menschlichen Körper essentiell als Baustein von Vitamin $B_{12}$.

(B) Eisen weist von allen Metallen, die im menschlichen Körper vorkommen, den größten Stoffmengenanteil auf.

(C) Da Lösungen von $Fe^{2+}$-Ionen sind kräftig orange gefärbt sind, kann ihre Konzentration gut durch Photometrie bestimmt werden.

(D) Taucht man ein Eisenblech in eine Lösung von $Cu^{2+}$-Ionen, so scheidet sich darauf rot-braunes Eisenoxid (Rost) ab.

(E) Eine Lösung von Eisen(III)-Ionen zeigt saure Eigenschaften.

(F) Verschluckt man versehentlich ein Stückchen Eisenblech, würde es von der Salzsäure im Magen sofort in $Fe^{3+}$-Ionen umgewandelt.

# Aufgabe 38

Welche Aussage zum Dipolmoment ist falsch?

(A)  Das Gesamtdipolmoment eines Moleküls ergibt sich als Vektorsumme der Einzeldipolmomente der einzelnen Bindungen.

(B)  Wasser weist ein permanentes Dipolmoment auf.

(C)  Kohlenmonoxid hat ein permanentes Dipolmoment.

(D)  Der Komplex *trans*-Diammindichloridoplatin(II) besitzt ein größeres Dipolmoment als
der entsprechende *cis*-Komplex, das als Tumormedikament eingesetzte „Cisplatin".

(E)  Das Dipolmoment einer Bindung ist abhängig von der Bindungslänge.

(F)  Trichlormethan besitzt ein größeres Dipolmoment als Tetrachlormethan.

# Aufgabe 39

Welche Aussage zu zwischenmolekularen Wechselwirkungen ist richtig?

(A)  Ion-Dipol-Wechselwirkungen haben im Vergleich zu Dipol-Dipol-Wechselwirkungen
eine kleinere Reichweite.

(B)  Für einen verzweigten kugelförmigen Kohlenwasserstoff sind stärkere Van der Waals-
Wechselwirkungen zu erwarten als für ein isomeres unverzweigtes Molekül.

(C)  Isomere Moleküle bilden typischerweise ähnlich starke zwischenmolekulare Wechselwirkungen aus.

(D)  Da Kohlenwasserstoffe sehr viele H-Atome aufweisen, spielen Wasserstoffbrücken eine
entscheidende Rolle in Hinblick auf ihre Siedepunkte.

(E)  Durch Induktion eines Dipolmoments kann aus einem unpolaren Molekül ein permanenter Dipol werden.

(F)  Innerhalb der Gruppe der Halogene steigt der Siedepunkt mit der molaren Masse, da die
Polarisierbarkeit stark zunimmt, und somit die Induktion von Dipolen erleichtert wird.

# Aufgabe 40

Welche Aussage zur Wasserstoffbrückenbindung trifft zu?

(A)  Alkane liegen aufgrund ihres hohen Wasserstoffanteils in flüssiger Phase durch H-
Brücken assoziiert vor.

(B)  Die Bindungsenergie einer H-Brücke ist etwa gleich groß wie die einer typischen (kovalenten) C–H-Bindung.

(C)  H-Brücken werden ausschließlich intermolekular ausgebildet.

(D) H₂S-Moleküle bilden untereinander stärkere H-Brücken aus als H₂O-Moleküle.

(E) In flüssiger reiner Essigsäure liegen die Moleküle typischerweise als Dimere vor, die durch zwei H-Brücken stabilisiert werden.

(F) Die Ausbildung von Wasserstoffbrücken sorgt dafür, dass Wasserstoff in Anwesenheit von Sauerstoff nicht sofort zu Wasser reagiert.

## Aufgabe 41

Viele chemische Reaktionen können durch entsprechende Berücksichtigung von elektronischen Effekten in den beteiligten Reaktionspartnern vorhergesagt werden; dabei unterscheidet man induktive und mesomere Effekte.

Welche der folgenden Aussagen ist falsch?

(A) Induktive Effekte beruhen auf Elektronegativitätsunterschieden zwischen den Bindungspartnern.

(B) Manche Substituenten zeigen negative induktive, aber positive mesomere Effekte.

(C) Mesomere Effekte können nur auftreten, wenn ein $\pi$-Elektronensystem vorliegt.

(D) Induktive Effekte spielen i. A. eine größere Rolle, weil ihre Reichweite größer ist.

(E) Induktive Effekte sind additiv.

(F) Elektronenarme Teilchen, wie z. B. ein Carbenium-Ion mit Elektronensextett am C-Atom, können durch Substituenten mit +I-Effekt stabilisiert werden.

## Aufgabe 42

Das VSEPR-Modell erlaubt Aussagen zur Molekülgeometrie von Hauptgruppenverbindungen. Welche der folgenden Aussagen trifft zu?

(A) Für die dreidimensionale Struktur eines Moleküls ist nur die Anzahl der an ein Zentralatom A gebundenen Bindungspartner relevant.

(B) Die Strukturen von Ammoniak und Wasser können beide von der Methan-Struktur abgeleitet werden.

(C) Da Elektronen gegenüber Atomen sehr klein sind, benötigt ein freies Elektronenpaar an einem Atom praktisch keinen Platz und spielt somit für die Molekülgeometrie keine Rolle.

(D) Der Bindungswinkel H-C-H in Methan ist kleiner als Winkel H-O-H im Wasser, da um den Kohlenstoff noch zwei weitere Atome Platz finden müssen.

(E) Das Molekül SF₄ ist aufgrund der vier Bindungspartner des Schwefels tetraedrisch.

(F) Moleküle mit der gleichen stöchiometrischen Zusammensetzung (wie $CO_2$ und $NO_2$) besitzen entsprechend auch analoge Strukturen.

## Aufgabe 43

Gegeben ist das Cyanat-Ion $CNO^-$, für das einige mesomere Grenzstrukturen gezeigt sind. Diese leisten unterschiedliche Beiträge zur tatsächlichen Struktur.

Ordnen Sie die gezeigten Grenzstrukturen nach abnehmender Stabilität, d. h. abnehmendem Beitrag zur tatsächlichen Struktur.

| | | |
|---|---|---|
| (A) $2 > 1 > 6 > 5 > 3 > 4$ | (B) $1 \approx 6 > 2 > 3 > 4 > 5$ |
| (C) $2 > 6 > 1 > 3 > 4 > 5$ | (D) $1 > 2 > 6 > 4 > 5 > 3$ |
| (E) $6 \approx 1 > 3 > 5 > 4 > 2$ | (F) $6 \approx 1 > 2 > 3 > 4 > 5$ |

## Aufgabe 44

Sie erhalten die Lösung eines Medikaments, das vor der Anwendung noch verdünnt werden muss. Es enthält den Wirkstoff in einer Konzentration von 5,0 g/L. Appliziert werden soll die Substanz in einer Konzentration von 0,01 mg/mL. Für die Verdünnung steht Ihnen ein Messkolben mit dem Endvolumen 250 mL zur Verfügung. Welches Volumen Ihrer unverdünnten Lösung müssen Sie einpipettieren, damit Sie nach Auffüllen des Messkolbens auf 250 mL die Substanz in der gewünschten Konzentration vorliegen haben?

(A)  1,0 mL          (B)  0,1 mL          (C)  0,25 mL

(D)  0,5 mL          (E)  0,05 mL         (F)  0,2 mL

## Aufgabe 45

Reaktionsgleichungen sind in der Chemie unverzichtbar. Welche der folgenden Aussagen hierzu ist falsch?

(A)  Aus einer chemischen Reaktionsgleichung ist zu entnehmen, welche Edukte zu welchen Produkten reagieren.

(B)  Das Verhältnis der Reaktanden wird durch die stöchiometrischen Koeffizienten ausgedrückt.

(C)  Die Lage des Gleichgewichts kann in einer chemischen Reaktionsgleichung zum Ausdruck gebracht werden.

(D) Zum Ausgleich einer chemischen Reaktionsgleichung werden die Indices der beteiligten Stoffe so gewählt, dass auf beiden Seiten der Gleichung die gleichen Atome in gleicher Anzahl vorhanden sind.

(E) Aus einer chemischen Reaktionsgleichung ist zu entnehmen, in welchem Massenverhältnis die Edukte benötigt werden.

(F) Eine chemische Gleichung ist niemals richtig, wenn nicht auf beiden Seiten der Gleichung die gleichen Atome in der gleichen Anzahl vorhanden sind.

## Aufgabe 46

Erinnern Sie sich an die Regeln zur Ermittlung formaler Ladungen: Welche der folgenden Aussagen ist falsch?

(A) Lewis-Strukturen, die viele formale Ladungen aufweisen, tragen i. A. nur wenig zur tatsächlichen Molekülstruktur bei.

(B) Will man die Struktur einer Verbindung durch mehrere mesomere Grenzstrukturen beschreiben, müssen darin die formalen Ladungen konstant sein.

(C) Die formale Ladung an einem Atom entspricht i. A. nicht seiner tatsächlichen physikalischen Ladung.

(D) Gleichartige formale Ladungen (+/+ oder –/–) an benachbarten Atomen sind wesentlich ungünstiger als ungleichartige.

(E) Fluor kann niemals die Oxidationszahl +1, wohl aber die formale Ladung +1 besitzen.

(F) Für die Bestimmung der formalen Ladung werden die freien Elektronenpaare dem jeweiligen Atom zugeordnet und bindende Elektronenpaare zwischen den Bindungspartnern geteilt.

## Aufgabe 47

Erinnern Sie sich an die Regeln zur Ermittlung von Oxidationszahlen: Welche der folgenden Aussagen ist falsch?

(A) Alle Elemente haben ohne Ausnahme die Oxidationszahl 0.

(B) Bei der Bestimmung der Oxidationszahl werden alle bindenden Elektronenpaare dem jeweils elektronegativeren Element zugeteilt.

(C) Wasserstoff kann in der Oxidationszahl 0, +1 oder –1 auftreten.

(D) Sauerstoff hat immer entweder die Oxidationszahl 0 oder –2.

(E) In einem mehratomigen Ion entspricht die Summe der Oxidationszahlen der Gesamtladung des Ions.

(F) Für das Element Kohlenstoff sind neun verschiedene Oxidationszahlen möglich.

# Aufgabe 48

Ausgehend von Schwefeldioxid wird eine der wichtigsten Industriechemikalien überhaupt hergestellt: die Schwefelsäure.

Welche der folgenden Aussagen zu der angegebenen Reaktionsgleichung ist richtig?

$$SO_2 + 2\,H_2O \longrightarrow H_2SO_4 + H_2$$

(A)   Die Reaktionsgleichung ist stöchiometrisch falsch.

(B)   Die Reaktionsgleichung zeigt, dass Schwefeldioxid als Anhydrid der Schwefelsäure aufgefasst werden kann.

(C)   Da die Reaktion stark exotherm verläuft, muss gekühlt werden, um zu verhindern, dass die Schwefelsäure zu sieden beginnt.

(D)   Das Gleichgewicht liegt auf der rechten Seite, da Wasserstoff als Gas aus der Reaktionsmischung entweicht.

(E)   Um konzentrierte Schwefelsäure zu erhalten, muss die Menge an eingesetztem Wasser verringert werden.

(F)   Die Reaktion kann so nicht ablaufen, da Wasser $SO_2$ gegenüber nicht als Oxidationsmittel fungiert.

# Aufgabe 49

In einem Praktikumsversuch wird ein Stück Eisenblech in ein Reagenzglas mit verdünnter Kupfersulfat-Lösung gegeben.

Welche der folgenden Aussagen beschreibt den Verlauf des Versuchs korrekt?

(A)   Es passiert nichts.

(B)   Das Eisen überzieht sich mit einer rostroten Schicht von $Fe_2O_3$.

(C)   Man beobachtet das Aufsteigen von Gasbläschen ($SO_2$) aufgrund der Reduktion von Sulfat-Ionen.

(D)   Auf dem Blech scheidet sich elementares Kupfer ab.

(E)   Die hellblaue Farbe der Lösung vertieft sich zu einem intensiven Königsblau.

(F)   Es fällt Eisen(II)-sulfat aus.

# Aufgabe 50

Gegeben ist 1 L einer wässrigen Calciumchlorid-Lösung der Konzentration $c = 0{,}5$ mol/L. Welche der folgenden Aussage trifft zu?

relative Atommassen: $M_r\,(Ca) = 40{,}0$;   $M_r\,(Cl) = 35{,}5$;   $M_r\,(O) = 16{,}0$;   $M_r\,(H) = 1{,}0$

Die Lösung enthält ungefähr

(A)  $6 \cdot 10^{23}$ Calcium-Ionen          (B)  0,5 Mol $Cl^-$-Ionen          (C)  $1,2 \cdot 10^{24}$ $Cl^-$-Ionen

(D)  $3,3 \cdot 10^{25}$ Wassermoleküle       (E)  37,75 g Calciumchlorid

(F)  kaum freie Ionen, da Calciumchlorid schwer löslich ist

## Aufgabe 51

Ein Schmerzpatient kommt in Ihre Hausarztpraxis und dieser verlangt nach einer Morphin-Gabe. Auf dem Präparat in Ihrem Medizinkoffer findet sich der Hinweis: *M (Morphin) = 285 g/mol. Maximal Dosis pro Anwendung: 50 µmol – zur Anwendung als Infusion als $10^{-4}$-molare Lösung verwenden"*. Sie wiegen 14 mg Morphin ab, stellen durch Verdünnung mit isotoner Kochsalz-Lösung 50 mL Infusionslösung her und applizieren diese über einen Zugang.

Welcher der folgenden Effekte ist zu erwarten?

(A)  Dosierung und Verdünnung waren korrekt – dem Patienten sollte es bald besser gehen.

(B)  Der Patient erleidet einen hypoosmotischen Schock infolge der Kochsalz-Lösung.

(C)  Der Patient berichtet am nächsten Tag, dass er keine Linderung seiner Schmerzen gespürt habe, weil die Dosierung offenbar viel zu niedrig gewesen sei.

(D)  Nach kurzer Zeit zeigt der Patient typische Symptome einer Morphin-Überdosierung.

(E)  Die verabreichte Wirkstoffmenge war in Ordnung, die Verdünnung der Infusionslösung war aber falsch.

(F)  Keiner der genannten Effekte ist zu erwarten.

## Aufgabe 52

Welche der folgenden Aussagen zur Thermodynamik trifft zu?

(A)  Reaktionsenthalpien können nur experimentell durch Messung in einem Bombenkalorimeter ermittelt werden.

(B)  Für eine exotherme Reaktion hängt die Entropieänderung in der Umgebung nur von der freigesetzten Wärmemenge ab.

(C)  Die Reaktionsenthalpie $\Delta H_R$ einer Reaktion A $\rightarrow$ B hängt davon ab, welche Zwischenprodukte bei der Reaktion auftreten.

(D)  Standardbildungsenthalpie und Entropie $S$ eines Elements sind per definitionem = 0.

(E)  Nach dem 1. Hauptsatz der Thermodynamik ist es unmöglich, dass Wärme spontan von einem kälteren auf einen wärmeren Körper übergeht.

(F)  Eine Reaktion mit positiven Werten für $\Delta H$ und $\Delta S$ ist oberhalb einer bestimmten Temperatur spontan.

## Aufgabe 53

Welche der folgenden Aussagen über die Enthalpie eines Prozesses ist korrekt?

(A)  Die Reaktionsenthalpie einer Reaktion, z. B. für die Verbrennung von Kohlenstoff, ist gegeben durch die Änderung der Inneren Energie des Systems.

(B)  Eine Reaktion läuft immer dann spontan ab, wenn die Reaktionsenthalpie negativ ist.

(C)  Die Verdampfungsenthalpie ist proportional zur molaren Masse eines Stoffes, d. h. schwere Moleküle weisen generell höhere Siedepunkte auf als leichte.

(D)  Die Schmelzenthalpie von Wasser ist größer als seine Sublimationsenthalpie.

(E)  Da die Standardreaktionsenthalpie eine Zustandsfunktion ist, lässt sie sich rechnerisch auch für Reaktionen ermitteln, für die dies experimentell nicht möglich ist.

(F)  Die Reaktionsenthalpie für einen endothermen Prozess A $\rightarrow$ B ist umso positiver, je mehr Zwischenprodukte dabei durchlaufen werden müssen.

## Aufgabe 54

Welche Aussage zur freien Enthalpie einer Reaktion ist falsch?

(A)  Die freie Enthalpie einer Reaktion ist temperaturabhängig.

(B)  Die freie Enthalpie einer Reaktion lässt sich aus den Standardenthalpien der Edukte und der Produkte berechnen.

(C)  Eine stark negative freie Enthalpie bedeutet, dass die entsprechende Reaktion sehr rasch verläuft.

(D)  Ist die freie Enthalpie einer Reaktion positiv, dann liegt das Gleichgewicht der Reaktion auf Seiten der Edukte.

(E)  Die Anwesenheit eines Katalysators hat keinen Einfluss auf die freie Enthalpie einer Reaktion.

(F)  Die freie Enthalpie einer Reaktion kann trotz eines positiven Wertes für die Enthalpie $\Delta H$ negativ werden, wenn sich die Entropie bei der Reaktion erhöht.

## Aufgabe 55

Im Zustand des chemischen Gleichgewichts einer allgemeinen Reaktion der Form

$$A + B \rightleftharpoons C + D$$

(A)  sind die Geschwindigkeitskonstanten der Hin- und Rückreaktion gleich.

(B)  sind die Geschwindigkeiten der Hin- und Rückreaktion gleich.

(C)   ist die Summe der Konzentrationen der Reaktionsprodukte gleich der Summe der Konzentrationen der Ausgangsstoffe.

(D)   ist das Produkt der Konzentrationen der Produkte gleich dem Produkt der Konzentrationen der Ausgangsstoffe.

(E)   sind die Konzentrationen eines der Produkte und eines der Ausgangsstoffe gleich.

(F)   laufen keine chemischen Vorgänge mehr ab.

## Aufgabe 56

Viele chemische Reaktionen, gerade auch im menschlichen Organismus, sind Gleichgewichtsreaktionen, sie laufen also nicht vollständig ab. Zur Beschreibung der Lage des Gleichgewichts dient die Gleichgewichtskonstante $K$. Welche der folgenden Aussagen zur Gleichgewichtskonstante ist richtig?

(A)   Verläuft eine Reaktion exotherm, so ist die Gleichgewichtskonstante $K > 1$.

(B)   Für eine mehrstufige Reaktion erhält man die Gleichgewichtskonstante $K$ der Gesamtreaktion, indem man die Gleichgewichtskonstanten für die Einzelschritte addiert.

(C)   Die Gleichgewichtskonstante $K$ hängt von der Reaktionstemperatur ab.

(D)   Die Gleichgewichtskonstante $K$ ergibt sich aus der Differenz der Geschwindigkeiten der Hin- und der Rückreaktion.

(E)   Hat sich das Gleichgewicht eingestellt, hat die Gleichgewichtskonstante $K$ den Wert 0.

(F)   Die Gleichgewichtskonstante $K$ ist indirekt proportional zur Gibb'schen freien Standardenthalpie ($\Delta G°$) der Reaktion.

## Aufgabe 57

Kohle, die – wenig überraschend – in erster Linie aus Kohlenstoff besteht, kann in einer exothermen Reaktion mit elementarem Wasserstoff zu Methangas umgesetzt werden:

$$C(s) + 2\,H_2(g) \;\rightleftharpoons\; CH_4(g)$$

Welche Maßnahme ist geeignet, um die Bildung von $CH_4$ im Gleichgewicht zu erhöhen?

(A)   Hinzufügen weiteren Kohlenstoffs zum Reaktionsgemisch

(B)   Verringerung des Drucks

(C)   Verringerung des Volumens der Reaktionsmischung

(D)   Erhöhung der Temperatur der Reaktionsmischung

(E)   Hinzufügen eines Katalysators zur Reaktionsmischung

(F)   Einleitung eines Inertgases (z. B. Helium) zur Erhöhung des Drucks

## Aufgabe 58

Betrachten Sie den Zusammenhang zwischen der freien Standardenthalpie $\Delta G^\circ$ und der Gleichgewichtskonstante $K$ einer Reaktion. Welche Aussagen zu diesem Zusammenhang und den enthaltenen Größen ist falsch?

(A)   Aus dem Wert von $\Delta G^\circ$ lässt sich nicht folgern, in welche Richtung die Reaktion verlaufen wird.

(B)   Die Lage des Gleichgewichts ist abhängig von der absoluten Temperatur.

(C)   Falls gilt: $\Delta G^\circ = 0$, so folgt daraus ein Verhältnis von Produkten zu Edukten von 1:1.

(D)   Eine Berechnung von $\Delta G^\circ$ ist möglich aus den freien Standardbildungsenthalpien der Produkte und der Edukte.

(E)   Führt man einer Reaktion Wärme zu, so resultiert daraus eine Verschiebung des Gleichgewichts zugunsten der Produkte.

(F)   Sowohl die Reaktionsenthalpie als auch die Reaktionsentropie stehen mit der Gleichgewichtskonstante in Zusammenhang.

## Aufgabe 59

Wenn man Stickstoffmonoxid mit Wasser (pH = 7) in Kontakt bringt, stellt sich folgendes Gleichgewicht ein:

$$2\,NO + H_2O \underset{B}{\overset{A}{\rightleftharpoons}} HNO + HNO_2$$

Welche Aussage trifft zu?

(A)   Reaktion $A$ ist eine Hydrolysereaktion.

(B)   Reaktion $A$ ist eine Redoxreaktion.

(C)   Reaktion $A$ ist eine Säure-Base-Reaktion.

(D)   Eine Erhöhung des pH-Wertes verschiebt das Gleichgewicht zu Gunsten der Bildung von NO.

(E)   Als ein Produkt im Gleichgewicht entsteht Salpetersäure.

(F)   Reaktion $B$ ist eine Säure-Base-Reaktion.

## Aufgabe 60

Eine chemische Reaktion zeigt das nachfolgende Energieprofil. Welche Aussage trifft nicht auf diese Reaktion zu?

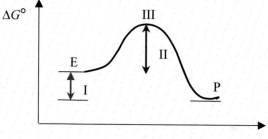

Reaktionskoordinate

(A) Die freie Reaktionsenthalpie errechnet sich als die Summe von „I" und „II".

(B) Die Reaktion ist nicht zwingend exotherm.

(C) Für die Geschwindigkeit der Reaktion ist der Wert von „II" ausschlaggebend.

(D) Für die Lage des Gleichgewichts der Reaktion ist „I" bestimmend.

(E) An der mit III gekennzeichneten Stelle wird der Übergangszustand durchlaufen.

(F) Der Doppelpfeil „II" kennzeichnet die freie Aktivierungsenthalpie der Reaktion.

## Aufgabe 61

Welche Aussage zu folgendem Gleichgewicht bzw. den beteiligten Substanzen ist falsch?

$$H_2PO_4^- + H_2O \rightleftharpoons HPO_4^{2-} + H_3O^+$$

(A) Es handelt sich um ein Säure-Base-Gleichgewicht.

(B) $H_2O$ und $H_3O^+$ sind ein korrespondierendes Säure-Base-Paar.

(C) Das Molekül $HPO_4^{2-}$ fungiert als Brønstedt-Base.

(D) Das Molekül $H_2PO_4^-$ kann man als Anionsäure bezeichnen.

(E) Bei Zusatz von wässriger NaOH-Lösung erhöht sich die Konzentration an Dihydrogen-phosphat.

(F) Bei Zusatz einer starken Säure erniedrigt sich die Konzentration an Monohydrogen-phosphat.

## Aufgabe 62

Gegeben ist eine Reaktion $A(g) \rightleftharpoons B(g)$ mit einer Gleichgewichtskonstante $K = 10$. Unter bestimmten Bedingungen gilt für $Q = 450$. Welche der folgenden Aussagen ist unter diesen Bedingungen richtig?

(A) $\Delta G°_R < 0;\quad \Delta G_R < 0$

(B) $\Delta G°_R > 0;\quad \Delta G_R < 0$

(C) $\Delta G°_R < 0;\quad \Delta G_R > 0$

(D) $\Delta G°_R > 0;\quad \Delta G_R > 0$

(E) $\Delta G°_R < 0;\quad \Delta G_R = 0$

(F) keine davon

## Aufgabe 63

Ordnen Sie die folgenden Säuren in Reihenfolge abnehmender Säurestärke.

| HF | $H_2SO_4$ | $H_3PO_4$ | HBr | $H_2S$ | $NH_4Cl$ |
|---|---|---|---|---|---|
| <u>1</u> | <u>2</u> | <u>3</u> | <u>4</u> | <u>5</u> | <u>6</u> |

(A) $2 > 3 > 4 > 1 > 6 > 5$

(B) $4 > 1 > 2 > 3 > 5 > 6$

(C) $1 > 2 > 4 > 5 > 3 > 6$

(D) $5 > 2 > 1 > 6 > 3 > 4$

(E) $2 > 1 > 4 > 5 > 3 > 6$

(F) $4 > 2 > 3 > 1 > 5 > 6$

## Aufgabe 64

Phosphorsäure, eine der am längsten bekannten und wichtigsten Phosphorverbindungen, wird technisch in großem Maßstab hergestellt. Ihre Salze besitzen erhebliche physiologische Bedeutung.

Welche der folgenden Aussagen zur Phosphorsäure ist richtig?

(A) Phosphorsäure ist in wässriger Lösung ein starkes Oxidationsmittel.

(B) Die Summenformel der Phosphorsäure lautet $H_3PO_3$.

(C) Eine technische Darstellung der Phosphorsäure kann durch Umsetzung von Calciumphosphat mit Essigsäure erfolgen.

(D) Für die Phosphorsäure gilt: $pK_{S1} > pK_{S2} > pK_{S3}$

(E) Hydroxylapatit bzw. Fluorapatit sind Verbindungen, die ein Salz der Phosphorsäure enthalten.

(F) Man erhält Phosphorsäure, wenn man das Phosphor(III)-oxid $P_4O_6$ in Wasser gibt.

## Aufgabe 65

In 1 L einer Pufferlösung mit pH-Wert 7 läuft eine chemische Reaktion ab. Bei dieser Reaktion werden 10 mmol $OH^-$-Ionen gebildet. Trotz dieser recht großen erzeugten Stoffmenge an $OH^-$ ist am Ende der Reaktion wegen der Anwesenheit des Puffersystems der pH-Wert nur auf den Wert 9 gestiegen.

Welcher Anteil der bei der Reaktion erzeugten $OH^-$-Ionen ist vom sauren Bestandteil des Puffersystems gebunden worden?

(A)  weniger als 90 %          (B)  90 %          (C)  99 %

(D)  99,9 %                    (E)  99,99 %       (F)  mehr als 99,99 %

## Aufgabe 66

Welche der folgenden Aussagen zum $pK_B$-Wert ist richtig?

(A)  Mit Hilfe des $pK_B$-Wertes lassen sich schwache organische Basen von schwachen anorganischen Basen unterscheiden.

(B)  Der $pK_B$-Wert einer Base ist der Stoffmengenkonzentration der Base proportional.

(C)  Der $pK_B$-Wert einer Base ist von der Verdünnung der Base unabhängig.

(D)  Der $pK_B$-Wert einer starken Base ist stärker positiv als der $pK_B$-Wert einer schwachen.

(E)  Der $pK_B$-Wert gibt an, wie viele Protonen die Base aufnehmen kann.

(F)  Der $pK_B$-Wert einer Base und der $pK_S$-Wert der korrespondierenden Säure stehen in keinem direkten Zusammenhang.

## Aufgabe 67

Eine kleine Menge gasförmiger Bromwasserstoff (HBr) wurde in 2 mL Wasser gelöst und ergab eine Lösung mit pH = 2,5. Die Lösung soll nun durch Hinzufügen von Wasser auf einen pH-Wert von 4,5 gebracht werden. Wie viel Wasser ist dafür erforderlich?

(A)  2 mL          (B)  4,5 mL          (C)  18 mL

(D)  198 mL        (E)  200 mL          (F)  1998 mL

## Aufgabe 68

Der $pK_S$-Wert von Essigsäure beträgt 4,75 und entspricht damit dem $pK_B$-Wert von Ammoniak. Es werden 50 mL einer wässrigen Lösung von Essigsäure ($c = 1,0$ mol/L) mit 20 mL einer wässrigen Ammoniak-Lösung ($c = 2,50$ mol/L) gemischt.

Welcher pH-Wert ist für die entstandene Lösung zu erwarten?

(A)  2,4           (B)  4,75           (C)  7,0

(D)  9,25          (E)  11,8           (F)  keine Aussage möglich

## Aufgabe 69

Es liegt eine schwache Säure HA mit der Konzentration $c$ (HA) $= 0,1$ mol/L vor. Wenn diese Lösung auf das 100-fache Volumen verdünnt wird (Verdünnungsfaktor: 0,01), dann

(A)  erhöht sich der pH-Wert um ca. 1.

(B)  erhöht sich der pH-Wert um ca. 2.

(C)  erniedrigt sich der pH-Wert um ca. 1.

(D)  erniedrigt sich der pH-Wert um ca. 0,5.

(E)  erhöht sich die Konzentration der undissoziierten Säure.

(F)  lässt sich eine Änderung des pH-Werts ohne Kenntnis der Säurekonstanten ($pK_S$-Wert) nicht berechnen.

## Aufgabe 70

Gegeben sind

(1)  10 mL einer wässrigen $NH_3$-Lösung der Konzentration $c = 0,1$ mol/L und

(2)  10 mL einer wässrigen NaOH-Lösung der Konzentration $c = 0,1$ mol/L

Welche Aussage trifft zu?

(A)  In Lösung (1) ist der pH-Wert höher als in (2).

(B)  In Lösung (2) ist der pH $= 10$.

(C)  Lösung (1) kann mit 10 mL HCl-Lösung ($c = 0,1$ mol/L) neutralisiert werden.

(D)  Lösung (1) verbraucht bei der Titration mit HCl-Lösung ($c = 0,1$ mol/L) bis zum Neutralpunkt weniger Säure als Lösung (2).

(E)  Am Äquivalenzpunkt der Titration mit HCl-Lösung ($c = 0,1$ mol/L) ist der pH-Wert bei (1) höher als bei (2).

(F)  Beide Lösungen weisen die gleiche Anzahl an Ionen auf.

# Aufgabe 71

Welche der folgenden Aussagen zum Säure-Base-Verhalten von Salzen trifft nicht zu?

(A) Salze schwacher Säuren reagieren in Wasser schwach basisch.

(B) Das korrespondierende Anion einer schwachen Säure ist eine stärkere Base als das korrespondierende Anion einer starken Säure.

(C) Die korrespondierende Säure schwacher Basen reagiert in Wasser infolge Hydrolyse basisch.

(D) Salze starker einprotoniger Säuren und starker Basen reagieren in Wasser neutral.

(E) Wässrige Lösungen aus Salzen schwacher Säuren und schwacher Basen verhalten sich wie Puffersysteme.

(F) Es gibt Salze, die sowohl als Säure als auch als Base reagieren können.

# Aufgabe 72

Welche der folgenden Aussagen zu einer zweiprotonigen Säure ist richtig?

(A) Bei der Titration einer zweiprotonigen Säure benötigt man vom Startpunkt bis zum 1. Halbäquivalenzpunkt (HÄP) genauso viel an Base wie vom 1. HÄP bis zum 2. HÄP.

(B) Da beide $pK_S$-Werte die Abspaltung eines Protons vom gleichen Molekül beschreiben sind sie von sehr ähnlicher Größe.

(C) Das zweite Proton bei einer zweiprotonigen Säure wird deutlich leichter abgespalten, als das erste.

(D) Titriert man eine zweiprotonige Säure mit starker Base, so liegt am 1. Äquivalenzpunkt (ÄP) ein Puffergemisch vor.

(E) Der Dissoziationsgrad einer schwachen zweiprotonigen Säure sinkt mit zunehmender Verdünnung.

(F) Titriert man eine zweiprotonige Säure mit starker Base, so liegt am 1. ÄP ein Ampholyt vor.

# Aufgabe 73

Welches der folgenden Salze verhält sich in wässriger Lösung am ehesten annähernd neutral?

(A) Natriumacetat

(B) Eisen(III)-sulfat

(C) Ammoniumchlorid

(D) Kaliumphosphat

(E) Ammoniumacetat

(F) Natriumhydrogensulfat

## Aufgabe 74

Von den nachstehend aufgeführten Salzen werden jeweils wässrige Lösungen mit identischer Konzentration hergestellt und deren pH-Wert gemessen. Sortieren Sie die Verbindungen nach abnehmendem pH-Wert für die Lösung in Wasser:

| $FeCl_3$ | NaBr | $Na(CH_3COO)$ | $KHSO_4$ | $K_2CO_3$ | $NH_4Cl$ |
|----------|------|---------------|----------|-----------|----------|
| __1__ | __2__ | __3__ | __4__ | __5__ | __6__ |

(A)  5 > 3 > 1 > 2 > 6 > 4          (B)  3 > 5 > 1 > 2 > 4 > 6

(C)  3 > 5 > 2 > 1 > 6 > 4          (D)  5 > 3 > 2 > 6 > 1 > 4

(E)  5 > 2 > 3 > 1 > 4 > 6          (F)  5 > 2 > 3 > 6 > 4 > 1

## Aufgabe 75

Antazida werden eingesetzt für eine symptomatische Behandlung von Erkrankungen, bei denen überschüssige Magensäure gebunden werden soll, z. B. Sodbrennen. Sehr häufig ist dabei ihr Einsatz zur rezeptfreien Selbstmedikation gegen Speiseröhrenentzündung (Refluxösophagitis). Eine solche Tablette zerfällt im sauren Milieu des Magens und wirkt dabei durch die rasche Neutralisation überschüssiger Magensäure. Es wird angenommen, dass eine Tablette etwa 4 mmol Aluminiumhydroxid und etwa 13 mmol Magnesiumhydroxid freisetzt; die Magensäure wird vereinfachend als etwa 1 L reine Salzsäure mit einem pH-Wert von 1 betrachtet.

Welche der folgenden Aussagen trifft am ehesten zu?

(A)  Die durch eine Tablette bewirkte Änderung des pH-Werts entspricht einer Neutralisation von etwas weniger als 20 mmol Salzsäure.

(B)  Durch eine Tablette wird der pH-Wert auf etwa 3 erhöht.

(C)  Durch die Lewis-Säure-Eigenschaften der Aluminium-Ionen kann sich der pH-Wert geringfügig erniedrigen.

(D)  Magnesiumhydroxid ist der einzige Bestandteil der Tablette, der eine Wirkung auf den pH-Wert hat.

(E)  Durch eine Tablette werden knapp 40 mmol der Protonen neutralisiert.

(F)  Die Wirkung wird durch keine der Aussagen richtig umschrieben.

## Aufgabe 76

Puffersysteme sind unverzichtbar – in der Biochemie ebenso wie im lebenden Organismus, wo der pH-Wert innerhalb ziemlich enger Grenzen konstant gehalten werden muss.

Welche der folgenden Aussagen zu Puffersystemen in wässriger Lösung ist richtig?

(A) Die Wirkung eines Puffers gegenüber $H^+$-Ionen ist umso besser, je stärker basisch das darin enthaltene Puffer-Anion ist.

(B) Solange das Verhältnis $(A^-)/(HA)$ in einem Puffer konstant bleibt ändert sich sein pH-Wert nicht.

(C) Phosphat-Ionen spielen eine wichtige Rolle als Puffersubstanz in der Zelle.

(D) Für die Herstellung eines Puffers mit dem pH-Wert 5,0 sind 0,1-molare Essigsäure ($pK_S$ = 4,75) und 1-molare Natronlauge ungeeignet.

(E) Um näherungsweise die Säurekonstante $K_S$ einer schwachen Säure zu ermitteln genügt es, den pH-Wert einer geeigneten Mischung dieser Säure mit ihrem Anion messen.

(F) Eine äquimolare Mischung aus Dihydrogenphosphat und Phosphat bildet ein ideales Puffersystem.

## Aufgabe 77

Welches der folgenden Gemische kommt am ehesten für die Herstellung eines Puffers in Frage, der einen pH-Wert von ca. 9,5 aufweisen soll?

(A) Essigsäure / Natriumacetat

(B) Natriumdihydrogenphosphat / Natriumhydrogenphosphat

(C) Kohlensäure / Natriumhydrogencarbonat

(D) Natriumhydrogencarbonat / Natriumcarbonat

(E) Ammoniak / Natriumamid ($NaNH_2$)

(F) Glutaminsäure / Glutamat

## Aufgabe 78

0,10 mol Kaliumphosphat werden mit 400 mL einer Schwefelsäure-Lösung der Konzentration 0,250 mol/L versetzt und das Gemisch auf 1 L mit Wasser aufgefüllt.

Welche der folgenden Aussagen ist richtig?

(A) Schwefelsäure reagiert mit dem Phosphat unter Bildung von Kaliumhydrogensulfat-phosphat.

(B) Die Lösung enthält nun v. a. Hydrogenphosphat- und Hydrogensulfat-Ionen.

(C) Der pH-Wert fällt auf ca. 1, da eine starke Säure vorliegt.

(D) Das entstandene Gemisch zeigt gute Puffereigenschaften.

(E) In der entstandenen Mischung liegt überwiegend das Dihydrogenphosphat-Ion vor.

(F) Es bildet sich Phosphorsäure.

## Aufgabe 79

Bei welcher der folgenden Reaktionen handelt es sich um eine Redoxreaktion?

(A) $2\,Ag^+ + S^{2-} \longrightarrow Ag_2S$

(B) $H_3O^+ + CN^- \longrightarrow HCN + H_2O$

(C) $CO_2 + OH^- \longrightarrow HCO_3^-$

(D) $PH_3 + 3\,Br_2 \longrightarrow PBr_3 + 3\,HBr$

(E) $[Cu(NH_3)_4]^{2+} + 4\,CN^- \rightleftharpoons [Cu(CN)_4]^{2-} + 4\,NH_3$

(F) $2\,NH_3 + H_2SO_4 \longrightarrow (NH_4)_2SO_4$

## Aufgabe 80

In einem Praktikumsversuch werden zwei Kupferspäne in ein Reagenzglas mit verdünnter Säure gegeben, der eine in verdünnte HCl-Lösung, der andere in verdünnte $HNO_3$-Lösung.

Welche der folgenden Aussagen beschreibt den Verlauf des Versuchs korrekt?

(A)  Der Span in der HCl-Lösung löst sich unter Entwicklung von $H_2$; der in der $HNO_3$-Lösung löst sich unter Bildung eines braunen Komplexes auf.

(B)  Beide Experimente verlaufen identisch, da der Span beiden Fällen einer starken Säure ausgesetzt wird.

(C)  Man beobachtet das Aufsteigen von Gasbläschen durch entstehendes Chlor-Gas.

(D)  In einem Reagenzglas beobachtet man nichts; in dem anderen bilden sich nitrose Gase infolge der Reduktion von Nitrat.

(E)  In der HCl-Lösung fungiert $H^+$ als Oxidationsmittel und es entstehen $Cu^{2+}$-Ionen.

(F)  Kupfer ist ein edles Metall und zeigt daher keine Reaktion.

## Aufgabe 81

Das Standardreduktionspotenzial des Redoxpaars $O_2$, $4\,H^+ / 2\,H_2O$ beträgt $E° = 1{,}22$ V.

Welchen Wert nimmt das Redoxpotenzial ungefähr an, wenn der pH-Wert auf 7 erhöht wird, im Übrigen aber die Standardbedingungen erhalten bleiben?

(A)  Das Redoxpotenzial ändert sich nicht, weil es eine Konstante ist.

(B)  1,9 V             (C)  1,6 V             (D)  0,5 V

(E)  0,8 V             (F)  1,16 V

# Aufgabe 82

Welche Aussage zu den angegebenen Redoxsystemen ist unter Normalbedingungen falsch?

$$Zn^{2+} + 2\,e^- \rightleftharpoons Zn \qquad E° = -0,76\,V$$

$$Cu^{2+} + 2\,e^- \rightleftharpoons Cu \qquad E° = +0,35\,V$$

$$Ag^+ + e^- \rightleftharpoons Ag \qquad E° = +0,81\,V$$

(A) Die angegebenen Standardreduktionspotenziale können unter Standardbedingungen durch Messung gegen eine Normalwasserstoffelektrode bestimmt werden.

(B) Mit $Cu^{2+}$-Kationen lässt sich elementares Zink oxidieren.

(C) Die Reaktion $Cu + 2\,Ag^+ \longrightarrow Cu^{2+} + 2\,Ag$ läuft spontan ab.

(D) Wenn man elementares Silber in eine Lösung mit $Zn^{2+}$-Kationen bringt, fließen Elektronen vom Silber zum $Zn^{2+}$.

(E) Von den drei Oxidationsmitteln $Zn^{2+}$, $Cu^{2+}$ und $Ag^+$ ist das $Ag^+$-Ion das stärkste Oxidationsmittel.

(F) Von den Reduktionsmitteln Zn, Cu und Ag ist das Zink das stärkste Reduktionsmittel.

# Aufgabe 83

Das Element Sauerstoff ist unverzichtbar für den menschlichen Körper; es dient als finales Oxidationsmittel innerhalb der Atmungskette in den Mitochondrien und wird dabei letztlich zu Wasser reduziert. Welche der folgenden Aussagen bezüglich des Redoxpaars $O_2/2\,H_2O$ und seines Reduktionspotenzials $E$ trifft zu?

(A) Im Zuge der Reduktion müssen zwei Elektronen auf den Sauerstoff übertragen werden.

(B) Für das Reduktionspotenzial $E$ gilt:

$$E(O_2/2\,H_2O) = E°(O_2/2\,H_2O) - \frac{59\,mV}{4}\,lg\,\frac{[H_2O]^2}{p(O_2)}$$

(C) Für das Reduktionspotenzial $E$ gilt:

$$E(O_2/2\,H_2O) = E°(O_2/2\,H_2O) - \frac{59\,mV}{2}\,lg\,\frac{[H_2O]^2}{p(O_2)\,[H^+]^4}$$

(D) Da in der Redoxteilgleichung Protonen und Elektronen in gleicher Anzahl vorkommen, kürzen sich die Protonen in der Nernst-Gleichung heraus und das Potenzial wird unabhängig von der Protonenkonzentration.

(E) Seine stärkste Oxidationskraft entfaltet der Sauerstoff unter physiologischen Bedingungen, als bei einem pH-Wert um 7.

(F) Das Reduktionspotenzial sinkt mit zunehmendem pH-Wert um 0,059 V pro pH-Einheit.

## Aufgabe 84

Eine galvanische Kette, die aus einer Redoxelektrode mit einem Einelektronenübergang und einer Kalomelelektrode als Referenzelektrode besteht ($E_{Kalomel}$ = 246 mV), liefert bei 25 °C eine elektromotorische Kraft von 23 mV.

Das Standardreduktionspotenzial der Redoxelektrode beträgt $E°$ (Ox/Red) = 446 mV.

Welchen Wert hat das Stoffmengenverhältnis $n$(Ox)/$n$(Red) ungefähr?

(A)   $10^{-3}$          (B)   $10^3$          (C)   3

(D)   –3            (E)   $10^{-6}$         (F)   $10^6$

## Aufgabe 85

Gold (Elementsymbol Au) bildet Ionen im Oxidationszustand +1 und +3. Das Redoxpotenzial des Redoxpaares $Au^{3+}/Au^+$ hat für den Fall $c$ ($Au^{3+}$) = $c$ ($Au^+$) den Wert $E$ ($Au^{3+}/Au^+$) = 1,42 V.

Wie ändert sich das Redoxpotenzial, wenn die $Au^{3+}$-Konzentration auf das Zehnfache der $Au^+$-Konzentration zunimmt?

Das Redoxpotenzial

(A)   erhöht sich um ca. 100 %, d. h. sein Wert verdoppelt sich.

(B)   erhöht sich auf das 10-fache des Ausgangswertes.

(C)   erniedrigt sich auf ein Zehntel des Ausgangswertes.

(D)   erhöht sich um ca. 4 %.

(E)   erhöht sich um etwas mehr als 2 %.

(F)   erniedrigt sich um ca. 2 %.

## Aufgabe 86

Eine Elektrolysezelle enthält verdünnte Salzsäure. Welches Produkt wird an der negativen Elektrode (der Kathode) gebildet, wenn man eine geeignete Spannung anlegt?

(A)   $Cl^-$           (B)   $H^+$           (C)   $Cl_2$

(D)   $O_2$           (E)   $H_2$           (F)   keines

# Aufgabe 87

Es wird das Membranpotenzial einer Zelle gemessen, deren Membran ausschließlich für $K^+$-Ionen permeabel sein soll. Bei physiologischer Temperatur ($T = 37\ °C$) wird dabei ein Wert von ca. $-90\ mV$ erhalten (das Zellinnere ist negativ). In welchem Verhältnis steht die extrazelluläre Konzentration der $K^+$-Ionen zur intrazellulären?

(A)  1 : 300     (B)  1 : 30     (C)  1 : 1     (D) 30 : 1

(E)  300 : 1     (F)  aus den vorhandenen Angaben nicht berechenbar

# Aufgabe 88

Welche Aussage zu Komplexverbindungen trifft zu?

(A)  Gibt man einen Komplex in wässrige Lösung, so dissoziiert er in seine Bestandteile.

(B)  Die Koordinationszahl des Zentralions gibt die Anzahl der Liganden an.

(C)  Alkalimetalle bilden zahlreiche Komplexe mit Liganden wie $Cl^-$, $NH_3$ oder $CN^-$ aus.

(D)  Komplexe sind stets geladen.

(E)  Komplexe der Zusammensetzung $[MeL_3]^{x+}$ (Me = Metallion; L = Ligand) existieren nicht, da Metallionen stets tetraedrische oder oktaedrische Komplexe bevorzugen.

(F)  Durch die Bildung von Komplexverbindungen kann die Ausfällung eines Metallions als schwer lösliches Salz in manchen Fällen verhindert werden.

# Aufgabe 89

Metallkomplexe sind auch weit verbreitet in biologischen Systemen, wie z. B. in den Cytochromen. Welche der folgenden Aussagen trifft zu?

(A)  Die Koordinationszahl eines Metallkomplexes gibt an, wie viele Liganden an das Zentralmetall gebunden sind.

(B)  Die Dissoziationskonstante für einen Metallkomplex ermöglicht eine Aussage über seine Stabilität.

(C)  Komplexe von Übergangsmetallen sind stets farbig, weil d-Elektronen angeregt werden können.

(D)  Zwei Metallkomplexe mit identischen Liganden und dem gleichen Zentralmetall können dennoch unterschiedlich sein.

(E)  Aufgrund der positiven Ladung ihres Zentralions sind Metallkomplexe kationische Verbindungen.

(F)  Der Betrag der energetischen Aufspaltung der d-Orbitale in einem Metallkomplex wird nur durch die Stärke der Liganden (d. h. ihre Art) determiniert.

## Aufgabe 90

Gegeben sei folgende Komplexverbindung:        $[CoCl_2(H_2O)_4]Cl \times 2\,H_2O$

Welches ist der korrekte Name für diese Verbindung?

(A)   Hexaaquatrichloridocobaltat(II)

(B)   Tetraaquadichloridocobalt(III)-chlorid – Dihydrat

(C)   Hexaaquadichloridocobalt(II)-chlorid

(D)   Diaquacobalt(III)-dichlorido – Tetrahydrat

(E)   Dichloridotetraaquacobaltat(I)-chlorid – Dihydrat

(F)   Tetraaquadichloridocobalt(I)-chlorid – Dihydrat

## Aufgabe 91

Welche Aussage zu folgender Reaktion ist falsch?

$$[Cu(H_2O)_4]^{2+} + 2\,en \longrightarrow [Cu(en)_2]^{2+} + 4\,H_2O$$

Die Abkürzung „en" steht für den Liganden 1,2-Diaminoethan ($H_2N–CH_2–CH_2–NH_2$).

(A)   Es handelt sich um eine Ligandenaustauschreaktion.

(B)   Es entsteht ein Chelatkomplex.

(C)   Das Zentralion ändert seinen Oxidationszustand nicht.

(D)   Der Ligand bildet mit dem Zentralion eine Sechsringstruktur.

(E)   Der neu entstehende Komplex hat ebenso wie der Ausgangskomplex die Koordinations-
        zahl vier.

(F)   Der Ligand „en" ist zweizähnig.

## Aufgabe 92

Welche Aussage zur folgenden Reaktion ist richtig?

$$[Cr(H_2O)_6]^{3+} + 2\,Cl^- \longrightarrow [Cr(H_2O)_4Cl_2]^+ + 2\,H_2O$$

(A)   Für das Produkt ist eine Absorption im sichtbaren Spektralbereich zu erwarten, da die
        freien Elektronenpaare des Chlors leicht angeregt werden können.

(B)   Es erfolgt eine Reduktion des Chroms von +3 auf +1.

(C)   Die Chlorid-Ionen werden zu $Cl_2$ oxidiert.

(D)  Es findet eine Neutralisation statt.

(E)  Es erfolgt eine Hydratisierung.

(F)  Für das Produkt sind zwei stereoisomere Formen zu erwarten.

## Aufgabe 93

Nebenstehend ist eine Verbindung gezeigt, die große Bedeutung in der analytischen Chemie besitzt, aber auch im medizinischen Labor Verwendung findet.

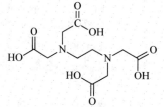

Welche der folgenden Aussagen ist falsch?

(A)  Es handelt sich um die Ethylendiamintetraessigsäure.

(B)  Die Verbindung kann als sechszähniger Chelatligand
fungieren und dabei ein Metall-Ion oktaedrisch koordinieren.

(C)  Die Bindungseigenschaften dieses Liganden werden erheblich verbessert, wenn man bei
basischen pH-Werten arbeitet.

(D)  In basischer Lösung bildet die Verbindung mit $Ca^{2+}$-Ionen einen zweifach negativ geladenen Komplex.

(E)  Es können mehrere unterschiedliche Komplexe gebildet werden, da die beiden N-Atome
beliebige Positionen innerhalb der Koordinationssphäre besetzen können.

(F)  Die Komplexbildung eines hydratisierten Kations mit diesem Liganden wird durch eine
Zunahme der Entropie des Systems angetrieben.

## Aufgabe 94

Eine der häufigsten Messverfahren im medizinischen Labor fußt auf dem Lambert-Beer'schen
Gesetz. Die zu untersuchende Substanz befindet sich in Lösung in einer Messküvette mit
bekannter Schichtdicke $d$, die mit Licht der Intensität $I_0$ bestrahlt wird. Am Detektor wird die
Intensität $I$ gemessen.

Welche Beziehung beschreibt die Proportionalität zur Stoffmengenkonzentration $c$ korrekt?

(A)  $\lg(I_0 / I) \sim c$      (B)  $\dfrac{1}{\lg(I_0 / I)} \sim c$      (C)  $(I_0 / I) \sim c$

(D)  keine      (E)  $(I / I_0) \sim c$      (F)  $10^{(I / I_0)} \sim c$

# Aufgabe 95

Hämoglobin ist ein Protein, das aus vier Untereinheiten besteht, von denen jede ein komplex gebundenes Eisen-Ion in Form der sogenannten Häm-Gruppe aufweist. Als Transportmolekül für Sauerstoff im Blut ist das Hämoglobin für menschliches Leben unverzichtbar. Die Aufklärung der exakten dreidimensionalen Struktur dieses Proteins mittels Röntgenstrukturanalyse war ein Meilenstein in der Geschichte der Biochemie.

Welche Aussage zur Häm-Gruppe – als Chelatkomplex betrachtet – ist falsch?

(A)   Je größer die Stabilitätskonstante eines Komplexes ist, umso geringer sind im Gleichgewicht die Konzentrationen an freien Liganden.

(B)   Im Häm wird Eisen von einem vierzähnigen Stickstoffliganden koordiniert.

(C)   Das Eisenatom des Häms kann noch zwei weitere Liganden in axialer Position koordinieren.

(D)   Sauerstoff bindet nur an die Häm-Gruppe, wenn das Eisen-Ion in der Oxidationsstufe $+2$ vorliegt.

(E)   An Häm gebundener Sauerstoff kann durch Kohlendioxid verdrängt werden.

(F)   Bei der Bindung von Sauerstoff handelt es sich um eine typische reversible Reaktion.

# Aufgabe 96

Welche der folgenden Aussagen zur Photometrie ist richtig?

(A)   Bei der Photometrie misst man die Intensität des von einer Lösung emittierten Lichts.

(B)   Die Intensität des Lichts, das den Detektor erreicht, nimmt linear mit der Dicke der durchstrahlen Schicht ab.

(C)   Transmission und Absorbanz verhalten sich indirekt proportional zueinander.

(D)   Eine Lösung des Proteins Serumalbumin ist farblos. Eine Konzentrationsbestimmung durch Absorptionsmessung ist daher nicht möglich.

(E)   Eine Lösung mit der Absorbanz $A = 1{,}3$ absorbiert etwa doppelt so viel Licht, wie eine mit der Absorbanz $A = 1$.

(F)   Die photometrische Konzentrationsbestimmung einer Substanz muss bei der Wellenlänge erfolgen, bei der sie ihr Absorptionsmaximum aufweist.

## Aufgabe 97

Für die Lösung einer Substanz S erhält man die im Diagramm dargestellte Abhängigkeit der Absorption von der Konzentration bei der Schichtdicke $d = 1$ cm.

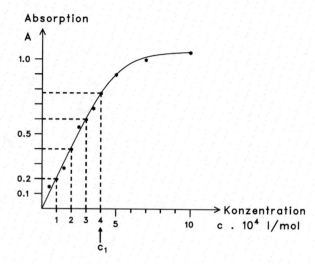

Welche der folgenden Aussagen ist falsch?

(A) Aus der Steigung der Kurve im linearen Bereich kann man den molaren Absorptionskoeffizienten $\varepsilon$ bestimmen.

(B) Bei $c > c_1$ wird der Gültigkeitsbereich des Lambert-Beer'schen Gesetzes verlassen.

(C) Bei Werten von $c > c_1$ ist $\varepsilon$ kleiner als bei Werten von $c < c_1$.

(D) Für $0 < c < c_1$ gilt: $\varepsilon = (c \cdot d) / A$

(E) Für den molaren Absorptionskoeffizient $\varepsilon$ der Substanz, der im linearen Bereich der Kurve bestimmt wird, ergibt sich: $\varepsilon = 0{,}2 \cdot 10^4$ L mol$^{-1}$ cm$^{-1}$

(F) Ist die gemessene Absorbanz $A = 0{,}1$ beträgt die Transmission der Lösung knapp 80 %.

## Aufgabe 98

Die Lösung eines Proteins wird im Photometer bei einer Wellenlänge von 280 nm untersucht. Dabei wurde eine Transmission $T_1 = 0{,}4$ bestimmt. Wie groß ist wäre Transmission, wenn die Proteinlösung die doppelte Konzentration aufweisen würde?

(A) $T_2 = 0{,}08$      (B) $T_2 = 0{,}10$           (C) $T_2 = 0{,}20$

(D) $T_2 = 0{,}16$      (E) $T_2 = 0{,}80$

(F) Die Messung ist fehlerhaft, da die Transmission im Sichtbaren gemessen werden muss.

## Aufgabe 99

Welche Beziehung gilt für die Sättigungskonzentration von $Fe^{3+}$ in einer gesättigten Lösung von Eisen(III)-hydroxid (Abk.: FeHy) bzw. für dessen Löslichkeitsprodukt ?

(A)  $c\,(Fe^{3+}) = 3\,c\,(OH^-)$    (B)  $c\,(Fe^{3+}) = c^3\,(OH^-)$

(C)  $K_L\,(FeHy) = c^3\,(Fe^{3+}) \cdot (OH^-)$    (D)  $K_L\,(FeHy) = c\,(Fe^{3+}) \cdot 3\,c\,(OH^-)$

(E)  $K_L\,(FeHy) = 27\,c^4\,(Fe^{3+})$    (F)  $K_L\,(FeHy) = c\,(Fe^{3+}) + 3\,c\,(OH^-)$


## Aufgabe 100

Eine sogenannte „physiologische Kochsalz-Lösung"

(A)  wird hypertonisch, wenn man sie mit etwas Wasser verdünnt.

(B)  bildet einen Niederschlag von $Na_2SO_4$, wenn man eine Ammoniumsulfat-Lösung der Konzentration $c = 1$ mol/L zugibt.

(C)  entsteht durch Auflösung von knapp 10 g Kochsalz in 1 L Wasser.

(D)  hat den physiologischen pH-Wert 7,4.

(E)  besitzt gute Puffereigenschaften.

(F)  darf nicht oral verabreicht werden, da sich sonst mit den Protonen im Magen HCl bildet.


## Aufgabe 101

Welche Aussage zum Löslichkeitsverhalten chemischer Verbindungen ist falsch?

(A)  Salze wie KCl lösen sich nur sehr wenig in unpolaren Lösungsmitteln, weil die Solvatationsenergien nicht ausreichen, um die Gitterenthalpie zu kompensieren.

(B)  Zur Löslichkeit von Glucose in Wasser trägt die Ausbildung von Wasserstoffbrückenbindungen wesentlich bei.

(C)  Unedle Metalle lösen sich leicht in wässriger Säure, wobei aus dem Metallgitter gelöste Atome entstehen.

(D)  Quarz ($SiO_2$) ist trotz seiner polaren Bindungen in Wasser unlöslich, weil dabei viele kovalente Bindungen gebrochen werden müssten.

(E)  Ethanol ist vollständig mit Wasser mischbar, weil die Wechselwirkungen zwischen Wasser- und Ethanol-Molekülen ähnlich stark sind wie diejenigen zwischen Wasser- bzw. Ethanol-Molekülen allein.

(F)  Iod ist wesentlich besser löslich in $CCl_4$ oder Kohlenwasserstoffen als in Wasser.

# Aufgabe 102

Diese Aufgabe befasst sich mit dem Phasenverhalten einer wichtigen Verbindung, dem Kohlendioxid. Welche der folgenden Aussagen ist hierbei richtig?

(A) Aufgrund seiner Polarität ist flüssiges $CO_2$ ein gutes Lösungsmittel für die Extraktion polarer Substanzen.

(B) Festes $CO_2$ schmilzt bei Normaldruck bei ca. $-78\,°C$.

(C) Erhöht man den Druck auf festes $CO_2$, so nimmt der Schmelzpunkt etwas ab.

(D) Es gibt keinen Druck und keine Temperatur, bei der sich festes, flüssiges und gasförmiges $CO_2$ miteinander im Gleichgewicht befinden.

(E) Kühlt man $CO_2$ bei einem Druck von 1 bar auf hinreichend niedrige Temperatur ab, so kann es verflüssigt werden.

(F) Die kritische Temperatur von $CO_2$ beträgt $31\,°C$. Dies bedeutet, dass bei $35\,°C$ kein flüssiges $CO_2$ gebildet werden kann, auch wenn man extrem hohe Drücke anwendet.

# Aufgabe 103

Silberchlorid wird im Überschuss zu einem Liter reinen Wassers gegeben, so dass eine gesättigte Silberchlorid-Lösung entsteht; der Überschuss an Silberchlorid bildet einen Bodensatz. In der überstehenden Lösung befinden sich ca. $10\,\mu$mol Chlorid-Ionen. Die ungefähren relativen Atommassen von Silber bzw. Chlor sind 108 bzw. 35.

Welche der folgenden Aussagen ist richtig?

(A) In der Lösung befinden sich ca. $10^5$ Chlorid-Ionen.

(B) Die Stoffmenge der Silber-Ionen in der Lösung ist geringer, als die der Chlorid-Ionen.

(C) Es haben sich ca. 1–2 mg Silberchlorid gelöst.

(D) Ein Zusatz von Ammoniak beeinflusst das Lösungsgleichgewicht nicht, da kein gemeinsames Ion hinzugefügt wird.

(E) Das Löslichkeitsprodukt von Silberchlorid beträgt etwa $10^{-5}\,\text{mol}^2/\text{L}^2$.

(F) Durch Versetzen mit konz. Salzsäure, einer starken Säure, kann der Bodensatz in Lösung gebracht werden.

# Aufgabe 104

Hat man zwei nur wenig miteinander mischbare Phasen, wie z. B. die beiden Flüssigkeiten Diethylether und Wasser, sowie Stoffe, die sich in diesen beiden Phasen lösen können, so stellt sich gemäß dem Nernst'schen Verteilungsgesetz ein Verteilungsgleichgewicht ein.

Welche Aussage zu einer derartigen Verteilung gelöster Stoffe auf zwei Phasen ist falsch?

(A) Der Verteilungskoeffizient $K$ ist der Quotient aus den Konzentrationen des Stoffes in den beiden Phasen.

(B) Der Verteilungskoeffizient $K$ ist von der Temperatur abhängig.

(C) Die Erhöhung der Konzentration des gelösten Stoffes in der einen Phase führt zu einer Erhöhung der Konzentration in der anderen Phase.

(D) Der Stofftransport zwischen den Phasen erfolgt über die Phasengrenzfläche.

(E) Der Verteilungskoeffizient $K$ gibt die Geschwindigkeit der Verteilung an.

(F) Elementares Iod kann zwischen Tetrachlormethan und Wasser verteilt werden. Für den Verteilungskoeffizienten $K = c\,(\text{Iod}_{CCl_4})\,/\,c\,(\text{Iod}_{H_2O})$ erwartet man einen Wert $> 1$.

## Aufgabe 105

Es wurde ein potenzieller neuartiger, ziemlich unpolarer Wirkstoff entdeckt, der mithilfe von Ether aus einer wässrigen Zellsuspension extrahiert werden soll. Vorversuchen zufolge beträgt der Verteilungskoeffizient des Wirkstoffkandidaten im System Diethylether/Wasser $K = 3$. Welche Aussage zu einem derartigen Ether/Wasser-System ist nach Phasentrennung richtig?

(A) Nach Ausschütteln von 1 L der Wasserphase mit 1 L Ether befinden sich 33 % der gesuchten Substanz in der Etherphase.

(B) Nach Ausschütteln von 1 L der Wasserphase mit 1 L Ether befinden sich 66 % der gesuchten Substanz in der Etherphase.

(C) Nach Ausschütteln von 1 L der Wasserphase mit 1 L Ether befinden sich 75 % der gesuchten Substanz in der Etherphase.

(D) Lässt man nach der Phasentrennung die untere Phase im Scheidetrichter ab, so hat man die gewünschte Etherphase; die Wasserphase verbleibt im Trichter.

(E) Anstelle von Ether sollte besser Ethanol als Extraktionsmittel verwendet werden.

(F) Steht insgesamt 1 L Ether zur Extraktion zur Verfügung, ist es wirkungsvoller, diese in einem Schritt einzusetzen, als mehrmals mit kleineren Volumina zu extrahieren.

## Aufgabe 106

Die Verteilung eines gelösten Stoffes auf zwei Phasen wird durch das Nernst'sche Verteilungsgesetz beschrieben. Für diese Aufgabe sei angenommen, dass es sich bei Phase I um Diethylether und bei Phase II um Wasser handelt. Betrachtet wird die Verteilung von Cholesterol (s. rechts) zwischen diesen beiden Phasen.

Welche der folgenden Aussagen trifft zu?

(A) Der Verteilungskoeffizient $K$ ist die Summe aus den Konzentrationen des Cholesterols in den beiden Phasen.

(B) Eine Erhöhung der Konzentration an Cholesterol in Phase I führt zu einer Erhöhung der Konzentration in Phase II.

(C) Wenn sich das Gleichgewicht eingestellt hat, findet zwischen den beiden Phasen kein Stoffaustausch mehr statt.

(D) Der Verteilungskoeffizient eines Stoffes ist eine Stoffkonstante und somit von der Art der beiden Phasen, auf die er verteilt wird, unabhängig.

(E) Für Cholesterol ist ein Verteilungskoeffizient $K$ (Phase II / Phase I) > 1 zu erwarten.

(F) Der Verteilungskoeffizient wird häufig für das System Ethanol/Wasser angegeben.

## Aufgabe 107

Welche der folgenden Aussagen zu Phasenumwandlungen ist zutreffend?

(A) Ein Phasendiagramm beschreibt die Existenzbereiche der verschiedenen Phasen in Abhängigkeit von Druck und Volumen.

(B) Das Schmelzen eines Feststoffs, z. B. von Eis, ist ein exothermer Vorgang.

(C) Unter Sublimation versteht man den spontanen Übergang vom flüssigen in den gasförmigen Zustand.

(D) Entlang einer Phasengrenzlinie stehen je zwei Phasen miteinander im Gleichgewicht.

(E) Im Zuge einer Phasenumwandlung nimmt die Temperatur im System kontinuierlich ab.

(F) Wasser lässt sich vom flüssigen in den Gaszustand überführen, wenn der Druck entsprechend erhöht wird.

## Aufgabe 108

Welche Aussage zu Kohlendioxid und seiner Lösung in Wasser ist falsch?

(A) Die Konzentration an gelöstem Kohlendioxid ist eine Funktion des Kohlendioxid-Partialdrucks in der Gasphase.

(B) Die Löslichkeit von Kohlendioxid in Wasser steigt mit abnehmender Temperatur.

(C) Eine Lösung von Kohlendioxid in Wasser reagiert schwach sauer.

(D) Das Hydrogencarbonat-Ion ist eine schwache Base.

(E) Im Kohlendioxid hat der Kohlenstoff die höchstmögliche Oxidationszahl +4.

(F) Aufgrund seiner beiden polaren C=O-Bindungen löst sich Kohlendioxid gut in Wasser.

## Aufgabe 109

Welche der folgenden Aussagen zum Phasenverhalten von Wasser ist richtig?

(A) Es ist nicht möglich, dass sich alle drei Aggregatzustände des Wassers (Eis, Wasser, Wasserdampf) miteinander im Gleichgewicht befinden.

(B) Wird festes Wasser erwärmt, so muss es stets erst den flüssigen Zustand durchlaufen, bevor es in Wasserdampf übergehen kann.

(C) Schlittschuhlaufen ist möglich, da durch den Druck der Kufen auf dem Eis der Schmelzpunkt so erniedrigt wird, dass sich ein dünner Wasserfilm bilden kann.

(D) Aus der Dampfdruckkurve von Wasser lässt sich der Siedepunkt als Funktion des Drucks ablesen.

(E) Da Wasser bei einer Temperatur von 100 °C siedet, ist es nicht möglich, es in flüssiger Form beispielsweise bis auf 130 °C zu erhitzen.

(F) Erhöht man den Druck auf festes Wasser (Eis), wird die feste Phase stabilisiert, so dass der Schmelzpunkt steigt.

## Aufgabe 110

Kältesprays sind in einer Sprühdose abgefüllte Flüssiggase mit niedrigen Siedepunkten, wie 1,1,1,2-Tetrafluorethan oder auch Chlorethan. Sie finden Anwendung zur Kälteanästhesie in der Medizin wie auch in der Zahnmedizin zur Sensibilitätsprüfung von Zähnen.

Chlorethan hat bei normalem Druck einen Siedepunkt von etwa 12 °C. Bringt man es mit einem dünnen Sprühstrahl auf die Haut, wirkt es kühlend, auch wenn es beim Aufbringen so warm wie die Haut und die Umgebung ist.

Welche Beziehung gilt für die Phasenumwandlung des Chlorethans?

(A) $\Delta G = 0$         (B) $\Delta G > 0$         (C) $\Delta H > 0$         (D) $\Delta H < 0$

(E) $\Delta S < 0$         (F) Die Angaben sind nicht hinreichend für eine Aussage.

## Aufgabe 111

Flüssigkeiten sind u. a. durch ihren Dampfdruck charakterisiert. Substanzen mit einem hohen Dampfdruck gelten als leicht flüchtig; solche mit einem niedrigen Dampfdruck als schwer flüchtig. Es wird ein Feststoff (dessen Dampfdruck näherungsweise gleich Null ist) in einem Lösungsmittel gelöst und die Eigenschaften der Lösung mit denjenigen des reinen Lösungsmittels verglichen.

Welche der folgenden Aussagen ist richtig?

(A) Der Dampfdruck bleibt unverändert, da der gelöste Feststoff wie angegeben keinen Beitrag liefert.

(B) Es kommt zu einer Erniedrigung des Siedepunkts der Lösung verglichen mit dem reinen Lösungsmittel.

(C) Für den Siedepunkt der Lösung spielt es keine Rolle, ob man in dem gegebenen Lösungsmittel (z. B. Wasser) 1 mol Glucose oder 1 mol Kochsalz aufgelöst hat.

(D) In der Lösung herrscht ein osmotischer Druck, der proportional der Masse des gelösten Stoffes ist.

(E) Eine Flüssigkeit siedet, wenn ihr Dampfdruck genauso groß ist, wie der Atmosphärendruck über der Flüssigkeit.

(F) Je größer der äußere Druck über einer Lösung, desto niedriger siedet sie.

## Aufgabe 112

Zwei Gefäße enthalten jeweils 1 L reines Wasser. In eines davon werden drei Löffel Natriumchlorid eingerührt, in das zweite drei Löffel Saccharose.

Welche der folgenden Aussagen ist korrekt?

(A) Durch das gelöste Natriumchlorid liegt der Siedepunkt der Lösung bei Normaldruck nun etwas unter 100 °C.

(B) Da weder NaCl noch Zucker als Feststoffe einen nennenswerten Dampfdruck aufweisen, ist der messbare Dampfdruck der Lösung genauso groß wie vor der Auflösung.

(C) Saccharose bewirkt einen größeren osmotischen Druck als NaCl, weil das Molekül eine wesentlich größere molare Masse aufweist.

(D) Da durch das Lösen der Stoffe die Entropie zunimmt, steigt auch der Dampfdruck.

(E) Die Temperaturspanne zwischen dem Schmelzpunkt und dem Siedepunkt der Lösung vergrößert sich gegenüber derjenigen für reines Wasser.

(F) Da der Siedepunkt von Wasser nur vom äußeren Luftdruck abhängt, sieden die Lösungen beim Standarddruck von 1,0 bar bei 100 °C.

## Aufgabe 113

Eine Verbindung weist einen Tripelpunkt von 255 K und 0,296 bar auf. Was ist zu erwarten, wenn man eine Probe der festen Substanz bei einem Druck von 0,26 bar von −35 °C auf 0 °C erwärmt?

(A)  Die Verbindung schmilzt.

(B)  Das Verhalten ist nicht vorhersagbar, weil der Schmelzpunkt nicht bekannt ist.

(C)  Die Verbindung sublimiert in den Gaszustand.

(D)  Nichts. Die Verbindung bleibt fest und erwärmt sich.

(E)  Die Verbindung ändert ihre Kristallstruktur.

(F)  Bei einer Temperatur unterhalb des Tripelpunkts kann die Substanz nicht existieren; sie geht spontan eine Reaktion mit dem Luftsauerstoff ein.

## Aufgabe 114

Die Dialyse ist ein Verfahren, das nicht nur in der Biochemie von großem Nutzen ist, sondern auch medizinisch Verwendung findet.

Welche der folgenden Aussagen ist falsch?

(A)  Die Dialyse beruht auf einer Diffusion entlang eines Konzentrationsgradienten.

(B)  Aus einer Proteinlösung lassen sich Salze wie $(NH_4)_2SO_4$ durch Dialyse der Lösung gegen eine geeignete Pufferlösung fast vollständig entfernen.

(C)  Bei einem Dialysevorgang ist das Rühren der Lösung contraproduktiv, da es dazu führt, dass die zu trennenden Bestandteile wieder vermischt werden.

(D)  Mit Fortdauer der Dialyse nimmt der Konzentrationsgradient immer weiter ab.

(E)  Im Gegensatz zu sogenannten aktiven Transportprozessen (z. B. über die Plasmamembran der Zelle) benötigt die Dialyse keine Energiezufuhr.

(F)  Zur Durchführung einer Dialyse benötigt man eine semipermeable Membran.

## Aufgabe 115

Meerwasser enthält verschiedene gelöste Salze mit einem durchschnittlichen Massenanteil von etwa 3,5 %, was einer Ionenkonzentration von ca. 1 mol/L entspricht. Trennt man Meerwasser durch eine geeignete semipermeable Membran von reinem Wasser, lässt sich nach einiger Zeit ein Anstieg des Flüssigkeitsspiegels der Salzlösung gegenüber dem des reinen Wassers beobachten. Welche der folgenden Aussagen zu diesem Phänomen ist nicht richtig?

(A)  Der hier beschriebene Prozess wird als Osmose bezeichnet.

(B)  Im Gleichgewichtszustand ist die Salzlösung gegenüber dem Wasser isotonisch.

(C)  Im Gleichgewichtszustand diffundieren durch die Membran pro Zeiteinheit gleich viele Wassermoleküle in beide Richtungen.

(D) Wenn es gelingt, einen ausreichend hohen Druck (> 30 bar) auf das Meerwasser auszuüben, lässt sich auf diese Weise reines Wasser gewinnen.

(E) Der hydrostatische Überdruck der Salzlösung im Gleichgewichtszustand hängt von der Temperatur ab.

(F) Der hydrostatische Überdruck der Salzlösung im Gleichgewichtszustand hängt davon ab, aus welchem Meer das Wasser gewonnen wurde, da die Salzkonzentration jeweils unterschiedlich ist.

## Aufgabe 116

Welche der folgenden Aussagen zur Ordnung bzw. Molekularität einer Reaktion trifft zu?

(A) Hat man eine Reaktion der Stöchiometrie $A + B \rightarrow$ Produkte, so gilt für ihre Geschwindigkeit $v = k \cdot c(A) \cdot c(B)$.

(B) Ist an einer Reaktion nur ein Edukt A beteiligt, so ist die Reaktion notwendigerweise 1. Ordnung.

(C) Für eine Reaktion 1. Ordnung mit dem Edukt A sinkt $\ln c(A)$ proportional zur Zeit $t$.

(D) Hat man eine Reaktion 3. Ordnung, so ist der für die Geschwindigkeit maßgebliche Reaktionsschritt typischerweise eine trimolekulare Reaktion.

(E) Die Ordnung einer Reaktion ist naturgemäß eine positive ganze Zahl.

(F) Die Begriffe Ordnung und Molekularität sind synonym.

## Aufgabe 117

Welche der folgenden Aussagen zur Geschwindigkeit einer chemischen Reaktion ist falsch?

(A) Die Reaktionsgeschwindigkeit beschreibt die Änderung der Konzentration eines Stoffes in Abhängigkeit von der Zeit.

(B) Im allgemeinen Fall einer Reaktion zweier Edukte A und B, die zu beliebigen Produkten reagieren, ist die Reaktionsgeschwindigkeit proportional zu $c^m(A) \cdot c^n(B)$.

(C) Die Geschwindigkeitskonstante $k$ ist temperaturabhängig.

(D) Ist eine Reaktion „0. Ordnung", dann kann man keine Reaktionsgeschwindigkeit definieren.

(E) Die Anwesenheit eines Katalysators beeinflusst die Reaktionsgeschwindigkeit durch Erniedrigung der Aktivierungsenthalpie.

(F) Die Halbwertszeit einer Reaktion 1. Ordnung ist konzentrationsunabhängig.

## Aufgabe 118

In der Reaktionskinetik spielen die Begriffe Ordnung, Geschwindigkeit und Molekularität eine wichtige Rolle. Welche Aussage hierzu ist richtig?

(A) Beim radioaktiven Zerfall handelt es sich immer um eine monomolekulare Reaktion.

(B) Führt die Verdopplung der Konzentration eines Edukts A zu einer Verdopplung der Reaktionsgeschwindigkeit, so ist die Reaktion 2. Ordnung bezüglich A.

(C) Die Ordnung einer Reaktion ergibt sich aus der stöchiometrischen Gleichung für die Reaktion.

(D) Integriert man das differentielle Geschwindigkeitsgesetz für eine Reaktion 1. Ordnung, so ergibt sich ein linearer Abfall der Konzentration mit der Zeit.

(E) Setzt sich eine Reaktion aus mehreren Elementarschritten zusammen, so resultiert daraus eine komplizierte Reaktionsordnung.

(F) Vergleicht man Reaktionen mit verschiedenen Ordnungen, beobachtet man i. A. mit steigender Ordnung eine Zunahme der Reaktionsgeschwindigkeit.

## Aufgabe 119

Gegeben ist eine Reaktion $A \longrightarrow B$, die nach einer Kinetik 1. Ordnung mit einer Geschwindigkeitskonstante $k$ verlaufen soll.

Welche Aussage zu einer solchen Reaktion ist richtig?

(A) Mit abnehmender Substratkonzentration $c(A)$ sinkt die Geschwindigkeitskonstante $k$.

(B) Die Geschwindigkeitskonstante ist temperaturunabhängig.

(C) Die Halbwertszeit der Reaktion $t_{1/2}$ wird umso kleiner, je höher die Konzentration von A ist.

(D) Die Umsetzung von $^{224}Ra$, einem therapeutisch wichtigen Isotop, zu $^{220}Rn$ verläuft nach einer Kinetik 1. Ordnung.

(E) Eine Verdopplung der Konzentration von A erhöht die Geschwindigkeit der Bildung von B um den Faktor vier.

(F) Die Reaktionsgeschwindigkeit $v = -dc(A)/dt$ ist solange konstant, bis das Substrat verbraucht ist.

## Aufgabe 120

Eine Reaktion der allgemeinen Form $2\,A \longrightarrow B$ verläuft nach einer Kinetik 2. Ordnung. Welche Aussage ist falsch?

(A) Die Geschwindigkeitskonstante $k$ dieser Reaktion ist eine Funktion der Temperatur.

(B) Die Geschwindigkeitskonstante $k$ dieser Reaktion bleibt während der gesamten Umsetzung konstant.

(C) Reaktionen 2. Ordnung können reversibel oder irreversibel sein.

(D) Eine Verdopplung der Konzentration von A führt entsprechend zu einer Verdopplung der Reaktionsgeschwindigkeit.

(E) Die Geschwindigkeit der Produktbildung $v = dc(B)/dt$ nimmt während der Reaktionszeit ab.

(F) Ein Zerfall eines radioaktiven Elements wird durch diese Reaktion nicht korrekt beschrieben.

## Aufgabe 121

Die Geschwindigkeit chemischer Reaktionen ist i. A. abhängig von der Temperatur. Welche der folgenden Aussagen beschreibt diese Temperaturabhängigkeit korrekt?

(A) Eine Erhöhung der Reaktionsgeschwindigkeit mit steigender Temperatur beruht v. a. darauf, dass die Teilchen häufiger zusammenstoßen.

(B) Die Geschwindigkeit einer Reaktion nimmt typischerweise proportional zur Temperatur zu.

(C) Eine Auftragung von ln $k$ ($k$ = Geschwindigkeitskonstante) gegen die Temperatur liefert eine Gerade.

(D) Je größer die Aktivierungsenergie einer Reaktion, desto kleiner ist ihre Temperaturabhängigkeit.

(E) Die Aktivierungsenergie einer Reaktion lässt sich ermitteln, wenn man die Geschwindigkeitskonstante einer Reaktion bei zwei unterschiedlichen Temperaturen kennt.

(F) Die Temperaturabhängigkeit ist nur für endotherme Reaktionen von Bedeutung.

## Aufgabe 122

Viele chemische und biochemische Reaktionen laufen in Anwesenheit sogenannter Katalysatoren ab. Die Entwicklung neuer und immer leistungsfähigerer Katalysatoren ist daher ein mit Nachdruck verfolgtes bedeutendes Forschungsgebiet in der Chemie. Dabei umschreibt der Begriff „Katalysator" eine äußerst heterogene Gruppe von Verbindungen.

Welche Aussage zu Katalyse und Katalysatoren ist falsch?

(A)   Katalysatoren werden nur in sehr geringen Mengen benötigt, da sie bei einer Reaktion nicht verbraucht werden.

(B)   Solche Katalysatoren, die Reaktionen an ihrer Oberfläche katalysieren, werden als heterogene Katalysatoren bezeichnet.

(C)   Katalysatoren dienen dazu, die Ausbeuten in chemischen Reaktionen zu optimieren.

(D)   Ein typischer Katalysator senkt die Energie des Übergangszustands einer Reaktion ab.

(E)   Ein sehr einfacher homogener Katalysator für viele organische und biochemische Reaktionen ist das Proton.

(F)   Die Konstruktion eines Katalysators für eine reversible Reaktion, der ausschließlich die Hinreaktion erleichtert, ist nicht möglich.

# Aufgabe 123

Bei vielen Reaktionen spielt Katalyse eine wichtige Rolle; dies gilt bekanntermaßen auch für fast alle Prozesse im menschlichen Organismus. In der lebenden Zelle spielen Enzyme, die biochemische Prozesse katalysieren, eine fundamentale Rolle im Stoffwechsel von der Verdauung bis hin zur Reproduktion und Transkription der Erbinformation.

Welche der folgenden Aussagen trifft zu?

(A)   Ein guter Katalysator ist dadurch gekennzeichnet, dass er Reaktionsgeschwindigkeit und Ausbeute einer Reaktion erhöht.

(B)   Das Prinzip der Katalyse ist die Absenkung der freien Reaktionsenthalpie einer Reaktion.

(C)   Ein Stoff ist nur dann als Katalysator zu bezeichnen, wenn er bei dem Reaktionsprozess nur in kleiner Menge verbraucht wird.

(D)   Die Wirksamkeit homogener Katalysatoren hängt wesentlich von einer möglichst großen Oberfläche des Katalysators ab.

(E)   Ein idealer Katalysator beschleunigt bei reversiblen Reaktionen selektiv die Hinreaktion.

(F)   Typische heterogene Katalysatoren sind sehr fein verteilte Metalle, wie z. B. das zur Hydrierung von C=C-Doppelbindung benutzte „Raney-Nickel".

# Aufgabe 124

Ein junger Mann wird auf der „Wiesn" in offensichtlich stark betrunkenem Zustand aufgegriffen und auf die Polizeistation gebracht. Dort bestimmt man beginnend 2 h nach dem Ende der Alkoholaufnahme die Blutalkoholkonzentration (in ‰) als Funktion der Zeit, wobei das folgende Diagramm erhalten wurde:

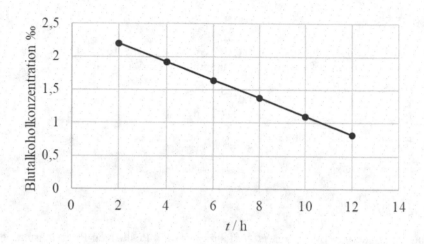

Welche der folgenden Aussagen kann daraus abgeleitet werden?

(A)  Bei einer höheren anfänglichen Ethanol-Konzentration wäre die Abbaugeschwindigkeit höher als im Diagramm dargestellt.

(B)  Die Halbwertszeit beträgt in etwa konstant acht Stunden.

(C)  Die Geschwindigkeit der Reaktion ist proportional zur Ethanol-Konzentration.

(D)  Die Geschwindigkeitskonstante entspricht einer Reaktion 1. Ordnung.

(E)  Die Geschwindigkeit ist konstant.

(F)  Der Abbau könnte durch Anwesenheit von etwas Methanol beschleunigt werden.

## Aufgabe 125

Welche Aussage zum radioaktiven Zerfall trifft zu?

(A)  Da für ein radioaktives Atom nicht vorhergesagt werden kann, ob und wann es zerfällt, lässt sich für den radioaktiven Zerfall kein Geschwindigkeitsgesetz angeben.

(B)  Durch einen $\beta^-$-Zerfall verringert sich die Ordnungszahl des Elements um eins.

(C)  Die Geschwindigkeit des radioaktiven Zerfalls ist konstant.

(D)  Stabile Atomkerne weisen stets mehr Neutronen als Protonen auf.

(E)  Beträgt die Halbwertszeit eines Radionuklids 100 Jahre, so dauert es ca. 700 Jahre, bis seine Aktivität auf < 1 % abgenommen hat.

(F)  Da der radioaktive Zerfall von allen äußeren Einflüssen wie Druck, Temperatur etc. unabhängig ist, folgt er einer Kinetik 0. Ordnung.

## Aufgabe 126

In der Nuklearmedizin kommt u. a. das radioaktive Sauerstoffisotop $^{15}$O zum Einsatz. Seine Aktivität nimmt in 20 min auf etwa 0,1 % des ursprünglichen Wertes ab.

Wie groß ist die Halbwertszeit des Nuklids ungefähr?

(A)  $10^{-3}$ s          (B)  0,5 s          (C)  0,2 min

(D)  2 min          (E)  1000 min          (F)  keine der Zeiten ist richtig

## Aufgabe 127

Ein wichtiges modernes bildgebendes Verfahren ist die Positronen-Emissionstomographie (PET). Hierbei wird die Verteilung einer schwach radioaktiv markierten Substanz im Organismus sichtbar gemacht und so physiologische und biochemische Funktionen abgebildet. Welche der folgenden Aussagen zu dieser Methode ist richtig?

(A)  Das hierbei am häufigsten eingesetzte Radionuklid ist $^{14}$C.

(B)  Bei der Wechselwirkung eines vom Radionuklid ausgesandten Positrons mit einem Elektron wird Wärme frei, die von einer Wärmebildkamera aufgezeichnet wird.

(C)  Bei der Wechselwirkung eines vom Radionuklid ausgesandten Positrons mit einem Elektron wird ein Gammaquant emittiert.

(D)  Bei der Wechselwirkung eines vom Radionuklid ausgesandten Positrons mit einem Elektron werden zwei Gammaquanten in genau entgegengesetzte Richtungen ausgesandt.

(E)  Bei der Wechselwirkung eines vom Radionuklid ausgesandten Positrons mit einem Elektron entstehen zwei Neutrinos.

(F)  Dieses Tomographieverfahren wird v. a. eingesetzt, um morphologische Abbildungen zu erhalten.

## Aufgabe 128

Die Lungenszintigraphie ist ein nuklearmedizinisches Verfahren zur Beurteilung der Durchblutungs- und Belüftungsverhältnisse der Lunge. Für die sog. Ventilationsszintigraphie atmet der Patient ein Gasgemisch ein, das eine radioaktive Komponente enthält (z. B. $^{133}$Xenon, $^{127}$Xenon oder $^{81m}$Krypton. Die szintigraphisch erfassbare Strahlung muss dabei auch dickere Gewebeschichten ohne merkliche Abschwächung durchdringen können. Woraus besteht die detektierte Strahlung?

(A)  Heliumkernen          (B)  Elektronen          (C)  Positronen

(D)  γ-Quanten          (E)  Neutronen          (F)  Wasserstoffkernen

## Aufgabe 129

In der nuklearmedizinischen Diagnostik kommen verschiedene radioaktive Nuklide zum Einsatz; eines davon ist metastabiles Technetium $^{99}_{43}Tc$ ($^{99}_{43}Tc^*$; Halbwertszeit ca. 6 h), das in einem Nuklidgenerator durch Zerfall von $^{99}_{42}Mo$, (Halbwertszeit etwa 66 h) gewonnen werden kann.

Was wird beim Übergang von $^{99}_{42}Mo$ in metastabiles Technetium emittiert?

(A) α-Teilchen      (B) Elektronen      (C) Neutronen

(D) Positronen      (E) Protonen      (F) γ-Strahlen

## Aufgabe 130

Unter der Sammelbezeichnung Chromatographie zusammengefasste Techniken gehören zum unverzichtbaren Standardrepertoire innerhalb der Chemie.

Praktische Anwendung findet diese Methode zum einen in der Produktion zur Isolierung oder Reinigung von Substanzen (= präparative Chromatographie), zum anderen in der chemischen Analytik, um Stoffgemische in möglichst einheitliche Inhaltsstoffe zwecks Identifizierung oder mengenmäßiger Bestimmung aufzutrennen. Die Chromatographie wird in der organischen Chemie, der Biochemie, der Biotechnologie, der Mikrobiologie, der Lebensmittelchemie, der Umweltchemie und auch in der anorganischen Chemie angewendet.

Welche der nachfolgenden Aussagen trifft nicht zu?

(A) Bei der Chromatographie unterscheidet man eine stationäre und eine mobile Phase, wobei letztere häufig, aber nicht immer flüssig ist.

(B) Die Retentionszeit eines Analyten ist abhängig von der Stärke der Wechselwirkung der Substanz mit der stationären Phase.

(C) Der Begriff „reversed phase" in der Adsorptionschromatographie kennzeichnet eine polare stationäre und eine unpolare mobile Phase.

(D) Ein Anionenaustauscher besteht aus einem Säulenmaterial mit positiven Oberflächenladungen.

(E) Bei der Gelpermeationschromatographie (Gelfiltration) wandern kleine Teilchen langsamer als größere und werden später eluiert.

(F) Für die Aufreinigung von poly-Histidin-markierten Proteinen eignet sich eine Variante der Affinitätschromatographie, die z. B. komplexierte Ni-Ionen zur Anreicherung benutzt.

# Kapitel 2

# Multiple-Choice-Aufgaben (Mehrfachauswahl)

## Aufgabe 131

Wenn man 10 g Ammoniumnitrat mit 100 g Wasser ($T = 20\ °C$) in Kontakt bringt, beobachtet man einen Lösungsvorgang und eine gleichzeitige Abnahme der Temperatur.

Welche der folgenden Aussagen sind richtig?

(A)  Es handelt sich um einen exergonen Prozess.

(B)  Es handelt sich um einen endothermen Prozess.

(C)  Für die Lösungsenthalpie gilt: $\Delta H_L < 0$ J/mol

(D)  Man kann davon ausgehen, dass $\left|\Delta H_{Hy}\right| > \left|\Delta H_{Gi}\right|$

(E)  Der Lösungsvorgang erfolgt spontan, weil die Zunahme der Unordnung so stark ist, dass der Enthalpieterm überkompensiert wird.

(F)  Der Massenanteil von Ammoniumnitrat beträgt 10 %.

(G)  Die Massenkonzentration der Lösung kann nicht angegeben werden, da das Endvolumen der Lösung nicht bekannt ist.

(H)  Man hätte das Ammoniumnitrat alternativ auch in 100 mL Aceton lösen können.

(I)  In der Lösung befinden sich etwa gleich viele Ammonium- und Nitrat-Ionen.

(J)  Es kommt zu einer Säure-Base-Reaktion unter Bildung von $HNO_3$ und $NH_3$.

## Aufgabe 132

Welche der folgenden Voraussetzungen müssen erfüllt sein, dass man durch eine Säure-Base-Titration die unbekannte Masse einer schwachen Säure ermitteln kann?

(A)  Als Titrator muss die Lösung einer starken Base verwendet werden.

(B)  Die vorliegende Säure-Lösung muss vor der Titration mit einem genau bekannten Volumen Wasser verdünnt werden.

(C)  Die molare Masse der Säure muss bekannt sein.

(D)  Die Stoffmengenkonzentration des Titrators muss bekannt sein.

(E)  Es muss ein Magnetrührer vorhanden sein.

(F)  Zur genauen Bestimmung des Äquivalenzpunkts mit einem Indikator ist es erforderlich, dass der pH-Wert am Äquivalenzpunkt mit dem Neutralpunkt übereinstimmt.

© Springer Fachmedien Wiesbaden GmbH, ein Teil von Springer Nature 2020
R. Hutterer, *Fit in Anorganik*, Studienbücher Chemie,
https://doi.org/10.1007/978-3-658-30486-7_2

(G)  Das Volumen der Titratorlösung muss genau bestimmt werden können.

(H)  Der pH-Sprungbereich muss mindestens fünf Einheiten umfassen.

(I)  Der Indikator muss einen Komplex mit der zu titrierenden Säure bilden.


# Aufgabe 133

Welche der folgenden Elemente, Verbindungen oder Ionen können gegenüber dem sehr starken Oxidationsmittel Permanganat reduzierend wirken?

(A)  $Fe^{2+}$            (B)  $Fe^{3+}$            (C)  $H_2O_2$            (D)  $O_2$

(E)  $Na^+$            (F)  $Cu^+$            (G)  $SO_3^{2-}$            (H)  $NO_3^-$

(I)  $S^{2-}$            (J)  $NO$            (K)  $Cl^-$            (L)  $C_2O_4^{2-}$


# Aufgabe 134

Welche der folgenden Aussagen zu Komplexen sind falsch?

(A)  Die Koordinationszahl in einem Komplex gibt die Anzahl der Liganden an.

(B)  Komplexe können in wässriger Lösung zum Teil in ihre Bestandteile dissoziieren.

(C)  Chelatkomplexe haben eine größere Bildungskonstante als analoge Nicht-Chelat-komplexe mit gleichem Zentralteilchen.

(D)  Chelatkomplexe sind farbig, weil sie eine hohe Bildungskonstante aufweisen.

(E)  Eisen(II)-Komplexe sind i. A. stabiler als Eisen(III)-Komplexe (Ordnungszahl von Eisen: 26).

(F)  Komplexe sind stets geladen.

(G)  Die Ligandmoleküle in einem Komplex müssen immer ein freies Elektronenpaar besitzen.

(H)  Für Eisen(II)- und Kupfer(II)-Kationen sind das $CN^-$-Ion und $H_2O$ gut geeignete Ligandmoleküle.

(I)  Die Ligandmoleküle in einem Komplex sind immer Anionen, müssen also negativ geladen sein.

(J)  Verglichen mit typischen Übergangsmetall-Ionen bilden Metallionen der 1. und 2. Hauptgruppe des PSE nur wenige stabile Komplexe.

## Aufgabe 135

Welche der folgenden Substanzpaare ergeben in Wasser gelöst eine Pufferlösung?

(A)  Oxalsäure / Na-hydrogenoxalat

(B)  $KNO_3$ / $KNO_2$

(C)  $Na_2HPO_4$ / $K_2HPO_4$

(D)  $NaHCO_3$ / $Na_2CO_3$

(E)  $NH_4Cl$ / $(NH_4)_2SO_4$

(F)  $BaCO_3$ / $CaCO_3$

(G)  $CO_2$ / $NaHCO_3$

(H)  $HI$ / $I^-$

(I)  Milchsäure / Lactat

(J)  $KHSO_4$ / $K_2SO_4$

## Aufgabe 136

Welche der folgenden Aussagen zu Orbitalen und ihren Energien ist richtig?

(A)  Ein Elektron in einem 2s-Orbital kann sich nicht in dem gleichen Bereich aufhalten, wie ein 1s-Orbital.

(B)  Im Wasserstoffatom sind alle Orbitale mit gleicher Hauptquantenzahl entartet.

(C)  Ein Orbital, das in den Bereich innerer Orbitale penetriert, wird von der Kernladung stärker abgeschirmt, als ein Orbital, das nicht penetriert, und besitzt folglich eine höhere Energie.

(D)  Ein Orbital, das in den Bereich innerer Orbitale penetriert, wird von der Kernladung weniger abgeschirmt, als ein Orbital, das nicht penetriert, und besitzt folglich eine niedrigere Energie.

(E)  Innerhalb einer Periode sinken die Orbitalenergien mit zunehmender Ordnungszahl.

(F)  Die 2p-Elektronen (z. B. in Sauerstoff) werden durch die 2s-Elektronen wesentlich weniger abgeschirmt als durch die 1s-Elektronen.

(G)  Elektronen mit entgegengesetztem Spin ziehen sich an, so dass sie sich bevorzugt paaren, anstatt energiegleiche Orbitale einzeln zu besetzen.

(H)  Die Elektronegativität nimmt innerhalb einer Periode von links nach rechts zu, weil auch die Energie der Orbitale zunimmt.

(I)  Die Erhöhung der Kernladungszahl von Na zu Mg führt zu einer Erhöhung der 1. Ionisierungsenergie.

(J)  Alle Edelgase besitzen vollständig gefüllte p-Orbitale.

(K)  Orbitale, die als entartet bezeichnet werden, weisen hohe Energien auf und werden i. A. nicht besetzt.

## Aufgabe 137

Welche der folgenden Verbindungen, Elemente oder Ionen können gegenüber dem starken Reduktionsmittel Natriumsulfit ($Na_2SO_3$) oxidierend wirken?

(A)  $MnO_4^-$              (B)  $Fe^{3+}$              (C)  $H_2O_2$              (D)  $NO_2^-$

(E)  $Cl^-$                 (F)  $NO_3^-$               (G)  $Na^+$               (H)  $S^{2-}$

(I)  $NH_3$                 (J)  Ca                     (K)  $I_2$                (L)  $[Co(H_2O)_6]^{3+}$

## Aufgabe 138

Kaliumpermanganat hat ein Absorptionsmaximum bei 525 nm.

Bei dieser Wellenlänge beträgt der Absorptionskoeffizient $\varepsilon_{(525\,nm)}$ = $2 \cdot 10^3$ L·mol$^{-1}$ cm$^{-1}$.

Für eine wässrige $KMnO_4$-Lösung der Schichtdicke $d$ = 1 cm wird bei dieser Wellenlänge die Absorbanz $A$ = 2 gemessen.

Welche der folgenden Aussagen sind richtig?

(A)  Von der eingestrahlten Intensität erreicht nur die Hälfte den Detektor des Photometers.

(B)  Die Transmission beträgt $10^2$.

(C)  Wenn die Wellenlänge ausgehend von 525 nm um einige nm erhöht wird, dann erhöht sich auch die gemessene Absorbanz.

(D)  Wenn die Wellenlänge ausgehend von 525 nm um einige nm verändert wird, wird der Absorptionskoeffizient geringer.

(E)  Wenn die Schichtdicke auf 0,5 cm halbiert wird, verdoppelt sich die gemessene Absorbanz.

(F)  Für die $KMnO_4$-Konzentration gilt: $c$ ($KMnO_4$) = 10 mmol/L.

(G)  Wenn die $KMnO_4$-Lösung auf das 100-fache Volumen verdünnt wird, sinkt die gemessene Absorbanz auf den Wert 0,02.

(H)  Die violette Farbe der Lösung ist darauf zurückzuführen, dass die Lösung den grünen Anteil des eingestrahlten Lichts absorbiert.

(I)  Das Lambert-Beer'sche Gesetz kann für so intensiv farbige Verbindungen wie $KMnO_4$ nicht angewendet werden.

(J)  Im Gegensatz zu den Banden in einem typischen IR-Spektrum ist die Absorptionsbande von $KMnO_4$ im sichtbaren Bereich ziemlich breit.

(K)  Die intensive Farbe des Permanganat-Ions beruht auf einem sogenannten *Charge Transfer*-Übergang.

(L)  Reduziert man das Permanganat-Ion zu $Mn^{2+}$, so färbt sich die Lösung grün.

# Aufgabe 139

Im Periodensystem lassen sich bestimmte Regelmäßigkeiten für die (ersten) Ionisierungsenergien, den Atomradius, die Elektronegativität sowie den metallischen Charakter ausmachen, wenngleich einige Ausnahmen vom allgemeinen Trend existieren.

Wie ändern sich tendenziell die genannten Eigenschaften innerhalb einer (Haupt)gruppe des Periodensystems von oben nach unten und innerhalb einer Periode von links nach rechts?

Kreuzen Sie die korrekten Zuordnungen an.

| Hauptgruppe | wird größer | wird kleiner | bleibt gleich |
|---|---|---|---|
| Ionisierungsenergie | | | |
| Atomradius | | | |
| Elektronegativität | | | |
| metallischer Charakter | | | |

| Periode | wird größer | wird kleiner | bleibt gleich |
|---|---|---|---|
| Ionisierungsenergie | | | |
| Atomradius | | | |
| Elektronegativität | | | |
| metallischer Charakter | | | |

# Aufgabe 140

Wie ändern sich die in folgender Tabelle angegebenen Eigenschaften der Wasserstoffverbindungen der Chalkogene (6. Hauptgruppe) mit steigender Ordnungszahl von X?

Kreuzen Sie die korrekten Zuordnungen an.

| 6. Hauptgruppe | wird größer | wird kleiner | bleibt gleich |
|---|---|---|---|
| Bindungsenergie H–X | | | |
| Säuredissoziationskonstante | | | |
| Bindungslänge | | | |
| Dipolcharakter | | | |
| Oxidationszahl von X | | | |

# Aufgabe 141

Welche der folgenden Aussagen über Salze sind falsch?

(A)  Für eine wässrige Lösung des Salzes $Na_2SO_4$ gilt: $c(Na^+) = 2c(SO_4^{2-})$

(B)  Je schwerer löslich ein Salz ist, desto höher ist typischerweise auch sein Schmelzpunkt.

(C)  Die Hydratisierungsenthalpie von zweifach geladenen Kationen und Anionen ist stärker negativ als von einfach geladenen Ionen.

(D)  Je kleiner der Radius von Kation und Anion des Salzes, desto größer ist die Gitterenthalpie des Salzes.

(E)  Für Carbonate sind ähnliche Gitterenthalpien zu erwarten wie für Hydrogencarbonate.

(F)  Iodide sind i. A. schwerer löslich als Chloride, da sie höhere Gitterenthalpien aufweisen.

(G)  Die Löslichkeit von $CaCl_2$, einem leicht löslichen Salz, verringert sich, wenn man konzentrierte Salzsäure hinzugibt.

(H)  Ein Salz kann leicht löslich sein in Wasser, obwohl die Lösungsenthalpie positiv ist (endothermer Vorgang).

(I)  Die Sättigungskonzentration von $Ca^{2+}$-Ionen in einer Lösung von schwer löslichem $CaF_2$ ergibt sich aus dem Löslichkeitsprodukt ($K_L$) gemäß $c_S(Ca^{2+}) = \sqrt[3]{K_L / 4}$.

(J)  Salze bestehen prinzipiell aus einem Metallkation und einem Nichtmetall-Anion.

(K)  In Anwesenheit von Citrat unterbleibt die Blutgerinnung, da die hierfür erforderlichen $Ca^{2+}$-Ionen komplexiert werden.

(L)  Für $MgSO_4$ ist eine geringere Löslichkeit zu erwarten als für $AgCl$, da die Gitterenthalpie für $MgSO_4$ größer ist.

(M)  Für $MgSO_4$ ist eine höhere Löslichkeit zu erwarten als für $BaSO_4$, da das Löslichkeitsprodukt für $MgSO_4$ größer ist.

# Aufgabe 142

Das Element Eisen (Ordnungszahl 26) ist schon seit dem Altertum bekannt; auch der menschliche Organismus kann darauf nicht verzichten. Welche der folgenden Aussagen sind falsch?

(A)  Eisen-Ionen sind für den menschlichen Organismus essentiell als Zentralion der Häm-Gruppe.

(B)  Ein Eisennagel kann durch Magensäure in $Fe^{2+}$-Ionen umgewandelt werden.

(C)  Eine Lösung von Eisen(III)-Ionen zeigt saure Eigenschaften.

(D)  Da Lösungen von $Fe^{2+}$-Ionen kräftig orange gefärbt sind, kann ihre Konzentration gut durch Photometrie bestimmt werden.

(E)  $Fe^{2+}$-Ionen bevorzugen in Komplexen die Koordinationszahl 6.

(F)    Grüner Tee verbessert die Resorption von Eisen-Ionen durch die Ausbildung von Komplexen.

(G)    Für eine quantitative Bestimmung von $Fe^{2+}$-Ionen eignet sich eine Redoxtitration mit einem starken Oxidationsmittel, wie $KMnO_4$.

(H)    Eisen weist von allen Metallen, die im menschlichen Körper vorkommen, den größten Stoffmengenanteil auf.

(I)    Eisen rostet leichter als Aluminium, obwohl sein Standardreduktionspotenzial weniger negativ ist.

(J)    Taucht man ein Eisenblech in eine Lösung mit $Cu^{2+}$-Ionen, so überzieht es sich mit einer Kupferschicht.

(K)    Wenn der Wert des Löslichkeitsprodukts von Eisen(III)-hydroxid $K_L = 10^{-28}$ beträgt, dann gilt für die gesättigte Lösung: $c(Fe^{3+}) = c(OH^-) = 10^{-7}$ mol/L.

(L)    Im Oxy-Hämoglobin (d. h. im sauerstoffbeladenen Zustand) ist das Eisen-Ion oktaedrisch von vier N-Atomen und zwei Molekülen Sauerstoff koordiniert.

(M)    Oktaedrisch koordinierte $Fe^{3+}$-Komplexe sind tendenziell gute Oxidationsmittel, weil ihnen ein Elektron zur Edelgasschale des Kryptons (Ordnungszahl 36) fehlt.

# Aufgabe 143

Im Folgenden sind mehrere Komplexverbindungen gegeben, die sich in ihrer Stabilität stark unterscheiden. Von einigen der gegebenen Verbindungen kann man aufgrund einfacher Überlegungen vorhersagen, dass sie nicht existieren. Entscheiden Sie, welche dieser Komplexe existenzfähig sein sollten.

| | | |
|---|---|---|
| (A) $[Na(NH_3)_6]^+$ | (B) $Fe(CO)_6$ | (C) $[Zn(H_2O)_4]^{2+}$ |
| (D) $[Mn(CN)_6]^{5-}$ | (E) $[Ca(EDTA)]^{2-}$ | (F) $[Co(NH_3)_6]^{3+}$ |
| (G) $Ni(CO)_4$ | (H) $[AlF_6]^{3-}$ | (I) $[K(H_2O)_9]^+$ |
| (J) $[Fe(CN)_6]^{5-}$ | (K) $[Co(en)_6]^{3+}$ | (L) $[Cu(CN)_4]^{3-}$ |

# Kapitel 3

# Atombau, Periodensystem, chemische Bindungen, Molekülstruktur

**Werkzeugkasten –**

**Begriffe und Gleichungen, die Sie griffbereit haben sollten**

**Element:**

Unter einem *Element* versteht man Materie, die nur aus einer einzigen Atomsorte aufgebaut ist. Derzeit kennt man ca. 118 verschiedene chemische Elemente, die jeweils ein *Element-symbol* als Abkürzung besitzen. Manche Elemente existieren in Form mehrerer *Modifikationen*, z. B. Kohlenstoff als Diamant bzw. Graphit, oder Sauerstoff als $O_2$ und $O_3$ (Ozon).

**Atome:**

Atome sind die kleinsten Teilchen eines Elements. *Protonen* (Ladung +1) und *Neutronen* (neutral) bilden zusammen den Atomkern, dessen Größe verschwindend gegenüber der Atom-größe ist, aber fast die gesamte *Atommasse* vereint. Die *Elektronen* (Ladung –1) bilden die Elektronenhülle. Die *Ordnungszahl* eines Elements entspricht seiner Protonenzahl. Eine Ent-fernung von Elektronen aus der Elektronenhülle gelingt im Zuge chemischer Reaktionen nur für Elektronen der äußersten Schale („*Valenzelektronen*"), sie kostet → *Ionisierungsenergie* und ergibt positiv geladene → Ionen („*Kationen*"). Das Hinzufügen von Elektronen führt zur Bildung negativer Ionen („*Anionen*") und ist mit der → *Elektronenaffinität* assoziiert.

**Isotope:**

Verschiedene Isotope eines Elements unterscheiden sich in der Zahl der Neutronen im Kern. Zahlreiche Isotope sind nicht stabil und zerfallen („*Radioisotope*"); von den meisten Elemen-ten bis zur Ordnungszahl 82 (Pb) existieren mehrere stabile Isotope.

**Atommasse:** → WK Kap. 4

**Molare Masse:** → WK Kap. 4

**Moleküle, Ionen und Verbindungen:**

Eine *Verbindung* besteht aus zwei oder mehreren Atomen, die auf definierte Weise und in einem bestimmten Verhältnis miteinander verbunden sind. Ein *Molekül* ist die kleinste Einheit einer Verbindung, die die charakteristischen Eigenschaften der Verbindung besitzt; die Atome darin sind durch → *kovalente Bindungen* verknüpft. *Ionen* sind geladene Teilchen, die entwe-der eine oder mehrere positive (*Kationen*) oder negative Ladungen (*Anionen*) aufweisen.

**Atombau:**

Nach dem *Bohr'schen Atommodell* bewegen sich die Elektronen auf definierten Kreisbahnen (Schalen) um den Kern; bewegt sich ein Elektronen auf eine weiter außen gelegene Bahn, muss Energie aufgenommen werden, bei Übergang in eine weiter innen gelegene wird Energie

© Springer Fachmedien Wiesbaden GmbH, ein Teil von Springer Nature 2020
R. Hutterer, *Fit in Anorganik*, Studienbücher Chemie,
https://doi.org/10.1007/978-3-658-30486-7_3

in Form von Licht abgestrahlt. Nach dem Welle-Teilchen-Dualismus besitzt ein Elektron neben Teilchen- auch Welleneigenschaften: die *De Broglie-Wellenlänge* ist $\lambda = h/m\upsilon$ mit dem Planck'schen Wirkungsquantum $h$ und dem Impuls $m\cdot\upsilon$ des Elektrons. Aufgrund der *Heisenberg'schen Unschärferelation* ist ein Elektron als eine stehende Welle mit einer *Wellenfunktion* $\psi$ zu beschreiben, die mithilfe der sog. *„Schrödinger-Gleichung"* berechnet werden kann.

## Orbitale und Quantenzahlen:

Ein *Orbital* kann als Bereich aufgefasst werden, im dem ein Elektron mit einer bestimmten Wahrscheinlichkeit angetroffen werden kann; zu seiner Bezeichnung dienen drei *Quantenzahlen*: *Hauptquantenzahl n* (bezeichnet die Schale, das Energieniveau), *Nebenquantenzahl l* (beschreibt die Unterschale, die Form des Orbitals) und *Magnetquantenzahl m* (erfasst die räumliche Orientierung des Orbitals innerhalb der Unterschale). Der *Elektronenspin s* wird durch eine 4. Quantenzahl beschrieben, die nur die beiden Werte $+1/2$ und $-1/2$ annehmen kann.

### Pauli-Prinzip:

Nach dem *Pauli-Prinzip* müssen sich alle Elektronen in mindestens einer $\rightarrow$ *Quantenzahl* unterscheiden; daher können sich in einem Orbital maximal zwei Elektronen befinden.

### Aufbauprinzip:

Die Elektronenkonfiguration eines Elements bestimmt seine chemischen Eigenschaften; sie ergibt sich aus dem *Aufbauprinzip*, gemäß dem jedes hinzukommende Elektron das energetisch niedrigste verfügbare Orbital besetzt. Dabei gilt die

### Hund'sche Regel:

Energiegleiche („entartete") Orbitale werden zunächst einfach besetzt.

## Periodensystem:

Das *Periodensystem der Elemente* (PSE) ordnet die Elemente nach steigender Ordnungszahl. Elemente mit gleicher Zahl an Valenzelektronen zeichnen sich durch ähnliche chemische Eigenschaften aus; sie stehen untereinander und bilden eine *Gruppe* (s. unten). Innerhalb einer Periode (einer Schale) ändern sich bestimmte Eigenschaften kontinuierlich: durch die Zunahme der (*effektiven*) *Kernladung* von links nach rechts sinken die Orbitalenergien. Dies bedingt eine Abnahme des *Atomradius* und eine Zunahme der $\rightarrow$ *Elektronegativität* sowie der $\rightarrow$ *Ionisierungsenergie*. Innerhalb einer Gruppe nimmt von oben nach unten der Atomradius zu, die *Elektronegativität* sowie die *Ionisierungsenergie* ab.

### Haupt- und Nebengruppen:

In den *Hauptgruppen* werden s- und p-Orbitale aufgefüllt, in den *Nebengruppen* (ab $n = 3$; „Übergangsmetalle") die d-Orbitale bzw. (ab $n = 4$) die f-Orbitale (Lanthanoide, Actinoide).

### Edelgaskonfiguration:

Mit den Edelgasen (8. Hauptgruppe) findet jede Schale ihren Abschluss; mit Ausnahme des Heliums ($1s^2$) haben alle Edelgase die *Elektronenkonfiguration* $ns^2\ np^6$, (*„Edelgasschale"*), die sich durch besondere Stabilität auszeichnet.

**Elektronegativität:**

Sie ist ein Maß für die Fähigkeit eines Atoms, innerhalb einer Bindung die Elektronen an sich zu ziehen.

**Ionisierungsenergie:**

Energie, die aufgewandt werden muss, um das am schwächsten gebundene Elektron aus der Elektronenhülle eines Atoms zu entfernen (z. B. $Na \rightarrow Na^+ + e^-$).

**Elektronenaffinität:**

Energieumsatz, der auftritt, wenn ein gasförmiges Atom im Grundzustand ein zusätzliches Elektron in die Hülle aufnimmt (z. B. $Cl + e^- \rightarrow Cl^-$), kann positiv oder negativ sein.

**Chemische Bindung:**

Zweckmäßig unterscheidet man drei Grundtypen, die → *metallische Bindung*, die → *Ionenbindung* und die → *kovalente Bindung*, wobei die Übergänge fließend sind.

**Metallische Bindung:**

In Metallen befinden sich die Metallatome(rümpfe) auf festen Gitterplätzen, während sich die Valenzelektronen praktisch frei bewegen können („delokalisiert" sind; „Elektronengas"). Dies bewirkt hohe elektrische Leitfähigkeit; typisch metallischen Glanz und gute Wärmeleitfähigkeit.

**Ionische Bindung:**

Ionische Festkörper („*Salze*") kommen durch elektrostatische Wechselwirkung zwischen (negativen) Anionen und (positiven) Kationen zustande; es handelt sich um kristalline, hochschmelzende, spröde Verbindungen. Die beteiligten Elemente (Kationen: meist Metalle; Anionen: meist Nichtmetallionen, außer bei Komplexen) unterscheiden sich stark in ihrer → *Elektronegativität* (EN). Hohe EN bedeutet starke Tendenz zur Bildung von Anionen (z. B. bei O, F), niedrige EN (Alkalimetalle) entsprechend zur Bildung von Kationen. Elemente, die sich in ihrer EN ausreichend stark unterscheiden (z. B. Na, Cl), bewirken eine gegenseitige Ionisation. Um einen ionischen Festkörper in die freien gasförmigen Ionen umzuwandeln, muss die *Gitterenthalpie* aufgebracht werden; diese ist proportional zum Produkt der Ionenladungen und indirekt proportional zu den Ionenradien. Beim Lösen eines Salzes (in $H_2O$) wird die *Hydratationsenthalpie* frei.

**Kovalente Bindung:**

Elemente, die sich nicht sehr stark in ihrer → *Elektronegativität* unterscheiden, bilden mehr oder weniger polare *kovalente Bindungen* (Atombindungen) aus, die durch die Überlappung von Orbitalen gebildet werden. Kovalente Bindungen führen entweder zu *molekularen Feststoffen* (z. B. Glucose), Flüssigkeiten (z. B. Wasser) oder Gasen (z. B. Ammoniak), oder aber zu Festkörpern, in denen die Atome durch *ausgedehnte dreidimensionale Netzwerke* kovalenter Bindungen verknüpft vorliegen (z. B. Diamant (C), Quarz ($SiO_2$)).

Kovalente Bindungen werden beschrieben durch die *Bindungsenthalpie* $\Delta H_B$ (Enthalpie, die zur Spaltung der entsprechenden Bindung aufgebracht werden muss), die *Bindungslänge* (Abstand der Atomkerne) sowie die *Bindungspolarität* (verursacht durch die (meist) unterschiedliche → *Elektronegativität* der Bindungspartner).

**Oktettregel:**

Unabhängig vom Bindungstyp ist die Elektronenkonfiguration $s^2p^6$, wie sie die Edelgase (z. B. Ne, Ar, Kr) besitzen, besonders stabil und damit begünstigt, so dass alle Elemente (Edelgase ausgeschlossen) versuchen, durch Ausbildung geeigneter Verbindungen mit anderen Atomen eine derartige *Edelgaskonfiguration* zu erreichen.

**Lewis-Formeln:**

Lewis-Formeln zeigen die Verknüpfung der Atome in einer Verbindung durch kovalente Bindungen sowie zusätzlich verbleibende freie Elektronenpaare auf; sie orientieren sich an der → *Oktettregel* und der Vermeidung → *formaler Ladungen*, soweit möglich. Sie liefern keine Information über die dreidimensionale Struktur einer Verbindung.

**Resonanzstrukturen (mesomere Grenzstrukturen):**

Manche Moleküle und Ionen lassen sich nicht befriedigend durch eine einzige Lewis-Formel wiedergeben. Man zeichnet dann mehrere *mesomere Grenzstrukturen*, wobei keiner einzelnen physikalische Realität zukommt; vielmehr liegt die tatsächliche Elektronenverteilung quasi in der Mitte zwischen den beteiligten Resonanzstrukturen. Zu bevorzugen sind dabei Strukturen, in denen alle Atome (außer H) ein *Oktett* erlangen und die mit möglichst wenigen *formalen Ladungen* auskommen.

**LCAO-Methode: (*Linear combination of atomic orbitals*)**

Durch *Linearkombination* von *n* Atomorbitalen (AO) können *n* neue Orbitale erzeugt werden.

**Hybridorbitale:**

Sie entstehen durch *Linearkombination* von AO, die sich an einem Atom befinden (z. B. 2s- und 2p-Orbitale am C-Atom) zu neuartigen Orbitalen (z. B. $sp^3$-Hybridorbitalen).

**Molekülorbitale:**

Durch Wechselwirkung eines AOs mit einem oder mehreren Orbitalen, die auf benachbarten Atomen lokalisiert sind, entstehen *Molekülorbitale (MOs)*. Diese können im Raum zwischen zwei Bindungspartnern lokalisiert sein oder aber sich über ein größeres Molekül verteilen, d. h. delokalisiert sein. Bei der Kombination zweier AOs entsteht immer ein *bindendes MO*, dessen Energie niedriger liegt, als die der zugrunde liegenden AOs, und ein *antibindendes MO* mit höherer Energie. MOs werden in der Reihenfolge zunehmender Energie besetzt; dabei werden → *Pauli-Prinzip* und → *Hund'sche Regel* beachtet.

**Struktur von Molekülen:**

Die *räumliche Struktur* eines Moleküls wird ausschließlich auf Grundlage der Positionen seiner Atome charakterisiert, während die *elektronische Struktur* zusätzlich vorhandene freie Elektronenpaare berücksichtigt. Da sich Elektronenpaare abstoßen, nehmen sie Positionen ein, die so weit wie möglich voneinander entfernt sind, um die gegenseitigen Abstoßungskräfte zu minimieren.

**VSEPR-Modell: (*Valenzelektronenpaar-Abstoßungs-Modell*)**

Für eine gegebene Zahl bindender sowie nichtbindender Elektronenpaare lässt sich damit leicht die zu erwartende *Molekülgeometrie* ableiten. Dabei ist zu berücksichtigen, dass die Abstoßung zwischen freien Elektronenpaaren stärker ist als zwischen freien und gebundenen Elektronenpaaren; letztere wiederum ist stärker als zwischen gebundenen Elektronenpaaren.

**Strukturformeln:**

Während einfache Lewis-Formeln nur die Verknüpfungen der einzelnen Atome in einem Molekül wiedergeben, liefern korrekte Strukturformeln Informationen zur dreidimensionalen Gestalt eines Moleküls. So zeigt beispielsweise ein planarer Sechsring die Verknüpfung im Cyclohexan, nicht aber die tatsächliche Struktur im Raum („Sesselkonformation").

**Dipolmoment:**

Zwischen zwei Atomen unterschiedlicher → *Elektronegativität* ist die Bindung polarisiert; es bestehen *Partialladungen*, die durch ein $\delta^+$ bzw. ein $\delta^-$ am entsprechenden Atom gekennzeichnet werden, d. h. es resultiert ein *elektrischer Dipol.* Das Dipolmoment $\vec{\mu}$ ist proportional zur Größe der Ladung $q$ und ihrem Abstand $r$: $\vec{\mu} = q \cdot \vec{r}$

Dabei kann ein Molekül mehrere, u. U. sogar stark polare Bindungen aufweisen und als Ganzes dennoch völlig unpolar sein, wenn es eine symmetrische Struktur aufweist, so dass sich die einzelnen Dipolmomente aufheben. *Dipol-Dipol-Wechselwirkungen* resultieren aus der attraktiven Wechselwirkung zwischen Dipolen und sorgen für den Zusammenhalt von Dipolmolekülen („*zwischenmolekulare Wechselwirkungen*").

**Zwischenmolekulare Wechselwirkungen (s. auch WK Kap. 11):**

Sie sind verantwortlich für den Zusammenhalt der einzelnen Moleküle untereinander innerhalb einer Flüssigkeit oder eines Festkörpers. In der Reihenfolge abnehmender Stärke unterscheidet man typischerweise *Ion-Dipol-Wechselwirkungen* (zwischen Ionen und Dipolmolekülen (z. B. $H_2O$) in Lösung, Dipol-Dipol-Wechselwirkungen (mit dem Sonderfall der → *Wasserstoffbrückenbindungen*) und sog. *Van der Waals-Wechselwirkungen* (auch: *Dispersionskräfte*) zwischen induzierten Dipolen für Teilchen ohne permanentes → *Dipolmoment*.

**Wasserstoffbrückenbindungen:**

Sie können sich ausbilden zwischen Molekülen, die ein H-Atom gebunden an eines der elektronegativsten Elemente (F, O, N) enthalten, wenn dieses H-Atom mit einem freien Elektronenpaar an einem dieser Elemente wechselwirkt (z. B. $-O-H\cdots N-R$). Obwohl ihre Bindungsenergie mit ca. 5–20 kJ/mol gering ist im Vergleich zu einer → *kovalenten Bindung*, spielen sie u. a. eine essentielle Rolle für die dreidimensionale Struktur zahlreicher Biomoleküle (Proteine, DNA, ....) und die physikalischen Eigenschaften vieler Verbindungen ($H_2O$!).

**Formalladung:** → **WK Kap. 4**

**Oxidationszahl:** → **WK Kap. 4**

# Aufgabe 144

a) In welchen Gruppen des Periodensystems finden sich die nichtmetallischen Elemente?

b) Wie viele davon gibt es? Nennen Sie die Namen von allen, die Ihnen einfallen.

c) Welches Element hat die Elektronenkonfiguration $1s^2\,2s^2\,2p^6\,3s^2\,3p^5$?

# Aufgabe 145

Während für das Wasserstoffatom sich alle Orbitale einer Schale auf dem gleichen Energieniveau befinden, gilt für alle anderen Elemente, dass die Orbitalenergien mit der Nebenquantenzahl zunehmen. In einem Li-Atom liegt also beispielsweise das 2s-Orbital energetisch tiefer als das 2p-Orbital. Worauf beruht dieser Effekt?

Das 1s-Orbital liegt energetisch viel tiefer als das 2s-Orbital; es wird daher zuerst besetzt. Warum hat das Li-Atom (Ordnungszahl 3) dann nicht die Elektronenkonfiguration $1s^3$?

# Aufgabe 146

Gegeben sind einige Elemente sowie Elektronenkonfigurationen. Welche davon entsprechen dem Grundzustand, welche einem angeregten elektronischen Zustand?

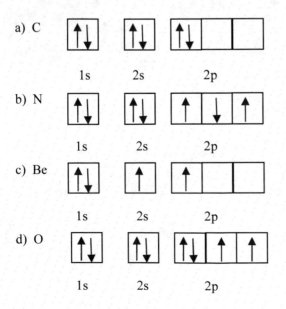

# Aufgabe 147

a) Wie hängt die potentielle Energie zweier geladener Teilchen (z. B. positiver Atomkern, negatives Elektron) von ihrem Abstand ab? Wie ändert sich demnach die potentielle Energie, wenn sich der Abstand verringert?

b) Warum weist ein Elektron im p-Orbital der 2. Schale eine höhere Energie auf, als eines im s-Orbital dieser Schale?

c) Als Erklärung für die hohe Reaktivität der Alkalimetalle, z. B. des Natriums, liest man häufig, dass Na sehr leicht ein Elektron abgibt, weil es so die stabile Edelgaskonfiguration erlangt. Bedeutet dies, dass der Vorgang Na $\rightarrow$ Na$^+$ + e$^-$ spontan verläuft? Erklären Sie.

# Aufgabe 148

a) Erklären Sie den allgemeinen Trend der 1. Ionisierungsenergien innerhalb einer Periode des PSE.

b) Vergleicht man die 1. Ionisierungsenergien für die beiden Elemente N und O, lässt sich eine Abweichung vom allgemeinen Trend feststellen. Geben Sie hierfür eine Erklärung.

# Aufgabe 149

Die Elemente Ga, Ge, As, Se und Br finden sich alle in der gleichen (4.) Periode des PSE.

a) Geben Sie für diese Elemente die für den Grundzustand zu erwartende Elektronenkonfiguration (die inneren Elektronen entsprechend dem vorangegangenen Edelgas können abgekürzt werden durch [Edelgas] – setzen Sie das entsprechende Atomsymbol ein!) an und sagen Sie die Anzahl ungepaarter Elektronen (sofern vorhanden) voraus.

b) Für welches dieser Elemente erwarten Sie den geringsten Atomradius? Welches Element innerhalb dieser Periode sollte den größten Radius aufweisen?

# Aufgabe 150

Das Element Chlor kann sowohl positive als auch negative Oxidationszahlen annehmen.

Geben Sie maximale positive bzw. negative Oxidationszahl an, formulieren Sie die jeweilige Elektronenkonfiguration und erklären Sie kurz.

# Aufgabe 151

a) Die Größen der Atome der Elemente des Periodensystems (ihre Radien) zeigen einige charakteristische Trends innerhalb des PSE. In welchem Bereich des PSE erwarten Sie die Atomsorte mit dem kleinsten Radius, wo diejenige mit dem größten und wie heißen die entsprechenden Elemente?

b) Für ein gegebenes Element unterscheiden sich Atom- und Ionenradius. Wie erklären Sie sich, dass manche Ionen größer als das entsprechende Atom sind und manche kleiner?

# Aufgabe 152

a) Folgende Ionen weist alle jeweils 18 Elektronen auf, sie unterscheiden sich aber deutlich in ihrer Größe:

$S^{2-}$ (184 pm)    $Cl^-$ (181 pm)    $K^+$ (133 pm)    $Ca^{2+}$ (99 pm)

Begründen Sie.

b) Vergleichen Sie die Isotope des Elements Kohlenstoff mit der Massenzahl 12, 13 und 14. Erwarten Sie für diese Isotope Unterschiede im Atomradius (kurze Begründung)?

Welche Paare von Isotopen sind sich ähnlicher in ihren Eigenschaften:

$^{12}C$ / $^{13}C$ oder $^{13}C$ / $^{14}C$?

Inwiefern?

# Aufgabe 153

a) Die 1. Ionisierungsenergie für das Element Natrium ist deutlich niedriger als für Magnesium; im Gegensatz dazu ist die 2. Ionisierungsenergie für Natrium viel höher als für Magnesium. Erklären Sie diese Beobachtung.

b) Während vom Lithium zum Beryllium die 1. Ionisierungsenergie zunimmt, sinkt sie beim nächsten Element, dem Bor wieder etwas ab. Wie erklärt sich dieser Befund?

c) Für ein Element der 3. Periode wurden für die aufeinanderfolgenden Ionisierungsenergien die folgenden Werte ermittelt:

$IE_1$ = 578 kJ/mol;   $IE_2$ = 1820 kJ/mol;   $IE_3$ = 2750 kJ/mol;   $IE_4$ = 11600 kJ/mol

Um welches Element handelt es sich dabei?

# Aufgabe 154

Wie hängt die Wechselwirkungsenergie von Ionen in einem Kristallgitter von ihrer Größe ab? Formulieren Sie einen entsprechenden Ausdruck. NaCl und KCl bilden gleichartig aufgebaute Gitterstrukturen. Für welches der Salze erwarten Sie die stärkere Wechselwirkung?

# Aufgabe 155

a) Die Elektronenaffinität von Kohlenstoff beträgt ca. $-120$ kJ/mol, es wird also Energie frei bei der Aufnahme eines Elektrons. Dagegen ist die Elektronenaffinität (EA) von Stickstoff positiv (EA > 0). Lässt sich dies anhand der Valenzelektronenstruktur verstehen?

b) Während bei Aufnahme eines Elektrons durch Sauerstoff ($\rightarrow O^-$) analog wie bei Fluor ($\rightarrow F^-$) Energie frei wird (d. h. die Elektronenaffinität ist negativ) ist die Bildung des Oxid-Ions ($O^{2-}$) mit erheblichem Energieaufwand verbunden (ca. $+840$ kJ/mol). Dennoch besitzt z. B. Calciumoxid die Zusammensetzung $CaO$ und nicht $CaO_2$. Begründen Sie.

# Aufgabe 156

Erklären Sie den Trend der Schmelzpunkte innerhalb der Reihe der Halogenwasserstoffe:

| HI | $-50,8$ °C | HBr | $-88,5$ °C |
| HCl | $-114,8$ °C | HF | $-83,1$ °C |

# Aufgabe 157

a) Die Verbindung mit der empirischen (Verhältnis-)Formel $NaCl_2$ harrt immer noch ihres experimentellen Nachweises. Begründen Sie, warum das höchstwahrscheinlich auch so bleiben wird.

b) Wie lässt sich der Trend der Elektronegativität innerhalb einer Periode des PSE erklären?

# Aufgabe 158

In fast allen chemischen Verbindungen liegt weder eine reine Ionenbindung noch eine rein kovalente Bindung vor. Für welche Verbindung würden Sie besonders ausgeprägten Salzcharakter erwarten und warum? Welche Eigenschaften von „Kationen" bzw. „Anionen" sind bestimmend für den ionischen bzw. kovalenten Charakter der Bindung?

## Aufgabe 159

a) Ordnen Sie die Salze $CaF_2$, NaBr und MgO nach zunehmender Gitterenthalpie. Welche Kriterien haben Sie Ihrer Reihung zugrunde gelegt?

b) Die zweite Ionisierungsenergie für Kalium ist etwa sieben mal größer als die erste (3051 bzw. 419 kJ/mol), während sie für Calcium nur etwa doppelt so hoch ist (1145 bzw. 590 kJ/mol). Wie erklärt sich dieser Unterschied?

## Aufgabe 160

Gegeben sind die folgenden Verbindungen aus zwei Atomsorten:

NaF / $SiH_4$ / HCl / KH / $BF_3$

Beschreiben Sie den jeweils vorliegenden Bindungstyp.

## Aufgabe 161

Welchen allgemeinen Trends folgen die Elektronegativitäten innerhalb des PSE?

Im Folgenden sind einige kovalente Bindungen gegeben. Sie sollen diese nach zunehmender Polarität ordnen und dabei die Richtung des jeweiligen Dipols angeben.

Be–H / O–H / Cl–Br / C–H / C–O / Cl–C

## Aufgabe 162

Von den folgenden vier Substanzen ist eine flüssig. Welche ist das und warum? Welche räumlichen Strukturen erwarten Sie?

Methanal H–CO–H / Fluormethan $H_3CF$ / Wasserstoffperoxid $H_2O_2$ / LiF

## Aufgabe 163

Damit Teilchen Flüssigkeiten oder Feststoffe ausbilden können, sind zwischenmolekulare Wechselwirkungen nötig. Nennen Sie vier Arten dieser Wechselwirkung und reihen Sie diese nach abnehmender Stärke und Reichweite. Erklären Sie ausgehend davon, warum zwei Stoffe mit fast identischer molarer Masse, wie Butan und Ethanol, sehr unterschiedliche Siedepunkte aufweisen.

# Aufgabe 164

Sowohl Natriumsulfat wie auch Siliziumdioxid sind Verbindungen mit hohen Schmelz-punkten, beide bilden also stabile Gitterstrukturen aus. Während aber Natriumsulfat in Wasser leicht löslich ist, ist Siliziumdioxid kaum löslich. Wie erklärt sich dieser Unterschied?

# Aufgabe 165

Betrachten Sie die Verbindung Cyanwasserstoff; sie hat die Zusammensetzung HCN. Für dieses dreiatomige Molekül kommen zwei unterschiedliche Verknüpfungen in Frage. Ent-scheiden Sie mit Hilfe von formalen Ladungen, welche die bevorzugte Lewis-Struktur darstel-len sollte.

# Aufgabe 166

Die beiden Ionen OCN⁻ (Cyanat) und CNO⁻ (Fulminat), weisen, obwohl aus den gleichen drei Atomen bestehend, sehr unterschiedliche Eigenschaften auf. Das erstere ist stabil, während letzteres zur Bildung explosiver Verbindungen neigt. Formulieren Sie mesomere Grenzstruk-turen mit formalen Ladungen für beide Ionen und versuchen Sie, ihr unterschiedliches Verhal-ten zu erklären.

# Aufgabe 167

Sowohl Bor als auch Stickstoff bilden typischerweise drei kovalente Bindungen aus, bilden also Verbindungen des Typs AX₃. Wie bezeichnet man den Strukturtyp der Verbindungen $BF_3$ und $NH_3$? Zeichnen Sie beide Moleküle, beschreiben Sie evt. Unterschiede in der räumlichen Gestalt und kennzeichnen Sie in Ihrer Zeichnung auch Dipolmomente sofern vorhanden.

# Aufgabe 168

Im Folgenden sind einige Lewis-Formeln (ohne Formalladungen) gezeigt, die die Struktur von Salpetersäure beschreiben sollen.

Welche der Struktur(en) beschreibt die tatsächlichen Bindungsverhältnisse korrekt / am bes-ten? Diskutieren Sie kurz alle Strukturen und begründen Sie Ihre Wahl.

**a**          **b**          **c**          **d**

**e**          **f**

## Aufgabe 169

Die beiden Verbindungen $OF_2$ und $ON_2$ ($N_2O$) sind analog zusammengesetzt, unterscheiden sich aber in ihrer Struktur. Während $OF_2$ symmetrisch gebaut ist, ist dies für das Distickstoffoxid nicht der Fall.

Begründen Sie diesen Befund unter Verwendung entsprechender Lewis-Strukturen unter Bezugnahme auf die üblichen Kriterien.

## Aufgabe 170

a) Für das Kohlendioxid-Molekül sind prinzipiell zwei unterschiedliche Verknüpfungen der drei Atome möglich: C–O–O bzw. O–C–O. Erklären Sie mit Hilfe von Lewis-Formeln mit allen Valenzelektronen und formalen Ladungen, welche der beiden Verknüpfungen bevorzugt sein sollte. Inwiefern spricht die experimentell beobachtbare Löslichkeit von Kohlendioxid in Wasser für eine der beiden Strukturen?

b) Analog bildet auch Stickstoff ein Dioxid, das sich in seinen Eigenschaften deutlich von Kohlendioxid unterscheidet. Erklären Sie anhand seiner Lewis-Struktur.

Die typische Bindungslänge einer N–O-Einfachbindung beträgt 136 pm, die einer N=O-Doppelbindung 120 pm. Welche ungefähren Bindungslängen erwarten Sie für das Stickstoffdioxidmolekül?

## Aufgabe 171

a) Für das Element Iod existiert ein Pentafluorid $IF_5$. Sagen Sie die Anordnung der Elektronenpaare und die Molekülgeometrie für diese Verbindung voraus.

b) Welche Struktur ist für das $I_3^-$-Ion zu erwarten?

## Aufgabe 172

Bei der Ausbildung kovalenter Bindungen kommt nach gängiger Vorstellung zu einer Überlappung von Atomorbitalen benachbarter Atome.

Erklären Sie, welche Orbitale an der Ausbildung von Einfach- bzw. Doppelbindungen beteiligt sind, und zeigen Sie charakteristische Unterschiede auf.

Welche Bindungen treten demnach in Kohlenmonoxid auf?

## Aufgabe 173

Von einer Reihe von Elementen kennt man Fluorverbindungen, die alle die gleiche Zusammensetzung $AF_3$ aufweisen, so z. B. von Bor, Stickstoff und Iod.

a) Kann aus der identischen Zusammensetzung auf gleiche räumliche Struktur geschlossen werden? Erklären Sie anhand entsprechender Lewis-Strukturen, welche die strukturellen Eigenschaften (z. B. Bindungswinkel) möglichst korrekt wiedergeben sollen.

b) Eines der oben angesprochenen Fluoride ist eine typische Lewis-Säure. Begründen Sie. Welches allgemeine Reaktionsverhalten ist charakteristisch für diese Verbindung?

## Aufgabe 174

Die Eigenschaften der Elemente im Periodensystem ändern sich bekanntlich periodisch; bestimmte Elemente haben jeweils sehr ähnliche Eigenschaften.

Kreuzen Sie in jeder senkrechten Spalte die beiden Elemente an, die sehr ähnliche chemische Eigenschaften haben. Wenn keine zwei derartigen Elemente in einer Spalte aufgeführt sind, machen Sie ein Kreuz in der untersten Zeile.

| | | | |
|---|---|---|---|
| Ca | Mg | N | Li |
| Si | Sn | Na | Ba |
| I | S | Al | C |
| P | I | Fe | I |
| Ba | Ag | K | P |
| Cu | K | O | Cl |

keine zwei Elemente mit sehr ähnlichen Eigenschaften

( )    ( )    ( )    ( )

# Aufgabe 175

In der folgenden Tabelle sind die Namen und einige Strukturformeln von sauerstoffhaltigen Teilchen angegeben. Einige dieser Spezies sind außerordentlich reaktiv (z. B. atomarer Sauerstoff, Hydroxyl-Radikale) und können daher im Körper einigen Schaden anrichten; sie werden auch als *„Reactive Oxygen Species"* (ROS) bezeichnet. Die Reaktivität von freien Radikalen kann über die extrem kurze Halbwertszeit der ROS abgeschätzt werden. Die hohe Reaktivität entsteht durch die instabile Elektronenkonfiguration der Radikale. Sie spalten schnell Elektronen aus anderen Molekülen ab, mit denen sie kollidieren. Diese Moleküle werden dann selbst zu freien reaktionsfähigen Radikalen. Eine Kettenreaktion kann gestartet werden. Die toxischen Sauerstoff-Metabolite entstehen während des Elektronentransports auf Sauerstoff in der mitochondrialen Atmungskette und bei verschiedenen Hydroxylierungs- und Oxigenierungsreaktionen. Wahrscheinlich treten sie als Intermediärprodukte im aktiven Zentrum solcher Enzyme auf. Wenn das normale Oxidations-Antioxidationsgleichgewicht gestört wird, kann ein unkontrollierter Angriff von Sauerstoff-Radikalen auf nahezu alle Zellbestandteile einsetzen. Lipide können durch Peroxidation von ungesättigten Fettsäuren, Proteine durch Oxidation von Mercaptogruppen, Kohlenhydrate durch Polysaccharddepolymerisation und Nucleinsäuren durch Basenhydroxylierung, *„nicking"*, *„cross-linkage"* und DNA-Brüche geschädigt werden.

Ergänzen Sie die fehlenden Strukturformeln mit allen freien Elektronenpaaren und ungepaarten Elektronen.

Ermitteln Sie dann die Oxidationszahlen aller Sauerstoffatome in den Teilchen und tragen Sie die Werte in die Tabelle ein.

| Name des Teilchens | Strukturformel des Teilchens | Oxidationszahl des | |
|---|---|---|---|
| | | 1. O-Atoms | 2. O-Atoms |
| Wasser | | | — |
| Hydroxid-Anion | | | — |
| Hydroxyl-Radikal | | | — |
| molekularer Sauerstoff als Biradikal | | | |
| atomarer Sauerstoff als Biradikal | | | — |

| | | | |
|---|---|---|---|
| Superoxid-Radikalanion | | | |
| Wasserstoffperoxid | | | |
| Monoanion von Wasserstoffperoxid | | | |

## Aufgabe 176

Wasser – unverzichtbar für das Leben!

a) Skizzieren Sie seine Struktur und geben Sie eine kurze Begründung für Ihren Strukturvorschlag.

b) Aus einer Laune der Natur heraus sei Wasser als lineares Molekül entstanden. Diskutieren Sie kurz ob und ggf. welche Konsequenzen sich daraus für das Leben ergäben.

## Aufgabe 177

Die ersten Ionisierungsenergien von Metallen beeinflussen deren Reaktionsverhalten. Innerhalb des Periodensystems findet man charakteristische Trends für die Ionisierungsenergien, wobei sich Haupt- und Nebengruppen unterscheiden. So nimmt die 1. Ionisierungsenergie der Elemente der 1. Hauptgruppe mit zunehmender Atommasse stetig ab, wogegen in der 1. Nebengruppe (Gruppe 11) das Gold eine höhere erste Ionisierungsenergie besitzt, als das Silber. Versuchen Sie, diesen Unterschied zu erklären.

## Aufgabe 178

Ordnen Sie die folgenden Verbindungen nach aufsteigenden Siedepunkten:

a) $CH_4$ / $GeH_4$ / $SiH_4$ / $SnH_4$

Die Ordnungszahlen betragen: C: 6; Ge: 32; Si: 14; Sn: 50

b) $H_2Se$ / $H_2O$ / $H_2Te$ / $H_2S$

Die Ordnungszahlen betragen: Se: 34; O: 8; Te: 52; S: 16

# Aufgabe 179

Gegeben sind die folgenden Substanzen: Fluormethan, Aceton, Methanol, Fluorwasserstoff, und Schwefelwasserstoff, sowie Ammoniak gelöst in Aceton. Entscheiden Sie, für welche dieser Systeme Wasserstoffbrückenbindungen eine wichtige Rolle spielen, skizzieren Sie für diese entsprechende Strukturformeln und kennzeichnen Sie die Wasserstoffbrücken.

# Aufgabe 180

Sauerstoff ist sicherlich in vielerlei Hinsicht eines der wichtigsten Elemente. Die Bindungsverhältnisse im Sauerstoffmolekül ($O_2$) sind auf den ersten Blick recht einfach; eine plausible Lewis-Struktur ist rasch formuliert.

a) Zeichnen Sie die Strukturformel für das gewöhnliche Sauerstoffmolekül mit allen Elektronenpaaren und erklären Sie, welches Verhalten man für flüssigen Sauerstoff in einem Magnetfeld erwarten würde.

b) Daneben existiert der Sauerstoff noch in einer weiteren Modifikation. Zeichnen Sie erneut eine geeignete Strukturformel und vergleichen Sie die beiden Modifikationen hinsichtlich ihrer Oxidationskraft.

c) Bringt man, wie unter a) angedeutet, Sauerstoff tatsächlich in ein Magnetfeld, so erlebt man eine Überraschung, die anhand der formulierten Lewis-Struktur nicht zu erklären ist. Hier hilft die Molekülorbitaltheorie weiter. Erklären Sie, welche Atomorbitale zweier Sauerstoffatome für eine Wechselwirkung in Frage kommen und formulieren Sie ein entsprechendes MO-Diagramm, das das paramagnetische Verhalten des Sauerstoffs richtig beschreibt.

# Aufgabe 181

Der Schwefel ist ebenso wie der Sauerstoff ein für alle Organismen unverzichtbares Element. Im Gegensatz zum Sauerstoff, der als $O_2$-Molekül vorliegt, ist Schwefel aber bei Raumtemperatur bekanntlich ein Feststoff, der in einer Reihe von unterschiedlichen Modifikationen vorliegen kann. In einer solchen bildet er ringförmige $S_8$-Moleküle.

a) Formulieren Sie eine Lewis-Strukturformel für das $S_8$-Molekül und machen Sie mithilfe des VSEPR-Modells eine Vorhersage zu seiner dreidimensionalen Struktur.

b) Betrachten Sie analog die Verbindung Schwefeltetrafluorid und treffen Sie eine Strukturvorhersage unter Anwendung des VSEPR-Modells.

c) Beim Schmelzen von Schwefel entstehen zunächst aus den $S_8$-Ringen auch Ringe anderer Größe, v. a. $S_6$, $S_7$ und $S_{12}$. Eine Eigentümlichkeit von Schwefel besteht darin, dass die Viskosität von flüssigem Schwefel bei weiterer Erwärmung plötzlich stark zunimmt, während sonst die Viskosität von Flüssigkeiten mit steigender Temperatur i. A. abnimmt. Können Sie sich die Ursache dieses Verhaltens erklären?

## Aufgabe 182

Das farb- und geruchlose Gas Xenon gehört zu den chemisch extrem reaktionsträgen Edelgasen. Vor 1962 galten alle Edelgase als grundsätzlich inert, d. h. als chemische Stoffe, die keine Verbindungen eingehen. Wenngleich inzwischen einige Xenon-Verbindungen bekannt sind, erscheint Xenon aus medizinischer Sicht zumindest auf den ersten Blick völlig uninteressant zu sein.

1939 wurde jedoch von Albert R. Behnke erstmals die anästhesistische Wirkung des Gases entdeckt. Er untersuchte die Wirkung verschiedener Gase und Gasmischungen auf Taucher und vermutete aus den Ergebnissen, dass Xenon auch bei Normaldruck eine narkotische Wirkung haben müsse. Erstmals bestätigt wurde diese Wirkung 1946 von J. H. Lawrence an Mäusen; die erste Operation unter Xenon-Narkose gelang 1951 Stuart C. Cullen. 2005 wurde Xenon in Deutschland sowie 2007 in 11 weiteren europäischen Ländern zur Anwendung in der Anästhesie zugelassen. Xenon zeichnet sich hierbei durch hämodynamische Stabilität des Patienten aus und hat, bedingt durch den geringsten Blutgas/Gas-Verteilungskoeffizienten aller Inhalationsanästhetika, die schnellste Einschlaf- und Aufwachcharakteristik.

Eine der wenigen bekannten Xenon-Verbindungen ist das $XeF_2$, das die gleiche Zusammensetzung aufweist, wie eine Fluor-Verbindung des Selens ($SeF_2$). Bemühen Sie die VSEPR-Theorie um zu entscheiden, ob die beiden Fluoride auch räumlich gleich gebaut sind, z. B. gleiche Bindungswinkel aufweisen.

## Aufgabe 183

Moleküle sind keine starren Gebilde; Rotationen um Einfachbindungen finden i. A. sehr leicht statt. Dagegen können Isomere, die sich in der Konfiguration an einer Doppelbindung unterscheiden („*cis-trans*-Isomere") häufig getrennt voneinander isoliert werden. Solche Isomere spielen auch eine wichtige Rolle für die Physiologie des Sehvorgangs.

a) Erklären Sie, warum Rotationen um Doppelbindungen bei gewöhnlichen Temperaturen praktisch nicht ablaufen, während solche um Einfachbindungen auch bei tiefen Temperaturen noch rasch erfolgen.

b) Die entscheidende chemische Grundlage des Sehens besteht in der Isomerisierung einer C=C-Doppelbindung in dem an das Protein Opsin gebundenen Molekül Retinal. Hierfür wird Licht einer Wellenlänge von 450 nm benötigt. Leiten Sie daraus ab, welche Energie zum Bruch der $\pi$-Bindung im Retinal erforderlich ist.

## Aufgabe 184

Geben Sie die empirischen Formeln und die Namen für die Verbindungen an, die aus den folgenden Elementen gebildet werden:

a) Aluminium und Fluor

b) Lithium und Wasserstoff

c) Magnesium und Brom

d) Kalium und Schwefel

## Aufgabe 185

Teilen Sie die im Folgenden gegebenen Verbindungen ein in solche mit (überwiegend) ionischem Bindungscharakter und solche, die (mehr oder weniger polare) kovalente Bindungen aufweisen sollten.

a) $B_2H_6$        b) $CH_3OH$        c) $LiNO_3$        d) $SCl_2$

e) $Ag_2SO_4$        f) $NOCl$        g) $CoCO_3$        h) $PCl_3$

## Aufgabe 186

Kovalente Bindungen zwischen unterschiedlichen Atomen sind aufgrund der in den meisten Fällen unterschiedlichen Elektronegativitäten der beteiligten Bindungspartner mehr oder weniger polar und weisen ein Dipolmoment auf. Ein solches wird gewöhnlich in Debye (D) angegeben, wobei $1\,D = 3{,}34 \cdot 10^{-30}$ C m. Ein typisches polares Molekül ist Chlorwasserstoff mit einer Bindungslänge von 1,27 Å.

a) Wie groß wäre das Dipolmoment von HCl, wenn beide Atome jeweils eine volle Ladung trügen (H: +1; Cl: –1)? Die Elementarladung $e$ beträgt $1{,}602 \cdot 10^{-19}$ C

b) Tatsächlich findet man für das HCl-Molekül ein Dipolmoment von 1,08 D. Wie groß sind demnach die Partialladungen (in Einheiten der Elementarladung $e$) auf beiden Atomen?

## Aufgabe 187

Welche der folgenden Verbindungen sind ionische Verbindungen, welche sind Molekülverbindungen (kovalente Verbindungen mit definierter molarer Masse), welche sind kovalente Netzwerkverbindungen? Kreuzen Sie die entsprechende Sparte an und tragen Sie die Summenformel ein.

| Name der Verbindung | Summenformel | ionische Verbindung | kovalente Molekülverb. | Netzwerk-verbindung |
|---|---|---|---|---|
| Chlorsäure | | | | |
| Diamant | | | | |
| Ammoniumdihydro-genphosphat | | | | |
| Tetraammindichlorido-kupfer(II) | | | | |
| Natriumhydrid | | | | |
| Iodwasserstoff | | | | |

# Aufgabe 188

Das Stickstoffmolekül ist mit seiner Bindungsdissoziationsenergie von 945 kJ/mol ausgesprochen stabil, was es für den Chemiker lange Zeit schwierig gemacht hat, den reichlich vorhandenen Luftstickstoff in nützliche Verbindungen wie Ammoniak umzuwandeln, der in riesigen Mengen zur Düngemittelproduktion benötigt wird. 1909 gelang es Fritz Haber erstmals, mit Hilfe eines Osmium-Katalysators Ammoniak im Labormaßstab durch Direktsynthese herzustellen. Daraufhin versuchte er mit Hilfe von Carl Bosch dieses Verfahren, das spätere Haber-Bosch-Verfahren, auch im industriellen Maßstab anzuwenden. 1913 wurde bei der BASF in Ludwigshafen die erste kommerzielle Fabrik zur Ammoniak-Synthese in Betrieb genommen. Dabei wurde ein inzwischen von Alwin Mittasch entwickelter Eisen-Mischkatalysator anstatt des teuren Osmiums genutzt.

a) Formulieren Sie eine Gleichung für die Ammoniak-Synthese und beschreiben Sie die Struktur des Moleküls.

b) Vor der Verwendung der Halogenkohlenwasserstoffe war Ammoniak ein häufig benutztes Kühlmittel in Kühlschränken. Können Sie erklären, auf welcher Eigenschaft des Ammoniaks diese Anwendung beruht?

c) Bestimmte Bakterien und Mikroorganismen, die in Symbiose mit Leguminosen leben, sind mit Hilfe des Enzyms Nitrogenase zur „Fixierung" von Stickstoff aus der Luft in der Lage. Im Zuge dieser Reduktion entstehen sequenziell $N_2H_2$, $N_2H_4$ (Hydrazin) und schließlich Ammoniak. Welche räumlichen Strukturen erwarten Sie für diese Zwischenprodukte? Während die Dissoziationsenergie im Stickstoffmolekül höher ist als die einer $C{\equiv}C$-Dreifachbindung in Alkinen, sind die $N-N$-Bindungen in $N_2H_2$ und $N_2H_4$ vergleichsweise schwach. Können Sie diesen Befund erklären?

# Aufgabe 189

Das Hydroxyl-Radikal (OH-Radikal) besteht aus einem Wasserstoff- und einem Sauerstoffatom und ist eines der häufigsten Radikale in der Atmosphäre. Es spielt eine wichtige Rolle für den Abbau von Luftverunreinigungen.

Das hochreaktive Hydroxyl-Radikal (OH$^\bullet$) ist in der Lage nahezu alle biologischen Moleküle anzugreifen und Kettenreaktionen auszulösen. Die Bildung dieses Radikals kann durch die Reaktion von Übergangselementen mit Wasserstoffperoxid (s.u.) erfolgen, oder auch durch Reaktion von Wassermolekülen mit Ozon und Sonnenlicht.

Die enorme Reaktionsfreude des Sauerstoffs und vor allem seiner Radikale kann nahezu alle im Organismus vorkommenden Verbindungen oxidativ verändern und in ihrer Funktion beeinträchtigen. Die Rolle von oxidativem Stress in der Genese diverser Erkrankungen ist somit von hoher Bedeutung.

Erstellen Sie ein MO-Diagramm zur Klärung der Bindungsverhältnisse im OH-Radikal. Die Wellenfunktion, die das bindende Orbital beschreibt, lautet:

$$\Psi = N\,[\lambda\,\phi(H_{1s}) + \phi(O_{2p_z})]$$

Was lässt sich über den Wert von $\lambda$ aussagen? Wie groß ist die Bindungsordnung im OH-Radikal bzw. im OH$^-$-Ion?

# Kapitel 4
# Stöchiometrie und chemische Gleichungen

**Werkzeugkasten –**
**Begriffe und Gleichungen, die Sie griffbereit haben sollten**

### Atommasse:

Die *Atommasse* (atomare Masseneinheit u) ist definiert als exakt 1/12 der Masse eines Kohlenstoffisotops $^{12}C$; die Masse eines Mols dieses Isotops beträgt exakt 12,00… g. Als Atommasse für ein Element gibt man (z. B. im PSE) den Mittelwert der Massen seiner Isotope gewichtet mit deren relativer Häufigkeit an.

### Molare Masse:

Die molare Masse einer Verbindung errechnet sich aus der Summe der Atommassen:
$$M = \sum_i Atommasse_i$$

### Stoffmenge:

Für die *Stoffmenge* gilt die Einheit „Mol", wobei 1 mol eine Teilchenzahl umfasst. Die Teilchenzahl in 1 mol einer beliebigen Substanz ist gleich der Avogadro-Zahl $N_A = 6{,}022 \cdot 10^{23}$ $mol^{-1}$.

Die Stoffmenge einer Substanz berechnet sich aus der Masse $m$ und ihrer molaren Masse $M$:

$$n = \frac{m}{M}$$; analog erhält man natürlich die Masse $m$ aus der Stoffmenge: $m = n \cdot M$

### Stoffmengenkonzentration, Massenkonzentration:

Konzentrationen sind zusammengesetzte Größen, bei denen im Nenner stets das Volumen $V$ des Gemisches steht; den Zähler bildet die Größe, deren Konzentration gemeint ist.

Stoffmengenkonzentration: $c = \dfrac{n}{V}$

Massenkonzentration: $\beta = \dfrac{m}{V}$

### Stoffmengenanteil, Massenanteil, Volumenanteil

Im Gegensatz dazu sind Anteile prinzipiell dimensionslose Größen:

Stoffmengenanteil: $\chi = \dfrac{n(A)}{\sum_i n_i}$

© Springer Fachmedien Wiesbaden GmbH, ein Teil von Springer Nature 2020
R. Hutterer, *Fit in Anorganik*, Studienbücher Chemie,
https://doi.org/10.1007/978-3-658-30486-7_4

Massenanteil:   $\omega = \dfrac{m(A)}{\sum_i m_i}$,   z. B.   $\omega = \dfrac{m(A)}{m(\text{Lösung})}$

Volumenanteil:   $\varphi = \dfrac{V(A)}{\sum_i V_i}$

Stoffmenge $n$ und Teilchenzahl $N$ hängen über die *Avogadrozahl* $N_A = 6{,}022 \cdot 10^{23}$ mol$^{-1}$ zusammen: $n = N / N_A$

**Empirische (Verhältnis-)formel / Summenformel:**

Die empirische Formel einer Verbindung gibt die relative Anzahl (Verhältnis) der einzelnen darin vorkommenden Elemente an, während die Summenformel die tatsächliche Anzahl der verknüpften Atome zeigt. So ist die empirische Formel für Glucose $CH_2O$, während die tatsächliche Summenformel das Sechsfache, also $C_6H_{12}O_6$, beträgt.

**Formalladung:**

Für die Ermittlung werden alle Bindungselektronenpaare symmetrisch geteilt und die Atome vollständig im Besitz ihrer freien Elektronenpaare gelassen („perfekt kovalentes Modell"). Hat dann ein Atom im Molekül mehr Elektronen als in seinem ungebundenen neutralen Zustand, weist man ihm in dieser Lewis-Struktur eine negative Formalladung zu, sind es weniger, entsprechend eine positive. Zu bevorzugen sind (aufgrund niedrigeren Energiegehalts) Lewis-Formeln, in denen möglichst wenige Atome eine formale Ladung tragen und diese möglichst klein sind, sofern dafür nicht die Oktettregel verletzt werden muss. Aneinander gebundene Atome sollten keine Formalladungen gleichen Vorzeichens aufweisen.

**Oxidationszahl:**

Hier werden dem jeweils elektronegativeren Bindungspartner formal *beide* Bindungselektronen einer Bindung zugerechnet („perfekt ionisches Modell"), anschließend wird mit dem ungebundenen neutralen Zustand verglichen. Die Summe aller Oxidationszahlen muss in einem neutralen Molekül immer gleich Null ergeben; für eine geladene Verbindung die entsprechende Ionenladung.

**Chemische Gleichung:**

Jede chemische Gleichung muss ausgeglichen sein bzgl. der *Atombilanz* und der *Ladungsbilanz*, d. h. auf beiden Seiten einer Gleichung (ausgenommen Kernreaktionen) müssen die gleichen Atome in gleicher Anzahl stehen und die Summe aller Ladungen muss gleich sein.

**Theoretische Ausbeute:**

Die aufgrund der Stöchiometrie einer Reaktion bei einer gegebenen Menge an Edukt(en) maximal erzielbare Menge an Produkt(en) stellt die maximal mögliche (theoretische) Ausbeute dar. Aufgrund unvollständig verlaufender Reaktion und experimentellen Verlusten ist die tatsächlich realisierte Ausbeute stets kleiner.

## Umrechnung von Massen- in Teilchenzahl:

## Bestimmung empirischer Formeln aus Analysen:

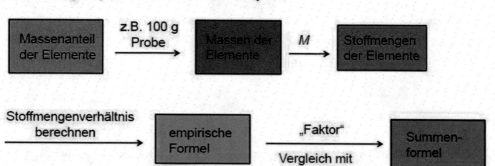

## Limitierende Reagenzien und Ausbeute

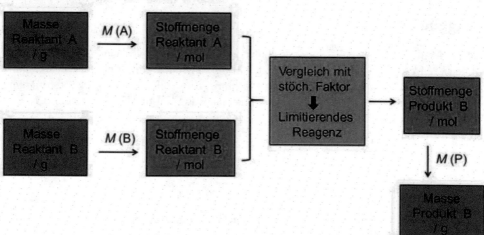

## Aufgabe 190

Ein beliebter Aufgabentypus im Physikum ist die Umrechnung von Massen- und Stoffmengenkonzentrationen, wobei bei ersteren oft die in der sonstigen Naturwissenschaft ungebräuchliche Einheit mg/dL zum Einsatz kommt. Ein typisches Fallbeispiel: Für einen Diabetes mellitus-Patient soll die Blutglucose-Konzentration bestimmt werden. Leider ist der Laborant schlampig und übermittelt als Ergebnis nur einen Zahlenwert von 26 ohne Einheit – worauf der behandelnde Arzt schon von einer Unterzuckerung ausging, da er meinte, dass es sich um 26 mg/dL handeln sollte. Tatsächlich betrug das Ergebnis 26 mmol/L.

Welcher Massenkonzentration (in mg/dL) entspricht das?

$M_r$ (C) = 12;   $M_r$ (H) = 1;   $M_r$ (O) = 16

## Aufgabe 191

Creatinin ist ein wichtiger Nierenretentionsparameter in der Labormedizin; es wird mit dem Urin mit relativ konstanter Geschwindigkeit ausgeschieden. Bei einem Patienten wurde eine Creatinin-Konzentration im Blutplasma von 180 µmol/L gemessen.

Wie hoch die Massenkonzentration von Creatinin ($M_r$ = 113) in mg/dL (1 dL = 100 mL)?

## Aufgabe 192

Sie sind auf Hausbesuch bei einem Schmerzpatienten; dieser verlangt nach einer Morphin-Gabe ($M$(Morphin) = 285 g/mol). Sie finden in Ihrem Medizinkoffer eine 20 mL-Ampulle mit der Aufschrift „Lösung enthält 142,5 mg Morphin". Sie wollen daraus durch Verdünnung mit isotoner Kochsalz-Lösung 250 mL einer Infusionslösung mit der Konzentration 0,20 mmol/L herstellen. Welches Volumen der Morphin-Lösung müssen Sie mit der Spritze aufziehen und für die Infusionslösung verdünnen?

## Aufgabe 193

Sie benötigen 250,0 mL einer Natriumcarbonat-Lösung, die eine Stoffmengenkonzentration von 1,5 mol/L aufweisen soll.

a) Welche Masse des Salzes muss hierfür eingewogen werden? Welche Massenkonzentration weist diese Lösung auf?

$M_r$ (Na) = 23,0;   $M_r$ (C) = 12,0;   $M_r$ (O) = 16,0

b) Nach erfolgter Herstellung der Lösung sind Sie plötzlich unsicher, ob Sie nicht aus Versehen anstelle von Natriumcarbonat den Substanzbehälter mit Natriumsulfat erwischt haben. Wie könnten Sie möglichst einfach überprüfen, ob Sie nun Natriumcarbonat oder -sulfat eingewogen und gelöst haben?

# Aufgabe 194

Lidocain ($M = 234$ g/mol) wird in Form seines Hydrochlorid-Salzes als gut und schnell wirksames örtliches Betäubungsmittel besonders von Zahnärzten häufig eingesetzt. Es wird als Stammlösung mit einer Massenkonzentration von 1,17 g/L geliefert und muss zur Anwendung auf eine Konzentration von $1,25 \cdot 10^{-4}$ mol/L verdünnt werden. Für die Verdünnung steht Ihnen ein Messkolben mit dem Endvolumen 250 mL zur Verfügung.

Welches Volumen Ihrer unverdünnten Lösung müssen Sie einpipettieren, damit Sie nach Auffüllen des Messkolbens auf 250 mL eine Lösung der erforderlichen Konzentration haben?

# Aufgabe 195

Inspiriert von vier Mass Bier auf der Wiesn kommt Ihnen folgender Gedanke: Angenommen, Sie schütten kommendes Jahr bei Beginn ihres Urlaubs am Mittelmeer eine Mass (1 L) Bier ins Meer, geben den darin enthaltenen Molekülen genug Zeit, sich vollständig über alle Weltmeere zu verteilen und schöpfen ein Jahr später 1 L des Meerwassers – hätten Sie eine Chance, darin ein oder vielleicht sogar mehrere Ethanol-Moleküle wiederzufinden – gleichmäßige Verteilung der Ethanol-Moleküle über die Meere der Welt vorausgesetzt?

Wieder nüchtern – können Sie die Frage beantworten? Für das Bier sei ein typischer Alkoholgehalt von 5 Vol-% angenommen; die Dichte von Ethanol beträgt 0,79 g/mL.

# Aufgabe 196

Silbernitrat ist ein relativ teures Laborreagenz, das oft für die quantitative Bestimmung von Chlorid-Ionen benutzt wird. Für ein Experiment benötigt ein Student 100,0 mL einer Silbernitrat-Lösung der Konzentration $c = 0,075$ mol/L; im Labor vorrätig sind aber nur noch 60 mL einer 0,050 molaren Lösung. Er entschließt sich, davon 50,0 mL in einen 100 mL-Messkolben zu überführen, anschließend die erforderliche Menge an Silbernitrat als Feststoff hinzuzugeben und anschließend mit Wasser bis zum Eichstrich auf 100 mL aufzufüllen.

Aber wie viel Silbernitrat muss er für dieses Vorhaben abwiegen und zugeben?

# Aufgabe 197

In einem analytischen Labor wird die Zusammensetzung von Vitamin C untersucht. Die Untersuchung einer Probe ergab 40,9 % Kohlenstoff, 4,58 % Wasserstoff sowie Sauerstoff. Mithilfe der Massenspektrometrie wurde die molare Masse von Vitamin C zu 176,12 g/mol bestimmt. Ermitteln Sie die Molekülformel von Vitamin C (= Ascorbinsäure).

## Aufgabe 198

Im Jahr 1972 wurde in Ottobrunn ein Airbag entwickelt; er verwendet festes Natriumazid ($NaN_3$), das bei einem Aufprall in die elementaren Stoffe zerfällt.

a) Welche Masse an Stickstoff entsteht, wenn in dem Airbag 160 g Natriumazid eingesetzt werden?

b) Auf welches Volumen bläht sich der Airbag auf, wenn die Temperatur 20 °C beträgt und der Luftdruck 1,013 bar?

$R = 8{,}3143 \cdot 10^{-2}$ L bar / mol K;    $M_r(Na) = 23{,}0$ g/mol;    $M_r(N) = 14{,}0$ g/mol

## Aufgabe 199

Zur Neutralisation schwefelsäurehaltiger Abwässer kann Kalkstein (Calciumcarbonat) verwendet werden, der kostengünstig verfügbar ist. Um herauszufinden, welche Menge davon benötigt wird, ermittelt man zunächst die Stoffmengenkonzentration der Schwefelsäure im Abwasser. Bei der Titration einer Abwasserprobe von 100 mL wurden dabei 40 mL NaOH-Lösung der Konzentration $c(NaOH) = 0{,}10$ mol/L verbraucht.

Stellen Sie die Reaktionsgleichung für die Neutralisationsreaktion mit Kalkstein auf, und berechnen Sie, welche Masse davon benötigt wird, um 120 m$^3$ Abwasser zu neutralisieren.

$M_r(Ca) = 40$;    $M_r(C) = 12$;    $M_r(O) = 16$

## Aufgabe 200

Interpretieren Sie die durch die folgenden Kurznotationen festgehaltenen Sachverhalte:

A $\longleftrightarrow$ A´

A $\longrightarrow$ 2 B

A $\rightleftharpoons$ C

## Aufgabe 201

Es liegt eine wässrige Lösung von Bariumhydroxid mit einer Konzentration von 0,003 mol/L bei $T = 25$ °C vor.

a) Wie groß sind darin die Konzentration der $H_3O^+$- bzw. der $OH^-$-Ionen, und welcher pH-Wert ist zu erwarten?

b) Von dieser Lösung werden 50 mL mit einer Testlösung versetzt, die jeweils 0,2 mmol an Chlorid-, Nitrat-, Sulfat- bzw. Acetat-Ionen enthält. Welche Beobachtung können Sie machen? Geben Sie eine entsprechende Gleichung an und berechnen Sie die Masse an Reaktionsprodukt, die Sie aus der Mischung maximal isolieren könnten.

$M_r$ (Chlorid) = 35,5; $M_r$ (Nitrat) = 62; $M_r$ (Sulfat) = 96; $M_r$ (Acetat) = 59; $M_r$ (Ba) = 137,3

## Aufgabe 202

Ein unbekanntes Salz wird analysiert. Dabei ergeben sich folgende Beobachtungen:

1. Das Salz ist in Wasser schwer löslich.

2. Bei Zugabe von verdünnter NaOH ist keine Reaktion zu erkennen.

3. Bei Zugabe von verdünnter Essigsäure ist ganz schwache Gasentwicklung zu beobachten, die bei Erwärmung zunimmt.

4. Bei Zugabe von verdünnter Salzsäure ist eine starke Gasentwicklung zu beobachten. Das Salz ist nach kurzer Zeit in Lösung gegangen.

5. Das bei 4. entstandene Gas ist nicht brennbar. Leitet man es in eine $Ba(OH)_2$-Lösung, so bildet sich ein Niederschlag.

6. Versetzt man die bei 4. entstandene Lösung mit Hexacyanidoferrat(II)-Lösung, beobachtet man eine intensive Blaufärbung.

7. Versetzt man die bei 4. entstandene Lösung zunächst mit einem starken Reduktionsmittel und dann erst wie in 6. mit Hexacyanidoferrat(II)-Lösung, beobachtet man nur eine sehr schwache Blaufärbung.

a) Erklären Sie die Beobachtungen. Um welches Salz handelt es sich? Nennen Sie den Namen des Salzes unter Angabe der Oxidationszahl des Kations.

b) Schreiben Sie eine Reaktionsgleichung für die bei 4. ablaufende Reaktion.

## Aufgabe 203

Brom ist abgesehen von Quecksilber das einzige bei Raumtemperatur und Normaldruck flüssige Element. Es wurde 1826 erstmals durch den französischen Chemiker Antoine-Jérôme Balard aus Meeresalgen isoliert. Eine technische Herstellung erfolgte erst ab 1860. Aufgrund seines stechenden Geruchs schlug Joseph Louis Gay-Lussac den Namen „Brom" (von griech. βρῶμος (brômos) „Bocksgestank der Tiere") vor. Brom ist sehr giftig und außerdem ätzend, seine Dämpfe sollten daher nicht eingeatmet werden und die Flüssigkeit nicht mit der Haut in Kontakt kommen.

a) In welcher Form liegt Brom in elementarer Form vor, und warum?

b) Das Element Brom existiert in Form von zwei stabilen Isotopen. Ein Massenspektrum von elementarem Brom besteht aus drei Peaks:

| molare Masse (g/mol) | relative Größe |
|---|---|
| 157,836 | 0,2569 |
| 159,834 | 0,4999 |
| 161,832 | 0,2431 |

Aus welchen Isotopen bestehen die einzelnen Peaks? Wie groß ist die Masse jedes Isotops?

c) Wie groß ist die mittlere molare Masse von 1 mol Brom-Molekülen?

d) Wie groß ist die mittlere Atommasse von 1 mol Brom-Atomen?

e) Berechnen Sie die Häufigkeiten der beiden Brom-Isotope.

# Kapitel 5

# Energetik und chemisches Gleichgewicht

**Werkzeugkasten –**

**Begriffe und Gleichungen, die Sie griffbereit haben sollten**

**Energie:**

Energie ist die Fähigkeit eines Systems, Arbeit zu leiten.

**Energieerhaltung (1. Hauptsatz der Thermodynamik):**

Die Gesamtenergie des Universums ist konstant; Energie kann weder erschaffen noch vernichtet werden, sondern nur von einer Form in eine andere umgewandelt werden.

**Innere Energie $U$:**

Die *Innere Energie* ist die Summe der kinetischen und potenziellen Energien aller Teilchen in einem System. Es handelt sich um eine *Zustandsfunktion*, d. h. die Änderung der inneren Energie $\Delta U$ zwischen einem Anfangs- und einem Endzustand ist unabhängig vom beschrittenen Weg und ist gegeben durch die Summe der übertragenen Wärme $q$ und der geleisteten Arbeit $w$:  $\Delta U = U_{final} - U_{initial} = q + w$

**Wärme:**

Wärme ist der Austausch thermischer Energie zwischen einem System und seiner Umgebung infolge einer Temperaturdifferenz. Thermische Energie fließt immer vom wärmeren zum kälteren Körper.

**Wärmekapazität:**

Die *Wärmekapazität* ist definiert als die Wärme, die einem Körper zugeführt werden muss, um eine Temperaturerhöhung von 1 °C zu bewirken; Einheit J/K. Die *spezifische Wärmekapazität* ist dann die benötigte Wärmemenge, um 1 g der Substanz um 1 °C zu erwärmen; Einheit: J/g K.

**Arbeit:**

Tritt bei einer chemischen Reaktion mechanische Arbeit auf, so wird diese i. A. als Volumenarbeit $w = -p\,\Delta V$ geleistet. Ein Prozess unter konstantem Volumen ($\Delta V = 0$; in einem abgeschlossenen Reaktionsgefäß) leistet keine Arbeit, d. h. $w = 0$. Leistet das System Arbeit an der Umgebung (d. h. $\Delta V > 0$), so ist $w < 0$.

**Enthalpie:**

Die Änderung der Inneren Energie im Zuge einer Reaktion $\Delta U_R$ umfasst den Austausch von *Wärme* und *Arbeit*; meist ist man aber nur an der Wärme interessiert. Man definiert die *Enthalpie H* als Summe aus Innerer Energie und dem Produkt aus Druck und Volumen:

© Springer Fachmedien Wiesbaden GmbH, ein Teil von Springer Nature 2020
R. Hutterer, *Fit in Anorganik*, Studienbücher Chemie,
https://doi.org/10.1007/978-3-658-30486-7_5

$H = U + pV$.

Unter konstantem Druck ist dann die Änderung der Enthalpie $\Delta H = \Delta U + p\,\Delta V = q_p$

## Reaktionsenthalpie:

Sie entspricht der bei einer Reaktion unter konstantem Druck umgesetzten Wärme $q$. Die Reaktionsenthalpie lässt sich berechnen aus der Betrachtung aller Bindungen, die gebrochen bzw. neu ausgebildet werden (BDE = Bindungsdissoziationsenthalpie):

$$\Delta H_R = \sum_i BDE_{\text{gebrochene B.}} - \sum_i BDE_{\text{geknüpfte B.}}$$

Es gelten folgende Rechenregeln:

- Wird eine Reaktionsgleichung mit einem Faktor multipliziert, gilt dies analog für $\Delta H_R$.

- Bei der Umkehr einer Reaktionsgleichung ändert sich das Vorzeichen von $\Delta H_R$.

- Lässt sich eine Reaktion als Summe mehrerer Einzelschritte formulieren, entspricht $\Delta H_R$ der Summe der Reaktionswärmen der Einzelschritte (*Satz von Hess*).

## Exothermer / endothermer Prozess:

Ist die Reaktionsenthalpie $\Delta H_R < 0$, spricht man von einem *exothermen*, im umgekehrten Fall von einem *endothermen* Prozess.

## Standardzustand:

- Für Gase: das reine Gas bei einem Druck von exakt 1 bar

- Für Flüssigkeiten und Festkörper: die reine Substanz in ihrer stabilsten Form bei $p = 1$ bar und einer definierten Temperatur (meist: $T = 25\ °C$).

- Für Lösungen: die Substanz in Lösung bei einer Konzentration von exakt 1 mol/L

### Standardreaktionsenthalpie $\Delta H°_R$:

Die Enthalpieänderung für einen Prozess, bei dem alle Edukte und Produkte in ihren Standardzuständen vorliegen.

$$\Delta H°_R = \sum_i n_i\,H°\,(\text{Prod.}) - \sum_i m_i\,H°\,(\text{Ed.}) \qquad n_i, m_i = \text{stöch. Koeffizienten}$$

### Standardbildungsenthalpie $\Delta H°_f$:

Die Enthalpieänderung für die Bildung von 1 mol einer Verbindung aus den Elementen in ihren Standardzuständen. Für Elemente ist $\Delta H°_f$ definitionsgemäß = 0. Sie dient zur Berechnung von → *Reaktionsenthalpien*:

$$\Delta H°_R = \sum_i n_i\,H°_f\,(\text{Prod.}) - \sum_i m_i\,H°_f\,(\text{Ed.}) \qquad n_i, m_i = \text{stöch. Koeffizienten}$$

## Chemisches Gleichgewicht; Massenwirkungsbruch:

Die meisten Reaktionen können in beide Richtungen verlaufen; sie sind (mehr oder weniger) reversibel. Für die allgemeine Gleichgewichtsreaktion

$$\nu_a\,A + \nu_b\,B \rightleftharpoons \nu_c\,C + \nu_d\,D$$

lautet der sog. *Massenwirkungsbruch* (*Reaktionsquotient*): $Q = \dfrac{c(C)^{\nu_c} \cdot c(D)^{\nu_d}}{c(A)^{\nu_a} \cdot c(B)^{\nu_b}}$

Ist die Geschwindigkeit der Hinreaktion gleich der Geschwindigkeit der Rückreaktion, hat sich ein *dynamisches Gleichgewicht* eingestellt: die Konzentrationen der beteiligten Spezies ändern sich nicht mehr und es wird $Q = K$ ($\rightarrow$ *Gleichgewichtskonstante*).

### Entropie; 2. Hauptsatz der Thermodynamik:

Die *Entropie* ist ein Maß für die Unordnung in einem System, die sich widerspiegelt in der Anzahl von verschiedenen Möglichkeiten, Materie und Energie in einem System anzuordnen. Die Entropie nimmt zu in Richtung zunehmender Wahrscheinlichkeit, d. h. der Zahl der Möglichkeiten $W$, Moleküle und ihre Energie in einem System anzuordnen.

Nach Ludwig Boltzmann gilt für die Entropie:

$S = k \cdot \ln W$, wobei $k = 1{,}38 \cdot 10^{-23}$ J K$^{-1}$ (Boltzmann-Konstante)

Ein Vorgang kann dann spontan ablaufen, wenn dabei die Entropie im Universum zunimmt (2. Hauptsatz). Dabei muss die Entropieänderung sowohl im System wie in der Umgebung betrachtet werden; es gilt:

$\Delta S_{Universum} = \Delta S_{System} + \Delta S_{Umgebung} > 0$

#### Standardreaktionsentropie:

Sie errechnet sich in Analogie zur Standardreaktionsenthalpie aus den Standardentropien der Produkte und der Edukte:

$\Delta S^{\circ}_{R} = \sum_i n_i S^{\circ} \text{(Prod.)} - \sum_i m_i S^{\circ} \text{(Ed.)}$ $\qquad n_i, m_i = $ stöch. Koeffizienten

### Gibb'sche freie Enthalpie:

Die „**freie Enthalpie**" $G$ (auch: Gibb'sche freie Enthalpie) führt die Entropieänderung im Universum zurück auf Größen, die nur das System betreffen und ist definiert gemäß

$\Delta G = \Delta H - T \cdot \Delta S_{System}$ $(p, T = $ const.$)$

- Wenn $\Delta G < 0$, läuft der Prozess / die Reaktion freiwillig (spontan) ab.

- Wenn $\Delta G = 0$, so befindet sich das System im Gleichgewicht.

- Wenn $\Delta G > 0$, läuft der Prozess / die Reaktion nicht freiwillig (spontan) ab.

Die *freie Standardenthalpie* $\Delta G^{\circ}$ kann analog zu $\Delta H^{\circ}$ aus freien Standardbildungsenthalpien berechnet werden:

$\Delta G^{\circ} = \sum_i n_i G^{\circ}_f \text{(Prod.)} - \sum_i m_i G^{\circ}_f \text{(Ed.)}$ $\qquad n_i, m_i = $ stöch. Koeffizienten

Für eine beliebige Substanz gilt folgender Zusammenhang:

$G = G^{\circ} + RT \ln a$

Dabei ist $a$ die *Aktivität* der Substanz, d. h. ihre „effektive" Konzentration. Die Aktivität einer reinen Substanz im $\rightarrow$ *Standardzustand* ist $a = 1$ und $G = G^{\circ}$.

Oft vernachlässigt man die Abweichung von der Idealität und setzt $a = c$; dann ist die freie Reaktionsenthalpie für die Reaktion

$$\nu_a\,A\,+\,\nu_b\,B\;\rightleftharpoons\;\nu_c\,C\,+\,\nu_d\,D\qquad(\textit{Nicht-Gleichgewichtszustand!})$$

$$\Delta G\;=\;\Delta G^\circ\,+\,RT\ln\frac{c(C)^{\nu_c}\cdot c(D)^{\nu_d}}{c(A)^{\nu_a}\cdot c(B)^{\nu_b}}\;=\;\Delta G^\circ\,+\,RT\ln Q$$

**Gleichgewichtskonstante:**

Im Gleichgewichtszustand ist $\Delta G = 0$ und der $\rightarrow$ *Reaktionsquotient Q* geht in die *Gleichgewichtskonstante K* über. Unter Verwendung von *normierten* Konzentrationen (symbolisiert durch [ ]) wird die Konstante $K$ dimensionslos.

$$0\;=\;\Delta G^\circ\,+\,RT\ln\frac{[C]^{\nu_c}\cdot[D]^{\nu_d}}{[A]^{\nu_a}\cdot[B]^{\nu_b}}\;=\;\Delta G^\circ\,+\,RT\ln K$$

$$\rightarrow\quad\Delta G^\circ\;=\;-\,RT\ln K\qquad\text{bzw.}\qquad K\;=\;\exp\left(\frac{-\Delta G^\circ}{RT}\right)$$

**Prinzip von Le Chatelier:**

Wenn auf ein dynamisches Gleichgewicht ein Zwang ausgeübt wird, verschiebt sich das Gleichgewicht derart, dass der Effekt des Zwanges verringert wird (das System „weicht dem Zwang aus").

**Van't Hoff-Gleichung:**

Für die Temperaturabhängigkeit der Gleichgewichtskonstante $K$ bei zwei Temperaturen ($T_1$ und $T_2$) gilt:

$$\ln\frac{K_2}{K_1}\;=\;\frac{\Delta H^\circ}{R}\left(\frac{1}{T_1}-\frac{1}{T_2}\right)$$

Ist $\Delta H^\circ$ positiv (endotherme Reaktion), so erhält man für $T_2 > T_1$ einen positiven Ausdruck; es wird $K_2 > K_1$, d. h. eine Temperaturerhöhung verschiebt das Gleichgewicht nach rechts, umgekehrt bei einer exothermen Reaktion, in Übereinstimmung mit dem $\rightarrow$ *Prinzip von Le Chatelier*.

## Aufgabe 204

Schwitzen hilft bekanntlich, um den Körper zu kühlen. Der Grund ist, dass Verdampfen von Wasser ein endothermer Prozess ist:

$$H_2O(l) \longrightarrow H_2O(g) \qquad \Delta H° = +44,0 \text{ kJ}/\text{mol}$$

Betrachten Sie eine Person mit einer Masse von 75 kg; die spezifische Wärmekapazität des Körpers $c_p$ betrage 3,9 J/g K. Welche Masse an Wasser muss auf der Haut verdampfen, damit der Körper um 0,5 °C abgekühlt wird?

## Aufgabe 205

Viele Salze lösen sich unter Wärmeentwicklung (exotherm) in Wasser, einige aber auch unter Aufnahme von Wärme (endotherm). Solche Verbindungen können beispielsweise zur Herstellung sogenannter *Coolpacks* benutzt werden, die nützlich sind, um beispielsweise Sportverletzungen rasch kühlen und so Schwellungen reduzieren zu können. Sie bestehen z. B. aus einem Beutel mit Ammoniumnitrat, der einen separaten Beutel mit etwas Wasser enthält. Durch eine geeignete Vorrichtung lässt sich dieser aufbrechen und man schüttelt das Ganze, um eine gute Durchmischung zu erreichen. Es setzt ein endothermer Lösungsprozess ein, der bis zu ca. 20 Minuten für Kühlung der Verletzung sorgt.

Die spezifische Wärmekapazität $c_p$ von Wasser beträgt 4,18 J/g K, die näherungsweise auch für die entstehende Lösung gelten soll; die Lösungsenthalpie von Ammoniumnitrat ist +25,7 kJ/mol. Wie viel Ammoniumnitrat wird benötigt, um 150 mL Wasser von 27 °C auf 2 °C zu kühlen?

## Aufgabe 206

Sie interessieren sich für den Nährwert von feiner Edelbitterschokolade und führen daher ein entsprechendes Experiment mithilfe eines Bombenkalorimeters durch. Dazu opfern Sie ein kleines Stückchen der Schokolade ($m = 0,45$ g) und verbrennen es in Sauerstoff im Kalorimeter; dabei ergibt sich ein Temperaturanstieg des Wassers im Kalorimeter von 3,46 K. Zur Eichung des Kalorimeters werden analog 0,386 g Benzoesäure verbrannt, was einen Temperaturanstieg von 3,24 K ergab. Die Verbrennungsenergie der Benzoesäure ($M = 122,1$ g/mol) beträgt –3251 kJ/mol.

a) Welche Energiemenge führen Sie demnach ihrem Körper zu, wenn Sie eine 100 g Tafel der edlen Schokolade verspeisen?

b) Wie lange müssten Sie sich auf dem Fahrradergometer plagen, um diese Energiemenge zu verbrauchen, wenn Sie mit einer konstanten Leistung von 175 W in die Pedale treten?

# Aufgabe 207

Sie sollen in einem angesagten Club für ein paar „*special effects*" sorgen und erinnern sich daran, dass sich wallende Nebelschwaden erzeugen lassen, wenn man festes Kohlendioxid („Trockeneis") in warmes Wasser gibt. Das Kohlendioxid schmilzt nicht, sondern geht direkt in den Gaszustand über (es sublimiert), wobei das kalte gasförmige $CO_2$ Wasserdampf in der Luft zur Kondensation bringt.

Sie bringen eine Styroporbox mit, in der sich 20 L Wasser mit einer Temperatur von 88 °C befinden. Ermitteln Sie die Sublimationsenthalpie für das Trockeneis und berechnen Sie dann, welche Masse an Trockeneis Sie in das Wasser geben können, wenn es vollständig sublimieren soll, bis sich das Wasser auf 23 °C abgekühlt hat. Wärmeverluste an die Umgebung werden vernachlässigt.

$\Delta H°_f$ ($CO_2, g$) $= -393,5$ kJ/mol;     $\Delta H°_f$ ($CO_2, s$) $= -427,4$ kJ/mol;

$c_p$ ($H_2O$) $= 4,18$ J/mol K

# Aufgabe 208

Eine Variante von Handwärmern auf chemischer Basis benutzt vom Prinzip her die Oxidation von Eisenpulver zu Eisen(III)-oxid in Anwesenheit einiger katalytisch wirkender Substanzen.

Formulieren Sie die grundlegende Reaktionsgleichung, geben Sie $\Delta H°_R$ für die formulierte Reaktionsgleichung an und berechnen Sie die Wärmemenge, die freigesetzt werden kann, wenn 25 g Eisenpulver umgesetzt werden.

$M_r$ (Eisen) $= 55,85$;     $\Delta H°_f$ (Eisen(III)-oxid) $= -824$ kJ/mol

# Aufgabe 209

Um 1 L Wasser von morgendlichen 17 °C zum Sieden zu erhitzen, wird eine Wärmemenge von 350 kJ benötigt. Sie führen einen kleinen Campingkocher mit einer Butangas-Kartusche mit, die 50 g Butangas ($C_4H_{10}$) enthält und möchten damit eine Woche lang morgens jeweils 1 L Teewasser zum Kochen bringen. Die vollständige Verbrennung von 2 mol Butan liefert 5756 kJ.

a) Formulieren Sie die Gleichung für die Verbrennung des Gases und ermitteln Sie, ob die Kartusche für die geplante Woche reicht, wenn man Wärmeverluste etc. vernachlässigt.

b) Wäre es (rein aus Gewichtsgründen) zweckmäßig, anstelle von Butan als Brennstoff Spiritus (= Ethanol) mitzuführen? Die Verbrennung von 1 mol Ethanol unter Standardbedingungen liefert 1368 kJ. Begründen Sie mit Hilfe des Oxidationszustands beider Substanzen und bestätigen Sie Ihre Vermutung durch Rechnung.

## Aufgabe 210

Aminosäuren, die Bausteine der Proteine, können in der Zelle zu Harnstoff ($H_2N–CO–NH_2$), Kohlendioxid und Wasser abgebaut (oxidiert) werden. Formulieren Sie diesen Prozess für die einfachste Aminosäure Glycin ($H_2N–CH_2–COOH$) und berechnen Sie die Standardreaktionsenthalpie $\Delta H°_R$ für diese Umsetzung aus den Standardbildungsenthalpien.

$\Delta H°_f$ ($H_2N–CO–NH_2$ ($s$)) = $-333$ kJ/mol        $\Delta H°_f$ ($H_2N–CH_2–COOH$ ($s$)) = $-533$ kJ/mol

$\Delta H°_f$ ($CO_2$ ($g$)) = $-393$ kJ/mol        $\Delta H°_f$ ($H_2O$ ($l$)) = $-286$ kJ/mol

## Aufgabe 211

Das Element Stickstoff bildet eine Reihe von unterschiedlichen Oxiden, darunter die gasförmigen Stoffe NO, $NO_2$ und $N_2O$.

a) Formulieren Sie für die drei Verbindungen jeweils diejenige („beste") Lewis-Formel, die der tatsächlichen Struktur am nächsten kommt.

b) Gesucht ist die Standardreaktionsenthalpie $\Delta H°_R$ für die folgende Umsetzung:

$$N_2O\,(g) + NO_2\,(g) \longrightarrow 3\,NO\,(g)$$

Berechnen Sie $\Delta H°_R$ für diese Reaktion mit Hilfe der folgenden bekannten Standardreaktionsenthalpien:

$$2\,NO(g) + O_2\,(g) \longrightarrow 2\,NO_2\,(g) \qquad \Delta H°_R = -113\,kJ$$

$$N_2\,(g) + O_2\,(g) \longrightarrow 2\,NO(g) \qquad \Delta H°_R = +183\,kJ$$

$$2\,N_2O(g) \longrightarrow 2\,N_2\,(g) + O_2\,(g) \qquad \Delta H°_R = -163\,kJ$$

## Aufgabe 212

Sie interessieren sich für die Standardbildungsenthalpie $\Delta H°_f$ von Glucose ($C_6H_{12}O_6$), d. h. für die Reaktionsenthalpie für die Bildung von Glucose aus den Elementen gemäß folgender Gleichung:  $6\,C(s) + 6\,H_2\,(g) + 3\,O_2\,(g) \longrightarrow C_6H_{12}O_6\,(s)$

Sie verfügen zwar über ein Bombenkalorimeter, mit dem Sie Reaktionsenthalpien mit hoher Genauigkeit messen können, aber da eine Bildung von Glucose gemäß obiger Gleichung nicht abläuft, können Sie auch die Standardbildungsenthalpie dieses Prozesses nicht direkt messen. Welche Eigenschaft der Enthalpie ermöglicht es dennoch, die Standardbildungsenthalpie für obige Reaktion zu ermitteln und wie würden Sie dafür vorgehen?

## Aufgabe 213

Ein Gartengrill wird mit Propangas ($C_3H_8$) betrieben, das vollständig zu $CO_2$ und Wasser verbrennt.

a) Stellen Sie die Reaktionsgleichung auf und ermitteln Sie die Standardreaktionsenthalpie.

b) Auf dem Rost liegt ein Stück Schweinefleisch, das, um fertig durchzubraten, eine Wärmemenge von $1,60 \cdot 10^3$ kJ aufnehmen muss. Von der Wärmemenge, die der Grill produziert, werden allerdings nur 10 % vom Grillgut aufgenommen; der Rest erwärmt die Gartenlaube. Berechnen Sie die Masse an $CO_2$, die Sie in die Atmosphäre freisetzen, bis Ihr Stück Fleisch fertig gebraten ist.

$\Delta H°_f$ ($C_3H_8$, $l$) $= -70,1$ kJ/mol

$\Delta H°_f$ ($CO_2$, $g$) $= -393,5$ kJ/mol

$\Delta H°_f$ ($H_2O$, $g$) $= -241,8$ kJ/mol

$M_r$ ($CO_2$) $= 44,01$

## Aufgabe 214

Ermitteln Sie die Reaktionsenthalpie $\Delta H_R$ für die folgende Reaktion:

$$Fe_2O_3\,(s) \; + \; 3\,CO\,(g) \; \longrightarrow \; 2\,Fe\,(s) \; + \; 3\,CO_2\,(g)$$

Die folgenden Daten sind bekannt:

$$2\,Fe\,(s) \; + \; \frac{3}{2}\,O_2\,(g) \; \longrightarrow \; Fe_2O_3(s) \qquad \Delta H_R = -824,2 \text{ kJ}$$

$$CO\,(g) \; + \; \frac{1}{2}\,O_2\,(g) \; \longrightarrow \; CO_2\,(g) \qquad \Delta H_R = -282,7 \text{ kJ}$$

## Aufgabe 215

Palmitinsäure ($C_{16}H_{32}O_2$) ist eine typische Fettsäure, die sich in verschiedenen Nahrungsfetten findet. Ihr Energiegehalt kann als repräsentativ für den von Nahrungsfetten angesehen werden.

Formulieren Sie eine Reaktionsgleichung für die vollständige Verbrennung von Palmitinsäure, bei der unter physiologischen Bedingungen im Körper Wasser in flüssiger Form entsteht. Ermitteln Sie dann den Kaloriengehalt (1 Cal $= 10^3$ cal) von Palmitinsäure in Cal/g (= Reaktionsenthalpie für die vollständige Verbrennung) und vergleichen Sie mit dem von Saccharose. Welche der beiden Verbindungen enthält mehr Kalorien pro Gramm?

$\Delta H°_f$ ($CO_2$, $g$) $= -393,5$ kJ/mol          $\Delta H°_f$ ($H_2O$, $l$) $= -285,8$ kJ/mol

$\Delta H°_f$ ($C_{16}H_{32}O_2$, $s$) $= -208$ kJ/mol          $\Delta H°_f$ ($C_{12}H_{22}O_{11}$, $s$) $= -2226$ kJ/mol

## Aufgabe 216

Betrachten Sie die endotherme Reaktion von Kohlenmonoxid mit Wasserstoffgas zu Methanol ($CH_3OH$) in der Gasphase. Die Reaktionsmischung bei $T = 780$ °C enthielt zu Beginn Kohlenmonoxid ($c = 0{,}50$ mol/L) und Wasserstoff ($c = 1{,}0$ mol/L). Im Gleichgewicht betrug die CO-Konzentration 0,15 mol/L.

a) Ermitteln Sie die Gleichgewichtskonstante bei dieser Temperatur.

b) Die Reaktion wird bei einer Temperatur $T = 500$ °C wiederholt. Hat diese Änderung einen Effekt auf die Gleichgewichtskonstante?

## Aufgabe 217

Die im 1. Weltkrieg als Giftgas missbrauchte Verbindung Phosgen besteht zu 12,14 Massenprozent aus Kohlenstoff, 16,17 % aus Sauerstoff und 71,69 % aus Chlor. Die molare Masse der Verbindung beträgt 98,9 g/mol.

a) Ermitteln Sie die Summenformel von Phosgen und zeichnen Sie drei mögliche mesomere Grenzstrukturen, welche die Oktettregel erfüllen. Für welche erwarten Sie den größten Beitrag zur tatsächlichen Struktur? $M_r$ (C) $= 12{,}01$;  $M_r$ (O) $= 16{,}00$;  $M_r$ (Cl) $= 35{,}45$

b) Sind die Standardbildungsenthalpien von Edukten und Produkten nicht bekannt, kann man eine Reaktionsenthalpie auch aus den durchschnittlichen Bindungsenthalpien der an der Reaktion beteiligten Bindungen abschätzen. Folgende Werte (in kJ/mol) für die nachfolgend genannten Bindungen sind bekannt:

C–O 358    C=O 799    C≡O 1072    C–Cl 328    Cl–Cl 242

Ermitteln Sie daraus die Reaktionsenthalpie $\Delta H_R$ für die Bildung von Phosgen aus Kohlenmonoxid und Chlor in der Gasphase.

## Aufgabe 218

Eine Reaktion von enormer industrieller Bedeutung ist die Reduktion von Eisen(III)-oxid mit Kohlenstoff zu Eisen, ein unter Standardbedingungen stark endothermer Prozess.

a) Formulieren Sie die entsprechende Reaktionsgleichung.

b) Können Sie hoffen, eine Temperatur zu finden, bei der dieser Prozess dennoch spontan abläuft? Betrachten Sie dazu die Aggregatzustände der Edukte und Produkte, ziehen Sie die einschlägige Gleichung heran und folgern Sie. Wie ließe sich diese Temperatur berechnen?

## Aufgabe 219

Das Element Iod kommt bei Normaldruck nicht in flüssiger Form vor; es geht vom festen direkt in den Gaszustand über.

a) Wie wird dieser Prozess bezeichnet?

b) Ermitteln Sie $\Delta G^\circ_R$ für den Vorgang $I_2$ (s) $\rightarrow$ $I_2$ (g) bei 25 °C.

c) Ermitteln Sie $\Delta G_R$ für folgende Nicht-Standardbedingungen:

   i) $p(I_2) = 1{,}0$ mbar     ii) $p(I_2) = 0{,}10$ mbar

d) Warum geht Iod bei 25 °C an der Luft spontan in den Gaszustand über?

$\Delta H^\circ_f$ ($I_2$, g) = 62,4 kJ/mol;   $S^\circ$ ($I_2$, s) = 116,1 J/mol K;   $S^\circ$ ($I_2$, g) = 260,7 J/mol K


## Aufgabe 220

Betrachten Sie die folgende Reaktion von Stickstoffoxiden bei 298 K:

$N_2O$ (g) + $NO_2$ (g) $\longrightarrow$ 3 NO (g)

a) Formulieren Sie Lewis-Strukturen für alle drei Stickstoffoxide.

b) Verläuft die gezeigte Reaktion unter Standardbedingungen spontan?

c) Betrachten Sie eine Reaktionsmischung, die nur $N_2O$ und $NO_2$ bei einem Partialdruck von jeweils 1 bar enthält. Welcher Partialdruck von NO stellt sich in dieser Mischung ein?

d) Nimmt die Spontanität der Reaktion zu, wenn die Temperatur erhöht oder erniedrigt wird? Falls ja, bei welcher Temperatur ist die Reaktion unter Standardbedingungen spontan?

$\Delta G^\circ_f$ (NO, g) = 87,6 kJ/mol;   $\Delta G^\circ_f$ ($N_2O$, g) = 103,7 kJ/mol;   $\Delta G^\circ_f$ ($NO_2$, g) = 51,3 kJ/mol

$\Delta H^\circ_f$ (NO, g) = 91,3 kJ/mol;   $\Delta H^\circ_f$ ($N_2O$, g) = 81,6 kJ/mol;   $\Delta H^\circ_f$ ($NO_2$, g) = 33,2 kJ/mol

$S^\circ$ (NO, g) = 210,8 J/mol K;   $S^\circ$ ($N_2O$, g) = 220,0 J/mol K;   $S^\circ$ ($NO_2$, g) = 240,1 J/mol K


## Aufgabe 221

Ein Schritt bei der Herstellung von Schwefelsäure im großtechnischen Maßstab ist die Bildung von Schwefeltrioxid aus Schwefeldioxid und Sauerstoff in Anwesenheit eines Katalysators aus Vanadium(V)-oxid. Die Standardbildungsenthalpie $\Delta H^\circ_f$ für $SO_3$ (g) beträgt −395,7 J/mol, diejenige für $SO_2$ (g) ist −296,8 kJ/mol, jeweils für $T = 25$ °C. Bei dieser Temperatur ist die Gleichgewichtskonstante $K_R = 4{,}0 \cdot 10^{24}$.

a) Wie wird das Gleichgewicht beeinflusst, wenn die Temperatur auf 500 K erhöht wird?

b) Wie reagiert das Gleichgewicht, wenn auf den Vanadium-Katalysator verzichtet wird?

## Aufgabe 222

Betrachten Sie die Bildung von Iodwasserstoff aus den Elementen:

$$I_2(g) + H_2(g) \rightleftharpoons 2\,HI(g)$$

Eine Reaktionsmischung im Gleichgewicht bei 275 K enthält $H_2$ ($p$ ($H_2$) = 0,958 bar), $I_2$ ($p$ ($I_2$) = 0,877 bar) sowie HI ($p$ (HI) = 0,020 bar). Eine zweite Mischung, die sich ebenfalls bei 275 K befindet, enthält $H_2$ und $I_2$ mit einem Partialdruck von jeweils 0,621 bar sowie HI mit einem Druck von 0,101 bar.

Befindet sich die zweite Mischung im Gleichgewicht? Falls nicht, welcher Partialdruck stellt sich für HI ein, wenn das Gleichgewicht erreicht ist?

## Aufgabe 223

Die Bildung des Giftgases Phosgen kann durch folgende Gleichung beschrieben werden:

$$CO(g) + Cl_2(g) \rightleftharpoons COCl_2(g)$$

Für eine bestimmte Temperatur findet man im Gleichgewicht $p$ (CO) = 0,30 bar, $p$ ($Cl_2$) = 0,10 bar und $p$ ($COCl_2$) = 0,60 bar. Nun wird weiteres Chlorgas zugesetzt, so dass sich der Partialdruck um 0,40 bar erhöht. Wie hoch ist der Partialdruck von CO, nachdem sich das Gleichgewicht erneut eingestellt hat?

## Aufgabe 224

Elementarer Wasserstoff reagiert einerseits mit gasförmigem Ioddampf zu Iodwasserstoff, andererseits mit Stickstoff zu Ammoniak. Bei beiden Reaktionen handelt es sich um Gleichgewichtsreaktionen.

Formulieren Sie die Gleichungen für beide Umsetzungen und geben Sie für beide Reaktionen den Ausdruck für die Gleichgewichtskonstante $K$ an.

Hat eine Druckänderung Auswirkung auf die Lage der beiden Gleichgewichte? Wenn ja, wie ändert sich das jeweilige Gleichgewicht? Geben Sie eine kurze Begründung!

## Aufgabe 225

Berechnen Sie die Standardreaktionsenthalpie für die Verbrennung von 1 mol Benzol, $C_6H_6$ ($l$), zu $CO_2$ ($g$) und $H_2O$ ($l$).

Die Standardbildungsenthalpien $\Delta H°_f$ bei 298 K können aus Tabellen entnommen werden:

|               |              | $\Delta H^{\circ}_{f}$ / kJ mol$^{-1}$ |
|---------------|--------------|----------------------------------------|
| Ethin         | $C_2H_2$ $(g)$ | +226,7                               |
| Benzol        | $C_6H_6$ $(l)$ | + 49,0                               |
| Kohlendioxid  | $CO_2$ $(g)$   | −393,5                               |
| Wasser        | $H_2O$ $(l)$   | −285,8                               |

## Aufgabe 226

Betrachten Sie die Reaktion von Ethin ($C_2H_2$) zu Benzol ($C_6H_6$) in der Gasphase:

$$3\,C_2H_2\,(g) \longrightarrow C_6H_6\,(g)$$

Benutzen Sie den Satz von Hess und die unten angegebenen bekannten Standardbildungs-enthalpien für Ethin und Benzol, um die Standardreaktionsenthalpie $\Delta H^{\circ}_{R}$ für die formulierte Reaktion zu ermitteln.

$\Delta H^{\circ}_{f}\,(C_2H_2) = 226,7$ kJ/mol;    $\Delta H^{\circ}_{f}\,(C_6H_6) = 82,9$ kJ/mol

## Aufgabe 227

Die Energie, die bei der Verbrennung eines Brennstoffs oder eines Nahrungsmittels frei wird, wird oft auch als dessen Brennwert bezeichnet. Für Physiologie und Ernährungswissenschaft spielt diese Größe eine wichtige Rolle. Da Brennstoffe und v. a. Nahrungsmittel typischer-weise als Gemische verschiedener Komponenten vorliegen, werden die Brennwerte gewöhn-lich auf die Masse des umgesetzten Brennstoffs bezogen, d. h. als spezifische Brennwerte angegeben. In Bayern ist bekanntlich auch das Bier ein Grundnahrungsmittel, was in erster Linie auf den Ethanolgehalt zurückzuführen ist. Ethanol ($C_2H_5OH$) besitzt einen molaren Brennwert von $1,37 \cdot 10^3$ kJ/mol. Ein Maibock aus einer kleinen Oberpfälzer Brauerei weist laut Etikett einen Volumenanteil an Ethanol von 6,9 % auf. Die Dichte von Ethanol beträgt 0,79 g/mL, die des Bieres werde näherungsweise mit 1,0 g/mL angenommen.

a) Welchen Brennwert besitzt eine Mass dieses Bieres, wenn man nur den Beitrag des Etha-nols berücksichtigt?

b) Der spezifische Brennwert von Äpfeln beträgt etwa 2,2 kJ/g. Wie viel davon dürften Sie essen, um etwa die gleiche Energiezufuhr zu erreichen, wie mit der Mass Bier?

## Aufgabe 228

Sauerstoff und Stickstoff können bei hohen Temperaturen zu Stickstoffmonoxid bzw. Stickstoffdioxid reagieren. Man kann sich die Reaktion der beiden Elemente zu Stickstoffdioxid als Summe aus zwei Teilreaktionen vorstellen, wobei im ersten Schritt Stickstoffmonoxid entsteht, das im zweiten Schritt mit Sauerstoff zum Dioxid weiter reagiert. Der Zahlenwert der Gleichgewichtskonstante $K_1$ für den ersten Schritt beträgt bei 200 °C $2{,}3 \cdot 10^{-19}$, derjenige für die Gleichgewichtskonstante $K$ der Gesamtreaktion beträgt $7{,}0 \cdot 10^{-13}$.

Formulieren Sie beide Teilreaktionen sowie die Gesamtreaktion, formulieren Sie die Ausdrücke für die Gleichgewichtskonstanten und berechnen Sie $K_2$ für die zweite Teilreaktion.

## Aufgabe 229

Ein Vergleich des Reaktionsquotienten unter gegebenen Bedingungen mit der Gleichgewichtskonstante einer Reaktion erlaubt eine Aussage darüber, in welche Richtung die Reaktion ablaufen wird.

Gegeben sei die Gasphasenreaktion zwischen Wasserstoff und Iod zu Iodwasserstoff, deren Gleichgewichtskonstante $K$ für eine bestimmte Temperatur den Wert 50 aufweist.

Entscheiden Sie durch Ermittlung der Reaktionsquotienten für diese Reaktion, ob sich die Reaktion im Gleichgewicht befindet bzw. in welche Richtung sie ablaufen wird.

a) $c\,(H_2) = c\,(I_2) = c\,(HI) = 0{,}010$ mol/L

b) $c\,(HI) = 0{,}30$ mol/L; $c\,(H_2) = 0{,}012$ mol/L; $c\,(I_2) = 0{,}15$ mol/L

c) $c\,(H_2) = c\,(HI) = 0{,}10$ mol/L; $c\,(I_2) = 0{,}0010$ mol/L

(Anmerkung: Anstelle der Konzentration könnten auch die entsprechenden Partialdrücke verwendet werden. Dies gilt analog für weitere Aufgaben, bei denen Reaktionen in der Gasphase betrachtet werden.)

## Aufgabe 230

Bei hohen Temperaturen steht Schwefeltrioxid im Gleichgewicht mit Schwefeldioxid und Sauerstoff. Die Gleichgewichtskonstante für die Zerfallsreaktion bei 300 °C betrage $1{,}6 \cdot 10^{-10}$ mol/L.

a) Formulieren Sie die Reaktionsgleichung und den Ausdruck für die Gleichgewichtskonstante.

b) Berechnen Sie die Gleichgewichtskonzentrationen der drei Komponenten für eine Anfangskonzentration an Schwefeltrioxid von 0,100 mol/L. Überlegen Sie dazu, wie groß die zu erwartenden Konzentrationsänderungen gegenüber der Anfangskonzentration ist, und nutzen Sie diese Überlegung für eine Vereinfachung der Berechnung.

# Aufgabe 231

Betrachten Sie erneut die Zersetzung von Schwefeltrioxid zu Schwefeldioxid und Sauerstoff. Diesmal soll zu Beginn außer Schwefeltrioxid ($c = 0,100$ mol/L) auch Sauerstoff ($c = 0,100$ mol/L) vorhanden sein. Welche Gleichgewichtskonzentrationen ergeben sich jetzt ($K = 1,6 \cdot 10^{-10}$ mol/L)?

# Aufgabe 232

Eine wichtige Reaktion im Metabolismus von Glucose im Organismus ist ihre Phosphorylierung zu einer Verbindung namens Glucose-6-phosphat. Im Prinzip kann diese Reaktion, die den ersten Schritt in der Glykolyse repräsentiert, durch direkte Verknüpfung von Glucose mit anorganischem Phosphat (im Sinne einer Veresterung) ablaufen:

$$\text{Glucose } (aq) + \text{P}_i \ (aq) \ \rightleftharpoons \ \text{Glucose-6-phosphat } (aq)$$

Die Gleichgewichtskonstante für diese Reaktion hat bei 25 °C den Wert $K = 5 \cdot 10^{-3}$ L/mol. Die typische Konzentration an Phosphat ($\text{P}_i$) in der Zelle beträgt etwa $10^{-2}$ mol/L, diejenige von Glucose-6-phosphat etwa $10^{-4}$ mol/L.

Welche Konzentration an Glucose müsste mindestens vorliegen, damit die Reaktion unter Bildung von Glucose-6-phosphat abläuft? Ist das realistisch?

# Aufgabe 233

Die Verbindung Phosphorpentachlorid zerfällt beim Erhitzen in Phosphortrichlorid und Chlor. Bei 250 °C beträgt der Wert der Gleichgewichtskonstante dieser Reaktion 0,030. Zu Beginn liege ausschließlich Phosphorpentachlorid vor ($c_A = 0,100$ mol/L).

Formulieren Sie die Reaktionsgleichung und berechnen Sie die Konzentrationen aller Spezies im Gleichgewicht.

# Aufgabe 234

Die Gleichgewichtskonstante für die Bildung von Bromwasserstoff aus den Elementen habe bei einer Temperatur von 650 °C den Wert $2,0 \cdot 10^6$.

a) In einem geschlossenen Gefäß werden je 1,0 mol der Edukte zur Reaktion gebracht. Schätzen Sie ohne detaillierte Rechnung die Menge an Bromwasserstoff ab, die sich nach Einstellung des Gleichgewichts gebildet haben wird.

b) In einen 10 L-Container werden bei einer Temperatur von 650 °C 3,0 mol Bromwasserstoff gegeben. Berechnen Sie die Gleichgewichtskonzentrationen der Spezies und diskutieren Sie Näherungen in Ihrer Berechnung.

## Aufgabe 235

Welche Effekte erwarten Sie, wenn das Gleichgewicht zwischen $SO_3$ und $SO_2 + O_2$ den folgenden Einflüssen unterzogen wird?

$$2\,SO_3\,(g) \; \rightleftharpoons \; 2\,SO_2\,(g) + O_2\,(g) \qquad \Delta H_R = 197\,\text{kJ/mol}$$

a) Erhöhung der Temperatur

b) Erhöhung des Drucks

c) Zugabe von $O_2$ zum Gleichgewicht

d) Erniedrigung der $O_2$-Konzentration im Gleichgewicht

## Aufgabe 236

Ammoniak ist eines der wichtigsten und häufigsten Produkte der chemischen Industrie. Heute beträgt die Weltjahresproduktion von Ammoniak etwa 125 Millionen Tonnen; der Großteil davon wird nach dem Haber-Bosch-Verfahren erzeugt, das zwischen 1905 und 1913 von dem deutschen Chemiker Fritz Haber (1868–1934) und dem Ingenieur Carl Bosch (1874–1940) entwickelt wurde. Circa 3 % der weltweit produzierten Energie wird für die Herstellung von Ammoniak verbraucht, der als Ausgangsstoff für Stickstoffdünger verwendet wird.

In einem Versuchslabor wird die Bildung von Ammoniak aus den Elementen untersucht.

a) Formulieren Sie die Reaktion, die unter Standardbedingungen stark exotherm verläuft.

b) In einem 5 L-Reaktionsgefäß befinden sich bei einer Temperatur von 200 °C 0,250 mol Stickstoff, 0,030 mol Wasserstoff und $6,0 \cdot 10^{-4}$ mol Ammoniak. Die Gleichgewichtskonstante $K$ für diese Reaktion bei der gegebenen Temperatur beträgt 0,65 $L^2/mol^2$. Ist die Reaktion im Gleichgewicht? Falls nicht, in welcher Richtung wird sie ablaufen?

c) Was passiert mit der Reaktion, wenn die Temperatur auf 400 °C erhöht wird? Wie könnte man eine vollständigere Umsetzung zu Ammoniak erreichen?

## Aufgabe 237

Für den Sauerstofftransport im Organismus ist das eisenhaltige Häm-Protein Hämoglobin unverzichtbar.

a) Hämoglobin (Hb) ist in der Lage, pro Untereinheit alternativ ein $O_2$-Molekül oder ein Proton reversibel zu binden. Formulieren Sie dieses Gleichgewicht. Wie wird es durch größere Mengen an $CO_2$ verschoben, die im Zuge des Metabolismus entstehen?

b) Bei der Besteigung des Kilimanscharo (5890 m) hat man es mit einer deutlichen Abnahme des Luftdrucks mit der Höhe zu tun. Wie wirkt sich dies auf die Sauerstoffversorgung des Organismus aus? Erklären Sie anhand des formulierten Gleichgewichts.

c) Wie kann sich der Organismus behelfen?

## Aufgabe 238

Die Alkalimetallsalze sind aufgrund ihrer fast durchweg guten Löslichkeit sehr nützliche Laborreagenzien. Einige von ihnen, wie z. B. Natriumchlorid, spielen auch in physiologischer Hinsicht eine ausgesprochen wichtige Rolle.

Zur guten oder schlechten Löslichkeit von Salzen tragen allgemein mehrere Enthalpie- und Entropieänderungen bei – in dieser Aufgabe soll aus diesen Einzeltermen letztlich die Löslichkeit von Natriumchlorid (Kochsalz) berechnet werden. Die Gitterenthalpie von Natriumchlorid beträgt 788 kJ/mol; die Hydratationsenthalpie –784 kJ/mol. Die Gitterentropie von Natriumchlorid beträgt 229,3 J/mol K, die Hydratationsentropien von Kation und Anion –89,0 bzw. –96,9 J/mol K.

Berechnen Sie hieraus die molare Löslichkeit von Natriumchlorid bei $T = 25\ °C$.

## Aufgabe 239

Es liegt eine gesättigte Lösung von Calciumchlorid vor, die im Gleichgewicht mit einem Überschuss an festem Calciumchlorid (Bodenkörper) steht. Die Standardenthalpie $\Delta H°$ für die Auflösungsreaktion von festem wasserfreien Calciumchlorid ist negativ.

Formulieren Sie das vorliegende Dissoziationsgleichgewicht und geben Sie an, wie sich die folgenden Änderungen auf die Menge an gelöstem Calciumchlorid auswirken.

a) Es wird weiteres festes Calciumchlorid hinzugegeben.

b) Etwas NaCl wird in der Lösung gelöst.

c) Etwas $NaNO_3$ wird in der Lösung gelöst.

d) Etwas Wasser wird zugegeben.

e) Die Lösung wird erwärmt.

## Aufgabe 240

Gegeben sind 10 L eines verdünnten wässrigen Auszugs einer bioaktiven Komponente, die zur weiteren Untersuchung in eine organische Phase extrahiert werden soll. Zum Ausschütteln (Extrahieren) stehen 2,0 L Diethylether zur Verfügung. Der Nernst'sche Verteilungskoeffizient der gesuchten bioaktiven Verbindung zwischen Ether- und Wasserphase betrage 10, d. h.

$$K_V = \frac{c\,(\text{aktive Komponente})_{\text{Ether}}}{c\,(\text{aktive Komponente})_{\text{Wasser}}} = 10$$

Vergleichen Sie die Effizienz des Extraktionsprozesses, wenn die wässrige Phase

a) einmal mit den vorhandenen 2,0 L Diethylether

b) zweimal hintereinander mit je 1,0 L Diethylether ausgeschüttelt wird.

## Aufgabe 241

Kalkgebirge bestehen, wie die Bezeichnung nahelegt, zum überwiegenden Teil aus Kalkstein ($CaCO_3$), der bei hohen Temperaturen („Kalkbrennen") zu Calciumoxid („gebrannter Kalk") umgesetzt werden kann. Für diese Reaktion, die industriell eine wichtige Rolle spielt, findet man für $T = 298$ K die folgenden thermodynamischen Daten:

$\Delta H°_R = 178,3$ kJ/mol;  $\Delta S°_R = 160,6$ J/mol K

Unter speziellen Bedingungen kann die genannte Reaktion aber auch in der Natur vorkommen, so z. B. in Vergèze im Süden Frankreichs, wo das Mineralwasser der Marke Perrier gewonnen wird.

a) Formulieren Sie die genannte Reaktion und den Ausdruck für die Gleichgewichtskonstante.

b) In einem geschlossenen Brennofen wird Kalkstein erhitzt. Nach einer Weile wird noch weiteres Calciumcarbonat nachgelegt, ohne dass sich die Temperatur ändern soll. Wie ändert sich dabei der Druck von $CO_2$?

c) Berechnen Sie $\Delta G°_R$ und $K$ für die Zersetzung von Calciumcarbonat bei 298 K und schätzen Sie die entsprechenden Werte für $T = 1273$ K ab.

Welche Temperatur ist näherungsweise erforderlich, damit der Prozess spontan verläuft?

## Aufgabe 242

Für eine typische Reaktion im Stoffwechsel wurde die Gleichgewichtskonstante ermittelt. Dabei wurde gefunden, dass der Wert für $K_R$ bei 310 K viermal so groß ist, wie bei 273 K. Wie groß ist $\Delta H°_R$ für diese Reaktion, wenn angenommen wird, dass die Änderung von $\Delta H°_R$ mit der Temperatur vernachlässigt werden kann?

# Kapitel 6

# Säure-Base-Gleichgewichte, pH-Wert, Puffersysteme

**Werkzeugkasten –**

**Begriffe und Gleichungen, die Sie griffbereit haben sollten**

**Säuren:**

Nach der Definition von *Brønstedt* sind Säuren *Protonendonatoren*, sie können demnach Protonen abgeben und auf andere Moleküle übertragen. *Starke* Säuren HX geben ihr Proton praktisch *vollständig* an den schwachen Protonenakzeptor Wasser ab; ihr korrespondierendes Anion $X^-$ ist zwangsläufig eine sehr schwache Base.

**Basen:**

Moleküle oder Ionen, die in der Lage sind, Protonen an ein freies Elektronenpaar anzulagern, (*Protonenakzeptoren*) bezeichnet man nach *Brønstedt* als Basen. *Starke* Basen $A^-$ reagieren mit dem sehr schwachen Protonendonator Wasser praktisch *vollständig* unter Bildung von Hydroxid-Ionen; die protonierte Form A-H ist dann eine sehr schwache Säure.

**Korrespondierendes Säure-Base-Paar:**

Alle Substanzpaare, die durch Abgabe bzw. Aufnahme eines Protons ineinander übergehen können (z. B. $HA/A^-$), bezeichnet man als *korrespondierende Säure-Base-Paare*.

**Ampholyt:**

Ein Ampholyt kann sowohl als Säure wie auch als Base wirken, d. h. er ist Bestandteil zweier korrespondierender Säure-Base-Paare ist (*amphoterer Charakter*). Ein typisches Beispiel ist $H_2O$, das der *Eigendissoziation* unterliegt gemäß

$$H_2O + H_2O \rightleftharpoons H_3O^+ + OH^-$$

**Lewis-Säure:**

Lewis-Säuren sind *Elektronenpaarakzeptoren*, also (elektrophile) Teilchen, die ein Elektronenpaar (von einer Lewis-Base zur Verfügung gestellt) anlagern können. Hierzu gehören z. B. Verbindungen mit unvollständigem Elektronenoktett oder Metallkationen in → *Komplexverbindungen* (→ WK Kap. 8).

**Lewis-Base:**

Ein Lewis-Base ist ein Elektronenpaardonator, d. h. ein (nucleophiles) Teilchen, das ein Elektronenpaar zur Verfügung stellt.

© Springer Fachmedien Wiesbaden GmbH, ein Teil von Springer Nature 2020
R. Hutterer, *Fit in Anorganik*, Studienbücher Chemie,
https://doi.org/10.1007/978-3-658-30486-7_6

**HSAB-Konzept:**

Nach *Pearson* klassifiziert man Lewis-Säuren und -Basen als „hart" oder „weich", wobei die Paarung zweier „harter" Spezies (klein, hoch geladen) eher zur Ausbildung einer Bindung mit tendenziell ionischem Charakter, solche zweier „weicher" Spezies (groß, polarisierbar) dagegen tendenziell zur Bildung einer Bindung mit überwiegend kovalentem Charakter führt.

**Säure(dissoziations)konstante $K_S$:**

Die Säurekonstante ist ein quantitatives Maß für die relative *Stärke* einer schwachen Säure und beschreibt deren Dissoziationsgleichgewicht in Wasser:

$$\text{H-A}_{schw} + \text{H}_2\text{O} \;\rightleftharpoons\; \text{H}_3\text{O}^+ + \text{A}_{schw}^-$$

Unter Verwendung *normierter Gleichgewichtskonzentrationen* (Symbol [ ] ) und Einbeziehung der als konstant anzusehenden Konzentration des Wassers erhält man die (dimensionslose) Säurekonstante $K_S$:

$$K_S = \frac{[\text{H}_3\text{O}^+] \cdot [\text{A}^-]}{[\text{HA}]}, \quad \text{bzw.} \quad \text{p}K_S = -\lg K_S$$

**Basen(dissoziations)konstante $K_B$:**

Analog zur Definition der Säurekonstante gilt für schwache Basen:

$$\text{A}_{schw}^- + \text{H}_2\text{O} \;\rightleftharpoons\; \text{H}-\text{A}_{schw} + \text{OH}^- \quad \text{sowie}$$

$$K_B = \frac{[\text{OH}^-] \cdot [\text{HA}]}{[\text{A}^-]} \quad \text{bzw.} \quad \text{p}K_B = -\lg K_B$$

**Ionenprodukt des Wassers:**

Multiplikation von $K_S$ und $K_B$ eines korrespondierenden Säure-Base-Paares ergibt

$$K_S \cdot K_B = \frac{[\text{H}_3\text{O}^+] \cdot [\text{A}^-]}{[\text{HA}]} \cdot \frac{[\text{HO}^-] \cdot [\text{HA}]}{[\text{A}^-]} = [\text{H}_3\text{O}^+] \cdot [\text{HO}^-] = K_W = 10^{-14} \;(T = 25°\text{C})$$

$$\text{p}K_S + \text{p}K_B = \text{p}K_W = 14$$

Durch die Angabe des p$K_S$-Werts einer Säure ist daher die Stärke dieser Säure und *zugleich* die Stärke ihrer korrespondierenden Base vollständig charakterisiert.

In reinem Wasser ist $[\text{H}_3\text{O}^+] = [\text{OH}^-] = 10^{-7}$ (bei $T = 25\ °\text{C}$), die Lösung ist neutral.

**pH-Wert / pOH-Wert:**

Der pH-Wert ist ein logarithmisch definiertes Maß für die Protonenkonzentration (genauer: $a(\text{H}^+)$) einer Lösung, also für deren saure Eigenschaft. Mit normierten Konzentrationen gilt:

$$\text{pH} = -\lg[\text{H}_3\text{O}^+]; \quad \text{pOH} = -\lg[\text{OH}^-]; \quad\quad \text{pH} + \text{pOH} = 14$$

Lösungen mit pH < 7 sind sauer, solche mit pH > 7 sind basisch ($T = 25\ °\text{C}$).

**Neutralpunkt:**

Am Neutralpunkt gilt pH = pOH bzw. $[\text{H}_3\text{O}^+] = [\text{OH}^-]$; bei $T = 25\ °\text{C}$ ist er bei pH = 7.

## pH-Berechnung:

Für eine → *starke Säure* gilt, sofern ihre Anfangskonzentration $c_A$ nicht zu gering ist ($c_A \geq 10^{-6}$ mol/L):

$$pH = -\lg c_A(HA) = -\lg[HA]$$

Für → *schwache Säuren* gilt **näherungsweise** (!):

$$[H_3O^+] = \sqrt{K_S \cdot [HA]_A} \quad \text{bzw.} \quad pH = \frac{1}{2} \cdot pK_S - \frac{1}{2} \cdot \lg[HA]_A$$

## Dissoziationsgrad α:

Der Dissoziationsgrad α gibt den Anteil der Säuremoleküle an, der in Bezug auf die ursprünglich eingesetzte Stoffmenge im Gleichgewicht dissoziiert vorliegt.

$$\alpha = \frac{[H_3O^+]}{[HA]_A}$$

## Säure-Base-Farbindikatoren:

Bei Farbindikatoren (sog. Indikatorsäuren) handelt es sich um schwache organische Säuren $H-A_{Farb}$, deren $pK_S$-Werte i. A. zwischen 3 und 10 liegen. Sie erlauben es festzustellen, ob der pH-Wert einer Lösung oberhalb oder unterhalb eines bestimmten Wertes liegt, der durch den $pK_S$-Wert des Indikators (Umschlagsbereich) gegeben ist.

Liegt dieser im Bereich von 7, unterscheidet der Indikator zwischen sauren und basischen Lösungen. Typischerweise umfasst der *Umschlagsbereich* eines Indikators etwa zwei pH-Einheiten: $pK_S \pm 1$.

## Puffersysteme:

Unter einem Puffersystem versteht man die wässrige Lösung eines Gemisches aus einer schwachen Säure und ihrem korrespondierenden Anion. Seine charakteristische Eigenschaft ist, dass sich der pH-Wert eines solchen Gemisches bei Zugabe von starken Säuren ($H_3O^+$-Ionen) oder starken Basen ($OH^-$-Ionen) nur wenig ändert, da diese mit den Pufferkomponenten abreagieren. Optimale Wirksamkeit zeigt ein Puffersystem, wenn

- der pH-Wert der Lösung des Puffergemisches möglichst nahe der Mitte des gewünschten Pufferbereichs liegt

- die Puffersäure bzw. -base in möglichst ähnlich hoher Konzentration enthalten ist.

Für die Berechnung des pH-Werts von Puffersystemen gilt die

### Henderson-Hasselbalch-Gleichung:

$$pH = pK_S + \lg\frac{c_A(A^-)}{c_A(HA)} = pK_S + \lg\frac{n_A(A^-)}{n_A(HA)}$$

Für $A^-$ kann *keine* starke Base (z. B. $OH^-$), für HA *keine* starke Säure (z. B. HCl) stehen!

Für ein *äquimolares Puffergemisch* gilt: $pH = pK_S$

**Pufferkapazität:**

Die Pufferkapazität $\beta$ ist der Quotient aus zugesetzter Stoffmenge starker Säure oder starker Base $\Delta n$ und der sich daraus ergebenden Änderung des pH-Werts ($\Delta$pH) bezogen auf das Volumen der Pufferlösung $V_p$:

$$\beta = \frac{\Delta n}{V_p \cdot \Delta \text{pH}}$$

**Titration:**

Bei einer Titration ermittelt man die unbekannte Menge eines gelösten Stoffes (z. B. Säure) dadurch, dass man ihn durch Zugabe einer geeigneten Reagenzlösung (Base) mit genau bekanntem Gehalt („Titer") vollständig (quantitativ) von einem chemisch definierten Anfangszustand in einen ebenso gut bekannten Endzustand überführt.

**Äquivalenzpunkt:**

Am *Äquivalenzpunkt* ist genau die dem gesuchten Stoff äquivalente Menge an Titrator verbraucht; es wurden z. B. äquivalente Stoffmengen an Säure und Base miteinander umgesetzt. Der ÄP entspricht dem Wendepunkt der Titrationskurve bei Titrationsgrad 1 $\cong$ 100 % Neutralisation.

## Aufgabe 243

Gegeben sind die folgenden Salze. Geben Sie für jede der Verbindungen an, ob Sie eine neutrale, eine saure oder eine basische Reaktion in Wasser erwarten und begründen Sie Ihre Entscheidung.

a) $BaCl_2$

b) $AlBr_3$

c) $(CH_3NH_3)NO_3$

d) $Na(H_3CCOO)$

e) $NH_4(CHOO)$

## Aufgabe 244

a) Definieren Sie den Begriff Ampholyt und geben Sie die Summenformeln für mindestens fünf typische Vertreter an.

b) Inwiefern unterscheidet sich die Säure-Base-Definition von Brønstedt von derjenigen von Arrhenius? Formulieren Sie eine Reaktion, die der Definition nach Brønstedt zufolge eine Säure-Base-Reaktion ist, jedoch nicht nach der Arrhenius'schen Definition.

## Aufgabe 245

In einer Infoveranstaltung in den 1990er Jahren über sauren Regen gab es die folgende Aussage: „Durch geeignete Maßnahmen will man den Schwefeldioxid-Ausstoß von Kohlekraftwerken drastisch vermindern. Der pH-Wert des sauren Regens im Bayerischen Wald soll dadurch halbiert werden.

a) Erklären Sie anhand von entsprechenden Gleichungen, wie die Emission von Schwefeldioxid zum sauren Regen beiträgt.

b) Nehmen Sie Stellung zu der obigen Aussage. Was wollte der Redner vermutlich tatsächlich aussagen?

## Aufgabe 246

Saurer Regen hat im Laufe der Zeit in vielen Gebieten zu einer Versauerung von Gewässern geführt. Man versucht dem entgegenzuwirken, indem man z. B. Seen kalkt, d. h. fein gemahlenen Kalkstein ($CaCO_3$) ausbringt, um den pH-Wert wieder zu erhöhen. Ermitteln Sie, welche Masse an Kalkstein benötigt wird um einen See, der ein Volumen von $4{,}0 \cdot 10^9$ L Wasser mit einem pH-Wert von 5,5 enthält, zu neutralisieren.

$M_r(Ca) = 40$; $M_r(C) = 12$; $M_r(O) = 16$

# Aufgabe 247

a) Lösungen von Salzen können neutrale, saure oder basische Eigenschaften aufweisen. Nennen Sie jeweils einige Beispiele und begründen Sie das jeweilige Verhalten.

b) In manchen Fällen erfordert eine Vorhersage die Kenntnis der entsprechenden Säurekonstanten. Ein Beispiel ist Ammoniumfluorid. Erwarten Sie für dieses Salz in Wasser eine saure, neutrale oder basische Lösung?

$K_S(HF) = 3,5 \cdot 10^{-4}$; $K_B(NH_3) = 1,76 \cdot 10^{-5}$

# Aufgabe 248

Was ist unter sogenanten Oxosäuren zu verstehen? Welche Trends bezüglich ihrer Stärke lassen sich ausmachen? Woran könnte es liegen, dass $H_3PO_3$ (im Gegensatz zur Phosphorsäure, $H_3PO_4$) nur eine zweiprotonige Säure ist?

# Aufgabe 249

Diskutieren Sie die folgenden Aussagen zur Stärke von Säuren und korrigieren Sie dabei falsche Aussagen entsprechend.

a) Im Allgemeinen nimmt die Stärke von binären Säuren (Element-Wasserstoff-Säuren) von links nach rechts innerhalb einer gegebenen Periode des PSE zu.

b) In einer Reihe von Säuren mit dem gleichen Zentralatom steigt die Acidität mit der Anzahl der an das Zentralatom gebundenen H-Atome.

c) Tellurwasserstoff (Dihydrogentellurid, $H_2Te$) ist eine stärkere Säure als $H_2S$, da Tellur elektronegativer ist als Schwefel.

d) Innerhalb einer Reihe von Verbindungen der Form H–X steigt die Acidität mit zunehmender Größe von X.

e) HF ist die stärkste bekannte Säure, da Fluor das elektronegativste Element ist.

# Aufgabe 250

Reines Wasser ist ein Ampholyt. Es unterliegt der Autoprotolyse, die einen $pK_W$-Wert von 14 bei einer Temperatur von 20 °C bedingt. Bei einer Temperatur von 100 °C ist $pK_W = 13$.

a) Wie hoch ist der pH-Wert von siedendem Wasser?

b) Ändert sich die elektrische Leitfähigkeit von Wasser beim Erwärmen?

c) Ist die Autoprotolyse von Wasser eine exotherme oder eine endotherme Reaktion?

d) Warum besitzt destilliertes Wasser, wie es im Labor verwendet wird, typischerweise einen pH-Wert von 5–6?

## Aufgabe 251

Der $pK_S$-Wert von Essigsäure beträgt 4,75 und entspricht damit dem $pK_B$-Wert von Ammoniak. Es werden 50 mL einer wässrigen Lösung von Essigsäure ($c = 1,0$ mol/L) mit 20 mL einer wässrigen Ammoniak-Lösung ($c = 2,50$ mol/L) gemischt.

Welcher pH-Wert ist für die entstandene Lösung zu erwarten?

## Aufgabe 252

Säure-Base-Gleichgewichte nehmen eine zentrale Rolle in der Chemie wie auch im lebenden Organismus ein. Im Folgenden sind einige Säure-Base-Reaktionen aufgeführt.

Vervollständigen Sie die Gleichungen mit den entsprechenden Produkten und sagen Sie die Lage des Gleichgewichts voraus.

$$O^{2-}(aq) + H_2O(l) \rightleftharpoons$$

$$CH_3COOH(aq) + HS^-(aq) \rightleftharpoons$$

$$NO_3^-(aq) + H_2O(l) \rightleftharpoons$$

$$F^-(aq) + HNO_3(aq) \rightleftharpoons$$

$$H_2CO_3(aq) + HSO_3^-(aq) \rightleftharpoons$$

## Aufgabe 253

Für die Lösung einer schwache Säure HA ($c = 0,100$ mol/L) wird ein pH-Wert von 4,25 gemessen. Ermitteln Sie den $pK_S$-Wert für diese Säure.

## Aufgabe 254

Wie groß ist der $pK_S$-Wert von HCN, wenn in einer 0,0020 molaren HCN-Lösung 0,070 % der Moleküle dissoziiert vorliegen?

# Aufgabe 255

Neben einer Vielzahl zweiprotoniger organischer Säuren spielen im Organismus zwei dreiprotonige Säuren bzw. deren Salze eine Rolle: Phosphorsäure ($H_3PO_4$) und Citronensäure ($C_6H_8O_7$). Gegeben sei jeweils eine Lösung des Dinatriumsalzes der beiden Säuren, also $Na_2HPO_4$ und $Na_2C_6H_6O_7$. Sagen Sie vorher, ob diese Lösungen sauer, neutral oder basisch reagieren werden. Folgende Säurekonstanten sind bekannt:

|               | $K_{S1}$          | $K_{S2}$          | $K_{S3}$           |
|---------------|-------------------|-------------------|--------------------|
| Phosphorsäure | $7,5 \cdot 10^{-3}$ | $6,2 \cdot 10^{-8}$ | $4,2 \cdot 10^{-13}$ |
| Citronensäure | $7,4 \cdot 10^{-4}$ | $1,7 \cdot 10^{-5}$ | $4,0 \cdot 10^{-7}$  |

# Aufgabe 256

Zwei unbeschriftete Gefäße enthalten jeweils ein Nitrat, das eine Natriumnitrat, das andere Eisen(III)-nitrat. Sie sollen die beiden Gefäße wieder korrekt beschriften, haben aber leider keine Chemikalien zur Verfügung, um beispielsweise die Eisen-Ionen spezifisch nachzuweisen und so die Zuordnung zu treffen. Sie stellen von beiden (leicht löslichen) Salzen eine Lösung her und denken über eine leicht bestimmbare Eigenschaft nach, in der sich beide Lösungen unterscheiden könnten.

Wissen Sie Rat?

# Aufgabe 257

Eine unbekannte schwache Säure liegt in Wasser mit einer Gesamtkonzentration von 0,100 mol/L vor. Bei 25 °C beträgt ihr Dissoziationsgrad $\alpha = 1,34$ %. Berechnen Sie daraus den $pK_S$-Wert dieser Säure. Um welche Säure scheint es sich zu handeln?

Ändert sich etwas am Dissoziationsgrad, wenn stattdessen eine Lösung der Konzentration $1,00 \cdot 10^{-4}$ mol/L betrachtet wird?

# Aufgabe 258

Berechnen Sie den pH-Wert einer Mischung von 5,0 mL einer $H_2SO_4$-Lösung der Konzentration $c = 5,0 \cdot 10^{-2}$ mol/L und 150 mL einer KOH-Lösung der Konzentration $c = 10^{-2}$ mol/L, die mit Wasser auf ein Gesamtvolumen von 1,0 L aufgefüllt wird.

# Aufgabe 259

Die Lösungen zweier einprotoniger Säuren mit einer Konzentration von jeweils $c = 0{,}20$ mol/L werden mit einer NaOH-Lösung ($c = 0{,}20$ mol/L) titriert. Dabei wird für die Säure HX am Äquivalenzpunkt ein pH-Wert von 7,8 und für HY ein pH-Wert von 8,6 gemessen.

Welche der beiden Säuren ist die stärkere Säure? Berechnen Sie ihre Säurekonstante unter Verwendung der üblichen Näherungen.

# Aufgabe 260

Ein befreundeter Weintrinker berichtet, dass ihm die Säure im Wein zunehmend Probleme bereitet. Da Weißwein ungefähr 2,5-mal so viel Säure aufweise, sei er nun von Weiß- auf Rotwein umgestiegen. Sie rücken mit dem pH-Meter an und finden für seinen ehemals bevorzugten Sauvignon Blanc einen pH-Wert von 3,23, während der Cabernet Sauvignon, den Ihr Freund jetzt trinkt, einen pH-Wert von 3,64 aufweist.

a) Hat Ihr Freund recht mit seiner Behauptung zum Säuregehalt der Weine?

b) Als Gegenmittel bei Sodbrennen kommt häufig Magnesiamilch zum Einsatz. Sie enthält $Mg(OH)_2$; eine typische Dosis davon enthält 40 mg $Mg(OH)_2$. Angenommen, Ihr Freund hat im Laufe des Abends eine Flasche (0,75 L) des Cabernets geleert – reicht die Menge an $Mg(OH)_2$ einer Dosis aus, um die im Wein enthaltene Säure zu neutralisieren?

# Aufgabe 261

Es werden 0,195 g Kalium in 500 mL reines Wasser gegeben.

a) Was lässt sich beobachten? Formulieren Sie eine entsprechende Reaktionsgleichung, die Ihre Beobachtung beschreibt und berechnen Sie den pH-Wert der entstehenden Lösung.

b) Das Kalium aus Aufgabe a) wird nun durch Kaliumbromid ersetzt. Welcher pH-Wert stellt sich nun ein?

# Aufgabe 262

Im Stoffwechsel spielen verschiedene schwache Säuren eine wichtige Rolle. Eine davon ist die Milchsäure (2-Hydroxypropansäure), die unter anaeroben Bedingungen durch Reduktion von Brenztraubensäure (2-Oxopropansäure), dem Endprodukt der Glykolyse, entstehen kann.

Sie haben eine unbekannte Probe an Milchsäure (p$K_S$ = 3,5) vorliegen und wollen durch Titration die Masse an Milchsäure in der vorliegenden Probe ermitteln. Zur Verfügung stehen eine NaOH-Lösung der Konzentration $c$ = 0,10 mol/L sowie eine Reihe von Indikatoren:

Methylorange (p$K_S$ ≈ 3,7); Umschlag von rot nach gelb

Bromkresolgrün (p$K_S$ ≈ 4,5); Umschlag von gelb nach blau

Bromthymolblau (p$K_S$ ≈ 6,7); Umschlag von gelb nach blau

Phenolphthalein (p$K_S$ ≈ 9,7); Umschlag von farblos nach rosa

Natriumindigosulfat (p$K_S$ ≈ 12,5); Umschlag von blau nach gelb

a) Welchen Indikator wählen Sie? Geben Sie eine kurze Begründung!

b) Die Durchführung der Titration ergibt einen Verbrauch an NaOH-Lösung von 12,5 mL bis zum Äquivalenzpunkt. Das Gesamtvolumen der Reaktionslösung am Äquivalenzpunkt beträgt 50 mL.

Berechnen Sie die Masse der Milchsäure ($M$ = 90 g/mol) in der Probe sowie den pH-Wert der Reaktionsmischung am Äquivalenzpunkt.

# Aufgabe 263

Gegeben ist eine Lösung von Phosphorsäure in Wasser mit der Konzentration $c$ = 0,10 mol/L. Welche phosphorhaltigen Spezies (mit max. einem P-Atom) können in dieser Lösung auftreten? Zeichnen Sie die Strukturformeln für diese Spezies und markieren Sie diejenige, für die Sie die höchste Konzentration erwarten. Die drei Dissoziationskonstanten betragen näherungsweise $10^{-2}$, $10^{-7}$ und $10^{-12}$.

Berechnen Sie den pH-Wert für diese Lösung und erklären Sie dabei kurz, ob die üblichen Näherungen benutzt werden können.

# Aufgabe 264

Das Amphetamin ist die Stammverbindung der gleichnamigen Strukturklasse, der eine Vielzahl psychotroper Substanzen angehört, unter anderem das sogenante „Ecstasy". Amphetamin ist eine weltweit kontrollierte Droge; Handel und Besitz ohne Erlaubnis sind strafbar.

Chemisch gesehen handelt es sich um ein Amin (R–NH$_2$), also eine schwache Base, mit einem p$K_B$-Wert von ca. 4. Sie erhalten eine Ampulle, die eine wässrige Amphetamin-Lösung enthält. Als Säure-Base-Indikatoren für eine Titration stehen Methylorange (p$K_S$ ≈ 4,2) oder Phenolphthalein (p$K_S$ ≈ 9,7) zur Verfügung.

Die Durchführung der Titration ergibt einen Verbrauch an HCl-Lösung ($c = 0,10$ mol/L) von 18 mL bis zum Äquivalenzpunkt. Das Gesamtvolumen der Reaktionslösung am Äquivalenzpunkt beträgt 68 mL.

a) Welchen Indikator verwenden Sie? Kurze Begründung!

b) Berechnen Sie die Stoffmengenkonzentration an Amphetamin in der gegebenen Probe sowie den pH-Wert der Reaktionsmischung am Äquivalenzpunkt.

c) Welche Verbindung(en) und welche Stoffmenge(n) befinden sich im Reaktionsgefäß, nachdem Sie genau 9 mL der HCl-Lösung zugegeben haben? Welchen pH-Wert erwarten Sie zu diesem Zeitpunkt?

## Aufgabe 265

Natriumhypochlorit, NaOCl, spielt im Alltag eine Rolle als Bestandteil typischer Bleich- und Desinfektionsmittel.

a) Erklären Sie qualitativ, ob Sie für eine wässrige Lösung von Natriumhypochlorit saure, basische oder neutrale Eigenschaften erwarten.

b) Für die hypochlorige Säure HOCl findet man einen $K_S$-Wert von $3,0 \cdot 10^{-8}$. Berechnen Sie den pH-Wert für eine NaOCl-Lösung der Konzentration $c = 0,10$ mol/L.

## Aufgabe 266

Auf einer Flasche mit feinstem altem Balsamico-Essig finden Sie die Angabe „Säuregehalt ca. 5 %". Aber was ist damit gemeint – Massenprozent oder Volumenprozent? Ein Titrationsversuch soll Klarheit verschaffen. Dazu titrieren Sie 10,0 mL dieses Essigs mit einer Natronlauge der Stoffmengenkonzentration $c = 0,30$ mol/L (es sei angenommen, dass der „Säuregehalt" ausschließlich auf Essigsäure (Dichte $\rho = 1,05$ g/mL; $pK_S = 4,75$) zurückzuführen ist), und verbrauchen dabei 33,5 mL.

a) Welche Stoffmengenkonzentration an Essigsäure und welchen pH-Wert weist der untersuchte Essig auf?

b) Wir nehmen an, dass es sich bei dem „Säuregehalt" um den Massenanteil an Essigsäure handeln soll. Ermitteln Sie diesen und geben Sie ggf. die prozentuale Abweichung gegenüber der Angabe auf dem Etikett an.

## Aufgabe 267

Die Glutaminsäure ist eine Aminosäure, die drei acide Protonen besitzt. Unten ist die Titrationskurve dieser Säure für die Titration mit der starken Base NaOH abgebildet. Auf der Abszisse ist die Stoffmenge des zugegebenen NaOH in der Einheit mmol angegeben.

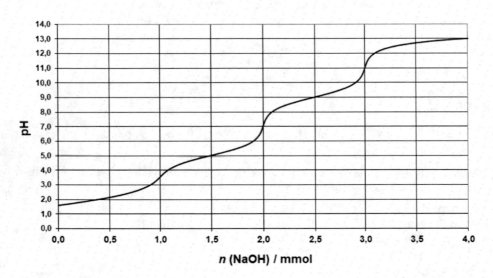

**Titrationskurve Glutaminsäure**

a) Welche Stoffmenge der Glutaminsäure hat am Anfang der Titration vorgelegen?

b) Entnehmen Sie der Titrationskurve die ungefähren $pK_S$-Werte der drei sauren Gruppen der Glutaminsäure.

c) Bei welchen pH-Werten liegen die Äquivalenzpunkte der drei Dissoziationsstufen?

d) In welchen drei pH-Bereichen sind die Pufferkapazitäten der dort vorliegenden Gemische am geringsten bzw. am höchsten? Die anzugebenden sechs Bereiche sollen jeweils eine pH-Einheit umfassen.

e) In welchem pH-Bereich liegt das vollständig deprotonierte Anion zu mehr als ca. 90 % vor?

f) In welchem pH-Bereich liegt die vollständig protonierte Form zu mehr als ca. 90 % vor?

g) Bei welchem pH-Wert gilt: $[H_2A^-] = [HA^{2-}]$?

# Aufgabe 268

Abgebildet ist die Titrationskurve einer dreiprotonigen Säure $H_3A$, in der sieben besondere Punkte durch römische Zahlen markiert sind.

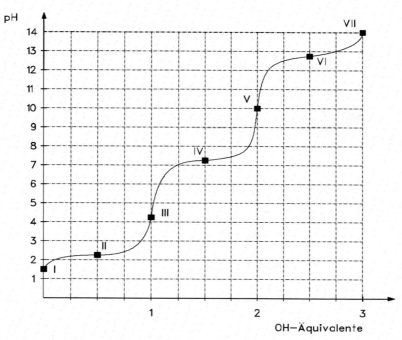

Geben Sie bei jeder der folgenden Feststellungen an, für welchen Punkt der Titrationskurve die Aussage am besten zutrifft.

- $c\,(A^{3-})$ ist am größten am Punkt:

- $c\,(H_3A)$ ist am größten am Punkt:

- $c\,(H_2A^-)$ ist am größten am Punkt:

- $pH = pK_S\,(H_3A)$ trifft zu am Punkt:

- $c\,(H_2A^-) = c\,(HA^{2-})$ trifft zu am Punkt:

- $c\,(HA^{2-})$ ist am größten am Punkt:

- $c\,(HA^{2-}) = c\,(A^{3-})$ trifft zu am Punkt:

- Die Pufferkapazität des Systems $H_2A^-/HA^{2-}$ ist am größten am Punkt:

- Die Pufferkapazität des Systems $HA^{2-}/A^{3-}$ ist am größten am Punkt:

- Die Säure ist vollständig titriert am Punkt:

- Welche drei Punkte markieren pH-Bereiche mit sehr geringen Pufferkapazitäten?

## Aufgabe 269

Zwei Moleküle Phosphorsäure können unter Abspaltung von $H_2O$ zur Diphosphorsäure ($H_4P_2O_7$) kondensieren, von der sich wiederum unterschiedlich protonierte Diphosphate ableiten. Diphosphate wie das $Na_2H_2P_2O_7$ werden dabei in Backpulvermischungen eingesetzt, um kontrolliert $CO_2$ freizusetzen, das zum Aufgehen der Backware führen soll.

a) Formulieren Sie eine entsprechende Reaktionsgleichung, die diesen Vorgang beschreibt.

b) Das angesprochene Diphosphat kann auch zur Herstellung eines Puffers verwendet werden. Diphosphorsäure hat vier $pK_S$-Werte: $pK_{S1} = 1{,}56$;  $pK_{S2} = 2{,}36$;  $pK_{S3} = 6{,}60$;  $pK_{S4} = 9{,}25$.

Es liegen 0,30 mol des oben genannten Diphosphats vor, die zur Herstellung von 1,0 L Puffer mit pH = 6,3 benutzt werden sollen, des Weiteren stehen 0,5-molare Lösungen von HCl und KOH bereit. Erklären Sie mit Hilfe einer entsprechenden Berechnung, wie daraus der gewünschte Puffer hergestellt werden kann.

## Aufgabe 270

Erstellen Sie ein Diagramm, in das die Titrationskurven für eine schwache einprotonige Säure und für eine starke einprotonige Säure so eingezeichnet werden, dass der jeweilige charakteristische Verlauf deutlich zum Ausdruck kommt.

Die Titrationskurve der starken Säure soll bei pH = 1 beginnen. Die Titrationskurve der schwachen Säure soll bei pH = 3 beginnen, die schwache Säure soll einen $pK_S$-Wert von 5 haben.

Außerdem sollen eingezeichnet und durch Nummerierung gekennzeichnet werden:

|  |  | Nummer |
|---|---|---|
| a) | Der Äquivalenzpunkt der Titration der starken Säure | 1 |
| b) | Der Äquivalenzpunkt der Titration der schwachen Säure | 2 |
| c) | Der Halbäquivalenzpunkt der Titration der schwachen Säure | 3 |
| d) | Der pH-Umschlagsbereich eines Indikators, der zur Erfassung der Endpunkte beider Titrationen geeignet ist. Der Umschlagsbereich soll nur eine pH-Einheit umfassen. | 4 |
| e) | Der Pufferbereich der Titrationskurve der schwachen Säure. Der Pufferbereich darf nur maximal zwei pH-Einheiten umfassen. | 5 |

# Aufgabe 271

In einem Titrationsexperiment werden 50,0 mL einer Salpetersäure-Lösung der Konzentration $c = 0,100$ mol/L mit einer Kaliumhydroxid-Lösung ($c = 0,200$ mol/L) titriert und der pH-Wert verfolgt. Berechnen Sie die zu erwartenden pH-Werte

a) vor Beginn der Titration

b) nach Zugabe von 10 mL Kaliumhydroxid-Lösung

c) nach Zugabe von 20 mL Kaliumhydroxid-Lösung

d) am Äquivalenzpunkt

e) nach Zugabe von 30 mL Kaliumhydroxid-Lösung.

# Aufgabe 272

Ein analoges Titrationsexperiment wie in der vorangegangenen Aufgabe wird nun mit Essigsäure ($c = 0,100$ mol/L; $K_S = 10^{-4,75}$) wiederholt.

Berechnen Sie erneut die zu erwartenden pH-Werte

a) vor Beginn der Titration

b) nach Zugabe von 10 mL Kaliumhydroxid-Lösung

c) nach Zugabe von 20 mL Kaliumhydroxid-Lösung

d) am Äquivalenzpunkt

e) nach Zugabe von 30 mL Kaliumhydroxid-Lösung.

# Aufgabe 273

Es werden 0,52 mL reine Phosphorsäure ($M = 98$ g/mol; Dichte $\rho = 1,89$ g/mL) in einen Messkolben pipettiert und mit Wasser auf 100 mL aufgefüllt. Anschließend wird der pH-Wert dieser Lösung bestimmt.

a) Berechnen Sie den zu erwartenden pH-Wert unter Anwendung der üblichen Näherungen und begründen Sie mit einem Satz, inwiefern diese im vorliegenden Fall gerechtfertigt sind (d. h. ob mit einem exakten Ergebnis gerechnet werden kann).

($pK_{S1} \approx 2,0$; $pK_{S2} \approx 7,0$; $pK_{S3} \approx 12,0$)

b) Anschließend wird diese Lösung mit Natronlauge ($c = 0,50$ mol/L) titriert. Welches Volumen an Natronlauge ist erforderlich, bis ein pH-Wert von 7,0 erreicht wird?

c) Skizzieren Sie die zu erwartende Titrationskurve.

# Aufgabe 274

Zalcitabin ($M_r$ = 211,22) ist ein antiviraler Wirkstoff aus der Gruppe der Reverse Transkriptase Inhibitoren zur Behandlung von Infektionen mit dem HI-Virus. Die Verbindung ist eine schwache Base mit einem $pK_B$-Wert von 9,8.

Berechnen Sie den prozentualen Anteil der Substanz, die in einer wässrigen Lösung, die 515 mg/L der Substanz enthält, in protonierter Form vorliegt.

# Aufgabe 275

Eine wässrige Lösung enthält HBr in einer Konzentration von $c$ = 0,00115 mol/L sowie $HClO_2$ ($K_S$ = 1,1·10$^{-2}$) in einer Konzentration von $c$ = 0,0100 mol/L.

Berechnen Sie den pH-Wert dieser Lösung.

# Aufgabe 276

Chloressigsäure, $ClCH_2COOH$, ist ein Derivat der schwachen Säure Essigsäure ($CH_3COOH$), die durch Substitution eines H-Atoms durch ein Chloratom eine etwas stärkere Säure als die Essigsäure ist. Sie findet Anwendung als Herbizid und als Grundstoff für die Herstellung von Farben und anderen Grundchemikalien. Ihre Säurekonstante $K_S$ wird mit 1,4·10$^{-3}$ angegeben. Es liegt eine wässrige Lösung von Chloressigsäure der Konzentration $c$ = 0,010 mol/L vor; gesucht ist der pH-Wert dieser Lösung.

Überlegen Sie, ob die Verwendung der vereinfachten Gleichung zur Berechnung des pH-Werts einer schwachen Säure für diesen Fall gerechtfertigt ist und berechnen Sie diesen.

# Aufgabe 277

Der Sammelbegriff Vitamin C umfasst neben $L$-(+)-Ascorbinsäure alle Stoffe, die im Körper zu Ascorbinsäure umgesetzt werden können, so z. B. Dehydroascorbinsäure (DHA). In der Nahrung kommt Vitamin C vor allem in Obst, Gemüse und Grüntee vor, sein Gehalt sinkt jedoch beim Kochen, Trocknen oder Einweichen sowie bei der Lagerhaltung.

Ascorbinsäure wird vielen Lebensmittelprodukten als Konservierungsmittel (Nummer E 300) zugesetzt. Vitamin C ist ein Radikalfänger und zeigt antioxidative Wirkung, wirkt also als Reduktionsmittel. Es ist ein wichtiger Cofaktor bei Hydroxylierungsreaktionen und steuert damit unter anderem die körpereigene Herstellung von Kollagen. Durch seine antioxidative Wirkung schützt es andere wichtige Metaboliten und das Erbgut vor der Oxidation bzw. dem

Angriff durch freie Radikale, was im Endeffekt einen Schutz der Zelle vor Schäden und somit auch vor Krebs bedeutet.

Der Name Ascorbinsäure leitet sich von der Krankheit Skorbut ab, die durch Ascorbinsäure verhindert und geheilt werden kann. Vitamin C wird auch zur Prophylaxe von Erkältungen eingesetzt. Diese Anwendung wurde insbesondere in den 1970er Jahren durch den Nobelpreisträger Linus Pauling populär. Eine Metaanalyse von 55 Studien zeigt jedoch, dass Vitamin C, entgegen dem verbreiteten Glauben, Erkältungskrankheiten *nicht* verhindern kann.

Nur wenige Wirbeltiere, darunter Primaten (wie der Mensch), einige Vögel und Meerschweinchen, sind nicht zur Biosynthese von Ascorbinsäure aus Glucuronsäure befähigt, da ihnen di *L*-Gluconolacton-Oxidase fehlt. Für diese Lebewesen ist Ascorbinsäure somit essentiell, d. h. der Bedarf muss über die Nahrung gedeckt werden.

a) Ascorbinsäure ($C_6H_8O_6$) hat eine molare Masse $M = 176{,}1$ g/mol; die Säurekonstante beträgt $K_S = 6{,}31 \cdot 10^{-5}$. Berechnen Sie den pH-Wert, wenn eine Vitamin C-Tablette der Masse $m = 3{,}5$ g und einem Massenanteil an Ascorbinsäure von 0,25 in 0,10 L Wasser gelöst wird.

b) Sie haben in der Apotheke ein Vitamin C-Präparat erworben, das als „reine Ascorbinsäure" deklariert ist und möchten überprüfen, wie es sich tatsächlich mit dem Reinheitsgrad der Substanz verhält. Da Ascorbinsäure trotz Abwesenheit einer Carbonsäuregruppe deutlich saure Eigenschaften besitzt, lässt sich der Gehalt einer Probe durch Säure-Base-Titration ermitteln.

Sie wiegen 880,6 mg des Präparats ein, lösen dieses in destilliertem Wasser und füllen die Lösung in einem 50 mL Messkolben bis zum Eichstrich auf. Die Durchführung der Titration ergibt einen Verbrauch an NaOH-Lösung ($c = 0{,}20$ mol/L) von 15,0 mL bis zum Äquivalenzpunkt. Ermitteln Sie, ob tatsächlich reine Ascorbinsäure vorlag und geben Sie deren Massengehalt an.

c) Welchen pH-Wert erwarten Sie am Äquivalenzpunkt?

# Aufgabe 278

a) Malonsäure ist eine Dicarbonsäure mit der Formel HOOC–$CH_2$–COOH; ihre p$K_S$-Werte betragen p$K_{S1} = 3{,}0$ und p$K_{S2} = 5{,}5$. Eine Stoffmenge von 1,5 mmol des Dianions der Malonsäure ist in einem Volumen $V = 70$ mL gelöst; die Lösung wird mit einer HCl-Lösung ($c = 0{,}10$ mol/L) titriert.

Formulieren Sie die Reaktionsgleichung, die eine Titration bis zum 2. Halbäquivalenzpunkt am besten beschreibt. Geben Sie die Stoffmengen aller Spezies an, die am 2. Halbäquivalenzpunkt in der Lösung vorliegen.

Welcher pH-Wert ist am 2. Äquivalenzpunkt der Titration zu erwarten? Bedenken Sie die Volumenänderung durch den zugefügten Titrator!

b) Eignet sich das in der vorangegangenen Aufgabe beschriebene Dianion der Malonsäure, um damit einen Puffer mit pH = 5,2 herzustellen (kurze Begründung)? Zur Verfügung stehen 0,30 mol des Dianions, die in 100 mL Wasser gelöst sind, sowie eine starke einprotonige Säure mit der Konzentration 1,0 mol/L. Können Sie daraus 1 L des gewünschten Puffers herstellen?

c) Später stellt sich heraus, dass mit dem Puffer (pH = 5,2) eine große Reihe von Experimenten geplant ist, so dass 100 L davon benötigt werden. Da Sie keine Lust haben, wieder von vorne zu beginnen, entschließen Sie sich spontan, den hergestellten Puffer einfach mit Wasser auf 100 L zu verdünnen. Können Sie damit rechnen, dass der pH-Wert noch den Anforderungen entspricht, sprich, sich höchstens ganz geringfügig geändert hat? Begründung!

## Aufgabe 279

Es wird ein Phosphatpuffer hergestellt. Dazu wird 1,0 mol Phosphorsäure mit 0,60 L einer 2-molaren NaOH-Lösung versetzt.

a) Machen Sie sich klar, welche Spezies nach der genannten Reaktion in der Lösung vorliegen. Welchen pH-Wert sollte die erhaltene Lösung aufweisen?

$pK_{S1} \approx 2,0$;   $pK_{S2} \approx 7,0$;   $pK_{S3} \approx 12,0$

b) Diese Pufferlösung wird für ein biochemisches Experiment verwendet, bei dem 50 mmol $H^+$-Ionen entstehen. Welcher pH-Wert sollte sich danach eingestellt haben? Würde es für die betragsmäßige Änderung des pH-Werts $|\Delta pH|$ einen Unterschied machen, wenn anstelle von $H^+$-Ionen eine identische Menge an $OH^-$-Ionen entstünde? Kurze Begründung ohne Rechnung!

## Aufgabe 280

Für ein biochemisches Experiment benötigen Sie 1 L eines Puffers, der den pH-Wert 7,5 haben soll. Zur Herstellung stehen Ihnen folgende Stammlösungen zur Verfügung:

$H_2PO_4^-$-Lösung  $(c = 0,10$ mol/L);    $pK_S (H_2PO_4^-) = 7,2$

$HPO_4^{2-}$-Lösung  $(c = 0,10$ mol/L)

Die Gesamtkonzentration an $H_2PO_4^-$ und $HPO_4^{2-}$ soll 0,060 mol/L betragen.

a) Berechnen Sie die jeweiligen Volumina der Stammlösungen, die für die Herstellung dieses Puffers benötigt werden.

b) Welchen pH-Wert sollte sich in der Lösung einstellen, wenn Sie zu dem unter a) hergestellten Puffer 30 mL einer HCl-Lösung der Konzentration $c = 1,0$ mol/L zugeben?

c) Welchen pH-Wert würden Sie für die reine $HPO_4^{2-}$-Lösung $(c = 0,10$ mol/L) messen, wenn Sie die Dissoziation zur (ziemlich) starken Base $PO_4^{3-}$ vernachlässigen?

# Aufgabe 281

Ein in der Biochemie häufig verwendetes Puffersystem für den physiologischen pH-Bereich ist das Tris(hydroxymethyl)aminomethan, abgekürzt „Tris", das als primäres Amin eine schwache Base darstellt, deren korrespondierende Säure („Tris-HCl") einen $pK_S$-Wert von 8,2 aufweist. Es ist ein solcher Puffer mit einem Soll-pH-Wert = 7,6 herzustellen, wobei die Gesamtkonzentration beider Komponenten $c$ = 200 mmol/L sein soll. Im Zuge einer biochemischen Reaktion entstehen 4 mmol $H^+$-Ionen in einem Reaktionsvolumen von 0,50 L.

Berechnen Sie zunächst die vorliegende Zusammensetzung des Puffersystems. Welche pH-Wert-Änderung würde in Anwesenheit des genannten Puffersystems durch die produzierten Protonen resultieren?

# Aufgabe 282

Sie möchten einen Puffer herstellen, der einen pH-Wert von 8,65 hat. Sie finden im Labor einen Liter einer Ammoniak-Lösung ($c$ = 0,02 mol/L) sowie 0,50-molare HCl-Lösung. Der $pK_B$-Wert von Ammoniak beträgt 4,75.

a) Wie gehen Sie vor?

b) Welchen pH-Wert würden Sie erhalten, wenn Sie den gegebenen Liter der Ammoniak-Lösung mit 50 mL der gegebenen HCl-Lösung versetzen? Vernachlässigen Sie der Einfachkeit halber die Zunahme des Gesamtvolumens, d. h. nehmen Sie ein Endvolumen von 1,0 L an.

# Aufgabe 283

Ein wichtiges Puffersystem für den physiologischen pH-Bereich wird von Dihydrogenphosphat ($pK_S$ = 6,8 bei $T$ = 37 °C) und Hydrogenphosphat gebildet. Es sei angenommen, dass das Blut (Soll-pH 7,4) einem solchen Phosphatpuffer mit einer Gesamtkonzentration beider Komponenten von $c$ = 100 mmol/L entspricht. Der Stoffwechsel des Menschen erzeugt pro Tag ca. 50 mmol $H_3O^+$-Ionen pro Tag, die abgepuffert werden müssen, da der pH-Wert des Blutes in sehr engen Grenzen konstant gehalten werden muss.

a) Welche pH-Wert-Änderung würde durch die produzierten Protonen im Blut ($V$ = 5,0 L) resultieren?

b) Warum wäre dieser Phosphatpuffer (trotz des günstigen $pK_S$-Werts) aus physiologischer Sicht nicht ausreichend?

## Aufgabe 284

Während nichtionische Substanzen die Lipidmembran des Nephrons leicht passieren können, so dass sich ein Gleichgewicht zwischen Blut und Urin einstellen kann, können geladene Stoffe nur sehr langsam durch Membranen diffundieren.

a) Ein Patient wird vorgestellt, der eine Überdosis an Pyrimethamin, einer schwachen Base ($pK_B = 7,0$) zu sich genommen hat. Insgesamt beträgt die aufgenommene Stoffmenge der Verbindung 10 µmol. Welche Stoffmenge davon liegt im Blut ($pH = 7,4$) in der membrangängigen Form vor?

b) Durch Gabe einer gut wasserlöslichen schwachen Säure wird der pH-Wert des Urins des Patienten auf 6,0 gebracht. Angenommen, 5,0 µmol an Pyrimethamin sind durch Diffusion in den Urin gelangt: welche Stoffmenge kann in wasserlöslicher Form ausgeschieden werden?

c) Ein anderer Patient gibt an, in suizidaler Absicht größere Mengen eines schwach sauren Barbiturats zu sich genommen zu haben. Was würden Sie empfehlen, um die Ausscheidung des Präparats möglichst zu beschleunigen?

# Kapitel 7

# Redoxprozesse und Elektrochemie

**Werkzeugkasten –**

**Begriffe und Gleichungen, die Sie griffbereit haben sollten**

**Reduktionsmittel:**

Elemente und Verbindungen, die Elektronen abgeben können, sind *Elektronendonatoren* ≡ *Reduktionsmittel*

**Oxidationsmittel:**

Elemente und Verbindungen, die Elektronen aufnehmen können, sind *Elektronenakzeptoren* ≡ *Oxidationsmittel*

**Korrespondierendes Redoxpaar:**

Durch Abgabe von Elektronen gehen Reduktionsmittel in die korrespondierenden Oxidationsmittel über; beide bilden ein *korrespondierendes Redoxpaar*. Einem starken Reduktionsmittel entspricht ein (sehr) schwaches korrespondierendes Oxidationsmittel und umgekehrt.

**Oxidation(sreaktion):**

Reaktion, die unter Abgabe von Elektronen (Erhöhung der → *Oxidationszahl*) verläuft.

**Reduktion(sreaktion):**

Reaktion, die unter Aufnahme von Elektronen (Erniedrigung der → *Oxidationszahl*) verläuft.

**Redoxreaktion:**

Reduktion und Oxidation treten immer gemeinsam auf; Elektronen können nur abgegeben werden, wenn ein Oxidationsmittel diese aufnimmt.

$$\text{Redm 1} + \text{Oxm 2} \;\rightleftharpoons\; \text{Oxm 1} + \text{Redm 2}$$

Redm 1 und Oxm 1 bzw. analog Redm 2 und Oxm 2 sind → *korrespondierende Redoxpaare*.

In einer Teilgleichung darf sich nur die Oxidationszahl *einer* Atomsorte verändern.

**Oxidationszahl:**

Dem jeweils elektronegativeren Bindungspartner werden formal *beide* Bindungselektronen einer Bindung zugerechnet („perfekt ionisches Modell"), anschließend wird mit dem ungebundenen neutralen Zustand verglichen. Die höchstmögliche Oxidationszahl eines Elements entspricht seiner Anzahl an Valenzelektronen, die niedrigstmögliche der Zahl an Valenzelektronen minus acht.

© Springer Fachmedien Wiesbaden GmbH, ein Teil von Springer Nature 2020
R. Hutterer, *Fit in Anorganik*, Studienbücher Chemie,
https://doi.org/10.1007/978-3-658-30486-7_7

## Disproportionierung:

Hierbei tritt im Rahmen einer Redoxreaktion eine Verbindung gleichzeitig als *Oxidationsmittel* und als *Reduktionsmittel* auf, d. h. sie geht von einer mittleren Oxidationsstufe in eine höhere und in eine niedrigere Oxidationsstufe über, z. B. $2\,H_2O_2 \rightarrow 2\,H_2O + O_2$

## Galvanisches Element:

Redoxreaktionen können zur Erzeugung von elektrischem Strom dienen. Die beiden Teilreaktionen (Oxidation bzw. Reduktion) laufen an verschiedenen räumlich getrennten Elektroden ab („Halbzellen"); die Elektronen fließen über den äußeren Stromkreis von der reduzierten Form des Redoxpaars mit negativerem $E°$-Wert (Anode) zur oxidierten Form des Paares mit positiverem $E°$-Wert (Kathode).

## Elektromotorische Kraft (EMK):

Die elektromotorische Kraft $\Delta E$ (Einheit: Volt) ist ein Maß für die Tendenz („Triebkraft") zum Ablauf der Zellreaktion und entspricht der Differenz von zwei *Halbzellenpotenzialen*.

$$\Delta E_{Zelle} = E\,(\text{Kathode}) - E\,(\text{Anode})$$

Die EMK hängt ab von den beteiligten Substanzen, ihren Konzentrationen sowie der Temperatur. Der Zusammenhang mit der freien Enthalpie ist gegeben durch $\Delta G = -n\,F\,\Delta E$

Liegen alle beteiligten Spezies in ihrem $\rightarrow$ *Standardzustand* (WK Kap. 5) vor, so gilt analog:

$$\Delta E°_{Zelle} = E°\,(\text{Kathode}) - E°\,(\text{Anode})$$

## Nernst-Gleichung:

Die $\rightarrow$ *elektromotorische Kraft* $\Delta E$ setzt sich aus zwei Teilen zusammen; dem temperaturabhängigen $\rightarrow$ *Standardreduktionspotential* $\Delta E°$ (enthält die Gleichgewichtskonstante der Reaktion) und den Term, der den Massenwirkungsbruch $Q$ enthält (beschreibt die Konzentrationsabhängigkeit). Dies ergibt ($z$ = Anzahl der Elektronen) die Nernst-Gleichung

$$\Delta E = \Delta E° - \frac{RT}{zF} \cdot \ln Q \quad \text{oder} \quad \Delta E = \Delta E° - \frac{59\,\text{mV}}{z} \cdot \lg Q \quad (T = 25°\,\text{C})$$

## Standardreduktionspotenzial:

$E(i) = E(\text{Oxm i / Redm i})$ wird als *Reduktionspotenzial* (Halbzellenpotenzial) des Redoxpaars i bezeichnet. Analog ist $E°(i)$ das *Standardreduktionspotenzial* des Redoxpaars i. Es stellt eine für dieses Redoxpaar charakteristische Größe dar. Um die Redoxstärke eines einzelnen Redoxpaares zu charakterisieren, muss es mit einem Bezugspaar als Referenz kombiniert werden. Ein solches ist die

## Normalwasserstoffelektrode:

Das Redoxpaar $2H^+/H_2$ mit der zugehörigen Redoxteilgleichung $2\,H^+ + 2\,e^- \rightleftharpoons H_2$

und der Vereinbarung $a\,(H_2) = a\,(H^+) = 1$ bzw. $p\,(H_2) = 1\,\text{bar}$ und $pH = 0$ ist als Referenzhalbzelle definiert.

Das Standardreduktionspotenzial dieser Halbzelle ist $E^°(2\,H^+/H_2) = 0\,V$.

Ein Redoxpaar mit $E^°(i) > 0\,V$ bzw. $E^°(i) < 0\,V$ besitzt eine höhere bzw. geringere Oxidationsstärke als $H^+$.

### Elektrochemische Spannungsreihe:

Hierunter versteht man eine Aufreihung von Redoxpaaren nach auf- oder absteigendem $\rightarrow$ *Standardreduktionspotenzial*, meist für $T = 25\,°C$.

### Konzentrationselement:

Da die Elektrodenpotenziale konzentrationsabhängig sind, lässt sich aus zwei Elektroden gleichen Materials, die in Lösungen unterschiedlicher Konzentration eintauchen, ein sog. *Konzentrationselement* bauen. Die Elektronen fließen von der Elektrode mit geringerer Ionenkonzentration zur Elektrode, die in die konzentriertere Lösung eintaucht, so dass es schließlich zum Konzentrationsausgleich (= elektrochemisches Gleichgewicht, $\Delta E = 0$) kommt.

### Membranpotenzial:

Ein Membranpotenzial stellt sich über eine Membran hinweg ein, wenn diese semipermeabel für eine (oder mehrere) Ionensorten ist und auf beiden Seiten der Membran verschiedene Konzentrationen vorliegen. So gilt für zwei Halbzellen mit der Protonenkonzentration $[H^+]_2$ und der variablen Protonenkonzentration $[H^+]_v$, die durch eine für Protonen semipermeable Membran getrennt sind (Möglichkeit zur pH-Messung):

$$\Delta E_M = E(2) - E(v) = -59\,mV \cdot \lg\frac{[H^+]_2}{[H^+]_v} = 59\,mV \cdot \left(pH_2 - pH_v\right)$$

### Lokalelement:

Ein Lokalelement bildet sich aus, wenn zwei verschiedene Metalle leitend miteinander verbunden werden. Anwendungen finden sich u. a. zum Korrosionsschutz (Prinzip der „Opferanode").

### Elektrolyse:

Bei der Elektrolyse läuft die umgekehrte (nicht spontane!) Reaktion wie einem $\rightarrow$ galvanischen Element ab; dafür muss ein Potenzial angelegt werden, das mindestens so groß ist, wie die EMK der Zelle. Die externe Spannungsquelle muss Elektronen von der Anode abziehen, so dass diese mit dem positiven Pol verbunden wird.

## Aufgabe 285

Ermitteln Sie Oxidationszahlen für die jeweils mit einem Pfeil markierten Atome.

$FeBr_4^-$     $HClO_3$     $H_3PO_3$     $Al_2(OH)_2Cl_4$     $CaH_2$     $[Mn(CN)_6]^{5-}$

$NH_4NO_3$     H–C(=O)–H (Formaldehyd)     $ClO_2$

$H{-}C{\equiv}C{-}H$     $MnO_4^{2-}$     $NaO_2$     $H_2N{-}OH$

## Aufgabe 286

a) Bestimmen Sie die Oxidationszahlen für das S-Atom in folgenden Verbindungen:

$S^{2-}$   /   $H_2SO_4$   /   $HSO_3^-$   /   $SOCl_2$   /   KHS

b) Bestimmen Sie die Oxidationszahlen für das C-Atom in folgenden Verbindungen:

$CHBr_3$   /   $H_2C(OH)_2$   /   $Cl_2CO$   /   HCN   /   C (Diamant)

c) Bestimmen Sie die Oxidationszahlen für das Cl-Atom in folgenden Verbindungen:

$ICl_5$   /   $ClO_2^-$   /   $HClO_4$   /   $Cl_2$   /   $CaCl_2$

d) Bestimmen Sie die Oxidationszahlen für das N-Atom in folgenden Verbindungen:

$NH_4^+$   /   $N_2O_4$   /   $HNO_3$   /   $Mg_3N_2$   /   $NF_3$

e) Bestimmen Sie die Oxidationszahlen für das Iod-Atom in folgenden Verbindungen:

NaOI   /   $HIO_3$   /   $IO_4^-$   /   $IF_3$   /   $HCl_3$

## Aufgabe 287

Manche anaerob lebende Bakterien können elementaren Schwefel als Oxidationsmittel nutzen, um z. B. Glucose (Summenformel $C_6H_{12}O_6$) zu Kohlendioxid zu oxidieren. Als Abfallprodukt entsteht dabei Schwefelwasserstoff (z. B. in Faulgasen).

Formulieren Sie die Gesamtredoxgleichung aus den beiden Teilgleichungen.

# Aufgabe 288

Distickstoffmonoxid ist ein farbloses Gas. Zur Herkunft des Namens Lachgas gibt es unterschiedliche Annahmen. Am populärsten ist die Vermutung, dass der Name von einer Euphorie herrührt, die beim Einatmen entstehen kann, so dass der Konsument lacht. Das Gas riecht leicht süßlich, wirkt stark schmerzstillend und schwach narkotisch. Es können Halluzinationen oder Farbveränderungen auftreten.

In der Medizin wird Lachgas als analgetisch wirkendes Gas zu Narkosezwecken benutzt. Es ist das älteste und eines der nebenwirkungsärmsten Narkosemittel überhaupt. Um eine wirkungsvolle Konzentration von 70 % zu erreichen, muss es zusammen mit reinem Sauerstoff gegeben werden. In der modernen Anästhesie wird die Wirkung des Lachgases durch Zugabe von anderen Narkosemitteln optimiert; der Gebrauch ist in den letzten Jahren aber rückläufig.

a) Für das Distickstoffmonoxid lassen sich mehrere Valenzstrichformeln angeben. Formulieren Sie zwei Strukturen, von denen Sie Sie annehmen, dass sie den größten Beitrag zur Beschreibung der tatsächlichen Struktur liefern. Warum sollten diese gegenüber weiteren denkbaren Strukturen begünstigt sein?

b) Entwickeln Sie die Redoxteilgleichungen für die Umwandlung von Distickstoffmonoxid in Nitrat bzw. Nitrit.

c) Bei der Suche nach biochemischen Reaktionen, bei denen Lachgas gebildet wird, ist man fündig geworden: Im Darm von Regenwürmern leben Bakterien, die das im Bodenwasser vorkommende Nitrat als Oxidationsmittel für organische Substanzen nutzen können. Das Nitrat wird dabei zum Lachgas reduziert. Als organische Substanz, die unter Energiegewinn oxidiert wird, können Sie Oxalsäure verwenden. Sie wird zum Hydrogencarbonat oxidiert.

Formulieren Sie die Gesamtredoxgleichung aus den beiden Teilgleichungen.

# Aufgabe 289

Für viele Afrikaner ist Maniokmehl ein Hauptnahrungsmittel. Wenn man Maniokbrei nicht sorgfältig zubereitet, was mehrere Tage dauern kann, enthält der Brei allerdings Cyanid, das aus der Maniokwurzel stammt. Das Cyanid-Ion hemmt Enzyme, die bei der zellulären Oxidation eine Rolle spielen, und führt zum Tod durch Energiemangel. Innerhalb weniger Minuten können Symptome wie Konstriktion des Rachens, Übelkeit, Erbrechen, Schwindel, Kopfschmerzen, Herzklopfen, Hyperpnoe und anschließend Dyspnoe, Bradykardie, Bewusstlosigkeit und heftige Krämpfe auftreten; danach tritt der Tod ein.

Im Körper können Cyanid-Ionen in Gegenwart von Hydrogensulfid-Ionen entgiftet werden. Ausreichende Konzentrationen an Hydrogensulfid-Ionen sind jedoch nur bei proteinreicher Nahrung vorhanden (sie stammen aus schwefelhaltigen Aminosäuren). Die Entgiftungsreaktion ist eine Oxidationsreaktion, bei der das Cyanid in Gegenwart von Hydrogensulfid zum Thiocyanat-Ion (Summenformel: $SCN^-$) oxidiert wird. Als Oxidationsmittel kommt molekularer Sauerstoff in Anwesenheit des Coenzyms $NADPH/H^+$ in Betracht. Dabei wird NADPH unter Abgabe von zwei Elektronen zu $NADP^+$ co-oxidiert; außerdem entsteht Wasser.

Formulieren Sie die Redoxgleichung und benutzen Sie für alle vorkommenden Anionen (also für Cyanid, für Hydrogensulfid und für Thiocyanat) die jeweilige Strukturformel mit allen freien Elektronenpaaren.

## Aufgabe 290

Teile Bayerns gelten als „Iod-Mangel-Gebiete". Damit ist gemeint, dass die dortige Bevölkerung im Durchschnitt zu wenig Iodid mit der Nahrung aufnimmt. Es wird deshalb empfohlen, „iodiertes" Speisesalz zu verwenden. Auf der Packungsbeilage dieses Salzes ist als Zusatzstoff Kaliumiodat ($KIO_3$) und nicht das eigentlich benötigte Kaliumiodid angegeben; iodiertes Speisesalz enthält 15 bis 25 mg Iod pro Kilogramm. Der Grund dafür liegt in der besseren Beständigkeit von Kaliumiodat gegenüber dem Luftsauerstoff im Vergleich zum Kaliumiodid. Für den Körper ist die Verwendung von Kaliumiodat kein Nachteil, denn es wird im Magen-Darm-Trakt schnell durch organische Verbindungen zu Kaliumiodid reduziert. Im Labor könnte z. B. Thiosulfat als Reduktionsmittel verwendet werden.

Formulieren Sie die Gesamtredoxgleichung für diesen Prozess aus den beiden Teilgleichungen mit Thiosulfat als Reduktionsmittel, das zu Tetrathionat ($S_4O_6^{2-}$) oxidiert wird.

## Aufgabe 291

Der unangenehme Geruch von Sumpfgas beruht auf einem Gehalt an Schwefelwasserstoff. Dieser entsteht durch mikrobielle Reduktion von Sulfat in Abwesenheit von Sauerstoff (anaerobe Bedingungen). Als Reduktionsmittel fungieren organische Verbindungen, die Kohlenstoff in niedrigen Oxidationsstufen enthalten. Eine solche ist z. B. die Verbindung mit der Summenformel $CH_2O$, deren C-Atom zur höchstmöglichen Oxidationsstufe oxidiert wird.

Formulieren Sie eine Gesamtredoxgleichung für diesen Prozess aus den Teilgleichungen.

## Aufgabe 292

Kupfer wird bekanntlich von reinem Wasser und selbst von verdünnten nichtoxidierenden Säuren nicht angegriffen. Behandelt man elementares Kupfer aber mit einer wässrigen Lösung, die Cyanid-Ionen ($CN^-$) enthält, läuft eine Reaktion ab, bei der man folgende Beobachtungen machen kann:

1. Es entsteht molekularer Wasserstoff und der pH-Wert steigt an.
2. Das Kupfer verschwindet und es bildet sich ein Kupferkomplex, der das Kupfer im Oxidationszustand +1 und zwei Cyanid-Ionen als Liganden enthält.

Formulieren Sie die Gesamtredoxgleichung aus den beiden Teilgleichungen.

## Aufgabe 293

Mit dem Oxidationsmittel Braunstein (Mangandioxid) kann Thiosulfat zum Sulfat oxidiert werden, wobei der Braunstein zum $Mn^{2+}$-Kation reduziert wird.

Formulieren Sie die Gesamtredoxgleichung aus den beiden Redoxteilgleichungen.

## Aufgabe 294

Seit langem ist unter Wissenschaftlern umstritten, ob sich in tieferen Erdschichten, wo es keine biologische Materie gibt, Kohlenwasserstoffverbindungen wie im Erdgas enthalten bilden können. Ein Laborversuch von US-Forschern legt jetzt nahe, dass es auch im äußeren Erdmantel in 100 km Tiefe Erdgas geben könnte. Die Geowissenschaftler erhitzten Eisenoxid, das kohlenstoffhaltige Mineral Kalkspat (= Calciumcarbonat) und Wasser unter sehr hohem Druck auf 1500 °C und erhielten unter diesen drastischen Bedingungen größere Mengen an Methan, das sich offensichtlich durch Reduktion des Kohlenstoffs im Kalkspat gebildet hat.

Formulieren Sie Redoxteilgleichungen für die Reduktion von Kalkspat zu Methan ($CH_4$) und eine (angenommene) Oxidation von Eisen(II)-oxid zu Eisen(III)-oxid und bilden Sie daraus eine Gesamtredoxgleichung.

## Aufgabe 295

Das Anion mit dem Namen Hypochlorit ($ClO^-$) ist ein sehr starkes Oxidationsmittel. Es ist in einigen Desinfektionsmitteln enthalten, deren Verwendung im Haushalt nicht ungefährlich ist. Bringt man das Hypochlorit bei niedrigen pH-Werten mit Chlorid-Anionen zusammen, so kann elementares Chlor entstehen.

Formulieren Sie die Gesamtredoxgleichung aus den beiden Teilgleichungen. Das Reaktionsprodukt ist in beiden Teilgleichungen elementares Chlor.

## Aufgabe 296

Das Mineral Pyrit („Schwefelkies", $FeS_2$) enthält Eisen in der Oxidationsstufe +2 und wird u. a. zur Schwefelsäureproduktion eingesetzt. Dabei muss die Verbindung zum Sulfat oxidiert werden, ein Prozess, der auch durch im Grundwasser gelöstes Nitrat erfolgen kann. Dieses geht dabei in elementaren Stickstoff über.

Formulieren Sie die Teilgleichungen für diesen Redoxprozess und fassen Sie die Teilgleichungen zur Gesamtgleichung zusammen.

## Aufgabe 297

Ozon ist ein sehr starkes Oxidationsmittel, das an Stelle von Chlor in Schwimmbädern zur oxidativen Zerstörung von organischen Wasserverunreinigungen verwendet werden kann, ohne dass dabei schädliche Halogenkohlenwasserstoffe als Nebenprodukte entstehen.

Formulieren Sie die die Gesamtredoxgleichung für die Oxidation von Harnstoff ($H_2NCONH_2$) – enthält Stickstoff in der niedrigstmöglichen Oxidationsstufe – mit Ozon zu Nitrat und $CO_2$.

## Aufgabe 298

In der Atmosphäre steht eine riesige Menge an Sauerstoff als Oxidationsmittel zur Verfügung. Prinzipiell ist die gesamte organische Materie in Gegenwart von Sauerstoff thermodynamisch instabil und könnte somit zu Wasser und Kohlendioxid oxidiert werden. Dies wird allerdings (erfreulicherweise) durch ausreichend hohe Aktivierungsenergien verhindert. Auch für zahlreiche Gebrauchsmetalle ist eine leichte Oxidation durch Sauerstoff zu erwarten; ein typisches Beispiel ist das Eisen, das in Gegenwart von Luft und Wasser rostet. Als Oxidationsmittel fungiert in Wasser gelöster Sauerstoff, der Eisen zunächst zu schwer löslichem Eisen(II)-hydroxid umsetzt. Dieses wird durch weiteren Sauerstoff aus der Luft langsam zu wasserhaltigem Eisen(III)-oxid ($Fe_2O_3 \times z\, H_2O$) oxidiert. Alle entstehenden Eisenverbindungen bilden eine poröse Rostschicht, die nicht in der Lage ist, das darunterliegende Eisen vor weiterer Korrosion zu schützen.

a) Formulieren Sie Redoxreaktionen für die beiden oben genannten Prozesse, also die Bildung von Eisen(II)-hydroxid und wasserhaltigem Eisen(III)-oxid, aus den Teilgleichungen.

b) Aluminium ist ein noch unedleres Metall als Eisen. Es ist aber dennoch erstaunlich korrosionsbeständig und daher ein wertvoller, ziemlich witterungsbeständiger Werkstoff. Wie erklärt sich dieses gegenüber Eisen stark unterschiedliche Verhalten?

c) Zum Korrosionsschutz kann Eisen mit einem edleren Metall, wie z. B. Kupfer, überzogen werden, das gegenüber verdünnten Säuren stabil ist. Welches Problem kann dabei auftreten?

## Aufgabe 299

Zur Zeit des römischen Reiches, also vor ca. 2000 Jahren, war Blei eines der wichtigsten Metalle. Große Mengen davon wurden erschmolzen, um ein ausgefeiltes Wasserleitungssystem aufzubauen. In menschlichen Knochen aus der Römerzeit hat man hohe Bleigehalte gefunden; der Grund dafür waren allerdings nicht die Wasserleitungen, sondern der Wein. Dieser war aufgrund der damals benutzten Hefen ziemlich sauer, so dass man ihm einen Süßstoff zusetzte, der durch Kochen von Traubensaft in Bleigefäßen erhalten wurde. Nur wenige anorganische Verbindungen haben wohl den Lauf der Welt ähnlich beeinflusst, wie das bei dieser Prozedur erhaltene, als Bleizucker bezeichnete Blei(II)-acetat, das auch bei der Speisezubereitung häufig als Süßstoff eingesetzt wurde. Nicht umsonst ähneln die gesundheitlichen Probleme der römischen Kaiser, die z. T. exzessive Weintrinker waren, den typischen Symptomen einer Bleivergiftung, bewirkt durch diese süße, aber toxische Bleiverbindung.

a) Für die Gewinnung von elementarem Blei geht man im Allgemeinen von Blei(II)-sulfid aus, das unter dem Namen Bleiglanz bekannt ist. Das Erz wird mit Luft erhitzt („geröstet"), wobei die Sulfid-Ionen zu Schwefeldioxid oxidiert werden und Blei(II)-oxid entsteht. Dieses kann anschließend mit Koks zu elementarem Blei reduziert werden.

Stellen Sie die entsprechenden Reaktionsgleichungen aus Redoxteilgleichungen auf; für den zweiten Schritt kann auf die Teilgleichungen verzichtet werden.

b) Hauptverwendungsgebiete von Blei sind die Herstellung von Bleiglas und von Bleiakkumulatoren, die bekanntlich in fast jedem Kraftfahrzeug zum Einsatz kommen. Zur Ladung des Akkus wird einerseits Blei(II)-oxid zu Blei(IV)-oxid oxidiert (welches den Pluspol bildet), andererseits Blei(II)-oxid zu elementarem Blei reduziert ($\rightarrow$ negative Elektrode). Dieser Prozess läuft in wässriger Schwefelsäure als Elektrolyt ab, wenn man eine Spannung von $> 2$ V anlegt. Beim Entladen des Akkus kommt es an beiden Polen zur Bildung von schwer löslichem Blei(II)-sulfat.

Formulieren Sie die Redoxteilgleichungen für den Entladungsvorgang an beiden Elektroden.

# Aufgabe 300

a) Ordnen Sie die folgenden Metalle in der Reihenfolge abnehmenden Reduktionsvermögens.

      K / Cu / Al / Fe / Pt

b) Was verstehen Sie unter „edlen", was unter „halbedlen" Metallen?

# Aufgabe 301

a) Welche Zellreaktion läuft in einer galvanischen Zelle ab, die aus den beiden folgenden Halbzellen (Halbreaktionen) besteht und wie hoch ist das Standardreduktionspotenzial dieser Zelle?

$$Cr^{3+} + 3\,e^- \rightleftharpoons Cr \qquad\qquad E°(Cr^{3+}) = -0,74\ V$$

$$MnO_4^- + 8\,H^+ + 5\,e^- \rightleftharpoons Mn^{2+} + 4\,H_2O \qquad\qquad E°(MnO_4^-) = +1,51\ V$$

b) Welche Zellreaktion läuft in einer galvanischen Zelle ab, die aus den beiden folgenden Halbzellen (Halbreaktionen) besteht und wie hoch ist das Standardreduktionspotenzial dieser Zelle?

$$Ag_2O + H_2O + 2\,e^- \rightleftharpoons 2\,Ag + 2\,OH^- \qquad\qquad E°(Ag_2O) = 0,81\ V$$

$$Fe(OH)_2 + 2\,e^- \rightleftharpoons Fe + 2\,OH^- \qquad\qquad E°(Fe(OH)_2) = -0,88\ V$$

# Aufgabe 302

Chrom ist neben Nickel der wichtigste Legierungsbestandteil in nichtrostenden Edelstählen; so enthält beispielsweise der korrosionsbeständige 18/8-Stahl 18 % Chrom und 8 % Nickel. Die wichtigsten Oxidationsstufen von Chrom sind III und VI, obwohl auch einige Verbindungen in anderen Oxidationsstufen bekannt sind. Zu den wichtigsten Chrom(VI)-Verbindungen gehört das gelbe Chromat-Ion, das analog wie das Sulfat gebaut ist, aber nur in neutraler oder basischer Lösung in höheren Konzentrationen auftritt. Beim Ansäuern bildet sich in zunehmendem Maße die korrespondierende Säure, während gleichzeitig auch eine Kondensationsreaktion stattfindet, die zum Dichromat-Ion führt.

a) Formulieren Sie diese Reaktion und geben Sie eine Strukturformel für das Dichromat-Ion mit allen Valenzelektronen an.

b) Dichromate sind relativ starke, viel verwendete Oxidationsmittel; das Standardreduktionspotenzial in saurer Lösung für die Reduktion zum grünen $Cr^{3+}$-Ion beträgt $E° = 1,33$ V.

Eine beliebte Anwendung ist der Alkoholtest der Atemluft, bei dem Ethanol durch Dichromat zu Essigsäure (Ethansäure) oxidiert wird. Hierbei wird ausgeatmete Luft durch ein Röhrchen geblasen, das Natriumdichromat und Schwefelsäure enthält; eine Farbänderung von gelb nach grün gilt als (halbquantitativer) Alkoholnachweis. Formulieren Sie die ablaufende Redoxreaktion aus den Teilreaktionen.

c) Wie hoch ist das Redoxpotenzial von Dichromat bei einem pH-Wert von 3,0 und einer Dichromat- bzw. Chrom(III)-Konzentration von $0,50 \cdot 10^{-3}$ bzw. $2,0 \cdot 10^{-3}$ mol/L?

# Aufgabe 303

Herzschrittmacher sind Geräte, die einen elektrischen Stimulus zur Herzkontraktion abgeben, immer dann, wenn die intrinsische elektrische Aktivität des Herzens verlangsamt, inadäquat oder absent ist. Normalerweise besitzt jedes Herz einen natürlichen Schrittmacher, den Sinusknoten. Dieser erzeugt die für die normale Herztätigkeit erforderlichen Impulse durch Spontandepolarisation spezieller Zellen. Seine generierte Herzfrequenz beträgt 60–80/min. Künstliche Herzschrittmacher sind batteriebetriebene, implantierbare Geräte, welche das Herz elektrisch zur Kontraktion der Muskulatur anregen. Der Schrittmacher besteht aus einem Gehäuse aus gewebefreundlichem Titan, welches die Batterie und Elektronik enthält.

Erstmals wurde ein Gerät zur elektrischen Herzreizung durch periodische Stromimpulse 1932 von dem New Yorker Arzt Hyman beschrieben. Am 8. Oktober 1958 konnte von Elmquist und Senning in Stockholm zum ersten Mal ein Schrittmachersystem komplett im Körper des Patienten Arne Larsson implantiert werden. Die Lebensdauer des Gerätes betrug nach der Implantation allerdings gerade mal 24 Stunden. Seitdem gab es große Fortschritte in der Technologie der Schrittmacher, die sich v. a. in der Elektronik, der Lebensdauer, den Batterietypen, den Stimulationselektroden und der Programmierbarkeit zeigen. So werden als Batterie heute praktisch ausschließlich Lithium-Iod-Akkumulatoren verwendet, die mit einer nutzbaren Batteriekapazität von über 1 Ah eine Lebenszeit von durchschnittlich acht Jahren haben.

a) Welche Reaktion könnte in einer solchen Lithium-Iod-Batterie ablaufen? Fungiert Lithium als Anode oder als Kathode?

b) Das Standardreduktionspotenzial $E°$ ($Li^+$/Li) beträgt $-3{,}05$ V, das Standardreduktionspotenzial $E°$ ($I_2$/2 $I^-$) beträgt $0{,}54$ V. Welches Standardreduktionspotenzial erwarten Sie für die ablaufende Reaktion? Ist es pH-abhängig? Welchem Wert für die freie Enthalpie entspricht dieses Potenzial?

# Aufgabe 304

Mangan-Verbindungen werden seit Jahrtausenden vom Menschen genutzt. Farben mit Pigmenten aus Mangandioxid können 17000 Jahre zurückverfolgt werden. Im 17. Jahrhundert stellte der Chemiker Johann Rudolph Glauber erstmals Permanganat her. Anfang des 19. Jahrhunderts begann der Einsatz von Mangan zur Eisenherstellung.

Mangan kommt hauptsächlich in den Oxidationsstufen +2, +4 und +7 vor. Es existieren aber alle Oxidationsstufen von $-3$ bis $+7$, wodurch das Mangan das Element mit den meisten verschiedenen Oxidationsstufen ist. Mangan ist wegen seiner hohen Affinität zu Schwefel und Sauerstoff sowie seiner werkstoffverbessernden Eigenschaften von hoher Bedeutung für die Metallindustrie. Etwa 90–95 % des erzeugten Mangans beziehungsweise Ferromangans gehen in die Eisen-, Stahl- und Sonderwerkstoffherstellung.

Für den Organismus ist Mangan ein essenzielles Spurenelement; es kommt in Form zwei- bzw. dreiwertiger, zumeist komplex gebundener Ionen vor, meist in Enzymen, die hydrolytische Prozesse katalysieren (Hydrolasen). Bei der Photosynthese der grünen Pflanzen kommt Mangan-Komplexen eine essenzielle Bedeutung bei der Bildung von $O_2$ aus $H_2O$ zu.

a) Permanganat – obwohl selbst ein gutes Oxidationsmittel – lässt sich aus $Mn^{2+}$ mittels einer Oxidationsschmelze durch das starke Oxidationsmittel $PbO_2$ gewinnen, welches dabei zu $Pb^{2+}$ reduziert wird. Erstellen Sie eine entsprechende Redoxgleichung.

b) Die sogenannten Alkali-Mangan-Batterien finden breite Anwendung; es werden pro Jahr mehr als $10^{10}$ Stück produziert. Die Anode dieser Batterie besteht aus Zinkpulver, das in einem Gel immobilisiert ist und in Kontakt mit einer konzentrierten KOH-Lösung steht. Als Kathode fungiert eine Mischung aus Braunstein (Mangandioxid), das zu MnO(OH) reduziert wird, und Graphit. Diese Zelle liefert bekanntlich eine Spannung von ca. 1,5 V.

Formulieren Sie die Reaktionen, die an Kathode und Anode dieser Batterie ablaufen.

# Aufgabe 305

Mit einem Massenanteil von 0,0006 % steht Brom an 43. Stelle der Elementhäufigkeit in der Erdhülle und gehört damit eher zu den seltenen Elementen. Bromatome kommen in der Natur nur chemisch gebunden in Form der Bromide vor. Brom-Minerale treten häufig in Verbindung mit Silbererzen auf, z. B. als Bromargyrit (Silberbromid, AgBr). Das technisch bedeutendste

Brom-Erz stellt der Bromcarnallit (Kalium-Magnesium-Bromid) dar, der in Salzlagerstätten auftritt. Der größte Teil des Broms liegt aber als Bromid im Meerwasser gelöst vor.

Die Herstellung von elementarem Brom erfolgt durch Oxidation von Bromid-Lösungen durch Chlor. Als Bromid-Quelle nutzt man überwiegend Meerwasser, vereinzelt auch Sole, stark salzhaltiges Wasser aus großer Tiefe. Die Reaktion mit Chlorwasser (in Anwesenheit von Hexan) wird auch zum Nachweis von Bromid-Ionen angewendet.

a) Formulieren Sie die Reaktionsgleichung für die oben genannte Herstellungsmethode. In welcher Phase wird das Reaktionsprodukt Brom überwiegend zu finden sein?

b) Im Labor stellt man sich beim Arbeiten mit Brom meist eine 3%ige Natriumthiosulfat-Lösung bereit, da es verschüttetes Brom sehr gut binden kann. Hierbei bildet sich Schwefeldioxid. Stellen Sie die Redoxgleichung für diesen Vorgang aus den Teilgleichungen auf.

## Aufgabe 306

Für eine Kupferelektrode gilt: $E°$ $(Cu^{2+}/Cu) = +0,34$ V. Die wird mit einer $Ni^{2+}/Ni$-Elektrode zu einem galvanischen Element kombiniert, das eine elektromotorische Kraft von 0,58 V liefert, wobei die Ni-Elektrode die Anode ist.

Welche Reaktion läuft in dieser elektrochemischen Zelle ab und wie groß ist das Standardreduktionspotenzial der Ni-Halbzelle? Wie groß ist die freie Enthalpie, die diese Zelle maximal liefern kann?

## Aufgabe 307

Gegeben ist die folgende galvanische Zelle:

$Sn \mid Sn^{2+} \parallel Pb^{2+} \mid Pb$ mit folgenden Standardreduktionspotenzialen:

$$Sn^{2+} + 2\,e^- \longrightarrow Sn \quad E° = -0,138\,V$$

$$Pb^{2+} + 2\,e^- \longrightarrow Pb \quad E° = -0,126\,V$$

Welche Reaktion läuft unter Standardbedingungen ab, und wie groß ist die elektromotorische Kraft der Zelle, wenn $c\,(Sn^{2+}) = 1$ mol/L und $c\,(Pb^{2+}) = 1$ mmol/L?

## Aufgabe 308

Das starke Oxidationsmittel $MnO_4^-$ kann dazu benutzt werden $Cl^-$-Ionen zu $Cl_2$ zu oxidieren, vorausgesetzt, es wird ein entsprechender pH-Wert eingestellt.

a) Entwickeln Sie aus den Redoxteilgleichungen für obige Reaktion die Gesamtgleichung.

b) Formulieren Sie die Nernst-Gleichung für das Redoxpaar ($MnO_4^-/Mn^{2+}$) in saurer Lösung und erklären Sie, welche Rolle der pH-Wert für das Potenzial $E$ spielt.

c) Es gelten folgende Standardreduktionspotenziale:

$E°$ ($Cl_2/2\ Cl^-$) = 1,36 V;     $E°$ ($MnO_4^-/Mn^{2+}$) = 1,54 V.

Welchen pH-Wert darf eine Lösung, die 1,0 mol/L $MnO_4^-$ und 0,10 mol/L $Mn^{2+}$ enthält, maximal haben, so dass die Oxidation von $Cl^-$ zu $Cl_2$ noch möglich ist, wenn diese beiden Stoffe unter Standardbedingungen ($c$ = 1,0 mol/L) vorliegen?

## Aufgabe 309

Betrachten Sie die Reaktion von Natrium mit Wasser. Folgende Halbzellenpotenziale sind bekannt:

$$Na^+\,(aq) + e^- \rightleftharpoons Na\,(s) \qquad\qquad E° = -2,71\ V$$

$$2\,H_2O\,(l) + 2\,e^- \rightleftharpoons H_2\,(g) + 2\,OH^-\,(aq) \qquad E° = -0,83\ V$$

Formulieren Sie die ablaufende Reaktion und berechnen Sie $\Delta G°$ und die Gleichgewichtskonstante $K$. (Die Faradaykonstante $F$ beträgt 96485 J/V mol; $R$ = 8,3143 J/mol K)

## Aufgabe 310

Das Cytochrom c ist ein kleines Häm-Protein, das als Elektronenüberträger in der Atmungskette fungiert. In deren letztem Schritt wird es katalysiert durch das Enzym Cytochrom-c-Oxidase mit Sauerstoff vom zweiwertigen (Cyt c-$Fe^{2+}$) in den dreiwertigen Zustand (Cyt c-$Fe^{3+}$) oxidiert.

Die beiden Standardreduktionspotenziale sind

$E°$ (Cyt c-$Fe^{3+}$/Cyt c-$Fe^{2+}$) = 0,22 V        $E°$ ($O_2/2\ H_2O$) = 1,22 V.

a) Berechnen Sie die freie Enthalpie für diesen Prozess bei einem pH-Wert von 5 und einem Sauerstoff-Partialdruck von 0,20 bar. Die Konzentrationen an Cyt c-$Fe^{2+}$ und Cyt c-$Fe^{3+}$ werden als identisch angenommen.

b) Die freiwerdende Energie wird zum Aufbau des Protonengradienten über die innere Mitochondrienmatrix benutzt, welcher letztlich die ATP-Synthase antreibt und so die Synthese von ATP aus ADP und $P_i$ ermöglicht. Wie viele Moleküle ATP können pro reduziertem $O_2$-Molekül gebildet werden, wenn die freie Enthalpie für die Synthese von ATP unter den gegebenen Bedingungen 32 kJ/mol beträgt?

# Aufgabe 311

Für die pH-Messung kann ein galvanisches Element verwendet werden, beispielsweise eine Zn/$Zn^{2+}$-Halbzelle ($E°$ ($Zn^{2+}$/Zn) = –0,76 V); $c$ ($Zn^{2+}$ = 0,250 mol/L), die mit einer Wasserstoffelektrode kombiniert wird. Dazu wird die inerte Elektrode aus Pt mit Wasserstoffgas ($p$ = 0,80 bar) umspült, die in die Lösung mit unbekanntem pH-Wert eintaucht. Die Messung der elektromotorischen Kraft für dieses galvanische Element liefert einen Wert von 0,55 V.

a) Ermitteln Sie den pH-Wert dieser Lösung.

b) Angenommen, Sie erhalten eine Trinkwasserprobe, gezapft im örtlichen Wasserwerk, von der befürchtet wird, dass sie infolge einer Panne in einem ansässigen Chemiebetrieb übermäßig mit Zink-Ionen belastet ist. Eignet sich das oben beschriebene galvanische Element prinzipiell auch für eine Bestimmung der Zink-Ionenkonzentration im Trinkwasser?

# Aufgabe 312

Kupfer ist auch für den Menschen ein essenzielles Element. Sein Gehalt im menschlichen Körper liegt bei etwa 1 ppm, wobei ein Erwachsener täglich etwa 1,5–3,5 mg Kupfer benötigt. Die höchsten Konzentrationen des Elements sind v. a. in der Leber zu finden, aber auch Muskeln und Knochen enthalten verhältnismäßig viel Kupfer. Das Element ist Bestandteil zahlreicher Enzyme, die unter anderem der Energieproduktion, dem Schutz vor freien Radikalen, der Hormonproduktion und der Synthese von Melanin dienen. Ein Kupfermangel beim Menschen ist sehr selten, kann sich jedoch unter anderem in Anämie, Demineralisierung der Knochen und einer Verminderung der Arterienelastizität äußern. Es besteht ein Antagonismus zwischen Kupfer und Zink. Allgemein gilt, dass eine Einnahme von täglich 5 mg Kupfer aus gesundheitlichen Gründen nicht überschritten werden sollte. Für das Trinkwasser gelten Gehalte von unter 1 mg/L als ungefährlich.

In einer Reihe von Trinkwasserproben soll die Konzentration an $Cu^{2+}$-Ionen bestimmt werden, um sicher zu gehen, dass die erlaubten Höchstmengen nicht überschritten sind. Dazu wird ein galvanisches Element verwendet, das aus einer Ag-Elektrode besteht, die in eine $AgNO_3$-Lösung der Konzentration $c$ = 0,10 mol/L taucht, sowie einer Cu-Elektrode, die in die zu prüfende Lösung getaucht wird. Beide Halbzellen sind über eine Salzbrücke verbunden und liefern für eine der Testlösungen bei einer Temperatur von 20 °C ein Potenzial von 0,54 V. Ermitteln Sie die Konzentration an $Cu^{2+}$-Ionen in der vorliegenden Wasserprobe.

$E°$ ($Cu^{2+}$/Cu) = 0,34 V;          $E°$ ($Ag^+$/Ag) = 0,80 V

# Aufgabe 313

Das Standardreduktionspotenzial für die Silber-Elektrode $E°$($Ag^+$/Ag) beträgt +0,80 V. Mit ihr wird eine galvanische Zelle konstruiert, die durch folgende Notation beschrieben werden kann:

$Pt(s)|I_2(s)|I^-(aq) \parallel Ag^+(aq)|Ag(s) \quad E° = +0,26$ V.

a) Formulieren Sie die ablaufende Zellreaktion und ermitteln Sie das Standardreduktionspotenzial der $I_2/I^-$-Halbzelle.

b) Welches Zellpotenzial wird gemessen, wenn die Konzentration an $Ag^+$ 150 mmol/L und die Iodid-Konzentration 5 mmol/L beträgt?

## Aufgabe 314

Eine besonders häufige Anwendung der Nernst-Gleichung ist die Messung von pH-Werten mit einem sogenannten pH-Meter. Ein solches besteht aus einer von der $H^+$-Ionen-Konzentration abhängigen Elektrode sowie einer Referenzelektrode wie z. B. der „Kalomel"-Elektrode, die durch folgende Halbzellenreaktion beschrieben wird:

$$Hg_2Cl_2\,(s) \;+\; 2\,e^- \;\longrightarrow\; 2\,Hg\,(l) \;+\; 2\,Cl^-\,(aq) \quad E° \;=\; +0,27 \text{ V}$$

a) Formulieren Sie ausgehend von dieser Halbzellenreaktion die vollständige Zellreaktion und stellen Sie für diese die Nernst-Gleichung auf.

b) Berücksichtigen Sie nun, dass die $Cl^-$-Konzentration konstruktionsbedingt konstant gehalten wird, also mit in das Standardzellpotenzial $E°$ einbezogen werden kann und nehmen Sie einen Druck von 1,0 bar für Wasserstoff an. Zeigen Sie, dass das mit dieser Anordnung messbare Potenzial direkt proportional ist zum pH-Wert der Lösung, in die die Elektrode eintaucht. Die Temperatur soll 25 °C betragen.

## Aufgabe 315

Da die Handhabung von Wasserstoffelektroden umständlich ist, verwendet man oft Elektroden 2. Art, deren Potenzial ebenfalls von der Oxonium-Ionenkonzentration abhängt. Die in ihrer Funktion übersichtlichste Elektrode für diesen Zweck ist die Chinhydron-Elektrode. Das Redoxpaar wird durch die Verbindungen Hydrochinon („ChH_2") und Chinon („Ch") gebildet, die als 1:1-Komplex vorliegen.

Mit einer solchen Chinhydron-Elektrode ($E° = + 0,70$ V) soll der pH-Wert einer Lösung bei 25°C bestimmt werden. Gemessen wird gegen eine Bezugselektrode mit einem konstanten Potenzial von $E_{Ref} = 0,22$ V. Man erhält $E = + 0,30$ V.

Welchen pH-Wert hat die Lösung?

# Aufgabe 316

Benzodiazepine galten längere Zeit als Mittel der Wahl zur pharmakologischen Kurzzeittherapie stressbedingter Angstzustände und Schlafstörungen. Die erste Phase ihrer Anwendung begann im Jahr 1960 mit der Einführung von Chlordiazepoxid (Librium®), die zweite 1977 mit dem Nachweis, dass sich Diazepam (Valium®) spezifisch und mit hoher Affinität an eine bestimmte Rezeptorpopulation im Gehirn, die $GABA_A$-Rezeptoren, bindet.

Der Neurotransmitter GABA (γ-Aminobuttersäure) hemmt die neuronale Erregbarkeit, indem er den Chlorid-Ionenstrom durch die Nervenzellmembran selektiv erhöht. Dazu bindet sich GABA an den gleichnamigen Rezeptor und öffnet infolge der Bindung den durch die Membran reichenden Chlorid-Kanal, der ein integraler Bestandteil dieses Rezeptormoleküls ist. Die Bindung von Benzodiazepinen an ihre sich neben der GABA-Bindungsstelle befindende Bindungsstelle verstärkt den GABA-induzierten Anstieg der Durchlässigkeit des Ionenkanals für Chlorid, wodurch wiederum erregende synaptische Wirkungen auf die betreffende Nervenzelle gehemmt werden. Durch die Änderung des Konzentrationsverhältnisses an Cl⁻-Ionen auf beiden Seiten der Membran ändert sich auch das Membranpotenzial.

Angenommen, das Konzentrationsverhältnis $c$ ($Cl^-_{extrazellulär}$) / $c$ ($Cl^-_{intrazellulär}$) beträgt vor der Bindung von GABA (und einem Benzodiazepin-Derivat als Agonist) an die jeweiligen Bindungsstellen des $GABA_A$-Rezeptors 3:1. Nach der Bindung und dem dadurch vermittelten Einstrom von Cl⁻-Ionen hat sich das Konzentrationsverhältnis auf 1:7 umgekehrt.

Berechnen Sie die daraus resultierende Änderung des Membranpotenzials.

# Kapitel 8

# Komplexverbindungen; Absorptionsspektroskopie

**Werkzeugkasten –**

**Begriffe und Gleichungen, die Sie griffbereit haben sollten**

### Komplexverbindung (Metallkomplex):

Metallkomplexe sind neutrale oder geladene Moleküle zusammengesetzt aus einem Metall-kation oder Metallatom → *Zentralkation /-atom* und einem oder mehreren anderen Molekülen oder Anionen, den → *Liganden*. Die Einzelbestandteile, aus denen sich ein Komplex bildet, sind für sich allein existenzfähige Teilchen, in die der Komplex auch wieder zerfallen kann (Komplexbildungs- bzw. -dissoziationsgleichgewicht):

$$M^{n+} + y\,L_1^{m-} \rightleftharpoons [M(L_1)_y]^{n-y\cdot m}$$

### Zentralatom /-ion:

Als Zentralkationen gut geeignet sind kleine Kationen (→ *Lewis-Säuren*; WK Kap. 6), die möglichst mehr als eine positive Ladung tragen und die *keine* Edelgaskonfiguration besitzen, z. B. die Kationen der *Nebengruppenelemente* $Fe^{2+}$, $Fe^{3+}$, $Cu^{2+}$, $Cu^{+}$, $Zn^{2+}$, $Co^{3+}$, $Co^{2+}$.

### Liganden:

Als *Liganden* sind Moleküle bzw. Anionen geeignet, die als eigenständige Teilchen in Lösung beständig sind und mindestens ein freies oder ein π-Elektronenpaar besitzen (→ *Lewis-Basen*; WK Kap. 6). Besonders gute Liganden sind solche Moleküle bzw. Ionen, in denen das freie Elektronenpaar an einem (vergleichsweise) schwach elektronegativen Element (z. B. Kohlen-stoff, Phosphor) lokalisiert ist.

### Koordinationszahl:

Die Anzahl der koordinativen Bindungen, die das Zentralatom /-kation eingeht, bezeichnet man als die *Koordinationszahl* (KoZ) des Zentralatoms /-kations im Komplex. Möglich sind KoZ von 2–12, wobei KoZ 4 und 6 mit Abstand am häufigsten auftreten.

### Koordinationspolyeder:

Zu jeder Anzahl von Liganden gehören bestimmte *Koordinationspolyeder* (z. B. Tetraeder, Oktaeder). Welche Struktur bei der Bildung eines Komplexes angenommen wird, wird sowohl durch Größe und Ladung des Zentralteilchens und den Raumbedarf der Liganden bestimmt, als auch durch die Elektronenkonfiguration des Metalls (→ *Kristallfeldtheorie*)

### Isomerie:

Komplexe mit gleicher Summenformel aber unterschiedlichem molekularen Aufbau sind zueinander isomer; oft weisen sie unterschiedliche Farben auf.

© Springer Fachmedien Wiesbaden GmbH, ein Teil von Springer Nature 2020
R. Hutterer, *Fit in Anorganik*, Studienbücher Chemie,
https://doi.org/10.1007/978-3-658-30486-7_8

**Konstitutionsisomere:**

Sie unterscheiden sich in der Verknüpfung, wofür es mehrere Möglichkeiten gibt:

**Ionisationsisomere** (Austausch Ligand ↔ Gegenion), z. B.

$[Co(NH_3)_5SO_4]Cl$ / $[Co(NH_3)_5Cl]SO_4$;  Spezialfall:

**Hydratisomere:**

$[Cr(OH_2)_6]Cl_3$ / $[Cr(OH_2)_5Cl]Cl_2 \cdot 2\,H_2O$

**Koordinationsisomere** (in Anwesenheit verschiedener Zentralatome), z. B.

$[Cu(NH_3)_4][PtCl_4]$ / $[Pt(NH_3)_4][CuCl_4]$

**Bindungsisomere** (bei Liganden, die über zwei Atome an das Zentralatom binden können,

z. B. $[Co(NH_3)_5NO_2]Cl_2$ / $[Co(NH_3)_5O\text{-}NO]Cl_2$

**Konfigurationsisomere (Stereoisomere):**

Hier ist die Verknüpfung von Zentralatom und Liganden identisch, ihre räumliche Anordnung ist aber unterschiedlich. Während sich *enantiomere* Komplexe zueinander wie Bild und Spiegelbild verhalten, aber nicht zur Deckung zu bringen sind, handelt es sich bei *diastereomeren* Komplexen meist um *cis-trans*-Isomere, z. B. *cis-* und *trans*-$[PtCl_2(NH_3)_2]$.

**Ligandenaustauschreaktion:**

Eine Reaktion, bei der aus einem Komplex mit dem Liganden $L_1$ ein anderer Komplex mit einem anderen Liganden $L_2$ gebildet wird, bezeichnet man als *Ligandenaustauschreaktion*:

$$[M(L_1)_y]^{n-y\cdot m} + y\,L_2^{m-} \rightleftharpoons [M(L_2)_y]^{n-y\cdot m} + y\,L_1^{m-}, \text{ z. B.}$$

$$[Fe(H_2O)_6]^{3+} + 6\,CN^- \longrightarrow [Fe(CN)_6]^{3-} + 6\,H_2O$$

Dabei können einzelne oder aber auch alle Liganden ersetzt werden. Häufig ist mit der Ligandenaustauschreaktion und einer Verstärkung der koordinativen Bindung auch eine auffällige *Farbänderung* (i. A. -verstärkung bzw. -vertiefung) verbunden.

**Komplexbildungskonstante:**

Betrachtet man die Konzentration des Lösungsmittels Wasser als konstant und bezieht sie in die Gleichgewichtskonstante mit ein, ergibt sich der folgende Ausdruck für die *Komplexbildungskonstante* $K_B$ bzw. für den Fall der Dissoziation eines Komplexes die *Komplexdissoziationskonstante* $K_D$:

$$K_B = \frac{c(\text{Kom})}{c(M) \cdot c(L)^y} = \frac{1}{K_D}$$

**Chelatligand /-komplex:**

Ein solcher entsteht, wenn einzelne (mehrzähnige) Liganden (*Chelatliganden*) mehr als eine Koordinationsstelle am Zentralatom besetzen, also mehrere Elektronenpaare zur Verfügung stellen können. Typische Chelatliganden sind z. B. Diaminoethan (en) und Ethylendiamintetraacetat (EDTA). Da EDTA$^{4-}$ mit den meisten zwei- und dreiwertigen Metallionen stabile, wasserlösliche oktaedrisch koordinierte Komplexe der Form $[M(EDTA)]^{(n-4)}$ bildet, wird es häufig in der quantitativen Analytik, aber auch in der Medizin eingesetzt.

## Chelat-Effekt:

Aus entropischen Gründen sind Chelatkomplexe i. A. stabiler, als vergleichbare Komplexe mit einzähnigen Liganden („*Chelat-Effekt*"), d. h. die freie Enthalpie der Bildung des Chelatkomplexes ist negativer als die freie Enthalpie der Bildung des Nicht-Chelatkomplexes.

$$\underbrace{M^{n+} \cdot x\, H_2O}_{\text{Kation hydratisiert}} + \underbrace{LCh_y^{\,m-}}_{\text{Chelatligand}} \; \rightleftharpoons \; \underbrace{[M(LCh_y)]^{\,n-m}}_{\substack{\text{Chelat-Komplex} \\ \text{nicht hydratisiert}}} + \underbrace{x\, H_2O}_{\substack{\text{frei gesetztes} \\ \text{Hydratwasser}}}$$

Da ein Chelatligand mehrere einzähnige Liganden ersetzt und zudem Chelatkomplexe nur wenig hydratisiert vorliegen, steigt die Zahl unabhängiger Teilchen und damit der Grad der Unordnung ($\rightarrow$ *Entropie*; WK Kap. 5).

## 18-Elektronen-Regel:

Viele Komplexe von Übergangsmetallen erreichen mit den von den Liganden zur Verfügung gestellten Elektronen eine volle Valenzschale mit 18 Elektronen ($ns^2\, np^6\, (n-1)d^{10}$) und zeichnen sich häufig durch besondere Stabilität aus, z. B. die Komplexe $[Cu(CN)_4]^{3-}$, $[Co(NH_3)_6]^{3+}$.

## Nomenklatur:

Der Name eines Komplex-Ions beginnt immer mit der Anzahl und dem oder den Namen des/der Liganden. Bei kationischen Komplexen folgt der (dt.) Name des Zentralatoms, evtl. gefolgt von der $\rightarrow$ *Oxidationszahl* (WK Kap. 7) des Zentralteilchens als röm. Ziffer in Klammern. Bei anionischen Komplexen wird an die Bezeichnung der Liganden der lateinische Name des Zentralteilchens oder der Name des Metalls mit der Endung -at angehängt. Falls zur eindeutigen Bezeichnung erforderlich, folgt wiederum die Oxidationszahl des Zentralteilchens als röm. Ziffer in Klammern.

## Kristallfeldtheorie:

### Orbitalaufspaltung:

Die negativen Ladungen der Elektronenpaare der Liganden erzeugen ein elektrisches Feld, das eine energetische Aufspaltung der d-Orbitale des Zentralatoms bewirkt. Im oktaedrischen Komplex werden drei d-Orbitale energetisch abgesenkt ($d_{xy}$, $d_{xz}$, $d_{yz}$; Bezeichnung $t_{2g}$-Orbitale), die beiden anderen entsprechend angehoben ($d_{x^2-y^2}$, $d_{z^2}$; Bezeichnung $e_g$-Orbitale). Die Energiedifferenz zwischen beiden Orbitalsätzen wird mit $\Delta_o$ bezeichnet; andere Koordinationszahlen und Komplexgeometrien bedingen andere Aufspaltungsmuster und $\Delta$-Werte.

### Spinpaarungsenergie:

Um zwei Elektronen mit entgegengesetztem Spin in ein Orbital zu bringen, muss ein gewisser Energiebetrag aufgebracht werden, die *Spinpaarungsenergie P*.

### High-spin / low-spin-Komplexe:

Weist ein Zentralatom 4–7 d-Elektronen auf, können diese (abhängig von der relativen Größe von $\Delta_o$ und $P$) unter maximaler Spinpaarung die niedrigeren d-Orbitale ($t_{2g}$ im oktaedrischen Komplex) besetzen ($\rightarrow$ *low-spin*) oder sich unter Vermeidung der Spinpaarung auf alle d-Orbitale verteilen ($\rightarrow$ *high-spin*). Für ein $d^6$-System beispielsweise entspricht die Konfiguration $t_{2g}^4\, e_g^2$ mit vier ungepaarten Elektronen dem high-spin-Zustand; bei Besetzung ausschließlich der $t_{2g}$-Orbitale ($t_{2g}^6$) sind alle Elektronen gepaart (*low-spin*).

Welche Konfiguration im gegebenen Fall energetisch günstiger ist, wird durch die Art von Zentralteichen und Liganden bestimmt.

Liganden, die tendenziell die Bildung von low-spin-Komplexen (high-spin-Komplexen) begünstigen, werden „stark" („schwach") genannt.

### Spektrochemische Reihe:

Sie bezeichnet die Anordnung der Liganden nach der Größe der von ihnen verursachten Aufspaltung der d-Orbitale; je stärker der Ligand (je größer $\Delta_o$), desto energiereicheres (kurzwelligeres) Licht wird benötigt, um ein d-Elektron anzuregen ($\rightarrow$ *d-d-Übergang*).

### d-d-Übergang:

In Folge der energetischen Aufspaltung der d-Orbitale im Ligandenfeld kann ein Elektron aus einem tiefer liegenden d-Orbital in ein höher liegendes angeregt werden; dazu wird von vielen Komplexverbindungen Licht im sichtbaren Spektralbereich absorbiert, so dass der Komplex farbig erscheint. Erfolgt die Absorption im UV-Bereich, ist der Komplex farblos.

### Komplexometrische Titration:

Sie dient zur Konzentrationsbestimmung von Metallionen, meist unter Verwendung des $\rightarrow$ *Chelatliganden* EDTA$^{4-}$ als Titrator. Zur Detektion des Äquivalenzpunkts dient ein Indikatorligand, der in freiem und komplexgebundenem Zustand unterschiedliche Farbe aufweist und mit dem zu bestimmenden Metallion einen weniger stabilen Komplex bildet, als der Titratorligand.

### Spektroskopie:

Unter *Spektroskopie* versteht man Untersuchungsmethoden, bei denen die Wechselwirkung elektromagnetischer Strahlung mit Atomen oder Molekülen ausgenutzt wird, um Rückschlüsse auf die $\rightarrow$ *Struktur* der Moleküle zu ziehen oder deren $\rightarrow$ *Konzentrationen* (WK Kap. 4) zu ermitteln.

### Elektromagnetische Strahlung:

Sie wird durch die *Wellenlänge* $\lambda$ (Einheit nm) oder die *Frequenz* $v$ (Einheit s$^{-1}$) charakterisiert und ist in der Lage, Energie mit Lichtgeschwindigkeit zu transportieren. Beim Auftreffen der Strahlung auf Moleküle oder Atome kann Energie auf die Moleküle bzw. Atome übertragen werden, wodurch es (je nach Wellenlänge der Strahlung) zur Anregung von Elektronen in höhere Energieniveaus, sowie von Molekülschwingungen und -rotation kommen kann. Der Energieinhalt eines Photons in Abhängigkeit von seiner Frequenz bzw. seiner Wellenlänge ist

$$E = h \cdot v \quad \text{mit} \quad v = \frac{c}{\lambda} \quad \rightarrow \quad E = \frac{h \cdot c}{\lambda} \quad \text{mit}$$

Planck'sches Wirkungsquantum: $\quad h = 6,626 \cdot 10^{-34}$ J$\cdot$s

Lichtgeschwindigkeit: $\quad c = 3,00 \cdot 10^{8}$ m$\cdot$s$^{-1}$ = $3,00 \cdot 10^{17}$ nm$\cdot$s$^{-1}$

### Komplementärfarben:

Sowohl bei der additiven als auch bei der subtraktiven Farbmischung gelten diejenigen Farben als komplementär, die zusammen die Farbempfindung Weiß bzw. Schwarz ergeben, z. B. blau und gelb.

### Absorptionsspektroskopie / Absorptionsspektrum:

Dieses stellt die Abhängigkeit der absorbierten Intensität ($\rightarrow$ *Absorbanz*) von der Wellenlänge der eingestrahlten elektromagnetischen Strahlung graphisch dar.

### IR-Spektroskopie:

Durch Infrarotlicht im Bereich von ca. 2,5–25 µm werden Streckschwingungen und Deformationsschwingungen angeregt. Die IR-Spektroskopie erlaubt es, einzelne charakteristische Gruppierungen (z. B. –OH, C=O) einer Verbindung nachzuweisen und dient damit der Zuordnung der Substanz zu einer Verbindungsklasse bzw. der Identifizierung einer Verbindung (Strukturaufklärung).

### UV/VIS-Spektroskopie (Photometrie):

Im UV/VIS-Bereich werden elektronische Übergänge angeregt, d. h. Elektronen werden in ein höheres Niveau angehoben. Die für das Auftreten der (meist breiten) Absorptionsbanden verantwortlichen Teilstrukturen eines Moleküls bezeichnet man als *Chromophore*; bei einer Absorption im sichtbaren Spektralbereich (ca. 400–750 nm) erscheint die Substanz farbig. Wird die UV/VIS-Spektroskopie zur Konzentrationsbestimmung von Stoffen benutzt, spricht man von *Photometrie*, vgl. $\rightarrow$ *Gesetz von Lambert-Beer*.

### Absorptionsmaximum:

Wellenlänge in einem Absorptionsspektrum, bei der maximale Lichtintensität absorbiert wird.

### Transmission:

Die Transmission ergibt sich aus der Schwächung der Intensität, die ein Lichtstrahl gegebener Wellenlänge erfährt, wenn er die Lösung mit der gelösten Substanz durchdringt im Vergleich zu einem Lichtstrahl, der die Lösung nicht durchdringt:

$$T = \frac{I}{I_0} = \frac{100 \cdot I}{I_0} \ \% \ = 10^{-\varepsilon \cdot c \cdot d}$$

Sie hängt ab von der *Schichtdicke d* der durchstrahlten Lösung, der $\rightarrow$ *Stoffmengen-* bzw. $\rightarrow$ *Massenkonzentration* (WK Kap. 4), sowie dem *Absorptionskoeffizienten* $\varepsilon$, einer für das jeweilige gelöste Molekül in einem bestimmten Lösungsmittel charakteristischen Stoffkonstante bei einer bestimmten Wellenlänge.

### Absorbanz:

Die Absorbanz $A$ ist definiert als negativer dekadischer Logarithmus der $\rightarrow$ *Transmission T*:

### Gesetz von Lambert-Beer:

$$A = -\lg \frac{I}{I_0} = -\lg T = -\lg 10^{-\varepsilon \cdot c \cdot d} = \varepsilon \cdot c \cdot d$$

Die Absorbanz hängt *linear* von der Konzentration ab, solange $\varepsilon$ konstant bleibt (= „Gültigkeitsbereich" des Lambert-Beer'schen Gesetzes).

# Aufgabe 317

In der zweiten Hälfte des 19. Jahrhunderts kannte man bereits eine ganze Anzahl von Komplexverbindungen; in vielen Fällen hatte man aber noch keine klare Vorstellung über ihren Aufbau. Daher wurden oft Trivialnamen benutzt, die sich meist auf charakteristische Eigenschaften der Verbindungen bezogen. Bis heute sind weit mehr als $10^5$ Komplexverbindungen synthetisiert und untersucht worden, so dass ein leistungsfähiges System für eine eindeutige Benennung unverzichtbar wurde.

Die folgenden Komplexverbindungen sollen nach den IUPAC-Regeln benannt werden:

1. $K_4[Fe(CN)_6]$                       5. $K_2[HgI_4]$

2. $[CoCl(NH_3)_5]SO_4$                   6. $Na[Au(CN)_2]$

3. $[Ni(CO)_4]$                           7. $K[Sn(OH)_3]$

4. $Na_3[AlF_6]$                          8. $[Cr(H_2O)_4Cl_2]Br$

# Aufgabe 318

Gezeigt sind die Ordnungszahlen und die Symbole der folgenden Elemente:

| Element | Chrom | Mangan | Eisen | Kobalt | Nickel | Kupfer | Zink | Krypton |
|---|---|---|---|---|---|---|---|---|
| Symbol | Cr | Mn | Fe | Co | Ni | Cu | Zn | Kr |
| Ordnungszahl | 24 | 25 | 26 | 27 | 28 | 29 | 30 | 36 |

Mit diesen Elementen sollen die Formeln für verschiedene Komplexe formuliert werden. In allen Komplexen soll die Edelgaskonfiguration des Kryptons vorliegen und die Komplexe sollen die jeweils genannten Bedingungen erfüllen.

a) Art des Liganden:  Kohlenmonoxid
Koordinationszahl:  5
Ladung des Komplexes:  0 (Null)

b) Art des Liganden:  zweizähniger Chelatligand 1,2-Diaminoethan (Abkürzung: en)
Koordinationszahl:  6
Oxidationszahl des Zentralteilchens:  + 3

c) Art des Liganden:  Cyanid
Koordinationszahl:  nicht größer als 6
Oxidationszahl des Zentralteilchens:  +1

d) Art des Liganden:  Kohlenmonoxid
Koordinationszahl:  4
Ladung des Komplexes:  0 (Null)

e) Art des Liganden:  sechszähniger Chelatligand EDTA$^{4-}$
Koordinationszahl:  6
Oxidationszahl des Zentralteilchens:  +3

f) Art der Liganden: Cyanid
Koordinationszahl: nicht größer als 6
Oxidationszahl des Zentralteilchens: $+2$

g) Art der Liganden: vierzähniger Chelatligand plus zwei einzähnige Liganden
Koordinationszahl: 6
Oxidationszahl des Zentralteilchens: $+2$ bzw. $+3$

Zeichnen Sie die Strukturformeln der Ligandmoleküle Kohlenmonoxid und Cyanid mit allen freien Elektronenpaaren. Markieren Sie das Elektronenpaar mit einem Pfeil, von dem am ehesten zu erwarten ist, dass es im Komplex die koordinative Bindung zum Zentralteilchen ausbildet.

# Aufgabe 319

Entscheiden Sie für die folgenden Moleküle bzw. Ionen, ob es sich um ein- oder um mehrzähnige Liganden handelt oder das Teilchen nicht als Ligand in Frage kommt. Geben Sie für mehrzähnige Liganden an, wie viele Bindungen maximal zum Zentralatom hin ausgebildet werden könnten.

$Cl^-$ / $HN(CH_2CH_2NH_2)_2$ / Oxalat / Ammonium / Phenanthrolin / $EDTA^{4-}$

# Aufgabe 320

Für welche der folgenden Koordinationsverbindungen existieren *cis*- und *trans*-Isomere? Falls solche existieren, zeichnen Sie die beiden Isomere und benennen Sie diese.

$[CoCl_2(NH_3)_4]Cl \cdot H_2O$ / $[CrCl(H_2O)_5]Br_2$ / $[PtCl_2(NH_3)_2]$ (quadratisch planar)
$[FeBr_2(H_2O)_2]$ (tetraedrisch) / $[Co(NH_3)_3(CO)_3]^{3+}$

# Aufgabe 321

Gegeben sind die folgenden Koordinationsverbindungen:

A    $[CrCl(NH_3)_5]SO_4$

B    $[Cr(NH_3)_5(SO_4)]Cl$

C    $[FeCl_2(H_2O)_2]$ (tetraedrisch)

D    $[PtCl_2(NH_3)_2]$ (quadratisch planar)

a) Die Komplexe A und B weisen dieselbe Summenformel auf. In welchem Verhältnis stehen sie zueinander?

b) Die Beschriftung der Lösungen von Koordinationsverbindung A und B ist unleserlich geworden. Welcher Typ von Reaktion wäre wohl am besten geeignet, die beiden Verbindungen zu unterscheiden? Formulieren Sie zwei Reaktionsgleichungen, die geeignet sind, die Komplexe A und B zu unterscheiden und zuzuordnen.

c) Von den Komplexen A bis D existiert nur einer in Form von *cis*- und *trans*-Isomeren. Warum?

d) Mangan hat die Ordnungszahl 25; das Edelgas Krypton die OZ 36. Formulieren Sie einen Cyanido-Komplex des Mangans, der die Edelgaskonfiguration erreicht und als Ammonium-salz vorliegt.

## Aufgabe 322

Eine spezielle Art der Strukturisomerie bei Komplexverbindungen ist die sogenannte Hydrat-isomerie. Beispielsweise kennt man neben dem klassischen, als Laborreagenz verwendeten grünen Chrom(III)-chlorid-Hexahydrat zwei weitere Produkte mit der Zusammensetzung $CrCl_3 \cdot 6\,H_2O$: ein hellgrünes und ein graublaues Salz.

Die Lösungen dieser drei Salze unterscheiden sich nicht nur in der Farbe, sondern auch in der Leitfähigkeit, was sich durch ihren unterschiedlichen Aufbau erklären lässt. Die geringste Leitfähigkeit hat dabei die grüne Lösung; sie entspricht in etwa derjenigen einer NaCl-Lösung mit gleicher Stoffmengenkonzentration.

Formulieren Sie Formeln für die genannten isomeren Verbindungen und ordnen Sie der grünen Lösung die mit der beobachteten Leitfähigkeit verträgliche Komplexformel zu.

## Aufgabe 323

Das Element Eisen (OZ 26) bildet eine Vielzahl von oktaedrischen Komplexen, unter anderem das Hexacyanidoferrat(III)-Ion und das Diaquatetrafluoridoferrat(III)-Ion.

Formulieren Sie beide Komplexe. Erstgenannter weist ein ungepaartes Elektron auf, letzterer fünf. Wie lässt sich dieser Unterschied erklären?

Einer der beiden Komplexe kann leicht in einen diamagnetischen Komplex umgewandelt werden. Welche Reaktion ist hierzu erforderlich?

## Aufgabe 324

Kupfer hat die Ordnungszahl 29 und bildet zahlreiche Komplexe. Dabei fällt auf, dass solche, die Cu in der Oxidationsstufe +I enthalten, meist farblos sind, während Cu(II)-Komplexe charakteristische Farben aufweisen, wie z. B. der dunkelblau gefärbte $[Cu(NH_3)_4]^{2+}$-Komplex.

Versuchen Sie mit Hilfe der Elektronenkonfigurationen von Cu(I) bzw. Cu(II) eine Begründung für diesen Sachverhalt anzugeben.

## Aufgabe 325

a) Von den beiden Cobalt-Komplexen $[CoF_6]^{3-}$ und $[Co(en)_3]^{3+}$ ist einer gelb und der andere blau. Ordnen Sie die beiden Farben den Komplexen zu und begründen Sie Ihre Wahl.

b) Während Cobalt-Komplexe alle möglichen Farben aufweisen können, sind Komplexe von Zn(II) typischerweise farblos. Woran liegt das? Zink hat die Ordnungszahl 30; seine Elektronenkonfiguration ist $[Ar]\ 4s^2\ 3d^{10}$.

## Aufgabe 326

a) Chrom(III) bildet einen Komplex, in dem das Chrom oktaedrisch mit Nitrit-Ionen koordiniert ist. Kann dieser Komplex als Calcium-Salz oder als Chlorid-Salz isoliert werden? Leiten Sie die entsprechende Formel ab und benennen Sie das Salz.

b) Silber(I) bildet einen linear gebauten Komplex mit Thiosulfat-Ionen, der als Ammonium-Salz isoliert werden kann. Formulieren Sie dessen Formel und geben Sie den Namen des Salzes an.

## Aufgabe 327

Wenn in eine wässrige, schwach bläuliche Lösung, die $Cu^{2+}$-Kationen enthält, gasförmiger Ammoniak eingeleitet wird, beobachtet man zunächst die Bildung eines schwer löslichen Niederschlags von Kupfer(II)-hydroxid.

Setzt man die Einleitung von gasförmigem Ammoniak fort, so löst sich der Niederschlag aus Kupferhydroxid unter Bildung des dunkelblauen Tetraamminkupfer(II)-Komplexes wieder auf.

Wenn zur dunkelblauen Lösung des Tetraamminkupfer(II)-Komplexes nach und nach Salzsäure hinzugegeben wird, so verschwindet die dunkelblaue Färbung des Komplexes, und man erhält am Ende wieder eine schwach bläuliche Lösung.

Versetzt man den Tetraamminkupfer(II)-Komplex dagegen mit einer NaCN-Lösung, so erhält man schließlich eine farblose Lösung.

Welche Reaktion läuft ab, wenn Sie stattdessen Sulfid-Ionen zu einer Lösung des Tetraamminkupfer(II)-Komplexes zugeben?

Formulieren Sie die Reaktionsgleichungen für diese Reaktionen und begründen Sie, warum sie praktisch vollständig verlaufen.

# Aufgabe 328

Silber-Salze und Silber-Komplexe spielen eine wichtige Rolle in der Schwarzweiß-Fotografie. Silberchlorid ist beispielsweise eine in Wasser sehr schwer lösliche Substanz, die sich aber gut in Ammoniak-Lösung unter Bildung von Diamminsilber(I)-Komplexen auflöst. Gibt man zu einer Silbernitrat-Lösung der Konzentration $c = 0{,}020$ mol/L das gleiche Volumen einer Ammoniak-Lösung ($c = 2{,}0$ mol/L), so entsteht praktisch quantitativ der erwähnte Diamminsilber(I)-Komplex. Die Gleichgewichtskonstante für die Bildung dieses Komplexes beträgt $K = 10^{7,2}$ L$^2$/mol$^2$.

a) Formulieren Sie den Ausdruck für die Gleichgewichtskonstante und berechnen Sie näherungsweise die Konzentration an Ag$^+$-Ionen in der Lösung. Ließe sich aus dieser Lösung Silberchlorid ($K_L = 2{,}0 \cdot 10^{-10}$ mol$^2$/L$^2$) ausfällen?

b) Silberbromid ist noch schwerer löslich als Silberchlorid; es lässt sich aber durch Zusatz von Thiosulfat-Ionen in Lösung bringen. Diese Reaktion nutzt man beim Fixieren in der Schwarzweiß-Fotografie: so erhält man durch Belichten der lichtempfindlichen Schicht aus AgBr und anschließendes Entwickeln ein Bild aus feinverteiltem Silber. An den unbelichteten Stellen liegt nach wie vor unverändertes Silberbromid vor, so dass das Bild bei weiterer Lichteinwirkung im Laufe der Zeit durch weitere Reduktion zu Silber schwarz würde. Durch Fixieren mit Natriumthiosulfat-Lösung wird das Bild haltbar, da das restliche Silberbromid unter Komplexbildung herausgelöst wird.

Formulieren Sie die Gleichung für diese Komplexbildungsreaktion.

# Aufgabe 329

Im Folgenden werden zwei Möglichkeiten zur Therapie von Cyanid-Vergiftungen vorgestellt, von denen die erste auf einer Ligandenaustauschreaktion, die zweite auf einer Redoxreaktion beruht. Sie sollen die chemischen Reaktionsgleichungen entwickeln, die den beiden Therapiemöglichkeiten zu Grunde liegen.

1) Therapie durch Ligandenaustauschreaktion:

Die mit Cyanid vergiftete Person enthält eine Infusion mit der Lösung eines Chelatkomplexes, der aus Cobalt(II) und dem Liganden EDTA besteht. Der Ligand EDTA ist sechszähnig (es kommt ein Ligandmolekül auf ein Komplexmolekül) und trägt vier negative Ladungen. Die im Blut vorhandenen Cyanid-Ionen bilden in einer Ligandenaustauschreaktion den sehr stabilen Hexacyanidocobaltat(II)-Komplex, der gut wasserlöslich und ausscheidbar ist.

Formulieren Sie die Ligandenaustauschreaktion.

2) Therapie durch Redoxreaktion:

Die vergiftete Person erhält eine Infusion, die Natriumthiosulfat enthält. Im Blut laufen folgende Reaktionen ab:

a) Das Thiosulfat-Anion wirkt als Oxidationsmittel; es wird in ein Sulfit-Ion und ein Sulfid-Ion umgewandelt.

b) Die im Blut vorhandenen Cyanid-Ionen wirken als Reduktionsmittel; dabei wird jedes Cyanid-Ion in ein ungiftiges Thiocyanat-Ion (Summenformel $SCN^-$) umgewandelt.

Formulieren Sie die Gesamtredoxgleichung aus den beiden Teilgleichungen.

## Aufgabe 330

Auf dem Etikett Ihres bevorzugten Mineralwassers finden sich (u. a.) die folgenden Angaben zu den enthaltenen Ionen:

$Na^+$  67 mg/L;   $Mg^{2+}$  48,6 mg/L;   $Ca^{2+}$  120 mg/L

Die relativen molaren Massen betragen für Na 23, für Mg 24,3 und für Ca 40.

a) Diese Angaben sollen durch ein Titrationsexperiment verifiziert werden.

Womit titrieren Sie? Formulieren Sie eine Reaktionsgleichung für die ablaufende Reaktion und erklären Sie in Stichpunkten, wie Sie den Endpunkt der Titration detektieren können.

b) Welches Volumen an Titrator sollte verbraucht werden, wenn die Titrator-Lösung eine Konzentration von 0,01 mol/L aufweist und ein Probenvolumen des Wassers von 50 mL eingesetzt wird?

## Aufgabe 331

Das Element Eisen (Ordnungszahl 26) kommt in seiner zweiwertigen Form sehr häufig vor, u. a. als Zentralion in Komplexen.

a) Begründen Sie mit einem Satz, warum Komplexe des zweiwertigen Eisens in vielen Fällen wesentlich stabiler sind, als entsprechende Eisen(III)-Komplexe.

b) Die Komplexbildungseigenschaften des Eisens lassen sich für verschiedene quantitative Bestimmungen ausnutzen, z. B. zur Analyse des Gehaltes an verschiedenen, als Liganden fungierenden Wirkstoffen in Tee. Mit dem zweizähnigen Liganden $HDMG^-$ bildet Eisen(II) einen tiefroten Komplex mit quadratisch-planarer Anordnung der Ligandatome, der photometrisch bestimmbar ist. Formulieren Sie die Gleichung für die Bildung dieses Komplexes.

c) Welches Gesetz wenden Sie für die photometrische Bestimmung an? Nennen Sie Namen und entsprechende Gleichung.

d) Die im Tee enthaltenen komplizierten phenolischen Verbindungen aus der Gruppe der Catechine wie das Epigallocatechingallat (abgekürzt: „Gal") bilden mit Fe(II) oktaedrische Komplexe der Zusammensetzung $[Fe(Gal)_3]^{2+}$, die stabiler sind als der oben formulierte HDMG-Komplex. Zur quantitativen Bestimmung wurde wie folgt vorgegangen:

Von einer $Fe^{2+}$-Lösung der Konzentration $c$ = 2,5 mmol/L wurden 10 mL mit 100 mL Wasser und einem definierten Volumen der ammoniakalischen $HDMG^-$-Lösung versetzt; dies ergab eine Lösung mit der Absorbanz $A_1$ = 0,50. Das gleiche Volumen der $Fe^{2+}$-Lösung wurde anschließend mit 100 mL eines Assam-Tee-Aufgusses und anschließend wiederum mit der ammoniakalischen HDMG$^-$-Lösung versetzt. Eine Absorbanzmessung ergab nun den Wert $A_2$ = 0,15. Es wird davon ausgegangen, dass die gemessene Absorbanz jeweils nur auf den oben beschriebenen tiefroten HDMG-Komplex zurückzuführen ist.

Berechnen Sie über die komplexierte Stoffmenge an Fe$^{2+}$ die vorliegende Masse an Epigallo-catechingallat (= Ligand; molare Masse $M$ = 458,4 g/mol) pro Liter Tee.

## Aufgabe 332

Auf der Packungsangabe mancher Lebensmittel, z. B. Salatdressings, findet man als Zutat die Substanz Na$_2$CaEDTA, während Shampoos Na$_4$EDTA enthalten.

a) Was ist EDTA, was soll durch seinen Zusatz erreicht werden, und warum kommt dabei im ersten Fall das Calcium-Salz zum Einsatz?

b) EDTA-Salze finden auch medizinische Anwendung. Können Sie sich vorstellen, wofür?

## Aufgabe 333

Chelat-Therapien wurden lange Zeit mit dem Slogan „Rohrfrei für die Arterien" beworben. Dabei wird EDTA intravenös verabreicht, wobei in der Regel 20 bis 30 solcher Infusionen im Abstand von einigen Tagen verordnet werden. In der Alternativmedizin werden sie vor allem eingesetzt bei Durchblutungsstörungen als Folge von Arteriosklerose. Lange wurde von den Anwendern behauptet, durch die Chelat-Therapie würden die sogenannten Plaques, die Ablagerungen an den Gefäßwänden bei Arteriosklerose, aufgelöst. Diese Ablagerungen bestehen im Wesentlichen aus Calcium-Salzen und Cholesterol. Durch diese Ablagerungen verengen sich die verhärteten Gefäße. Das injizierte EDTA sollte angeblich das Calcium ausschwemmen und so die Arterien wieder „frei machen". Dieses Konzept konnte aber weder in experimentellen noch in kontrollierten klinischen Studien bestätigt werden, diese zeigten keinen nachweisbaren Effekt. Dagegen kann es zu einer Störung des Calcium-Stoffwechsels kommen mit der Folge von Herzrhythmusstörungen, Krampfanfällen und im sogar Atemstillstand. Es sind sogar Todesfälle bekannt geworden.

Während bei akuten Vergiftungen mit Schwermetallen der Einsatz von Chelatbildnern sinnvoll ist, wird die alternative Chelat-Therapie wegen teilweise massiver Nebenwirkungen und Risiken von Medizinern abgelehnt. Amerikanische und deutsche Ärzteverbände und die amerikanische Gesundheitsbehörde haben schon 1984 vor der Chelat-Therapie gewarnt. 1998 hat eine amerikanische Verbraucherzeitschrift („FDA Consumer") die Chelat-Therapie in die „Top Ten" der als „Gesundheitsschwindel" erkannten Methoden eingereiht.

Warum kommt für diesen therapeutischen Ansatz vor allem EDTA als Ligand in Frage? Versuchen Sie, eine Strukturformel für den Calcium-EDTA-Komplex zu zeichnen.

# Aufgabe 334

Verschiedene Metalle gehören zu den bereits am längsten bekannten Giftstoffen; bereits vor über 2000 Jahren hatte man z. B. Kenntnisse über Bleivergiftungen. Schwermetall-Ionen wie $Pb^{2+}$ interagieren mit wichtigen biologischen Verbindungen, wie Proteinen und Nucleinsäuren, so dass erhöhte Exposition zu toxischen Wirkungen führt. Als Antidote verwendet man häufig Verbindungen wie das gezeigte Dimercaprol oder *D*-Penicillamin, die natürlich selbst eine möglichst geringe Toxizität aufweisen müssen und die Ausscheidung von Schwermetall-Ionen aus dem Körper erleichtern sollen.

$$H_2C-CH-CH_2$$
$$HS \quad SH \quad OH$$

Dimercaprol

a) Erklären Sie mit einem Satz, warum obengenannte Verbindungen für eine Therapie in Frage kommen und formulieren Sie eine entsprechende Reaktionsgleichung mit KoZ 4 für $Pb^{2+}$.

b) Angenommen, die unter a) formulierte Reaktion verlaufe spezifisch für $Pb^{2+}$-Ionen und die $Pb^{2+}$-Konzentration im Blut (Gesamtvolumen im Körper = 6,0 L) betrage 24 µg/100 mL Blut. Wie viel mL einer Lösung von Dimercaprol ($c = 1{,}00$ mmol/L) wären zuzuführen, wenn man grob vereinfachend annimmt, dass die Reaktion vollständig verläuft und das Antidot alle $Pb^{2+}$-Ionen im Körper erreicht?

# Aufgabe 335

Gegeben sind die beiden folgenden Gleichgewichte zwischen verschiedenen $Ni^{2+}$-Komplexen:

$$[Ni(NH_3)_6]^{2+} + 3\,H_2N-(CH_2)_2-NH_2 \;("en") \;\rightleftharpoons\; [Ni(en)_3]^{2+} + 6\,NH_3$$

$$[Ni(NH_3)_6]^{2+} + 3\,H_2N-(CH_2)_3-NH_2 \;("pn") \;\rightleftharpoons\; [Ni(pn)_3]^{2+} + 6\,NH_3$$

Wie schätzen Sie die Lage der beiden Gleichgewichte ein? Versuchen Sie eine Erklärung für evt. Unterschiede zu geben.

# Aufgabe 336

Chelate und Chelatliganden spielen eine wichtige Rolle in der Biochemie und der Medizin. Ein Beispiel ist der zweizähnige Ligand Glycin (2-Aminoessigsäure), abgekürzt als HGly.

Gibt man zu einer Lösung, die Kupfersulfat und einen Überschuss an Glycin enthält, eine Bariumhydroxid-Lösung, so sinkt die Leitfähigkeit auf einen sehr geringen Wert ab. Das Minimum wird erreicht, wenn pro Mol Kupfersulfat gerade ein Mol Bariumhydroxid zugegeben worden ist. Offensichtlich wurden dabei praktisch alle Ionen aus der Lösung entfernt.

$$O=C-O^{\ominus}$$
$$H_3\overset{\oplus}{N}-C-H$$
$$H$$

HGly

$$O=C-O^{\ominus}$$
$$H_2N-C-H$$
$$H$$

Gly$^-$

Formulieren Sie alle Reaktionen, die dazu beigetragen haben.

## Aufgabe 337

Für den analytischen Nachweis mancher Metallionen haben sich Komplexbildungsreaktionen als nützlich erwiesen. Ein Beispiel sind $Ni^{2+}$-Ionen, die mit einem Reagenz mit dem Namen Dimethylglyoxim (oder auch Diacetyldioxim) einen himbeerroten, schwer löslichen Chelatkomplex ausbilden. Das (zweizähnige) Ligandmolekül ist nebenstehend gezeigt; bei der Reaktion gibt jedes Ligandmolekül $H_2DMG$ ein Proton ab, so dass ein ungeladener, planarer Komplex entsteht, der durch Wasserstoffbrücken stabilisiert wird. Da ungeladene Komplexe meist sehr schwer löslich sind, können sie in vielen Fällen für gravimetrische Bestimmungen verwendet werden.

a) Formulieren Sie die Reaktionsgleichung für die Bildung dieses quadratisch-planaren Ni-Komplexes.

b) Es liegen 50 mL einer $Ni^{2+}$-Lösung unbekannter Konzentration vor. Diese wird mit einem Überschuss an $H_2DMG$-Lösung versetzt und der ausgefallene Ni-Komplex abfiltriert, getrocknet und gewogen. Die Ausbeute beträgt 78,89 mg. Berechnen Sie die Konzentration an $Ni^{2+}$ in der unbekannten Lösung.   $M(Ni) = 58,69$ g/mol;   $M(H_2DMG) = 116,12$ g/mol

## Aufgabe 338

Unter Wasserenthärtung versteht man die Beseitigung der im Wasser gelösten Erdalkali-Kationen $Ca^{2+}$ und $Mg^{2+}$, die die Waschwirkung von Waschmitteln durch Bildung von Kalkseifen reduzieren und zu störenden Kesselsteinablagerungen in Rohrleitungen und Apparaten führen können. Aus umgangssprachlich „hartem" Wasser wird „weiches" Wasser erzeugt.

Beschreiben Sie Methoden, die zur Wasserenthärtung in Frage kommen, gegebenenfalls mit Hilfe entsprechender Reaktionsgleichungen.

## Aufgabe 339

Komplexone ist ein Sammelname für eine Gruppe von mehrzähnigen, chemisch ähnlichen Chelatbildnern, die in großem Umfang praktisch angewendet werden. Der bei weitem wichtigste Vertreter aus dieser Gruppe ist die Ethylendiamintetraessigsäure (EDTA), oft auch abgekürzt als $H_4Y$, was darauf hinweist, dass es sich um eine vierprotonige Säure handelt. EDTA bildet mit zahlreichen Metall-Kationen wasserlösliche Komplexe im Stoffmengenverhältnis 1:1 und fungiert als sechszähniger Ligand. Im Zuge der Komplexbildung werden von dem Anion $H_2EDTA^{2-}$ im Allgemeinen beide Protonen abgegeben, so dass das $EDTA^{4-}$ den eigentlichen Liganden darstellt.

In der Medizin dient EDTA als Therapeutikum gegen Bleivergiftungen, da es zu einer raschen Ausscheidung von $Pb^{2+}$ als Komplex über den Urin beiträgt. Dazu injiziert man in der Praxis eine Lösung von $Na_2CaEDTA$.

a) Was folgt daraus bezüglich der relativen Stabilitäten eines Ca-EDTA- und eines Pb-EDTA-Komplexes? Worin könnte der Sinn des Einsatzes eines Ca-EDTA-Komplexes beruhen?

b) Warum können in stärker sauren Lösungen nur sehr wenige Metallionen quantitativ in entsprechende EDTA-Komplexe überführt werden?

c) Die dekadischen Logarithmen der Bildungskonstanten der EDTA-Komplexe von $Fe^{3+}$ bzw. von $Ca^{2+}$ betragen 25,0 bzw. 10,6. Wie lässt sich dieser Unterschied ausnutzen, um beide Ionensorten in einer Lösung nebeneinander zu quantifizieren?

## Aufgabe 340

Ein Komplex des Platins, das sogenannte Cisplatin mit der Summenformel $[PtCl_2(NH_3)_2]$, wird in der Krebstherapie eingesetzt. Obwohl es schon 1848 von M. Peyrone erstmals hergestellt wurde, entdeckte man erst 1964, dass es das Wachstum von Krebszellen behindert; 1978 erfolgte die Zulassung als Medikament zur Krebstherapie. Die Wirkung gegen Krebszellen beruht auf einer Vernetzung der DNA-Moleküle, die dadurch funktionsunfähig werden.

Da Cisplatin bei oraler Aufnahme von der Magensäure hydrolysiert würde, wird es intravenös appliziert. Die therapielimitierende Nebenwirkung ist dabei eine schwere Nierenschädigung mit z. T. irreversiblem Nierenversagen.

a) Der Name der Verbindung ergibt einen Hinweis auf ihre räumliche Struktur. Zeichnen Sie Cisplatin in seiner räumlichen Struktur und erklären Sie. Bezeichnen Sie Cisplatin nach rationeller Nomenklatur.

b) Zur Synthese der Verbindung kann man von Tetrachloridoplatinat(II)-Ionen ausgehen. Formulieren Sie eine entsprechende Reaktionsgleichung. Alternativ könnte man auch eine Synthese ausgehend von Tetraamminplatin(II)-Ionen versuchen. Man erhält dabei zwar eine Verbindung mit der gleichen molaren Masse, jedoch mit einem Dipolmoment von Null. Welche Verbindung entsteht auf diesem Weg?

## Aufgabe 341

Tetracycline sind antibiotisch wirksame Arzneistoffe (Antibiotika), die von verschiedenen Streptomyceten produziert werden. Tetracycline führen zu einer Hemmung der bakteriellen Proteinsynthese an deren Ribosomen und hemmen somit das Wachstum von grampositiven, gramnegativen und zahlreichen zellwandlosen Bakterien. Bereits im Jahr 1948 konnte *Streptomyces aureofaciens* als ein Produzent von Chlortetracyclin identifiziert werden. Wird dieses Bakterium in einem chloridarmen Medium gezüchtet, so produziert es das therapeutisch genutzte, rechts abgebildete Tetracyclin. In der Packungsbeilage findet sich der Hinweis „...*mit reichlich Flüssigkeit (keine Milch) einnehmen.*" Können Sie erklären, warum?

## Aufgabe 342

Viele Übergangsmetall-Komplexe besitzen eine charakteristische Farbe, die sich auf eine energetische Aufspaltung ihrer d-Orbitale zurückführen lässt, welche durch die Anwesenheit der gebundenen Liganden zustande kommt. So werden in einem oktaedrischen Komplex drei der fünf d-Orbitale des Zentralmetall-Ions energetisch abgesenkt ($d_{xy}$, $d_{xz}$, $d_{yz}$), die beiden übrigen ($d_{x^2-y^2}$, $d_{z^2}$) dagegen angehoben. Erfolgt die Anregung eines d-Elektrons aus einem tiefer gelegenen in ein höher liegendes d-Orbital durch Licht im sichtbaren Spektralbereich, so erscheint der Komplex farbig. Ein einfaches Beispiel ist der Komplex $[Ti(H_2O)_6]^{3+}$, in dem das Ti(III)-Ion genau ein d-Elektron besitzt, das durch Absorption von Licht der Wellenlänge 495 nm angeregt wird („d–d–Übergang"). Je größer die durch die Liganden induzierte energetische Differenz $\Delta$ zwischen den d-Orbitalen ist, desto kurzwelligeres Licht wird für die Anregung von d-Elektronen benötigt. Entsprechend kann man verschiedene Liganden nach ihrer Fähigkeit zur Erhöhung von $\Delta$ sortieren und spricht dann von der „spektrochemischen Reihe".

Das $Cr^{3+}$-Ion hat die Elektronenkonfiguration [Ar] $3d^3$ und bildet zahlreiche oktaedrische Komplexe. Das $[CrF_6]^{3-}$-Ion ist grün, $[Cr(H_2O)_6]^{3+}$ violett und $[Cr(NH_3)_6]^{3+}$ gelb.

a) Was lässt sich daraus auf die Stellung der in diesen Komplexen enthaltenen Liganden innerhalb der spektrochemischen Reihe folgern?

b) Cyanidokomplexe sind oft farblos, z. B. das $[Cu(CN)_4]^{2-}$-Ion. Erklären Sie diesen Befund.

## Aufgabe 343

Gegeben sind der Hexaammincobalt(II)- und der Hexaammincobalt(III)-Komplex. Die $\Delta_o$-Werte für die Aufspaltung der d-Orbitale betragen 120 bzw. 270 kJ/mol; die Spinpaarungsenergie ist 270 kJ/mol für $Co^{2+}$ und 210 kJ/mol für $Co^{3+}$.

Ordnen Sie die beiden Komplexe den Aufspaltungsmustern zu und zeigen Sie die Verteilung der d-Elektronen, symbolisiert durch entsprechende Pfeile. Die Elektronenkonfiguration von Cobalt ist [Ar] $4s^2$ $3d^7$.

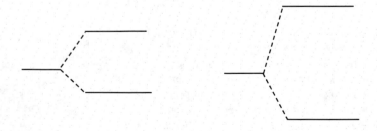

# Aufgabe 344

Nicht alle Metallkomplexe erlangen ihre Farbigkeit durch d–d-Übergänge, d. h. Anregung eines d-Elektrons von einem d-Orbital in ein anderes. Zwei der bekanntesten Beispiele für solche Komplexe sind das tief violette Permanganat-Ion ($MnO_4^-$) und das gelbe Chromat-Ion ($CrO_4^{2-}$).

a) Warum kann es sich hierbei nicht um d–d-Übergänge handeln? Nehmen Sie bei Bedarf das Periodensystem zur Hilfe.

b) Im Gegensatz zum Permanganat- und Chromat-Ion ist das analog aufgebaute Perchlorat-Ion ($ClO_4^-$) farblos. Können Sie diesen Unterschied erklären?

# Aufgabe 345

Die Kristallfeldtheorie ist ein bereits älteres, elektrostatisches Modell zur Beschreibung der Bindung in Metallkomplexen. Durch die Anwesenheit der Liganden und ihrer elektrostatischen Wechselwirkung mit den Metallorbitalen kommt es zu einer energetischen Aufspaltung der d-Orbitale. In einem oktaedrischen Komplex werden drei der fünf d-Orbitale („$t_{2g}$-Orbitale" = $d_{xy}$, $d_{xz}$, $d_{yz}$), die sich „zwischen" den Metall-Ligand-Bindungen befinden, energetisch abgesenkt, die beiden verbleibenden („$e_g$-Orbitale" = $d_{x^2-y^2}$; $d_{z^2}$) dagegen angehoben. Der energetische Abstand zwischen diesen beiden Sätzen von Orbitalen wird als Kristallfeldaufspaltung $\Delta_o$ bezeichnet. Da die Gesamtenergie erhalten bleiben muss, werden die drei $t_{2g}$-Orbitale um 0,4 $\Delta_o$ abgesenkt, die beiden $e_g$-Orbitale um 0,6 $\Delta_o$ angehoben. In einem tetraedrischen Komplex sind die Verhältnisse genau umgekehrt; hier werden das $d_{x^2-y^2}$- und das $d_{z^2}$-Orbital abgesenkt und die Orbitale $d_{xy}$, $d_{xz}$ und $d_{yz}$ angehoben. Die Kristallfeldaufspaltung $\Delta_t$ ist aufgrund der geringeren Anzahl an Liganden schwächer und beträgt $\Delta_t = 4/9 \, \Delta_o$. Die Besetzung der Orbitale folgt der Hund'schen Regel. Im Fall des oktaedrischen Komplexes $[Ti(H_2O)_6]^{3+}$ ist nur ein d-Elektron vorhanden; es besetzt ein $t_{2g}$-Orbital, das im Vergleich zu den d-Orbitalen in einem freien Metallion in einem sphärischen Feld um 0,4 $\Delta_o$ stabilisiert ist („Kristallfeldstabilisierungsenergie *CFSE*").

Besitzt ein derartiger Komplex vier d-Elektronen, kann das vierte Elektron entweder ein (höhergelegenes) $e_g$-Orbital besetzen oder aber unter Aufbringung der Spinpaarungsenergie $P$ ein tiefer liegendes $t_{2g}$-Orbital. Ersteres führt zu einem sogenannten *high-spin* ($\Delta_o < P$), letzteres zu einem *low-spin*-Komplex ($\Delta_o > P$).

Die Größe von $\Delta$ wächst mit der Ladung des Zentralions und nimmt auch innerhalb einer Gruppe von Übergangsmetallen mit der Periodennummer zu. Ferner erzeugen verschiedene Liganden unterschiedlich große Aufspaltungen $\Delta$. Da sie spektroskopisch ermittelt werden kann, wird diese Fähigkeit der Liganden oft als „spektrochemische Reihe" zusammengefasst.

Für den Komplex $[Cr(CN)_6]^{4-}$ ergab eine spektroskopische Bestimmung für $\Delta_o$ einer Wert von 380 kJ/mol. Die Spinpaarungsenergie für $Cr^{2+}$ beträgt 245 kJ/mol. Ermitteln Sie die Kristallfeldstabilisierungsenergien für den Fall des *high-spin*- bzw. des *low-spin*-Komplexes für $[Cr(CN)_6]^{4-}$ und machen Sie eine Vorhersage, welcher Typ wahrscheinlich vorliegt.

## Aufgabe 346

Die Konzentration einer $Cu^{2+}$-Lösung soll mit Hilfe der Absorptionsspektroskopie bestimmt werden. Bei der Aufnahme einer Eichgeraden (Schichtdicke der Küvette $d = 1$ cm) werden für Standard-Lösungen mit zunehmender $Cu^{2+}$-Konzentration die folgenden Werte für die Absorbanz $A$ gemessen:

| $c$ ($Cu^{2+}$) / mol/L | 0,01 | 0,02 | 0,03 | 0,04 | 0,05 | 0,10 | 0,20 |
|---|---|---|---|---|---|---|---|
| Absorbanz $A$ | 0,05 | 0,10 | 0,15 | 0,20 | 0,25 | 0,40 | 0,55 |

a) Ermitteln Sie den molaren Absorptions-koeffizient $\varepsilon$. Eine Skizze der grafischen Auftragung kann hilfreich sein.

b) Eine $Cu^{2+}$-Probe mit unbekannter Konzentration zeigt eine Absorbanz von 0,11.

Berechnen Sie die Stoffmenge an $Cu^{2+}$-Ionen, die in 50 mL dieser Probelösung enthalten ist.

c) Für welchen Konzentrationsbereich der $Cu^{2+}$-Ionen können Sie geurteilt am Verlauf der Eichkurve mit verlässlichen Ergebnissen rechnen?

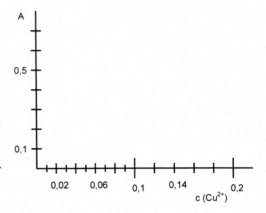

d) Die beschriebene Bestimmungsmethode ist für $Cu^{2+}$-Kationen wegen des niedrigen Absorptionskoeffizienten $\varepsilon$ relativ unempfindlich. Man könnte niedrigere $Cu^{2+}$-Konzentrationen messen, wenn man die $Cu^{2+}$-Kationen in andere (lösliche) Kationen mit einem größeren Wert für $\varepsilon$ überführen könnte.

Formulieren Sie eine hierfür geeignete Reaktion.

## Aufgabe 347

a) Was versteht man unter dem Absorptionsspektrum einer Substanz? Formulieren Sie einen einzigen, kurzen Satz, der alles Wesentliche aussagt.

b) Es ist eine Substanz, ein Lösungsmittel und ein pH-Wert vorgegeben. Von welchen Größen (außer Temperatur, Druck, u. ä.), die man als Experimentator(in) dann noch verändern kann, ist die Absorbanz der Lösung einer Substanz abhängig? Von welcher Größe, die man als Experimentator(in) nicht verändern kann, ist die Absorbanz der Lösung der Substanz abhängig?

c) Skizzieren Sie im Diagramm das Absorptionsspektrum einer (gelösten) Substanz, die im Bereich von 400 nm – 600 nm zwei unterschiedlich ausgeprägte Absorptionsmaxima hat:

Das erste, schwächere Maximum soll bei 450 nm liegen, das zweite, stärkere Maximum bei 550 nm. Die Konzentration der Substanz soll so groß sein, dass für die Transmissionswerte an den beiden Maxima gilt:     $T_{450\,nm} = 40\,\%$;   $T_{550\,nm} = 10\,\%$

Zwischen den beiden Maxima soll die Transmission auf ca. 60 % ansteigen. Vor dem ersten (bei ca. 400 nm) und nach dem zweiten Maximum (bei ca. 600 nm) soll die Transmission bei ca. 80 % liegen.

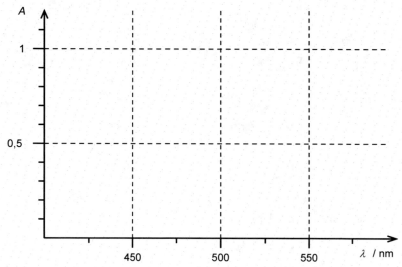

d) Berechnen Sie die molaren dekadischen Absorptionskoeffizienten $\varepsilon$ der (gelösten) Substanz an den beiden Maxima für den Fall:

$c$ (Substanz) = $2\cdot10^{-4}$ mol/L;  Schichtdicke $d = 1$ cm

# Aufgabe 348

Nitrat, das über Nahrung und Getränke aufgenommen wird, wird schnell über die Niere im Urin ausgeschieden. Wenn bestimmte Bakterien im Harnwegesystem vorhanden sind, wird das Nitrat teilweise zu Nitrit reduziert, weil diese Reduktion durch Enzymsysteme der Bakterien katalysiert wird. Deshalb kann eine photometrische Nitritbestimmung im Urin zur Schnelldiagnostik bei Harnwegsinfektionen dienen.

a) Formulieren Sie die zugehörige Teilgleichung für die Reduktion von Nitrat zu Nitrit und kombinieren Sie diese mit der folgenden Teilgleichung für die Oxidation eines Biomoleküls.

Biomolekül $\longrightarrow$ oxidiertes Biomolekül + 2 $H^+$ + 2 $e^-$

  $BH_2$            B(ox)

b) Das Nitrit kann über mehrere organisch-chemische Reaktionsschritte schließlich in einen sogenannten Azofarbstoff umgewandelt werden. Vorausgesetzt, die Reaktion verläuft quantitativ, erhält man dabei eine der Nitrit-Stoffmenge äquivalente Stoffmenge an Farbstoffmolekülen. Diese Prozedur wurde für die Probelösung und eine Reihe von Nitrit-Lösungen mit bekannter Massenkonzentration in identischer Weise durchgeführt und für die erhaltenen Lösungen die Absorbanz bei 540 nm bestimmt. Folgende Werte wurden erhalten:

| Massenkonzentration $\beta$ $(NO_2^-)$ / $\mu g\ mL^{-1}$ | Absorbanz |
|---|---|
| 0 | 0,002 |
| 2 | 0,062 |
| 5 | 0,122 |
| 10 | 0,249 |
| 20 | 0,523 |
| 40 | 1,066 |

Für die Probe betrug die gemessene Absorbanz $A = 0,322$. Bestimmen Sie die Masse an Nitrit, die sich in 1,00 L der untersuchten Urinprobe befand.

## Aufgabe 349

In einem medizinischen Labor werden Urinproben photometrisch untersucht. Für die in einer Quarzglas-Küvette befindliche Probe wird hierbei die Transmission bzw. Absorbanz bei einer Wellenlänge von 270 nm gemessen. Beim Durchgang durch eine Küvette der Schichtdicke $d = 1$ cm wird eine Transmission von 40 % bestimmt.

a) Welcher Anteil der eingestrahlten Intensität erreicht den Detektor, wenn drei derartige Küvetten mit der gleichen Lösung hintereinander in den Strahlengang gestellt werden? Wie hoch ist dann die gemessene Absorbanz?

b) Das geschilderte Experiment wird (um Reinigungsarbeit zu sparen) mit Einweg-Küvetten aus Kunststoff wiederholt – und liefert nicht das erwartete Resultat. Warum nicht?

## Aufgabe 350

Obwohl Cyanido-Komplexe meist farblos sind, lassen sie sich auf indirektem Weg im Prinzip zur Konzentrationsbestimmung einer Cyanid-Lösung benutzen. $Cu^{2+}$-Ionen bilden mit Cyanid-Ionen einen sehr stabilen Cyanido-Komplex, der deutlich stabiler als der bekannte intensiv gefärbte Ammin-Komplex von $Cu^{2+}$ ist.

10 mL einer $Cu^{2+}$-Lösung der Konzentration 5,0 mmol/L liefert nach dem Versetzen mit 100 mL dest. Wasser und 15 mL einer Ammoniak-Lösung ($c$ = 0,10 mol/L) eine Absorbanz von 1,25. Wird die gleiche Menge an $Cu^{2+}$-Lösung zu 100 mL der Cyanid-Lösung unbekannter Konzentration gegeben und anschließend wieder mit 15 mL der Ammoniak-Lösung versetzt, misst man nur eine Absorbanz von 0,25. Nehmen Sie an, dass die Komplexbildungsgleichgewichte jeweils weit auf der Seite der Komplexe liegen.

a) Wie groß ist der Absorptionskoeffizient des gebildeten Ammin-Komplexes?

b) Berechnen Sie die Masse an Cyanid, die in 1,0 L der gegebenen Cyanid-Lösung vorlag.

# Aufgabe 351

Enzymimmunoassays bieten eine sehr sensitive Möglichkeit zum Nachweis von Biomolekülen, Pathogenen, Umweltschadstoffen usw. Bei einem derartigen Assay zum Nachweis von Biotin erfolgte als letzter Schritt die Messung der Absorbanz bei 405 nm.

a) Welche Spezies wurde hierbei detektiert?

b) In einem weiteren Experiment gelangten 0,32 % des eingestrahlten Lichts nach Durchgang durch eine Lösung mit Schichtdicke 0,25 cm zum Detektor. Der Absorptionskoeffizient bei der Messwellenlänge beträgt $2,0 \cdot 10^4$ L/mol cm. Welche Konzentration besitzt die untersuchte Lösung?

c) Es soll ein Enzymimmunoassay zur Detektion des Influenzavirus etabliert werden. Skizzieren Sie ein hierfür geeignetes Assay-Format und beschriften Sie die eingesetzten Komponenten.

# Kapitel 9

# Lösungen und Lösungsgleichgewichte

## Werkzeugkasten –
## Begriffe und Gleichungen, die Sie griffbereit haben sollten

### Lösung:

Eine Lösung ist ein homogenes Gemisch, am häufigsten flüssig. Gasgemische können aber als gasförmige Lösungen aufgefasst werden, und manche Legierungen sind feste Lösungen.

#### gesättigte Lösung:

Wird einem Lösungsmittel mehr zu lösender Stoff zugefügt, als sich darin lösen kann, stellt sich zwischen dem Lösungsmittel und dem gelösten Stoff ein → *Lösungsgleichgewicht* ein; die darin vorliegende Konzentration des gelösten Stoffs ist die → *Sättigungskonzentration*; die Lösung heißt gesättigt.

#### ideale Lösung:

Eine Lösung wird als ideal bezeichnet, wenn die intermolekularen Wechselwirkungen zwischen Molekülen A und B im wesentlich gleich groß sind, wie untereinander zwischen den Molekülen A bzw. B.

#### Lösungsmittel (Solvens):

Bezeichnet i. A. die Komponente einer Lösung mit dem größeren Mengenanteil.

#### gelöster Stoff (Solute):

Bestandteile der Lösung, die nicht als Lösungsmittel angesehen werden, beispielweise Salze in einer wässrigen Lösung.

### Konzentration:

Sie bezeichnet die Menge eines gelösten Stoffs in einem bestimmten Volumen der Lösung.

#### Stoffmengenkonzentration / Stoffmengenanteil → WK Kap. 4

#### Massenkonzentration / Massenanteil → WK Kap. 4

#### Löslichkeit (Sättigungskonzentration):

Die Löslichkeit entspricht derjenigen Menge eines Stoffes, die bei gegebener Temperatur in einem bestimmten Lösungsmittel (häufig: $H_2O$) maximal gelöst sein kann, ohne dass es zu einer Ausfällungsreaktion kommt (→ *gesättigte Lösung*).

Gase mischen sich in jedem Verhältnis; Triebkraft dabei ist die → *Entropie* (WK Kap. 5)

© Springer Fachmedien Wiesbaden GmbH, ein Teil von Springer Nature 2020
R. Hutterer, *Fit in Anorganik*, Studienbücher Chemie,
https://doi.org/10.1007/978-3-658-30486-7_9

Polare Stoffe und Salze lösen sich gut in polaren Lösungsmitteln, insb. Wasser, während unpolare Stoffe darin schlecht bis gar nicht löslich sind. Unpolare Stoffe lösen sich dagegen gut in wenig bis unpolaren Solventien; Faustregel: *„like dissolves like"*.

**Lösungsgleichgewicht:**

Heterogenes Gleichgewicht zwischen festem Bodenkörper (z. B. Salz) und gelöstem Stoff (z. B. hydratisierten Ionen). Für ein Salz des Typs AB, z. B. für NaCl, bezeichnet man folgendes Gleichgewicht von links nach rechts als *Lösungsgleichgewicht*, von rechts nach links als

*Fällungsgleichgewicht*:        $NaCl\,(s) \; \rightleftharpoons \; Na^+\,(aq) \; + \; Cl^-\,(aq)$

**Löslichkeitsprodukt:**

Für ein Salz vom Typ AB wie NaCl lautet der Massenwirkungsbruch für das Lösungsgleichgewicht:

$$K_L = Q_{\text{Gleichgew.}} = \frac{c(Na^+(aq)) \cdot c(Cl^-(aq))}{c(NaCl(s))} \text{ , bzw. mit der Festlegung für Feststoffe } (a = 1)$$

$$K_L = c(Na^+(aq)) \cdot c(Cl^-(aq)) = L(NaCl)$$

Aus dem Löslichkeitsprodukt kann immer die molare Löslichkeit ($\rightarrow$ *Sättigungskonzentration*) berechnet werden, wobei natürlich die Zusammensetzung des Salzes zu beachten ist.

Ist das Löslichkeitsprodukt einer Substanz überschritten, fällt der Stoff als Niederschlag aus der Lösung aus.

**Lösungsenthalpie $\Delta H_L$:**

Sie entspricht der bei einem Lösungsvorgang unter konstantem Druck aufgenommenen oder abgegebenen Wärmemenge (exakt: für die Bildung einer unendlich verdünnten Lösung).

$$\Delta H_L = \Delta H_{Gi} + \Delta H_{Hy} \quad \text{mit} \quad \Delta H_{Gi} > 0 \text{ kJ/mol und } \Delta H_{Hy} < 0 \text{ kJ/mol}$$

**Gitterenthalpie $\Delta H_{Gi}$:**

Enthalpie, die zur Zerstörung eines Kristallgitters (für Salze: eines Ionengitters, zusammengehalten durch Coulomb-Kräfte zwischen den Ionen) benötigt wird.

**Hydratationsenthalpie $\Delta H_{Hy}$:**

Energiebetrag, der frei gesetzt wird, wenn Moleküle bzw. Ionen aus dem Gaszustand in gelöste, hydratisierte Moleküle bzw. Ionen überführt werden.

Ist der Betrag der Hydratationsenthalpie größer als der Betrag der Gitterenthalpie, so ist die Lösungsenthalpie negativ, d. h. es wird Wärme erzeugt (*exothermer* Prozess); im umgekehrten Fall verläuft der Lösungsvorgang *endotherm*.

**Auflösung als spontaner Prozess:**

Entscheidend darüber, ob der Lösungsprozess spontan abläuft, ist einerseits die *Lösungsenthalpie* $\Delta H_L$ sowie andererseits die *Entropieänderung* $\Delta S_L$ beim Lösungsvorgang.

Unter Standardbedingungen, d. h. $c$(Ionen) = 1 mol/L; $T$ = 298 K; $p$ = 1 bar, gilt für die freie Enthalpie des Lösungsvorganges eines Salzes

$$\Delta G°_L = \Delta H°_L - T \cdot \Delta S°_L.$$

Gilt $\Delta G°_L < 0$ J/mol, spricht man von einem leicht löslichen, ansonsten von einem (mehr oder weniger) schwer löslichen Salz.

### Temperaturabhängigkeit:

Bei endothermen Lösungsvorgängen nimmt die Löslichkeit mit der Temperatur zu, bei exothermen ab ($\rightarrow$ *Le Chatelier,* WK Kap. 5).

### Druckabhängigkeit (bei Gasen):

Die Abhängigkeit der Löslichkeit von Gasen vom Gasdruck wird beschrieben durch das *Gesetz von Henry:* $c = K_H \cdot p$ mit $K_H$ = Henry-Konstante

Einer Druckerhöhung weicht das System aus, indem eine größere Gasmenge in Lösung geht.

### Auflösung durch Störung des Löslichkeitsgleichgewichts:

Eine Entfernung der Anionen eines schwer löslichen Salzes gelingt durch Zugabe einer $\rightarrow$ *(starken) Säure* (WK Kap. 6), wenn das Anion basische Eigenschaften aufweist.

In analoger Weise können die meisten Kationen durch Überführung in einen $\rightarrow$ *Komplex* (WK Kap. 8) aus dem Gleichgewicht entzogen werden und das Salz dadurch gelöst werden.

## Dampfdruck:

Für eine $\rightarrow$ *ideale Lösung* ergibt sich der Dampfdruck der Lösung nach dem $\rightarrow$ *Raoult'schen Gesetz* aus den Dampfdrücken der reinen Komponenten $p^*$ und ihrem $\rightarrow$ *Stoffmengenanteil* $\chi$.

### Raoult'sches Gesetz:

$$p = \chi_A\, p^*(A) + \chi_B\, p^*(B) + \ldots \text{ mit } p^* = \text{Dampfdruck der reinen Komponente}$$

Unterschiedlich starke intermolekulare Wechselwirkungen zwischen den einzelnen Komponenten führen zu Abweichungen vom *Raoult'schen Gesetz*.

### Dampfdruckerniedrigung:

Für eine verdünnte Lösung eines nichtflüchtigen Stoffs B in einem Lösungsmittel A ist der Dampfdruck gegenüber dem reinen Lösungsmittel erniedrigt:

$$p = \chi_A\, p^*(A) = (1 - \chi_B)\, p^*(A)$$

### Siedepunkt / Gefrierpunkt von Lösungen:

Am Siedepunkt einer Flüssigkeit entspricht ihr Dampfdruck dem herrschenden Umgebungsdruck. Da der Dampfdruck einer Lösung gegenüber dem reinen Lösungsmittel erniedrigt ist, ist ihr Siedepunkt entsprechend erhöht. Der Gefrierpunkt einer Lösung ist demgegenüber niedriger als für das reine Lösungsmittel.

## Kolligative Eigenschaften:

### Siedepunktserhöhung / Gefrierpunktserniedrigung:

Beide sind sog. *kolligative Eigenschaften*, d. h. ihre Größe ist proportional zur Konzentration gelöster Teilchen, jedoch unabhängig von der Art der Teilchen. Meist wird als Konzentrationsmaß die *Molalität* $m_L$ (Einheit: mol/kg) benutzt, da sie (im Gegensatz zur Konzentration) temperaturunabhängig ist.

$$\Delta T_S = E_S \cdot m_L \quad \text{bzw.} \quad \Delta T_G = E_G \cdot m_L$$

Die Konstanten $E_S$ bzw. $E_G$ sind die molare Siedepunktserhöhung („ebullioskopische Konstante") bzw. molare Gefrierpunktserniedrigung („kryoskopische Konstante").

### Osmose, osmotischer Druck:

Zwei Lösungen unterschiedlicher Konzentration sind durch eine semipermeable (nur für die Lösungsmittelmoleküle durchlässige) Membran getrennt. Der *osmotische Druck* ist der Mindestdruck, der an eine Lösung angelegt werden muss, um das Einströmen des reinen Lösungsmittels durch die semipermeable Membran zu verhindern, bzw. derjenige Druck, bei dem Gleichgewicht herrscht, also kein weiterer Nettofluss durch die Membran stattfindet. Der osmotische Druck ist proportional zur Konzentration gelöster Teilchen (ggf. nach vollständiger / teilweiser Dissoziation eines Stoffes in Lösung) und unabhängig von deren Art. Es gilt:

$$\pi = c \cdot R \cdot T \ .$$

### Isotonisch / hypotonisch / hypertonisch:

Eine Lösung ist isotonisch, wenn ihr osmotischer Druck demjenigen des Bluts entspricht; sie ist hypotonisch (hypertonisch), wenn ihr osmotischer Druck kleiner (größer) ist.

### Nernst'sches Verteilungsgesetz:

Das *Nernst'sche Verteilungsgesetz* beschreibt die Löslichkeit eines Stoffes in zwei angrenzenden Phasen. Wenn ein Stoff A sich zwischen zwei nicht miteinander mischbaren, stark verdünnten Phasen (z. B. einer gasförmigen und einer flüssigen Phase oder häufiger zwei flüssigen Phasen) durch Diffusion verteilen kann, stellt sich ein *Verteilungsgleichgewicht* ein:

$$K(A) = \frac{c(A)_{\text{Phase 1}}}{c(A)_{\text{Phase 2}}}$$

Häufig wird der (temperaturabhängige) *Verteilungskoeffizient K* für das Lösungsmittelsystem Octanol/Wasser angegeben. Das Gesetz findet z. B. Anwendung bei der → *Extraktion* gelöster Stoffe aus Wasser mit organischen Lösungsmitteln wie Diethylether oder Dichlormethan.

### Flüssig-flüssig-Extraktion:

Die Trennmethode nutzt die unterschiedliche Löslichkeit von Stoffen in zwei nicht/kaum miteinander mischbaren Lösungsmitteln aus, typischerweise Wasser (hydrophil) und ein hydrophobes organisches Lösungsmittel → *Nernst'sches Verteilungsgesetz*.

# Aufgabe 352

Rhabarber eignet sich bekanntlich gut zum Kuchenbacken. Hier beschäftigen wir uns aber nur mit einem seiner Inhaltsstoffe, dem Oxalat-Ion. Sie haben einige Stengel ausgepresst und dabei 125 mL einer Lösung gewonnen, deren Oxalat-Konzentration bestimmt werden soll. Dazu versetzen Sie die Lösung so lange mit einer Calciumchlorid-Lösung, bis kein weiterer Niederschlag mehr ausfällt (es sei angenommen, dass die Fällung vollständig verläuft). Der Niederschlag wird abfiltriert, getrocknet und gewogen; seine Masse beträgt 32 mg.

a) Formulieren Sie die Reaktionsgleichung für die Fällungsreaktion.

b) Berechnen Sie die Konzentration der Oxalat-Lösung.

c) Die ausgefällte Verbindung soll wieder in Lösung gebracht werden. Dafür kommen im Wesentlichen zwei verschiedene Reaktionstypen in Frage. Formulieren Sie für beide Reaktionstypen je eine charakteristische Gleichung.

# Aufgabe 353

Es soll die Löslichkeit von Chromaten und Oxalaten untersucht werden. Dafür liegen die folgenden Lösungen einiger wasserlöslicher Salze vor:

| Lösung | Feststoff | Farbe der Lösung |
|--------|-----------|------------------|
| A | $Na_2CrO_4$ | gelb |
| B | $(NH_4)_2C_2O_4$ | farblos |
| C | $AgNO_3$ | farblos |
| D | $CaCl_2$ | farblos |

Beim Mischen dieser Lösungen ergeben sich folgende Beobachtungen:

| Experiment | gemischte Lösungen | Beobachtung |
|------------|--------------------|-------------|
| 1 | A + B | kein Niederschlag; gelbe Lösung |
| 2 | A + C | roter Niederschlag |
| 3 | A + D | kein Niederschlag; gelbe Lösung |
| 4 | B + C | weißer Niederschlag |
| 5 | B + D | weißer Niederschlag |
| 6 | C + D | weißer Niederschlag |

Formulieren Sie die Ionengleichungen, die den jeweiligen Ablauf des Experiments beschreiben.

# Aufgabe 354

Von den drei Salzen $AgNO_3$, $KCl$ und $Al_2(SO_4)_3$ wurden jeweils wässrige Lösungen hergestellt; allerdings wurde leider vergessen, die Gefäße anschließend entsprechend zu beschriften. Im Labor finden sich eine Reihe von Lösungen weiterer Substanzen, darunter z. B. Natriumacetat, Kaliumnitrat, Kaliumbromid, Bariumnitrat, Ammoniumsulfat und Ammonium-
hydrogencarbonat.

Können Sie mit Hilfe der vorhandenen Substanzen entsprechende Tests durchführen, die es
Ihnen erlauben, die unbeschrifteten Lösungen zu identifizieren?

# Aufgabe 355

Es liegt eine gesättigte Lösung von Calciumchlorid vor, die im Gleichgewicht mit einem
Überschuss an festem Calciumchlorid (Bodenkörper) steht. Die Standardenthalpie $\Delta H°$ für die
Auflösungsreaktion von festem wasserfreien Calciumchlorid ist negativ.

Formulieren Sie das vorliegende Dissoziationsgleichgewicht und geben Sie an, wie sich die
folgenden Änderungen auf die Menge an gelöstem Calciumchlorid auswirken.

a) Etwas weiteres festen Calciumchlorid wird zugegeben.

b) Etwas $NaCl$ wird in der Lösung gelöst.

c) Etwas $NaNO_3$ wird in der Lösung gelöst.

d) Etwas Wasser wird zugegeben.

e) Die Lösung wird erwärmt.

# Aufgabe 356

Calciumphosphat ist ein wesentlicher Bestandteil der Knochen und der Zähne. Es ist ein in
Wasser schwer lösliches Salz und bildet sich z. B. bei der vollständig ablaufenden Neutralisationsreaktion von Calciumhydroxid mit Phosphorsäure.

a) Formulieren Sie diese Neutralisationsreaktion stöchiometrisch korrekt.

b) Formulieren Sie das Lösungsgleichgewicht, das sich für eine gesättigte, wässrige Lösung
von Calciumphosphat zwischen Bodenkörper und Lösung einstellt.

c) Berechnen Sie die Sättigungskonzentration für die Calcium-Ionen in der gesättigten Lösung
von Calciumphosphat, wenn für das Löslichkeitsprodukt gilt: $K_L = 4,45 \cdot 10^{-30}$ $mol^5/L^5$.

# Aufgabe 357

Das Element Blei (Pb) bildet eine Reihe von Salzen, die analog zu den entsprechenden Ca-Salzen aufgebaut sind. Dies ist insofern problematisch, weil diese Verbindungen vom Organismus leicht anstelle der natürlicherweise im Stoffwechsel vorkommenden Calcium-Verbindun-gen z. B. in die Knochen eingelagert werden. Da Blei-Ionen toxisch sind, kann eine Wiederfreisetzung aus einer schwer löslichen Bleiverbindung gesundheitliche Probleme verursachen.

a) Formulieren Sie eine Gleichung für die Dissoziation von Blei(II)-chlorid.

b) Das Löslichkeitsprodukt für Bleichlorid habe den Zahlenwert $3,2 \cdot 10^{-20}$. Angenommen, es wird infolge eines Calcium-Mangels solange bleihaltige Knochensubstanz aufgelöst, bis die Sättigungskonzentration des Blutes ($V = 6$ L) an Blei(II)-chlorid erreicht ist.

I) Die Anwesenheit anderer Chloride soll zunächst unberücksichtigt bleiben. Berechnen Sie die Masse an Blei, die unter diesen Umständen gelöst wird. Die molare Masse von Blei beträgt 207 g/mol.

II) Wie groß ist die Masse, wenn man berücksichtigt, dass im Blut bereits eine Chlorid-Konzentration von 10 mmol/L vorliegt?

# Aufgabe 358

Magnesiumhydroxid ist eine schwer lösliche Verbindung; die Gleichgewichtskonstante für die Auflösungsreaktion hat den Wert $1,8 \cdot 10^{-11}$ mol/L. Es liegt 1,0 L einer NaOH-Lösung mit dem pH-Wert 12 vor.

Formulieren Sie die Auflösungsreaktion von Magnesiumhydroxid und berechnen Sie die Masse an Magnesiumhydroxid, die sich in der gegebenen NaOH-Lösung auflöst.

# Aufgabe 359

Eine in *Nature* unter Mitwirkung des renommierten Alfred-Wegener-Instituts für Polar- und Meeresforschung veröffentlichte Studie zeigt, dass die Versauerung der Meere in den Polargebieten bereits in einigen Jahrzehnten zum Verschwinden wichtiger Meeresorganismen führen könnte. Bedroht sind v. a. Seegurken, Kaltwasserkorallen und im Wasser schwebende Flügelschnecken. Da diese Tiere eine wichtige Nahrungsquelle für andere Tiere von Krebsen über Lachse bis zu Walen darstellen, sind schwerwiegende Auswirkungen auf das gesamte polare Ökosystem zu befürchten. Ursachen sind eindeutig menschliche Einflüsse; die Forderung der Forscher daher eine drastische Einschränkung der Emission der sogenannten Treibhausgase.

Die Schale der Flügelschnecken besteht aus Aragonit, einer weit verbreiteten Form des Calciumcarbonats.

a) Formulieren Sie drei Reaktionsgleichungen, die die zu befürchtende Auflösung des Aragonits beschreiben. Die erste Gleichung soll das Lösungsgleichgewicht wiedergeben, die zweite die Wechselwirkung der Treibhausgase mit Wasser berücksichtigen. Die dritte Gleichung ist die eigentliche Auflösungsreaktion.

b) Der Zahlenwert des Löslichkeitsprodukts von Aragonit beträgt $4{,}9 \cdot 10^{-9}$. Welche Masse an Aragonit ($M = 100$ g/mol) löst sich in einem Kubikmeter Wasser?

c) Wie groß wäre die Löslichkeit pro Kubikmeter Meerwasser, wenn man annimmt, dass hierin 0,35 mol/L NaCl und 0,10 mol/L $CaCl_2$ gelöst sind?

# Aufgabe 360

Zum Nachweis von Phosphat-Ionen (z. B. im Urin) können diese mit Calcium-Ionen zur Reaktion gebracht werden. Gegeben ist eine Kaliumphosphat-Lösung ($c = 0{,}20$ mol/L) sowie eine Calciumchlorid-Lösung ($c = 0{,}25$ mol/L).

a) Welche Reaktion läuft ab, wenn 100 mL der Phosphat-Lösung und 150 mL der Calciumchlorid-Lösung zusammengegeben werden?

b) Berechnen Sie die Konzentrationen der Ionen, die sich noch in Lösung befinden, wenn Sie annehmen, dass die beschriebene Reaktion vollständig abläuft.

c) Was beobachten Sie, wenn Sie die Calciumchlorid-Lösung vorher durch Zugabe von 3,0 mL konzentrierter HCl-Lösung ($c > 10$ mol/L) ansäuern?

# Aufgabe 361

Arsenverbindungen, wie das Arsen(III)-oxid waren in vergangenen Zeiten beliebte Chemikalien zur Beseitigung unliebsamer Zeitgenossen. Diese toxische Verbindung bildet sich leicht durch Verbrennung von elementarem Arsen (As) an der Luft.

a) Formulieren Sie eine entsprechende Reaktionsgleichung.

b) In basischer Lösung geht das Arsen(III)-oxid in das Anion $AsO_3^{3-}$ der arsenigen Säure über. Formulieren Sie auch für diese Reaktion die entsprechende Gleichung.

c) Versetzt man nun diese (basische) Lösung mit Natriumsulfid, so lässt sich daraus das leuchtend gelbe Arsen(III)-sulfid ausfällen, das als Pigment Verwendung findet. Formulieren Sie.

d) Die Löslichkeit von Arsen(III)-sulfid in Wasser ist mit etwa $10^{-15}$ mol/L sehr gering. Vergleichen Sie eine gesättigte Lösung von Arsen(III)-sulfid mit einer gesättigten $Ag_2S$-Lösung, dessen Löslichkeitsprodukt $2 \cdot 10^{-48}$ mol³/L³ beträgt.

In welcher der beiden Lösungen liegt die höhere Kationen-Konzentration vor? Belegen Sie Ihre Antwort durch Berechnung!

## Aufgabe 362

Elementares Blei ist in kompakter Form für den Menschen nicht giftig – im Gegensatz zu gelöstem Blei und Bleiverbindungen, sowie Bleistäuben. Als besonders toxisch gelten Organobleiverbindungen, wie z. B. Tetraethylblei ($Pb(C_2H_5)_4$), die stark lipophil sind und rasch über die Haut aufgenommen werden.

Bei einmaliger Aufnahme von metallischem Blei oder schwer löslichen Blei-Salzen ist nur bei hoher Dosierung eine Giftwirkung zu bemerken. Jedoch reichern sich selbst kleinste Mengen, über einen längeren Zeitraum stetig eingenommen, im Körper an ($\rightarrow$ chronische Vergiftung), da sie z. B. in die Knochen eingelagert und nur sehr langsam wieder ausgeschieden werden. Im Extremfall kann die Bleivergiftung zum Tode führen. Die Giftigkeit von Blei beruht unter anderem auf einer Störung der Hämoglobin-Synthese. Es hemmt mehrere Enzyme und behindert dadurch den Einbau des Eisens in das Hämoglobin.

Eine Möglichkeit, eine mikroskopische Nachweisreaktion für Blei-Ionen durchzuführen, ist der Nachweis als Blei(II)-iodid, einer relativ schwer lösliche Verbindung

a) Formulieren Sie die Auflösungsreaktion und berechnen Sie die Sättigungskonzentration von Blei(II)-iodid ($K_L$ ($PbI_2$) = $8,49 \cdot 10^{-9}$ mol$^3$/L$^3$) in g/L.

b) Wie groß ist die Löslichkeit in einer NaI-Lösung der Konzentration $c$ = 0,10 mol/L?

## Aufgabe 363

Sowohl $Ba^{2+}$ wie auch $Ag^+$-Ionen bilden jeweils ein schwerlösliches Carbonat.

Für das Bariumsalz beträgt das Löslichkeitsprodukt $1,6 \cdot 10^{-9}$ mol$^2$/L$^2$, Silbercarbonat hat ein Löslichkeitsprodukt von $8,2 \cdot 10^{-12}$ mol$^3$/L$^3$.

a) Ermitteln Sie nachvollziehbar, welches der beiden Salze die niedrigere Löslichkeit besitzt.

b) Wie lässt sich ausgefälltes $BaCO_3$ leicht wieder in Lösung bringen? Formulieren Sie zwei Möglichkeiten mit je einer charakteristischen Reaktionsgleichung.

## Aufgabe 364

Die Extrazellulärflüssigkeit enthält Chlorid-Ionen in einer Konzentration von ca. 0,12 mol/L. Durch Zugabe einer $AgNO_3$-Lösung lässt sich daraus schwer lösliches weißes Silberchlorid (Löslichkeitsprodukt $K_L$ = $10^{-10}$ mol$^2$/L$^2$) ausfällen. Gleiches gelingt aus einer Iodid-haltigen Lösung; das Löslichkeitsprodukt für das schwach gelbe Silberiodid beträgt $K_L$ = $10^{-16}$ mol$^2$/L$^2$. Jeweils 1,0 g beider Niederschläge werden in 100 mL Wasser aufgeschlämmt und mit einer konzentrierten Ammoniak-Lösung ($c$ = 10 mol/L) versetzt. Die Komplexbildungskonstante für die Bildung des Diamminsilber(I)-Komplexes beträgt $K_B$ = $10^7$ L$^2$/mol$^2$.

Was können Sie beobachten? Formulieren Sie entsprechende Reaktionsgleichungen und untermauern Sie Ihre Vermutung durch Rechnung.

# Aufgabe 365

a) Was versteht man unter einer „idealen Lösung"?

b) Eine wichtige Methode zur Trennung von Flüssigkeiten in einer Mischung ist die Destillation. Bei einer Destillation wird der Dampf weggeleitet und kondensiert; in ihm ist die flüchtigere Komponente (mit dem niedrigeren Siedepunkt) angereichert. Bei einer fraktionierten Destillation wird der Zyklus aus Verdampfung und Kondensation mehrere Male wiederholt.

Warum lassen sich Ethanol und Wasser durch fraktionierte Destillation nicht vollständig voneinander trennen?

# Aufgabe 366

Substanzen, die der menschliche Körper benötigt, aber nicht selbst herstellen kann, werden oft zusammenfassend als Vitamine bezeichnet. Während der Körper die als Vitamin E bezeichnete Verbindung relativ gut speichern kann, ist das bei Vitamin C nicht möglich. Schlagen Sie die Strukturformeln der beiden Vitamine nach und versuchen Sie den Unterschied zu erklären.

# Aufgabe 367

Eine Zuckerlösung enthält 98,5 g Rohrzucker (Saccharose; $C_{12}H_{22}O_{11}$) in einem Viertel Liter Wasser mit einer Temperatur von 25 °C. Die Dichte von Wasser beträgt bei dieser Temperatur 1,00 g cm$^{-3}$, der Dampfdruck 31,3 mbar.

Berechnen Sie den Dampfdruck dieser Lösung.

# Aufgabe 368

In einer Lösung aus Benzol ($C_6H_6$) und Toluol ($C_7H_8$) beträgt der Massenanteil von Benzol 24 %. Der Dampfdruck von reinem Benzol bei 25 °C beträgt 0,124 bar, derjenige von Toluol 0,0374 bar. Für die Lösung wird ideales Verhalten angenommen.

Berechnen Sie den Dampfdruck über der Lösung und den Massenanteil an Benzol in der Gasphase.

# Aufgabe 369

Eine Kochsalz-Lösung besteht aus 1,20 mol Wasser und einer unbekannten Stoffmenge an NaCl. Für den Dampfdruck dieser Lösung bei einer Temperatur von 30 °C wird ein Wert von 0,338 bar gemessen, während der Dampfdruck von reinem Wasser bei der gleichen Temperatur 0,418 bar beträgt.

Berechnen Sie die gelöste Masse an NaCl in der Lösung.

# Aufgabe 370

Eine wässrige Lösung ($T = 25$ °C) enthält 100 g Saccharose ($C_{12}H_{22}O_{11}$) in 300 mL Wasser. Berechnen Sie den Dampfdruck dieser Lösung in bar, wenn der Dampfdruck von reinem Wasser bei 25 °C 23,8 Torr beträgt und die Dichte des Wassers 1,00 g/cm³ beträgt.

$M_r$ (C) = 12,01;  $M_r$ (O) = 16,00;  $M_r$ (H) = 1,008

# Aufgabe 371

Gegeben sind 10 L eines verdünnten wässrigen Auszugs einer bioaktiven Komponente, die zur weiteren Untersuchung in eine organische Phase extrahiert werden soll. Zum Ausschütteln (Extrahieren) stehen 2,0 L Diethylether zur Verfügung. Der Nernst'sche Verteilungskoeffizient der gesuchten bioaktiven Verbindung zwischen Ether- und Wasserphase betrage 10, d. h.

$$K_V = \frac{c \,(\text{aktive Komponente})_{\text{Ether}}}{c \,(\text{aktive Komponente})_{\text{Wasser}}} = 10$$

Vergleichen Sie die Effizienz des Extraktionsprozesses, wenn die wässrige Phase

a) einmal mit den vorhandenen 2,0 L Diethylether

b) zweimal hintereinander mit je 1,0 L Diethylether ausgeschüttelt wird.

# Aufgabe 372

Um im Winter ein Einfrieren des Kühlers im Auto zu verhindern, werden sogenannte Frostschutzmittel, wie z. B. Ethylenglycol (1,2-Ethandiol, $C_2H_6O_2$) zugesetzt. Sie planen eine Winterreise nach Sibirien und wollen natürlich verhindern, dass unterwegs der Kühler einfriert. Dazu haben Sie auf eine Empfehlung hin zu 5,00 L Wasser 2,00 kg Ethylenglycol zugegeben, sind sich aber ihrer Sache nicht ganz sicher und beschließen daher, doch vor Reisebeginn selber nachzurechnen. Die kryoskopische Konstante von Wasser beträgt 1,86 K kg mol⁻¹.

Warum wird das Ergebnis nur näherungsweise richtig sein?

## Aufgabe 373

Gegeben ist eine Reihe von wässrigen Lösungen, die nach ihrem zu erwartenden Gefrierpunkt geordnet werden sollen:

KCl,  $c = 0,20$ mol/L

$MgCl_2$,  $c = 0,10$ mol/L

Ethylenglycol ($HOCH_2CH_2OH$),  $c = 0,35$ mol/L

Essigsäure ($CH_3COOH$),  $c = 0,30$ mol/L

HCl,  $c = 0,12$ mol/L

$Ca_5(PO_4)_3OH$,  $c = 0,05$ mol/L

Für welche Lösung erwarten Sie den höchsten, für welche den niedrigsten Gefrierpunkt?

## Aufgabe 374

Die isotonische Kochsalz-Lösung enthält nach der typischen Angabe „0,9 % Kochsalz" (Natriumchlorid) und entspricht in seiner Osmolarität annähernd der des Blutplasmas. Der alte Begriff „physiologische Kochsalz-Lösung" sollte nicht mehr verwendet werden, da zwar die Osmolarität physiologisch ist, nicht jedoch die Konzentration an Natrium- und Chlorid-Ionen. Beide Ionen sind deutlich konzentrierter vorhanden als im menschlichen Serum. Dieses Ungleichgewicht ist notwendig, da die osmotische Wirkung der im menschlichen Blut enthaltenen weiteren Bestandteile (wie andere Elektrolyte, sogenannte „korpuskuläre" Bestandteile wie Proteine) berücksichtigt werden muss. Für die kurzfristige Anwendung hat sie gegenüber anderen Vollelektrolyt-Lösungen keinen Nachteil, wohl aber bei längerer, mehrtägiger Infusion. Dabei stört dann das Fehlen anderer Elektrolyte (v. a. $K^+$, $Ca^{2+}$ und $Mg^{2+}$) sowie der Überschuss an Natrium- und Chlorid-Ionen.

a) Berechnen Sie aus der Gehaltsangabe der isotonen NaCl-Lösung den osmotischen Druck des Blutes.

b) Welche Masse an Glucose ($C_6H_{12}O_6$) müssten Sie einwiegen, wenn Sie einem Patienten 500 mL dieser Glucose-Lösung als isotone Lösung intravenös verabreichen wollen?

## Aufgabe 375

100 mL einer wässrigen Lösung enthalten 0,122 g einer unbekannten Verbindung. Bei 20 °C wird für diese Lösung ein osmotischer Druck von 16,0 Torr gemessen. Dabei entsprechen 760 Torr genau 1,013 bar. Eine unabhängige Bestimmung der molaren Masse der Verbindung mit Hilfe der Massenspektrometrie ergab $M = 702$ g mol$^{-1}$.

Welche Folgerung bezüglich der untersuchten Verbindung ergibt sich aus diesem Experiment?

# Aufgabe 376

Von einem unbekannten Protein soll die (ungefähre) molare Masse bestimmt werden.

a) Warum eignet sich dafür eine Messung des osmotischen Drucks einer Lösung des Proteins besser, als die Bestimmung der Gefrierpunktserniedrigung?

b) Eine wässrige Lösung enthält 23,48 mg des unbekannten Proteins in einem Volumen von 20,0 mL; für diese Lösung wurde ein osmotischer Druck von 4,90 Torr bei einer Temperatur von 25 °C gemessen. $R = 0,08206$ L atm/mol K

c) Die Bestimmung des osmotischen Drucks wurde mithilfe eines U-Rohrs durchgeführt. Dieses weist am tiefsten Punkt zwischen den beiden Armen eine semipermeable Membran auf, die nur für die Wassermoleküle durchlässig ist. In den linken Arm des U-Rohrs werden genau 20,0 mL reines Wasser gegeben, der rechte Arm enthält die obengenannte Protein-Lösung, so dass beide Arme gleich hoch gefüllt sind. Beschreiben Sie qualitativ und quantitativ, was passiert.

# Aufgabe 377

Als Meerwasserentsalzung bezeichnet man die Gewinnung von Trinkwasser oder Brauchwasser aus Meerwasser durch die Verringerung des Salzgehaltes. Der Meerwasserentsalzung wird für die Zukunft große Bedeutung zugemessen, da die Versorgung aller Menschen mit sauberem Wasser durch Mangel oder Verschmutzung des vorhandenen Süßwassers immer schwieriger wird. In den ölreichen Golfstaaten im Nahen Osten ist dieser Prozess die Hauptquelle der Trinkwassergewinnung.

Die größte Anlage dieser Art wird 45 km nördlich von Abu Dhabi errichtet und soll durch Umkehrosmose (reverse Osmose) eine Fördermenge von 900.000 m³/Tag erreichen.

a) Erklären Sie kurz das Prinzip dieses Verfahrens.

b) Zur Wasseraufbereitung durch reverse Osmose gibt es auch portable Geräte. Angenommen, Sie befinden sich in einer sehr wasserarmen Gegend und sind auf die Gewinnung von Trinkwasser aus einem Brackwasser angewiesen, dessen Salzgehalt (Konzentration aller Ionen) 0,23 mol/L beträgt. Um das Wasser trinken zu können, muss der Salzgehalt auf eine maximal tolerable Konzentration von 0,01 mol/L abgesenkt werden. Es ist heiß; die Temperatur beträgt 31 °C. Welcher Druck muss mindestens aufgebracht werden, um mittels reverser Osmose zu genießbarem Wasser zu gelangen?

($R = 0,083143$ L bar/mol K)

# Kapitel 10

# Reaktionskinetik und radioaktiver Zerfall

**Werkzeugkasten –**

**Begriffe und Gleichungen, die Sie griffbereit haben sollten**

### Reaktionsgeschwindigkeit:

Die *Geschwindigkeit* einer Reaktion ist definiert als die Änderung der Stoffmenge (bzw. der Konzentration) mit der Zeit (*differentielles Geschwindigkeitsgesetz*); diese Änderung ist für die Edukte (A) negativ, für Produkte (P) positiv:

$$\upsilon = -\frac{dc(A)}{dt} = \frac{dc(P)}{dt}$$

### Geschwindigkeitsgesetz:

Generell hängt die Geschwindigkeit einer Reaktion von der Konzentration eines oder mehrerer Reaktanden ab. Durch Integration gelangt man zum *integrierten Geschwindigkeitsgesetz*, das sich je nach → *Ordnung* der Reaktion unterscheidet. Die allgemeine Form ist

$$\upsilon = k \cdot c(\text{Reaktand 1})^x \cdot c(\text{Reaktand 2})^y \cdot \ldots$$

Hierbei ist $k$ die → *Geschwindigkeitskonstante* der Reaktion und $x$, $y$, ... die → *Reaktionsordnung* bezüglich des Reaktanden 1, 2, ....

### Reaktionsordnung:

Die Summe aller Exponenten im Geschwindigkeitsgesetz wird als die *Reaktionsordnung* bezeichnet; sie muss immer experimentell ermittelt werden; kann also **NICHT** aus der Reaktionsgleichung für eine Reaktion abgelesen werden.

#### Reaktion 0. Ordnung:

Im einfachsten aller Fälle reagiert eine Substanz A, wobei die Geschwindigkeit der Reaktion aber unabhängig von der Konzentration von A ist, d. h.

$$\upsilon = k \cdot c^0(A) = const. \quad \rightarrow \quad c(A) = c(A)_0 - k \cdot t$$

Eine Auftragung von $c(A)$ gegen die Zeit ergibt eine Gerade mit der Steigung $-k$; ist A verbraucht, sinkt die Geschwindigkeit auf null.

#### Reaktion 1. Ordnung:

Für eine einfache Reaktion A → B, z. B. eine Zerfallsreaktion, ist die Geschwindigkeit proportional zur Konzentration von A, d. h.

$$\upsilon = k \cdot c(A) \quad \rightarrow \quad c(A) = c(A)_0 \cdot e^{-kt}$$

© Springer Fachmedien Wiesbaden GmbH, ein Teil von Springer Nature 2020
R. Hutterer, *Fit in Anorganik*, Studienbücher Chemie,
https://doi.org/10.1007/978-3-658-30486-7_10

Die Konzentration des Edukts sinkt exponentiell mit der Zeit; die Auftragung von ln $c(\text{A})$ gegen die Zeit $t$ liefert eine Gerade:

$$\ln c(\text{A}) = \ln c(\text{A})_0 - k \cdot t \quad \text{oder} \quad \ln \frac{c(\text{A})_0}{c(\text{A})} = k \cdot t$$

Für die → *Halbwertszeit* gilt: $t_{1/2} = \dfrac{\ln 2}{k}$,

d. h. sie ist unabhängig von der Anfangskonzentration/-stoffmenge. Klassisches Beispiel ist der → *radioaktive Zerfall*. Jedes Radionuklid besitzt eine charakteristische Halbwertszeit, die von Bruchteilen einer Sekunde bis hin zu vielen Mio. von Jahren reichen kann.

### Reaktion 2. Ordnung:

Eine Reaktion 2. Ordnung kann von der Form $2\,\text{A} \rightarrow \text{B}$ oder $\text{A} + \text{B} \rightarrow \text{C}$ sein, d. h.

$$\upsilon = k \cdot c^2(\text{A}) \quad \text{oder} \quad \upsilon = k \cdot c(\text{A}) \cdot c(\text{B}).$$

Im ersten Fall ergibt sich für $c(\text{A})$ als Funktion der Zeit:

$$\frac{1}{c(\text{A})} = \frac{1}{c(\text{A})_0} + k \cdot t$$

Im Gegensatz zur Reaktion 1. Ordnung ist die → *Halbwertszeit* hier abhängig von der Anfangskonzentration.

### Elementarreaktion:

In einer *Elementarreaktion* erfolgt der Bruch einer/mehrerer Bindungen und die Neuknüpfung von Bindungen simultan. Eine vollständige Reaktion, wie sie durch eine Reaktionsgleichung beschrieben wird, kann aus einem einzigen Schritt bestehen, oder sich aus einer Reihe von *Elementarreaktionen* zusammensetzen.

### Molekularität:

Die *Molekularität* gibt an, wie viele Teilchen bei einer → *Elementarreaktion* an dem (einzigen) Reaktionsschritt beteiligt sind.

#### monomolekulare Reaktion:

Am Elementarschritt ist nur ein Teilchen beteiligt, z. B. $\text{A} \rightarrow \text{B}$.

#### bimolekulare Reaktion:

Hier sind an dem Reaktionsschritt zwei Teilchen beteiligt z. B. in der Form $\text{A} + \text{B} \rightarrow \text{C}$.

Höhermolekulare (z. B. trimolekulare) Reaktionen spielen in der Praxis so gut wie keine Rolle, da die Wahrscheinlichkeit, dass sich mehr als zwei Teilchen gleichzeitig treffen (und in einem einzigen Schritt reagieren), sehr gering ist.

### Geschwindigkeitsbestimmender Schritt:

Bei mehrstufigen Reaktionen ist häufig ein Schritt wesentlich langsamer als alle anderen; er „bremst" die Gesamtreaktion und wird daher als *geschwindigkeitsbestimmender Schritt* bezeichnet. Es handelt sich dabei typischerweise um den Schritt mit der höchsten → *Aktivierungsenergie*; → *Arrhenius-Gleichung*.

## Reaktionsenergiediagramm:

Diagramm, in dem die potenzielle Energie der an einer Reaktion beteiligten Spezies gegen eine sog. *Reaktionskoordinate*, die den (zeitlichen) Fortgang der Reaktion darstellen soll, aufgetragen ist.

### Übergangszustand:

Ein *Übergangszustand* ist eine (transiente) Spezies auf dem Weg einer chemischen Umwandlung eines Edukts E in ein Produkt P, bei der gerade eine oder mehrere Bindungen gebildet bzw. gebrochen werden. Es ist *keine* isolierbare Spezies und stellt immer ein Maximum entlang der Reaktionskoordinate dar.

### Zwischenprodukt:

Ein *Zwischenprodukt* einer Reaktion ist ein Produkt eines einzelnen Reaktionsschritts, das in einem Folgeschritt weiter reagiert und somit verbraucht wird.

Ein Zwischenprodukt befindet sich längs einer Reaktionskoordinate immer in einem lokalen Minimum und ist zumindest prinzipiell detektier- und isolierbar.

## Halbwertszeit:

Dies ist diejenige Zeit, nach der gerade die Hälfte der Anfangsstoffmenge umgesetzt ist.

## Geschwindigkeitskonstante:

Die Geschwindigkeitskonstante $k$ fungiert als Proportionalitätskonstante im $\rightarrow$ *Geschwindigkeitsgesetz*; sie hängt von der Temperatur und der Höhe der freien Aktivierungsenthalpie ab. Der folgende empirische Zusammenhang geht auf S. Arrhenius (1859–1927) zurück; vereinfachend wird hier meist die *Aktivierungsenthalpie* eingesetzt:

## Arrhenius-Gleichung:

$$k = A \cdot e^{-\frac{E_A}{RT}}$$

Hierbei ist $A$ ein sogenannter Orientierungs- oder *Wahrscheinlichkeitsfaktor*, der berücksichtigt, dass bei gegebener Konzentration nicht jeder Zusammenstoß der Reaktionspartner erfolgreich ist; $E_A$ ist eine empirische *Aktivierungsenthalpie*; $R$ die allgemeine Gaskonstante (8,3143 J/mol K) und $T$ die absolute Temperatur. Aus einer Auftragung der (normierten) Geschwindigkeitskonstante ln $[k]$ gegen $1/T$ lässt sich $E_A$ experimentell aus der Steigung der Geraden ermitteln:

$$\ln [k] = -\frac{E_A}{RT} + const.$$

## Katalyse / Katalysator:

Katalysatoren nehmen an einer chemischen Reaktion teil, sie werden dabei aber nicht verbraucht, sondern gehen aus der Reaktion unverändert wieder hervor. Sie ermöglichen einen anderen Reaktionsweg, der (i. A.) eine geringere $\rightarrow$ *Aktivierungsenthalpie* aufweist, sodass sich die $\rightarrow$ *Reaktionsgeschwindigkeit* erhöht. Dies gilt *sowohl* für die Hin- wie auch eine eventuelle Rückreaktion.

Ein Katalysator kann keinen Einfluss auf die freie Enthalpie der Reaktion ausüben, d. h. ein Katalysator ändert **NIEMALS** die Lage eines Gleichgewichts ($\rightarrow$ WK Kap. 5), nur dessen Einstellung wird beschleunigt.

### heterogene Katalysatoren:

Solche liegen als separate Phase vor, z. B. ein elementares Metall wie Platin als Feststoff in einer flüssigen Reaktionsmischung. Sie erlauben eine Adsorption von Eduktmolekülen an der Oberfläche, wodurch es zu einer Schwächung der Bindungen kommt.

### homogene Katalysatoren:

Sie befinden sich in der gleichen Phase wie die Reaktanden, meist in Lösung. Enzyme sind typische homogene (Bio-)Katalysatoren, ebenso bei vielen organischen Reaktionen das $H^+$-Ion („Säurekatalyse").

## Radioaktiver Zerfall:

Hierbei handelt es sich um einen Prozess, bei dem ein instabiler Atomkern (Radionuklid) unter Aussendung von Strahlung in ein anderes Element umgewandelt wird. Im Gegensatz zu einer chemischen Gleichung treten hier nicht dieselben Atome in gleicher Anzahl auf beiden Seiten der Gleichung auf.

Manche radioaktiven Kerne kommen natürlich vor; sie unterliegen dem $\alpha$-, $\beta$- oder $\gamma$-Zerfall. Viele weitere wurden künstlich hergestellt; hier beobachtet man auch andere Zerfallsarten.

### $\alpha$-Zerfall:

$\alpha$-Strahlen bestehen aus $^4_2$He-Kernen, die aus den Atomkernen ausgesandt werden; man beobachtet diese Zerfallsart praktisch ausschließlich für schwere Kerne mit Ordnungszahl > 82. Ein $\alpha$-Zerfall verringert die Ordnungszahl um 2.

### $\beta^-$-Zerfall:

Hierbei werden Elektronen ($^0_{-1}e$) emittiert, die durch Umwandlung eines Neutrons in ein Proton gebildet werden. Die Massenzahl des Kerns bleibt dabei unverändert, die Ordnungszahl erhöht sich um eins. Diese Zerfallsart verringert das Neutronen/Protonen-Verhältnis und kommt sowohl bei natürlichen wie künstlich erzeugten Radionukliden vor.

### $\beta^+$-Zerfall:

Hierbei werden Positronen ($^0_{+1}e$) emittiert, die durch Umwandlung eines Protons in ein Neutron gebildet werden. Die Massenzahl des Kerns bleibt dabei unverändert, die Ordnungszahl verringert sich um eins. Diese Zerfallsart kommt fast nur bei künstlich erzeugten Radionukliden mit zu geringem Neutronen/Protonen-Verhältnis vor.

### $\gamma$-Zerfall:

Hierbei handelt es sich um sehr hochfrequente (energiereiche) elektromagnetische Strahlung. Sie entsteht, wenn bei einer Kernumwandlung Kerne in einem angeregten Zustand entstehen, die dann durch Abgabe von $\gamma$-Strahlung in den Grundzustand gelangen.

**Zerfallsgeschwindigkeit:**

Alle radioaktiven Kerne zerfallen ausnahmslos nach einer → *Kinetik 1. Ordnung* mit konstanter, für jedes Nuklid charakteristischer → *Halbwertszeit*.

**Aktivität:**

Sie entspricht der Strahlungsmenge, die pro Zeiteinheit ausgesandt wird und wird als Anzahl der Kernprozesse pro Zeit angegeben (1 Bq = 1 Zerfallsprozess / s). Sie ist proportional zur Anzahl der vorhandenen radioaktiven Atome:

$$a = -\frac{dN}{dt} = kN = \frac{\ln 2}{\tau_{1/2}} N$$

**Altersbestimmung mit der Radiocarbon ($_6^{14}C$)-Methode:**

Das radioaktive Isotop $_6^{14}C$ entsteht in der Atmosphäre laufend durch die Kollision von Neutronen mit Stickstoffatomen, und zerfällt gleichzeitig stetig durch $\beta^-$-Zerfall wieder zu Stickstoff, einem Elektrone und einem Antineutrino:

$$_7^{14}N + _0^1n \longrightarrow {_6^{14}}C + _1^1H$$

$$_6^{14}C \longrightarrow {_7^{14}}N + _{-1}^0e + \tilde{v}$$

Im lebenden Organismus ist der Anteil an $_6^{14}C$ im Kohlenstoff gleich groß wie in der Atmosphäre; nach dem Tod sinkt der Anteil dagegen durch den → *radioaktiven Zerfall*. Auf diese Weise lässt sich das (ungefähre) Alter von Fundstücken bestimmen, die aus einst lebendem Material bestehen (z. B. Holz).

## Aufgabe 378

Bromwasserstoff (HBr) kann im Umkehrung seiner Bildung aus den Elementen gemäß nachfolgender Gleichung wieder in diese zerfallen:  $2\,HBr\,(g) \longrightarrow H_2\,(g) + Br_2\,(g)$

a) Drücken Sie die Reaktionsgeschwindigkeit in Hinblick auf alle Edukte und Produkte aus.

b) Während der ersten 15 s der Reaktion verringerte sich die Konzentration von HBr von 0,500 mol/L auf 0,374 mol/L. Berechnen Sie die durchschnittliche Reaktionsgeschwindigkeit für dieses Zeitintervall.

c) Das Volumen des Reaktionsgefäßes in b) betrug 250 mL. Berechnen Sie die Stoffmenge an Brom, die sich während der ersten 15 s der Reaktion gebildet hat.

## Aufgabe 379

Gegeben ist das folgende Reaktionsenergiediagramm.

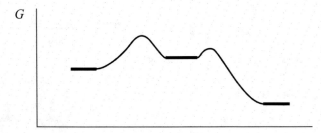

a) Tragen Sie die freie Aktivierungsenthalpie für den ersten und den zweiten Reaktionsschritt ein. Wie viele Zwischenprodukte existieren?

b) Welcher Schritt ist bestimmend für die Gesamtgeschwindigkeit? Welcher Spezies ähnelt der zugehörige Übergangszustand am meisten – dem Edukt, dem Produkt, einem Zwischenprodukt?

c) Angenommen, das Diagramm beschreibt eine Eliminierungsreaktion für ein Halogenalkan (R–X). Wie lautet das differentielle Geschwindigkeitsgesetz für diese Reaktion?

## Aufgabe 380

Bei der alkalischen Hydrolyse von Brommethan ($CH_3Br$) zu Methanol ($CH_3OH$) handelt es sich um eine Elementarreaktion.

a) Formulieren Sie die Reaktionsgleichung und geben Sie das Geschwindigkeitsgesetz für die Reaktion an. Hängt ihre Halbwertszeit von der Konzentration der Reaktanden ab?

b) Auch die Verbindung *tert*-Butylbromid (($CH_3$)$_3$CBr) kann in den entsprechenden Alkohol überführt werden. Für das entsprechende Geschwindigkeitsgesetz wurde der folgende Ausdruck gefunden:

$$v = k \cdot c((CH_3)_3 CBr)$$

Handelt es sich um eine Elementarreaktion? Versuchen Sie, einen Mechanismus für diese Reaktion zu formulieren.

## Aufgabe 381

Stickstoffmonoxid kann mit elementarem Wasserstoff zu Stickstoff reduziert werden.

a) Formulieren Sie eine entsprechende Reaktionsgleichung.

b) Für diese Reaktion wurde die Anfangsbildungsgeschwindigkeit des zweiten Produkts als Funktion der Eduktkonzentrationen ermittelt; dies ergab die in folgender Tabelle zusammengefassten Daten:

| Experiment | $c_0$ (Stickstoffmonoxid) / mol L$^{-1}$ | $c_0$ (Wasserstoff) / mol L$^{-1}$ | Anfangsproduktbildungsgeschwindigkeit $v_0$ / mmol L$^{-1}$ s$^{-1}$ |
|---|---|---|---|
| 1 | 0,10 | 0,10 | 1,23 |
| 2 | 0,10 | 0,20 | 2,46 |
| 3 | 0,10 | 0,30 | 3,70 |
| 4 | 0,20 | 0,30 | 14,7 |
| 5 | 0,30 | 0,30 | 33,2 |

Ermitteln Sie das Geschwindigkeitsgesetz für die vorliegende Reaktion.

c) Berechnen Sie die Geschwindigkeitskonstante $k$.

## Aufgabe 382

Die Verbindung 1-Methylcyclohexanol (1-MCH) ist für den Organismus toxisch. Es sei angenommen, dass die Elimination aus dem Körper einer Kinetik 1. Ordnung mit einer Halbwertszeit $t_{1/2}$ von 6,0 h folgt.

Wie lange dauert es, bis 90 % von einer anfänglich aufgenommenen Dosis an 1-MCH von 0,016 mol ausgeschieden sind?

## Aufgabe 383

Für die Reaktion $C_4H_8 \rightarrow 2\,C_2H_4$ wurde die Konzentration als Funktion der Zeit gemessen und anschließend ln $[C_4H_8]$ gegen die Zeit aufgetragen. Es ergab sich eine Gerade mit der Steigung $-0{,}0045\ s^{-1}$.

a) Geben Sie die Geschwindigkeitskonstante für die Reaktion an und formulieren Sie das Geschwindigkeitsgesetz.

b) Ermitteln Sie die Halbwertszeit. Die Anfangskonzentration von $C_4H_8$ betrug 0,200 mol/L. Wie hoch ist die Konzentration nach 240 s?

## Aufgabe 384

Stickstoff bildet mehrere gasförmige Oxide, eines davon enthält den Stickstoff in seiner höchstmöglichen Oxidationsstufe. Dieses kann zu Stickstoffdioxid und Sauerstoff zerfallen.

a) Formulieren Sie diese Zerfallsreaktion.

b) Die Reaktion ist 1. Ordnung und hat bei 25 °C eine Halbwertszeit von 2,8 h. Ein Glaskolben mit $V = 1{,}5$ L enthält zu Beginn das Edukt mit einem Druck von 0,90 bar. Welchen Partialdruck weist das Produkt Sauerstoff nach 220 min auf?

## Aufgabe 385

Betrachten Sie nochmal die gleiche Reaktion wie in der vorangegangenen Aufgabe. Bei einer bestimmten Temperatur beträgt die Geschwindigkeitskonstante $k = 7{,}5 \cdot 10^{-3}$ $min^{-1}$. Zu Beginn der Reaktion beträgt der Partialdruck des Stickstoffoxids im Reaktionsgefäß 0,10 bar.

a) Wie lange dauert es, bis der Gesamtdruck auf 0,145 bar angestiegen ist?

b) Welcher Gesamtdruck hat sich nach 100 min eingestellt?

## Aufgabe 386

Immer wieder werden Fälle bekannt, in denen Industrieunternehmen Abfallstoffe oder andere Chemikalien dreist durch Einleitung in Seen oder Flüsse entsorgen. Viele Verbindungen, wie beispielsweise manche Insektizide, bauen sich nur langsam ab und bedrohen das Leben von Fischbeständen und anderen Organismen.

Vor einigen Jahren sorgten sogenannte perfluorierte Tenside (PFT) für Schlagzeilen. Perfluortenside sind synthetisch hergestellte Substanzen, welche in die Stoffgruppen der perfluorierten Alkylsulfonate und der perfluorierten Carbonsäuren eingeteilt werden. Prominente Vertreter sind Perfluoroctansulfonsäure (PFOS) und Perfluoroctansäure (PFOA). PFT sind sowohl wasser- als auch fettabweisend und finden seit Jahren in einer Vielzahl von industriellen Produkten (z. B. Textilien, Teppichen, Papier und Verpackungen sowie Feuerlöschschäumen) und Prozessen (Foto- und Halbleiterindustrie) ihre Verwendung. PFT besitzen eine sehr hohe thermische und chemische Stabilität, sie sind biologisch praktisch nicht abbaubar (persistent) und reichern sich in der Umwelt und im Menschen an.

In Bayern hat Greenpeace vor einiger Zeit PFT in der bayerischen Alz gefunden. Die Vergiftungen stammen aus dem Industriepark Werk Gendorf, der zum „Bayerischen Chemiedreieck" zählt. Die von Greenpeace veröffentlichten Analysen der Alz-Wasserproben zeigen die höchsten PFT-Werte auf, die jemals in deutschen Flüssen gemessen wurden. Auch das Trinkwasser in Gendorf weist Rückstände von PFT auf, die über dem vom Umweltbundesamt empfohlenen Grenzwert liegen. In den bei Gendorf genommenen Wasserproben fand ein unabhängiges Labor zwischen 72 und 93 µg pro Liter der Chemikalie PFOA (Perfluoroctansäure).

Angenommen, der Abbau der Verbindung in der Alz erfolgt durch eine Reaktion 1. Ordnung mit einer Geschwindigkeitskonstante von 1,3 Jahre$^{-1}$ bei einer durchschnittlichen Temperatur des Flüsschens von 14 °C. Am Tag der Probennahme und Messung betrug die durchschnittlich gefundene Konzentration an PFOA 80 µg/L. Die Probe wurde bei 14 °C aufbewahrt und exakt ein Jahr danach erneut analysiert.

a) Welche Konzentration an PFOA erwarten Sie zu diesem Zeitpunkt in der Probe?

b) Wie lange sollte es dauern, bis sich die Konzentration auf 50 µg/L reduziert hat?


## Aufgabe 387

Das Alken 1-Penten wird mit elementarem Iod zu 1,2-Diiodpentan umgesetzt. Dabei wurde ein großer Überschuss an 1-Penten eingesetzt und die Konzentration an verbliebenem Iod als Funktion der Zeit bei einer Temperatur von 298 K ermittelt. Es ergaben sich die folgenden Daten:

| $t$ / $10^3$ s | 0 | 1,0 | 3,0 | 5,0 | 7,0 | 9,0 | 11,0 | 13,0 | 15,0 |
|---|---|---|---|---|---|---|---|---|---|
| $c(I_2)$ / $10^{-3}$ mol/L | 20 | 17,5 | 14,1 | 11,7 | 10,1 | 8,9 | 7,9 | 7,1 | 6,5 |

Ermitteln Sie die Ordnung der Reaktion bezüglich des Iods.


## Aufgabe 388

Die Toxikokinetik ist von großer Bedeutung für das Verständnis und die Extrapolation von Dosis-Wirkungs-Beziehungen, da anhand toxikokinetischer Daten die innere Belastung mit dem ultimativ wirksamen Stoff ermittelt und mit der Wirkungsintensität verknüpft werden kann. In toxikokinetischen Studien misst man Konzentrations-Zeit-Verläufe der applizierten Substanz und relevanter Metaboliten in Körperflüssigkeiten, Organen und Exkrementen.

Dabei versteht man unter Invasion die Aufnahme eines Stoffes in den Blutkreislauf (Resorption), seine Verteilung mit dem Blutstrom und die Speicherung in Organen und Geweben (Distribution). Der Begriff Elimination beschreibt die Entfernung eines Stoffes aus dem Organismus. Im allereinfachsten Fall, wenn die Verteilung im Vergleich zur Elimination sehr schnell abläuft und die Eliminationsgeschwindigkeit direkt proportional zur Stoffkonzentration ist, ergibt sich folgende Konzentrations-Zeit-Funktion:

$$c(S)_t = c(S)_0 \cdot e^{-k_e \cdot t}$$

Dabei sind $c(S)_0$ bzw. $c(S)_t$ die Konzentrationen der Substanz S zum Zeitpunkt 0 bzw. $t$ und $k_e$ die Geschwindigkeitskonstante der Elimination. Ein Experiment an Versuchstieren ergibt, dass ein neues Medikament nach 4 Stunden zu 75 % ausgeschieden worden ist.

Wie groß ist die Geschwindigkeitskonstante der Elimination für dieses Medikament und welche Masse an Wirkstoff befindet sich nach 10 Stunden noch im Organismus, wenn 0,50 g der Substanz verabreicht worden sind?

## Aufgabe 389

Nach einem durchzechten Abend ist der Körper mit dem Abbau von Ethanol beschäftigt – denkt man am nächsten Morgen wieder ans Autofahren, schadet es nicht, sich Gedanken über die Kinetik dieses Prozesses zu machen. Ethanol wird aus dem Magen und dem Dünndarm rasch ins Blut aufgenommen, – wie man leicht spürt, wenn man auf nüchternen Magen trinkt, – und anschließend recht schnell im Körper verteilt. Für den Abbau des Ethanols ist das Enzym Alkohol-Dehydrogenase in der Leber zuständig. Die vertraute Angabe des Alkoholpegels in Promille ist ein Massenanteil, nämlich die Masse an Ethanol im Körper bezogen auf das Körpergewicht. Eine Person mit 70 kg wird auf der Polizeistation abgeliefert; man bestimmt einen Blutalkoholwert von 2,0 Promille. Nach 4 h hat der Mann noch 100 g Ethanol im Körper, nach 8 h noch 60 g.

Leiten Sie daraus das differentielle und das integrierte Geschwindigkeitsgesetz für den Abbau von Ethanol im Körper ab. Nach welcher Zeit ist davon auszugehen, dass der Mann wieder nüchtern ist?

## Aufgabe 390

Nach der intravenösen Verabreichung eines Medikaments gegen Bluthochdruck wurde im Blutplasma die Konzentration der Substanz als Funktion der Zeit nach der Injektion bestimmt und dabei die folgenden Daten erhalten:

| $t$ / min | 50 | 100 | 150 | 200 | 250 | 300 | 400 | 500 |
|---|---|---|---|---|---|---|---|---|
| $\beta$ / ng cm$^{-3}$ | 1300 | 890 | 608 | 415 | 283 | 195 | 90 | 43 |

a) Ermitteln Sie, ob es sich bei der Elimination des Medikaments um einen Prozess 0., 1. oder 2. Ordnung handelt.

b) Bestimmen Sie die Geschwindigkeitskonstante und die Halbwertszeit $t_{1/2}$ für den Vorgang.


# Aufgabe 391

Im Allgemeinen steigt die Reaktionsgeschwindigkeit (und damit auch die Geschwindigkeitskonstante) auf das Zwei- bis Vierfache, wenn man die Temperatur um 10 K erhöht („RGT-Regel"). Die Abhängigkeit der Geschwindigkeitskonstante $k$ von der Temperatur und der sogenannten Aktivierungsenergie wird durch eine nach S. Arrhenius benannte Gleichung beschrieben.

a) Formulieren Sie die Arrhenius-Gleichung und erklären Sie die Bedeutung jeder Größe.

b) Angenommen, die Geschwindigkeitskonstante $k$ verdreifacht sich bei einer Temperaturerhöhung von 27 auf 37 °C. Welche Aktivierungsenthalpie folgt daraus für diese Reaktion?


# Aufgabe 392

Es wurde ein neuartiger Katalysator entwickelt, der in der Lage ist, eine bestimmte Reaktion bei einer Temperatur von 25 °C um den Faktor $10^3$ zu beschleunigen. Die Aktivierungsenthalpie auf dem ursprünglichen (unkatalysierten) Reaktionsweg betrug 98 kJ/mol. Wie groß ist nun die Aktivierungsenthalpie auf dem neuen, katalysierten Reaktionsweg, wenn alle anderen Faktoren unverändert sind? (In der Praxis wird sich auch der präexponentielle Faktor verändern; dies sei hier vernachlässigt). ($R = 8{,}3143$ J/mol K)


# Aufgabe 393

Wasserstoffperoxid ist eine recht energiereiche Verbindung, die unter starker Wärmeentwicklung unter Freisetzung von Sauerstoff zerfallen kann. Bei Zimmertemperatur verläuft diese Reaktion allerdings äußerst langsam, so dass Wasserstoffperoxid insbesondere in Lösung praktisch beständig ist und erst bei höherer Temperatur u. U. explosionsartig zerfällt.

Wasserstoffperoxid wirkt als Bleichmittel, daher wird es in der Kosmetik zum Blondieren von Haaren und zum Bleichen von Zähnen benutzt. Außerdem wirkt es desinfizierend und wird als 3%ige Lösung im Mund- und Rachenraum sowie zur Desinfektion von Kontaktlinsen in Kontaktlinsenreinigern eingesetzt. Weltweit ist die größte Anwendung in der umweltfreundlichen Bleiche von Zellstoff zu sehen. Aufgrund seiner stark oxidierenden Wirkung ist Wasserstoffperoxid ein Zellgift. Es entsteht als Nebenprodukt bei enzymatischen Oxidationsreaktionen und in der Atmungskette. Im Organismus finden sich daher Enzymsysteme (Katalasen, Peroxidasen), welche die Zersetzung von Wasserstoffperoxid stark beschleunigen.

a) Formulieren Sie die Gleichung für die Zersetzung von Wasserstoffperoxid.

b) Es soll die Aktivierungsenthalpie für die unter a) formulierte Zersetzung von Wasserstoff-peroxid ermittelt werden. Dazu wurde die Geschwindigkeitskonstante $k$ für die Reaktion für mehrere Temperaturen bestimmt:

| Temperatur / °C | $k$ / s$^{-1}$ |
|---|---|
| 180 | $2,4 \cdot 10^{-5}$ |
| 192 | $6,0 \cdot 10^{-5}$ |
| 225 | $8,3 \cdot 10^{-4}$ |
| 250 | $4,6 \cdot 10^{-3}$ |

Ermitteln Sie aus diesen Daten die Aktivierungsenthalpie für die Zersetzung von Wasserstoff-peroxid.

c) Wie hoch ist die Geschwindigkeitskonstante bei einer Temperatur von 300 °C?

## Aufgabe 394

Bei der Diskussion über einen möglichen Klimawandel steht (neben dem $CO_2$) auch immer wieder das Methan im Mittelpunkt. Hierbei spielt neben der Menge an – teils aus natürlichen, teils aus anthropogenen Quellen – freigesetztem Methan seine Lebensdauer eine entscheiden-de Rolle: je länger sein Verbleib in der Atmosphäre, desto mehr IR-Strahlung wird von einem einzelnen Methanmolekül absorbiert und desto größer ist naturgemäß sein Beitrag zum „Treibhauseffekt".

In der Troposphäre erfolgt der Abbau von Methan (und anderen Molekülen) durch Reaktion mit OH-Radikalen. Diese werden dort mit etwa gleicher Geschwindigkeit immer wieder neu gebildet, wie sie durch Reaktionen entfernt werden, d. h. ihre Konzentration kann näherungs-weise als konstant angesehen werden. Unter der Lebenszeit $\tau$ des Methans in der Troposphäre versteht man die durchschnittliche Zeit, die zwischen der Emission des Moleküls und seinem Abbau durch Reaktion mit einem OH-Radikal vergeht; sie entspricht der Zeit, bis eine ur-sprüngliche Konzentration $c_0$ ($CH_4$) auf den Wert $c = c_0$ ($CH_4$) / $e$ gesunken ist.

a) Formulieren Sie die beschriebene Abbaureaktion des Methans, die eine sogenannte Ele-mentarreaktion darstellt. Was können Sie unter den genannten Bedingungen über die Ordnung der Reaktion aussagen?

b) Die Geschwindigkeitskonstante $k$ für die genannte Reaktion in der Troposphäre beträgt ca. $3,9 \cdot 10^6$ L mol$^{-1}$ s$^{-1}$, die Konzentration an OH-Radikalen etwa $10^{-15}$ mol/L. Berechnen Sie daraus die Lebensdauer des Methans in der Troposphäre.

c) Die Aktivierungsenthalpie für die Reaktion von $CH_4$ mit Hydroxyl-Radikalen beträgt etwa 20 kJ/mol. Berechnen Sie das Verhältnis der Geschwindigkeitskonstanten für diese Reaktion auf der Erdoberfläche ($T = 295$ K) bzw. in der oberen Troposphäre ($T = 220$ K).

# Aufgabe 395

Formulieren Sie die Gleichungen für den Zerfall der folgenden radioaktiven Atomkerne:

a) $\alpha$-Emission von $^{212}_{86}\text{Rn}$ zu Polonium (Po)

b) $\beta^-$-Emission von $^{24}_{10}\text{Ne}$

# Aufgabe 396

Der Mensch ist laufend energiereicher Strahlung ausgesetzt, wobei diese nur zum geringeren Teil auf technische Errungenschaften wie Röntgen oder Nuklearmedizin zurückzuführen ist. Den größeren Teil tragen kosmische Strahlung, radioaktive Elemente im Erdreich, sowie insbesondere das Element Radon, über dessen Gesundheitsgefährdung in den vergangenen Jahren viel publiziert wurde, bei. Als Maßeinheit für die Strahlungsexposition wird die SI-Einheit für die absorbierte Dosis, das Gray (Gy) verwendet (1 Gy = 1 J pro kg Gewebe), in der Medizin auch häufig die Einheit rad („*radiation absorbed dose*") = $10^{-2}$ Gy. Da nicht alle Formen von Strahlung mit gleicher Effizienz auf das Gewebe einwirken, multipliziert man die Strahlungsdosis mit einem geeigneten Faktor (RBE = *relative biological effectiveness*). Für $\beta$- und $\gamma$-Strahlung ist RBE näherungsweise gleich 1, für die $\alpha$-Strahlung $\approx$ 10. Als effektive Dosis (rem = *roentgen equivalent for man*) definiert man: 1 rem = 1 rad · RBE; die SI-Einheit ist 1 Sievert (Sv) = 100 rem.

Radon ist ein Zerfallsprodukt von $^{238}\text{U}$, aus dem es kontinuierlich gebildet wird und selbst unter Aussendung von $\alpha$-Strahlung mit einer Halbwertszeit von 3,82 Tagen zerfällt. Formulieren Sie die Zerfallsreaktion des $^{222}\text{Rn}$ und versuchen Sie zu erklären, warum Radon abgesehen von seiner relativen Häufigkeit als besonders gefährlich gilt, und welche Folgen besonders wahrscheinlich erscheinen.

# Aufgabe 397

Kalium-Ionen sind für den menschlichen Körper unverzichtbar; sie werden mit der Nahrung aufgenommen und sind wesentlich an der Aufrechterhaltung des Membranpotenzials der Zellen beteiligt. Eines der natürlich vorkommenden Isotope des Kaliums ($^{40}\text{K}$) ist radioaktiv, allerdings hat es eine sehr große Halbwertszeit (1,28·$10^9$ Jahre) und seine relative Häufigkeit ist mit 0,0117 % recht klein. Die Tatsache, dass $^{40}\text{K}$ radioaktiv ist, erstaunt weniger als die Tatsache, dass es nach unterschiedlichen Mechanismen zerfallen kann, wobei zwei verschiedene Elemente (Ar und Ca) entstehen.

a) Aufgrund welcher Tatsache lässt sich vermuten, dass das Isotop $^{40}\text{K}$ radioaktiv ist und durch welche Zerfallsprozesse entstehen die beiden Tochterelemente?

b) Wie viele radioaktive $K^+$-Ionen befinden sich in einer Probe von 500 mg Kaliumcarbonat?

c) Nach welcher Zeit ist davon 1 % zerfallen?

# Aufgabe 398

Die Halbwertszeit des $\beta$-Strahlers $^{131}_{53}$I beträgt 8,04 Tage. Nach dem Reaktorunfall von Tschernobyl trug der Wind das radioaktive Iod-Isotop nach Europa; durch den Regen gelangte es ins Erdreich. Bei einer Messung in Bayern wurden in einem Garten $1,5 \cdot 10^4$ Bq/m$^2$ $^{131}_{53}$I gemessen. Wie viele Atome und welche Masse an $^{131}_{53}$I waren pro Quadratmeter in der Erde?

# Aufgabe 399

Ein Liter Milch enthält typischerweise ca. 1,39 g Kalium. Welche, vom Radioisotop $^{40}_{19}$K herrührende Aktivität (in Becquerel) weist 1 L Milch auf? Die Halbwertszeit des Isotops $^{40}_{19}$K beträgt $1,28 \cdot 10^9$ Jahre; der natürliche Anteil des Isotops $^{40}_{19}$K ist 0,0117 %.

# Aufgabe 400

Bei der Schilddrüsenszintigraphie werden Radionuklide, sogenannte Radiopharmaka verwendet. Als Radiopharmakon kommt routinemäßig vor allem Natrium-$^{99m}$Technetium-Pertechnetat (Na$^{99m}$TcO$_4$) zur Anwendung. Bei $^{99m}$Tc handelt es sich um einen reinen Gammastrahler mit relativ geringer Halbwertszeit von etwa $3 \cdot 10^4$ s, der aufgrund der geringeren Strahlenbelastung für den Patienten und der geringeren Kosten ggü. anderen Radionukliden bevorzugt eingesetzt wird.

Wie groß ist die Stoffmenge an $^{99m}$Tc, wenn die die verwendete Lösung eine Anfangsaktivität von 200 kBq aufweisen soll?

# Aufgabe 401

Die zurzeit gängigsten Brandmelder sind die optischen bzw. photoelektrischen Rauchmelder. Diese arbeiten nach dem Streulichtverfahren (Tyndall-Effekt): Klare Luft reflektiert praktisch kein Licht. Befinden sich aber Rauchpartikel in der Luft und somit in der optischen Kammer des Rauchmelders, so wird ein von einer Infrarotdiode ausgesandter Prüflichtstrahl an den Rauchpartikeln gestreut. Ein Teil dieses Streulichtes fällt dann auf einen lichtempfindlichen Sensor, der nicht direkt vom Lichtstrahl beleuchtet wird, und der Rauchmelder spricht an. Alternativ werden auch sogenannte Ionisationsrauchmelder eingesetzt. Diese arbeiten meist mit $^{241}$Am, einem guten $\alpha$-Strahler mit einer langen Halbwertszeit von 432 Jahren, und können unsichtbare, das heißt kaum reflektierende, Rauchpartikel erkennen.

a) Das Americium hat die Ordnungszahl 95 und weist kein stabiles Isotop auf. $^{241}$Am zerfällt in drei Schritten zu dem Uran-Isotop $^{233}_{92}$U . Welche Zerfallsprozesse sind daran beteiligt?

b) Die für einen derartigen Rauchmelder eingesetzte Menge an $^{241}$Am ist recht gering (ca. 0,2 mg). Wie lange würde es dauern, bis davon nur noch 12,5 µg vorhanden sind?

## Aufgabe 402

Die $^{14}$C-Datierung oder Radiocarbonmethode ist eine Methode zur Altersbestimmung kohlenstoffhaltiger organischer Materialien mit einem Alter bis etwa 50.000 Jahre. Sie basiert auf dem radioaktiven Zerfall des Kohlenstoff-Isotops $^{14}$C und wird insbesondere in der Archäologie, Archäobotanik und Quartärforschung angewandt. Entwickelt wurde die Radiokohlenstoffdatierung 1949 von Willard Frank Libby (1908–1980), wofür dieser 1960 den Nobelpreis für Chemie erhielt.

Kohlenstoff kommt in der Natur in drei Isotopen vor: $^{12}$C, $^{13}$C und $^{14}$C. In der Luft beträgt der Anteil am Gesamtkohlenstoffgehalt für $^{12}$C etwa 98,89 %, für $^{13}$C etwa 1,11 % und für $^{14}$C nur $10^{-10}$ %. Im Gegensatz zu $^{12}$C und $^{13}$C ist $^{14}$C nicht stabil und wird deswegen auch Radiokohlenstoff genannt. Da Lebewesen bei ihrem Stoffwechsel ständig Kohlenstoff mit der Atmosphäre austauschen, stellt sich in lebenden Organismen das gleiche Verteilungsverhältnis der drei Kohlenstoff-Isotope ein, wie es in der Atmosphäre vorliegt. Wird Kohlenstoff aus diesem Kreislauf herausgenommen, dann ändert sich das Verhältnis zwischen $^{14}$C und $^{12}$C, weil die zerfallenden $^{14}$C-Kerne nicht durch neue ersetzt werden. Das Verhältnis zwischen $^{14}$C und $^{12}$C eines organischen Materials ist damit ein Maß für die Zeit, die seit dem Tod eines Lebewesens – beispielsweise dem Fällen eines Baums und Verwendung dessen Holzes – vergangen ist.

Bei einer Expedition wird ein alter Sarkophag aus Olivenholz gefunden und ein kleines Stück davon entnommen. 1,0 g Kohlenstoff vom Holz des Sarkophags zeigt eine Aktivität von 0,36 Bq. Eine Probe der Masse 1,0 g vom Holz eines frisch gefällten Baums weist infolge des Zerfalls von $^{14}$C eine Aktivität von 0,52 Bq auf. Die Halbwertszeit von $^{14}$C beträgt 5730 Jahre.

a) Formulieren Sie den Zerfall von $^{14}$C, der unter Aussendung eines Elektrons erfolgt (β-Zerfall), sowie seine Bildung aus atmosphärischem $^{14}$N bei Zusammenstoß mit einem energiereichen Neutron.

b) Berechnen Sie das Alter des gefundenen Sarkophags.

## Aufgabe 403

Bei Bohrungen in Gletscher- bzw. Grönlandeis werden Eisproben aus Schichten verschiedener Tiefe entnommen. Ihr Alter lässt sich mit Hilfe ihres Tritiumgehalts bestimmen. Das Nuklid Tritium $^3$H ist in der Atmosphäre auf Grund fehlender natürlicher Erzeugungsprozesse fast nicht vorhanden. In den 1960er Jahren wurde es jedoch durch Kernwaffentests in höherem Maße freigesetzt. $^3$H ist radioaktiv ($t_{1/2}$ = 12,3 a) und geht durch β$^-$-Zerfall in das stabile Edelgasisotop $^3$He über.

a) Das Zerfallsprodukt kann das Eis nicht verlassen und reichert sich darin an. Daher kann zur Altersbestimmung der Proben das Anzahlverhältnis von Mutter- und Tochterkernen des Tritiumzerfalls verwendet werden. Gehen Sie zunächst davon aus, dass zum Zeitpunkt des Tritiumeinschlusses kein $^3$He im Eis vorhanden war. Weisen Sie nach, dass dann für das Anzahlverhältnis $\chi$ von Mutter- zu Tochterkernen

$$\chi = \frac{1}{e^{\lambda \cdot t} - 1}$$

gilt, wobei $\lambda$ die Zerfallskonstante für Tritium ist. Welches Alter ergibt sich für eine Eisprobe, bei der $\chi = 0{,}12$ gemessen wird?

b) Ist das tatsächliche Alter der Probe größer oder kleiner als der berechnete Wert, wenn die zum Zeitpunkt der Entstehung der Probe bestehende $^3$He-Konzentration nicht vernachlässigbar ist? Begründen Sie Ihre Antwort.

c) Nennen Sie zwei Gründe, warum die Tritiummethode zur Altersbestimmung von Eisschichten, die deutlich älter als 40 Jahre sind, nicht geeignet ist.

# Kapitel 11

# Gase, Flüssigkeiten, Festkörper

**Werkzeugkasten –**

**Begriffe und Gleichungen, die Sie griffbereit haben sollten**

**Duck:**

Druck ist definiert als Kraft pro Fläche, $p = F/A$; Einheit: Pascal (Pa), bzw. Bar (bar).

**Atmosphärendruck:**

Er ist abhängig von der jeweiligen Höhe des Standorts und auch vom Wetter. Der mittlere Druck auf Meereshöhe bei 0 °C entspricht dem Druck einer Quecksilbersäule mit der Höhe 760 mm und wird als *Normaldruck* bezeichnet. Umrechnung der (veralteten) Einheit atm:

1 atm = 1,013 bar = 1013 mbar = 101,13 kP = 760 Torr

**Gesetz von Avogadro:**

Gleiche Volumina beliebiger Gase enthalten die gleiche Teilchenzahl, (bei $p$, $T$ = const.), d. h.

$V \sim n$

**Gesetz von Boyle-Mariotte:**

Das Volumen eines Gases ist indirekt proportional zum Druck (bei $n$, $T$ = const.), d. h.

$V \sim \dfrac{1}{p}$   oder   $p_1 V_1 = p_2 V_2$

**Gesetz von Charles:**

Das Volumen eines Gases ist direkt proportional zur absoluten Temperatur (bei $n$, $p$ = const.), d. h.

$V \sim T$   oder   $\dfrac{V_1}{T_1} = \dfrac{V_2}{T_2}$

Alle Temperaturen müssen in Kelvin (K) eingesetzt werden; die Kelvin-Skala ist eine absolute Skala, d. h. 0 K (= –273,15 °C) ist der absolute Nullpunkt; eine tiefere (negative) Temperatur ist nicht möglich.

**Ideale Gasgleichung:**

Kombiniert man die obigen Gesetze für die drei Zustandsgrößen Druck, Volumen und Temperatur, erhält man das folgende Gesetz für → *ideale Gase*:

$pV = nRT$ mit der allgemeinen Gaskonstante $R$ = 8,3143 J/mol K = 0,083143 L bar/mol K

© Springer Fachmedien Wiesbaden GmbH, ein Teil von Springer Nature 2020
R. Hutterer, *Fit in Anorganik*, Studienbücher Chemie,
https://doi.org/10.1007/978-3-658-30486-7_11

**Partialdruck:**

Der Partialdruck einer Komponente in einer Gasmischung entspricht dem Druck, den diese Komponente ausüben würde, wenn sie als einziges Gas im gegebenen Volumen anwesend wäre.

**Gesetz von Dalton:**

Sofern die einzelnen Gase nicht miteinander reagieren, setzt sich der Gesamtdruck $p$ additiv aus den Partialdrücken der einzelnen Komponenten zusammen:

$$p = p(A) + p(B) + p(C) + \ldots = \sum_i p_i$$

Der Partialdruck eines Gases A in einem Gemisch aus A und B und … ergibt sich aus seinem *Stoffmengenanteil*:

$$p(A) = \frac{n(A)}{n(A) + n(B) + \ldots} \cdot p = \chi(A) \cdot p$$

**Ideales versus reales Gas:**

Für ein *ideales Gas* ist das Volumen am absoluten Nullpunkt ($T = 0$ K) gleich Null. Für gewöhnliche Druck- und Temperaturverhältnisse geht man davon aus, dass das Volumen der Gasteilchen im Verhältnis zum Gesamtvolumen vernachlässigbar ist und die Teilchen keine Wechselwirkungen untereinander ausüben. Beides trifft für ein *reales Gas* nicht zu; die resultierenden Abweichungen vom idealen Verhalten werden in der *Van der Waals-Gleichung* berücksichtigt.

**Kritische Temperatur / kritischer Druck:**

Für jedes Gas existiert eine Temperatur oberhalb der es nicht mehr (auch nicht durch beliebig hohe Drücke) verflüssigt werden kann (*kritische Temperatur*). Der *kritische Druck* ist der Mindestdruck, der zur Verflüssigung des Gases bei seiner kritischen Temperatur benötigt wird.

**Zwischenmolekulare Anziehungskräfte:**

  **Ionische Wechselwirkungen:**

Geladene Teilchen werden durch starke Coulomb-Kräfte zusammengehalten ($\rightarrow$ *Ionengitter*, *Salze*, $\rightarrow$ WK Kap. 3); für die Coulomb-Energie zwischen zwei Ladungen $q_1$ und $q_2$ im Abstand $r$ gilt:

$$E = \frac{q_1 \cdot q_2}{4 \pi \varepsilon_0 r}$$

Sie sind wesentlich stärker als die nachfolgenden Wechselwirkungen und bewirken den festen Zusammenhalt von Ionen in einem Kristallgitter ($\rightarrow$ *Gitterenthalpie*; vgl. WK Kap. 3 und 9).

  **Ion-Dipol-Wechselwirkungen:**

Sie sind – nach den Coulomb-Kräften – die stärksten zwischenmolekularen Wechselwirkungen und spielen eine entscheidende Rolle für die Auflösung von Salzen ($\rightarrow$ *Hydratisierungsenthalpie;* $\rightarrow$ *Lösungen* (WK Kap. 9)). Das partial positiv geladene Ende eines polaren Moleküls wie $H_2O$ richtet sich zu Anionen hin aus, der negative entsprechend zu Kationen.

### Dipol-Dipol-Wechselwirkungen:

Sie wirken zwischen allen Molekülen, die ein permanentes → *Dipolmoment* (WK Kap. 3) aufweisen, also zwischen polaren Molekülen.

Das positive Ende eines Dipolmoleküls interagiert elektrostatisch mit dem negativen Pol eines anderen, was zu einem stärkeren Zusammenhalt (und damit höheren Schmelz- und Siedepunkten) verglichen mit unpolaren Molekülen mit vergleichbarer → *molarer Masse* (WK Kap. 4) führt.

### Wasserstoffbrücken-Bindungen:

Hierbei handelt es sich um eine spezielle Art von *Dipol-Dipol-Wechselwirkungen*; sie treten auf, wenn Wasserstoffatome an kleine, stark elektronegative Atome (F, O, N) gebunden sind. Das stark positiv polarisierte H-Atom und ein einsames Elektronenpaar am elektronegativen Atom eines benachbarten Moleküls ziehen sich an und bilden eine sog. Wasserstoffbrücke. Diese sind für die ungewöhnlichen physikalischen Eigenschaften von Wasser (Sdp. = 100 °C!) ebenso verantwortlich, wie für die Basenpaarung in DNA oder zahlreiche strukturbestimmende Wechselwirkungen in Proteinen.

### London-Kräfte (Van der Waals-Wechselwirkungen):

Auch zwischen unpolaren Molekülen (ohne permanentes → *Dipolmoment*) herrschen (schwache) zwischenmolekulare Kräfte. Sie entstehen durch kurzzeitig *induzierte Dipole* und nehmen an Stärke zu mit der molaren Masse und der Oberfläche eines Moleküls, sowie mit seiner → *Polarisierbarkeit* $\alpha$.

### Polarisierbarkeit:

Diese ist ein Maß für die Verschiebbarkeit von positiver relativ zu negativer Ladung in einem Molekül/Atom in Anwesenheit eines elektrischen Feldes. Je höher die Polarisierbarkeit, desto leichter kann ein → *Dipolmoment* induziert werden. So nimmt z. B. innerhalb der Halogene die Polarisierbarkeit mit zunehmender Molekülgröße (↔ größere, diffusere Elektronenhülle) vom Fluor zum Iod stark zu.

### Phasenumwandlung:

Geht ein Stoff von einem Aggregatzustand in einen anderen über, liegt eine *Phasenumwandlung* vor. Eine direkte Umwandlung vom Feststoff in den Gaszustand heißt *Sublimation*, der Übergang in den flüssigen Zustand *Schmelzen*, während der Übergang von der Flüssigkeit in den Gaszustand als *Verdampfen* bekannt ist. Phasenumwandlungen bei konstantem Druck bedingt durch eine Temperaturänderung lassen sich entlang einer horizontalen Linie im → *Phasendiagramm* ablesen, solche bei konstanter Temperatur infolge Druckänderung entlang einer vertikalen Linie.

### Zustandsdiagramm (Phasendiagramm):

In einem *Phasendiagramm* ist der Druck gegen die Temperatur aufgetragen; es enthält die Dampfdruckkurven des Feststoffs und der Flüssigkeit sowie die Schmelzkurve und zeigt dadurch die Bereiche an, in dem ein Stoff im festen, flüssigen oder gasförmigen Zustand vorliegt und bei welchem Druck in Abhängigkeit von der Temperatur ein Gleichgewicht zwischen zwei Phasen herrscht.

**Siedepunkt:**

Der Siedepunkt einer Flüssigkeit wird erreicht, wenn ihr → *Dampfdruck* (WK Kap. 9) gleich dem äußeren Atmosphärendruck ist. Die Temperatur einer siedenden Flüssigkeit ändert sich nicht, bis die gesamte Flüssigkeit verdampft ist; je niedriger der äußere → *Druck*, desto tiefer die Siedetemperatur.

**Kristall:**

Die meisten Feststoffe sind kristallin, d. h. die Teilchen weisen eine definierte Ordnung auf, liegen also beispielsweise in einem bestimmten Gittertyp vor. Diese periodische Ordnung fehlt in *amorphen Feststoffen*, z. B. Gläsern.

**Kristallstruktur:**

Die periodische dreidimensionale Anordnung der (Metall)atome, Ionen oder Moleküle in einem *Kristall* definiert seine *Kristallstruktur*. Man unterscheidet nach Symmetrieeigenschaften verschiedene Gittertypen. Die meisten Metalle weisen eine kubisch innenzentrierte, kubisch dichteste oder hexagonal dichteste Kugelpackung auf. Die wichtigsten Strukturtypen für Salze der Zusammensetzung MX sind nach typischen Vertretern benannt und unterscheiden sich in ihrer → *Koordinationszahl* (WK Kap. 8): CsCl-Gitter (KoZ 8); NaCl-Gitter (KoZ 6); ZnS-Gitter (KoZ 4).

**Molekulare Festkörper:**

Die Moleküle im Gitter werden (je nach Art/Polarität der Moleküle) durch entsprechende → *zwischenmolekulare Kräfte* zusammengehalten; ihre Schmelzpunkte sind daher im Vergleich zu ionischen Festkörpern meist relativ niedrig. Einige Atome (z. B. Kohlenstoff) und Verbindungen (Quarz, $SiO_2$) bilden dreidimensionale *Netzwerkstrukturen* aus, bei denen die Atome kovalent miteinander verbunden sind und ein quasi unendliches „Riesenmolekül" bilden. Solche Stoffe sind praktisch unlöslich und weisen sehr hohe Schmelzpunkte auf.

# Aufgabe 404

Zwei gasdichte Container sind über einen geschlossenen Hahn miteinander verbunden. Der eine hat ein Volumen von 2,0 L und enthält Stickstoff mit einem Druck von 1,0 bar bei 25 °C, der andere weist ein Volumen von 3,0 L auf und enthält Sauerstoff bei der gleichen Temperatur und einem Druck von 2,0 bar.

Welches Volumen nimmt der Stickstoff bzw. der Sauerstoff ein, wenn der Verbindungshahn geöffnet wird und welchen Partialdruck zeigen die Gase dann jeweils? Welcher Gesamtdruck stellt sich im Container ein?

# Aufgabe 405

Ein beliebter Versuch in Experimentalvorlesungen ist die Bildung von weißem Rauch durch Reaktion der beiden farblosen Gase Ammoniak und Chlorwasserstoff. Um die Qualität der Luft im Hörsaal nicht zu sehr zu beeinträchtigen, soll der Versuch diesmal jedoch in einem geschlossenen Gefäß durchgeführt werden. Hierzu sind zwei 2 L-Rundkolben vorhanden, die durch ein Glasrohr mit einem verschließbaren Hahn getrennt sind. Der eine von beiden enthält 7,00 g Ammoniak, der andere 10,0 g Chlorwasserstoff; das Volumen des Verbindungsstücks ist zu vernachlässigen. Die Temperatur im Saal beträgt 23 °C.

a) Nach der Öffnung des Hahns läuft die Reaktion ab, bis einer der Reaktionspartner vollständig verbraucht ist. Welches Gas verbleibt nach der Reaktion im Gefäß?

b) Welcher Druck stellt sich nach Abschluss der Reaktion ein (das Volumen des gebildeten Produkts kann vernachlässigt werden)?

# Aufgabe 406

Sie wollen die molare Masse des Gases für Ihren Campingkocher ermitteln. Das Thermometer zeigt 24,4 °C an, das Barometer einen Luftdruck von 1,010 bar. Das Gas befindet sich in einem 250 mL-Kolben. Dieser wiegt in vollständig evakuiertem Zustand 234,105 g und gefüllt mit dem Gas 234,686 g. Die allgemeine Gaskonstante beträgt 0,08314 L bar/mol K.

a) Berechnen Sie die molare Masse des Gases, für das ideales Verhalten angenommen wird.

b) Angenommen, es besteht nur aus Kohlenstoff und Wasserstoff: welche Summenformel besitzt das Gas und worum handelt es sich?

## Aufgabe 407

a) Ein Ballon enthält bei einem Druck von 0,98 bar und 18 °C 1400 L Helium. Welches Volumen nimmt der Ballon ein, wenn er auf eine Höhe von 32 km aufsteigt, wo der Druck nur 4,0 torr beträgt und eine Temperatur von −2 °C herrscht?

b) Helium wird auch von Tiefseetauchern eingesetzt, die anstelle von Druckluft ein Helium-Sauerstoff-Gemisch mit sich führen. Können Sie den Sinn dieser Maßnahme erklären?

## Aufgabe 408

Bei der Analyse einer Gesteinsprobe wird diese mit HCl-Lösung versetzt, wobei eine Gasentwicklung zu beobachten ist. Das Gas wird in einem 250 mL-Kolben aufgefangen bis der Druck darin 0,70 bar beträgt; $T = 25$ °C. Die Masse der aufgefangenen Gasprobe beträgt 0,311 g.

Um welches Gas könnte es sich handeln, und woraus könnte das Gestein bestehen?

1 bar = 760 mm Hg; $R = 0{,}083143$ L bar mol$^{-1}$ K$^{-1}$ = 8,3143 J mol$^{-1}$ K$^{-1}$

$M_r$ (C) = 12,01; $M_r$ (O) = 16,00; $M_r$ (S) = 32,00; $M_r$ (H) = 1,008

## Aufgabe 409

In einer Sprudelflasche beträgt die typische Konzentration an $CO_2$ etwa 0,12 mol/L.

a) Worauf beruht das bekannte Zischen, wenn Sie die Flasche öffnen? Die Henry-Konstante für $CO_2$ bei 25 °C beträgt $3{,}4 \cdot 10^{-2}$ mol L$^{-1}$ bar$^{-1}$.

Erklärt das Ihre Beobachtung?

Was passiert, wenn man die Flasche danach längere Zeit stehen lässt?

b) Beim Erhitzen von Wasser in einem Topf beobachtet man an der Innenwand des Topfes die Bildung von Gasbläschen lange bevor die Siedetemperatur erreicht wird. Woraus bestehen diese Blasen und woher kommen sie?

## Aufgabe 410

Die ausreichende Versorgung mit Sauerstoff ist für die Zellen des menschlichen Körpers unverzichtbar. So war die „Erfindung" des Hämoglobins als Transportmolekül für den Sauerstoff im Blut erforderlich, da sich Sauerstoff relativ schlecht in Wasser löst und somit rein physikalisch im Blut gelöster Sauerstoff für die Versorgung der Zellen nicht ausreicht.

a) Bei einer Temperatur von 25 °C beträgt die Henry-Konstante $K_H$ für Sauerstoff in Wasser 1,3 mol L$^{-1}$ bar$^{-1}$. Berechnen Sie die Massenkonzentrationen von $O_2$ im Wasser, das sich bei einem Luftdruck von 1020 hPa im Gleichgewicht mit trockener Luft befindet. Welchen Effekt erwarten Sie, wenn das Wasser erwärmt wird?

b) Auch bei kleineren Operationen werden häufig Blutkonserven benötigt, um den Blutverlust des Patienten auszugleichen. Bei größeren Eingriffen ist der Bedarf oft erheblich, so dass insgesamt nicht genug Spenderblut zur Verfügung steht und man daher versucht, teilweise auf künstlichen Ersatz zurückzugreifen. In dieser Hinsicht haben sich Perfluorkohlenwasserstoffe bewährt, Verbindungen, in denen alle Wasserstoffatome durch Fluor substituiert sind.

Können Sie sich vorstellen, worauf die gute Eignung dieser Substanzklasse als „Blutersatz" besteht?

## Aufgabe 411

Die Druckgasflasche eines Tauchers ($V = 12,5$ L) wird mit einem Gemisch aus Sauerstoff und Helium (warum?) befüllt. Die Mischung besteht aus 24,2 g Helium und 4,32 g Sauerstoff; die Temperatur beträgt 25 °C. Berechnen Sie die Stoffmengenanteile und die Partialdrücke der beiden Komponenten und den Gesamtdruck in der Flasche.

## Aufgabe 412

Bei Normaldruck schmilzt Eis bekanntlich bei 0 °C zu Wasser, das bei 100 °C siedet.

a) Betrachtet man das Phasendiagramm von Wasser, so fällt auf, dass im Gegensatz zu fast allen anderen Substanzen die Schmelzkurve eine negative Steigung aufweist. Was ist der Grund für dieses ungewöhnliche Verhalten?

b) Wofür wird mehr Energie benötigt – um 90 g Eis zu schmelzen (bei konstanter Temperatur von 0 °C), oder 1 mol Wasser zu verdampfen (bei $T = 100$ °C)?

$\Delta H_{schm} = 6{,}02$ kJ/mol;  $\Delta H_{verd} = 40{,}7$ kJ/mol;

c) Die spezifische Wärmekapazität $c_{sp}$ von Eis beträgt 2,09 J/g K; die Schmelzenthalpie von Eis beträgt 6,02 kJ/mol. Ein Eiswürfel mit einer Temperatur von −20 °C wird aus dem Gefrierschrank genommen und in ein Glas mit Wasser, das Raumtemperatur aufweist, gegeben. Welcher Vorgang trägt mehr zur Abkühlung des Wassers bei: die Erwärmung des Eiswürfels von −20 auf 0 °C oder das Schmelzen des Eises?

# Aufgabe 413

Im Jahr 1972 wurde in Ottobrunn ein Airbag entwickelt; er verwendet festes Natriumazid ($NaN_3$), das bei einem Aufprall in die elementaren Stoffe zerfällt.

a) Welche Masse an Stickstoff entsteht, wenn in dem Airbag 160 g Natriumazid eingesetzt werden?

b) Auf welches Volumen bläht sich der Airbag auf, wenn die Temperatur 20 °C beträgt und der Luftdruck 1,013 bar?

$R = 8{,}3143 \cdot 10^{-2}$ L bar/mol K;   $M_r(Na) = 23{,}0$;   $M_r(N) = 14{,}0$

# Aufgabe 414

Gegeben sind drei Bechergläser, die jeweils 50 mL Flüssigkeit enthalten. Die beiden mit A und B bezeichneten Gefäße enthalten Wasser, Becherglas C Aceton. Becherglas A hat einen Durchmesser von 5 cm; B und C jeweils von 10 cm.

In welchem Becherglas ist die Flüssigkeit an raschesten verdampft – oder dauert es immer gleich lang, da die Flüssigkeitsmengen ja identisch sind? Unterscheiden sich die Dampfdrücke in Becherglas A und B?

# Aufgabe 415

Nur in einer Gruppe des Periodensystems finden sich Elemente, die unter Standardbedingungen ($T = 25$ °C, $p = 1$ bar) alle drei Aggregatzustände umfassen, d. h. in der mindestens ein Element gasförmig bzw. flüssig bzw. fest ist.

Um welche Gruppe und welche Elemente handelt es sich, und worauf beruhen diese unterschiedlichen Aggregatszustände?

# Aufgabe 416

Von den folgenden vier Substanzen ist eine flüssig.

Methanal  H–CO–H  /  Fluormethan $H_3CF$  /  Wasserstoffperoxid $H_2O_2$  /  LiF

Welche ist das und warum? Welche räumlichen Strukturen erwarten Sie?

## Aufgabe 417

In der Zahnmedizin wird gelegentlich eine sogenannte Vitalitätsprüfung durchgeführt, bei der durch einen entsprechenden Reiz festgestellt werden soll, ob die Zahnpulpa noch lebt. Häufig wird dazu ein Kältespray eingesetzt, das z. B. Chlorethan enthält. Derartige Sprays dienen auch zur örtlichen Betäubung und werden im Sport zur akuten Behandlung von Prellungen und Verstauchungen benutzt.

Welche Eigenschaft des Chlorethans macht man sich dabei zunutze? Warum ist das analog aufgebaute Ethanol hierfür nicht in gleicher Weise geeignet?

## Aufgabe 418

Kaffee ist der Statistik zufolge das Lieblingsgetränk der Deutschen und hat das Bier in puncto Konsum pro Kopf und Jahr längst hinter sich gelassen. Der eine schätzt Kaffee wegen seines Geschmacks, zu dem eine immense Vielzahl von Verbindungen beiträgt, der andere trinkt ihn in großen Mengen aufgrund seiner anregenden Wirkung, für die insbesondere das rechts gezeigte Coffein verantwortlich ist. Manche Menschen greifen aber auch bewusst zu „entcoffeiniertem" Kaffee, aus dem das Coffein weitgehend entfernt worden ist.

Was bildet die physikalisch-chemische Grundlage des Verfahrens, wie geht man dabei heute vor, und welche Vorteile bietet das Verfahren?

## Aufgabe 419

Festkörper können aus einzelnen Atomen, Molekülen oder Ionen aufgebaut sein; außerdem kennt man noch molekulare Netzwerkstrukturen.

a) Geben Sie für die folgenden Feststoffe an, um welche Art es sich handelt:

$(Zn,Cu)_5[(OH)_6(CO)_2]$ $(s)$ / $Ar$ $(s)$ / $Ni$ $(s)$ / $CH_3OH$ $(s)$

b) Welcher der folgenden Feststoffe hat den höchsten Schmelzpunkt? Begründen Sie!

$Ar$ $(s)$ / $CCl_4$ $(s)$ / $LiCl$ $(s)$ / $I_2$ $(s)$

## Aufgabe 420

Die drei Salze Natriumchlorid, Caesiumchlorid und Zinksulfid sind kristalline Festkörper. In allen drei Fällen beträgt die Stöchiometrie Kation : Anion 1:1; man könnte also vermuten, dass die Verbindungen auch strukturell gleich gebaut sind. Dies ist jedoch nicht der Fall.

Versuchen Sie, eine Erklärung für die strukturellen Unterschiede zu geben.

## Aufgabe 421

Im Folgenden sind die Phasendiagramme für Wasser und Kohlendioxid (rechts) schematisch dargestellt. Diskutieren Sie die wesentlichen Charakteristika und die Unterschiede, die sich daraus für beide Substanzen ableiten lassen. Was passiert am Endpunkt der Phasengrenzlinie zwischen Flüssigkeit und Gasphase (D bzw. Z)?

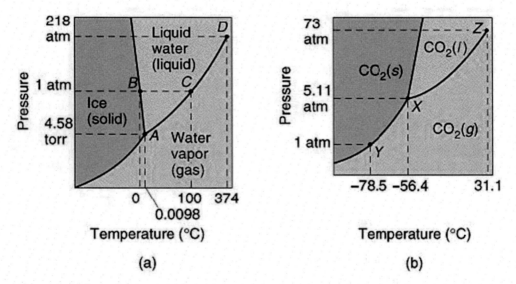

Phasendiagramme für Wasser (links) und Kohlendioxid (rechts)

Quelle:  http://www2.chemie.uni-erlangen.de/projects/vsc/chemie-mediziner-neu/phasen/phasendiagramme.html

# Kapitel 12

# Stoffchemie; themenübergreifende Probleme

**Werkzeugkasten –**

**Begriffe und Gleichungen, die Sie griffbereit haben sollten**

Bedienen Sie sich aus den Werkzeugkästen der vorangegangenen Kapitel – dort sollte zu finden sein, was Sie brauchen!

## Aufgabe 422

Cyanwasserstoff (Blausäure), Summenformel HCN, ist eine farblose bis leicht gelbliche, brennbare und wasserlösliche Flüssigkeit mit einem charakteristischen, unangenehmen Bittermandelgeruch. Der „Bittermandelgeruch" von Mandeln und anderen Kernen setzt sich zusammen aus dem angenehmen Duft von Benzaldehyd und dem eher unangenehmen Geruch der Blausäure. Ursprünglich ist in den Mandelkernen ein cyanogenes Glykosid, das Amygdalin, vorhanden, das unter dem Einfluss einer Hydroxynitril-Lyase (ein Enzym) oder Säuren in Blausäure, Benzaldehyd und Glucose zerfällt. Nur etwa 20–50 % der Menschen sind – aufgrund ihrer genetischen Veranlagung – in der Lage, den Geruch wahrzunehmen. Der Name Blausäure rührt von der Gewinnung aus Eisenhexacyanidoferrat (Berliner Blau) her, einem sehr beständigen Pigment mit blauer Farbe.

Blausäure sowie alle Cyanide sind hochgiftig. Blausäure verdunstet bei normaler Lufttemperatur; eine Vergiftung kann deshalb leicht durch Einatmen (inhalativ) erfolgen. Schon 60 mg eingeatmete Blausäure können tödlich wirken. Die primäre Giftwirkung besteht in der Blockade der Sauerstoffbindungsstelle durch die irreversible Bindung der Blausäure an das zentrale Eisen(III)-Ion des Häm $a_3$-Cofaktors in der Cytochrom $c$-Oxidase der Atmungskette in den Mitochondrien der Zelle. Durch die Inaktivierung dieses Enzyms kommt die Zellatmung zum Erliegen, die Zelle kann den Sauerstoff nicht mehr zur Energiegewinnung verwerten und es kommt damit zu einer „inneren Erstickung".

Blausäure ist eine sehr schwache Säure. Für ihre Säurekonstante gilt: $K_S$ (HCN) = $10^{-9}$ mol/L. Das korrespondierende Anion der Blausäure ist das Cyanid-Ion.

a) Formulieren Sie Strukturformeln für das Cyanid-Ion und als Vergleich für den molekularen Stickstoff. Schreiben Sie über alle Atome die jeweilige Oxidationszahl.

b) Berechnen Sie den pH-Wert einer Lösung von Cyanid-Ionen in Wasser der Konzentration $c$ (CN$^-$) = 0,1 mol/L.

© Springer Fachmedien Wiesbaden GmbH, ein Teil von Springer Nature 2020
R. Hutterer, *Fit in Anorganik*, Studienbücher Chemie,
https://doi.org/10.1007/978-3-658-30486-7_12

c) Feuchtes, festes Kaliumcyanid riecht an der Luft nach Blausäure, das heißt beim Kontakt mit dem Kohlendioxid in der Luft bildet sich die leicht flüchtige Blausäure (HCN), die dann entweicht. Kohlensäure ist zwar auch nur eine schwache Säure ($K_S = 10^{-6,4}$ mol/L); sie ist aber wesentlich stärker als Blausäure. Formulieren Sie zwei Gleichgewichte, die deutlich machen, warum es an der Luft zur Bildung von leicht flüchtiger Blausäure aus festem Kaliumcyanid kommt.

d) Aus einer Lösung von $Cu^{2+}$ lässt sich durch Zugabe von etwas NaOH-Lösung schwer lösliches Kupfer(II)-hydroxid ausfällen. Versetzt man die $Cu^{2+}$-Lösung jedoch vor der Basenzugabe mit etwas Kaliumcyanid, so unterbleibt die obengenannte Fällungsreaktion. Begründen Sie diesen Befund mit einem Satz und einer entsprechenden Reaktionsgleichung.

e) Der gebildete Cu(II)-Komplex kann mit Hilfe des starken Reduktionsmittels Sulfit zum entsprechenden Tetracyanidocuprat(I)-Komplex reduziert werden. Sulfit wird dabei zum Sulfat oxidiert. Formulieren Sie die Gesamtredoxgleichung aus den beiden Teilgleichungen.

# Aufgabe 423

Nierensteine oder Nephrolithen (griech. νεφρός „Niere" und λίθος „Stein") sind Ablagerungen in den Nierengängen oder ableitenden Harnwegen. Letztere werden als Ureter- und Blasensteine bezeichnet. Nierensteine können sich im Nierenbecken bilden, es kann aber auch zu einem Auskristallisieren im Nierengewebe kommen, z. B. bei der Uratniere.

Die Entstehung von Nephrolithen ist komplex und von vielen Faktoren abhängig, die je nach Zusammensetzung des Konkrements variieren und noch nicht in allen Einzelheiten geklärt sind. Auf molekularer Ebene kommt es zu einer Erhöhung der Konzentration von schwerlöslichen Ionen oder anderen Harnbestandteilen bis zur Überschreitung des Löslichkeitsprodukts. Dadurch beginnen diese Salze auszufallen und Konglomerate zu bilden, die je nach Größe die ableitenden Harnwege nicht mehr passieren können und sich ablagern. Nierensteine bestehen häufig zu einem größeren Teil aus schwer löslichem Calciumoxalat. Entsprechend kann ihre Bildung durch erhöhte Oxalsäure-Werte begünstigt werden, die in einigen Nahrungsmitteln wie Rhabarber oder Roter Beete enthalten sind.

In einem Nierenstein soll die unbekannte Stoffmenge an Oxalat durch eine Redoxtitration mit Permanganat in saurer Lösung bestimmt werden.

a) Formulieren Sie zunächst die beiden Redoxteilgleichungen, aus denen Sie das Stoffmengenverhältnis Calciumoxalat/$MnO_4^-$ entnehmen können. Das Oxalat wird zu $CO_2$ oxidiert.

b) Errechnen Sie die Masse $m$ und den Massenanteil $\omega$ an Calciumoxalat im Nierenstein aus dem Titrationsergebnis, wenn eine Permanganat-Lösung mit der Konzentration $c$ ($MnO_4^-$) = 0,02 mol/L verwendet wird. Der Verbrauch an Permanganat-Lösung beträgt 20,0 mL. Die eingewogene Masse des Nierensteins $m$ (Stein) beträgt 640 mg, die molare Masse von Calciumoxalat $M$ ($CaC_2O_4$) ist 128 g/mol.

# Aufgabe 424

Arsen ist wie Phosphor ein Element der 5. Hauptgruppe; seine Chemie weist daher viele Ähnlichkeiten mit der des Phosphors auf. Bereits im klassischen Altertum war Arsen in Form der Arsensulfide Auripigment ($As_2S_3$) und Realgar ($As_4S_4$) bekannt, die etwa von dem Griechen Theophrastos beschrieben wurden. Albertus Magnus beschrieb um 1250 erstmals die Herstellung von Arsen durch Reduktion von Arsenik mit Kohle. Er gilt daher traditionell als Entdecker des Elements; Paracelsus führte es im 16. Jahrhundert in die Heilkunde ein.

Dreiwertige lösliche Verbindungen des Arsens sind hoch toxisch, weil sie biochemische Prozesse wie die DNA-Reparatur, den zellulären Energiestoffwechsel, rezeptorvermittelte Transportvorgänge und die Signaltransduktion stören. Eine akute Arsenvergiftung führt zu Krämpfen, Übelkeit, Erbrechen, inneren Blutungen, Durchfall und Koliken, bis hin zu Nieren- und Kreislaufversagen. Die Einnahme von 60 bis 170 Milligramm Arsenik gilt für Menschen als tödliche Dosis ($LD_{50}$ = 1,4 mg/kg Körpergewicht); meist tritt der Tod innerhalb von mehreren Stunden bis wenigen Tagen durch Nieren- und Herz-Kreislauf-Versagen ein. Eine chronische Arsenbelastung kann Krankheiten der Haut und Schäden an den Blutgefäßen hervorrufen, sowie zu bösartigen Tumoren der Haut, Lunge, Leber und Harnblase führen.

Kationisches Arsen tritt in vielen Ländern im Grundwasser in relativ hohen Konzentrationen auf. Durch Auswaschungen aus arsenhaltigen Erzen in Form von drei- und fünfwertigen Ionen trinken weltweit über 100 Millionen Menschen belastetes Wasser.

a) Eine schon sehr lange bekannte Arsenverbindung ist „Arsenik", bei der es sich um Arsen(III)-oxid handelt. In Wasser bildet sich aus dem Arsen(III)-oxid die schwache „arsenige Säure" $H_3AsO_3$. Formulieren Sie diese Reaktion.

b) Mit Arsen(III)-oxid wurden früher zahlreiche Morde an hochstehenden Persönlichkeiten begangen. Dies war erst nachweisbar, nachdem James Marsh (1794–1846) die Marsh-Probe zum Nachweis von Arsenverbindungen im Blut entwickelt hatte. Im Laborversuch werden in ein Reagenzglas mit Seitenrohr drei Granalien arsenfreies Zink und die zu prüfende Substanz gegeben. Danach tropft man arsenfreie 10%ige Salzsäure auf die Mischung. Dabei wandelt sich der aus dem Zink und der Salzsäure entstehende „naszierende" Wasserstoff (= Wasserstoff in atomarer Form) mit eventuell vorhandenem Arsen(III)-oxid in gasförmigen Arsenwasserstoff um. Geben Sie Reaktionsgleichungen für die Bildung des Wasserstoffs und seine Reaktion mit Arsen(III)-oxid zu Arsenwasserstoff an.

c) Die arsenige Säure ist ein mäßig starkes Reduktionsmittel und kann durch Titration mit Permanganat in saurer Lösung quantitativ bestimmt werden. Dabei entsteht die Arsensäure, die ganz analog zur Phosphorsäure aufgebaut ist. Formulieren Sie die Redoxreaktion aus den Teilgleichungen.

d) Bei der Titration von 15,0 mL einer Lösung von arseniger Säure wurden 12,0 mL einer Permanganat-Lösung ($c$ = 0,020 mol/L) verbraucht. Berechnen Sie die Stoffmenge an arseniger Säure, die in 100 mL dieser Lösung enthalten ist.

e) Die Atommasse von Arsen beträgt $\approx$ 75 g/mol. Angenommen, Sie trinken (infolge Verwechslung mit Vitamin C-Pulver) 100 mL der unter d) charakterisierten Lösung von arseniger Säure. Ein Freund macht Sie auf den Irrtum aufmerksam. Die orale Aufnahme von ca. 700 mg arseniger Säure könnte tödlich wirken! Berechnen Sie schnell, ob Sie diese Dosis überschritten und sich eine (ohne rasche Gegenmaßnahmen) tödliche Vergiftung zugezogen haben!

## Aufgabe 425

Ein gegebener Ionenaustauscher besteht aus einem Harz, das 0,020 mol negative Festladungen pro 100 g des Harzes enthält. Er liege in der sauren Form vor, also mit $H^+$ als Gegenionen. Auf eine Säule, die 30 g des Harzes enthält, werden 15 mL einer 0,20 molaren $Fe^{3+}$-Lösung aufgetragen; anschließend wird so lange mit destilliertem Wasser nachgewaschen, bis das aufgefangene Elutionsvolumen 100 mL beträgt.

a) Berechnen Sie den pH-Wert der aufgefangenen Lösung.

b) Zu der eluierten Lösung wird eine Thiocyanat-Lösung zugesetzt. Was können Sie beobachten? Formulieren Sie die Reaktionsgleichung, die Ihre Beobachtung erklärt.

c) Der Versuch wird in identischer Weise mit der gleichen Menge eines ähnlichen Harzes wiederholt, das aber 0,040 mol negative Festladungen pro 100 g aufweist. Was ändert sich im Vergleich zum ersten Versuch?

## Aufgabe 426

Kupfer ist ein essentielles Spurenelement; es ist unentbehrlicher Bestandteil vieler Enzymsysteme. Dementsprechend kann nicht Kupfer an sich, sondern nur zu viel Kupfer schädlich sein. Die Dosis macht – wie so oft – das Gift.

Ab einer Konzentration von 3–5 mg/L kann sich der Geschmack im Trinkwasser bemerkbar machen. Die toxikologische Wirkung von Kupfer ist schon seit langem bekannt. Das Wachstum von Bakterien und Keimen, aber auch von Algen wird durch Kupfer stark gehemmt. Die Trinkwasserverordnung gibt einen Grenzwert von 2 mg/L vor, der für die jeweilige Zapfstelle gilt. Ein Grenzwert nützt jedoch nichts ohne eine geeignete Analytik, um ihn zu überwachen.

a) Eine Möglichkeit hierfür bietet die Photometrie, wie sie auch im chemischen Praktikum typischerweise eingesetzt wird. Auf welchem Zusammenhang beruht dieses Verfahren?

Beschreiben Sie mit wenigen Sätzen und gegebenenfalls einer Reaktionsgleichung, wie Sie vorgehen würden, um die $Cu^{2+}$-Konzentration in einer Wasserprobe zu ermitteln.

b) Eine andere Möglichkeit stellt die Messung des Zellpotenzials einer geeigneten galvanischen Zelle dar. Dafür wird eine Silberelektrode verwendet, die in eine $AgNO_3$-Lösung der Konzentration $c = 1,00$ mol/L taucht und über eine Salzbrücke mit einer zweiten Halbzelle verbunden ist, die eine Cu-Elektrode enthält. Diese taucht in die zu untersuchende Wasserprobe ein. Die Messung des Potenzials ergibt bei 25 °C den Wert $E = 0,62$ V. Die Standardreduktionspotenziale betragen $E°$ ($Ag^+/Ag$) = 0,80 V bzw. $E°$ ($Cu^{2+}/Cu$) = 0,34 V.

Ermitteln Sie daraus die $Cu^{2+}$-Konzentration in der Wasserprobe. Die molare Masse von Kupfer beträgt $M = 63,55$ g/mol. Wird der Grenzwert eingehalten?

# Aufgabe 427

Natriumcarbonat ist eine der wichtigsten anorganischen Grundchemikalien. Die Verbindung kann auch medizinisch genutzt werden, beispielsweise, um überschüssige Magensäure zu neutralisieren. Ein großer Teil des Natriumcarbonats wird nach dem nach Ernest Solvay, einem belgischen Chemiker des 19. Jahrhunderts, benannten Solvay-Verfahren (auch Ammoniak-Soda-Prozess genannt) hergestellt. In die Gesamtreaktion gehen zwei kostengünstige Edukte ein: Steinsalz und Kalkstein. Allerdings muss, um daraus das gewünschte Natriumcarbonat zu erhalten, ein mehrstufiges Verfahren angewandt werden, das Sie im Folgenden nachvollziehen sollen.

Im ersten Schritt (1) wird Kohlendioxid in eine konzentrierte Lösung von Natriumchlorid und Ammoniak geleitet. Es findet eine Säure-Base-Reaktion unter Bildung von Ammonium- und Hydrogencarbonat-Ionen statt; $Na^+$ und $Cl^-$ sind daran zunächst unbeteiligt.

Erst beim anschließenden Kühlen fällt das in kaltem Wasser relativ schlecht lösliche Natriumhydrogencarbonat aus (2).

Dieses wird abfiltriert und durch Erhitzen in das Carbonat übergeführt (3).

Für die Wirtschaftlichkeit ist es wichtig, dass der Ammoniak durch Umsetzung der verbliebenen Ammoniumchlorid-Lösung mit Calciumhydroxid zurückgewonnen wird (4). Das Calciumhydroxid wird ebenfalls wie das Kohlendioxid aus Kalkstein gewonnen: Beim Brennen von Kalkstein entsteht $CO_2$ (5), das zweite Produkt liefert beim „Ablöschen" mit Wasser das Calciumhydroxid (6).

Addiert man nun alle sechs Reaktionsgleichungen (1)–(6), so bekommt man die Gleichung für den Gesamtprozess des Solvay-Verfahrens. Die Problematik des Verfahrens liegt in den großen Mengen an Calciumchlorid, die als Nebenprodukt anfallen und für die keine ausreichende Verwendung existiert. Außerdem benötigt das Verfahren viel Energie. Ungefähr die Hälfte des produzierten Natriumcarbonats wird für die Herstellung von Glas benötigt, wobei man es mit Siliciumdioxid und weiteren Stoffen, wie z. B. Kalk, bei hohen Temperaturen zur Reaktion bringt. Auch für die Wasserenthärtung spielt Natriumcarbonat eine wichtige Rolle (Ausfällung von Calciumcarbonat).

Formulieren Sie die Einzelschritte des dargestellten Herstellungsverfahrens und die daraus resultierende Gesamtgleichung.

# Aufgabe 428

Calcium und Eisen bilden beide sehr viele Verbindungen mit der Oxidationsstufe +II für das Metall aus. Während man von Eisen auch viele Komplexverbindungen kennt (einige davon sind für den Organismus unverzichtbar!), bildet Calcium nur wenige stabile Komplexe.

a) Wie erklären Sie sich diesen Sachverhalt?

b) Die Komplexbildungseigenschaften des Eisens können auch für Teetrinker eine Rolle spielen, die Eisenpräparate zu sich nehmen.

Das Antioxidans Epigallocatechingallat (EGCG), ein Catechin, das zur Untergruppe der Polyphenole zählt, die ein Drittel der Trockenmasse des grünen Tees ausmachen, wird aufgrund seiner positiven gesundheitsfördernden Wirkung geschätzt. Aktuelle Forschungsergebnisse deuten darauf hin, dass das EGCG antikarzinogene Wirkungen zeigt. Es wird vermutet, dass dieses Flavonoid die Aktivität von einigen speziellen Proteasen hemmt, die bei der Metastatisierung von Tumorgewebe eine Rolle spielen, da sie die Bildung von Blutgefäßen (Angiogenese) und somit die Sauerstoff- und Nährstoffstoffversorgung des Tumors fördern.

Epigallo-catechingallat

Aufgrund ihrer vielen OH-Gruppen können die Epigallocatechingallate als (mehrzähnige) Liganden fungieren. Während im Wasser gelöste Calcium-Ionen nicht stören, erhält man mit $Fe^{2+}$-Ionen Komplexe der Zusammensetzung $[Fe(EGCG)_3]^{2+}$. Die Konzentration dieser Catechin-Derivate in einem Teeaufguss soll bestimmt werden. Als Nachweisreaktion für freie $Fe^{2+}$-Ionen dient die Reaktion mit dem zweizähnigen Liganden Phenanthrolin, der mit $Fe^{2+}$ einen orangefarbenen Komplex bildet. Es wird angenommen, dass jeweils nur dieser Komplex zur messbaren Absorbanz beiträgt.

Phenanthrolin

Formulieren Sie die Bildung dieses Komplexes.

c) 20 mL einer $Fe^{2+}$-Lösung der Konzentration $c = 5{,}0$ mmol/L liefert nach dem Versetzen mit 100 mL dest. Wasser und 5,0 mL der Phenanthrolin-Lösung eine Absorbanz von 1,20. Wird die gleiche Menge an $Fe^{2+}$-Lösung zu 100 mL des Teeaufgusses gegeben und anschließend wieder mit 5,0 mL Phenanthrolin-Lösung versetzt, misst man nur eine Absorbanz von 0,24.

Berechnen Sie die Masse des in 1,0 L Teeaufguss enthaltenen Epigallocatechingallats ($M = 458{,}4$ g/mol).

grüner Tee

d) Welcher Anteil des Lichts erreicht den Detektor, wenn eine Absorbanz von 1,20 gemessen wird? In welchem Wellenlängenbereich erwarten Sie die Absorption des Phenanthrolin-Eisen-Komplexes?

e) Anstatt Tee zu trinken, lässt sich das Epigallocatechingallat inzwischen auch in „gereinigter Form" als „Teavigo®" (oder in Form anderer kommerzieller Präparate) zu sich nehmen, das als coffeinfreier Grüntee-Extrakt angepriesen wird, der „Körper und Geist in Einklang bringt". Dieser enthält angeblich mindestens 94 % EGCG im Trockenzustand. Um dies zu überprüfen, wiederholen Sie das unter b) beschriebene Experiment mit 100 mL einer Lösung, die 140 mg Teavigo® enthält und erhalten dabei eine Absorbanz von 0,21.

Bestimmen Sie den Gehalt an EGCG in diesem Präparat.

# Aufgabe 429

Zu Beginn des vergangenen Jahrhunderts wurden Verbindungen des Bors, insbesondere Borax und später Natriumperborat ($Na_2B_2(O_2)_2(OH)_4 \cdot 6 H_2O$), in größerem Maßstab als Reinigungsmittel eingesetzt. Inzwischen wurden v. a. in Westeuropa diese Verbindungen aus Umweltschutzgründen durch Percarbonat ersetzt, da höhere Gehalte an Borverbindungen in Flüssen und Seen wichtige Mikroorganismen schädigen.

Säuert man eine Lösung von Borax mit Salzsäure an, so bilden sich farblose, blättchenförmige Kristalle, die aus Borsäure ($B(OH)_3$) aufgebaut sind. Borsäure löst sich nur recht wenig in Wasser und hat einen $pK_S$-Wert von 9,25. Im Gegensatz zu anderen Säuren gibt das Molekül kein Proton ab, sondern lagert ein $OH^-$-Ion an. Früher wurde Borsäure in wässriger Lösung („Borwasser") oder als mildes Desinfektionsmittel zur Behandlung von Hautschäden eingesetzt.

a) Trotz der drei Hydroxygruppen in der Borsäure ist diese nur relativ wenig wasserlöslich. Versuchen Sie dafür eine Begründung zu geben.

b) Formulieren Sie die Gleichung für die Reaktion von Borsäure in Wasser als Säure. Welche Struktur erwarten Sie für das entstehende Ion? Welcher pH-Wert sollte sich am Äquivalenzpunkt einer Titration einer Borsäure-Lösung einstellen, für die Sie 15 mL einer NaOH-Lösung ($c = 0,20$ mol/L) benötigt haben, wenn das Endvolumen 60 mL beträgt?

c) Borverbindungen des Typs $BX_3$, wie z. B. Bortrifluorid ($BF_3$) sind Elektronenmangelverbindungen in Bezug auf die Oktettregel. Die Bindungsenergie der Bor-Fluor-Bindung ist mit 645 kJ/mol außerordentlich hoch für eine Einfachbindung (zum Vergleich: die C–F-Bindung im $CF_4$ weist eine Bindungsenergie von 492 kJ/mol auf). Versuchen Sie diesen Befund anhand der Bindungsverhältnisse im Bortrifluorid zu erklären.

# Aufgabe 430

Die beiden bekannten Oxide des Kohlenstoffs, Kohlenmonoxid und Kohlendioxid, sind sowohl aus technischer wie aus medizinischer Sicht ausgesprochen wichtige Substanzen. Kohlenmonoxid, ein farb- und geruchloses Gas, ist einer der wichtigsten Luftschadstoffe, wenngleich sein Ausstoß im Straßenverkehr in den letzten Jahren aufgrund der Verbreitung der Abgaskatalysatoren stark abgenommen hat.

a) Kohlenmonoxid ist für den Menschen sehr giftig. Erklären Sie, warum.

b) Technisch wird Kohlenmonoxid in großem Maße als Reduktionsmittel eingesetzt, beispielsweise werden oxidische Erze überwiegend mit aus Koks gebildetem Kohlenmonoxid umgesetzt. Das klassische Beispiel ist die Gewinnung von Eisen aus Eisenoxiden.

Formulieren Sie eine Gleichung für die Gewinnung von Eisen aus Eisen(III)-oxid mit Hilfe von Kohlenmonoxid.

c) Kohlendioxid entsteht (außer in vielen technischen Prozessen) auch im Organismus als Stoffwechselendprodukt, das über die Lunge abgeatmet wird. Der Kohlendioxid-Anteil in der Atemluft kann leicht nachgewiesen werden, wenn man die ausgeatmete Luft in Kalkwasser (eine gesättigte Lösung von Calciumhydroxid) einleitet. Wodurch kommt der sich ausbildende Niederschlag zustande und warum löst er sich mit der Zeit bei weiterer Zufuhr von Kohlendioxid wieder auf?

d) Bei 25 °C lösen sich 1,5 g $CO_2$ in einem Liter Wasser; für die gesättigte Lösung misst man einen pH-Wert von 3,9. Welcher Anteil der $CO_2$-Gesamtkonzentration hat demnach reagiert?

e) Lange Zeit wurde für die Extraktion von Coffein aus Bohnenkaffee das Lösungsmittel Dichlormethan verwendet, wobei allerdings Spuren des giftigen Dichlormethans im Kaffee verblieben. Dann entdeckte man, dass superkritisches Kohlendioxid ein ausgezeichnetes Lösungsmittel für Coffein ist und sich damit nahezu das gesamte Coffein extrahieren lässt. Auch zur Extraktion anderer Komponenten aus verschiedenen Naturstoffen wird superkritisches Kohlendioxid inzwischen genutzt, z. B. zur Gewinnung pharmazeutischer Wirkstoffe aus Tabak, Hopfen und Gewürzen. Erklären Sie, was man unter superkritischem Kohlendioxid versteht.

f) Angenommen, der Verteilungskoeffizient $K$ für die Verteilung von Coffein zwischen superkritischem $CO_2$ und einer Kaffee-Suspension betrage sieben. Wie hoch ist der prozentuale Anteil an Coffein, der nach zweimaliger Extraktion mit einem identischen Volumen an flüssigem $CO_2$ noch im Kaffee verbleibt?

# Aufgabe 431

Bei praktisch allen Verbrennungsvorgängen kommt es als Nebenreaktion zur Bildung von Stickstoffmonoxid; Abgase von Kohlekraftwerken oder Kfz-Motoren enthalten daher stets Stickstoffoxide. Erhöhte Gehalte an Stickstoffoxiden in der Luft sind ein ernstes Umweltproblem. Durch Reaktion mit Wasserdampf in der Luft führen sie zu einer Erniedrigung des pH-Werts von Regenwasser („saurer Regen"), zum anderen ist Stickstoffdioxid für die vermehrte Ozonbildung in der Troposphäre verantwortlich. Letzteres beruht auf der photochemischen Spaltung von Stickstoffdioxid zu Stickstoffmonoxid und Sauerstoffatomen, die dann mit Sauerstoffmolekülen der Luft zu Ozon reagieren können.

a) Formulieren Sie die Reaktion von Stickstoffdioxid mit dem Wasserdampf der Luft, die zur Bildung von saurem Regen beiträgt. Wie bezeichnet man diesen Reaktionstyp?

b) In den westlichen Industrieländern sind inzwischen die meisten Kraftfahrzeuge mit einem geregelten Abgaskatalysator ausgerüstet. Ziel ist die Umsetzung von bei der Verbrennung entstehenden Schadstoffen wie Kohlenmonoxid, Stickstoffoxiden und unverbrannten Kohlenwasserstoffen zu ungefährlichen Folgeprodukten. Das katalytisch wirksame Material ist dabei im Wesentlichen Platin (ca. 2 g) mit kleineren Anteilen weiterer Platinmetalle, in fein verteilter Form aufgebracht auf einem porösen Keramikmaterial. An der Oberfläche der Edelmetall-Partikel sollen dabei folgende Reaktionen ablaufen: Kohlenmonoxid sowie verbliebene Kohlenwasserstoffe sollen vollständig zu Kohlendioxid umgesetzt werden, Stickstoffmonoxid umgekehrt soll durch Kohlenmonoxid zu elementarem Stickstoff reduziert werden. Um dieses Ziel zu erreichen, muss das Kraftstoff/Luftverhältnis in einem sehr engen Bereich konstant gehalten werden. Die sogenannte Luftverhältniszahl λ beträgt eins, wenn genau die für die vollständige Verbrennung benötigte Menge an Luft vorhanden ist. Bei Kraftstoffüberschuss

(„fettes Gemisch") werden viel Kohlenmonoxid und Kohlenwasserstoffe emittiert, bei zu hoher Luftmenge („mageres Gemisch") entstehen dagegen hohe Mengen an Stickoxiden. Daher wird mit einem als λ-Sonde bekannten Messfühler kontinuierlich der Sauerstoffgehalt im Abgas gemessen und die Kraftstoffzufuhr so reguliert, dass die Verbrennung innerhalb des sogenannten λ-Fensters abläuft.

Formulieren Sie die Reaktionen, die an der Oberfläche der Edelmetall-Partikel ablaufen sollen und verwenden Sie dabei als Kohlenwasserstoff z. B. das Octan ($C_8H_{18}$).


# Aufgabe 432

Während Stickstoffmonoxid als Luftschadstoff schon lange bekannt ist, weiß man um seine Rolle in unserem Körper erst seit vergleichsweise kurzer Zeit. Vom Wissenschaftsmagazin *Science* wurde das NO daher zum Molekül des Jahres 1992 gekürt. Dabei weiß man schon seit 1876, dass Salpetersäureester wie das Nitroglycerin (Glycerintrinitrat) bei Herzanfällen helfen, den Blutdruck senken und glattes Muskelgewebe entspannen. Dennoch vergingen 120 Jahre, bis es Salvador Moncada und seinem Team gelang, das Stickstoffmonoxid als den entscheidenden Faktor für die Erweiterung von Blutgefäßen zu identifizieren.

Offensichtlich werden demnach organische Nitroverbindungen in den Organen zu Stickstoffmonoxid abgebaut. Man kennt inzwischen auch ein Enzym, die Stickstoffmonoxid-Synthase, dessen einzige Aufgabe in der Synthese von NO besteht.

a) Da Stickstoffmonoxid aber nicht nur im Organismus eine wichtige Rolle als Neurotransmitter spielt, sondern auch ein entscheidendes Zwischenprodukt bei der Synthese von Salpetersäure darstellt (welche in großem Stil für die Düngemittelproduktion benötigt wird), kommt auch seiner großtechnischen Erzeugung große Bedeutung zu. Als Edukt fungiert Ammoniak. Dieser verbrennt an der Luft in der thermodynamisch günstigsten Reaktion allerdings zu elementarem Stickstoff. Obwohl thermodynamisch weniger begünstigt, gelingt aber dennoch auch die Verbrennung zu Stickstoffmonoxid.

Formulieren Sie diese Reaktion und erklären Sie, wie es gelingen kann, dass diese gegenüber der thermodynamisch begünstigten Reaktion dennoch bevorzugt abläuft.

b) Auf Stickstoffmonoxid stößt man auch oft in Anfängerpraktika, wenn es um den qualitativen Nachweis von Nitrat-Ionen in einer Lösung durch die sogenannte Ringprobe (s. Abb.) geht. Dazu sättigt man die mit Schwefelsäure angesäuerte Probelösung mit Eisen(II)-sulfat und unterschichtet anschließend mit konzentrierter Schwefelsäure. Bildet sich an der Grenzschicht ein brauner Ring, so wird dies als Nachweis für Nitrat angesehen. Zu der Braunfärbung kommt es durch die Entstehung von NO bei der Oxidation von Eisen(II) durch das Nitrat; das NO fungiert dann als Ligand in einem Nitrosyl-Komplex des Eisens.

Formulieren Sie diese ablaufenden Reaktionen.

# Aufgabe 433

Blausäure ist bekanntlich eine stark toxische Verbindung. Da viele Nahrungsmittel Cyanwasserstoff in geringen Konzentrationen enthalten, besitzt der Mensch das Enzym Rhodanase, welches Blausäure in den ungefährlichen Stoff Rhodanid umwandelt. Der dafür benötigte Schwefel kann durch Natriumthiosulfat geliefert werden.

Da HCN leicht flüchtig ist, wird es leicht über die Atemwege aufgenommen; als letale Dosis wird ein Wert von ca. 300 mg HCN pro kg Luft bzw. eine Aufnahme von 1–2 mg HCN pro kg Körpergewicht angegeben.

a) Angenommen, Sie befinden sich in einem Labor mit den Ausmaßen 4 m · 5 m · 3 m. Das Thermometer zeigt 26 °C; die Dichte der Luft beträgt unter diesen Bedingungen 1,18 mg/cm³. Welche Masse an HCN ergäbe unter diesen Bedingungen eine letale Dosis?

b) Das HCN-Gas könnte beispielsweise durch eine Reaktion von Natriumcyanid mit Schwefelsäure entstehen. Formulieren Sie die entsprechende Reaktion und berechnen Sie, welche Masse an Natriumcyanid zur Bildung der letalen HCN-Konzentration in der Luft führt.

c) HCN bildet sich auch, wenn synthetische Fasern in Brand geraten, die Orlon® oder Acrilan® enthalten. Die empirische Formel von Acrilan® ist $CH_2CHCN$. Angenommen, ein Teppich der Größe 3 m · 5 m enthält 860 g Acrilan® pro m² und gerät in dem obengenannten Raum in Brand. Entsteht dabei eine letale Dosis an HCN, wenn man annimmt, dass der Teppich zu 50 % verbrennt und die Ausbeute an HCN aus den Fasern 10 % beträgt?

# Aufgabe 434

Ein interessanter empirischer Ansatz zur Vorhersage von chemischen Reaktionen wurde von R.G. Pearson entwickelt: das Konzept der harten und weichen Säuren und Basen (HSAB-Konzept; von *hard and soft acids and bases*). Danach sollen Säuren und Basen (im Sinne von Lewis) entsprechend ihrer Polarisierbarkeit den Kategorien „hart" bzw. „weich" zugeordnet werden. Es zeigt sich nämlich, dass Reaktionen i. A. in die Richtung verlaufen, in der sich die weichere Säure mit der weicheren Base und die härtere Säure mit der härteren Base verbinden.

Bei den harten Säuren handelt es sich um Kationen, die aufgrund ihrer hohen Ladungsdichte nur wenig polarisierbar sind, also v. a. Ionen von Metallen geringer Elektronegativität, sowie einige Kationen mit sehr hoher Ladungsdichte, wie $H^+$ oder $B^{3+}$. Weiche Säuren (die sich im PSE im rechten unteren Bereich der metallischen Elemente befinden) haben umgekehrt eine niedrige Ladungsdichte und eine für Metalle eher untypische hohe Elektronegativität. Sie sind leicht polarisierbar und tendieren daher zur Bildung kovalenter Bindungen; ein typischer Vertreter ist das Gold(I)-Ion. Zwischen beiden Kategorien gibt es zudem einige Grenzfälle, wie z. B. Eisen(II)-, Kupfer(II)- und Cobalt(II)-Ionen.

Zu den harten Basen gehören die Anionen elektronegativer Nichtmetalle, wie das Fluorid-, das Oxid- und das Hydroxid-Ion, sowie verschiedene Oxo-Anionen wie Nitrat-, Phosphat-, Carbonat-, Sulfat- und Perchlorat-Anionen.

Weiche Basen sind umgekehrt Anionen wenig elektronegativer Nichtmetalle; typische Vertreter sind Anionen von Kohlenstoff, Schwefel, Phosphor und Iod. Diese großen Anionen sind relativ leicht polarisierbar und bevorzugen daher kovalente Bindungen. Auch hier gibt es selbstverständlich fließende Übergänge zwischen beiden Kategorien. So bilden die Halogenid-Ionen eine Reihe vom sehr harten Fluorid-Ion über die Grenzfälle Chlorid- und Bromid-Ion bis hin zum weichen Iodid-Ion.

a) Die wichtigste Anwendung des Konzepts von Pearson liegt in der Vorhersagbarkeit der Gleichgewichtslage mancher Reaktionen. Betrachten Sie hierzu die folgenden Gleichgewichtsreaktionen und versuchen Sie, die Lage der Gleichgewichte vorherzusagen.

(1) $\quad HgF_2\,(g) \;+\; BeI_2\,(g) \;\rightleftharpoons\; BeF_2\,(g) \;+\; HgI_2\,(g)$

(2) $\quad AgI\,(s) \;+\; Br^-\,(aq) \;\rightleftharpoons\; AgBr\,(s) \;+\; I^-\,(aq)$

(3) $\quad CdSe\,(s) \;+\; HgS\,(s) \;\rightleftharpoons\; CdS\,(s) \;+\; HgSe\,(s)$

b) Das HSAB-Konzept ist auch in der Geochemie von Interesse. Hier bezeichnet man Metalle und Nichtmetalle, die überwiegend als Oxide, Silicate, Sulfate oder Carbonate vorkommen, als Lithophile; man stellt fest, dass die Ionen der lithophilen Metalle harte Säuren sind. Als Chalkophile werden Elemente bezeichnet, die vorwiegend Sulfide bilden; ihre Ionen gehören zu den weichen Säuren oder den Säuren im Grenzbereich.

In welcher Form erwarten Sie die häufigsten Vorkommen von

$Al^{3+}$ / $Ca^{2+}$ / $Zn^{2+}$ / $Hg^{2+}$ / $As^{3+}$ / $Fe^{3+}$ / $Fe^{2+}$ ?

c) Das HSAB-Konzept ist auch nützlich, wenn es darum geht, die Toxizität mancher (Spuren)-elemente auf den Organismus vorherzusagen. Die Thiolgruppe (–SH) ist als Teil der Aminosäure Cystein ein häufiger essentieller Bestandteil von Enzymen. An viele solcher Thiol-Gruppen sind $Zn^{2+}$-Ionen gebunden. Werden diese Zink-Ionen durch andere, fester bindende Kationen ausgetauscht, so kommt es häufig zur Hemmung der Enzymaktivität und damit zu einer toxischen Wirkung.

Für welche Metallionen erwarten Sie unter Zugrundelegung des HSAB-Konzepts derartige toxische Wirkungen?

# Aufgabe 435

Eine Klasse von Polymeren, denen eine Kette aus alternierenden Silicium- und Sauerstoffatomen gemeinsam ist, wird als Silicone bezeichnet. Sie tragen an den Siliciumatomen paarweise organische Gruppen, z. B. Methylgruppen (–CH$_3$) und besitzen vielfältige Anwendungen. Flüssige Silicone (Siliconöle) sind thermisch stabiler als Mineralöle und eignen sich gut als Schmiermittel sowie in Bereichen, in denen inerte Flüssigkeiten benötigt werden, z. B. bei hydraulischen Bremssystemen. Da Silicone stark hydrophob (wasserabstoßend) sind, werden sie auch als Imprägniersprays z. B. für Schuhe und ähnliche Gegenstände eingesetzt.

Durch eine Vernetzung der Siliconketten lassen sich sogenannte Siliconkautschuke herstellen. Sie eigen sich beispielsweise für Schlauch- und Dichtungsmaterialien, sind aber auch nützlich im medizinischen Bereich, beispielsweise als Kontaktlinsen, künstliche Herzklappen oder Transfusionsschläuche. Eine gewisse Berühmtheit erlangten Silicongele durch Ihre Verwendung als Brustimplantate. Diese sind normalerweise in einen Kunststoffbeutel eingeschlossen und gelten solange als harmlos. Wird dieser jedoch undicht oder platzt er gar, so kann Silicongel in umliegende Gewebe diffundieren; der Körper hat aufgrund der Inertheit des Siliconmaterials keine Möglichkeit, das polymere Material abzubauen. Viele Mediziner befürchten, dass es durch die körperfremden Gelfragmente zu einer Reizung des Immunsystems kommt und daraus eine Vielzahl von gesundheitlichen Problemen resultieren kann.

Das wichtigste Zwischenprodukt für die Herstellung von Siliconen ist das Dichlordimethylsilan ($(CH_3)_2SiCl_2$, das man bei höheren Temperaturen aus Chlormethan und Silicium erhalten kann; in der entstehenden Mischung von Verbindungen ist Dichlordimethylsilan das Hauptprodukt. Dieses wird anschließend hydrolysiert, wobei unter Abspaltung von Chlorwasserstoff das instabile Dimethylsilandiol entsteht, das in einer Polykondensationsreaktion unter Abspaltung von Wasser zum Polymer (genauer: Polykondensationsprodukt) reagiert.

Formulieren Sie Reaktionsgleichungen für diese drei Schritte der Siliconherstellung.

# Aufgabe 436

Das Element Mangan kommt in einem besonders großen Bereich von Oxidationsstufen vor. Besonders bekannt ist das Permanganat-Ion als starkes Oxidationsmittel. Aber auch das Manganat(VI)-Ion ist in saurer Lösung ein starkes Oxidationsmittel; allerdings disproportioniert es leicht zu Permanganat-Ionen und Mangan(IV)-oxid. Letzteres kann auch durch eine Synproportionierungsreaktion aus Permanganat- und Mangan(II)-Ionen entstehen.

a) Formulieren Sie diese Synproportionierungsreaktion aus den Teilgleichungen.

b) In saurer Lösung ist Mangan(II) die stabilste Oxidationsstufe. Gibt man hierzu Hydroxid-Ionen, so bildet sich das farblose Mangan(II)-hydroxid. Dieses wird in alkalischer Lösung durch Sauerstoff aus der Luft oxidiert, wobei sich die Fällung braun färbt. Das gebildete, wasserhaltige Mangan(III)-oxid wird meist durch die Formel MnO(OH) beschrieben. Auch im Wasser gelöster Sauerstoff wird auf diese Weise vollständig umgesetzt, was man zur Bestimmung des Sauerstoffgehalts in Wasserproben nach dem sogenannten Winkler-Verfahren ausnutzt. Nach der Probennahme setzt man Mangan(II)-chlorid und Kaliumiodid-haltige Natronlauge zu, ohne dass weiterer Luftsauerstoff hinzutreten kann. Später im Labor wird dann mit Schwefelsäure angesäuert, so dass sich der Hydroxid-Niederschlag auflöst und die Mangan(III)-Verbindung durch das Iodid zu $Mn^{2+}$ reduziert wird. Über eine Titration des Iods mit Thiosulfat-Lösung mit Stärke-Lösung als Indikator kann dadurch indirekt die Menge des gelösten Sauerstoffs ermittelt werden.

Formulieren Sie Gleichungen für die beschriebenen Prozesse.

c) Bei einer derartigen Sauerstoff-Bestimmung nach Winkler wurden 125 mL der wässrigen Probenlösung eingesetzt. Nach Durchführung der beschriebenen Reaktionen wurde das ausgeschiedene Iod mit einer Thiosulfat-Lösung der Konzentration $c = 2{,}0$ mmol/L titriert; es ergab sich ein Verbrauch von 31,2 mL bis zum Äquivalenzpunkt.

Berechnen Sie die Massenkonzentration an Sauerstoff, die in der Wasserprobe gelöst war.

# Aufgabe 437

Obwohl Zink, Cadmium und Quecksilber am Ende der Übergangsmetallreihe stehen, verhalten sich diese Verbindungen in vieler Hinsicht wie Hauptgruppenelemente, da keines der zehn d-Elektronen bei Reaktionen abgegeben wird. Das Quecksilber ist in mancher Hinsicht ein ungewöhnliches Metall; es ist als einziges flüssig und bereits in antiken Schriften erwähnt. Aufgrund seines relativ hohen Dampfdrucks ist Quecksilber ein gefährliches Element. Quecksilberdampf wird von der Lunge absorbiert, löst sich im Blut und gelangt dann in das Gehirn, wo er zu irreversiblen Schäden des zentralen Nervensystems führt. Neben der für Zink und Cadmium allein bedeutsamen Oxidationsstufe +II bildet Quecksilber auch einige Verbindungen in der Oxidationsstufe +I; allerdings liegt darin kein $Hg^+$-Ion vor, sondern das Ion $Hg_2^{2+}$ mit einer Hg–Hg-Bindung.

Die meisten anorganischen Quecksilberverbindungen sind nicht besonders gut löslich und daher aus toxikologischer Sicht weniger gefährlich; eine Ausnahme ist das relativ gut lösliche und als sehr giftig eingestufte $HgCl_2$. Große Gesundheitsgefahr geht dagegen von Organoquecksilberverbindungen aus, wie beispielsweise dem Methylquecksilber-Kation $HgCH_3^+$. Solche Verbindungen werden vom Körper sehr leicht aufgenommen und nur langsam wieder eliminiert. Die Symptome einer Methylquecksilber-Vergiftung traten das erste Mal in den Jahren zwischen 1940 und 1960 in Japan auf, nachdem eine chemische Anlage quecksilberhaltige Abfälle in die Minamata-Bucht, ein Fischfanggebiet, abgelassen hatte. Solche Verbindungen werden von Meeresbakterien in Organoquecksilber-Verbindungen umgewandelt, wie z. B. $CH_3HgSCH_3$, die sich im Fettgewebe der Fische anreichern und über die Nahrungskette in den menschlichen Organismus gelangen. Diese Vergiftung bekam den Namen Minamata-Krankheit.

a) Im Gegensatz zum Chlorid ist Quecksilber(II)-iodid in Wasser sehr schwer löslich. Mit überschüssigen Iodid-Ionen geht der rote Niederschlag aber unter Bildung eines nahezu farblosen tetraedrischen Komplexes in Lösung, der nach Zugabe eines Silbersalzes eine gelbe Fällung bildet. Dabei handelt es sich um eine sogenannte thermochrome Verbindung, die beim Erwärmen auf 35 °C in eine orangefarbene Modifikation übergeht.

Formulieren Sie Reaktionsgleichungen für die beiden beschriebenen Reaktionen und benennen Sie den zwischenzeitlich gebildeten Komplex.

b) Von Quecksilber in der Oxidationsstufe +I kennt man u. a. die Halogenide und einige Verbindungen mit schwach koordinierenden Anionen, wie $SO_4^{2-}$, $NO_3^-$ oder $ClO_4^-$. Dagegen sind Verbindungen mit einigen anderen geläufigen Anionen, wie dem Oxid- oder dem Sulfid-Ion bislang nicht synthetisiert worden. Dies liegt an dem folgenden Disproportionierungsgleichgewicht mit einer Gleichgewichtskonstante $K$ von ca. $6 \cdot 10^{-3}$:

$$Hg_2^{2+}(aq) \rightleftharpoons Hg(l) + Hg^{2+}(aq)$$

Trotz dieser Gleichgewichtslage erhält man beim Einleiten von $H_2S$-Gas in eine Quecksilber(I)-Lösung kein $Hg_2S$. Formulieren Sie eine Gleichung für die ablaufende Reaktion und begründen Sie.

# Aufgabe 438

Eisen, das vierthäufigste Element in der Erdrinde, kann nur in zweiwertiger Form ($Fe^{2+}$) aus der Nahrung aufgenommen werden. Die Absorption wird von den Mukosazellen reguliert. Die Menge Eisen, die aus dem Darm aufgenommen wird, ist abhängig von der Menge an gespeichertem Eisen und der Syntheserate der Erythrozyten. Diese Regulation ist wichtig, weil eine eigentliche Eisen-Ausscheidung fehlt. In den Mukosazellen wird das Eisen von der Ferroxidase (= Caeruloplasmin) zu $Fe^{3+}$ oxidiert. Es kann an Ferritin gebunden, gespeichert oder an das Blut abgegeben werden, wo es an Transferrin gebunden zu den Geweben (Knochenmark, Leber usw.) transportiert wird.

Die Bedeutung des Eisens wird vor allem dann ersichtlich, wenn es zu einem Mangel im Körper kommt: Es tritt eine Blutarmut (Anämie) auf, die Fingernägel werden brüchig, die Haare können ausfallen, und an den Mundwinkeln bilden sich häufig Risse aus. Auf der anderen Seite jedoch verursacht auch ein Überschuss an Eisen schwere Krankheitssymptome. Zu einem derartigen Überschuss kommt es bei der Eisen-Speicherkrankheit. Ursache hierfür ist eine angeborene, autosomal-rezessiv vererbte Stoffwechselstörung mit vermehrter Eisen-Aufnahme aus dem Magen-Darm-Trakt. Gegenüber der normalen Eisen-Aufnahme von etwa 1 mg täglich aus der Nahrung wird bei der Eisen-Speicherkrankheit die zehnfache Tagesmenge aufgenommen und im Gewebe abgelagert, da der Körper über keinen ausreichenden Mechanismus zur Eisen-Ausscheidung verfügt.

Das vorrangige Ziel der Behandlung einer Eisen-Speicherkrankheit ist es, die im Körper gespeicherten Eisen-Mengen zu verringern. Dazu wird vor allem die Aderlasstherapie durchgeführt, bei der einem Patienten in regelmäßigen Abständen (meist einmal pro Woche) 500 mL Blut aus einer Vene entnommen wird. Mit dieser Blutmenge ist es möglich, dem Körper über den eisenhaltigen Blutfarbstoff Hämoglobin rund 250 mg Eisen zu entziehen.

Deferoxamin

Für Patienten mit myelodysplastischen Syndromen, die eine transfusionsabhängige Eisen-Überladung haben, ist derzeit nur eine Therapie möglich: der Einsatz eines eisenbindenden Medikaments. Das rechts gezeigte Medikament Deferoxamin (Desferal) bindet Eisen, so dass es vor allem über die Niere ausgeschieden werden kann. Desferal wird drei bis sieben Mal pro Woche separat von den Bluttransfusionen als Spritze gegeben.

a) Welcher Typ von Verbindung wird bei der Wechselwirkung von Deferoxamin mit Eisen(II)-Ionen entstehen? Die wechselwirkenden Atome im Deferoxamin sind jeweils mit einem Pfeil markiert. Geben Sie eine Reaktionsgleichung an.

b) Die OH-Gruppen im Deferoxamin lassen sich deprotonieren. Erwarten Sie für die deprotonierte Form eine bessere oder schlechtere Bindung von $Fe^{2+}$-Ionen?

c) Dem Blut eines Patienten sollen (wie oben beschrieben) 250 mg Eisen entzogen werden. Welches Volumen einer Deferoxamin-Lösung der Massenkonzentration $\beta$ = 50 g/L ist für die Behandlung erforderlich?

# Aufgabe 439

Cobalt ist ein relativ seltenes Element mit einer Häufigkeit in der Erdkruste von ca. 0,003 %. Elementar kommt es nur äußerst selten in Meteoriten, sowie im Erdkern vor. In vielen Mineralen ist Cobalt vertreten, kommt jedoch meist nur in geringen Mengen vor. Das Element ist stets mit Nickel, häufig auch mit Kupfer, Silber, Eisen oder Uran vergesellschaftet.

In seinen Verbindungen tritt Cobalt v. a. zwei- und dreiwertig auf. Während Cobalt(II)-Verbindungen sowohl des komplexen als auch nichtkomplexen Typs beständig sind, bildet Cobalt(III) sehr stabile oktaedrische Komplexe, jedoch sehr unbeständige Cobalt(III)-salze. Die meist diamagnetischen Cobalt(III)-komplexe sind durch hohe kinetische Stabilität gekennzeichnet, für Cobalt(II) ist die Existenz oktaedrischer und tetraedrischer Komplexe typisch.

Cobalt-Verbindungen werden seit dem 3. Jh. v. Chr. zum Blaufärben von Glas und Glasuren benutzt. Die Hauptmenge des in der Welt erzeugten Cobalts dient aber als Legierungsbestandteil (Cobalt-Legierungen). Das durch Beschuss von $^{59}$Co mit thermischen Neutronen im Kernreaktor erzeugte radioaktive Nuklid $^{60}$Co dient als $\gamma$-Strahler ($t_{1/2}$ = 5,26 a) in der Medizin bei der Krebstherapie („Cobaltkanone").

Cobalt ist für die menschliche Ernährung ein essentielles Spurenelement als Bestandteil von Vitamin $B_{12}$ (Cobalamin), das von Darmbakterien gebildet werden kann. Vitamin $B_{12}$ ist ein seltenes Beispiel für eine natürlich vorkommende „metallorganische" Verbindung mit einer Metall-Kohlenstoff-Bindung. Diese ist allerdings relativ labil und kann z. B. durch Cyanid-Ionen gespalten werden; das Cobalamin geht dadurch in Cyanocobalamin über. Vitamin $B_{12}$ katalysiert Umlagerungsreaktionen und ist an der Regeneration der Erythrozyten beteiligt.

Eine häufig verwendete Cobalt-Verbindung ist das rosafarbene Cobalt(II)-chlorid, das in wässriger Lösung als Hexaaqua-Komplex vorliegt. Durch Erhitzen der Verbindung im Trockenschrank bei 120 °C kann das Hydratwasser entfernt werden; es bildet sich das blau gefärbte wasserfreie Chlorid. Diesen reversiblen Farbwechsel macht man sich bei der Nutzung der Verbindung als Feuchteindikator zunutze.

a) Formulieren Sie dieses temperaturabhängige Gleichgewicht.

b) Die Synthese von Co(III)-Komplexen geht in der Regel von wässrigen Lösungen der Co(II)-Salze aus. Nach Zugabe der gewünschten Liganden macht man alkalisch und oxidiert beispielsweise durch das Einleiten von Sauerstoff.

Formulieren Sie eine Redoxgleichung für die Bildung des Hexaammincobalt(III)-Komplexes nach diesem Verfahren aus den beiden Teilgleichungen. Warum ist es plausibel, dass Co(III)-Komplexe im Gegensatz zu Co(II)-Komplexen sehr stabil sind?

# Aufgabe 440

Chrom ist einerseits ein essentielles Spurenelement, andererseits kommt aufgrund der Verbreitung von Chrom und seinen Verbindungen der Überempfindlichkeit vieler Menschen (Chromallergie) wachsende Bedeutung zu. Vor allem aber sind Verbindungen des sechswertigen

Chroms (Chromate, Dichromate, Chromtrioxid) seit 2007 als cancerogen eingestuft, weshalb sie nach Möglichkeit (insbesondere in Praktikumsversuchen) substituiert werden sollten.

Klinisch manifeste Chrom-Mangelerscheinungen sind zwar selten, jedoch liegt die Chrom-Versorgung nicht selten an der unteren Grenze, weil auf chromreiche Nahrung (z. B. Vollkornprodukte) zugunsten von Weißmehlprodukten verzichtet wird. Zudem bewirkt die Aufnahme von Zucker eine erhöhte Chrom-Ausscheidung über die Nieren. Eine mangelhafte Zufuhr von Chrom durch die Nahrung führt zu gestörter Glucosetoleranz. Offensichtlich ist die blutzuckersenkende Wirkung des Insulins von der ausreichenden Versorgung mit Chrom durch die Nahrung abhängig. Chrom(VI)-Verbindungen sind starke Oxidationsmittel und reagieren mit entsprechenden reduzierenden Substanzen zu Chrom(III)-Verbindungen.

a) Eine hübsche Möglichkeit zur Herstellung der Stammverbindung aller Chrom(III)-Salze, des Chrom(III)-oxids, ist die thermische Zersetzung von Ammoniumdichromat, einer Reaktion, die als „Vulkanversuch" in Experimentalvorlesungen beliebt, aber als Schulversuch aufgrund der Gesundheitsgefährdung nicht mehr erlaubt ist. Dabei wird ein größerer Kristall oder ein kleines Häufchen oben entzündet. Nach dem Entzünden schreitet die Reaktion unter lebhaftem Glühen, Rauschen (Stickstoffentwicklung) und der Bildung von lockerem graugrünem Dichromtrioxid (Chrom(III)-oxid) fort. Das gebildete Dichromtrioxid quillt wie Vulkanasche aus der Reaktionsstelle hervor und bildet so einen Kegel.

Formulieren Sie die Gleichung für diese Reaktion aus den Teilgleichungen.

b) Chrom(III)-Ionen liegen in wässriger Lösung als Hexaaqua-Komplexe vor; solche Lösungen reagieren deutlich sauer. Erklären Sie diesen Befund.

c) Aus einer wässrigen Lösung von Chrom(III)-chlorid lassen sich drei unterschiedliche Verbindungen mit gleicher stöchiometrischer Zusammensetzung isolieren, die sich aber in ihrer Farbe unterscheiden. Welche Verbindungen könnten dies sein?

# Aufgabe 441

Kupfer gehört zu den wichtigsten Gebrauchsmetallen. Es wird in reiner Form oder als Legierung mit anderen Metallen, insbesondere mit Zinn als Bronze oder mit Zink als Messing, verwendet. Kupfer zeichnet sich durch eine besonders hohe Leitfähigkeit für Wärme und den elektrischen Strom aus.

Für den menschlichen Organismus ist Kupfer essenziell. Kupfer-Ionen sind Teil der Redox-Systeme der Atmungskette, die für die Energiegewinnung in der Zelle verantwortlich sind. Kupferhaltige Enzyme sind auch an verschiedenen anderen Stoffwechselprozessen (Oxidation von Dopamin zu Noradrenalin, Tyrosinabbau) beteiligt. Ähnlich wie Eisen ist auch Kupfer in der Lage, an Redoxreaktionen teilzunehmen, bei denen ein Ein-Elektron-Übergang stattfindet. Ein typisches Beispiel ist die Nitrit-Reduktase. Sie katalysiert die Ein-Elektronen-Reduktion von Nitrit zu Stickstoffmonoxid und damit einen der Schritte in der Denitrifizierung. Das Enzym besteht aus drei Untereinheiten, von denen jede ein katalytisches Typ II-Kupferzentrum (Aktivierung des Nitrits) und ein elektronenübertragendes Typ I-Kupferzentrum (Reduktion des Nitrits) enthält.

Die Wilson-Krankheit beruht auf einem genetisch bedingten Mangel an Caeruloplasmin (einem Transportprotein für Kupfer-Ionen). Dadurch ist die $Cu^{2+}$-Ausscheidung über die Gallenwege gestört und es kommt zur Anreicherung im Organismus. Ziel der Behandlung ist daher die Ausschwemmung von Kupfer-Ionen, verbunden mit einer Reduktion der Kupfer-Ionenzufuhr. Dazu werden Komplexbildner wie Penicillamin oral gegeben; die gebildeten Kupfer-Komplexe können dann mit dem Urin ausgeschieden werden. Da diese Medikamente aber auch die Ausscheidung anderer Schwermetall-Ionen (z. B. Cobalt, Nickel, Zink) begünstigen, müssen diese Spurenelemente während der Therapie zusätzlich aufgenommen werden.

Die meisten Cu(I)-Verbindungen sind in wässriger Lösung nicht stabil und disproportionieren. Neben Komplexverbindungen von Cu(I) kennt man daher nur einige schwer lösliche Cu(I)-Verbindungen, wie CuI oder $Cu_2S$. Die Bildung von Kupfer(I)-iodid (CuI) eignet sich für eine analytische Bestimmung von $Cu^{2+}$, das hierbei mit Iodid umgesetzt wird. Entstehendes Iod kann anschließend mit Thiosulfat-Lösung bekannter Konzentration titriert werden.

a) Aufgrund der Lage der unten angegebenen Standardreduktionspotenziale wäre zu erwarten, dass die Oxidation von Iodid mit $Cu^{2+}$ nicht erfolgt. Erklären Sie, warum diese Reaktion dennoch stattfindet und formulieren Sie die Redoxgleichung.

$$E° (I_2/2\ I^-) = 0{,}58\ V \qquad E° (Cu^{2+}/Cu^+) = 0{,}17\ V$$

b) In der qualitativen Analytik von Schwermetall-Ionen spielen Fällungen mit Sulfid-Ionen eine wichtige Rolle. Sowohl $Cu^{2+}$ als auch $Cd^{2+}$ bilden sehr schwer lösliche Sulfide. CdS ist dabei gelb, CuS dunkelbraun gefärbt. Will man also auf die Anwesenheit von $Cd^{2+}$ in Gegenwart von $Cu^{2+}$ prüfen, ist es zweckmäßig, die $Cu^{2+}$-Ionen durch Überführung in einen sehr stabilen Komplex zu „maskieren". Der farblose, tetraedrisch gebaute Tetracyanidocuprat(I)-Komplex ist so stabil, dass er mit $H_2S$ nicht reagiert.

Formulieren Sie eine Reaktionsgleichung für die Umwandlung des Tetraamminkupfer(II)-Komplexes in den Tetracyanidocuprat(I)-Komplex durch Cyanid-Ionen, die dabei zu Dicyan $(CN)_2$ oxidiert werden.

# Aufgabe 442

Silber kommt in der Natur gelegentlich elementar, überwiegend jedoch als Argentit ($Ag_2S$) vor. Größere Mengen fallen auch als Nebenprodukt bei der Gewinnung von Blei aus seinen Erzen und bei der elektrolytischen Raffination von Kupfer an.

In fast allen Verbindungen hat Silber die Oxidationsstufe +1. Die schwer löslichen Halogenide Silberchlorid, -bromid und -iodid sind lichtempfindliche Stoffe, die sich am Licht langsam unter Graufärbung in die Elemente zersetzen. Diese Reaktion bildet die Grundlage der Schwarzweiß-Fotografie. Bei der Herstellung von Filmen und fotografischem Material werden Silberbromid und Silberiodid (2–5 Mol-%) in Gelatineschichten eingebettet. Hierzu wird Silberbromid aus einer Silbernitrat- mit einer Ammoniumbromid-Lösung gefällt.

Bei der Belichtung gelangen die Elektronen des Bromid-Ions aus dem Valenzband ins Leitungsband und werden somit zu beweglichen Fotoelektronen. Da nur blaues Licht und UV-Licht diesen Elektronenübergang anregen können, müssen für die anderen Spektralfarben zusätzlich Sensibilisierungsfarbstoffe auf dem Filmmaterial vorhanden sein. Diese werden durch langwelligeres Licht angeregt und übertragen somit die Elektronen auf die Silber-Ionen, die ihren Platz im Ionengitter aufgrund des geringen Ionencharakters von Silberhalogeniden verlassen können, zu elementarem Silber. Somit entstehen durch die Belichtung Silberatome (Latentbildkeime) auf den Zwischengitterplätzen, die ein noch unsichtbares (latentes) Bild erzeugen, und Brom, das in der Gelatine gebunden wird.

Beim Entwickeln werden durch eine alkalische, wässrige Lösung eines Reduktionsmittels, wie zum Beispiel Hydrochinon, Brenzcatechin oder Aminophenol, an den Latentbildkeimen weitere Silber-Ionen zu elementarem Silber reduziert. Durch diese Reaktion entsteht das sichtbare Bild. Um die Verfärbung eines entwickelten Fotos durch Belichtung zu verhindern, muss das restliche Silberbromid vom Film gewaschen werden. Hierzu wird das wasserunlösliche Silberbromid mit Fixiersalz-Lösungen aus Natrium- oder Ammoniumthiosulfat behandelt und bildet somit einen wasserlöslichen Komplex. Der wasserlösliche Dithiosulfatoargentat(I)-Komplex kann nun vom Film gewaschen werden (= „Wässern"). Das somit entstandene Negativ ist nun stabil und wird im Licht nicht mehr dunkel.

Formulieren Sie für alle beschriebenen Vorgänge die entsprechenden Reaktionsgleichungen.

## Aufgabe 443

Wenige Spurenelemente haben die Menschen so fasziniert wie Gold, das eines der zehn seltensten Elemente ist. Es kommt in der Natur manchmal an Tellur gebunden, vor allem jedoch gediegen, das heißt als metallisches Gold, $Au^0$, vor. Und so stand auch beim Einsatz in der Medizin zunächst das metallische Gold im Mittelpunkt: Plinius der Ältere (23 bis 79 n. Chr.) beschreibt in seinen *Naturalis Historiae Libri* eine ganze Anzahl von Indikationen. Giovanni d'Arcoli (Arculanus) soll 1448 n. Chr. als erster Chronist die Füllung von Zahnkavitäten mit Blattgold erwähnt haben – in der Zahnprothetik hat das Metall bis heute mit Goldinlays und -kronen seinen Stellenwert. Seit der Entdeckung des Königswassers (*aqua regina*) durch Abu Musa Jabir im 12. Jhd. sind vom Gold auch salzartige Verbindungen, z. B. Halogenide, bekannt, in denen das Metall vor allem in den Oxidationsstufen +1 und +3 vorkommt.

Eine essenzielle Rolle des Golds ist beim Menschen nicht bekannt. In Spuren kommt es auch in Nahrungsmitteln vor, die tägliche Aufnahme beträgt aber weniger als 7 µg, sofern es nicht als Pigment zur Dekoration von Speisen und Getränken eingesetzt (Code E175) wird. Metallisches Gold wird im Gegensatz zu Goldsalzen und -komplexen schlecht resorbiert.

Zum Ende des 19. Jahrhunderts begannen Wissenschaftler, Gold in Form von $Na[AuCl_4]$ zur Behandlung von Syphilis und Tuberkulose zu verwenden. Als Robert Koch 1880 über seine Untersuchungen zur bakteriziden Wirkung von Goldcyanid berichtete, begannen 40 Jahre intensiver Forschung mit Goldkomplexen bei Tuberkulose. Inzwischen sind unzählige Gold-Komplexe als antiinfektive, antiinflammatorische und antineoplastische Chemotherapeutika untersucht worden. Jedoch haben bislang nur wenige Verbindungen, wie das Triethylphosphin(tetraacetyl)glycosylthioaurat („Auranofin"), eine Zulassung als Arzneimittel erhalten. Über die Wirkungen von Gold im Organismus herrscht dabei jedoch immer noch große Unkenntnis.

Das Gold bildet Komplexe mit anionischen Liganden. Binäre Gold(I)-Verbindungen sind von stark elektronegativen Elementen bekannt. Die salzartigen Halogenide und Pseudohalogenide sind nur mit reduzierenden Liganden ($CN^-$, $I^-$) stabil, bei denen die Metall-Ligand-Bindung eher kovalent ist und es zur Bildung schwer wasserlöslicher Polymere kommt. Gold(III)-Verbindungen tragen im wässrigen Milieu stets vier Liganden, zum Beispiel $H[AuCl_3OH]$ oder $H[AuCl_4]$. Beide Verbindungen sind in organischen Phasen löslich, was den Durchtritt durch Lipidmembranen erleichtert, und werden durch Reduktionsmittel in metallisches Gold überführt oder auf der Stufe des $Au^+$ stabilisiert. Die Oxidationskraft der salzartigen Goldverbindungen ($Au^+$ und $Au^{3+}$) übertrifft im sauren und neutralen Milieu die des Wasserstoffperoxids.

Seit den 1980er-Jahren schwelt die Diskussion, ob Hautveränderungen („Goldallergien") nicht durch Spuren von Legierungsbestandteilen (Kupfer und Silber, aber auch Zink und Nickel) verursacht werden, die bei der Verarbeitung von hochkarätigem Gelbgold als Begleiter auftreten. Schließlich sei noch das radioaktive Isotop $^{198}Au$ erwähnt, das als kombinierter Beta/Gamma-Strahler zur Lokalbestrahlung maligner Tumoren und in der nuklearmedizinischen Diagnostik eingesetzt wird.

a) Obwohl Gold ein sehr hohes Standardreduktionspotenzial aufweist ($E°$ ($Au^+/Au$) = 1,61 V) lässt es sich durch Cyanid-Ionen in Anwesenheit von Sauerstoff in basischer Lösung in den Dicyanidoaurat(I)-Komplex überführen. Erklären Sie diese Tatsache und formulieren Sie eine entsprechende Gleichung.

b) Komplexe der Koordinationszahl vier weisen meist eine tetraedrische Anordnung der Liganden auf. Eine Ausnahme bilden Zentralionen mit einer $d^8$-Elektronenkonfiguration. Eine wichtige Goldverbindung ist die Tetrachloridogoldsäure $H[AuCl_4]$. Welche Struktur erwarten Sie für diese Verbindung?

c) Nanopartikel werden immer häufiger in der Medikamentenentwicklung eingesetzt. Aufgrund ihrer hohen Elektronendichte sind Goldnanopartikel für den Einsatz als Marker in der Histochemie und Cytochemie sehr geeignet. Spezifisch ummantelte Goldteilchen können darüber hinaus aufgrund ihrer Größe biologische Barrieren, z. B. Zellmembranen, verhältnismäßig leicht durchdringen, ohne diese zu verletzen. An die Nanopartikel angefügte Substanzen, z. B. ein medizinischer Wirkstoff, kann so die inneren flüssigen Bestandteile der Zelle erreichen.

Die Reduktion hochverdünnter Goldchlorid-Lösungen (Tetrachloridoaurat) zu Goldnanopartikeln (vgl. die Abbildung einer kolloidalen Gold-Lösung) ist heute ein weitgehend gut verstandener Prozess. Als Reduktionsmittel kommen zahlreiche Verbindungen in Betracht. Eine Möglichkeit ist z. B. Ascorbinsäure, die dabei zu Dehydroascorbinsäure oxidiert wird.

Entwickeln Sie die Redoxgleichung für diesen Prozess.

**Aufgabe 444**

Das Zink ist – nach dem Eisen – das zweithäufigste Spurenelement im menschlichen Körper. Der Gesamtbestand im Körper beträgt ca. 2–3 g. Die Muskulatur und die Knochen stellen die hauptsächlichen Zinkspeicher dar. Zu den Organen mit der höchsten Zink-Konzentration gehören Prostata, Niere, Leber, Harnblase und Herzmuskel. Besonders hervorzuheben ist das Sperma, dessen Zn-Konzentration um den Faktor 100 größer als im Blutserum ist.

Zink ist Bestandteil von ca. 80 Metalloenzymen und Cofaktor von rund 200 körpereigenen Enzymen, die Zink für die Aufrechterhaltung ihrer Funktion benötigen. Ferner ist Zink essentiell für die Funktion verschiedener Hormone, wie z. B. Insulin, der Schilddrüsenhormone, Sexualhormone und der Wachstumshormone sowie für eine funktionierende Immunabwehr.

Zink ist vor allem in tierischen Produkten enthalten, d. h. in Fleisch, Fisch und Milchprodukten, kommt jedoch auch im vollen Korn, in Samen und Pflanzen vor. Es wird im Zwölffingerdarm und Leerdarm aufgenommen, wobei aber nur ca. 10–30 % des angebotenen Zinks resorbiert werden können. Zur Deckung des Bedarfs an Zink ist unter normalen Bedingungen eine Aufnahme von ca. 10–15 mg pro Tag erforderlich.

Medizinische Anwendung findet Zink in Form von Zinkoxid oder Zinksulfat in Salben, Pasten oder Schüttelmixturen zur Behandlung von Wunden oder geschädigten Hautbereichen. Hierbei macht man sich die adstringierende Wirkung der genannten Zinkverbindungen zu Nutze.

a) Weshalb tritt Zink praktisch ausschließlich in der Oxidationsstufe +2 auf? Welche Koordinationszahl und welche bevorzugte Geometrie erwarten Sie für Zink-Komplexe?

b) Was beobachten Sie, wenn Sie ein Zink-Blech in eine $CuSO_4$-Lösung tauchen? Formulieren Sie die Gleichung für den ablaufenden Vorgang.

c) Es wird eine galvanische Zelle aus den beiden Redoxpaaren $Zn^{2+}/Zn$ und $2 H^+/H_2$ aufgebaut. Das Standardreduktionspotenzial dieser Zelle beträgt 0,76 V. Welchem Wert für die Gleichgewichtskonstante der ablaufenden Reaktion entspricht das? Die tatsächliche Messung des Potenzials einer Zelle mit $c (Zn^{2+}) = 1,0$ mol/L und $p (H_2) = 1,0$ bar ergibt einen Wert von 0,45 V. Welche Protonenkonzentration liegt vor?

**Aufgabe 445**

Lithium ist das leichteste aller Metalle. Als Spurenelement ist es ein häufiger Bestandteil von Mineralwasser. Als Entdecker des Lithiums gilt der Schwede Johan Arfwedson, der im Jahre 1817 die Anwesenheit eines fremden Elements in den Mineralen Spodumen und Lepidolit $LiAl(Si_2O_5)_2$ feststellte, als er Mineralienfunde von der Insel Utö in Schweden analysierte.

Bei der Therapie von Manien und zur Prophylaxe bipolarer Störungen kommt Lithium nach wie vor erhebliche medizinische Bedeutung zu. Allerdings ist die therapeutische Breite von Lithium recht gering, so dass eine genaue Überwachung der Lithium-Konzentration im Blut erforderlich ist. Unterhalb einer Konzentration von 0,6 mmol/L Plasma sind Nebenwirkungen allenfalls geringfügig; dagegen können bereits ab einer Konzentration von 1 mmol/L ernstere Komplikationen eintreten.

a) Was glauben Sie – wird tatsächlich „Lithium" in der Therapie eingesetzt?

b) Elementares Lithium ist in der Natur nicht zu finden. Geben Sie hierfür eine Begründung.

c) Vergleichen Sie die Hydratisierung von $Li^+$- und $Na^+$-Ionen. Für welches der beiden Ionen erwarten Sie die größere Hydratationsenthalpie?

d) Lithium reagiert heftig mit Wasser. Formulieren Sie eine Gleichung für diese Reaktion.

# Aufgabe 446

Cocain ($C_{17}H_{21}NO_4$) ist das Hauptalkaloid der Blätter des Strauches *Erythroxylum coca*, der in Südamerika und auf Java beheimatet ist. Es handelt sich um eine kristalline Verbindung, die ab 1879 verwendet wurde, um Morphinabhängigkeit zu behandeln und ab 1884 als Lokalanästhetikum mit lang anhaltender Wirkung Bedeutung besaß. Daneben wird Cocain bekanntlich auch als Rauschgift missbraucht und führt zu schweren Schädigungen des Nervensystems.

Cocain ist ein Wiederaufnahmehemmer (*reuptake inhibitor*) an Dopamin-, Noradrenalin- und Serotonin-Neuronen. Es verhindert den Transport und somit die Wiederaufnahme dieser Neurotransmitter in die präsynaptische Zelle, was eine Erhöhung der Transmitter-Konzentration im synaptischen Spalt und damit ein erhöhtes Signalaufkommen am Rezeptor zur Folge hat. Bei höherer Dosierung können Symptome wie Nervosität, Angstzustände und paranoide Stimmungen auftreten. Die Dauer des Rausches ist von der Konsumform und der psychischen Konstitution sowie der eingenommenen Menge und Dauer abhängig.

In der Drogenszene stößt man häufig auf Cocain, das mit anderen Substanzen, wie z. B. Milchzucker (= Lactose; $C_{12}H_{22}O_{11}$) verschnitten wurde, um den Profit zu maximieren. Zur Bestimmung des Cocain-Gehalts eines solchen Gemenges wurden 1,50 g der Mischung in Wasser gelöst und auf ein Volumen von 100 mL aufgefüllt. Eine Messung des osmotischen Drucks der Lösung bei 25 °C ergab einen Wert von 1,126 bar.

Wie groß ist der Stoffmengenanteil an Cocain in der – selbstverständlich als „reines Cocain" angepriesenen – Mischung tatsächlich?

# Aufgabe 447

Blausäure (Cyanwasserstoff) findet in der Industrie und Medizin Verwendung und wird bei der Verbrennung von Kohlenstoff und Stickstoff enthaltenden Stoffen (Kunststoffe, Naturstoffe etc.) freigesetzt. Zahlreiche Pflanzen enthalten glykosidisch gebundenes Cyanid, z. B. Bittermandeln oder Kernobstsamen. Die Blausäure im Organismus entstammt dem Vitamin B$_{12}$-Metabolismus und der Nahrung. Cyanid wird in Erythrozyten angereichert. Normalwerte liegen bei etwa 4 ng/mL bei Nichtrauchern und 6 ng/mL bei Rauchern. Cyanid-Konzentrationen im Blut, die 0,2 mg/L überschreiten, führen in der Regel zu akut toxischen Erscheinungen; 2 mg Cyanid pro Liter Blut gilt als die innere Belastung, die zum Tod führen kann.

Die hohe Affinität des Cyanid-Ions zum dreiwertigen Eisen in Cytochromen der mitochondrialen Atmungskette führt zur Blockierung der Cytochrom-Oxidase, d. h. des letzten Schrittes der oxidativen Phosphorylierung und somit zum mitochondrialen ATP-Mangel. Durch Inhalation wird HCN rasch in das Blut aufgenommen, während bei oraler Aufnahme von Blausäuresalzen durch den stark sauren pH-Wert im Magen die Blausäure freigesetzt und rasch resorbiert wird. Aus pflanzlichen cyanogenen Glykosiden (Amygdalin, Prunasin u. a.) wird Blausäure im Darm enzymatisch oder hydrolytisch freigesetzt und resorbiert.

Die Elimination von Cyanid erfolgt zum größten Teil durch Umwandlung in Thiocyanat unter Verbrauch von Thiosulfat. Dabei verstoffwechselt das Enzym Rhodanase beim Menschen stündlich etwa 1 mg Cyanid / kg Körpergewicht. Die Reaktion findet in zwei Schritten statt. Im ersten Schritt wird im katalytischen Zentrum des Enzyms die disulfidische Bindung gebildet, indem der Schwefeldonor (hier Thiosulfat) sein Schwefelatom auf die Thiolgruppe im Cysteinrest C247 unter Bildung des Disulfans überträgt. Im zweiten Schritt wird der Schwefel unter Rückbildung der Thiolgruppe auf das Substrat (hier das Cyanid) übertragen.

Ferner wird Cyanid durch die Bindung an Hydroxycobalamin unter Entstehung von Cyanocobalamin (Vitamin $B_{12}$) abgebaut; geringe Mengen werden auch abgeatmet.

Die Idee der Therapie bei einer akuten Vergiftung (die tödliche orale Dosis von KCN bzw. NaCN liegt zwischen 1 und 5 mg/kg Körpergewicht) ist es, den Transport des Cyanid-Ions aus der Zelle zu mobilisieren, um es über die Niere als Rhodanid (Thiocyanat) eliminieren zu können. Da zwar die endogene Enzymaktivität der Rhodanase ausreichend ist, nicht aber die Thiosulfat-Konzentration, ist eine intravenöse Gabe von Thiosulfat (100 mg/kg Körpergewicht) angezeigt.

a) Formulieren Sie mesomere Grenzstrukturen für das $SCN^-$-Ion und diskutieren Sie, welcher der Strukturen der größte Beitrag zur tatsächlichen Struktur zukommen sollte.

b) Erstellen Sie eine komplette Redoxgleichung für die Bildung des Thiocyanats aus Cyanid, wobei das Thiosulfat-Ion gleichzeitig in Sulfit übergeht.


# Aufgabe 448

Aluminium ist das erste amphotere Metall des PSE. Das entsprechende Hydroxid reagiert sowohl mit Säuren als auch mit Basen, wobei in stark basischer Lösung der Hexahydroxy-Komplex entsteht. Als unedles Metall setzt Aluminium sowohl in saurer wie in basischer wässriger Lösung Wasserstoff frei; dagegen ist es in reinem Wasser trotz seines stark negativen Standardreduktionspotenzials ziemlich beständig.

Aluminium ist neben seiner enormen Bedeutung als Werkstoff auch von medizinischem Interesse, da es als Hydroxid zur Therapie von Gastritiden und von Magen- und Zwölffingerdarmgeschwüren verwendet wird. Die Wirkung besteht dabei in der Neutralisation der Magensäure. Im Gegensatz zu dem ebenfalls häufig als Antazidum verwendeten Natriumhydrogencarbonat entsteht kein $CO_2$, wodurch Blähungen als Nebenwirkung vermieden werden. Auch andere Aluminium-Verbindungen werden therapeutisch eingesetzt, wie z. B. „essigsaure Tonerde", $Al(OH)(CH_3COO)_2$.

Bei Niereninsuffizienz kann es durch verminderte Phosphat-Ausscheidung zu erhöhten Phosphat-Konzentrationen und erniedrigten Calcium-Konzentrationen im Blut kommen. Dies hat eine Mobilisierung von Calcium-Ionen aus dem Knochen zur Folge („renale Osteopathie").

Um dies zu vermeiden, versucht man die Phosphat-Konzentration durch $Ca^{2+}$- oder Al-Verbindungen, die als „Phosphatfänger" in Dialyseflüssigkeiten fungieren, zu reduzieren. Aluminiumhydroxid bewirkt dabei eine mindestens 2 1/2-fach stärkere Phosphat-Elimination als calciumhaltige Phosphat-Binder, wird aber wegen seiner starken Nebenwirkungen (Osteomalazie, Osteoporose, Anämie, zerebrale Demenz) und seiner langen Serumhalbwertszeit nur dann in Kombination mit einem calciumhaltigen Phosphat-Binder eingesetzt, wenn eine Monotherapie mit diesem nicht ausreicht.

a) Formulieren Sie die Reaktionen von Aluminiumhydroxid in saurer bzw. basischer Lösung.

b) Formulieren Sie die Freisetzung von Wasserstoff durch Aluminium in wässriger Säure bzw. Base.

c) Wie kann man sich die Beständigkeit von Aluminium gegenüber Wasser erklären?

d) Es sollen 100 mL Magensäure mit einem pH-Wert von 1,3 durch Gabe einer entsprechenden Menge an Aluminiumhydroxid neutralisiert werden. Wieviel Gramm Aluminiumhydroxid sollten dafür verabreicht werden?

# Aufgabe 449

Die Stickstoffwasserstoffsäure $HN_3$ ist eine farblose, niedrig siedende Flüssigkeit mit unangenehmem Geruch, hoher Giftigkeit und einer Acidität vergleichbar derjenigen der Essigsäure. Die Verbindung zerfällt sehr leicht in die Elemente und ist daher hochexplosiv. Die drei Stickstoffatome im $HN_3$-Molekül sind fast linear angeordnet; das H-Atom steht dazu in einem Bindungswinkel von ca. 110°. Die Bindungslängen der beiden Stickstoff-Stickstoff-Bindungen betragen 124 und 113 pm, wobei die endständige Bindung die kürzere ist.

a) Was bedeutet das für die Bindungsordnung der beiden N–N-Bindungen, wenn man berücksichtigt, dass eine typische N=N-Doppelbindung eine Länge von 120 pm und eine N≡N-Dreifachbindung (z. B. im $N_2$-Molekül) eine Länge von 110 pm aufweist? Formulieren Sie entsprechende Valenzstrichformeln für die Stickstoffwasserstoffsäure.

b) Woran beispielsweise in einem VW-Käfer noch niemand gedacht hätte, ist heute Standard in jedem neuen Auto: der Airbag. Er soll den/die Insassen vor den Folgen eines Unfalls schützen, indem er sich blitzschnell (innerhalb von Millisekunden) aufbläst und so verhindert, dass beispielsweise der Fahrer mit dem Kopf gegen das Lenkrad prallt.

Dazu wird eine sehr rasch ablaufende Reaktion benutzt, die große Mengen an unreaktivem Stickstoff erzeugt, nämlich die Zersetzung von Natriumazid. Daneben spielen Azid-Ionen auch anderweitig eine Rolle; so werden sie aufgrund ihrer keimtötenden Wirkung häufig zur Konservierung von Lösungen in der Biologie und Biochemie eingesetzt.

Ein Problem ist die freiwerdende Wärme sowie das bei der Reaktion entstehende reaktive Natrium, das einige Sicherheitsmaßnahmen erfordert. Daher wird dem Natriumazid Kaliumnitrat (zur Oxidation des entstehenden Natriums zum Na-Oxid) und Siliziumdioxid (zur Bindung des Natriumoxids als unreaktives Natriumsilicat) zugesetzt.

Formulieren Sie Reaktionsgleichungen für die Zersetzung des Natriumazids sowie die beschriebenen Reaktionen, die eingesetzt werden, um zu Natriumsilicat als ungefährlichem Endprodukt zu gelangen.

c) Zum Aufblasen eines typischen Airbags wird bei 298 K ein Gasvolumen von 65 L benötigt. Berechnen Sie die Masse an Natriumazid, die (vollständigen Reaktionsverlauf vorausgesetzt) benötigt wird, um das benötigte Gasvolumen bei einem Druck von 1,0 bar zu erzeugen.

# Aufgabe 450

Kenntnisse zur Polarität von Molekülen spielen spätestens dann eine wichtige Rolle, wenn man über Entwicklung und Einsatz von Arzneistoffen nachdenkt, die, um ihre Wirkung am gewünschten Ort zu entfalten, beispielsweise biologische Membranen durchdringen können müssen. Die Lipiddoppelschicht, von der menschliche und tierische Zellen umgeben sind, ist im Inneren sehr hydrophob, so dass sie für geladene, hydrophile Substanzen (z. B. Ionen wie $Na^+$ oder $K^+$) kaum zu durchdringen ist. Dennoch müssen solche Ionen natürlich in die Zelle gelangen können. Neben dem Durchtritt durch selektiv steuerbare Ionenkanäle kommen dafür auch spezifische Carrier-Moleküle in Frage.

Die Verbindung Valinomycin ist ein zyklisches Peptid und zählt zu den Makrolid-Antibiotika. Es wird von mehreren Arten von Streptomyceten (z. B. *Streptomyces fulvissimus*) produziert.

Können Sie sich erklären, wie das Valinomycin in der Lage ist, $K^+$-Ionen mit hoher Selektivität gegenüber dem chemisch recht ähnlichen $Na^+$-Ion durch biologische Membranen zu transportieren? Wie kommt es, dass Valinomycin als Antibiotikum wirksam ist?

# Kapitel 13
# Lösungen – Multiple-Choice-Aufgaben (Einfachauswahl)

## Lösung 1    Antwort (A)

Innerhalb einer Periode finden sich alle Elemente mit gleicher Hauptquantenzahl. Diese besitzen oft höchst unterschiedliche chemische Eigenschaften, wie man an den Elementen Natrium und Chlor, zwei Vertretern der dritten Periode, erkennen kann. Chemisch verwandte Elemente (mit derselben Anzahl an Valenzelektronen!) sind innerhalb einer Gruppe des Periodensystems zusammengefasst.

Die Kernladungszahl (= der Anzahl der Elektronen bzw. der Anzahl der Protonen eines Elements) ist das Ordnungskriterium im Periodensystem (B). So entspricht die Nummer eines Elements im PSE seiner Kernladungs- bzw. Protonenzahl („Ordnungszahl"). Von wenigen Ausnahmen abgesehen nimmt mit der Kernladungszahl eines Elements auch die Massenzahl zu. In den Nebengruppen werden die d-Orbitale aufgefüllt, so beispielsweise bei den Nebengruppenelementen der 4. Periode (z. B. Chrom, Eisen, Kupfer…) die d-Orbitale der vorangegangenen, also der 3. Schale (3d-Orbitale), bei denjenigen der 5. Periode (z. B. Molybdän, Palladium…) diejenigen der 4. Schale (4d-Orbitale) usw. (C). Alle Nebengruppenelemente sind Metalle. Insgesamt besitzt somit der überwiegende Anteil aller Elemente im Periodensystem metallischen Charakter (D). Kohlenstoff und Sauerstoff befinden sich in der 2. Periode (für diese Elemente ist daher die Oktettregel streng zu beachten, da keine d-Orbitale vorhanden sind!); Schwefel steht unterhalb des Sauerstoffs in der 3. Periode (E). Der Schwefel besitzt fünf 3d-Orbitale, so dass Valenzformeln mit mehr als vier Elektronenpaaren um den Schwefel möglich sind. Die schwersten Elemente im Periodensystem („Transurane") weisen ausschließlich radioaktive Isotope auf; viele davon sind so kurzlebig, dass die entsprechenden Elemente nicht natürlich vorkommen, da sie bereits zerfallen sind. Von vielen leichteren Elementen existieren neben (oft mehreren) stabilen Isotopen auch radioaktive. Ein Beispiel von medizinischer Relevanz ist $^{60}$Co, das in der Strahlentherapie zum Einsatz kommt (F).

## Lösung 2    Antwort (F)

Ein neutrales Atom muss über gleich viele positiv geladene Protonen wie negativ geladene Elektronen verfügen. Da die Ordnungszahl eines Elements nichts anderes ist, als seine Protonenzahl, ist die Elektronenzahl gleich der Ordnungszahl.

Die meisten Atome findet man in der Tat in ionischer Form als Salze oder in Molekülen kovalent an andere Atome gebunden vor (A). Eine Ausnahme machen jedoch z. B. die Edelgase. Sie besitzen eine vollbesetzte Valenzschale, so dass ihre Neigung, Bindungen auszubilden, äußerst gering ist. Lange Zeit war man überzeugt, dass es von den Edelgasen überhaupt keine

© Springer Fachmedien Wiesbaden GmbH, ein Teil von Springer Nature 2020
R. Hutterer, *Fit in Anorganik*, Studienbücher Chemie,
https://doi.org/10.1007/978-3-658-30486-7_13

Verbindungen gibt. Inzwischen kennt man zwar von den schwereren Edelgasen (Kr, Xe) einige Verbindungen mit Fluor und Sauerstoff, die leichten Edelgase He und Ne sind aber nach wie vor ausschließlich in atomarer Form bekannt. Da die Elektronenzahl gleich der Protonenzahl ist, kann sie nicht die Differenz aus der Zahl der Protonen und der Neutronen sein – mit einer Ausnahme, dem H-Atom $^1$H, das kein Neutron aufweist **(B)**. Analog kann auch **(C)** nicht zutreffen. Während die Elektronenzahl für ein Element unveränderlich ist, kann die Neutronenzahl variieren; man spricht dann von unterschiedlichen Isotopen eines Elements **(D)**. Nur in bestimmten Isotopen ist die Neutronenzahl identisch der Protonenzahl (z. B. in $^2$D, $^4$He, $^{16}$O); allgemein ist dies aber nicht der Fall. Mit zunehmender Ordnungszahl nimmt vielmehr in stabilen Isotopen der Überschuss an Neutronen immer mehr zu **(E)**.

## Lösung 3        Antwort (B)

Innerhalb einer Periode steigt von links nach rechts die Anzahl der Protonen im Kern und natürlich auch der Valenzelektronen. Die Kernladung wird durch innere Elektronen abgeschirmt, d. h. die Valenzelektronen „spüren" nur eine geringere sog. effektive Kernladung. Da die Valenzelektronen aber untereinander kaum zur Abschirmung beitragen, steigt die effektive Kernladung innerhalb der Periode; die Valenzelektronen werden also zunehmend stärker angezogen, so dass die Energie der Valenzorbitale mit steigender Kernladung sinkt.

Aussage **(A)** beschreibt die Verhältnisse im Wasserstoffatom; hier sind die Orbitale, die zu einer Schale gehören (d. h. die gleiche Hauptquantenzahl aufweisen) tatsächlich energiegleich (entartet). Für alle anderen Atome steigt die Orbitalenergie mit der Nebenquantenzahl, also in der Reihenfolge s < p < d < f. Die Hund'sche Regel besagt, dass energiegleiche Orbitale immer zunächst einfach besetzt werden, wobei die Elektronen parallelen Spin aufweisen **(C)**. Dies ist energetisch günstiger, da zur Paarung der Elektronen mit antiparallelem Spin in einem Orbital die Spinpaarungsenergie aufgebracht werden muss. Die Elektronegativität ist ein Maß für die Fähigkeit eines Atoms, Elektronenpaare in einer kovalenten Bindung an sich zu ziehen. Sie wird im Wesentlichen bestimmt von der Kernladung und dem Atomradius. Innerhalb einer Periode nimmt die Kernladung von links nach rechts zu, entsprechend steigt die Elektronegativität. Innerhalb einer Gruppe sinkt sie von oben nach unten, was dem zunehmenden Abstand der Valenzelektronen vom Kern geschuldet ist, wodurch diese schwächer angezogen werden **(D)**. Die d-Orbitale in einem Metallkomplex werden durch die Anwesenheit von Liganden beeinflusst; dabei spielt die Geometrie des Komplexes eine entscheidende Rolle. Betrachtet man einen oktaedrischen Komplex in einem kartesischen Koordinatensystem, wobei sich die Liganden auf den Koordinatenachsen befinden sollen, so werden die beiden d-Orbitale, in denen sich die Elektronendichte in hohem Maße entlang der Koordinatenachsen konzentriert, stärker durch die Liganden beeinflusst, als diejenigen d-Orbitale, deren Elektronendichte sich überwiegend im Bereich zwischen den Koordinatenachsen befindet. Ersteres gilt für das $d_{x^2-y^2}$- und das $d_{z^2}$-Orbital (sie werden daher energetisch angehoben), letzteres für das $d_{xy}$-, das $d_{xz}$- und das $d_{yz}$-Orbital. Somit hat man im oktaedrischen Ligandenfeld eine Aufspaltung in drei tiefer liegende (sog. $t_{2g}$-Orbitale) und zwei höher liegende ($e_g$) Orbitale **(E)**. Aussage **(F)** ist im Grundsatz richtig. Allerdings werden mit zunehmender Hauptquantenzahl die energetischen Abstände zwischen den Orbitalen kleiner; gleichzeitig nimmt innerhalb einer Schale die

Orbitalenergie mit der Nebenquantenzahl zu (vgl. **(A)**), da z. B. s-Elektronen eine höhere Wahrscheinlichkeit aufweisen, sich (kurzzeitig) näher am Kern aufzuhalten („die inneren Schalen zu penetrieren"), so dass sie einer höheren effektiven Kernladung ausgesetzt sind (weniger abgeschirmt werden). Dies führt dazu, dass z. B. das 4s-Orbital energetisch unter das 3d-Orbital rutscht; analoges gilt für die s-Orbitale der höheren Schalen.

# Lösung 4     Antwort (E)

Ionen sind geladene Teilchen, die durch elektrostatische Anziehung zusammengehalten werden. Das Vorhandensein eines gemeinsamen Elektronenpaars ist kennzeichnend für eine Atombindung (kovalente Bindung).

Die Ionenbindung ist elektrostatischer Natur; sie wirkt gleichermaßen in alle Raumrichtungen **(C)** und ist daher ungerichtet **(A)**. Die Ausbildung einer Ionenbindung zwischen zwei Elementen erfordert den Übergang von einem oder mehreren Elektronen von einem zum anderen Element. Dieser Vorgang ist v. a. dann möglich, wenn eines der beiden Elemente stark elektronegativ („elektronenziehend"), das andere dagegen elektropositiv („wenig elektronenziehend") ist **(B)**. Ein typisches Beispiel sind die Elemente Fluor (stark elektronegativ) und Natrium (stark elektropositiv), die zu $Na^+$- und $F^-$-Ionen reagieren, welche miteinander eine Ionenbindung ausbilden und ein Ionengitter aufbauen **(D)**. Die Ionenbindung ist i. A. recht stark, so dass die typischen Bindungsenergien mehr als 100 kJ/mol betragen **(F)**.

# Lösung 5     Antwort (C)

Die Bindung in Metallen wird als metallische Bindung bezeichnet. Dabei bilden die Metallatomrümpfe eine bestimmte regelmäßige Packungsstruktur aus und werden durch frei bewegliche Elektronen zusammengehalten. Die Valenzelektronen sind also nicht in Elektronenpaarbindungen fixiert, sondern zwischen den Atomrümpfen beweglich, was (vereinfacht dargestellt) die gute elektrische Leitfähigkeit von Metallen erklärt.

Der überwiegende Anteil aller bekannten Elemente sind Metalle, u. a. alle Elemente in den Nebengruppen des PSE **(A)**. Darunter befinden sich allerdings auch viele ziemlich seltene und wenig bekannte Elemente, die aus medizinischer Sicht keine Rolle spielen. Die Elemente in der 1. Hauptgruppe des PSE werden auch als Alkalimetalle bezeichnet, die der 2. Hauptgruppe als Erdalkalimetalle. Entsprechend dieser Bezeichnung handelt es sich bei allen Elementen dieser Hauptgruppen um Metalle **(B)**. Der Schmelzpunkt der metallischen Elemente variiert in einem großen Bereich **(D)**. Einige Metalle in den Nebengruppen des PSE besitzen sehr hohe Schmelzpunkte, wie beispielsweise das Wolfram (Smp. ca. 3480 °C), das aus diesem Grund z. B. als Glühwendel in Glühbirnen Verwendung fand. Dagegen besitzen Alkalimetalle recht niedrige Schmelzpunkte (z. B. Na: 98 °C), das Element Gallium schmilzt knapp oberhalb Raumtemperatur und das Quecksilber ist als einziges Metall bei Raumtemperatur bekanntlich flüssig. Die Metallatome im Gitter bilden typische Packungsstrukturen aus; dabei handelt es sich in den meisten Fällen um so genannte „dichteste Kugelpackungen", bei denen man hexagonal dichteste Packung (Schichtfolge ABAB usw.) und kubisch dichteste Packung (Schicht-folge ABCABC usw.) unterscheidet **(E)**. Die meisten Metalle besitzen im Vergleich zu Nicht-metallen niedrigere Elektronegativitäten und geben daher ihre Valenzelektronen vergleichs-weise leicht ab, insbesondere, wenn – wie im Fall der Alkali- oder Erdalkalimetalle – durch Abgabe von einem bzw. zwei Valenzelektronen die Edelgaskonfiguration erreicht wird. Nichtmetalle, wie z. B. Halogene oder Sauerstoff, können dagegen durch Aufnahme von Elektronen zur Edelgasschale gelangen. Entsprechend fungieren Alkali- und Erdalkalimetalle als starke Reduktionsmittel, die ihre Valenzelektronen leicht unter Bildung eines Salzes an ein entsprechendes Nichtmetall abgeben **(F)**.

# Lösung 6       Antwort (C)

Generell gilt, dass die Valenzelektronen durch die Elektronen in weiter innen liegenden Scha-len von der Kernladung mehr oder weniger abgeschirmt werden, d. h. auf sie wirkt nicht die elektrostatische Anziehung der ganzen Kernladung, sondern nur eine sog. „effektive Kernla-dung". So schirmen beispielsweise in einem Li-Atom die beiden Elektronen im 1s-Orbital das Valenzelektron im 2s-Orbital relativ effizient von der Kernladung (+3) ab, so dass das Valen-zelektron nur eine effektive Kernladung von ca. 1,3 „spürt". Innerhalb einer Schale haben Elektronen in s-Orbitalen die größte Wahrscheinlichkeit, sich (kurzzeitig) relativ nahe am Kern aufzuhalten („die inneren Orbitale zu penetrieren"), was dazu führt, dass sie am stärksten zur Abschirmung von Valenzelektronen beitragen.

Antwort **(A)** gilt für ein einziges Element, den Wasserstoff, der nur ein Elektron aufweist. Dadurch sind keine Wechselwirkungen zwischen Elektronen in der Hülle zu berücksichtigen, die für alle anderen Elemente dazu führen, dass die Orbitalenergien mit der Nebenquantenzahl zunehmen, d. h. in der Reihenfolge s < p < d < f. Im H-Atom liegen dagegen alle Orbitale innerhalb einer Schale (mit gleicher Hauptquantenzahl) auf gleicher Energie **(A, F)**. Protonen- und Elektronenzahl im neutralen Atom sind identisch; mit jedem Elektron in der Hülle kommt auch ein Proton im Kern hinzu. Die effektive Kernladung $Z_{eff}$ nimmt innerhalb einer Periode nach rechts zu (steigende Protonenzahl), da die hinzukommenden Valenzelektronen sich un-tereinander nur wenig abschirmen, und die Zahl der hauptsächlich zur Abschirmung beitra-genden inneren Elektronen konstant bleibt **(B)**. Die Wahrscheinlichkeit, sich kurzzeitig nahe beim Kern aufzuhalten (was die abschirmende Wirkung erhöht) sinkt mit zunehmender Ne-benquantenzahl, also in der Reihenfolge s > p > d > f. Elektronen mit $l = 2$ (d-Elektronen) schirmen daher weniger ab, als p-Elektronen ($l = 1$), **(D)**. Da ein Elektron in einem s-Orbital sich mit größerer Wahrscheinlichkeit kernnah aufhält, wird es weniger von der Kernladung abgeschirmt, unterliegt also einer größeren effektiven Kernladung, als ein p-Elektron **(E)**.

# Lösung 7       Antwort (C)

Orbitale können durch sogenannte Linearkombination zu neuen Orbitalen kombiniert werden; dabei entstehen aus $n$ Orbitalen stets wieder $n$ neue Orbitale. Die miteinander zu kombinie-renden Orbitale können sich dabei prinzipiell an einem einzigen Atom oder aber an verschiedenen Atomen in einem Molekül befinden. Im ersten Fall führt die Linearkombination zu sogenannten Hybridorbitalen, die ebenso wie die ursprünglichen, zur Hybridisierung herangezogenen Atomorbitale an einem Atom lokalisiert sind. Werden Orbitale verschiedener Atome miteinander kombiniert, werden sogenannte Molekülorbitale erhalten, die sich über mehrere Atome in einem Molekül erstrecken, also delokalisiert sind.

Die erste Aussage beschreibt das Prinzip der Linearkombination; dabei werden Wellenfunktionen addiert oder subtrahiert **(A)**, jedoch niemals multipliziert. Gemäß dem Aufbauprinzip werden die Orbitale in einem Atom oder Molekül in der Reihenfolge zunehmender Energie besetzt, also energieärmere vor energetisch höher liegenden. Um zwei Elektronen in einem Orbital zu paaren, muss die Spinpaarungsenergie aufgewandt werden. Daher werden Orbitale, die energiegleich („entartet") sind, zunächst jeweils einfach besetzt (= Hund'sche Regel) **(B)**. Kombiniert man zwei sphärische s-Orbitale miteinander, so werden sogenannte σ-Orbitale erhalten, ein bindendes (mit niedrigerer Energie) und ein antibindendes (mit entsprechend höherer Energie). Beide sind rotationssymmetrisch um die Kern-Kern-Verbindungsachse, d. h. die Überlappung der Orbitale ist unabhängig von einer Rotation **(D)**. Um Einfachbindungen, die stets durch ein σ-Orbital vermittelt werden, herrscht daher freie Drehbarkeit, soweit diese nicht durch „sperrige" Substituenten an den beiden durch die betrachtete Einfachbindung verbundenen Atomen eingeschränkt wird (sterische Hinderung). Gemäß dem Pauli-Prinzip dürfen zwei Elektronen in einem Atom nicht in allen vier Quantenzahlen übereinstimmen. Ein Orbital wird durch die Haupt-, Neben- und Magnetquantenzahl beschrieben. Sollen sich darin zwei Elektronen befinden, stimmen sie in diesen drei Quantenzahlen überein und müssen sich demnach in der vierten unterscheiden. Dies ist die Spinquantenzahl $s$, für die nur die beiden Werte $+1/2$ und $-1/2$ möglich sind. Die beiden Elektronen in einem Orbital müssen also unterschiedliche Spinquantenzahl aufweisen; man sagt, sie besitzen antiparallelen Spin **(E)**. Zwei Atome mit p-Orbitalen sollen sich auf der z-Achse befinden. Betrachtet man die beiden $p_z$-Orbitale beider Atome, so können sich diese entlang der z-Achse mit jeweils einem der beiden Orbitallappen nähern und es kommt zur Ausbildung eines um die z-Achse rotationssymmetrischen σ-Orbitals. Die beiden übrigen p-Orbitale an jedem Atom stehen senkrecht auf der z-Achse (Kern-Kern-Verbindungsachse). Ihre Annäherung führt zu einer seitlichen Überlappung der Orbitallappen, d. h. zur Ausbildung einer π-Bindung **(F)**. Allerdings geht diese Überlappung (weitgehend) verloren, wenn um die z-Achse gedreht wird, d. h. π-Bindungen sind nicht rotationssymmetrisch; sie verhindern eine freie Drehbarkeit um die Kern-Kern-Verbindungsachse.

## Lösung 8        Antwort (A)

Calcium muss in Form von $Ca^{2+}$-Ionen für (u. a.) die Bildung von Hydroxylapatit ($Ca_5(PO_4)_3(OH)$) für die Bildung von Knochen und Zähnen aufgenommen werden.

Eisen (in Form von $Fe^{2+}$) wird für die Bildung von Hämoglobin sowie einiger Redoxenzyme benötigt; es findet sich in jeder Zelle, allerdings ist der Massenanteil des Eisens in den jeweiligen Proteinen relativ gering **(B)**.

Iod **(C)** wird als Spurenelement in sehr geringen Mengen benötigt; es findet sich in den Schilddrüsenhormonen Thyroxin ($T_4$) und Triiodthyronin ($T_3$) in kovalent gebundener Form.

Kupfer (als $Cu^+$ bzw. $Cu^{2+}$) ist wie Eisen essentieller Bestandteil einiger Enzyme, besitzt aber nur einen sehr geringen Massenanteil **(D)**.

Fluor kann in Form von Fluorid-Ionen ($F^-$) in Knochen und Zähne eingebaut werden (Fluorapatit), spielt aber ansonsten im Organismus keine essentielle Rolle **(E)**.

Barium-Ionen ($Ba^{2+}$) sind giftig und werden vom Organismus nicht benötigt **(F)**.


# Lösung 9        Antwort (D)

Für alle Elemente ist die Ordnungszahl identisch der Zahl an Elektronen; das Mangan-Atom besitzt also 25 Elektronen. Die Besetzung der Orbitale erfolgt entsprechend den Orbitalenergien und beginnt dementsprechend mit dem 1s-Orbital, wobei gemäß dem Pauli-Prinzip jedes Orbital maximal zwei Elektronen aufnehmen kann. Die Orbitalenergien steigen mit der Hauptquantenzahl und der Nebenquantenzahl. Aufgrund der stärkeren Penetration von s-Elektronen in den Bereich der inneren Elektronen kommt das 4s-Orbital unterhalb der 3d-Orbitale zu liegen, obwohl es zur 4. Schale gehört. In Einklang mit diesen Überlegungen ist **(D)**. In **(B)** ist die Gesamtzahl der Elekronen zu hoch, **(E)** ignoriert die Anwesenheit der 3d-Orbitale, während **(C)** fälschlicherweise nicht vorhandene 2d-Orbitale besetzt. In **(A)** ist die niedrigere Energie der 4s- gegenüber den 3d-Orbitalen nicht berücksichtigt.


# Lösung 10        Antwort (D)

Innerhalb einer Periode des PSE nimmt der Atomradius tendenziell mit steigender Ordnungszahl ab, da die effektive Kernladung zunimmt und die Valenzelektronen näher an den Kern gezogen werden. Innerhalb einer Gruppe steigt der Atomradius (abgesehen von der sog. Lanthanidenkontraktion), da von Periode zu Periode eine Schale hinzukommt. Natrium und Magnesium gehören beide zur 3. Periode; Natrium findet sich in der ersten, Magnesium in der 2. Hauptgruppe. Dem beschriebenen Trend folgend ist das $Na^+$-Ion größer als das $Mg^{2+}$-Ion.

Aussage **(A)** ist die Umkehrung des korrekten Sachverhalts – der Radius sinkt mit der Ordnungszahl. Ein Kation entsteht aus dem entsprechenden Atom durch Abgabe von einem oder mehreren Elektronen. Dadurch verteilt sich die Kernladung auf weniger Elektronen, die festzuhalten sind; diese werden dadurch stärker gebunden, so dass das Kation kleiner ist als das neutrale Atom. Dieser Effekt ist besonders ausgeprägt, wenn das Kation durch Abgabe aller Valenzelektronen entstanden ist und somit eine Schale weniger besitzt als das Atom **(B)**. Während Kationen immer kleiner sind als das zugrunde liegende Atom, gilt für Anionen das Gegenteil. Bei gleicher Kernladung müssen im Anion ein oder mehrere zusätzliche Elektronen festgehalten werden, die sich zudem untereinander abstoßen. Dies führt zu einer Vergrößerung des Radius, d. h. Anionen sind immer größer als das Atom **(C)**. Die beiden Ionen $Mg^{2+}$ und $O^{2-}$ haben beide insgesamt 10 Elektronen. Ein Blick auf die Ordnungszahlen beider Elemente zeigt, dass Mg 12, O dagegen nur 8 Protonen im Kern aufweist. Daher werden die 10 Elektronen vom Mg-Kern wesentlich stärker gebunden, als von den 8 Protonen im Sauerstoff, d. h. das $Mg^{2+}$-Ion ist wesentlich kleiner, als das $O^{2-}$-Ion **(E)**. Isotope unterscheiden sich nur durch die Anzahl der Neutronen im Kern; diese hat keinerlei Einfluss auf die Elektronenhülle. Isotope eines Elements unterscheiden sich daher nicht in ihrem Atomradius **(F)**.

# Lösung 11    Antwort (C)

Die Ionisierungsenergie ist diejenige Energie, die aufgewandt werden muss, um aus einem gasförmigen Atom oder Ion ein Elektron zu entfernen. Innerhalb einer Periode sorgt die Zunahme der effektiven Kernladung dafür, dass die Ionisierungsenergie von links nach rechts zunimmt, wobei für das Edelgas am Ende jeder Periode das Maximum erreicht wird. Innerhalb der Gruppe sinkt die Ionisierungsenergie, was auf den wachsenden Abstand des abzuspaltenden Valenzelektrons vom Kern zurückzuführen ist. Ausnahmen von diesem allgemeinen Trend finden sich beim Übergang von s-Block- zu p-Block-Elementen. Das 3p-Orbital (aus dem das Elektron im Fall von Al abgespalten wird) penetriert weniger in die kernnahe Region als ein 3s-Elektron. Es wird daher stärker durch die inneren Elektronen abgeschirmt und liegt energetisch etwas höher, als das s-Orbital. Dies erklärt die Abnahme der 1. Ionisierungsenergie vom Mg zum Al. Ähnliches beobachtet man auch für N und O. Im Stickstoff sind die 2p-Orbitale halb gefüllt, während im Sauerstoff zwei Elektronen gepaart vorliegen, was in einer etwas niedrigeren Energie zur Ionisierung resultiert. Im Vergleich zu den Elementen der dritten Periode ist die Ionisierungsenergie für Sauerstoff und Neon (2. Periode) erheblich höher.

# Lösung 12    Antwort (F)

Die Gitterenthalpie muss aufgebracht werden, um ein Ionengitter zu zerstören, entweder durch hohe Temperaturen, um das Salz zu schmelzen, oder durch Lösen in Wasser. Allerdings darf von der Höhe der Gitterenthalpie nicht direkt auf die Löslichkeit eines Salzes geschlossen werden **(A)**, die letztlich von der freien Lösungsenthalpie abhängt; neben der Gitterenthalpie geht hierbei auch die Hydratationsenthalpie und die Lösungsentropie ein. Daher kommt es durchaus vor, dass ein Salz wesentlich besser löslich ist als ein anderes, obwohl es eine höhere Gitterenthalpie aufweist, denn gleichzeitig ist dann i. A. auch die Hydratationsenthalpie vom Betrag her größer (negativer). Da im angegebenen Beispiel das Silbersulfat ($Ag_2SO_4$) das zweifach negative Sulfat-Ion enthält (gegenüber dem einfach negativen Iodid im Silberiodid, AgI), ist für Silbersulfat die größere Gitterenthalpie zu erwarten.

Die Gitterenthalpie eines Salzes AB entspricht der Wärmemenge, die benötigt wird, um das AB-Gitter in gasförmige Ionen zu spalten **(B)**. Eine Auflösung gelingt nur, da bei der Hydratation der Ionen ein vergleichbarer Energiebetrag (Hydratationsenthalpie) frei wird. Carbonate enthalten das zweifach negative $CO_3^{2-}$-Ion, Hydrogencarbonate das einfach negative $HCO_3^-$. Da nach dem Coulomb-Gesetz die Gitterenthalpien proportional zu den Ionenladungen sind,

sind (bei gleichem Kation) für Carbonate höhere Gitterenthalpien zu erwarten, als für Hydrogencarbonate (C). Iodide, wie z. B. das Silberiodid (AgI) sind zwar oftmals schwerer löslich als die entsprechenden Chloride (wie AgCl); dies ist aber nicht auf höhere Gitterenthalpien zurückzuführen, sondern auf die höhere Polarisierbarkeit des Iodid-Ions, was zu kovalenten Bindungsanteilen führt (D). Die Gitterenthalpie für Iodide sollten aufgrund des größeren Ionenradius für Iodid niedriger sein, als für entsprechende Chloride. Wie oben bereits erwähnt, verhalten sich die Gitterenthalpien proportional zu den Ionenladungen, jedoch indirekt proportional zu den Ionenradien (F).

## Lösung 13     Antwort (D)

Zur Zerstörung eines Ionengitters müssen die elektrostatischen Anziehungskräfte zwischen den Ionen überwunden werden; diese sind proportional zu den Ladungen der Ionen und indirekt proportional zu ihrem Abstand $r$. Tendenziell besitzen also Salze aus kleinen, hoch geladenen Ionen die höchsten Gitterenthalpien. Das Aluminiumoxid weist von den gezeigten Salzen als einziges ein dreifach geladenes Ion ($Al^{3+}$) auf; zudem sind sowohl das $Al^{3+}$ wie auch das Oxid-Ion vergleichsweise kleine Ionen, so dass für $Al_2O_3$ die höchste Gitterenthalpie zu erwarten ist. Die kleinste Gitterenthalpie sollte sich umgekehrt für ein Salz aus zwei einfach geladenen, großen Ionen ergeben. Sowohl NaF wie KBr bestehen nur aus einfach geladenen Ionen; da $K^+$ größer ist als $Na^+$ und $Br^-$ größer ist als $F^-$, sollte KBr die niedrigste Gitterenthalpie besitzen. Salze aus zweifach geladenen Ionen nehmen eine Mittelstellung ein. Wiederum aufgrund der Größe der Ionen sollte die Gitterenthalpie von CaO größer sein als für BaS. Die zu erwartende Reihung nach zunehmender Gitterenthalpie entspricht Antwort (D).

## Lösung 14     Antwort (B)

Ob eine chemische Bindung überwiegend kovalenten oder ionischen Charakter aufweist wird im Wesentlichen durch die Elektronegativitäten der beteiligten Partner bestimmt. Je größer die Elektronegativitätsdifferenz, desto höher ist tendenziell der ionische Charakter der Bindung. Es ist leicht einzusehen, dass die N–N-Bindung zwischen zwei identischen Atomen völlig unpolar sein wird und das eine Ende der Reihe bildet. Auf der anderen Seite ist CaO die einzige Bindung, die ein stark elektropositives Metall (Ca) enthält, das in Verbindung mit dem stark elektronegativen Sauerstoff ist. CaO ist ein typisches Salz; es weist den höchsten ionischen Charakter auf. Bindungen zwischen C und H sind weitgehend unpolar (geringer ionischer Charakter; die C–Br-Bindung ist ebenfalls schwach polar. Höher ist der polare Anteil für die Halogenwasserstoffe, wobei HF aufgrund der höheren Elektronegativität des Fluors im Vergleich zum Chlor nach CaO den höchsten ionischen Charakter aufweist. Diese Überlegungen führen zu Antwort (B).

## Lösung 15     Antwort (E)

Ebenso wie Atomgrößen und Ionisierungsenergien folgt auch die Elektronegativität (EN) klaren Trends innerhalb des Periodensystems, die sich wiederum auf die energetische Lage der Atomorbitale und damit auf effektive Kernladung und Atomgröße zurückführen lassen. Die Elektronegativität eines Atoms ist ein Maß für seine Fähigkeit, Elektronen in einer Bindung zu sich zu ziehen. Mit zunehmendem Atomradius sind die Elektronen weiter vom Kern entfernt; erwartungsgemäß sinkt die EN damit innerhalb einer Gruppe von oben nach unten. Daher ist der Wert für Ca (1,0), wenn auch nur geringfügig, kleiner als für Mg (1,2) und für I (2,5) kleiner als für Cl (3,0). Innerhalb einer Periode steigt die EN dagegen an, was durch die Zunahme der effektiven Kernladung bedingt ist. Die EN für O (3,5) ist erwartungsgemäß deutlich höher als für C (2,5). Mit diesen Regeln können die Antworten (A), (B), und (D) sofort ausgeschlossen werden. Sauerstoff ist nach Fluor das zweit elektronegativste Element, was zu Antwort (E) führt. Die Abnahme von O zu I beim Übergang von der 2. zur 5. Periode ist weitaus stärker, als die potenzielle Zunahme beim Übergang von der 6. zur 7. Hauptgruppe, weshalb (F) sehr unwahrscheinlich erscheint. Antwort (C) ist dagegen nicht unplausibel, da sich die EN für H nicht unmittelbar aus den Trends ergibt. In C–H-Bindungen ist aber stets das H-Atom positiv polarisiert, was nahelegt, dass C (2,5) elektronegativer ist, als H (2,1).

## Lösung 16     Antwort (A)

Die korrekte Definition der Elektronenaffinität findet sich gleich in der ersten Antwort (A).

Zwar sind die meisten Elektronenaffinitäten der Hauptgruppenelemente negativ (die Aufnahme eines zusätzlichen Elektrons erfolgt also mehr oder weniger exotherm); es existieren aber auch Ausnahmen zu diesem Trend. So ist die Elektronenaffinität des Stickstoffs positiv, gleiches gilt (erwartungsgemäß) für alle Edelgase (B). Für ein Edelgas ist die Aufnahme eines zusätzlichen Elektrons mit der Eröffnung einer neuen energetisch wesentlich höher liegenden Elektronenschale verbunden. Somit ist verständlich, dass die Elektronenaffinitäten für die Edelgase durchweg positiv sind (C, E). Für ein Anion (z. B. Cl⁻) ist die Aufnahme eines weiteren Elektrons energetisch wesentlich ungünstiger, da dieses gegen die Abstoßung der bereits vorhandenen negativen Ladung gebunden werden muss. So hat das Cl⁻-Ion die Edelgasschale bereits erreicht, so dass ebenso wie bei den Edelgasen keinerlei Veranlassung für die Aufnahme eines weiteren Elektrons besteht. Dies gilt auch (nicht so offensichtlich) für den Sauerstoff, obwohl das O⁻-Ion durch Aufnahme eines zweiten Elektrons zum $O^{2-}$ das Oktett erreichen würde (D). Aufgrund der höheren Elektronegativität von Stickstoff gegenüber Kohlenstoff würde man für das N-Atom eine negativere Elektronenaffinität erwarten. Dass dies nicht der Fall ist, ist damit zu begründen, dass ein zusätzliches Elektron im Stickstoff unter Spinpaarung in einem 2p-Orbital gebunden werden muss, wogegen die Aufnahme eines Elektrons beim Kohlenstoff dazu führt, dass die 2p-Unterschale gerade halb besetzt ist, was i. A. (ähnlich wie bei einer voll besetzten Schale) besondere Stabilität bedeutet (F).

# Lösung 17        Antwort (C)

Mit Ausnahme des Fluorid-Ions sind die Anionen der Halogene äußerst schwache Basen, da die korrespondierenden Säuren, die Halogenwasserstoffe (HCl, HBr, HI) sehr starke Säuren sind. Die Anionen lassen sich also mit gewöhnlichen Säuren praktisch nicht protonieren und können deshalb nicht aus dem Dissoziationsgleichgewicht eines schwer löslichen Salzes wie AgCl entzogen werden **(C)**.

Die Halogenide der Alkali- und Erdalkalimetalle sind überwiegend leicht lösliche Salze. Ausnahmen bilden LiF und $CaF_2$, die verhältnismäßig schwer löslich sind **(A)**. Mit steigender Ordnungszahl steigt auch die Hauptquantenzahl, so dass innerhalb der Reihe F, Cl, Br, I jeweils eine Schale hinzukommt. Dadurch nehmen die Ionenradien erwartungsgemäß zu. Da die Halogenide jeweils ein Elektron mehr in der Valenzschale aufweisen, als das zugrunde liegende Halogen, was zu einer stärkeren Abstoßung der Valenzelektronen untereinander führt, sind die Radien der Halogenid-Ionen größer als die der Halogenatome **(B)**. Alkali- und Erdalkalimetalle sind sehr elektropositive Elemente, die Halogene sind dagegen sehr elektronegativ (deutlich abnehmend in der Reihe von F → I ). Daher bilden die Halogene mit elektropositiven Metallen überwiegend ionische Verbindungen, also typische Salze, und keine Molekülverbindungen. Aufgrund ihrer Gitterenthalpien weisen diese Alkali- und Erdalkalihalogenide die für Salze typischen hohen Schmelzpunkte auf **(D)**. Halogene sind (innerhalb der Gruppe vom Fluor zum Iod abnehmend) gute Oxidationsmittel; Fluor ist das stärkste gängige Oxidationsmittel. Dementsprechend sind die korrespondierenden Reduktionsmittel, die Halogenide, schwach oder sogar extrem schwach (Fluorid) **(E)**. Schwefel ist im Vergleich dazu ein schwaches Oxidationsmittel, das Sulfid-Ion entsprechend ein gutes Reduktionsmittel. Die Halogene nehmen als gute Oxidationsmittel leicht ein Elektron auf und bilden die Halogenid-Ionen. Diese aber besitzen Edelgaskonfiguration (acht Valenzelektronen), so dass die Aufnahme eines weiteren Elektrons durch ein Halogenid-Ion sehr ungünstig ist **(F)**.

# Lösung 18        Antwort (E)

Bei dieser Aufgabe führen die offensichtlich falschen Antwortmöglichkeiten zur richtigen Alternative, die man ansonsten nur kennen, aber nicht ableiten kann. Das häufigste (und einzige stabile) Isotop des Phosphors ist $^{31}P$; alle anderen bekannten Isotope sind instabile Radionuklide mit Halbwertszeiten von 25 Tagen bis zu wenigen ms. Die relativ langlebigen Phosphorisotope $^{33}P$ und $^{32}P$ finden Verwendung als Beta-Emitter, beispielsweise zur Radiomarkierung von DNA- und RNA-Proben.

Als Chalkogene („Erzbildner") werden die Elemente der 6. Hauptgruppe bezeichnet, also O, S, Se und Te. Der Phosphor steht unterhalb des Stickstoffs in der 5. Hauptgruppe („Stickstoffgruppe") **(A, B)**. Die hochgestellte Ziffer an einem Elementsymbol kennzeichnet die Nukleonenzahl, also die Summe aus Protonenzahl (tiefgestellte Ziffer, prinzipiell redundant, da durch das Elementsymbol festgelegt) und Neutronenzahl **(C)**. Letztere lässt sich also leicht ermitteln aus der Differenz zwischen der Nukleonenzahl und der Ordnungszahl = Protonenzahl **(D)**. Die Elektronenzahl ist in einem neutralen Atom gleich der Protonenzahl, im vorliegenden Fall also gleich 15 **(F)**.

# Lösung 19    Antwort (C)

In vielen Fällen steigt der Siedepunkt in einer Gruppe gleichartiger Verbindungen (wie z. B. den Wasserstoffverbindungen der 4. Hauptgruppe) mit steigender molarer Masse der Verbindungen, da die Van der Waals-Wechselwirkungen zunehmen. Man könnte daher für $H_2S$ einen höheren Siedepunkt als für $H_2O$ annehmen. In der weiteren Reihe ($H_2S$ – $H_2Se$ – $H_2Te$) trifft diese Zunahme der Siedepunkte mit steigender molarer Masse der Verbindung auch tatsächlich zu. Wasser bildet jedoch eine wichtige Ausnahme: aufgrund der hohen Elektronegativität des Sauerstoffs bilden Wassermoleküle untereinander Wasserstoffbrückenbindungen aus. Diese sind zwar mit Bindungsenergien von nur 5–25 kJ/mol wesentlich schwächer als kovalente Bindungen, aber deutlich stärker als die Van der Waals-Wechselwirkungen zwischen Molekülen wie $H_2S$ und verursachen den ungewöhnlich hohen Siedepunkt von Wasser.

Aufgrund des Netzes aus Wasserstoffbrücken im Eis liegt auch der Schmelzpunkt von Wasser ungewöhnlich hoch, deutlich höher als von $H_2S$, das bei 0 °C bereits gasförmig vorliegt (A). Da Schwefel im Periodensystem unterhalb von Sauerstoff steht, ist seine molare Masse höher als die des Sauerstoffs; damit ist selbstverständlich auch die molare Masse von $H_2S$ höher als von $H_2O$ (B). Obwohl die Polarität der O–H-Bindung höher ist, als die der S–H-Bindung, ist $H_2S$ die acidere Verbindung (D). Gründe sind die höhere Bindungsstärke der O–H-Bindung und die Tatsache, dass die negative Ladung im durch Protonenabgabe entstehenden Anion ($OH^-$ bzw. $SH^-$) vom größeren Schwefelatom besser stabilisiert werden kann (geringere elektrostatische Abstoßung der zusätzlichen negativen Ladung im größeren Anion). $H_2S$ ist ein stark toxisches Gas, während Wasser bekanntermaßen eine lebenswichtige und völlig ungiftige Verbindung ist (E). Wie bereits oben diskutiert, ist die Fähigkeit zur Ausbildung von Wasserstoffbrücken bei $H_2O$ aufgrund des stark elektronegativen Sauerstoffs wesentlich größer als von $H_2S$, das keine Wasserstoffbrücken auszubilden vermag (F).

# Lösung 20    Antwort (E)

Bei einem $\beta^-$-Zerfall kommt es zur Umwandlung eines Neutrons im Kern in ein Proton und ein Elektron, das als „$\beta$-Teilchen" das Atom verlässt; dadurch erhöht sich offensichtlich die Kernladung und damit die Ordnungszahl um eins. Kalium besitzt die Ordnungszahl 19 und befindet sich im PSE eine Position vor Calcium. Durch einen $\beta^-$-Zerfall kann Kalium somit in ein Isotop des Calciums übergehen.

Da Calcium zwei Valenzelektronen aufweist (und $Ca^{2+}$-Ionen bildet), Kalium dagegen nur eines ($\rightarrow K^+$) bilden beide Elemente Salze unterschiedlicher stöchiometrischer Zusammensetzung, z. B. KCl und $CaCl_2$ (A). Calcium ist ein sehr unedles Metall, das entsprechend seinem stark negativen Standardreduktionspotenzial ein sehr gutes Reduktionsmittel ist und mit Wasser heftig reagiert. Im Organismus kann somit kein elementares Calcium vorliegen (B), wohl aber $Ca^{2+}$-Ionen, die eine stabile Edelgaskonfiguration aufweisen und in Wasser hydratisiert vorliegen. Calcium kommt im menschlichen Organismus in wesentlich größerer Menge vor, als Eisen (C). Es ist wesentlich am Aufbau der Knochen und Zähne beteiligt („Hydroxylapatit"; $Ca_5(PO_4)_3OH$) und fungiert in gelöster Form als sogenannter *second messenger*. Calcium ist aufgrund seiner Edelgaskonfiguration in der Tat ein recht schlechter Komplexbildner.

So bilden $Ca^{2+}$-Ionen mit gängigen einzähnigen Liganden, wie z. B. $Cl^-$, $NH_3$ oder $CN^-$ keine stabilen Komplexe, wohl aber mit starken mehrzähnigen Liganden **(D)**, insbesondere mit dem Salz der Ethylendiamintetraessigsäure ($EDTA^{4-}$), das z. B. Anwendung findet zur Komplexierung von $Ca^{2+}$-Ionen im Blut zur Verhinderung der ($Ca^{2+}$-abhängigen) Blutgerinnung. Calcium-Ionen sind (im Gegensatz zu Blei-Ionen!) nicht toxisch, sondern für den Organismus essentiell **(F)**. Wenn sie trotzdem z. B. durch „Wasserfilter" (die Ionenaustauscher darstellen) aus dem Trinkwasser entfernt werden, dann nicht, weil sie toxisch wären, sondern z. B. um die Ablagerungen von Kalk zu verhindern oder den Geschmack von Tee zu verbessern.

# Lösung 21      Antwort (A)

Ist die tatsächliche Elektronenverteilung in einem Molekül durch eine einzige Lewis-Struktur nicht korrekt zu beschreiben, lässt sich diese durch Verwendung mehrerer mesomerer Grenzstrukturen annähern. Von diesen besitzt keine physikalische Realität, die tatsächliche Struktur liegt vielmehr „zwischen" den einzelnen Grenzstrukturen. Im Diamant bzw. Graphit sind die C-Atome dagegen unterschiedlich verknüpft: im Diamant ist jedes C-Atom $sp^3$-hybridisiert und tetraedrisch von vier Nachbar-C-Atomen umgeben („Diamantgitter"), während Graphit eine Schichtstruktur aufweist, in der jedes C-Atom in der Ebene mit drei Nachbar-C-Atomen kovalent verknüpft ist und $sp^2$-hybridisiert vorliegt.

Tatsächlich ist der Übergang von Diamant in Graphit ein exergoner Vorgang, kann also spontan erfolgen. Dennoch muss man sich keine Sorgen um seine Diamanten machen, denn dieser Prozess ist extrem langsam und daher in der Praxis nicht beobachtbar **(B)**. Der Grund ist in Antwort **(F)** genannt – die Aktivierungsenergie ist sehr hoch, so dass Diamant, obwohl thermodynamisch instabil, nicht in feststellbarem Ausmaß in Graphit übergeht, also als „kinetisch stabil" bezeichnet werden kann. Verschiedene Erscheinungsformen eines Stoffes bei gleicher chemischer Zusammensetzung aber unterschiedlicher räumlicher Struktur werden als Modifikationen bezeichnet **(C)**. Weitere, noch nicht so lange bekannte Modifikationen des Kohlenstoffs sind die Fullerene (käfigartige Strukturen mit 60 bzw. 70 C-Atomen, sowie das Graphen **(D)**. Kohlenstoff befindet sich in der 4. Hauptgruppe und weist vier Valenzelektronen auf. Er kann alle Oxidationszahlen zwischen –4 (z. B. in Methan) bis +4 (z. B. Kohlendioxid) einnehmen, insgesamt also neun (incl. der Oxidationszahl 0 im elementaren Zustand), **(E)**.

# Lösung 22      Antwort (B)

Bei der Schreibweise $^M_Z X$ für ein Element X kennzeichnet Z die Ordnungszahl = Protonenzahl = Elektronenzahl und M die Massenzahl = Nukleonenzahl = (Protonenzahl + Neutronenzahl). Somit besitzt das Chlor-Isotop $^{35}_{17}Cl$ also 17 Protonen im Kern und insgesamt 35 Nukleonen, d. h. 18 Neutronen. Also hat das Isotop $^{37}_{17}Cl$ mit einer um zwei Einheiten höheren Massenzahl zwei Neutronen mehr.

Aussage **(A)** verwechselt Neutronen- mit Nukleonenzahl, Antwort **(C)** in ähnlicher Weise Protonenzahl mit Nukleonenzahl. Aussage **(D)** wäre korrekt, kämen beide Isotope in genau gleicher Menge vor. Dann ergäbe sich als relative Masse der Mittelwert der Massenzahlen der beiden Isotope. Tatsächlich aber überwiegt das leichtere Isotop mit ca. 75 %, so dass die relative Masse mit 35,45 näher bei der Masse des Isotops $^{35}_{17}Cl$ liegt. Aus dem oben Gesagten ergibt sich eine Elektronenzahl von 17 (= Protonenzahl) bei einer Neutronenzahl von 18 (= Massenzahl – Protonenzahl), **(E)** ist also offenkundig falsch.

# Lösung 23     Antwort (F)

Hauptbestandteile der Umgebungsluft sind Stickstoff (ca. 78 %) und Sauerstoff (knapp 21 %). Da Kohlendioxid aufgrund seiner Eigenschaft als „Treibhausgas" laufend in der Diskussion ist, könnte man vermuten, dass es den nächsthäufigen Bestandteil darstellt; dies ist jedoch nicht der Fall. Tatsächlich ist das Edelgas Argon mit einem Anteil von etwa 0,9 % um mehr als den Faktor 20 stärker vertreten als das $CO_2$ (ca. 0,04 %; Tendenz allerdings langsam zunehmend; vgl. die aktuelle Debatte um den Klimawandel).

Jede Periode des PSE endet mit einem Edelgas. Die Aussage wird aber durch den Nebensatz inkorrekt: In der 1. Periode ist nur ein 1s-Orbital vorhanden, das maximal zwei Elektronen aufnehmen kann. Helium schließt damit die erste Periode ab, besitzt aber selbstverständlich keine acht Valenzelektronen **(A)**. Für alle folgenden Perioden ist die Aussage richtig. Zweck des Einsatzes von Helium im Gemisch mit Sauerstoff für Taucher ist seine geringere Löslichkeit in Wasser im Vergleich zu Stickstoff **(B)**. Dadurch ist die im Blut gelöste Menge an Gasen (die sich mit zunehmender Tauchtiefe aufgrund des steigenden Druckes erhöht) geringer, was mögliche Komplikationen bei Auftauchen (abnehmender Druck und somit sinkende Löslichkeit der Gase) verringert. Bis vor 50 Jahren ging man in der Tat davon aus, dass Edelgase keine Verbindungen ausbilden können, dann jedoch gelang N. Bartlett 1962 die Synthese der ersten Xenonverbindung, des Xenonhexafluoroplatinats. Inzwischen ist neben einigen Fluoriden und Oxiden des Xenons auch eine Kryptonverbindung ($KrF_2$) und das nur bei sehr tiefen Temperaturen beständige HArF bekannt **(C)**. Nur von Ne und He konnten bislang keinerlei Verbindungen nachgewiesen werden. Edelgase sind also aufgrund ihrer abgeschlossenen Valenzschale sehr reaktionsträge; die schwereren von ihnen können aber mit dem sehr starken Oxidationsmittel Fluor zur Reaktion gebracht werden. Edelgase liegen aufgrund ihrer vollständig gefüllten Valenzschale in atomarer Form vor **(D)**, da durch Bildung eines zweiatomigen Moleküls keine Absenkung der freien Enthalpie möglich ist. Wie eine Molekülorbitalbetrachtung zeigt, müssten neben allen bindenden auch sämtliche antibindenden Orbitale besetzt werden, so dass die resultierende Bindungsordnung gleich Null ist, d. h. keine Bindung zustande kommt. Der Begriff „Edelgas" rührt von ihrer extremen Reaktionsträgheit her. Da die Gasteilchen gemäß der Näherung des idealen Gases kein Eigenvolumen aufweisen und keine Wechselwirkungen ausüben, kann naturgemäß kein Gas der idealen Gasgleichung perfekt genügen **(E)**. Beispielsweise lassen sich alle Gase bei (wenn auch im Fall des Heliums sehr niedrigen Temperaturen) verflüssigen, was für ein ideales Gas per definitionem unmöglich ist.

# Lösung 24  Antwort (D)

Die Löslichkeit von Gasen in Flüssigkeiten (z. B. Wasser) wird durch das Gesetz von Henry beschrieben; die Konzentration des gelösten Gases ist danach proportional zum Partialdruck des Gases über der Flüssigkeit: $c = K_H \cdot p$. Wie jede Gleichgewichtskonstante ist auch die Henry-Konstante $K_H$ und damit die Löslichkeit von Gasen temperaturabhängig. Während für die meisten Feststoffe eine Temperaturerhöhung die Löslichkeit verbessert, nimmt sie für Gase stets ab; die Löslichkeit von Sauerstoff sinkt also mit zunehmender Temperatur.

Typische Nichtmetalloxide wie z. B. $CO_2$, $SO_2$, $SO_3$, $NO_2$ etc. enthalten das jeweilige Element in einem hohen Oxidationszustand. Diese Nichtmetalloxide reagieren mit Wasser zu Säuren, z. B. $H_2CO_3$, $H_2SO_3$, $H_2SO_4$, $HNO_3$ (A). Der Partialdruck des Sauerstoffs in der Atmosphäre ist proportional zu seinem Stoffmengenanteil $\chi$. Dieser beträgt etwa 0,21. Bei einem Normaldruck von 1 bar ergibt sich daraus ein Sauerstoff-Partialdruck von 0,21 bar (B). Auch Aussage (C) ist korrekt: Da Alkalisalze generell leicht löslich sind, dissoziiert auch ein Oxid wie $Na_2O$ in Wasser unter Bildung des extrem stark basischen $O^{2-}$-Ions. Dieses ist in Wasser nicht existenzfähig, sondern reagiert sofort in einer Säure-Base-Reaktion mit dem Lösungsmittel Wasser zu $OH^-$-Ionen: $O^{2-} + H_2O \rightarrow 2\ OH^-$. Im Zuge der Elektronentransportkette in den Mitochondrien werden Elektronen entlang verschiedener Enzymkomplexe übertragen, wobei ein Protonengradient über die innere Mitochondrienmembran etabliert wird. Am sog. „Komplex IV" schließlich, der Cytochrom-Oxidase, werden die Elektronen auf $O_2$ übertragen, wobei letztlich Wasser als Reduktionsprodukt gebildet wird (E). Anhand der klassischen Lewis-Formel ist nicht zu erkennen, dass Sauerstoff Radikalcharakter aufweist. Konstruiert man hingegen ein MO-Diagramm findet man zwei energiegleiche $\pi^*$-Orbitale, die gemäß der Hund'schen Regel jeweils einfach besetzt werden müssen, so dass die MO-Beschreibung tatsächlich auf den diradikalischen Charakter hinweist. Da sich Teilchen mit ungepaarten Elektronen stets paramagnetisch verhalten, ist dies auch für $O_2$ der Fall (F).

# Lösung 25  Antwort (E)

Alkali- und Erdalkalimetall-Ionen besitzen die Edelgaskonfiguration des vorangegangenen Edelgases. Sie sind daher sehr stabil und zeigen nur eine recht geringe Neigung zur Ausbildung koordinativer Bindungen mit Liganden, d. h. zur Komplexbildung. Sie bilden nur wenige stabile Komplexe – wenn, dann praktisch ausschließlich mit mehrzähnigen Chelatliganden, wie z. B. EDTA. Übergangsmetall-Ionen besitzen teilweise gefüllte d-Orbitale und bilden daher meist bereitwillig Komplexe mit einer Vielzahl verschiedener Liganden, wobei in einigen Fällen die stabile Edelgaskonfiguration des nachfolgenden Edelgases erreicht werden kann.

Die meisten Halogenide der Erdalkalimetall-Ionen sind recht leicht löslich (A); das relativ schlecht lösliche Calciumfluorid ($CaF_2$) bildet eine Ausnahme. Wie auch für Elemente in anderen Hauptgruppen nehmen die Ionenradien mit steigender Ordnungszahl zu, da von Element zu Element innerhalb einer Gruppe die Hauptquantenzahl und damit die Anzahl der Elektronenschalen und die Atom- und Ionengrößen steigen (B). Da Erdalkalimetalle bei der Bildung von Kationen alle Valenzelektronen der äußersten Schale abgeben, besitzen die Ionen eine besetzte Elektronenschale weniger und sind deshalb erheblich kleiner als die zugrunde liegenden Atome. Erdalkalimetalle besitzen stark negative Standardreduktionspotenziale, sind also starke Reduktionsmittel. Dementsprechend sind die Kationen relativ schwierig zu den Elementen zu reduzieren **(C)**; sie sind nur sehr schwache Oxidationsmittel. Erdalkalimetall-Ionen bilden überwiegend leicht lösliche Salze; Ausnahmen hiervon sind aber z. B. die Carbonate und die Sulfate, die ziemlich schwer löslich sind **(D)**. Typische Vertreter sind das schwer lösliche Calciumcarbonat oder das schwer lösliche Bariumsulfat. Von den Erdalkalimetall-Ionen besitzen $Mg^{2+}$ und insbesondere $Ca^{2+}$ eine überragende physiologische Bedeutung **(F)**. Beispielsweise sind $Ca^{2+}$-Ionen wesentlich am Aufbau von Knochen und Zähnen (in Form von Hydroxylapatit, $Ca_5(PO_4)_3(OH)$) beteiligt und spielen eine unverzichtbare Rolle als „*second messenger*" bei der Signalübertragung. Beryllium-Ionen sowie die schwereren Erdalkalimetall-Ionen $Sr^{2+}$ und $Ba^{2+}$ spielen dagegen keine physiologische Rolle.

# Lösung 26     Antwort (C)

Bariumsulfat ist ein ziemlich schwer lösliches Salz. Um festes Bariumsulfat in Lösung zu bringen, müssten entweder die im Dissoziationsgleichgewicht befindlichen $Ba^{2+}$- oder die $SO_4^{2-}$-Ionen aus dem Gleichgewicht entfernt werden. Dies gelingt allgemein mit hinreichend starken Säuren, wenn das Anion basische Eigenschaften aufweist und somit von der Säure protoniert wird. Sulfat-Ionen weisen aber als Anionen der sehr starken Schwefelsäure nur sehr schwach basischen Eigenschaften auf, d. h. sie lassen sich nicht durch geringe Mengen einer schwachen Säure wie $CH_3COOH$ protonieren, so dass die Auflösung misslingt.

Gemäß der Summenformel von Bariumsulfat ($BaSO_4$) dissoziiert dieses (in geringem Maße) in $Ba^{2+}$- und $SO_4^{2-}$-Ionen. Aufgrund der 1:1-Stöchiometrie beider Ionen liegen diese in einer gesättigten Lösung in identischer Konzentration vor **(A)**. Die Konzentration der Ionen in einer gesättigten Lösung ist generell durch die Sättigungskonzentration gegeben, die sich aus dem Löslichkeitsprodukt errechnen lässt. Dieses ist eine (temperaturabhängige) Konstante. Somit ist auch die Konzentration der Ionen in Lösung konstant und unabhängig von der Menge des noch vorhandenen Bodenkörpers **(B)**. Löslichkeitsprodukt-Konstanten machen Aussagen über die Sättigungskonzentration von Ionen in einer Lösung; sie dürfen aber nur verglichen werden, wenn sie die identische Einheit aufweisen und das Salz die gleiche stöchiometrische Zusammensetzung besitzt. Calcium und Barium sind beides Erdalkalimetalle (2. Hauptgruppe); sie bilden demnach identisch zusammengesetzte Sulfate ($CaSO_4$; $BaSO_4$). Aus einem höheren Löslichkeitsprodukt für Calciumsulfat errechnet sich somit auch eine höhere Sulfat-Konzentration für die gesättigte Lösung gegenüber einer Bariumsulfat-Lösung **(D)**. Damit ein Salz in Lösung gehen kann, muss sein Ionengitter zerstört werden; die dafür erforderliche Gitterenthalpie muss durch die bei der Solvatation der Ionen frei werdende Solvatationsenthalpie ganz oder zumindest zum großen Teil aufgebracht werden. Wasser ist ein stark polares Lösungsmittel; die Ion-Dipol-Kräfte zwischen den entstehenden solvatisierten Ionen und den Wassermolekülen sind hoch. Die Hydratationsenthalpie bei Ausbildung einer Hydrathülle („Wasserhülle") um die Ionen wird daher stärker negativ sein als die entsprechende Enthalpie bei einer Solvatation im weniger polaren Ethanol. Eine geringere freiwerdende Solvatationsenthalpie in Ethanol gegenüber Wasser setzt daher die Löslichkeit von Bariumsulfat weiter herab **(E)**.

Barium bildet nur Kationen der Ladung +2; eine weitere Oxidation ist nicht möglich, weil dabei die Edelgasschale zerstört würde. Im Sulfat-Ion liegt der Schwefel ebenfalls in der höchstmöglichen Oxidationszahl +6 vor, so dass für beide Ionen mit üblichen chemischen Oxidationsmitteln keine Oxidation zu erreichen ist **(F)**.

## Lösung 27 Antwort (B)

Eine Brønstedt-Säure ist eine Verbindung, die Protonen abgeben kann; da das Hydrogencarbonat-Ion noch ein an Sauerstoff gebundenes $H^+$-Ion aufweist, kann es als Brønstedt-Säure reagieren. Allerdings kann das $HCO_3^-$-Ion auch ein $H^+$-Ion aufnehmen ($\rightarrow$ Brønstedt-Base), d. h. es handelt sich um einen Ampholyt. Da hierbei die basische Eigenschaft (geringfügig) stärker ist, als die saure, ist in Wasser für $KHCO_3$ keine saure Reaktion zu beobachten.

Zur Wasserhärte tragen (zusammen mit dem Hydrogencarbonat) in erster Linie die Erdalkali-Ionen $Mg^{2+}$ und $Ca^{2+}$ bei ("temporäre Härte"), da die entsprechenden Hydrogencarbonate beim Erhitzen in schwerlösliches $CaCO_3$ bzw. $MgCO_3$ übergehen. Enthält Wasser gerade so viel $CO_2$, dass sich noch kein Kalk abscheidet, spricht man vom Kalkkohlensäure-Gleichgewicht. Wird einem solchen Wasser Kohlenstoffdioxid entzogen, bilden sich schwer lösliche Verbindungen wie Calcit ($CaCO_3$) und Dolomit ($CaMg(CO_3)_2$) als besonders schwer lösliches Mischcarbonat. Aufgrund der Temperaturabhängigkeit des Calciumcarbonat-Kohlensäure-Kohlenstoffdioxid-Gleichgewichts bilden sich auch Ablagerungen bei der Bereitung von Heißwasser (Warmwasseranlagen, Kaffeemaschinen, Kochtöpfe) **(A)**. Kaliumhydrogencarbonat wird durch Reaktion mit einer Base in das Carbonat überführt. Dabei bleibt die Oxidationszahl des Kohlenstoffs (+4) unverändert, es liegt also keine Oxidation vor **(C)**. Mit HCl reagiert $KHCO_3$ auch in einer Säure-Base-Reaktion:

$$KHCO_3 + HCl \longrightarrow K^+ + Cl^- + CO_2 + H_2O.$$

Wiederum handelt es sich um keine Redoxreaktion, so dass kein elementarer Wasserstoff gebildet werden kann, sondern $CO_2$ frei wird **(D)**. Kaliumhydrogencarbonat ist eine ionische Verbindung; das Kalium bildet keine kovalenten Bindungen aus **(E)**. Das Hydrogencarbonation ist ein wichtiger physiologischer Pufferbestandteil, jedoch zusammen mit $CO_2$ und nicht mit dem basischen Carbonat-Ion. Ein $HCO_3^-/CO_3^{2-}$-Puffer liefert einen geeigneten Puffer im pH-Bereich um ca. 9, nicht aber im physiologischen Bereich **(F)**.

## Lösung 28 Antwort (D)

Schwefeldioxid ist ein gewinkeltes Molekül, im Gegensatz zum linear gebauten $CO_2$-Molekül. Der Grund hierfür ist das freie Elektronenpaar am Schwefel. Dieser kann annähernd durch eine $sp^2$-Hybridisierung beschrieben werden; dabei wird eines der drei $sp^2$-Hybridorbitale von dem freien Elektronenpaar besetzt, was die gewinkelte Struktur ergibt.

Die Reaktion von $SO_2$ mit Wasser führt im Zuge einer Gleichgewichtsreaktion zur Bildung von $H_2SO_3$, der schwefligen Säure (A). Diese ist jedoch keine stabile Verbindung und kann nicht als Reinsubstanz isoliert werden. Allgemein reagiert das Anhydrid einer Säure (hier: $SO_2$) mit Wasser zur entsprechenden Säure (hier: $H_2SO_3$). Zur Beschreibung der Struktur von $SO_2$ tragen v. a. folgende mesomere Grenzstrukturen bei (B):

In allen Fällen besitzt der Schwefel ein freies Elektronenpaar, was zu der beschriebenen gewinkelten Struktur führt. Schwefeldioxid ist ein relativ gutes Reduktionsmittel; der Schwefel wird bereitwillig zu seiner höchsten Oxidationsstufe +6 oxidiert (C). Bei der Verbindung handelt es sich um ein stechend riechendes, farbloses und toxisches Gas (E), das bei der Verbrennung von Schwefel oder schwefelhaltigen Brennstoffen an Luft entsteht. Schwefeldioxid löst sich wesentlich besser in Wasser als Kohlendioxid (F). Der Grund hierfür liegt in seiner gewinkelten Struktur und dem dadurch bedingten Dipolmoment, während $CO_2$ als unpolares Molekül ohne permanentes Dipolmoment keine Dipol-Dipol-Wechselwirkungen mit dem polaren $H_2O$ eingehen kann.

## Lösung 29    Antwort (E)

Ammoniumhydrogensulfit ($NH_4HSO_3$) dissoziiert in wässriger Lösung in Ammonium-Ionen ($NH_4^+$) und Hydrogensulfit-Ionen ($HSO_3^-$). Wie alle Ammoniumsalze ist auch diese Verbindung leicht löslich. Versetzt man die Lösung des Salzes mit $Ba(OH)_2$, so können die Hydrogensulfit-Ionen durch die starke Base $OH^-$ zu Sulfit-Ionen ($SO_3^{2-}$) deprotoniert werden; diese könnten anschließend mit $Ba^{2+}$ unter Bildung von $BaSO_3$ ausfallen, sofern die Konzentrationen ausreichen, um das Löslichkeitsprodukt von $BaSO_3$ zu überschreiten. Für eine Bildung von $BaSO_4$ müssten Sulfat-Ionen vorliegen. Diese können zwar aus $SO_3^{2-}$ durch Oxidation entstehen; da jedoch kein Oxidationsmittel vorhanden ist (abgesehen von in der Lösung gelöstem Luftsauerstoff) kommt es zu keiner Ausfällung von Bariumsulfat.

Ammoniumhydrogensulfit ist leicht löslich (A). Das Ammonium-Ion ist eine schwache Säure; das Hydrogensulfit-Ion kann sowohl als Säure wie auch als Base reagieren. Tatsächlich verhält es sich in reinem Wasser ziemlich schwach basisch, so dass die Lösung insgesamt (aufgrund des sauren Charakters des Ammonium-Ions) leicht sauer reagiert (B). Die starke Säure HCl kann die schwache Base $HSO_3^-$ leicht zur korrespondierenden schwachen Säure $H_2SO_3$, der schwefligen Säure, protonieren (C). Diese ist allerdings ebenso wie Kohlensäure instabil und zerfällt leicht in $SO_2$ und $H_2O$. Im Hydrogensulfit liegt der Schwefel in der Oxidationsstufe +4 vor; er kann daher relativ leicht zur höchstmöglichen Oxidationsstufe +6 oxidiert werden. Sulfite bzw. Hydrogensulfite sind gute Reduktionsmittel und werden leicht zu Sulfaten bzw. Hydrogensulfaten oxidiert (D), die ihrerseits recht schwache Oxidationsmittel sind. Ammoniumhydrogensulfit ist ein typisches Salz und bildet daher ein Ionengitter aus (F).

## Lösung 30        Antwort (C)

Das Kohlenstoffatom im Cyanwasserstoff besitzt nur zwei Bindungspartner. Es wird am besten durch eine sp-Hybridisierung beschrieben; die beiden sp-Hybridorbitale überlappen mit dem 1s-Orbitals des Wasserstoffs sowie einem sp-Hybridorbital am Stickstoff. Am C- wie am N-Atom verbleiben somit zwei zueinander orthogonale p-Orbitale, die zwei $\pi$-Bindungen ausbilden können, so dass zwischen C und N eine Dreifachbindung resultiert. Dieses Bindungsmodell sagt den beobachteten H–C–N-Bindungswinkel von 180° korrekt voraus. Ein Bindungswinkel von 120° ist charakteristisch für sp$^2$-Hybridisierung, wie sie für C-Atome mit drei Bindungspartnern (und einer Doppelbindung) typisch ist.

Das Cyanid-Ion ist eine schwache bis mittelstarke Base; von der starken Säure HCl in der Magensäure wird es daher leicht zur Blausäure (Cyanwasserstoff) protoniert **(A)**. Mit seinem freien Elektronenpaar am Kohlenstoff ist CN$^-$ ein gutes Nucleophil; es reagiert bereitwillig mit elektrophilen Zentren **(B)**. Ein solches ist beispielsweise der Kohlenstoff in einer Carbonylgruppe, der aufgrund seiner Doppelbindung zum elektronegativen Sauerstoff eine positive Partialladung trägt. Durch einen Angriff von CN$^-$ auf eine Carbonylgruppe wird eine neue C–C-Bindung ausgebildet; es entsteht ein sogenanntes Cyanhydrin. Die korrespondierende Base von Cyanwasserstoff ist das Cyanid-Ion. Dieses ist einer der stärksten Liganden (innerhalb der sogenannten „spektrochemischen Reihe") und bildet mit vielen Übergangsmetallen sehr stabile Komplexe **(D)**, wie z. B. [Fe(CN)$_6$]$^{4-}$ oder [Au(CN)$_2$]$^-$. Die Toxizität der Cyanid-Ionen beruht ebenfalls auf ihrer ausgeprägten Neigung zur Komplexbildung. So bindet es mit hoher Affinität an das Fe$^{2+}$-Ion der Häm-Gruppe, die als prosthetische Gruppe in mehreren Proteinen lebenswichtige Prozesse vermittelt **(E)**. Die Häm-Gruppe im Hämoglobin ist essentiell für die Bindung und den Transport von Sauerstoff im Blut, während die Häm-Gruppe in der Cytochrom-c-Oxidase Elektronen in der mitochondrialen Atmungskette vom Cytochrom c auf den Endakzeptor Sauerstoff überträgt. Eine Bindung von Cyanid an die Cytochrom c-Oxidase bewirkt die Hemmung des Enzyms und damit die Unterbrechung des Elektronentransports im Zuge der oxidativen Phosphorylierung. Das Anion der Blausäure ist das Cyanid-Ion, CN$^-$. Es weist eine C≡N-Dreifachbindung und je ein freies Elektronenpaar am C- bzw. am N-Atom auf und ist mit insgesamt zehn Valenzelektronen isoelektronisch mit CO **(F)**.

## Lösung 31        Antwort (D)

Ein Radikal ist ein Teilchen mit einem ungepaarten Elektron. Ein solches liegt naturgemäß dann vor, wenn die Summe der Valenzelektronenzahlen der beteiligten Atome ungerade ist. Im Stickstoffmonoxid (NO) trägt der Stickstoff fünf, der Sauerstoff sechs Valenzelektronen zur Gesamtzahl von 11 e$^-$ bei. Ein Elektron muss folglich ungepaart bleiben; NO ist ein Radikal, das unter Elektronenpaarung zu N$_2$O$_2$ dimerisieren kann.

Chlorwasserstoff (HCl, **(A)**) besitzt sieben Valenzelektronen von Chlor und eines vom Wasserstoff, also insgesamt 8 e$^-$. Das Chlormolekül (Cl$_2$, **(B)**) besitzt 2·7 = 14 Valenzelektronen, das Stickstoffmolekül 2·5 = 10 Valenzelektronen **(C)**. Ozon besteht aus drei O-Atomen mit je sechs Valenzelektronen (O$_3$); auch hier ist die Gesamtzahl der Valenzelektronen mit 18 gerade **(E)**.

Das Wasserstoffperoxid ($H_2O_2$) besitzt $2 \cdot 6$ Valenzelektronen der beiden Sauerstoffatome sowie $2 \cdot 1$ $e^-$ von den Wasserstoffatomen, insgesamt also 14 (**F**). Alle diese Moleküle weisen somit eine gerade Anzahl an Valenzelektronen auf und sind daher keine Radikale.

## Lösung 32       Antwort (F)

Elemente der 2. Periode, also z. B. C, N, O und F, besitzen als Valenzorbitale ein 2s- und drei 2p-Orbitale. Sie können daher maximal acht Elektronen in ihrer Valenzschale aufweisen, d. h. die Oktettregel gilt streng. Im $NO_2$-Molekül, einem Radikal, wurden dem Stickstoff neun Elektronen zugewiesen. Dadurch wird das Oktett überschritten; die gezeigte Struktur ist keine gültige Valenzstrichformel. Stattdessen müsste unter Einführung formaler Ladungen ein bindendes $\pi$-Elektronenpaar dem Sauerstoff als freies Elektronenpaar zugeordnet werden.

Struktur **1** ist eine von mehreren mesomeren Grenzstrukturen für Schwefeldioxid. Da der Schwefel als Element der dritten Periode über (unbesetzte) d-Orbitale verfügt, kann er (ebenso wie Phosphor, Chlor und natürlich andere schwerere Elemente) das Oktett überschreiten (**A**). Es wäre daher auch eine Struktur ohne formale Ladungen mit zehn Elektronen am Schwefel möglich. Im Nitrat-Ion **2** muss die Oktettregel dagegen sowohl für Stickstoff wie Sauerstoff strikt eingehalten werden. Dies ist in der gezeigten Struktur der Fall (**B**). Eine Strukturformel mit zwei N=O-Doppelbindungen wäre dagegen falsch, da der Stickstoff dann zehn Elektronen in seiner Valenzschale besäße. Im Kohlenmonoxid **3** besitzen Kohlenstoff und Sauerstoff jeweils ein Elektronenoktett; es liegt daher eine gültige Grenzstruktur vor (**C**). Eine alternative Grenzstruktur mit C=O-Doppelbindung und zwei freien Elektronenpaaren am Sauerstoff ist möglich; sie trägt aber weniger zur Beschreibung der tatsächlichen Struktur bei, da Kohlenstoff in ihr nur ein Elektronensextett besitzt. Im Perchlorat-Ion **4** ist wieder eine mesomere Grenzstruktur gezeigt, in der das Oktett für Chlor überschritten ist. Da Chlor über d-Orbitale verfügt, ist diese Grenzstruktur aber möglich (**D**). Alternativ kommen verschiedene weitere Grenzstrukturen mit unterschiedlicher Zahl an Cl=O-Doppelbindungen (0–3) in Frage. Struktur **5** ist ebenso wie **6** ein Radikal. Im Methylradikal sind keine freien Elektronenpaare vorhanden; die gezeigte Valenzschreibweise ist die einzig mögliche (**E**). Da der Kohlenstoff kein Oktett erreicht und über ein einzelnes ungepaartes Elektron verfügt, ist das Methylradikal eine sehr reaktive Spezies.

## Lösung 33       Antwort (C)

Antwort (**C**) liefert die richtige Beschreibung für die Ausbildung zwischenmolekularer Wechselwirkungen zwischen Wassermolekülen. Aufgrund der stark polaren O–H-Bindung kommt es zur Ausbildung von Wasserstoffbrückenbindungen („H-Brücken"), die dafür sorgen, dass Wasser trotz seiner niedrigen molaren Masse von 18 g/mol bei Raumtemperatur flüssig ist.

Die Wasserstoffbrückenbindungen tragen zwar erheblich zum Zusammenhalt der Wassermoleküle bei; sie erreichen aber bei Weitem nicht die Stärke einer typischen kovalenten Bindung (wie z. B. der O–H-Bindung im Wasser), **(A)**. Wasser ist ein gewinkeltes Molekül; nach dem VSEPR-Modell leitet sich seine Struktur vom Tetraeder ab, wobei zwei der vier Tetraederecken durch die freien Elektronenpaare des Sauerstoffs besetzt sind. Da freie Elektronenpaare etwas mehr Platz benötigen, als bindende, ist der H–O–H-Winkel gegenüber dem idealen Tetraederwinkel von 109,5° etwas gestaucht und beträgt nur ca. 104° **(B)**. Da Sauerstoff wesentlich elektronegativer ist als Wasserstoff, tragen die H-Atome eine positive Partialladung, während Sauerstoff negativ polarisiert ist **(D)**. Jedes Wassermolekül kann maximal vier Wasserstoffbrücken ausbilden: die beiden freien Elektronenpaare am Sauerstoff dienen als H-Brückenakzeptor für ein Nachbarmolekül, die beiden H-Atome als Donor **(E)**. Wasserdampf absorbiert nicht im sichtbaren Spektralbereich, wohl aber im Infrarot (IR). Dadurch wird die von der Erde reflektierte Wärmestrahlung partiell absorbiert und zurück emittiert, was zur Erwärmung der Erdatmosphäre beiträgt **(F)**.

## Lösung 34        Antwort (D)

Die mittlere Oxidationszahl der O-Atome im Ozon ($O_3$) ist 0, während die beiden Sauerstoffatome im $H_2O_2$ die Oxidationszahl –1 aufweisen.

Ozonmoleküle können zwar photolytisch gespalten werden; aus der Summenformel von Ozon ergibt sich aber, dass dabei nicht zwei Moleküle $O_2$ entstehen können, sondern $O_2$ und ein Sauerstoffatom **(A)**. Das Ozon ist ein starkes Oxidationsmittel **(B)** und kein Reduktionsmittel; es übertrifft dabei die Oxidationskraft von „gewöhnlichem" Sauerstoff ($O_2$) erheblich. Im $CO_2$ ist das zentrale C-Atom sp-hybridisiert; der Kohlenstoff besitzt kein freies Elektronenpaar und das Molekül ist linear. Das $O_3$-Molekül besitzt zwei Valenzelektronen mehr. Da das mittlere O-Atom ein freies Elektronenpaar trägt, ist das $O_3$-Molekül gewinkelt gebaut **(C)**. Zur Beschreibung seiner elektronischen Struktur werden mehrere mesomere Grenzstrukturen benötigt. Ozon ist kein Zwischenprodukt in der Atmungskette **(E)**. Es könnte zwar leicht $FADH_2$ zu FAD reoxidieren; seine Oxidationskraft ist aber so hoch, dass die Zelle oxidativ geschädigt würde. Aus demselben Grund kommt selbstverständlich auch eine inhalative Zuführung von Ozon medizinisch nicht in Frage; Ozon ist vielmehr ein giftiges Gas, dessen Konzentration in der Atemluft einen bestimmten Grenzwert nicht überschreiten darf **(F)**.

## Lösung 35        Antwort (E)

Elementarer Schwefel ist unpolar und in Wasser nur äußerst wenig löslich. Um vom Schwefel zur Schwefelsäure zu gelangen, ist eine Oxidation erforderlich; die Oxidationszahl des Schwefels muss sich von 0 auf 6 erhöhen. Dies ist nur in Anwesenheit eines kräftigen Oxidationsmittels möglich. Die Verbindung, die beim Lösen in Wasser Schwefelsäure ergibt, lässt sich als Anhydrid der Schwefelsäure bezeichnen. Es handelt sich um Schwefeltrioxid ($SO_3$), in dem der Schwefel die erforderliche Oxidationsstufe +6 aufweist.

Die niedrigste Oxidationszahl für Schwefel ist –2, die höchste +6. Aber auch die dazwischen liegenden Oxidationsstufen werden angenommen, wenngleich die Oxidationszahlen –2, +4 und +6 mit Abstand am häufigsten beobachtet werden (A). Für Sauerstoff ist die höchstmögliche Oxidationsstufe +6 unbekannt, vom Schwefel wird sie dagegen bereitwillig angenommen, z. B. im Sulfat ($SO_4^{2-}$) oder auch im $SF_6$ (B). Die bekanntesten und wichtigsten Oxide des Schwefels sind $SO_2$ und $SO_3$; es existieren allerdings auch noch andere, wenngleich wesentlich weniger stabile oxidische Verbindungen, die nicht von medizinischem Interesse sind (C). Schwefeldioxid reizt stark die Atemwege und ist als Luftschadstoff und Mitverursacher von saurem Regen seit langem ein Problem. Es entsteht bei der Verbrennung von fossilen Energieträgern, wenngleich inzwischen die Emissionen von Kraftwerken durch entsprechende technische Vorrichtungen stark verringert werden konnten („Rauchgasentschwefelung"). Im Organismus kommt Schwefel v. a. in den proteinogenen Aminosäuren Cystein und Methionin vor. Beim Abbau unter reduzierenden Bedingungen kann der Schwefel daraus in Form von $H_2S$ freigesetzt werden (D). Im Gegensatz zum Sauerstoff, dem leichtesten Element der 6. Hauptgruppe, ist der Schwefel bei Raumtemperatur ein kristalliner Feststoff. Er liegt bevorzugt in Form von gewellten $S_8$-Ringen vor (F) und bildet erst im Gaszustand bei höheren Temperaturen zweiatomige Moleküle.

# Lösung 36     Antwort (C)

Das Selenid-Ion ist ein relativ großes, polarisierbares Ion. Genauso wie das Sulfid-Ion ist es daher eine recht weiche Lewis-Base. Nach dem HSAB-Konzept („*hard and soft acids and bases*") bevorzugt es daher die Bindung an weiche Lewis-Säuren; dies sind große Kationen mit niedriger Ladungsdichte, wie z. B. $Pb^{2+}$, $Ag^+$, u. ä. Das $Al^{3+}$-Ion ist dagegen klein und hoch geladen; es ist eine typische harte Lewis-Säure, die harte Basen wie das Oxid-Ion oder das Fluorid-Ion bevorzugt.

Da das Selen das auf den Schwefel folgende Element in der 6. Hauptgruppe ist, kann man davon ausgehen, dass beide Elemente sich in ihren Eigenschaften ähneln (A). So kennt man von beiden viele analoge Verbindungen wie Sulfide bzw. Selenide, ein -Di- und -Trioxid, sowie analog gebaute Sauerstoffsäuren, z. B. $H_2SO_4$ bzw. $H_2SeO_4$. Die Säurestärken der Element-Wasserstoff-Säuren nehmen im Periodensystem von oben nach unten zu; so ist beispielsweise HCl eine stärkere Säure als HF, und $H_2S$ stärker sauer als $H_2O$. Zum $H_2Se$ hin setzt sich dieser Trend fort, so dass Selenwasserstoff eine etwas stärkere Säure als Schwefelwasserstoff ist (B). Umgekehrt sinkt die Elektronegativität innerhalb einer Gruppe von oben nach unten; Selen ist daher etwas weniger elektronegativ als Schwefel (D). Selen liegt auf der schräg durch das Periodensystem verlaufenden Grenzlinie zwischen Metallen (links im PSE) und Nichtmetallen (auf der rechten Seite des PSE), (E). Dabei nimmt der Metallcharakter innerhalb einer Gruppe von oben nach unten zu. Während Sauerstoff und Schwefel noch typische Nichtmetalle sind, besitzen Selen und v. a. Tellur schon etwas metallische Eigenschaften. In Analogie zum $SO_2$, das in Anwesenheit von Wasser zu schwefliger Säure reagiert, (die allerdings in reiner Form nicht beständig ist und leicht wieder Wasser abspaltet), bildet Selendioxid in Anwesenheit von Wasser die selenige Säure. $SO_2$ und $SeO_2$ können daher als Anhydride der jeweiligen Säuren bezeichnet werden (F).

## Lösung 37        Antwort (E)

Die korrekte Antwort **(E)** ist nicht auf den ersten Blick ersichtlich – woher kommen die Protonen und damit die saure Reaktion? Das $Fe^{3+}$-Ion ist eine typische Lewis-Säure, es weist eine hohe Ladungsdichte bei kleinem Ionenradius auf. In wässriger Lösung liegt $Fe^{3+}$ nicht „nackt" vor, sondern als Aquakomplex $[Fe(H_2O)_6]^{3+}$. Die hohe positive Ladungsdichte führt zu einer starken Polarisation der O–H-Bindungen in den Wassermolekülen, die dadurch geschwächt werden, so dass es relativ leicht zu einer Dissoziation kommt unter Bildung von $H^+$-Ionen und $[Fe(OH)(H_2O)_5]^{2+}$. Mit einem $pK_S$-Wert von ca. 3 erreicht das hydratisierte $Fe^{3+}$-Ion somit eine Säurestärke, die sogar einfache Carbonsäuren übertrifft.

Eisen-Ionen sind zwar essenziell für den menschlichen Körper, beispielsweise als Zentralion in der Häm-Gruppe (Myoglobin, Hämoglobin, Cytochrome, …); im Vitamin $B_{12}$ allerdings ist nicht Eisen, sondern Cobalt enthalten **(A)**. Eisen ist auch nicht das häufigste Metall im menschlichen Körper **(B)**; diese Position gebührt dem Calcium (Knochen!). Eisen(II)-Ionen sind in wässriger Lösung nur sehr schwach gefärbt und deshalb in freier Form photometrisch kaum bestimmbar **(C)**. Man überführt sie deshalb zweckmäßigerweise in eine intensiv gefärbte Komplexverbindung, z. B. mithilfe des zweizähnigen Liganden Phenanthrolin zum $[Fe(Phen)_3]^{2+}$-Komplex, der intensiv orange gefärbt ist. Ein Eisenblech reagiert tatsächlich mit einer $Cu^{2+}$-Lösung, allerdings entsteht dabei kein $Fe^{3+}$ (als Eisenoxid ($Fe_2O_3$; „Rost")), sondern es gehen $Fe^{2+}$-Ionen in Lösung und auf dem Blech scheidet sich (Reduktion!) elementares Cu ab **(D)**. Eisen wird durch die Magensäure (im Wesentlichen HCl) angegriffen, allerdings nur zu $Fe^{2+}$ oxidiert, da die Oxidationskraft der Protonen nicht für eine Oxidation zum $Fe^{3+}$ ausreicht **(F)**.

## Lösung 38        Antwort (D)

Im *trans*-Diammindichloridoplatin(II) heben sich die einzelnen Bindungsdipolmomente aufgrund der Symmetrie auf, so dass ein Gesamtdipolmoment von 0 resultiert. Demgegenüber besitzt das *cis*-Diammindichloridoplatin(II) ein von 0 verschiedenes und somit in jedem Fall größeres Dipolmoment.

$$\text{Cl}_{\text{\tiny{'''}}} \quad \text{Pt} \quad \text{NH}_3$$
$$\text{H}_3\text{N} \quad \quad \text{Cl}$$
$$\text{Cl}_{\text{\tiny{'''}}} \quad \text{Pt} \quad \text{Cl}$$
$$\text{H}_3\text{N} \quad \quad \text{NH}_3$$

*trans*          *cis*

$\mu = 0$          $\mu > 0$

Dipolmomente sind vektorielle Größen, d. h. sie sind durch Betrag und Richtung charakterisiert. Sie gehorchen entsprechend den Gesetzen der Vektoraddition, d. h. das Gesamtdipolmoment eines Moleküls ergibt sich aus der Vektorsumme der einzelnen Dipolmomente **(A)**. Wasser besitzt zwei polare O–H-Bindungen, die jeweils ein Dipolmoment aufweisen. Da das Wassermolekül gewinkelt ist und nicht (wie z. B. $CO_2$) linear, heben sich die beiden Einzeldipole nicht auf, sondern addieren sich zu einem Gesamtdipolmoment von ca. 1,8 D **(B)**. Auch

Kohlenmonoxid weist ein permanentes Dipolmoment auf **(C)**, da die C≡O-Bindung polar ist. Jedes heteroatomige (und somit mehr oder weniger polare) zweiatomige Molekül besitzt ein permanentes Dipolmoment. Das Dipolmoment ist definiert durch $\vec{\mu} = q \cdot \vec{r}$, wobei $q$ die Ladung und $\vec{r}$ der Abstand der beiden Ladungsschwerpunkte ist. Letzterer entspricht für zwei durch eine kovalente Bindung verknüpfte Atome der Bindungslänge **(E)**. Im Tetrachlormethan ($CCl_4$) sind die vier Cl-Atome tetraedrisch um das Kohlenstoffatom angeordnet. Die vier C–Cl-Bindungen besitzen jeweils ein Dipolmoment; aufgrund der Symmetrie des Moleküls addieren sich die Einzeldipolmomente aber zu Null. Im Trichlormethan ($CHCl_3$) liegen drei C–Cl-Dipole, sowie eine (weitgehend) unpolare C–H-Bindung vor; daher resultiert ein von Null verschiedenes Dipolmoment **(F)**.

# Lösung 39    Antwort (F)

Zwischenmolekulare Wechselwirkungen treten zwischen allen Atomen und Molekülen auf; sie sind Voraussetzung dafür, dass sich infolge des Zusammenhalts der Teilchen Flüssigkeiten und Festkörper bilden können. Man unterscheidet im Wesentlichen (in Reihenfolge abnehmender Stärke) zwischen Ion-Dipol-Wechselwirkungen, Dipol-Dipol-Kräften (mit dem Sonderfall der Wasserstoffbrückenbindung) und London-Kräften (Van der Waals-Kräften) zwischen induzierten Dipolen. Unpolare Moleküle ohne permanentes Dipolmoment werden durch kurzzeitig induzierte Dipol-Kräfte zusammengehalten. Für die Induktion eines Dipolmoments ist die Polarisierbarkeit entscheidend, d. h. wie leicht sich die Elektronenhülle (kurzzeitig) unter Bildung eines Dipols verzerren lässt. Die Polarisierbarkeit steigt mit der Atomgröße, da weiter vom Kern entfernte Elektronen weniger stark festgehalten werden und daher leichter „zu verschieben" sind. Dieser Effekt bewirkt den (starken) Anstieg der Siedepunkte innerhalb der Gruppe der Halogene **(F)**.

Ion-Dipol-Wechselwirkungen sind stärker als Dipol-Dipol-Wechselwirkungen und besitzen auch eine größere Reichweite **(A)**. Je größer die Kontaktfläche zwischen Atomen oder Molekülen, desto leichter können Dipole induziert werden. Verzweigte Kohlenwasserstoffe sind tendenziell kugelförmig und bieten weniger Kontaktfläche – sie weisen also schwächere Van der Waals-Wechselwirkungen auf **(B)**. Da sich Isomere, wie z. B. bei den Kohlenwasserstoffen, strukturell stark unterscheiden können, folgt wiederum, dass die Van der Waals-Kräfte zwischen ihnen recht unterschiedlich sein können **(C)**. Wasserstoffbrückenbindungen sind eine Form von Dipol-Dipol-Wechselwirkungen. Sie treten nur auf, wenn ein Wasserstoffatom an ein sehr stark elektronegatives Atom (F, O, N) gebunden ist und in Kontakt mit einem freien Elektronenpaar eines elektronegativen Atoms in einem Nachbarmolekül steht. Das stark positivierte H-Atom ist zwar nur mit einem Atom kovalent verbunden, interagiert aber stark mit dem benachbarten freien Elektronenpaar. Kohlenwasserstoffe besitzen zwar viele H-Atome, die aber alle an Kohlenstoff gebunden sind. Hier treten grundsätzlich keine H-Brücken-Bindungen auf **(D)**. Dipole können kurzfristig in ansonsten unpolaren Molekülen induziert werden; da die Elektronen in der Hülle aber nicht statisch sind, sondern permanent ihre Position ändern können, resultiert infolge der Polarisierung kein permanenter Dipol **(E)**. Induzierte Dipole existieren also jeweils nur sehr kurz; die Kräfte zwischen ihnen sind daher vergleichsweise schwach.

# Lösung 40     Antwort (E)

Carbonsäuren wie die Essigsäure besitzen eine polare Carboxylgruppe (–COOH). Die OH-Gruppe eines Carbonsäuremoleküls kann als H-Brücken-Donor fungieren und eine Wasserstoffbrücke zur C=O-Gruppe (H-Brücken-Akzeptor) einer zweiten Carbonsäure ausbilden, und umgekehrt. Dadurch werden zwei Carbonsäuren über zwei Wasserstoffbrücken zu einem Dimer assoziiert.

Alkane besitzen keine elektronegativen Heteroatome, die für eine Ausbildung von Wasserstoffbrücken in Frage kommen **(A)**. Die C–H-Bindungen sind weitgehend unpolar. Zwischen Alkanen herrschen daher nur schwache Van der Waals-Wechselwirkungen, so dass ein Alkan verglichen mit einer Verbindung vergleichbarer molarer Masse einer anderen Substanzklasse, z. B. einem Alkohol, wesentlich niedrigere Schmelz- und Siedepunkte aufweist. Die Bindungsenergie einer kovalenten C–H-Bindung beträgt ca. 400 kJ/mol; dies ist um ein Vielfaches mehr, als die Energie einer typischen H-Brückenbindung (ca. 5–20 kJ/mol) **(B)**. Wasserstoffbrücken können sowohl intra- wie intermolekular ausgebildet werden. Intermolekulare Wasserstoffbrücken sind beispielsweise für die Struktur von Eis und den hohen Siedepunkt von Wasser verantwortlich, während intramolekulare H-Brücken eine essentielle Rolle z. B. bei der Stabilisierung der dreidimensionalen Struktur von Proteinen spielen **(C)**. Im Gegensatz zu $H_2O$ spielt für $H_2S$ die Ausbildung von Wasserstoffbrücken praktisch keine Rolle; die S–H-Bindung ist hierfür nicht ausreichend polar **(D)**. Obwohl die molare Masse von $H_2S$ größer ist als die von $H_2O$, siedet Schwefelwasserstoff daher um ca. 160 °C (!) tiefer als Wasser, dessen Siedepunkt aufgrund der Wasserstoffbrückenbindungen ungewöhnlich hoch ist. Zwischen $H_2$-Molekülen existieren natürlich keine Wasserstoffbrücken **(F)**. Die (kinetische) Beständigkeit in Anwesenheit von $O_2$ beruht auf der äußerst geringen Reaktionsgeschwindigkeit für die Bildung von Wasser, solange keine Energie (z. B. in Form einer Flamme) zur Überwindung der Aktivierungsenergie zugeführt wird.

# Lösung 41     Antwort (D)

Induktive Effekte besitzen nur eine begrenzte Reichweite; ihr Effekt nimmt mit zunehmender Entfernung von der Gruppe, die den Effekt bewirkt, rasch ab. So führt beispielsweise der –I-Effekt des Chloratoms in der 2-Chlorbutansäure zu einer deutlichen Positivierung des Carboxyl-C-Atoms und dadurch zu einer Erhöhung der Acidität, während sich die Anwesenheit eines Cl-Substituenten an Position drei nur noch schwach und an Position vier fast gar nicht mehr bemerkbar macht. Im Gegensatz dazu können sich mesomere Effekte in einem Molekül über größere Entfernungen entlang des π-Elektronensystems auswirken.

Stark elektronegative Atome/Atomgruppen wirken elektronenziehend, wenig elektronegative dagegen elektronenschiebend. Die Effekte beruhen also auf Unterschieden in der Elektronegativität der jeweiligen Bindungspartner **(A)**. Ein negativer induktiver Effekt beruht auf einer hohen Elektronegativität der entsprechenden Gruppe. Positive mesomere Effekte setzen die Anwesenheit freier Elektronenpaare voraus. Die Hydroxygruppe ist ein typischer Vertreter mit –I- und +M-Effekt: das O-Atom ist stark elektronegativ, besitzt aber zwei freie Elektronenpaare, die es einem Zentrum mit Elektronenmangel zur Verfügung stellen kann. Dabei überwiegt

i. A. (mit Ausnahme der Halogenatome) der positive mesomere gegenüber dem negativen induktiven Effekt, so dass z. B. die OH-Gruppe insgesamt ein guter Elektronendonor ist **(B)**. Während sich induktive Effekte über das σ-Bindungssystem ausbreiten, können mesomere Effekte nur auftreten, wenn ein π-Bindungssystem vorhanden ist **(C)**. So kann beispielsweise im Phenol (Hydroxybenzol) ein freies Elektronenpaar am Sauerstoff über das gesamte ungesättigte π-System des Aromaten delokalisiert werden. Trägt ein Atom mehrere Gruppen mit –I- bzw. +I-Effekt, so resultiert ein stärkerer Gesamteffekt, als wenn nur eine induktiv wirkende Gruppe anwesend ist. Die Effekte sind näherungsweise additiv **(E)**. Generell werden Zentren mit Elektronenmangel, also Elektrophile, durch Substituenten mit +I-Effekt stabilisiert und durch solche mit –I-Effekt destabilisiert. Umgekehrt wirken Substituenten mit +I-Effekt auf elektronenreiche (nucleophile) Zentren destabilisierend, solche mit –I-Effekt stabilisierend. Ein Carbenium-Ion (mit positiv geladenem C-Atom) ist ein starkes Elektrophil. Seine Stabilität steigt mit zunehmender Anzahl von Substituenten mit +I-Effekt, wie Alkylgruppen. Daher nimmt die Stabilität von Carbenium-Ionen vom $CH_3^+$ (sehr instabil) über primäre und sekundäre hin zu tertiären Carbenium-Ionen erheblich zu **(F)**.

# Lösung 42        Antwort (B)

Nach dem VSEPR-Modell hängt die Struktur einer Verbindung ab von der Anzahl der Elektronenpaare, die ein Zentralatom umgeben. Dabei spielt es für die Festlegung der elektronischen Struktur zunächst keine Rolle, ob es sich um bindende oder freie Elektronenpaare handelt, da sich alle Elektronenpaare in ähnlicher Weise abstoßen und deshalb maximalen Abstand voneinander einnehmen. Im Methan ist das C-Atom umgeben von vier bindenden Elektronenpaaren, die in die Ecken eines Tetraeders gerichtet sind und jeweils ein H-Atom binden. Im Ammoniak ($NH_3$) bildet das N-Atom nur drei Bindungen aus; dennoch ist die Struktur nicht trigonal planar, da am Stickstoff ein viertes, freies Paar vorhanden ist. Die vier Paare weisen entsprechend wie im Methanmolekül in die Ecken eines Tetraeders (= elektronische Struktur); da ein Paar kein Atom bindet (freies Elektronenpaar), bilden die Atome im Molekül eine trigonale Pyramide (= Molekülstruktur) mit dem freien Elektronenpaar als „Spitze". Die analoge Betrachtung lässt sich für Wasser anstellen; auch hier ist der Sauerstoff von vier Elektronenpaaren umgeben, zwei freien und zwei bindenden. Die elektronische Struktur ist erneut tetraedrisch, die Molekülstruktur gewinkelt mit zwei freien Paaren ausgerichtet zu den verbleibenden beiden Ecken des Tetraeders.

Wie oben gezeigt, ist also die Struktur nicht nur durch die bindenden, sondern auch durch die räumliche Anordnung der nichtbindenden Elektronenpaare bestimmt **(A)**. Ein Elektron per se ist zwar tatsächlich sehr klein, dies gilt aber analog auch für den Radius des Atomkerns im Verhältnis zum Atomradius. Die Elektronenhülle beschreibt den Raum, in dem die Elektronen eine gewisse Aufenthaltswahrscheinlichkeit aufweisen; sie macht praktisch das ganze Atomvolumen aus und ist deshalb auch für die Molekülgeometrie ausschlaggebend **(C)**. Der Bindungswinkel im Methan entspricht dem idealen Tetraederwinkel von ca. 109,5°, wogegen der Bindungswinkel im Wasser mit 104° etwas kleiner ist. Der Grund ist, dass sich die beiden freien Elektronenpaare im $H_2O$ stärker abstoßen, als die bindenden Paare im $CH_4$ und deshalb etwas mehr Platz benötigen, so dass der Winkel zwischen den beiden C–H-Bindungen etwas gestaucht wird (D). Im $SF_4$ hat der Schwefel zwar vier Bindungspartner (E), ist jedoch (S weist zwei Valenzelektronen mehr auf als C) durch fünf Elektronenpaare koordiniert. Diese weisen gemäß VSEPR zu den Ecken einer trigonalen Bipyramide, d. h. der Raumbedarf des zusätzlichen freien Paares führt zu einer gegenüber $CF_4$ veränderten Molekülstruktur. Die Struktur eines Moleküls nicht nur durch seine Stöchiometrie bestimmt, sondern durch die Gesamtzahl der Elektronenpaare, die ein Zentralatom (hier C bzw. N) umgibt. Ein zusätzliches Elektron/Elektronenpaar nimmt Raum ein und verändert somit die Struktur eines Moleküls. Während $CO_2$ linear ist, ist $NO_2$ aufgrund des zusätzlichen Elektrons am N gewinkelt (F).

# Lösung 43        Antwort (E)

Die wichtigsten Kriterien für die relative Stabilität von mesomeren Grenzstrukturen sind die Oktettregel, die Anzahl der Bindungen sowie die Anzahl und Verteilung formaler Ladungen. Strukturen, bei denen alle Atome ein Oktett erreichen, sind i. A. gegenüber solchen zu bevorzugen, in denen eines oder mehrere Atome (selbstverständlich außer H) kein Oktett erreicht, auch wenn dies auf Kosten der Einführung formaler Ladungen geschieht. Eine höhere Anzahl von Bindungen zwischen den Atomen trägt zur Stabilisierung bei. Strukturen mit möglichst wenigen formalen Ladungen sind (wenn die Oktettregel eingehalten werden kann) zu bevorzugen. Dabei sind Strukturen günstiger, die negative Formalladungen auf möglichst elektronegativen Atomen und positive auf wenig elektronegativen Atomen tragen.

Unter den gezeigten Strukturen des Cyanat-Ions sind drei, in denen alle drei Atome ein Elektronenoktett aufweisen (**1**, **6**, **3**). In **4** und **5** besitzt der Kohlenstoff nur ein Sextett, in **2** gilt dies für Kohlenstoff und Stickstoff. Obwohl also z. B. Struktur **2** nur eine formale Ladung aufweist (günstig), trägt sie kaum zur tatsächlichen Struktur bei (zwei Atome mit Elektronensextett, nur Einfachbindungen). Am günstigsten sind demnach die Strukturen **1** und **6** (Oktett für alle Atome erfüllt; insgesamt vier Bindungen, nur eine Formalladung). Da in **6** die Ladung auf dem elektronegativeren Sauerstoff lokalisiert ist, sollte diese Struktur gegenüber **1** geringfügig begünstigt sein. In Struktur **3** erreichen zwar auch alle Atome das Oktett, jedoch trägt der Stickstoff zwei negative formale Ladungen und der elektronegative Sauerstoff eine positive (ungünstig). In den übrigen Strukturen wird nicht für alle Atome das Oktett erreicht; sie leisten deshalb einen geringen Beitrag, auch wenn sie (wie **2**) nur eine formale Ladung aufweisen.

# Lösung 44        Antwort (D)

Dies ist eine einfache Verdünnungsaufgabe, die sich im Kopf lösen lässt. In der Praxis treten solche Probleme aber sehr häufig auf, so dass die Lösung keinerlei Probleme bereiten sollte. Die gegebene Konzentration von 5 g/L entspricht 5 mg/mL. Diese ist um den Faktor 500 höher, als die gewünschte Konzentration von 0,01 mg/mL. Die Lösung muss also 500-fach verdünnt werden. Da das Endvolumen 250 mL betragen soll, muss ein Volumen einpipettiert werden, das mit 500 multipliziert das gewünschte Endvolumen ergibt, also 0,5 mL.

# Lösung 45    Antwort (D)

Die Indices innerhalb einer chemischen Formel beschreiben die Zusammensetzung dieser Verbindung; sie geben an, wie viele Atome des entsprechenden Elements innerhalb der Verbindung enthalten sind. Verändert man sie, so beschreibt man einen anderen Stoff. Um eine Gleichung stöchiometrisch auszugleichen, dürfen daher niemals die Indices der beteiligten Stoffe verändert werden, da sonst eine völlig andere Reaktion beschrieben würde. Beispielsweise dürfte niemals die (noch unausgeglichene) Gleichung für die Bildung von Wasser aus den Elementen $H_2 + O_2 \rightarrow H_2O$ dadurch „richtig gestellt" werden, dass statt $H_2O$ auf der rechten Seite $H_2O_2$ geschrieben wird (damit würde eine Bildung von Wasserstoffperoxid beschrieben); vielmehr müssen die stöchiometrischen Vorfaktoren entsprechend angepasst werden. Für obige Reaktion muss es also heißen: $2\,H_2 + O_2 \rightarrow 2\,H_2O$.

Die Aussagen (A) und (B) umschreiben den Gehalt einer chemischen Reaktionsgleichung: sie zeigt, welche Edukte und Produkte an der Reaktion beteiligt sind, und gibt das stöchiometrische Verhältnis an, in dem diese Stoffe reagieren. Manche Reaktionen verlaufen (fast) vollständig, andere sind typische Gleichgewichtsreaktionen. Die Lage des Gleichgewichts kann dabei (qualitativ) durch einen entsprechenden Gleichgewichtspfeil zum Ausdruck gebracht werden. Liegt das Gleichgewicht etwa in der Mitte, verwendet man gleich lange Pfeile für Hin- und Rückreaktion; liegt es (stark) auf der Edukt- oder Produktseite, bringt man dies schematisch durch längere bzw. kürzere Pfeile zum Ausdruck (C). Die chemische Gleichung gibt das Stoffmengenverhältnis wieder, in dem die Stoffe miteinander reagieren. Da die jeweiligen Massen der Edukte und Produkte aber den Stoffmengen proportional sind, lässt sich aus der Gleichung auch das Massenverhältnis entnehmen. Dazu rechnet man die Stoffmengen mithilfe der molaren Masen in die Massen um (E). Aussage (F) umschreibt die eiserne Regel für jede chemische Gleichung: Stoff- und Ladungsbilanz müssen ausgeglichen sein!

# Lösung 46    Antwort (B)

Verschiedene mesomere Grenzstrukturen unterscheiden sich typischerweise in den darin auftretenden formalen Ladungen; diese Tatsache ist hilfreich, wenn die Qualität verschiedener Grenzstrukturen, d. h. ihr Beitrag zur realen Molekülstruktur abgeschätzt werden soll. So lässt sich das Sulfat-Ion ($SO_4^{2-}$) einerseits unter Einhaltung der Oktettregel, jedoch auf Kosten mehrerer formaler Ladungen formulieren, andererseits mit einer Minimalzahl formaler Ladung auf Kosten einer Oktettüberschreitung für den Schwefel. Im Allgemeinen kann man davon ausgehen, dass eine Valenzstruktur umso ungünstiger ist (d. h. ihr Beitrag zur realen Struktur umso kleiner ist) je mehr formale Ladungen sie aufweist (A). Steht diese Forderung im Widerspruch zur Einhaltung der Oktettregel, ist oftmals aber nicht leicht vorherzusagen, welcher Grenzstruktur höheres Gewicht beizumessen ist. Die formale Ladung ist – wie der Name bereits andeutet – eine rein formale Rechengröße. Es handelt sich dabei nicht um tatsächlich an einem Atom lokalisierte positive oder negative Ladungen (C). Gleichnamige Ladungen stoßen sich bekanntlich ab. Strukturen, die gleiche formale Ladungen an benachbarten Atomen aufweisen, sind daher sehr ungünstig und liefern i. A. keinen signifikanten Beitrag zur Strukturbeschreibung (D). Eine positive Oxidationszahl für Fluor, das elektronegativste aller Elemente, ist per definitionem ausgeschlossen, da ihm bindende Elektronenpaare ausnahmslos zuzurechnen sind. Dagegen ist eine positive formale Ladung durchaus denkbar, wenn das Fluor einem benachbarten Atom mit Elektronenmangel eines seiner freien Elektronenpaare unter Ausbildung einer Doppelbindung zur Verfügung stellt. Ein Beispiel ist das Bortrifluorid, das mit Elektronensextett am Bor (ohne Formalladungen) oder mit einer B=F-Doppelbindung und negativer Formalladung am Bor sowie positiver Formalladung am Fluor formuliert werden kann (E). Aussage (F) beschreibt korrekt das Vorgehen zur Bestimmung formaler Ladungen.

## Lösung 47        Antwort (D)

Zur Bestimmung der Oxidationszahl werden alle bindenden Elektronen dem jeweils elektronegativeren Atom zugeteilt (B) und anschließend die ermittelte Elektronenzahl mit derjenigen Zahl an Valenzelektronen verglichen, die das Element gemäß seiner Stellung im PSE aufweist. Für Sauerstoff resultiert daraus in den allermeisten Fällen die Oxidationszahl –2; elementarer Sauerstoff besitzt – wie alle Elemente (A) – die Oxidationszahl 0. Bildet Sauerstoff jedoch eine Peroxid-Bindung (–O–O–) aus, so wird das beide O-Atome verbindende Paar geteilt. Sauerstoff sind dann sieben Elektronen zuzuordnen; es resultiert die Oxidationszahl – 1. Daneben kann Sauerstoff gebunden an Fluor auch die positive Oxidationszahl +2 annehmen. Wasserstoff weist eine mittlere Elektronegativität auf. Gebunden an die meisten Nichtmetalle, z. B. O, N, S oder C, die elektronegativer sind als der Wasserstoff, hat dieser die typische Oxidationszahl +1, gebunden an die meisten (elektropositiven) Metalle dagegen –1. In $H_2$ liegt natürlich die Oxidationszahl 0 vor (C). Die Summe aller Oxidationszahlen in einem Ion oder Molekül muss immer gleich der Gesamtladung des Teilchens sein. In einem neutralen Molekül müssen sich also alle Oxidationszahlen zu 0 addieren, in einem Ion zur Gesamtladung des Ions (E). Kohlenstoff weist vier Valenzelektronen auf; die höchstmögliche positive Oxidationszahl beträgt somit +4. Werden dem Kohlenstoff umgekehrt alle bindenden Elektronen zugeordnet, wie im Methan ($CH_4$), so resultiert die Oxidationszahl –4. Zwischen diesen Extremen sind alle anderen Oxidationszahlen möglich, so dass insgesamt neun verschiedene Oxidationszahlen auftreten können (F).

## Lösung 48        Antwort (F)

Wasser ist ein schwaches Oxidationsmittel. Die im Dissoziationsgleichgewicht auftretenden $H^+$-Ionen vermögen unedle Metalle zu oxidieren; Schwefeldioxid dagegen wird nucleophil durch $H_2O$ angegriffen und nicht oxidiert. Löst man $SO_2$ in Wasser, so entsteht die schweflige Säure $H_2SO_3$, die sich im Gleichgewicht mit gelöstem $SO_2$ befindet und darüber hinaus als schwache Säure teilweise dissoziiert. Damit Schwefelsäure entstehen kann, muss der Schwefel zur Oxidationsstufe +6 oxidiert werden: $SO_3$ als Oxidationsprodukt von $SO_2$ „löst" sich bereitwillig in Wasser und reagiert dabei zu $H_2SO_4$.

Stöchiometrisch ist die Reaktionsgleichung zwar korrekt; die Reaktion läuft aber nicht in dieser Weise ab **(A)**. Das Anhydrid der Schwefelsäure ist das Schwefeltrioxid (gleiche Oxidationsstufe); Schwefeldioxid ist das Anhydrid der schwefligen Säure ($H_2SO_3$), **(B)**. Die Reaktion von $SO_2$ mit $H_2O$ verläuft exotherm; allerdings entsteht dabei, wie oben erläutert, keine Schwefelsäure **(C)**. Da die Gleichung eine Reaktion beschreibt, die so nicht abläuft, kann natürlich das Gleichgewicht nicht auf der rechten Seite liegen **(D)**. Es ist aber richtig, dass das Gleichgewicht einer Reaktion oft auf die Produktseite verschoben wird, wenn ein Gas entsteht, das aus dem Gleichgewicht entweichen kann, z. B. $CO_2$ beim Auflösen von Carbonaten durch Säure. Da bei der Reaktion keine Schwefelsäure gebildet wird, hilft selbstverständlich auch eine geringere Menge Wasser nicht bei dem Versuch, auf diese Weise eine konzentrierte Schwefelsäure zu bekommen **(E)**.

# Lösung 49     Antwort (D)

Es handelt sich hierbei um eine typische Redoxreaktion: das unedle Fe mit niedrigem Standardreduktionspotenzial wird vom stärkeren Oxidationsmittel, den $Cu^{2+}$-Ionen, oxidiert:

$$Fe\,(s) + Cu^{2+}\,(aq) \rightarrow Fe^{2+}\,(aq) + Cu\,(s)$$

Das gebildete elementare Kupfer scheidet sich auf dem Fe-Blech ab, von dessen Oberfläche $Fe^{2+}$-Ionen in Lösung gehen.

Antwort **(A)** ist damit unzutreffend. Antwort **(B)** würde eine Oxidation von Fe zum $Fe^{3+}$-Ion erfordern; diese gelingt nur mit einem stärkeren Oxidationsmittel als $Cu^{2+}$, z. B. mit $HNO_3$. In basischer Lösung könnte dann $Fe^{3+}$ als (hydratisiertes) Oxid $Fe_2O_3 \cdot H_2O$ ausfallen. Eine Bildung von $SO_2$-Gas **(C)** würde eine Reduktion von Sulfat erfordern. Dies ist zwar prinzipiell denkbar; allerdings ist das Sulfat-Ion ein recht schwaches Oxidationsmittel, weshalb die Oxidation von Fe durch das stärkere Oxidationsmittel, die $Cu^{2+}$-Ionen, bewirkt wird. Die $CuSO_4$-Lösung ist hellblau (bedingt durch den $[Cu(H_2O)_4]^{2+}$-Komplex); es kommt aber zu keiner Farbvertiefung (wie sie für einen Ligandenaustausch unter Bildung des Tetraamminkupfer(II)-Komplexes $[Cu(NH_3)_4]^{2+}$ typisch ist), sondern vielmehr zur Entfärbung der Lösung infolge der Reduktion der $Cu^{2+}$-Ionen (die gebildeten $Fe^{2+}$-Ionen sind nahezu farblos) **(E)**. Das Eisensulfat ist ein recht leicht lösliches Salz, so dass das Löslichkeitsprodukt nicht überschritten wird und nichts ausfällt **(F)**.

# Lösung 50     Antwort (D)

Die Aufgabe erfordert eine einfache stöchiometrische Rechnung; ferner muss man sich anhand der Stellung der Elemente im PSE die Zusammensetzung von Calciumchlorid klar machen. Als Element der 2. Hauptgruppe liegt das Calcium hier als $Ca^{2+}$-Ion vor; Calciumchlorid ist also $CaCl_2$. Die vorliegende Stoffmenge an $CaCl_2$ ist offensichtlich $n(CaCl_2) = c(CaCl_2) \cdot V = 0{,}5$ mol/L $\cdot$ 1 L = 0,5 mol. Die Lösung enthält also $n \cdot N_A$ $Ca^{2+}$-Ionen und die doppelte Anzahl an $Cl^-$-Ionen, d. h. ca. $3{,}0 \cdot 10^{23}$ $Ca^{2+}$- und $6{,}0 \cdot 10^{23}$ $Cl^-$-Ionen.

Die molare Masse von Wasser beträgt 18 g/mol. Da die Masse von 1 L Wasser bei Raumtemperatur 1 kg beträgt, enthält 1 L Wasser $n$ = 1000 g / 18 g/mol = 55,5 mol $H_2O$-Moleküle. Multipliziert mit der Avogadrozahl $N_A$, der Teilchenzahl pro Mol ($N_A$ = 6,02·$10^{23}$ $mol^{-1}$) ergeben sich daraus 3,3·$10^{25}$ Wassermoleküle.

Die Antworten (A), (B) und (C) kommen aufgrund der obigen Rechnung nicht in Frage. Die Masse an gelöstem $CaCl_2$ ergibt sich aus der Stoffmenge und den Atommassen zu $m(CaCl_2)$ = $n(CaCl_2)$ · $M(CaCl_2)$ = 0,5 mol · (40,0 + 2 · 35,5) g/mol = 55,5 g (E). Calciumchlorid ist wie fast alle Chloride (Ausnahmen: AgCl, $PbCl_2$, $Hg_2Cl_2$, $HgCl_2$) ein leicht lösliches Salz und liegt daher bei der vorliegenden Konzentration vollständig dissoziiert vor (F).

# Lösung 51     Antwort (E)

Eine einfache Rechnung zeigt, dass die applizierte Stoffmenge zwar in Ordnung war, jedoch die Lösung um einen Faktor 10 zu konzentriert eingesetzt worden ist:

$$n\,(\text{Morphin}) = \frac{m\,(\text{Morphin})}{M\,(\text{Morphin})} = \frac{0,014\ \text{g}}{285\ \text{g}\,\text{mol}^{-1}} = 5,0 \cdot 10^{-5}\ \text{mol}$$

$$c\,(\text{Morphin}) = \frac{n\,(\text{Morphin})}{V} = \frac{5,0 \cdot 10^{-5}\ \text{mol}}{0,05\ \text{L}} = 10^{-3}\ \text{mol/L}$$

Da die Stoffmenge korrekt war, ist mit einer Linderung der Schmerzen zu rechnen, möglicherweise sind aber Nebenwirkungen zu gewärtigen aufgrund der hohen Konzentration der Lösung, wodurch sie evtl. zu rasch appliziert wurde (A). Da die Kochsalz-Lösung isotonisch war, sollte es in dieser Hinsicht keine Probleme geben (B). Sollte sich keine Besserung der Schmerzen ergeben haben, sind verschiedenen Gründe möglich – die verabreichte Dosis entsprach jedenfalls der Anleitung (C). Umgekehrt lag auch keine Überdosierung vor, sofern die Packung nicht fehlerhaft beschriftet war (D). Unabhängig von denkbaren Begleiterscheinungen durch die falsche Konzentration der Lösung war auf jeden Fall die Verdünnung nicht richtig (F).

# Lösung 52     Antwort (F)

Ob eine Reaktion spontan verläuft oder nicht, wird durch die freie Reaktionsenthalpie $\Delta G_R$ bestimmt: falls $\Delta G_R = \Delta H_R - T\Delta S_R < 0$, so ist der Prozess spontan. Verläuft die Reaktion endotherm (d. h. $\Delta H_R > 0$) und gleichzeitig unter Entropiezunahme ($\Delta S_R > 0$), so wird die relative Größe beider Terme entscheidend, die auch durch den Wert von $T$ mitbestimmt wird. Je höher die Temperatur, desto negativer wird der Entropieterm, so dass oberhalb einer bestimmten Temperatur $\Delta G_R$ negativ werden kann.

Die Reaktionsenthalpie lässt sich experimentell bestimmen, sie kann aber auch berechnet werden, wenn entsprechende Daten für die Standardbildungsenthalpien $\Delta H°_f$ für die beteiligten Stoffe vorliegen. Die Reaktionsenthalpie entspricht der aufgenommenen oder abgegebenen Wärme für eine Reaktion bei konstantem Druck. Im Bombenkalorimeter ist das Volumen konstant; hier würde man entsprechend die Änderung der Inneren Energie messen **(A)**. Die Entropieänderung in der Umgebung hängt ab von der freigesetzten Wärmemenge, aber auch von der herrschenden Temperatur: $\Delta S = q_{rev} / T$, d. h. die Entropieänderung ist umso größer, je niedriger die Temperatur und umgekehrt **(B)**. Die Reaktionsenthalpie ist, ebenso wie auch Entropie und freie Enthalpie, eine Zustandsfunktion, d. h. ihr Wert hängt nicht vom Reaktionsweg ab. Daher spielt es keine Rolle, ob eine Umwandlung von A in P in einem Schritt geschieht, oder mehrere Zwischenstufen auftreten (Satz von Hess), **(C)**. Die Standardbildungsenthalpie (die Enthalpieänderung für die Bildung von einem Mol einer Substanz aus den Elementen in ihrem stabilsten Standardzustand) eines Elements ist per Definition gleich 0. Dies gilt jedoch nicht für die Entropie. Diese wird nur gleich 0 für einen perfekten Kristall am (nicht erreichbaren) absoluten Nullpunkt der Temperaturskala **(D)**. Der 1. Hauptsatz der Thermodynamik besagt, dass Energie weder erzeugt noch vernichtet werden kann, sondern nur von einer Form in eine andere umwandelbar ist. Danach wäre es durchaus möglich, dass Wärme spontan von einem kälteren auf einen wärmeren Körper übergeht. Dass dies trotzdem niemals beobachtet werden kann, liegt im 2. Hauptsatz der Thermodynamik begründet, demzufolge die Entropie des Universums für einen spontanen Prozess zunehmen muss **(E)**.

# Lösung 53    Antwort (E)

Der Begriff Zustandsfunktion beschreibt eine Größe, deren Betrag nur vom aktuellen physikalischen Zustand abhängt, nicht aber von dem Weg, auf dem ein System beispielsweise von einem Zustand A in den Zustand B gelangt ist. Die Enthalpie (und damit auch die Standardreaktionsenthalpie) ist eine derartige Zustandsfunktion. Man kann sie berechnen aus den Standardbildungsenthalpien der Produkte und Edukte, unabhängig davon, ob die betrachtete Reaktion so experimentell durchführbar ist (Satz von Hess).

Da die Reaktionsenthalpie also eine wegunabhängige Zustandsfunktion ist, spielt es keine Rolle, auf welchem Weg die Umwandlung von A in B stattfindet. Auch ein „Umweg" über mehrere Zwischenprodukte muss in der Summe den gleichen Betrag für die Enthalpieänderung ergeben **(F)**. Die Enthalpie $H$ ist definiert als $H = U - pV$. Für die Enthalpieänderung unter konstantem Druck ergibt sich daraus $\Delta H = \Delta U - p\Delta V$. Wird also z. B. wie im Fall der Verbrennung von Kohlenstoff infolge der Bildung von gasförmigem $CO_2$ ($\Delta V > 0$) Arbeit geleistet, ist die freiwerdende Wärme kleiner als die Änderung (Abnahme) der inneren Energie des Systems. Die Änderungen von Enthalpie und innerer Energie sind somit nicht identisch **(A)**. Kriterium für die Spontanität einer Reaktion ist die freie Enthalpie $\Delta G$ für den Prozess, nicht allein die Enthalpieänderung $\Delta H$ **(B)**. Verläuft eine Reaktion unter Abnahme der Entropie (d. h. $\Delta S < 0$), so kann nach der Gibbs-Helmholtz-Gleichung $\Delta G = \Delta H - T\Delta S$ größer 0 werden, obwohl die Reaktion exotherm ist ($\Delta H < 0$). Die Verdampfungsenthalpie für eine Substanz ist abhängig von den zwischenmolekularen Kräften zwischen den Teilchen – je größer diese sind, desto höher ist der Siedepunkt.

Zwar steigen insbesondere für unpolare Verbindungen die zwischenmolekularen Kräfte mit der molaren Masse an; v. a. für polare Moleküle herrscht aber kein Zusammenhang zwischen ihrem Siedepunkt und ihrer molaren Masse. Das beste Beispiel ist Wasser: entsprechend seiner niedrigen molaren Masse müsste sein Siedepunkt unter 0 °C liegen; aufgrund der starken H-Brücken ist der Siedepunkt aber viel höher **(C)**. Phasenübergänge sind durch Enthalpieänderungen begleitet; dabei beschreibt die Sublimationsenthalpie den Übergang vom festen in den Gaszustand, die Verdampfungsenthalpie den Übergang flüssig $\rightarrow$ gasförmig und die Schmelzenthalpie den Übergang fest $\rightarrow$ flüssig. Da die Enthalpie eine Zustandsgröße ist, folgt, dass die Sublimationsenthalpie die Summe aus Schmelz- und Verdampfungsenthalpie ist **(D)**.

## Lösung 54        Antwort (C)

Antwort **(C)** klingt plausibel, ist aber falsch. Eine stark negative freie Enthalpie bedeutet, dass die Reaktion spontan abläuft, allerdings lässt sich daraus keine Aussage bezüglich der Geschwindigkeit der Reaktion ableiten. Sehr viele Reaktionen laufen, obwohl stark exergon, nur mit äußerst geringer Geschwindigkeit ab, solange nicht von außen ausreichend Energie zugeführt wird, um die Aktivierungsenthalpie zu überwinden. Ein typisches Beispiel ist die Umsetzung von Glucose mit Sauerstoff zu $CO_2$ und Wasser; trotz stark negativer freier Reaktionsenthalpie kann Glucose an Luft beliebig aufbewahrt werden, ohne mit messbarer Geschwindigkeit zu zerfallen.

Die Temperaturabhängigkeit der freien Enthalpie ist bereits aus ihrer Definitionsgleichung ersichtlich: $\Delta G = \Delta H - T \Delta S$. Je höher die Temperatur, desto stärkeren Einfluss hat die Entropieänderung auf den Wert von $\Delta G$. $\Delta H$ und $\Delta S$ sind ebenfalls temperaturabhängig, wenngleich dieser Effekt häufig näherungsweise vernachlässigt werden kann **(A)**. Die freie Standardenthalpie $\Delta G°$ lässt sich aus den freien Standardenthalpien der Edukte und Produkte folgendermaßen berechnen:

$$\Delta G° = \sum n \, \Delta G°_f \text{ (Produkte)} - \sum m \, \Delta G°_f \text{ (Edukte)}$$

Dabei sind $n$ und $m$ die entsprechenden stöchiometrischen Koeffizienten der Produkte bzw. Edukte **(B)**. Eine Reaktion verläuft spontan in Richtung Bildung der Produkte, wenn $\Delta G < 0$ ist. Im umgekehrten Fall $\Delta G > 0$ liegt das Gleichgewicht auf Seiten der Edukte **(D)**. Die freie Enthalpie (und damit die Lage des Gleichgewichts) einer Reaktion kann grundsätzlich durch einen Katalysator nicht verändert werden **(E)**. Ein Katalysator ist aber in der Lage, die Einstellung des Gleichgewichts zu beschleunigen; dies geschieht, indem ein alternativer Reaktionsweg mit einer niedrigeren Aktivierungsenergie ermöglicht wird. Wie aus der Gibbs-Helmholtz-Gleichung ersichtlich, wird die Größe der freien Enthalpie sowohl durch den Enthalpieterm $\Delta H$ als auch durch den Entropieterm $\Delta S$ (multipliziert mit der absoluten Temperatur $T$) bestimmt, vgl. oben. Wird der Term $T\Delta S$ ausreichend groß, kann er ein positives $\Delta H$ kompensieren, so dass $\Delta G$ insgesamt negativ wird **(F)**.

# Lösung 55     Antwort (B)

Kennzeichen eines chemischen Gleichgewichts ist, dass sich die Konzentrationen aller an der Reaktion beteiligten Substanzen mit der Zeit nicht mehr verändern. Dies bedeutet nicht, dass keine Umwandlung von Edukten in Produkte mehr stattfindet; die Umwandlung in beide Richtungen verläuft aber mit der gleichen Reaktionsgeschwindigkeit, d. h. $v_{\text{hin}} = v_{\text{rück}}$.

Nicht identisch sind dagegen die Geschwindigkeitskonstanten der Hin- und Rückreaktion **(A)**, es sei denn, sie sind für die gegebene Reaktion (zufällig) identisch. Dies ist dann aber unabhängig vom Zustand des chemischen Gleichgewichts der Reaktion. Auch der Fall, dass die Summe (Antwort **(C)**) bzw. das Produkt (Antwort **(D)**) der Konzentrationen der Reaktionsprodukte gleich der Summe der Konzentrationen der Ausgangsstoffe ist, kann für ein chemisches Gleichgewicht prinzipiell eintreten; wiederum würde es sich aber um einen zufälligen Spezialfall handeln. Gleiches gilt für die Antwort **(E)**. Antwort **(F)** ist dagegen immer falsch: ein chemisches Gleichgewicht ist ein dynamischer Zustand, in dem weiterhin Edukte in Produkte (und Produkte in Edukte) umgewandelt werden, nur dass es mit identischen Geschwindigkeiten geschieht, so dass netto kein Stoffumsatz beobachtet werden kann.

# Lösung 56     Antwort (C)

Nach dem Prinzip von Le Chatelier versucht ein chemisches Gleichgewicht einem äußeren Zwang auszuweichen. Dies bedeutet z. B. für den Fall einer exothermen Reaktion, dass eine Temperaturerhöhung (entspricht eine Zufuhr von Wärme) das Gleichgewicht hin zu den Edukten verschiebt, also die endotherme Rückreaktion gefördert wird, um die Wärme zu verbrauchen. Mathematisch ist dieser Sachverhalt ersichtlich aus der Van't Hoff-Gleichung:

Aus $\Delta G° = \Delta H° - T \cdot \Delta S°$ und $\Delta G° = - RT \ln K$ ergibt sich

$\ln K = - \dfrac{\Delta H°}{RT} + \dfrac{\Delta S°}{R}$. Man erkennt, dass für $\Delta H° > 0$ eine Vergrößerung von $T$ den negativen ersten Term kleiner macht, in der Folge nimmt $\ln K$ und somit auch $K$ zu.

Für eine exotherme Reaktion ist zwar $\Delta H° < 0$, dennoch kann bei entsprechender Temperatur $T$ und Abnahme der Entropie ($\Delta S° < 0$) die freie Standardenthalpie $\Delta G°$ positiv werden; dann ist $K < 1$ **(A)**. Die Reaktionsgleichung für die Gesamtreaktion einer mehrstufigen Reaktion erhält man durch Summation der Einzelgleichungen; dies gilt aber nicht für die Gleichgewichtskonstanten. Diese sind definiert als die Quotienten aus den Gleichgewichtskonzentrationen der Produkte und der Edukte; damit ist die Gleichgewichtskonstante für die Gesamtreaktion gleich dem Produkt der Gleichgewichtskonstanten für die Teilreaktionen **(B)**. Die Differenz zweier Reaktionsgeschwindigkeiten (von Hin- und Rückreaktion) ist natürlich wieder eine Geschwindigkeit und kann demnach nicht die Gleichgewichtskonstante $K$ ergeben **(D)**. Der Wert der Gleichgewichtskonstante $K$ ergibt sich aus der freien Standardenthalpie $\Delta G° = - RT \ln K$. Im Gleichgewicht ist $\Delta G = 0$, nicht aber die Gleichgewichtskonstante **(E)**. Wie oben gezeigt, ist $\ln K$ proportional zu $-\Delta G$, oder auch $K = e^{-\Delta G°/RT}$; $K$ hängt also exponentiell von $\Delta G°$ ab **(F)**.

## Lösung 57    Antwort (C)

Gleichgewichte sind temperatur- und druckabhängig; die Anwendung des Prinzips von Le Chatelier führt auch hier zur Lösung. Bei der gezeigten Reaktion verringert sich die Stoffmenge an gasförmigen Teilchen. Eine Erhöhung des Drucks wird also eine Verschiebung des Gleichgewichts nach rechts zu den Produkten bewirken. Eine Druckerhöhung resultiert hier aus einer Verringerung des Volumens der Reaktionsmischung.

Hingegen führt eine Zugabe von Kohlenstoff zur Reaktionsmischung nicht zum Ziel. Kohlenstoff als Feststoff weist die Aktivität $a = 1$ auf, so dass seine Konzentration nicht erhöht wird **(A)**. Eine Druckerniedrigung würde das Gleichgewicht in Richtung zur höheren Teilchenzahl, also auf die Eduktseite, verschieben **(B)**. Eine Erhöhung der Temperatur fördert die endotherme Reaktion; da die Bildung von Methan exotherm verläuft, würde auch diese Maßnahme das Gleichgewicht Richtung Edukte verschieben **(D)**. Die Anwesenheit eines Katalysators hat (grundsätzlich!) keinen Einfluss auf das Gleichgewicht. Er kann dessen Einstellung beschleunigen, nicht aber die Lage des Gleichgewichts verändern **(E)**. Auch die Zugabe eines inerten, nicht an der Reaktion teilnehmenden Gases hat keinen Effekt. Zwar nähme der Gesamtdruck zu, die jeweiligen Partialdrücke von $H_2$ und $CH_4$ blieben aber unverändert **(F)**.

## Lösung 58    Antwort (E)

Le Chatelier liefert die Antwort: Führt man einem System Wärme zu („äußerer Zwang"), so reagiert es in der Weise, dass der Zwang vermindert wird, d. h. in diesem Fall, dass die Wärme verbraucht wird. Das Gleichgewicht wird also in Richtung der endothermen Reaktion verschoben – ist dies die Produktbildung, so trifft **(E)** zu, in allen anderen Fällen (bei exothermen Reaktionen) jedoch nicht.

Für den Zusammenhang zwischen $\Delta G°$ und der Gleichgewichtskonstante $K$ gilt: $\Delta G° = - RT \ln K$. Der Wert für $K$ lässt sich also aus $\Delta G°$ berechnen, gibt aber nur die Lage des Gleichgewichts unter Standardbedingungen an. Ob die Reaktion unter den gegebenen Bedingungen (Konzentrationen, Temperatur) unter Bildung der Edukte oder der Produkte abläuft, wird durch $\Delta G$ bestimmt. Es gilt: $\Delta G = \Delta G° + RT \ln Q$ mit dem Massenwirkungsbruch $Q$, der die aktuellen (Nicht-Gleichgewichtskonzentrationen) enthält **(A)**. In der Gleichung $\Delta G° = - RT \ln K$, die $\Delta G°$ und $K$ verknüpft, ist die absolute Temperatur $T$ (in K!) enthalten **(B)**. Diese Gleichung offenbart auch den Wert für $K$, falls $\Delta G° = 0$ sein sollte: es muss gelten $K = 1$, da $\lg 1 = 0$ **(C)**. Ebenso, wie sich die Standardreaktionsenthalpie $\Delta H°$ aus den Standardbildungsenthalpien für Edukte und Produkte berechnen lässt ($\rightarrow$ WK Kap. 5), gilt dies auch für die freien Standardreaktionsenthalpien $\Delta G°$:

$$\Delta G° = \sum_i \Delta G°_f \text{ (Produkte)} - \sum_i \Delta G°_f \text{ (Edukte)} \quad \textbf{(D)}.$$

Ferner gilt für $\Delta G°$ die bekannte Gibbs-Helmholtz-Gleichung: $\Delta G° = \Delta H° - T \cdot \Delta S°$. Da gleichzeitig $\Delta G° = - RT \ln K$, stehen Reaktionsenthalpie und -entropie in direktem Zusammenhang mit der Gleichgewichtskonstante $K$ **(F)**.

## Lösung 59     Antwort (B)

Analysiert man die Oxidationszustände der Stickstoffatome im NO sowie im HNO bzw. $HNO_2$, so erkennt man, dass eine Disproportionierung stattfindet. Eines der beiden NO-Moleküle (mit Stickstoff in der Oxidationszahl +2) wird zu HNO reduziert (OZ = +1), das andere zu $HNO_2$ oxidiert (OZ = +3). Es handelt sich also um eine Redoxreaktion.

Unter einer Hydrolyse versteht man eine Spaltung mit Wasser; bei Reaktion $A$ wird jedoch keine der N–O-Bindungen gebrochen (**A**). Eine Säure-Base-Reaktion verläuft ohne Änderung von Oxidationszahlen unter alleiniger Protonenübertragung; auch dies ist nicht der Fall (**C**). Da in dem Gleichgewicht keine freien $H^+$-Ionen auftreten, ist die Lage des Gleichgewichts nicht von der $H^+$-Konzentration und damit nicht vom pH-Wert abhängig (**D**). Salpetersäure hat die Summenformel $HNO_3$; als ein Produkt der Hinreaktion $A$ entsteht jedoch salpetrige Säure ($HNO_2$) (**E**). Auch Reaktion $B$ kann keine Säure-Base-Reaktion sein (**F**), da sich die Oxidationszahlen der Stickstoffatome ändern; es findet eine Komproportionierung statt.

## Lösung 60     Antwort (A)

Die freie Reaktionsenthalpie $\Delta G$ ist definiert als die Differenz der freien Enthalpie der Produkte und der Edukte; sie ist in dem gezeigten Diagramm mit „I" bezeichnet. Die Summe aus „I" und „II" entspräche der freien Aktivierungsenthalpie für die Rückreaktion; sie ist höher als für die Hinreaktion, da die Rückreaktion endergon ist.

Die Reaktion ist exergon, d. h. $\Delta G° < 0$. Zur freien Standardenthalpie trägt aber neben der Standardenthalpie $\Delta H°$ auch die Entropie bei. Bei einer (starken) Entropiezunahme und ausreichend hoher Temperatur kann $\Delta G°$ wie im Diagramm gezeigt negativ werden, obwohl die Reaktion endotherm ist (**B**). Ausschlaggebend für die Reaktionsgeschwindigkeit ist die freie Aktivierungsenthalpie der Reaktion, gekennzeichnet mit „II" (**C, F**). Dagegen ist die Gleichgewichtslage determiniert durch $\Delta G°$ der Reaktion, im Diagramm bezeichnet mit „I" (**D**). Die Reaktion verläuft in einem Schritt ohne Zwischenprodukt; das Energiemaximum „III" entspricht dem Übergangszustand (**E**).

## Lösung 61     Antwort (E)

Der Zusatz einer starken Base wie $OH^-$ führt zu einer Säure-Base-Reaktion und zu einer Verschiebung des vorliegenden Säure-Base-Gleichgewichts (**A**). Die Hydroxid-Ionen werden zunächst mit den im Gleichgewicht gebildeten $H_3O^+$-Ionen zu Wasser reagieren und anschließend die nächststärkere Säure (das $H_2PO_4^-$-Ion) deprotonieren. Die Konzentration an Dihydrogenphosphat wird dadurch also erniedrigt und nicht erhöht.

Von einem korrespondierenden Säure-Base-Paar spricht man bei zwei Verbindungen, die durch Aufnahme bzw. Abgabe eines $H^+$-Ions ineinander übergehen können. $H_2O$ und $H_3O^+$ sind ein klassisches korrespondierendes Säure-Base-Paar (**B**). Im gegebenen Gleichgewicht kann $HPO_4^{2-}$ durch Reaktion mit $H_3O^+$ ein Proton aufnehmen; die Verbindung fungiert somit definitionsgemäß als Brønstedt-Base **(C)**. Umgekehrt reagiert $H_2PO_4^-$ in diesem Gleichgewicht als Brønstedt-Säure mit Wasser. Da es sich um ein Anion handelt, das als Säure reagieren kann, spricht man auch von einer Anionsäure **(D)**. Auch $HPO_4^{2-}$ kann in Anwesenheit einer starken Base als Anionsäure fungieren und das letzte Proton abgeben. Die Zugabe einer starken Säure (und damit von $H_3O^+$-Ionen) verschiebt offensichtlich das vorliegende Gleichgewicht auf die linke Seite; damit erniedrigt sich die Konzentration an Hydrogenphosphat **(F)**; die von Dihydrogenphosphat steigt entsprechend.

# Lösung 62        Antwort (C)

Für den Zusammenhang zwischen freier Reaktionsenthalpie und Gleichgewichtskonstante gilt:

$$\Delta G°_R = -RT \ln K \quad \text{sowie} \quad \Delta G_R = \Delta G°_R + RT \ln Q.$$

Ist $K > 1$, so wird der Ausdruck $-RT \ln K$ insgesamt negativ; die Reaktion verläuft unter Standardbedingungen spontan von links nach rechts. Im vorliegenden Fall ist $Q > K$, d. h. zum Gleichgewicht hin müssen vermehrt Edukte gebildet werden. $\Delta G°_R$ lässt sich durch Einsetzen in obige Gleichung berechnen, bzw. es lässt sich auch schreiben:

$$\Delta G_R = -RT \ln K + RT \ln Q = RT \ln \frac{Q}{K} > 0, \text{ da } Q > K. \text{ Die richtige Antwort ist (C)}.$$

# Lösung 63        Antwort (F)

Bei einfachen Element-Wasserstoff-Säuren der Form $H_nX$ nimmt die Säurestärke von oben nach unten im Periodensystem zu. Zwar sinkt die Elektronegativität von X mit zunehmender Ordnungszahl von X innerhalb einer Gruppe, mit zunehmender Größe von X kann aber eine negative Ladung nach Abgabe eines $H^+$-Ions leichter untergebracht werden. Die Stärke der H–X-Bindung nimmt in dieser Reihenfolge ab, so dass die Säurestärke beispielsweise für die Halogenwasserstoffe von HF (schwache Säure) zu HI (starke Säure) zunimmt. Innerhalb einer Periode nimmt die Stärke von Element-Wasserstoff-Säuren von links nach rechts (also mit zunehmender Elektronegativität von X) zu, beispielsweise also vom Methan ($CH_4$) zum HF.

Verbindungen wie $H_2SO_4$ und $H_3PO_4$ werden als Oxosäuren bezeichnet. Hier trägt ein Zentralatom (z. B. S) eines oder mehrere Sauerstoffatome, die ein acides Proton tragen können. Generell nimmt hierbei die Stärke der Säure mit steigender Zahl von Sauerstoffatomen zu, beispielsweise in der Reihe $HOCl < HOClO < HOClO_2 < HOClO_3$. Bei Verbindungen mit gleicher Anzahl an O-Atomen steigt die Acidität von links nach rechts innerhalb der Periode, also mit zunehmender Elektronegativität des Zentralatoms. Schwefelsäure ist somit eine stärkere Säure als die Phosphorsäure (2 > 3), Bromwasserstoff eine stärkere Säure als Fluorwasserstoff (4 > 1). HBr ist im Gegensatz zu $H_3PO_4$ eine starke Säure, d. h. 4 > 3. Die korrespondierende Säure zur Base $NH_3$ ist eine ziemlich schwache Säure ($pK_S = 9{,}25$) und rangiert an letzter Stelle hinter der ebenfalls schwachen Säure Schwefelwasserstoff ($pK_S = 7{,}0$).

Aus den Antwortmöglichkeiten ergibt sich somit, dass HBr die stärkste Säure sein muss (4 > 2), da die beiden Antwortvarianten mit Schwefelsäure als stärkster Säure die starke Säure HBr jeweils nach einer schwachen bis mittelstarken Säure ($H_3PO_4$ bzw. HF) einreihen.

## Lösung 64    Antwort (E)

Hydroxylapatit ist Hauptbestandteil von Zähnen und v. a. Knochen der Wirbeltiere und somit von großer biologischer Bedeutung. Es handelt sich um die Verbindung $Ca_5(PO_4)_3(OH)$, die offensichtlich das Phosphat-Ion $PO_4^{3-}$ enthält. Gleiches gilt für das Fluorapatit, in dem die OH-Gruppe teilweise oder ganz durch $F^-$-Ionen ersetzt ist. Fluorapatit wird weniger leicht von verdünnten Säuren angegriffen; durch Fluorid-Zusatz beispielsweise in Zahncremes soll dadurch ein verbesserter Schutz des Zahnschmelzes erreicht werden (was allerdings medizinisch nicht unumstritten ist).

In wässriger Lösung besitzt die Phosphorsäure (im Gegensatz zur Salpetersäure!) kaum oxidierende Wirkung **(A)**, obwohl Phosphor darin in seiner höchsten Oxidationsstufe +5 vorliegt:

$$H_3PO_4 + 2\,e^- + 2\,H^+ \longrightarrow H_3PO_3 + H_2O \qquad E° = -0,276\,V$$

Als Grund lässt sich die hohe Sauerstoffaffinität des Phosphors anführen, so dass umgekehrt die Phosphonsäure ($H_3PO_3$, vgl. Antwort **(B)**) ein gutes Reduktionsmittel ist. Industriell wird die Phosphorsäure in großen Mengen aus ihren Salzen, insbesondere dem Calciumphosphat ($Ca_3(PO_4)_2$) gewonnen. Um das Phosphat-Ion vollständig zu protonieren ist allerdings eine starke Säure erforderlich, da die Phosphorsäure mit $pK_{S1} = 2,1$ selbst eine mittelstarke Säure ist. Essigsäure mit einem $pK_S$-Wert von 4,75 ist zu schwach, um das Dihydrogenphosphat-Ion ($H_2PO_4^-$) in größerem Ausmaß zur Phosphorsäure zu protonieren **(C)**. In der Praxis verwendet man daher Schwefelsäure gemäß folgender Reaktionsgleichung:

$$Ca_3(PO_4)_2 + 3\,H_2SO_4 \longrightarrow 2\,H_3PO_4 + 3\,CaSO_4$$

Generell wird bei mehrprotonigen Säuren das erste Proton am leichtesten abgegeben. Im Fall der Phosphorsäure liegt nach Abgabe des ersten Protons das negativ geladene Dihydrogenphosphat vor; die Abgabe eines weiteren Protons muss also gegen die elektrostatische Anziehung der negativen Ladung erfolgen. Daher sinkt die Säurekonstante $K_S$ in der Reihenfolge $H_3PO_4 > H_2PO_4^- > HPO_4^{2-}$. Der $pK_S$-Wert, definiert als $-\lg K_S$, steigt entsprechend in der gleichen Reihenfolge, d. h. $pK_{S1} < pK_{S2} < pK_{S3}$ **(D)**. Im Phosphor(III)-oxid ($P_4O_6$) liegt der Phosphor in der Oxidationsstufe +3 vor; es handelt sich somit um das Anhydrid der Phosphonsäure ($H_3PO_3$), **(F)**:

$$P_4O_6 + 6\,H_2O \longrightarrow 4\,H_3PO_3$$

Phosphorsäure bekommt man bei der Umsetzung von Phosphor(V)-oxid ($P_4O_{10}$) mit Wasser:

$$P_4O_{10} + 6\,H_2O \longrightarrow 4\,H_3PO_4$$

## Lösung 65        Antwort (D)

Die Frage ist leicht zu beantworten, wenn man die Stoffmenge der nach der Reaktion vorhandenen $OH^-$-Ionen berechnet und mit der gebildeten vergleicht. Ein pH-Wert von 9 entspricht einem pOH-Wert von 5 und somit einer $OH^-$-Konzentration von $10^{-5}$ mol/L. Da das Volumen 1,0 L beträgt, ist die Stoffmenge an $OH^-$ am Ende gleich $10^{-5}$ mol. Dies entspricht einem Anteil der gebildeten $OH^-$-Ionen von $10^{-5}$ / $10^{-2}$ = $10^{-3}$ = 0,1 %. Dementsprechend ist der Anteil, der von den Pufferbestandteilen gebunden wurde, gleich 99,9 %.

## Lösung 66        Antwort (C)

Der $pK_B$-Wert einer Base ist eine (temperaturabhängige) Konstante und daher von der Konzentration der Base (zumindest näherungsweise) unabhängig. Näher betrachtet hängen $pK_S$- und $pK_B$-Werte auch etwas von der Ionenstärke einer Lösung ab; dieser Effekt soll aber im Rahmen dieser Aufgabe nicht näher diskutiert werden.

Der $pK_B$-Wert macht eine Aussage über die Stärke einer Base, d. h. über ihr Vermögen, als Protonenakzeptor zu fungieren. Dabei spielt es natürlich keine Rolle, ob es sich um eine anorganische oder eine organische Base handelt; beide können niedrige ($\rightarrow$ starke Basen) oder hohe $pK_B$-Werte ($\rightarrow$ schwache Basen) haben **(A)**. Da der $pK_B$-Wert von der Verdünnung unabhängig ist (s. o.), kann er nicht proportional zur Stoffmengenkonzentration sein **(B)**. Eine starke Base ist gekennzeichnet durch einen hohen $K_B$-Wert und dementsprechend einen niedrigen $pK_B$-Wert. Der $pK_B$-Wert einer starken Base ist also weniger positiv als der einer schwachen Base **(D)**. Der $pK_B$-Wert kennzeichnet die Stärke einer Base; selbstverständlich hat er nicht mit der Anzahl der Protonen zu tun, die eine Base aufnehmen kann **(E)**. Der $pK_B$-Wert einer Base und der $pK_S$-Wert der korrespondierenden Säure stehen sehr wohl in direktem Zusammenhang **(F)**: die Summe beider Konstanten ergibt (bei 25 °C) den Wert 14. Kennt man den $pK_S$-Wert einer Säure, lässt sich der $pK_B$-Wert der korrespondierenden Base also unmittelbar angeben.

## Lösung 67        Antwort (D)

Der pH-Wert ist ein logarithmisches Konzentrationsmaß; eine Änderung des pH-Werts um eine Einheit entspricht einer Änderung der Protonenkonzentration um den Faktor 10. Soll der pH-Wert um 2 Einheiten zunehmen, muss die Protonenkonzentration folglich auf 1/100 der Anfangskonzentration sinken. Das Endvolumen der Lösung muss daher um den Faktor 100 größer sein, als das Ausgangsvolumen, d. h. es muss auf 200 mL verdünnt werden. Dazu sind offensichtlich 198 mL Wasser erforderlich.

# Lösung 68      Antwort (C)

Der pH-Wert einer Lösung ergibt sich aus ihrer Protonenkonzentration; diese wiederum hängt ab von der Stoffmengenkonzentration einer Säure bzw. Base in Lösung und ihrer Stärke. Mischt man starke Säuren und starke Basen (die in Wasser jeweils vollständig dissoziiert vorliegen), so neutralisieren sich gleiche Stoffmengen der Säure und der Base (wie bei einer Titration zum Äquivalenzpunkt); überwiegt eine der Stoffmengen, so bestimmen die verbleibenden $H^+$- bzw. $OH^-$-Ionen den pH-Wert. In der vorliegenden Aufgabe liegt folgendes Säure-Base-Gleichgewicht vor:

$$CH_3COOH + NH_3 \rightleftharpoons CH_3COO^- + NH_4^+$$

Aus den gegebenen Werten für $pK_S$ bzw. $pK_B$ können die entsprechenden Werte für die korrespondierende Base Acetat bzw. die korrespondierende Säure $NH_4^+$ berechnet werden (9,25); die stärkere Säure bzw. Base liegt also auf der Eduktseite vor, d. h. das Gleichgewicht ist auf der Produktseite (auf Seiten der schwächeren Säure bzw. Base). Da sich Säure- und Basenstärke entsprechen, sollten sich annähernd gleiche Mengen an $H^+$- bzw. $OH^-$-Ionen bilden, d. h. es ist ein pH-Wert $\approx 7{,}0$ zu erwarten.

Lösung (A) entspräche der reinen Essigsäure-Lösung, Antwort (E) der reinen Ammoniak-Lösung. Ein pH von 4,75 (B) (entsprechend dem $pK_S$-Wert der Essigsäure) wäre zu erwarten für ein äquimolares Gemisch (Puffersystem) aus Essigsäure und dem korrespondierenden Acetat-Ion; analog würde ein äquimolares (Puffer)gemisch aus Ammoniak und dem Ammonium-Ion einen pH-Wert von 9,25 (D) ergeben.

# Lösung 69      Antwort (A)

Bei einer starken Säure (vollständige Dissoziation) ändert sich die $H^+$-Konzentration in der Lösung linear mit der Konzentration der starken Säure; eine Verdünnung auf das 100-fache würde also die Protonenkonzentration auf 1/100 verringern und der pH-Wert stiege entsprechend um zwei Einheiten. Für eine schwache Säure gilt dagegen näherungsweise ($[HA]_A$ ist die normierte Anfangskonzentration der schwachen Säure):

$[H^+] = \sqrt{K_S \cdot [HA]_A}$ , die Protonenkonzentration ändert sich also mit der Wurzel der Säurekonzentration. Eine Verringerung der Konzentration um den Faktor 100 verringert demnach die Protonenkonzentration um den Faktor $\sqrt{100} = 10$. Eine Erniedrigung der $H^+$-Konzentration auf 1/10 führt zu einem Anstieg des pH-Werts um eine Einheit (B), da dieser definiert ist als $pH = -\lg[H^+]$.

Eine Erniedrigung des pH-Werts durch eine Verdünnung der Säure kommt selbstverständlich nicht in Betracht (C, D). Durch die Verdünnung sinkt die Konzentration an undissoziierter Säure (E); der Dissoziationsgrad (= Anteil an Säuremolekülen, die dissoziieren) nimmt dabei aber zu. Die Säurekonstante wird benötigt, wenn der tatsächliche pH-Wert der Lösung der (verdünnten oder unverdünnten) schwachen Säure berechnet werden soll. Die Änderung des pH-Werts kann aber allein aus der Konzentrationsänderung abgeleitet werden (F).

# Lösung 70      Antwort (D)

Beide Lösungen weisen gleiches Volumen und gleiche Konzentration auf; sie enthalten daher identische Stoffmengen an $NH_3$ bzw. NaOH (wenn man die geringe Stoffmenge an $NH_3$ vernachlässigt, die durch Aufnahme eines Protons in $NH_4^+$ übergegangen ist). Am Neutralpunkt gilt: pH = 7,0. Bis zum Äquivalenzpunkt wird für beide Titrationen die gleiche Stoffmenge an HCl benötigt, da (mit obiger Näherung) die gleichen Stoffmengen an Base vorliegen. Am Äquivalenzpunkt der Titration von $NH_3$ liegt mit dem $NH_4^+$-Ion eine schwache Säure vor; der Äquivalenzpunkt liegt daher im schwach sauren pH-Bereich. Bei der Titration von Lösung (2) hat man dagegen am Äquivalenzpunkt das neutrale Salz NaCl vorliegen. Da nun also bis zum Äquivalenzpunkt bei beiden Titrationen die gleiche Stoffmenge an Säure benötigt wird, wird bis zum Erreichen des Neutralpunkts (der bei Titration von Lösung (1) *vor* dem Äquivalenzpunkt erreicht wird) etwas weniger an HCl benötigt als bei Titration der Lösung (2).

Lösung (1) enthält eine schwache Base, die mit Wasser nur zu einem kleinen Anteil unter Bildung von $OH^-$-Ionen reagiert, Lösung (2) ist dagegen die Lösung einer starken Base, welche vollständig zu $Na^+$ und $OH^-$ dissoziiert. Dementsprechend enthält Lösung (2) mehr $OH^-$-Ionen und weist einen höheren pH-Wert auf **(A)**. Die $OH^-$-Konzentration in Lösung (2) beträgt $10^{-1}$ mol/L, der pOH-Wert ist demnach $-lg\ 10^{-1} = 1$ und der pH-Wert = 13 **(B)**. Durch Zugabe von 10 mL HCl-Lösung der Konzentration 0,10 mol/L zu Lösung (1) wird der Äquivalenzpunkt erreicht. Da dieser aber nicht mit dem Neutralpunkt zusammenfällt, sondern im sauren pH-Bereich liegt, wird dadurch die Lösung nicht neutralisiert (auf einen pH-Wert von 7 gebracht, **(C)**). Es ist also zu unterscheiden zwischen der Neutralisation einer Lösung (= Einstellen auf einen pH-Wert = 7) und einer Titration bis zum Äquivalenzpunkt. Nur bei einer Reaktion starker Säuren mit starken Basen liefern beide Prozeduren das gleiche Ergebnis. Wie bereits beschrieben liegt der Äquivalenzpunkt bei der Titration von Lösung (1) im sauren Bereich, bei Lösung (2) dagegen am Neutralpunkt. Der pH-Wert von Lösung (1) am Äquivalenzpunkt ist also niedriger **(E)**. Aussage **(F)** wäre korrekt, wenn beide gelösten Substanzen vollständig dissoziieren würden. Dies ist jedoch nur für NaOH der Fall, während $NH_3$ als schwache Base nur zu einem geringen Anteil zu $NH_4^+$ und $OH^-$ reagiert und somit wesentlich weniger Ionen liefert.

# Lösung 71      Antwort (C)

Die korrespondierende Säure einer schwachen Base ist i. A. eine schwache Säure, die in Wasser zu einem mehr oder weniger kleinen Anteil dissoziiert, d. h. ein Proton abgibt. Die Lösung reagiert daher (schwach) sauer.

Umgekehrt ist das Salz einer schwachen Säure eine mehr oder weniger schwache Base, die in Wasser entsprechend eine basische Reaktion zeigt **(A)**. Das korrespondierende Anion einer schwachen Säure ist eine schwache bis mittelstarke Base, das korrespondierende Anion einer starken Säure dagegen eine sehr schwache Base. Erstere ist somit die stärkere Base **(B)**. Die Salze starker einprotoniger Säuren sind entsprechend sehr schwache Basen; sie verhalten sich in Wasser praktisch neutral. Gleiches gilt für die korrespondierende Säure zu einer starken Base – sie ist sehr schwach und daher in wässriger Lösung praktisch nicht in der Lage zu dissoziieren. Es liegen somit nur neutral reagierende Salze vor (D). Salze schwacher Säuren bzw. schwacher Basen sind ihrerseits wieder schwache Basen bzw. Säuren. Ein Puffersystem ist typischerweise ein Gemisch aus einer schwachen Säure und ihrem korrespondierenden Salz. Im Prinzip könnte es sich aber auch um eine andere schwache Base handeln, da in beiden Fällen gewährleistet ist, dass zugegebene Protonen bzw. $OH^-$-Ionen durch die schwache Base bzw. die schwache Säure abgefangen werden (E). Salze, die sowohl als Säure als auch als Base reagieren können, heißen auch Ampholyte (F). Ein typisches Beispiel ist das Hydrogencarbonat-Ion, das unter Abgabe seines Protons in das Carbonat-Ion übergeht und durch Aufnahme eines Protons die (instabile) Kohlensäure bildet.

## Lösung 72      Antwort (F)

Am 1. Äquivalenzpunkt der Titration einer Säure $H_2A$ ist das erste Proton vollständig an die Titratorbase abgegeben worden und es liegt das korrespondierende Anion $HA^-$ vor. Dieses kann naturgemäß als Base reagieren und das Proton wieder aufnehmen unter Rückbildung von $H_2A$, andererseits verfügt $HA^-$ noch über ein Proton, das abgespalten werden kann unter Bildung des Dianions $A^{2-}$. Das Anion $HA^-$ ist also ein Ampholyt und diejenige Spezies, die am 1. Äquivalenzpunkt der Titration vorliegt.

Verbraucht man vom Startpunkt bis zum 1. Äquivalenzpunkt eine Stoffmenge $n$ an Base, so beträgt der Verbrauch bis zum 1. Halbäquivalenzpunkt $n/2$ und bis zum 2. Halbäquivalenzpunkt $3/2\, n$. Vom 1. bis zum 2. Halbäquivalenzpunkt wird also die Stoffmenge $n$ verbraucht, doppelt so viel, wie bis zum Erreichen des 1. Halbäquivalenzpunkts (A). Es ist immer einfacher, das erste Proton von der neutralen zweiprotonigen Säure abzuspalten, als das zweite (B, C), da letzteres dem Monoanion gegen die Anziehung der entstandenen negativen Ladung entrissen werden muss. Da der $pK_S$-Wert definiert ist als der negative dekadische Logarithmus der Säurekonstante $K_S$, die das Protolysegleichgewicht beschreibt, ist grundsätzlich $K_{S1} > K_{S2}$ und somit $pK_{S1} < pK_{S2}$. Typischerweise unterscheiden sich die $pK_S$-Werte bei mehrprotonigen organischen Säuren um ca. 1,5–3 Einheiten, die von anorganischen Säuren (z. B. $H_3PO_4$) um 3–5 Einheiten. Am 1. Äquivalenzpunkt ist die zweiprotonige Säure $H_2A$ praktisch vollständig in $HA^-$ überführt worden. Für ein Puffergemisch wird ein korrespondierendes Säure-Base-Paar benötigt, also z. B. $H_2A/HA^-$. Ein solches erhält man, wenn man die Säure $H_2A$ bis zum 1. (oder 2.) Halbäquivalenzpunkt titriert (D). Der Dissoziationsgrad einer Säure beschreibt das Verhältnis aus dissoziiertem Anteil $HA^-$ und der Ausgangsstoffmenge der schwachen Säure $H_2A$. Er steigt mit zunehmender Verdünnung an (E).

## Lösung 73      Antwort (E)

Ein Salz verhält sich in wässriger Lösung dann weitgehend neutral, wenn entweder keines der beiden Ionen saure oder basische Eigenschaften hat, oder aber die sauren Eigenschaften des Kations ähnlich ausgeprägt sind wie die basischen Eigenschaften des Anions. Letzteres ist der Fall für Ammoniumacetat (E): das Ammonium-Ion $NH_4^+$ ist eine ziemlich schwache Säure (p$K_S$ ≈ 9,25), das Acetat-Ion (als Salz der Essigsäure mit p$K_S$ = 4,75) eine ähnlich schwache Base. Dadurch kompensieren sich saure und basische Eigenschaften praktisch und das Salz beeinflusst den pH-Wert von reinem Wasser höchstens unwesentlich.

Alkalimetall-Ionen wie $Na^+$ oder $K^+$ verhalten sich in Wasser neutral. Das Acetat-Ion dagegen ist eine schwache Base, so dass Natriumacetat insgesamt schwach basisch reagiert (**A**). Dagegen ist das $Fe^{3+}$-Ion eine typische Lewis-Säure: aufgrund seiner hohen Ladung und seines kleinen Ionenradius wirkt es sehr stark polarisierend auf die umgebenden Wassermoleküle. Dadurch werden die O–H-Bindungen in dem Aquakomplex $[Fe(H_2O)_6]^{3+}$ soweit geschwächt, dass verhältnismäßig leicht ein Proton abgegeben werden kann. Der p$K_S$-Wert von Fe(III) liegt bei ca. 3, es verhält sich also deutlich sauer, während das Sulfat-Ion als Anion der sehr starken Schwefelsäure kaum basisch reagiert. Eisen(III)-sulfat zeigt also in Wasser eine saure Reaktion (**B**). Das Chlorid-Anion verhält sich als Anion der starken Säure HCl in Wasser neutral; das Ammonium-Ion ist eine schwache Säure – insgesamt resultiert somit für Ammoniumchlorid eine schwach saure Reaktion (**C**). Kaliumphosphat (**D**) enthält das neutral reagierende $K^+$-Ion sowie das relativ stark basische Phosphat-Ion $PO_4^{3-}$ als vollständig deprotonierte Form der Phosphorsäure, was eine stark basische Reaktion für $K_3PO_4$ in Wasser ergibt. Natriumhydrogensulfat enthält das neutrale $Na^+$-Ion und das relativ stark saure Hydrogensulfat-Ion (Ampholyt!); insgesamt handelt es sich um ein stark sauer reagierendes Salz (**F**).

## Lösung 74    Antwort (D)

Alle aufgeführten Substanzen sind leicht löslich in Wasser und beeinflussen den pH-Wert auf unterschiedliche Weise. Der höchste pH-Wert ist zu erwarten für die Verbindung, die das am stärksten basische Anion enthält. Chlorid und Bromid als Anionen starker Säuren verhalten sich neutral; das Acetat-Ion $CH_3COO^-$ ist eine recht schwache Base (p$K_S$ der korrespondierenden Essigsäure = 4,75), das Carbonat-Ion eine schwache bis mittelstarke Base (p$K_S$ für $HCO_3^-$ = 10,4). Das Hydrogensulfat besitzt trotz seiner negativen Ladung ziemlich stark saure Eigenschaften (p$K_S$ = 1,9). Die Reihung nach abnehmendem pH-Wert der Lösung beginnt also mit $K_2CO_3$, gefolgt von $Na(CH_3COO)$ und dem neutral reagierenden NaBr. Das Ammoniumchlorid liefert bedingt durch das schwach saure Ammonium-Ion (p$K_S$ = 9,25) eine schwach saure Lösung. Überraschend sauer reagiert die Lösung von $FeCl_3$. Hier verhält sich das $Fe^{3+}$ aufgrund des kleinen Radius und der hohen Ladungsdichte als relativ starke Lewis-Säure (p$K_S$ ≈ 2–3). Der niedrigste pH-Wert ist für die $KHSO_4$-Lösung zu erwarten.

## Lösung 75    Antwort (E)

Eine einfache stöchiometrische Betrachtung führt zur korrekten Antwort (**E**). Magnesiumhydroxid ($Mg(OH)_2$) liefert beim Zerfall $Mg^{2+}$ + 2 $OH^-$; das Aluminiumhydroxid ($Al(OH)_3$) analog $Al^{3+}$ + 3 $OH^-$. Aus 13 mmol Magnesiumhydroxid erhält man demnach 26 mmol $OH^-$, aus 4 mmol Aluminiumhydroxid 12 mmol $OH^-$-Ionen, insgesamt also 38 mmol $OH^-$, die 38 mmol $H^+$-Ionen neutralisieren können.

Salzsäure ist eine starke einprotonige Säure; 20 mmol HCl entsprechen also 20 mmol $H^+$-Ionen – deutlich weniger, als die freigesetzte Stoffmenge an $OH^-$ (A). Ein pH-Wert von 1 entspricht einer Protonenkonzentration von 0,10 mol/L, d. h. 1 L Magensäure enthält 0,10 mol $H^+$-Ionen. Werden davon ca. 40 mmol = 0,040 mol neutralisiert, verbleiben immer noch 0,060 mol in 1 L, entsprechend einem pH-Wert zwischen 1 und 2 (genauer: pH = $-$lg 0,06 = 1,22). Um auf einen pH-Wert von 3 zu kommen, müssten 99 % der vorhandenen Protonen neutralisiert werden (B). Aluminium-Ionen ($Al^{3+}$) besitzen Lewis-Säure-Eigenschaften, die zu einer Erniedrigung des pH-Werts von reinem Wasser führen. In der vorliegenden stark sauren Lösung allerdings wird die Dissoziation des hydratisierten $Al^{3+}$-Ions stark zurückgedrängt (Le Chatelier), so dass eine pH-Änderung allein durch die Wirkung der $OH^-$-Ionen zustande kommt, die einen Teil der Protonen neutralisieren (C, D).

# Lösung 76     Antwort (E)

Eine Pufferlösung besteht aus der Mischung einer schwachen Säure und ihrem korrespondierenden Anion. Für den pH-Wert einer derartigen Lösung gilt nach der Henderson-Hasselbalch-Gleichung: $\mathrm{pH} = pK_S + \lg \dfrac{c(A^-)}{c(HA)}$. Setzt man die beiden Pufferkomponenten in äquimolaren Mengen ein, so ist $c(A^-) = c(HA)$ und es gilt $\mathrm{pH} = pK_S$. Misst man also den pH-Wert für eine derartige Puffermischung, so erhält man daraus den $pK_S$- und damit natürlich auch den $K_S$-Wert für die schwache Säure.

Die Wirkung eines Puffers gegenüber $H^+$-Ionen wird bestimmt durch die Konzentrationen der Pufferbestandteile, hier insbesondere der Pufferbase $A^-$. Die Stärke der Base ist hierfür nicht vorrangig von Bedeutung, sofern nicht das Anion einer starken Säure vorliegt, das praktisch keine basischen Eigenschaften aufweist und somit nicht als Pufferbestandteil geeignet ist (A). Laut der Henderson-Hasselbalch ist Aussage (B) korrekt. Es ist aber zu bedenken, dass zur Ableitung der Henderson-Hasselbalch-Gleichung Näherungen gemacht werden: so bleibt die Eigendissoziation des Wassers als Protonenquelle unberücksichtigt. Verdünnt man einen Puffer immer weiter, soll laut Gleichung der pH-Wert konstant bleiben; tatsächlich muss er bei „unendlicher" Verdünnung gegen 7 gehen, da letztlich nur noch praktisch reines Wasser vorliegt. Das Phosphat-Ion ($PO_4^{3-}$) ist eine relativ starke Base und als solche nur bei hohen pH-Werten oberhalb ca. 11 existenzfähig. Im physiologischen pH-Bereich liegt es protoniert vor als Gemisch aus Hydrogenphosphat ($HPO_4^{2-}$) und Dihydrogenphosphat ($H_2PO_4^-$) (C). Auf den ersten Blick scheint auch Aussage (D) richtig zu sein, denn eine Pufferlösung darf keine starke Base wie $OH^-$ enthalten. Zur Herstellung eines Puffers können starke Säuren und Basen aber durchaus zum Einsatz kommen, beispielsweise kann man von Essigsäure als Puffersäure ausgehen (schwache Säure) und davon die Hälfte mit $OH^-$-Ionen zum Acetat deprotonieren. Das Ergebnis ist ein äquimolarer Puffer mit guten Puffereigenschaften im Bereich um den $pK_S$-Wert der Säure. Antwort (F) ist verführerisch, aber falsch. Äquimolare Mischungen bilden tatsächlich ideale Puffersysteme, sofern es sich bei den beiden Komponenten um ein korrespondierendes Säure-Base-Paar handelt. Dihydrogenphosphat ($H_2PO_4^-$) und Phosphat ($PO_4^{3-}$) unterscheiden sich jedoch um zwei Protonen.

Es kommt dadurch zu einer Säure-Base-Reaktion gemäß $H_2PO_4^- + PO_4^{3-} \rightarrow 2\ HPO_4^{2-}$, die nahezu quantitativ verläuft. Somit liegt in der Lösung praktisch nur das Hydrogenphosphat-Ion vor, das für sich allein keinen wirksamen Puffer darstellt.

## Lösung 77          Antwort (D)

Hilfreich für dieses Problem ist die Kenntnis der Säure-Base-Eigenschaften von typischen Salzen, am besten unter Einbeziehung der relevanten $pK_S$-Werte. Das Hydrogencarbonat-Ion ist ein Ampholyt; da sein $pK_S$-Wert (etwas) größer ist als sein $pK_B$-Wert, verhält es sich in Wasser schwach basisch. Zusammen mit der korrespondierenden Base, dem Carbonat-Ion, ergibt sich ein Puffersystem, das im pH-Bereich zwischen 9 und 11 verwendbar ist.

Essigsäure ist mit einem $pK_S$-Wert von 4,75 eine typische schwache Säure. Da ein Puffer optimal geeignet ist für einen pH-Bereich nahe dem $pK_S$-Wert, kommt das System Essigsäure/Acetat nur für den sauren pH-Bereich zwischen ca. 4 und 6 in Frage **(A)**. Dihydrogenphosphat zusammen mit Hydrogenphosphat ist das klassische Puffersystem für einen Puffer im physiologischen pH-Bereich um 7. Grund ist der $pK_S$-Wert des $H_2PO_4^-$-Ions von ca. 7,2 **(B)**. Ähnlich der Mischung Essigsäure/Acetat ist auch das Paar Kohlensäure/Hydrogencarbonat aufgrund der Säurekonstante der Kohlensäure v. a. geeignet für den schwach sauren pH-Bereich (etwa zwischen 5 und 7) **(C)**. Das unter **(E)** formulierte Paar kommt gar nicht als Puffersystem in Frage: Ammoniak ist eine typische schwache Base; seine korrespondierende Base, das Amid-Ion ($NH_2^-$) ist dementsprechend eine sehr starke Base, die in Wasser sofort quantitativ zu Ammoniak protoniert wird. Die Glutaminsäure ist eine saure Aminosäure mit zwei sauren Carboxylgruppen und einer basischen Aminogruppe; das Paar Glutaminsäure/Glutamat ist daher nur für den sauren pH-Bereich als Puffer geeignet **(F)**.

## Lösung 78          Antwort (E)

Die Antwort ergibt sich aus der zwischen beiden Substanzen erfolgenden Säure-Base-Reaktion und den Stoffmengen. Phosphat wird durch die starke Schwefelsäure schrittweise protoniert; dabei entsteht zunächst das Hydrogenphosphat-Ion, dann – sofern eine ausreichende Stoffmenge der Schwefelsäure vorhanden ist – das Dihydrogenphosphat-Ion. Bei einem Überschuss an $H_2SO_4$ könnte das $H_2PO_4^-$-Ion bis zur Phosphorsäure protoniert werden, da Schwefelsäure die wesentlich stärkere Säure von beiden ist. Es liegt 0,10 mol Phosphat vor; die Stoffmenge der Schwefelsäure beträgt

$$n(H_2SO_4) = c(H_2SO_4) \cdot V(H_2SO_4) = 0,25\ mol/L \cdot 0,400\ L = 0,10\ mol\,.$$

Phosphat kann also zunächst vollständig protoniert werden zu $HPO_4^{2-}$; daneben entsteht $HSO_4^-$. Das Hydrogenphosphat ist eine schwache Base, Hydrogensulfat eine vergleichsweise starke Säure ($pK_S \approx 1{,}9$). Daher kann auch die zweite Protonenübertragung ziemlich vollständig ablaufen; es entstehen Dihydrogenphosphat $H_2PO_4^-$ und Sulfat $SO_4^{2-}$.

Die unter **(A)** genannte Verbindung existiert nicht. Hydrogenphosphat und Hydrogensulfat lägen vor, wenn die Säure-Base-Reaktion nach Übertragung eines Protons stehen bliebe (wie es mit einer schwachen Säure anstelle von $H_2SO_4$ der Fall wäre). Mit dem relativ stark sauren Hydrogensulfat-Ion aber kann das Hydrogenphosphat weiter protoniert werden **(B)**. Antwort **(C)** wäre annähernd korrekt, wenn die Schwefelsäure allein in wässriger Lösung vorläge. Durch Anwesenheit des Phosphats aber werden die Protonen gebunden und am Ende liegt mit dem $H_2PO_4^-$-Ion nur eine schwache Säure vor. Um gute Puffereigenschaften zu erreichen, wäre ein Gemisch aus $H_2PO_4^-/HPO_4^{2-}$ erforderlich. Betrüge die Stoffmenge an Schwefelsäure beispielsweise 0,075 mol, so könnten annähernd 0,150 mol $H^+$-Ionen übertragen werden und es ergäbe sich ein äquimolares Gemisch aus $H_2PO_4^-$ und $HPO_4^{2-}$ **(D)**. Um Phosphorsäure zu bilden, reicht die Stoffmenge an $H_2SO_4$ nicht aus. Mit einem Überschuss an Schwefelsäure wäre dies möglich **(F)**.

## Lösung 79      Antwort (D)

Eine Redoxreaktion setzt sich immer aus zwei Teilreaktionen zusammen, d. h. eine Spezies wird oxidiert, eine andere reduziert. Entsprechend kommt es bei einer Redoxreaktion immer zu einer Änderung von Oxidationszahlen. Die einzige der gegebenen Reaktionen, bei der sich Oxidationszahlen verändern, ist die Reaktion von „Phosphan" ($PH_3$), dem Phosphor-Analogen des Ammoniaks, als Reduktionsmittel mit Brom, das als Oxidationsmittel fungiert. Formal lässt sich diese Reaktion in die beiden folgenden Teilgleichungen zerlegen:

$$\text{Ox:} \quad \overset{-3}{P}H_3 + 3\,Br^- \longrightarrow \overset{+3}{P}Br_3 + 6\,e^\ominus + 3\,H^\oplus$$

$$\text{Red:} \quad \overset{0}{Br_2} + 2\,e^\ominus \longrightarrow 2\,\overset{-1}{Br}^- \quad \Big| \quad \cdot\,3$$

$$\text{Redox:} \quad PH_3 + 3\,Br_2 \longrightarrow PBr_3 + 3\,H^\oplus + 3\,Br^-$$

Man erkennt, dass der Phosphor oxidiert und das Brom reduziert wird.

In allen anderen Beispielen bleiben die Oxidationszahlen unverändert. Die Reaktion von $Ag^+$ mit $S^{2-}$-Ionen **(A)** ist eine typische Fällungsreaktion unter Ausbildung eines schwer löslichen Salzes ($Ag_2S$). Die Reaktion von $H_3O^+$ mit Cyanid-Ionen ist eine Säure-Base-Reaktion; ein Proton wird dabei auf die Base $CN^-$ übertragen **(B)**. Säure-Base-Reaktionen sind niemals Redoxreaktionen. Die folgende Reaktion ist eine nucleophile Addition des Nucleophils $OH^-$ an das elektrophile C-Atom im $CO_2$; auch hierbei bleiben die Oxidationszahlen unverändert **(C)**. Die Reaktion des Kupfer-Komplexes mit Cyanid-Ionen **(E)** ist eine typische Liganden-austauschreaktion. Ammoniak und Schwefelsäure schließlich reagieren ebenfalls in einer Säure-Base-Reaktion, wobei selbstverständlich $NH_3$ als Base und $H_2SO_4$ als Protonendonor (Säure) fungiert **(F)**.

## Lösung 80        Antwort (D)

Während unedle Metalle mit negativem Standardreduktionspotenzial generell durch $H^+$-Ionen oxidiert werden können, reagieren (halb)edle Metalle ($E° > 0$ V) nur mit stärkeren Oxidationsmitteln. In HCl ist daher keine Reaktion zu beobachten. Die Salpetersäure dissoziiert dagegen zu $H^+$- und $NO_3^-$-Ionen; das Nitrat ist in saurer Lösung ein vergleichsweise starkes Oxidationsmittel, das in der Lage ist, Cu zu $Cu^{2+}$ zu oxidieren.

Antwort (A) ist daher falsch; es erfolgt keine Reaktion mit HCl. Es handelt sich zwar sowohl bei HCl wie auch $HNO_3$ um eine starke Säure; dies ist aber hier nicht entscheidend, da es auf die Oxidationskraft der Säure ankommt (B, E). Eine Entstehung von Chlor setzt eine Oxidation von $Cl^-$ voraus; dafür müsste anstelle von Cu (das als Reduktionsmittel fungieren kann) ein starkes Oxidationsmittel anwesend sein (C). Sehr edle Metalle wie z. B. Gold würden tatsächlich in beiden Fällen keine Reaktion zeigen (F). Cu ist aber nur ein „halbedles" Metall, d. h. sein Standardreduktionspotenzial ist kleiner als dasjenige des Nitrat-Ions, so dass es von $NO_3^-$ oxidiert werden kann, nicht aber von $H^+$-Ionen.


## Lösung 81        Antwort (E)

Die Redoxteilgleichung für das gegebene Redoxpaar lautet:

$$O_2 + 4\,e^- + 4\,H^+ \longrightarrow 2\,H_2O$$

Bei Standardbedingungen beträgt der pH-Wert $= 0$, entsprechend einer $H^+$-Konzentration von 1,0 mol/L. Nach Erhöhung des pH-Werts auf 7,0 beträgt die $H^+$-Konzentration nur noch $10^{-7}$ mol/L. Für die Nernst-Gleichung (mit normierten Konzentrationen) ergibt sich:

$$E = E° + \frac{0,059\,\text{V}}{4} \cdot \lg[O_2] \cdot [H^+]^4$$

$$E = 1,22\,\text{V} + \frac{0,059\,\text{V}}{4} \cdot \lg(10^{-7})^4 = 0,80\,\text{V}$$

Die Oxidationskraft des Sauerstoffs sinkt erheblich mit steigendem pH-Wert.


## Lösung 82        Antwort (D)

Setzt man für das Standardreduktionspotenzial des jeweiligen potenziellen Reduktionsmittels in der Gleichung $E°_1$, für das jeweilige potenzielle Oxidationsmittel $E°_2$, so gilt für das jeweilige Standardreduktionspotenzial der entsprechenden Reaktion $E° = E°_2 - E°_1$. Die Reaktion läuft spontan ab, wenn das Potenzial $E° > 0$ V ist. Für eine Reaktion von elementarem Silber mit $Zn^{2+}$-Ionen ergäbe sich

$$2\,Ag + Zn^{2+} \xrightarrow{\ ?\ } 2\,Ag^+ + Zn$$

$$E° = E°_2 - E°_1 = -0,76\,\text{V} - 0,81\,\text{V} = -1,57\,\text{V}$$

Silber ist ein sehr schwaches Reduktionsmittel, $Zn^{2+}$-Ionen umgekehrt ein sehr schwaches Oxidationsmittel. Das Standardreduktionspotenzial für diese Reaktion ist stark negativ; es können also keine Elektronen vom Silber zum $Zn^{2+}$ fließen.

Für die Messung von Standardreduktionspotenzialen benötigt man eine Bezugselektrode; hierfür hat man sich auf die Normalwasserstoffelektrode geeinigt **(A)**. Um das jeweilige Standardreduktionspotenzial zu erhalten, müssen die Standardbedingungen eingehalten werden ($p$ = 1 bar; Konzentration aller beteiligten Ionen = 1 mol/L). Der Normalwasserstoffelektrode wird unter diesen Bedingungen das Potenzial 0 V zugeordnet. Für die Reaktion von $Cu^{2+}$ (Oxidationsmittel) mit Zn (Reduktionsmittel) erhält man **(B)**:

$$Zn + Cu^{2+} \xrightarrow{\quad ? \quad} Cu + Zn^{2+}$$

$$E° = E°_2 - E°_1 = 0,35 \text{ V} - (-0,76 \text{ V}) = 1,11 \text{ V}$$

In gleicher Weise lässt sich Cu mit $Ag^+$ oxidieren **(C)**; das $Ag^+$-Ion ist von den drei Kationen das stärkste Oxidationsmittel **(E)**. Umgekehrt ist das Zn mit dem negativsten Standardreduktionspotenzial das stärkste Reduktionsmittel unter den drei Metallen **(F)**.

# Lösung 83     Antwort (F)

Die Reduktionsteilgleichung für die Reduktion von Sauerstoff zu Wasser lautet: $O_2 + 4\,e^- + 4\,H^+ \longrightarrow 2\,H_2O$. Es werden demnach vier (und nicht zwei) Elektronen benötigt **(A)**. Eingesetzt in die Nernst-Gleichung ergibt sich daraus:

$$E(O_2/2\,H_2O) = E°(O_2/2\,H_2O) - \frac{59\,\text{mV}}{4} \lg \frac{[H_2O]^2}{p(O_2)\,[H^+]^4}$$

Bei Antwort **(B)** fehlt also die $H^+$-Konzentration im logarithmischen Term; bei **(C)** ist die falsche Anzahl an Elektronen eingesetzt. Betrachtet man das Wasser als Lösungsmittel, das in hoher, praktisch konstanter Konzentration vorliegt (Aktivität $a$ = 1), lässt sich die Gleichung auch schreiben als

$$E(O_2/2\,H_2O) = E°(O_2/2\,H_2O) + \frac{59\,\text{mV}}{4} \lg p(O_2) + 59\,\text{mV} \lg [H^+] \quad \text{oder}$$

$$E(O_2/2\,H_2O) = E°(O_2/2\,H_2O) + \frac{59\,\text{mV}}{4} \lg p(O_2) - 59\,\text{mV} \cdot \text{pH}$$

Man erkennt daraus, dass das Potenzial pH-abhängig ist und pro pH-Einheit um 59 mV sinkt. Da die Zahl der Elektronen und der Protonen gleich ist (4) kürzt sich nur die Potenz der Protonenkonzentration gegen die Elektronenzahl **(D)**. Sauerstoff ist, wie obige Gleichung zeigt, in saurer Lösung ein stärkeres Oxidationsmittel als in neutraler oder gar basischer Lösung **(E)**.

# Lösung 84        Antwort (A)

Die gemessene elektromotorische Kraft der Zelle ergibt sich als Differenz zwischen dem Potenzial der Redoxelektrode (für die das Stoffmengenverhältnis $n$ (Ox) / $n$ (Red) zu berechnen ist) und dem Potenzial der Referenzelektrode (hier: Kalomelelektrode mit dem Potenzial $E_{Kalomel}$ = 246 mV). Die Nernst-Gleichung für diese galvanische Kette lautet:

$$E = E° + \frac{0,059 \text{ V}}{1} \cdot \lg \frac{[Ox]}{[Red]} - E_{Kalomel}$$

$$\lg \frac{[Ox]}{[Red]} = \frac{E - E° + E_{Kalomel}}{0,059 \text{ V}} = \frac{0,023 - 0,446 + 0,246}{0,059} = -3,0$$

$$\frac{[Ox]}{[Red]} = 10^{-3}$$

Das Stoffmengenverhältnis $n$ (Ox) / $n$ (Red) entspricht dem Verhältnis der normierten Konzentrationen und beträgt ca. $10^{-3}$.


# Lösung 85        Antwort (E)

Die Antwort liefert die Nernst-Gleichung für das angegebene Redoxpaar. Da die Konzentration der oxidierten Spezies gegenüber derjenigen der reduzierten Spezies zunimmt, muss sich das Potenzial erhöhen. Für den Fall $c$ ($Au^{3+}$) = $c$ ($Au^+$) ist das angegebene Potenzial $E = E°$. Im Fall $c$ ($Au^{3+}$) = 10 $c$ ($Au^+$) ergibt sich

$$E = E° + \frac{0,059 \text{ V}}{2} \cdot \lg \frac{c(Au^{3+})}{c(Au^+)}$$

$$E = 1,42 \text{ V} + \frac{0,059 \text{ V}}{2} \cdot \lg \frac{10 \, c(Au^+)}{c(Au^+)} = 1,42 \text{ V} + 0,03 \text{ V} = 1,45 \text{ V}$$

Dies entspricht einer Zunahme des Potenzials um 0,03 / 1,42 $\approx$ 0,021, d. h. um ca. 2 %.


# Lösung 86        Antwort (E)

An der negativen Kathode erfolgt bei der Elektrolyse die Reduktion, an der positiven Anode die Oxidation. Die verdünnte Salzsäure enthält neben Wassermolekülen $H^+$- und $Cl^-$-Ionen. Das Redoxpaar 2 $H^+/H_2$ besitzt ein Standardreduktionspotenzial von 0 V. Die Protonen in der Lösung werden zu elementarem Wasserstoff reduziert; an der Kathode bildet sich also $H_2$-Gas.

Die Chlorid-Ionen (A) können offensichtlich nicht weiter reduziert, sondern nur oxidiert werden ($\rightarrow$ $Cl_2$); d. h. Chlor kann nur an der Anode entstehen. Sauerstoff (D) kann ebenfalls nur durch Oxidation (von Wasser) gebildet werden.

## Lösung 87   Antwort (B)

Es handelt sich um eine Konzentrationszelle, für die das Potenzial ausschließlich vom Konzentrationsverhältnis der Ionen (hier also von $c(K^+)$) abhängt. Nach der Nernst-Gleichung gilt allgemein:

$$\Delta E = \Delta E^\circ - \frac{RT}{zF} \cdot \ln Q \quad \text{oder} \quad \Delta E = \Delta E^\circ - \frac{61\,\text{mV}}{z} \cdot \lg Q \quad (T = 37^\circ\,\text{C})$$

Ist das Zellinnere negativ gegenüber der Außenseite, bedeutet das, dass ein Transport eines positiv geladenen Ions ins Zellinnere exergon ist. Das Kalium-Ion ist einwertig ($z = 1$); der Reaktionsquotient $Q$ für einen Transport in die Zelle ist gegeben durch $Q = \dfrac{[K^+]_{\text{innen}}}{[K^+]_{\text{außen}}}$. Für eine Konzentrationszelle ist $\Delta E^\circ = 0$ V; somit gilt:

$$-90\,\text{mV} = -61\,\text{mV} \cdot \lg \frac{[K^+]_{\text{innen}}}{[K^+]_{\text{außen}}}, \text{ also } \lg \frac{[K^+]_{\text{innen}}}{[K^+]_{\text{außen}}} = 1,48 \text{ und somit } \frac{[K^+]_{\text{innen}}}{[K^+]_{\text{außen}}} \approx 30.$$

## Lösung 88   Antwort (F)

Die meisten Metallionen mit Ausnahme der Alkalimetalle bilden mit verschiedenen Anionen schwer lösliche Salze, die aus einer wässrigen Lösung ausfallen, sobald das Löslichkeitsprodukt des Salzes überschritten wird. So bilden z. B. $Ag^+$-Ionen bei Zugabe von $Cl^-$-Ionen das schwer lösliche AgCl, das schon bei geringer Ionenkonzentration ausfällt. Versetzt man aber die $Ag^+$-Lösung vor Zugabe der Chlorid-Ionen (z. B.) mit einer hinreichend konzentrierten Ammoniak-Lösung, so unterbleibt die Fällung von AgCl. Grund ist die Bildung des stabilen $[Ag(NH_3)_2]^+$-Komplexes, der die Konzentration an freien $Ag^+$-Ionen so stark absenkt, dass nach Chlorid-Zugabe das Löslichkeitsprodukt nicht mehr überschritten wird. In analoger Weise lassen sich die meisten Metallionen durch geeignete Liganden in Komplexe überführen, die hinreichend stabil sind, um eine Ausfällung des Metallions zu verhindern.

Jeder Komplex steht in einem Dissoziationsgleichgewicht mit seinen Komponenten, dem Metallion und den Liganden. Ein mehr oder weniger kleiner Anteil des Komplexes dissoziiert also. Typische Komplexe sind aber hinreichend stabil, so dass in keinem Fall eine vollständige Dissoziation (wie bei einem leicht löslichen Salz) eintritt, sondern höchstens ein geringer Teil zerfällt, der durch die Größe der Komplexbildungs- bzw. -dissoziationskonstante festgelegt ist **(A)**. Die Aussage **(B)** ist korrekt, solange es sich ausschließlich um einzähnige Liganden handelt. Mehrzähnige Liganden besetzen dagegen mehrere Koordinationsstellen am Zentralatom/-ion, so dass die Zahl der Liganden im Komplex kleiner ist als die Koordinationszahl **(B)**. Alkalimetalle sind äußerst schlechte Komplexbildner und bilden – zumindest mit einzähnigen Liganden – praktisch keine stabilen Komplexe aus **(C)**. Die überwiegende Zahl aller Komplexe ist geladen; es gibt aber auch genügend Beispiele für ungeladene Komplexe, wie z. B. $[Ni(CO)_4]$ oder $[Fe(H_2O)_3Cl_3]$ **(D)**. Die Koordinationszahlen vier und sechs sind am häufigsten; ein Großteil aller Komplexe ist oktaedrisch (KoZ 6) oder tetraedrisch bzw. quadratisch planar (KoZ 4). Dennoch findet man auch Komplexe der Zusammensetzung $[MeL_3]^{x+}$ häufig: nicht mit einzähnigen Liganden (KoZ 3 ist tatsächlich relativ selten), jedoch mit zweizähnigen Liganden, die einen (meist oktaedrischen) Komplex mit KoZ 6 ergeben (E).

## Lösung 89    Antwort (B)

Komplexbildung und -dissoziation sind typische Gleichgewichtsreaktionen, die sich durch eine Komplexbildungs- bzw. -dissoziationskonstante beschreiben lassen; beide verhalten sich reziprok zueinander. Für eine allgemeine Reaktion zwischen einem Metallkation $M^{z+}$ und Liganden $L^{m-}$ der Form $M^{z+} + y\,L^{m-} \rightleftharpoons [ML_y]^{z-y \cdot m}$ erhält man:

$$K_B = \frac{c([ML_y]^{z-ym})}{c(M^{z+}) \cdot c(L^{m-})^y} = \frac{1}{K_D}$$

Je kleiner die Bildungskonstante bzw. je größer die Dissoziationskonstante, desto geringer ist die Stabilität des Komplexes.

Die Koordinationszahl in einem Komplex ist die Anzahl der Bindungen, die das Zentralatom/-ion mit den Liganden ausbildet. Handelt es sich ausschließlich um einzähnige Liganden L, so trifft Aussage (A) zu, sind jedoch mehrzähnige Liganden gebunden, so wird die Koordinationszahl größer als die Zahl der Liganden. Viele Komplexe von Übergangsmetallen sind farbig, weil d-Elektronen angeregt werden können, jedoch nicht alle. So existieren Komplexe von Metallen mit voller d-Schale, z. B. des Cu(I)- oder des Zn(II)-Ions ($d^{10}$), in denen keine Anregung eines d-Elektrons möglich ist, weil alle d-Orbitale komplett gefüllt sind. Komplexe dieser Ionen sind daher farblos (C). Metallkomplexe mit gleichem Zentralmetall und identischen Liganden können sich in der Oxidationsstufe des Zentralteilchens unterscheiden. So existiert z. B. ein Hexacyanidoferrat-Komplex von Fe(II) und von (Fe(III), das (gelbe) $[Fe(CN)_6]^{4-}$-Ion und das (orange) $[Fe(CN)_6]^{3-}$-Ion, von denen ersteres diamagnetisch, letzteres dagegen paramagnetisch ist (D). Zahlreiche Komplexe sind anionisch, da viele der Liganden eine negative Ladung tragen, und so die positive Ladung des Zentralmetalls überkompensieren (E). Je nach Art und Stärke der Liganden erfahren die d-Orbitale des Zentralmetalls eine unterschiedliche Aufspaltung. Diese wird aber auch durch die Geometrie des Komplexes sowie die Art und die Ladung des Zentralions bestimmt. So findet man innerhalb einer Nebengruppe von oben nach unten eine zunehmende Aufspaltung, z. B. in der Reihe $Ni^{2+} \rightarrow Pd^{2+} \rightarrow Pt^{2+}$ für analoge Komplexe mit identischen Liganden wie z. B. $Cl^-$ (F).

## Lösung 90    Antwort (B)

Generell werden in einem Komplex die Liganden in alphabetischer Reihenfolge vor dem Zentralatom/-ion genannt. Bei Komplex-Anionen wird an den Namen des Metalls die Endung –at angehängt und in einigen Fällen die lateinische Bezeichnung benutzt (z. B. Dicyanido-argentat(I)). Die römische Ziffer in Klammern kennzeichnet die Oxidationszahl des Metalls.

Nicht direkt im Komplex gebundene Wassermoleküle („Kristallwasser") werden im Anschluss an den Namen des Komplexes versehen mit dem entsprechenden Zahlwort genannt.

Die gegebene Verbindung setzt sich zusammen aus dem Komplex-Kation $[CoCl_2(H_2O)_4]^+$ und dem $Cl^-$-Ion als Gegenion. In die Kristallstruktur sind zusätzlich noch zwei Moleküle Wasser eingelagert. Richtig ist daher Antwort **(B)**: Es sind vier Wassermoleküle und zwei Chlorid-Ionen als Liganden an $Co^{3+}$ gebunden ($\rightarrow$ Tetraaquadichloridocobalt(III)); als Gegenion fungiert Chlorid, und es sind zusätzlich zwei Moleküle Kristallwasser vorhanden (-Dihydrat).

Demgegenüber ist die erste Bezeichnung Hexaaquatrichloridocobaltat(II) **(A)** falsch, da sie die Koordination von sechs Molekülen Wasser und drei Chlorid-Ionen (insgesamt also neun Liganden) an das Cobalt-Ion suggeriert. Damit würde $Co^{3+}$ die Edelgasschale des nachfolgenden Edelgases Krypton überschreiten. Zudem ist die Oxidationsstufe falsch. Ähnliches gilt für die Bezeichnung **(C)**. Die Bezeichnung **(E)** enthält das Zentralion als Cobaltat, was auf einen anionischen Komplex hinweisen würde; zudem ist, wie bei Bezeichnung (F), die Oxidationszahl des Cobalts falsch. In Bezeichnung **(D)** ist die Koordinationssphäre falsch wiedergegeben, zudem taucht ein Cl-Atom überhaupt nicht auf.

# Lösung 91     Antwort (D)

Der Ligand 1,2-Diaminoethan („Ethylendiamin", „en") wird durch zwei donative Bindungen, ausgehend von den freien Elektronenpaaren der beiden Stickstoffatome, an das Zentralion $Cu^{2+}$ gebunden. Dadurch bildet sich jeweils eine Fünfringstruktur aus, kein Sechsring. Letzterer könnte sich bilden, wenn anstelle des 1,2-Diaminoethans das um ein C-Atom längerkettige 1,3-Diaminopropan als Chelatligand verwendet würde.

Die im Tetraaquakupfer(II)-Komplex gebundenen $H_2O$-Moleküle werden gegen den Chelatliganden 1,2-Diaminoethan ausgetauscht; es handelt sich um eine Ligandenaustauschreaktion **(A)**. Dabei entsteht ein Chelatkomplex, da 1,2-Diaminoethan als zweizähniger Ligand fungiert **(B, F)**. Sowohl Wasser als auch 1,2-Diaminoethan sind neutrale Liganden; beide Komplexe tragen zwei positive Ladungen. Somit kann sich der Oxidationszustand des Zentralions nicht geändert haben **(C)**. Da im entstehenden Komplex zwei Moleküle des zweizähnigen Liganden gebunden sind, ist die Koordinationszahl des $Cu^{2+}$-Ions nach wie vor vier **(E)**.

# Lösung 92     Antwort (F)

In beiden Komplexen weist das Zentralion ($Cr^{3+}$) die Koordinationszahl sechs auf; die Komplexe sind also mit hoher Wahrscheinlichkeit oktaedrisch. Für den Tetraaquadichlorido-Komplex ergibt sich daher die Möglichkeit der *cis/trans*-Isomerie: die beiden Chloratome können die beiden gegenüberliegenden Oktaederecken besetzen (im 180°-Winkel zueinander, *trans*) oder zwei benachbarte Ecken (im 90°-Winkel, *cis*).

Bei den meisten Übergangsmetallkomplexen ist die Absorption auf eine Anregung eines d-Elektrons des Zentralmetalls zurückzuführen, nicht auf Anregung freier Elektronen der Liganden. Im vorliegenden Cr(III)-Komplex weist das Cr drei d-Elektronen auf, die sich in den tieferliegenden $t_{2g}$-Orbitalen befinden. Die Anregung eines Elektrons in ein höher liegendes $e_g$-Orbital erfolgt mit hoher Wahrscheinlichkeit im sichtbaren Spektralbereich, da $H_2O$ und $Cl^-$ „schwache" Liganden sind, die eine vergleichsweise geringe Aufspaltung der d-Orbitale bewirken (A). Die Oxidationszahl des Chroms bleibt unverändert (+3) (B); die verringerte Ladung des Produkts gegenüber dem Edukt ist auf den Ligandenaustausch von $H_2O$ gegen $Cl^-$ zurückzuführen. Die Chlorid-Ionen werden koordinativ im Komplex gebunden, dabei erfolgt selbstverständlich keine Oxidation zu elementarem Chlor ($Cl_2$), (C). Im Zuge des Ligandenaustausches wird Wasser gebildet, es findet aber keine Säure-Base-Reaktion unter Neutralisation statt (D). Eine Hydratisierung entspräche einer Addition von Wasser; auch dies ist offensichtlich nicht der Fall (E).

## Lösung 93        Antwort (E)

Der Abstand zwischen den beiden N-Atomen erlaubt nur die Besetzung zweier benachbarter Koordinationsstellen des Oktaeders. Die Bildung eines Komplexes, bei dem die beiden N-Atome zwei einander gegenüberliegende Positionen des Oktaeders besetzen, ist aus geometrischen Gründen nicht möglich; die N-Atome können also nicht beliebige, sondern nur benachbarte Ecken des Polyeders besetzen.

Die gezeigte Verbindung ist die Ethylendiamintetraessigsäure, eine vierprotonige Säure (A). Prinzipiell kann die Verbindung als sechszähniger Chelatligand fungieren (B). In der protonierten Form (wie gezeigt) sind Carboxylgruppen aber keine guten Liganden. Man verwendet die Verbindung daher für Komplexbildungsreaktionen in der mehrfach deprotonierten Form, z. B. als $EDTA^{4-}$ (C). $Ca^{2+}$-Ionen bilden nur mit starken Chelatliganden stabile Komplexe. In basischer Lösung (z. B. in Gegenwart von konz. Ammoniak) kann die Ethylendiamintetraessigsäure zum vierfach negativ geladenen Tetraacetat deprotoniert werden; dieses bildet dann mit $Ca^{2+}$ einen stabilen zweifach negativ geladenen Chelatkomplex (D):

$$Ca^{2+} + EDTA^{4-} \longrightarrow [Ca(EDTA)]^{2-}$$

In einem hydratisierten Kation (Schreibweise: $M^{z+}$ ($aq$)) fungieren in der Hydrathülle gebundene Wassermoleküle als Liganden. Metalle, die gute Komplexbildner sind, bilden dabei definierte Aquakomplexe aus, z. B. $[Fe(H_2O)_6]^{2+}$. Geht ein solcher Aquakomplex in einen Chelatkomplex mit EDTA über, so werden die sechs koordinierten Wassermoleküle freigesetzt und dafür ein mehrzähniges Ligandmolekül gebunden, z. B.

$$[Fe(H_2O)_6]^{2+} + EDTA^{4-} \longrightarrow [Fe(EDTA)]^{2-} + 6\,H_2O \qquad \Delta S > 0$$

hydrophil                                     hydrophober

Die Anzahl freier Teilchen in Lösung wird dadurch erhöht. Zudem ist der entstehende Chelatkomplex i. A. deutlich hydrophober als der ursprüngliche Komplex und deshalb schlechter hydratisiert. Beides führt dazu, dass die Entropie des Systems zunimmt, was die wesentliche Triebkraft für die Bildung des Chelatkomplexes liefert („Chelat-Effekt") (F).

# Lösung 94    Antwort (A)

Ausgehend von den Messgrößen $I$ und $I_0$ gelangt man zur Transmission $T$, dem Anteil des eingestrahlten Lichts, das den Detektor erreicht: $T = \dfrac{I}{I_0}$. Von der Gültigkeit des Lambert-Beer'schen Gesetzes spricht man, wenn die aus der Transmission abgeleitete logarithmische Größe Absorbanz $A$ proportional zur Stoffmengenkonzentration $c$ ist: $A = \varepsilon \cdot c \cdot d$. Da gilt:

$$A = -\lg T = -\lg \frac{I}{I_0} = \lg \frac{I_0}{I}, \text{ ist Antwort (A) richtig.}$$

Antwort (E) würde bedeuten, dass die Intensität $I$, die durch die Probe hindurch gelangt, mit zunehmender Konzentration $c$ steigen würde, was offensichtlich nicht zutreffen kann, gleiches gilt für (F). Plausibler wäre (C), wonach sich die Intensität indirekt proportional zu $c$ verhalten würde.

# Lösung 95    Antwort (E)

Sauerstoff besetzt eine Koordinationsstelle des Eisen-Ions im Häm, fungiert also als Ligand und kann daher durch andere Liganden mit höherer Bindungsaffinität verdrängt werden. Ein solcher Ligand, der eine wesentlich festere Bindung mit dem $Fe^{2+}$-Ion im Häm ausbildet als Sauerstoff, ist beispielsweise das Kohlenmonoxid (CO). Dieses bindet mit ca. 200-fach höherer Affinität an die Häm-Gruppe als $O_2$, so dass es schon in relativ geringer Konzentration in der Atemluft den Sauerstofftransport erheblich behindert und daher stark giftig ist. Kohlendioxid besitzt kein freies Elektronenpaar am C-Atom; eine theoretisch mögliche Koordination über eines der beiden O-Atome wird nicht beobachtet. Gebundener Sauerstoff wird daher durch $CO_2$ nicht verdrängt, so dass dieses im Gegensatz zu CO ungiftig ist. Ursächlich für Todesfälle durch Ersticken infolge hoher $CO_2$-Konzentrationen (z. B. in geschlossenen Räumen) ist daher nicht eine Bindung von $CO_2$ an Hämoglobin, sondern der entsprechend verringerte Sauerstoffgehalt der Luft.

Für eine allgemeine Komplexbildungsreaktion der Form

$$M^{z+} + y\,L^{m-} \; \rightleftharpoons \; [M L_y]^{z-y\cdot m}$$

ist die Stabilitätskonstante $K_{Stab} = 1/K_{Diss}$ definiert als

$$K_{Stab} = \frac{c(ML_y)^{z-ym}}{c(M^{z+}) \cdot c^y(L^{m-})} = \frac{1}{K_{Diss}}.$$

Je größer $K_{Stab}$, desto geringer ist deshalb die Konzentration an freien Liganden im Gleichgewicht mit dem Komplex (A). Das Eisen-Ion im Häm befindet sich im Zentrum des quadratisch-planar koordinierten, vierzähnigen Porphyrin-Rings, einem vierzähnigen Liganden, der über Stickstoffatome an das $Fe^{2+}$-Ion bindet (B). Da die Geometrie des Porphyrin-Rings eine quadratisch-planare Koordination erzwingt und $Fe^{2+}$ in den meisten Komplexen eine oktaedrische Koordination bevorzugt, können noch zwei weitere Liganden in den axialen Positionen gebunden werden **(C)**. Eine der beiden axialen Positionen wird in vivo von der Aminosäure Histidin eingenommen, an die zweite kann reversibel $O_2$ binden. Dabei erfolgt die Bindung von Sauerstoff nur dann mit ausreichender Affinität, wenn das Eisen als $Fe^{2+}$-Ion vorliegt **(D)**, wogegen die oxidierte Form des Hämoglobins mit einem $Fe^{3+}$-Ion als Zentralion (Methämoglobin) keinen Sauerstoff binden und transportieren kann. In den Erythrozyten existieren daher Enzyme, wie die NADPH-abhängige Methämoglobin-Reduktase, die oxidiertes Hämoglobin wieder zur zweiwertigen Stufe reduzieren und so eine Abnahme der Sauerstofftransportkapazität verhindern. Da der Sauerstoff in der Lunge aufgenommen und gebunden wird, in den Geweben aber wieder abgegeben werden soll, muss die Bindung von $O_2$ an die Häm-Gruppe selbstverständlich eine vollständig reversible Reaktion sein **(F)**.

## Lösung 96        Antwort (E)

Wie auch der pH-Wert ist die Absorbanz eine logarithmische Größe; eine scheinbar kleine Änderung ihres Werts entspricht einem erheblichen Unterschied der absorbierten Lichtmenge. Die Umrechnung in die Transmission schafft Klarheit. Da $A = -\lg T,$ folgt für $A = 1{,}3$:

$$T = 10^{-A} = 10^{-1,3} = 0{,}050 \text{ bzw.}$$
$$T = 10^{-A} = 10^{-1,0} = 0{,}10$$

Wird nur halb so viel Licht transmittiert, so wird entsprechend bei $A = 1{,}3$ doppelt so viel absorbiert, wie für $A = 1{,}0$.

Photometrie bestimmt den Anteil des eingestrahlten Lichts, der nach Durchgang durch die Probe den Detektor erreicht. Die Emission von Licht (nach vorheriger Anregung; **(A)**) wird als Fluoreszenz bezeichnet; dabei wird langwelligeres Licht emittiert, als zuvor absorbiert wurde. Der Anteil der eingestrahlten Intensität des Lichts, der den Detektor erreicht, ist die Transmission. Während die Absorbanz $A$ proportional ist zur Schichtdicke $d$ der durchstrahlten Lösung, gilt für die Transmission $T \sim 10^{-d}$ **(B)**. Absorbanz und Transmission sind nicht indirekt proportional zueinander **(C)**, auch wenn eine kleinere Transmission einer größeren Absorbanz entspricht, vgl. oben: $A = -\lg T$. Die Photometrie ist nicht auf den sichtbaren Spektralbereich beschränkt, sondern bedient sich häufig Wellenlängen im UV-Bereich bis typischerweise hinab zu 200 nm. Wichtige Klassen von Biomolekülen absorbieren zwischen 250 und 400 nm (und erscheinen somit für das menschliche Auge farblos), wie Nucleinsäuren, Proteine (z. B. Serumalbumin) und zahlreiche Cofaktoren (z. B. NADH), **(D)**. Zwar führt man photometrische Konzentrationsbestimmungen oft bei derjenigen Wellenlänge aus, bei der die zu untersuchende Substanz ihr Absorptionsmaximum hat (hier ist die Detektion am empfindlichsten, d. h. die noch quantifizierbare Menge ist minimal), dies ist aber keinesfalls zwingend. Sind andere absorbierende Substanzen in der Lösung vorhanden, die eine Bestimmung stören, kann es z. B. sinnvoll sein, für die interessierende Substanz eine Wellenlänge abseits ihres Absorptionsmaximums zu wählen, wenn dadurch beispielsweise die gleichzeitige Absorbanz der Störsubstanz vermieden werden kann **(F)**.

# Lösung 97      Antwort (D)

Das Lambert-Beer'sche Gesetz lautet: $A = \varepsilon \cdot c \cdot d$ ; daraus ergibt sich für den Absorptionskoeffizienten $\varepsilon$ im Gültigkeitsbereich (vgl. unten) des Gesetzes: $\varepsilon = A / (c \cdot d)$.

Trägt man die Absorbanz $A$ gegen die Konzentration $c$ auf, so entspricht die Steigung der Kurve im linearen Bereich dem Produkt $\varepsilon \cdot d$; bei bekannter Schichtdicke $d$ kann aus der Steigung also der molare Absorptionskoeffizient ermittelt werden **(A)**. Unter dem Gültigkeitsbereich des Lambert-Beer'schen Gesetzes versteht man denjenigen Konzentrationsbereich, in dem die Absorbanz $A$ linear von der Konzentration $c$ abhängt.

Dies ist nur für Werte von $c < c_1$ der Fall; bei höheren Konzentrationen wird demnach der Gültigkeitsbereich verlassen **(B)**. Da für Konzentrationen $c > c_1$ die Steigung der Kurve sinkt und $\varepsilon$ proportional zur Steigung ist, nimmt $\varepsilon$ für $c > c_1$ kleinere Werte an als für $c < c_1$ **(C)**. Eine Berechnung von $\varepsilon$ für den Datenpunkt bei $c = 3{,}0 \cdot 10^{-4}$ mol/L liefert:

$$\varepsilon = \frac{A}{c \cdot d} = \frac{0{,}60}{3{,}0 \cdot 10^{-4} \text{ mol L}^{-1} \cdot 1{,}0 \text{ cm}} = 0{,}20 \cdot 10^4 \, \frac{\text{L}}{\text{mol cm}} \quad \textbf{(E)}.$$

Ferner: $T = 10^{-A} = 10^{-0{,}1} = 0{,}794 \approx 80 \%$ **(F)**.

# Lösung 98      Antwort (D)

Auf den ersten Blick scheint es plausibel, von einer doppelten Konzentration der Lösung darauf zu schließen, dass sich die Transmission, also derjenige Anteil des eingestrahlten Lichts, der den Detektor erreicht, halbiert **(C)**. Diese Aussage ist aber falsch, da die Transmission nicht (indirekt) proportional zur Konzentration ist, sondern gilt: $T \sim 10^{-c}$. Mithilfe der Potenzgesetze gelangt man zur Lösung: Verdoppelt sich die Konzentration $c$, welche die Transmission $T_1$ ergibt, zu $2c$, so gilt für $T_2$: $T_2 \sim 10^{-2c} = (10^{-c})^2 = T_1^2$. Wenn also $T_1 = 0{,}40$, so erhält man $T_2 = 0{,}40^2 = 0{,}16$. Zur gleichen Lösung gelangt man auf dem Umweg über die Absorbanz $A$: Es gilt

$A_1 = -\lg T_1$ und $A = \varepsilon \cdot c \cdot d$. Die Absorbanz ist also proportional zu $c$, d. h. $A_2 = 2 A_1$

$A_1 = -\lg T_1 = -\lg 0{,}40 = 0{,}398 \;\rightarrow\; A_2 = 0{,}796$

$T_2 = 10^{-A_2} = 10^{-0{,}796} = 0{,}16$

Ein Anstieg der Transmission mit Zunahme der Konzentration ist offensichtlich nicht sinnvoll **(E)**. Die typische Messwellenlänge für Proteine ist 280 nm; im sichtbaren Spektralbereich absorbieren Proteine nicht, es sei denn, sie enthalten zusätzliche sog. prosthetische Gruppen, die nicht aus Aminosäuren bestehen und im sichtbaren Bereich absorbieren, wie z. B. das Myoglobin mit der Häm-Gruppe.

## Lösung 99        Antwort (E)

Das Dissoziationsgleichgewicht für Eisen(III)-hydroxid (Fe(OH)$_3$) lautet:

$$\text{Fe(OH)}_3\,(s) \;\rightleftharpoons\; \text{Fe}^{3+}\,(aq) + 3\,\text{OH}^-\,(aq)$$

Für das Löslichkeitsprodukt $K_L$ (Fe(OH)$_3$) gilt:

$$K_L\,(\text{Fe(OH)}_3) = c(\text{Fe}^{3+})\cdot c^3(\text{OH}^-)$$

Da $c(\text{OH}^-) = 3\,c(\text{Fe}^{3+})$ folgt:

$$K_L\,(\text{Fe(OH)}_3) = c(\text{Fe}^{3+})\cdot[3\,c(\text{Fe}^{3+})]^3 = 27\,c^4(\text{Fe}^{3+})$$

Da aus jedem Fe(OH)$_3$ bei der Dissoziation pro Fe$^{3+}$-Ion drei OH$^-$-Ionen freigesetzt werden, kann die Konzentration $c(\text{Fe}^{3+})$ nicht größer als $c(\text{OH}^-)$ sein (A). Selbstverständlich kann auch eine Konzentration nicht gleich der dritten Potenz einer anderen Konzentration sein (B). In das Löslichkeitsprodukt gehen die stöchiometrischen Koeffizienten als Exponenten ein; da gemäß Dissoziationsgleichung drei OH$^-$-Ionen pro Fe$^{3+}$-Ion entstehen, muss die OH$^-$-Konzentration in der dritten Potenz eingehen (D) (und nicht die Konzentration an Fe$^{3+}$; (C)). Selbstverständlich darf das Löslichkeitsprodukt auch nicht als Summe gebildet werden (F).

## Lösung 100        Antwort (C)

Die isotonische (0,9%ige) Kochsalz-Lösung ist eine zum Blutplasma isoosmotische Lösung aus 9,0 g Natriumchlorid in 1,0 L Wasser und weist eine Osmolarität von 308 mosmol/L auf. Der Begriff „physiologische Kochsalz-Lösung" ist zwar gebräuchlich, sollte aber eigentlich nicht verwendet werden, da zwar die Osmolarität physiologisch ist, nicht jedoch die Konzentration an Natrium- und Chlorid-Ionen. Beide Ionen sind mit 154 mmol/L höher konzentriert als im menschlichen Serum ($c(\text{Na}^+)$ = 135–145 mmol/L; $c(\text{Cl}^-)$ = 98–109 mmol/L). Dieses Ungleichgewicht ist notwendig, da die osmotische Wirkung weiterer im menschlichen Blut enthaltener Bestandteile (andere Elektrolyte, Proteine) berücksichtigt werden muss.

Eine Lösung, die eine höhere Konzentration an gelösten Substanzen enthält, als die isotonische Lösung, wird als hypertonisch bezeichnet; eine niedriger konzentrierte dagegen als hypotonisch. Verdünnt man eine isotone Lösung, wird sie folglich hypoton (A). Natriumsulfat (Na$_2$SO$_4$) ist wie fast alle Alkalisalze sehr leicht löslich. Die Konzentration an Na$^+$-Ionen der isotonen NaCl-Lösung ist daher viel zu niedrig, als dass sich mit einer Sulfat-Lösung der Konzentration 1 mol/L ein Niederschlag ausfällen ließe (B). Die Bezeichnung „physiologisch" bezieht sich auf die Osmolarität (daher die korrekte Bezeichnung „isotonisch"), nicht dagegen auf die exakte Konzentration der Einzelkomponenten oder den pH-Wert. Die in einer NaCl-Lösung vorliegenden Na$^+$- und Cl$^-$-Ionen besitzen weder saure noch basische Eigenschaften und beeinflussen daher den pH-Wert des Wassers nicht. Geht man von reinem Wasser mit einem pH-Wert von 7,0 aus, ändert sich dieser durch die Anwesenheit von NaCl nicht (D). Da das Cl$^-$-Ion das Anion einer starken Säure (HCl) ist, besitzt es praktisch keine basischen Eigenschaften. Eine NaCl-Lösung zeigt somit auch keine Puffereigenschaften (E).

Chlorid-Ionen lassen sich nur durch die allerstärksten Säuren protonieren. Die im Magensaft vorhandenen Protonen stammen selbst aus HCl und können Cl⁻-Ionen nicht protonieren (F). Die isotone NaCl-Lösung dient aber dennoch nicht der oralen Verabreichung, sondern wird für Infusionen benutzt.

## Lösung 101    Antwort (C)

Unedle Metalle weisen negative Standardreduktionspotenziale auf; sie können daher durch $H^+$-Ionen (also durch wässrige Säure) unter Standardbedingungen oxidiert werden. Das Metallgitter wird dabei zwar zerstört, es gehen aber keine Metallatome in Lösung, sondern – in Folge der Oxidation durch $H^+$ – die entsprechenden Metall-Kationen.

Salze sind sehr polare Verbindungen. Entsprechend lösen sie sich am besten in einem polaren Lösungsmittel wie Wasser, wo die entstehenden Ionen gut solvatisiert (mit $H_2O$ als Lösungsmittel: hydratisiert) werden können. In unpolaren Lösungsmitteln sind die Solvatationsenergien dagegen nicht ausreichend, um die Gitterenergie aufzubringen (A). Glucose ist ein Monosaccharid und besitzt mehrere polare OH-Gruppen. Diese können in Wasser mit den $H_2O$-Molekülen Wasserstoffbrückenbindungen ausbilden. Die dabei frei werdende Energie trägt dazu bei, die Enthalpie zur Zerstörung des Molekülgitters aufzubringen (B). Quarz ist eine kovalente Netzwerkverbindung. Die einzelnen Bindungen sind zwar polar, da aber keine einzelnen Moleküle vorliegen, müssten, um die Verbindung zu lösen, nicht nur zwischenmolekulare Kräfte überwunden werden (wie beim Lösen von Glucose), sondern sehr viele kovalente Bindungen gebrochen werden (D). Auch die Aussage zur Löslichkeit von Ethanol in Wasser ist zutreffend. Beides sind polare Moleküle mit polarer O–H-Bindung, so dass die Wasserstoffbrücken zwischen Ethanol- und Wassermolekülen recht ähnliche Stärke aufweisen wie in reinem Wasser bzw. reinem Ethanol (E). Iod ist ein unpolares Molekül. Es löst sich daher bevorzugt in unpolaren Lösungsmitteln wie $CCl_4$, da hierbei wesentlich weniger Energie zur Trennung der Lösungsmittelmoleküle erforderlich ist, als z. B. in Wasser (F). Da Iod als unpolares Molekül in Wasser (oder einem anderen stark polaren Lösungsmittel) nur eine niedrige Solvatationsenthalpie aufweist, reicht diese nicht aus, um die Wechselwirkungen zwischen den Lösungsmittelmolekülen aufzubrechen.

## Lösung 102    Antwort (F)

Ein Zustandsdiagramm (Phasendiagramm) ist ein Druck-Temperatur-Diagramm, das kennzeichnet, unter welchen Bedingungen von Temperatur und Druck jeweils eine Phase eines Stoffes stabil ist. Die Schmelz-, Siede- bzw. Sublimationskurve geben an, bei welchen Werten für Druck und Temperatur zwei Phasen miteinander im Gleichgewicht stehen. Die Siede- oder Dampfdruckkurve endet am sog. kritischen Punkt. Bei Drücken und Temperaturen über dem kritischen Punkt verschwindet die Grenzfläche zwischen Flüssigkeit und Dampf; beide Phasen können nicht mehr unterschieden werden.

Oberhalb des kritischen Punkts ist es auch bei Anwendung extremer Drücke nicht möglich, einen Stoff zu verflüssigen. Dies gilt für $CO_2$ für Temperaturen oberhalb von 31 °C; man spricht hier vom überkritischen Zustand.

Flüssiges $CO_2$ ist als Lösungsmittel geeignet. Allerdings lösen sich darin aufgrund seines unpolaren Charakters bevorzugt unpolare Stoffe **(A)**. Überkritisches Kohlendioxid wird als Lösungsmittel zum Reinigen und Entfetten, zum Beispiel in der Halbleiterindustrie und von Textilien in der chemischen Reinigung, verwendet. Bei Normaldruck existiert $CO_2$ nicht in flüssigem Zustand. Erst oberhalb des Tripelpunkts (s.u.) kann $CO_2$ im flüssigen Zustand existieren. Bei Normaldruck unterhalb von −78,5 °C liegt es als Feststoff („Trockeneis") vor. Dieser schmilzt nicht, sondern geht direkt in den Gaszustand über (Sublimation) **(B)**. Fast alle Stoffe weisen im Festzustand eine höhere Dichte auf, als im flüssigen Zustand; eine Druckerhöhung führt daher typischerweise zu einem Anstieg des Schmelzpunktes **(C)**. Zu den wenigen Ausnahmen gehört Wasser, dessen Schmelzpunkt sich unter hohem Druck erniedrigt (Le Chatelier!). Die physikalischen Bedingungen (Druck, Temperatur), bei denen sich Feststoff, Flüssigkeit und Gaszustand eines Stoffes miteinander im Gleichgewicht befinden, wird als Tripelpunkt bezeichnet. Er existiert auch für $CO_2$ und zwar bei $T = -56,6$ °C und $p = 5,19$ bar **(D)**. Wie das Phasendiagramm zeigt, lässt sich Kohlendioxid bei Normaldruck bei keiner Temperatur verflüssigen; es geht vielmehr bei −78,5 °C in den Festzustand über **(E)**.

# Lösung 103    Antwort (C)

Das Salz Silberchlorid besitzt die Verhältnisformel AgCl; Silber liegt als Kation i. A. einwertig vor. Es dissoziiert somit in Lösung gemäß AgCl $\rightarrow$ Ag$^+$ + Cl$^-$, d. h. in der gesättigten Lösung befinden sich gleiche Stoffmengen an Ag$^+$- und Cl$^-$-Ionen. Sind 10 μmol Cl$^-$-Ionen in der Lösung, so sind auch 10 μmol Ag$^+$-Ionen gelöst. Die molare Masse von AgCl ergibt sich aus der Summe der Atommassen zu $M(AgCl) = 143$ g/mol. Bei einer gelösten Stoffmenge von $n = 10$ μmol $= 10^{-5}$ mol entspricht dies einer Masse von $m = 10^{-5}$ mol $\cdot$ 143 g/mol $= 1,43$ mg.

Eine Stoffmenge von $10^{-5}$ mol liefert durch Multiplikation mit der Avogadrozahl ($N_A = 6,022 \cdot 10^{23}$) eine Teilchenzahl $> 10^{18}$, also weitaus mehr als $10^5$ Chlorid-Ionen **(A)**. Aus der Dissoziationsgleichung von Silberchlorid ist ersichtlich, dass die gelösten Stoffmengen an Silber- und Chlorid-Ionen identisch sein müssen **(B)**. Das Dissoziationsgleichgewicht kann gestört werden, wenn es gelingt, eine der daran beteiligten Komponenten aus dem Gleichgewicht zu entfernen. Bei schwerlöslichen Salzen, deren Anion basische Eigenschaften aufweist, gelingt dies häufig durch Zusatz einer Säure, die in der Lage ist, das Anion zu protonieren und so aus dem Gleichgewicht zu entfernen. Eine andere Möglichkeit besteht darin, das Kation durch Überführung in einen stabilen Komplex aus dem Gleichgewicht zu entfernen. Silber-Ionen bilden mit Ammoniak ($NH_3$) einen ausreichend stabilen Komplex, das Diamminsilber(I)-Ion, so dass Silberchlorid durch Versetzen mit Ammoniak aufgelöst werden kann **(D)**:

$$AgCl\,(s)\ +\ 2\,NH_3\,(aq)\ \longrightarrow\ [Ag(NH_3)_2]^+\,(aq)\ +\ Cl^-\,(aq)$$

Mit Silberbromid oder -iodid gelingt dies dagegen nicht, weil die Löslichkeit dieser beiden Salze noch weitaus geringer ist, als diejenige von AgCl und die Dissoziationskonstante des Diamminsilber(I)-Komplexes zu groß ist, um die sehr geringe Gleichgewichtskonzentration an

Ag$^+$-Ionen zu komplexieren. Das Löslichkeitsprodukt von AgCl ist definiert als Produkt der Ionenkonzentrationen in gesättigter Lösung. Diese beträgt für Cl$^-$ = 10 µmol/L. Damit ist auch die Sättigungskonzentration von Ag$^+$ = 10 µmol/L und das Löslichkeitsprodukt ergibt sich zu

$$L(\text{AgCl}) = c(\text{Ag}^+) \cdot c(\text{Cl}^-) = 10^{-5} \frac{\text{mol}}{\text{L}} \cdot 10^{-5} \frac{\text{mol}}{\text{L}} = 10^{-10} \frac{\text{mol}^2}{\text{L}^2} \ \textbf{(E)}.$$

Das Chlorid-Ion ist das Anion der starken Säure HCl; es besitzt daher praktisch keine basischen Eigenschaften und kann daher durch Salzsäure nicht protoniert (aus dem Gleichgewicht entfernt) werden. Vielmehr erhöht sich durch die zugesetzten Cl$^-$-Ionen der Salzsäure die Chlorid-Konzentration in der Lösung, so dass die Dissoziation sogar noch weiter zurückgedrängt wird **(F)**.

## Lösung 104    Antwort (E)

Der Verteilungskoeffizient ist eine Gleichgewichtskonstante: Wie jede Gleichgewichtskonstante hat er daher nichts mit der Geschwindigkeit der Gleichgewichtseinstellung (der Verteilung) zu tun, sondern beschreibt nur das Konzentrationsverhältnis des zu verteilenden Stoffes in beiden Phasen.

Wie Aussage **(A)** richtig besagt, ist der Verteilungskoeffizient $K$ der Quotient aus den Konzentrationen des Stoffes in den beiden Phasen. Gleichgewichtskonstanten sind generell von der Temperatur abhängig **(B)**. Dies gilt auch für den Verteilungskoeffizient $K$. Da $K$ für eine gegebene Temperatur eine Konstante darstellt, ist eine Erhöhung der Konzentration des zu verteilenden Stoffes in einer der beiden Phasen nur möglich, wenn sich auch die Konzentration in der anderen Phase erhöht **(C)**. Zwischen den beiden (nur wenig mischbaren) Phasen besteht eine Phasengrenzfläche. Damit der zu verteilende Stoff von einer Phase in die andere gelangen kann, ist ein Transport des Stoffes über die Phasengrenzfläche erforderlich **(D)**. Tetrachlormethan ist eine unpolare Verbindung mit einem Nettodipolmoment gleich 0, während Wasser ein polares Lösungsmittel ist. Das Iodmolekül besitzt kein Dipolmoment und ist unpolar; es löst sich deshalb besser in CCl$_4$ als in Wasser. Definiert man den Verteilungskoeffizient wie angegeben, ist daher $K > 1$ **(F)**.

## Lösung 105    Antwort (C)

Für den Wirkstoff W im betrachteten System Ether/Wasser gilt: $K = \dfrac{c(\text{W})_{\text{Ether}}}{c(\text{W})_{\text{Wasser}}} = 3$.

Die Konzentration in der Etherphase ist – bei gleichen Volumina beider Phasen – also dreimal so hoch, wie in der Wasserphase, d. h. es wurden ¾ = 75 % in die Etherphase extrahiert; ¼ = 25 % sind in der Wasserphase verblieben.

Antwort **(A)** wäre korrekt für einen (eher polaren) Stoff, der überwiegend in der Wasserphase verbleibt ($K < 1$); Antwort **(B)** entspräche einem Verteilungskoeffizient von 2. Wasser hat eine höhere Dichte als Ether; nach der Phasentrennung befindet sich demnach die Wasserphase unter der Etherphase. Lässt man die untere Phase ab, hat man somit die Wasserphase **(D)**. Da der gesuchte Stoff eher unpolaren Charakter hat und die zweite (wässrige) Phase stark polar ist, wird ein relativ unpolares Lösungsmittel zur Extraktion benötigt. Ethanol löst sich in jedem Verhältnis mit Wasser; es käme also zu keiner Phasentrennung **(E)**. Es lässt sich leicht zeigen, dass mehrfache Extraktion mit kleineren Volumina wirkungsvoller ist, als eine einfache Extraktion mit dem gleichen Gesamtvolumen **(F)**.

## Lösung 106        Antwort (B)

Der Verteilungskoeffizient $K$ für einen Stoff A in zwei nicht/kaum mischbaren Phasen I und II ist gegeben als $K = \dfrac{c(A)_{\text{Phase I}}}{c(A)_{\text{Phase II}}}$ ; wie jede Gleichgewichtskonstante ist er temperaturabhängig. Hat sich das Gleichgewicht eingestellt, d. h. Cholesterol hat sich gemäß dem Wert von $K$ auf die beiden Phasen Diethylether (I) und Wasser (II) verteilt, entspricht eine Erhöhung der Konzentration an Cholesterol in Phase I einer Störung des Gleichgewichts. Dieses muss sich daraufhin neu einstellen, bis die Konzentrationen wieder dem Wert von $K$ entsprechen, d. h. ein Teil des in Phase I hinzugefügten Cholesterols wird in Phase II übergehen.

Natürlich handelt es sich bei dem Verteilungskoeffizient um keine Summe von Konzentrationen, sondern um den Quotienten in beiden Phasen **(A)**. Wie bei allen chemischen Gleichgewichten handelt es sich auch hier um ein dynamisches Gleichgewicht, d. h. im Gleichgewicht gehen gleiche Stoffmengen von Phase I in Phase II über wie in die umgekehrte Richtung **(C)**. Der Verteilungskoeffizient eines Stoffes ist zwar eine Stoffkonstante (für eine Substanz A und die beiden Phasen PI und PII), diese weist aber unterschiedliche Werte auf, je nach Art der beiden beteiligten Phasen. So wird der Verteilungskoeffizient von Cholesterol zwischen Diethylether und Wasser einen anderen Wert aufweisen wie z. B. zwischen Ethanol und Benzol **(D)**. Im gegebenen Beispiel ist Phase II stark polar (Wasser), Phase I dagegen relativ unpolar. Cholesterol weist zwar eine polare OH-Gruppe auf, diese sorgt aber im Vergleich zu dem großen unpolaren tetracyclischen Ringsystem nur für schwach polaren Charakter. Es ist daher zu erwarten, dass sich der größere Teil des Cholesterols in der Etherphase befindet, d. h. $K$ (Phase II / Phase I) $< 1$ **(E)**. Das System Ethanol/Wasser ist für eine Extraktion nicht geeignet, da Ethanol und Wasser in jedem Verhältnis vollständig mischbar sind und sich somit ein Stoff nicht zwischen zwei unterschiedlichen Phasen verteilen kann **(F)**. Ein typisches System, für das sich viele $K$-Werte finden, ist dagegen Octanol/Wasser.

# Lösung 107    Antwort (D)

Die Phasengrenzlinien geben diejenigen Werte von Druck und Temperatur an, bei denen jeweils zwei Phasen miteinander im Gleichgewicht stehen. So lässt sich z. B. aus der Dampfdruckkurve ablesen, bei welcher Temperatur eine Substanz bei einem gegebenen Druck siedet.

Das Dampfdruckdiagramm beschreibt also die Existenzbereiche der verschiedenen Phasen in Abhängigkeit von Druck und Temperatur (A). Um einen Feststoff zu schmelzen, ist bekanntlich die Zufuhr von Energie erforderlich; es handelt sich also um einen endothermen Prozess (B). Der Begriff Sublimation beschreibt den Übergang aus dem festen Zustand direkt in den Gaszustand (C). Ein spontaner Übergang vom flüssigen in den gasförmigen Zustand wird als Verdampfen bezeichnet. Während einer Phasenumwandlung, z. B. beim Schmelzen eines Feststoffs, bleibt die Temperatur so lange konstant, bis der Stoff vollständig geschmolzen ist. Erst dann bewirkt weitere Energiezufuhr eine Erhöhung der Temperatur (E). Eine Druckerhöhung begünstigt den Übergang von der Gasphase in die Flüssigkeit. Will man Wasser vom flüssigen in den gasförmigen Zustand überführen (verdampfen), muss entweder die Temperatur erhöht werden (bei konstantem Druck), oder – bei gegebener Temperatur – der Druck verringert werden (F). Dieser Zusammenhang wird beispielsweise bei der „Vakuumdestillation" ausgenutzt, da sich unter (stark) vermindertem Druck die Siedepunkte der zu trennenden Substanzen (erheblich) verringern.

# Lösung 108    Antwort (F)

Der Kohlenstoff im $CO_2$ besitzt zwei Bindungspartner; man kann die Bindung daher durch eine sp-Hybridisierung am C-Atom beschreiben. Dies ergibt ein lineares Molekül. Kohlendioxid besitzt somit zwar zwei polare C=O-Doppelbindungen, aber aufgrund seiner Molekülgeometrie kein Nettodipolmoment. Aus diesem Grund ist die Löslichkeit von $CO_2$ in Wasser relativ gering, verglichen z. B. mit dem polaren (gewinkelten) $SO_2$.

Die Konzentration eines Gases in Lösung hängt allgemein von seinem Partialdruck über der Lösung ab; dieser Zusammenhang wird durch das Henry'sche Gesetz beschrieben. Je höher der Partialdruck eines Gases, desto höher ist auch seine Konzentration in der Lösung (A). Außer vom Partialdruck des Gases ist seine Löslichkeit auch von der Temperatur abhängig. Dabei nimmt die Löslichkeit mit steigender Temperatur ab (B). So sinkt der Sauerstoffgehalt von Gewässern mit steigender Temperatur, was beispielsweise für Fische in heißen Sommern zu Problemen führen kann. Die zum Hydrogencarbonat-Ion korrespondierende Säure $H_2CO_3$ (Kohlensäure) ist eine schwache Säure (C), das $HCO_3^-$-Ion demzufolge eine schwache Base (D). Das Hydrogencarbonat-Ion ist ein amphoteres Anion; es gibt – je nach Reaktionspartner – ein Proton ab oder nimmt ein Proton auf. Da sein basischer Charakter etwas stärker ausgeprägt ist als der saure, reagiert es in Wasser schwach basisch. Sauerstoff ist elektronegativer als Kohlenstoff; dementsprechend werden ihm bei der Ermittlung der Oxidationszahl die Bindungselektronen vollständig zugerechnet und er erhält die Oxidationszahl −2. Für den Kohlenstoff ergibt sich daraus die Oxidationszahl +4 (E).

## Lösung 109      Antwort (D)

Das Zustandsdiagramm (Phasendiagramm) zeigt unter welchen Bedingungen von Druck und Temperatur die unterschiedlichen Phasen eines Stoffes stabil sind bzw. (entlang der Phasengrenzlinien) miteinander im Gleichgewicht stehen. Eine dieser Grenzlinien ist die Dampfdruckkurve, die anzeigt, bei welcher Temperatur Wasser unter einem gegebenen Druck siedet; sie zeigt also den Siedepunkt als Funktion des Drucks.

Die Dampfdruckkurve (Siedekurve), die Sublimationskurve für das Gleichgewicht Feststoff – Gas und die Schmelzkurve treffen im Phasendiagramm in genau einem Punkt zusammen. Dies ist der sogenannte Tripelpunkt. Er liegt für Wasser bei 6,11 mbar und 0,01 °C, so dass unter normalen Druckbedingungen (1 bar) niemals ein Gleichgewicht zwischen allen drei Phasen beobachtbar ist, wohl aber bei dem entsprechenden niedrigen Druck (A). Befindet man sich unterhalb der Temperatur des Tripelpunkts, so stehen entlang der Sublimationskurve Eis und Wasserdampf im Gleichgewicht; der Feststoff sublimiert, ohne den flüssigen Zustand zu durchlaufen (B). In der Tat sinkt (im Gegensatz zu fast allen anderen Stoffen; (F)) beim Wasser aufgrund der geringeren Dichte von Eis im Vergleich zu Wasser der Schmelzpunkt unter Druck, die Schmelzkurve verläuft dabei sehr steil. Dies bedeutet, dass ziemlich hohe Drücke erforderlich sind, um den Schmelzpunkt signifikant abzusenken. Das Köpergewicht des Schlittschuhläufers ist dafür nicht ausreichend, der Effekt kommt vielmehr durch die Reibung zustande, die die Bildung eines dünnen Flüssigkeitsfilms ermöglicht (C). Bei Normaldruck siedet Wasser bei 100 °C. Erhöht man aber den Druck, so lässt sich an der Dampfdruckkurve ablesen, dass auch die Siedetemperatur ansteigt, bis schließlich der kritische Punkt erreicht wird (bei 221 bar und 374 °C). Oberhalb dieser Temperatur verschwindet die Grenzfläche zwischen Flüssigkeit und Dampf; man spricht vom überkritischen Zustand. Da die Temperatur von 130 °C noch weit unterhalb des kritischen Punkts liegt, lässt sich dieser Siedepunkt für Wasser durch entsprechenden Druck ohne weiteres erreichen (E).

## Lösung 110      Antwort (C)

Die kühlende Wirkung beruht darauf, dass das Chlorethan auf der Haut rasch verdampft, also vom flüssigen in den Gaszustand übergeht. Dabei handelt es sich um einen endothermen Prozess ($\Delta H > 0$), der dem Körper Wärme entzieht und dadurch die kühlende Wirkung erzielt. Wäre $\Delta G > 0$ (B), würde der Prozess nicht spontan ablaufen bzw. befände sich ($\Delta G = 0$) im Gleichgewicht (A), $\Delta H < 0$ entspräche einer Erwärmung (exothermer Vorgang, (D)). Ein Übergang vom flüssigen in den Gaszustand ist mit Zunahme der Entropie verbunden (E).

## Lösung 111      Antwort (E)

Eine Flüssigkeit siedet genau dann, wenn ihr Dampfdruck gleich dem äußeren Druck (z. B. dem Atmosphärendruck) ist. Dazu ist eine umso höhere Temperatur erforderlich, je niedriger der Dampfdruck der Flüssigkeit bzw. je höher der äußere Druck ist.

Der gelöste Stoff bewirkt eine Erniedrigung des Dampfdrucks gegenüber dem des reinen Lösungsmittels **(A)**. Anschaulich kann man sich vorstellen, dass die Wahrscheinlichkeit für ein Lösungsmittelmolekül, in den Gasraum überzugehen, durch die Anwesenheit nicht flüchtiger, gelöster Teilchen (z. B. Ionen) erniedrigt wird, da in der Lösung einige der Plätze an der Grenzfläche Flüssigkeit / Gasraum von gelösten Teilchen anstatt von Lösungsmittelmolekülen besetzt sind. Die beschriebene Erniedrigung des Dampfdrucks führt zu einer Erhöhung des Siedepunkts der Lösung gegenüber dem reinen Lösungsmittel **(B)**. Da zum Erreichen des Siedepunkts der Dampfdruck gleich dem äußeren Druck werden muss, ist aufgrund der Erniedrigung des Dampfdrucks hierfür eine höhere Temperatur erforderlich. Die Erhöhung des Siedepunkts einer Lösung ist proportional zur Molalität der gelösten Substanz, also zur Anzahl nicht flüchtiger Teilchen in Lösung. Löst man in einem Kilogramm Wasser 1 mol Glucose, so hat man eine Lösung mit der Molalität 1 mol/kg. Löst man eine identische Stoffmenge Kochsalz (NaCl), so dissoziiert dieses in Na$^+$- und Cl$^-$-Ionen, so dass insgesamt 2 mol gelöste Teilchen vorliegen. Entsprechend größer ist die Molalität der Lösung (2 mol/kg) und damit die Erhöhung des Siedepunkts gegenüber reinem Wasser **(C)**. Siedepunktserhöhung, Gefrierpunktserniedrigung und osmotischer Druck werden als kolligative Eigenschaften einer Lösung bezeichnet. Kennzeichnend ist ihre Abhängigkeit von der Zahl gelöster Teilchen. Der osmotische Druck ist daher nicht proportional zur Masse gelöster Teilchen, sondern ihrer Anzahl **(D)**. Eine Lösung siedet, wenn ihr Dampfdruck gleich dem äußeren Druck wird. Erhöht man letzteren, muss daher eine höhere Temperatur vorliegen, bis der Dampfdruck den äußeren Druck erreicht. Die Lösung siedet also bei höherer und nicht bei niedriger Temperatur **(F)**. Diesen Effekt macht man sich z. B. im Haushalt mit dem Dampfdrucktopf zunutze, der zu einem höheren Siedepunkt von Wasser und dadurch zu einer kürzeren Garzeit führt.

## Lösung 112    Antwort (E)

Natriumchlorid und Saccharose sind Feststoffe, die bei Raumtemperatur im Gegensatz zu Wasser keinen signifikanten Dampfdruck aufweisen. Nach dem Raoult'schen Gesetz ist der Dampfdruck einer Lösung eines nichtflüchtigen Stoffes proportional zum Stoffmengenanteil des Lösungsmittels: $p(\text{Lösung}) = \chi(H_2O) \cdot p^*(H_2O)$. In einer Lösung ist der Stoffmengenanteil des Lösungsmittels immer < 1, d. h. der Dampfdruck der Lösung ist niedriger als der des reinen Lösungsmittels. Aufgrund des niedrigeren Dampfdrucks der Lösung muss die Temperatur höher sein, bis der Dampfdruck gleich dem äußeren Luftdruck wird und die Lösung siedet, d. h. der Siedepunkt ist erhöht. Da die Dampfdruckkurve für die Lösung unterhalb derjenigen des reinen Lösungsmittels verläuft, schneidet sie die Sublimationskurve bei einer niedrigeren Temperatur, was einer Erniedrigung des Schmelzpunkts entspricht. Insgesamt ergibt sich daraus einer Vergrößerung des Temperaturbereichs, in der die Lösung im flüssigen Zustand vorliegt, im Vergleich zu reinem Wasser.

Der gelöste Stoff (hier: NaCl) erhöht den Siedepunkt der Lösung auf eine Temperatur etwas über 100 °C, abhängig von der Stoffmenge an gelösten Teilchen (hier: Na$^+$- und Cl$^-$-Ionen) **(A)**. Wie oben ausgeführt ist der messbare Dampfdruck der Lösung nach dem Raoult'schen Gesetz etwas niedriger, als derjenige von reinem Wasser, da der Stoffmengenanteil des Wassers < 1 ist **(B)**. Der osmotische Druck einer Lösung hängt ab von der Stoffmenge an gelösten

Teilchen, nicht von ihrer Größe oder molaren Masse. Aufgrund der wesentlich höheren molaren Masse von Saccharose im Vergleich zu NaCl enthält ein Löffel Saccharose weniger Teilchen (eine geringere Stoffmenge); hinzu kommt noch die Tatsache, dass NaCl in Wasser dissoziiert, was die Teilchenzahl verdoppelt. Die NaCl-Lösung wird also einen höheren osmotischen Druck aufweisen, als die Saccharose-Lösung **(C)**. Dampfdruck der Lösung und Entropie stehen in keinem Zusammenhang, **(D)**. Der Siedepunkt von reinem Wasser ist nur abhängig vom herrschenden Druck. Dies gilt nicht für Lösungen, deren Siedepunkt durch den Stoffmengenanteil des Lösungsmittels (im Falle nichtflüchtiger gelöster Stoffe) beeinflusst wird, vgl. **(F)**.

# Lösung 113     Antwort (C)

Der Tripelpunkt ist charakterisiert durch das Paar eines Drucks und einer Temperatur, bei dem alle drei Phasen eines Stoffes (Feststoff, Flüssigkeit, Gaszustand) nebeneinander im Gleichgewicht vorliegen können. Er stellt zugleich den Endpunkt der Sublimationskurve dar. Bei einem Druck $p < p_{Tripel}$ und einer Temperatur unterhalb des Tripelpunkts ist der Feststoff die stabilste Phase. Erhöht man bei diesem Druck die Temperatur, trifft man auf die Sublimationskurve und der Feststoff geht in den Gaszustand über, vgl. **(F)**.

Ein Schmelzen ist nur möglich, wenn ein Druck oberhalb des Drucks am Tripelpunkt herrscht; dann stößt man ausgehend vom Feststoff auf die Schmelzkurve und der Feststoff geht bei der Temperatur des Schmelzpunkts in den flüssigen Zustand über **(A)**. Die Kenntnis des Schmelzpunkts ist für das Verhalten unterhalb des Tripelpunkts demnach irrelevant **(B)**. Die Verbindung bleibt solange fest, bis man infolge der Temperaturerhöhung auf die Sublimationskurve stößt. Dann erfolgt die Sublimation in den Gaszustand **(D)**. Eine Änderung der Kristallstruktur ist für Feststoffe generell möglich, jedoch geschieht dies i. A. erst bei hohen Drücken weit oberhalb des Tripelpunkts **(E)**.

# Lösung 114     Antwort (C)

Ein Dialysevorgang wird durch Rühren beschleunigt, da es hilft, die durch die Dialysemembran hindurchtretenden kleinen Teilchen (z. B. Ionen etc.) in der Lösung, gegen die dialysiert wird, zu verteilen und so den Konzentrationsgradienten über die Membran aufrecht zu erhalten. Auch ein häufigeres Wechseln des Dialysepuffers beschleunigt den Vorgang, da es den im Laufe der Zeit abnehmenden Konzentrationsgradienten wiederherstellt.

Dialyse beruht auf einer Diffusion von Teilchen entlang eines Konzentrationsgradienten **(A)**. Da (je nach Porengröße der Membran) nur mehr oder weniger kleine Teilchen die Membran passieren (ihrem Konzentrationsgradient folgen) können, große Teilchen (z. B. Proteinmoleküle) aber zurückgehalten werden, kommt es zu einer Trennung. Nach dem eben erwähnten Prinzip lassen sich daher z. B. aus Protein-Lösungen mit hoher Salz-Konzentration die Ionen (z. B. $NH_4^+$, $SO_4^{2-}$ etc.) durch Dialyse gegen einen Puffer mit niedriger Salz-Konzentration entfernen **(B)**. Da fortwährend kleine Teilchen aus der konzentrierten Lösung entlang des

Konzentrationsgradienten in die verdünnte Lösung diffundieren, nimmt dort deren Konzentration mit der Zeit zu; der Konzentrationsgradient nimmt ab **(D)** und kommt schließlich zum Erliegen. Die Diffusion längs eines Konzentrationsgradienten ist ein spontaner Prozess ($\Delta G < 0$); sie wird durch eine Zunahme der Entropie getrieben und erfordert keine Energiezufuhr **(E)**. Als aktiv werden solche Transportprozesse bezeichnet, die einen Transport entgegen einen Konzentrationsgradienten ermöglichen. Ein solcher Vorgang ist endergon ($\Delta G > 0$) und im Organismus typischerweise an einen Verbrauch von Adenosintriphosphat (ATP) gekoppelt. Die Dialyse beruht auf einer selektiven Diffusion bestimmter (kleiner) Teilchen, die typischerweise von Makromolekülen wie Proteinen abgetrennt werden sollen. Um eine solche Trennung zu ermöglichen, verwendet man semipermeable Membranen möglichst definierter Porengröße, die Teilchen bis zu einer gewissen Größe („Ausschlussgröße", entsprechend einer bestimmten molaren Masse) passieren lassen **(F)**.

# Lösung 115     Antwort (B)

Ist die semipermeable Membran durchlässig für Wassermoleküle, nicht aber gelöste Ionen, so strömt Wasser in Richtung des Konzentrationsgradienten in die Salzlösung (Osmose, **(A)**). Dadurch erhöht sich auf dieser Seite der Membran der hydrostatische Druck, was auch als osmotischer Druck bezeichnet wird. Da der osmotische Druck im Gleichgewicht einen weiteren Einstrom von reinem Wasser in die Salzlösung verhindert, können beide Flüssigkeiten nicht isoton werden; vielmehr ist reines Wasser immer hypoton gegenüber der Salzlösung, auch wenn deren Konzentration durch den Prozess der Osmose abgenommen hat.

Das osmotische Gleichgewicht ist erreicht, wenn pro Zeiteinheit gleich viele Lösungsmittelmoleküle (hier: Wasser) in beide Richtungen strömen, wenn – physikalisch gesprochen – das chemische Potenzial des Wassers in beiden Kompartimenten gleich ist. Da der Diffusionsvorgang infolge der Abnahme der freien Enthalpie aufgrund des resultierenden Mischungsvorgangs spontan abläuft, ist keine Energiezufuhr erforderlich **(C)**. Aussage **(D)** beschreibt den Vorgang der reversen Osmose: Übt man einen hydrostatischen Druck auf die Salzlösung aus, der größer ist, als der osmotische Druck, so kann die Richtung des Flusses der Lösungsmittelteilchen umgekehrt werden, d. h. Wasser (in der Salzlösung) kann durch die Membran zur Seite des reinen Wassers hin gepresst werden. Dieser Prozess besitzt inzwischen große Bedeutung zur Gewinnung von Trinkwasser durch Meerwasserentsalzung. Dabei ist je nach Salzkonzentration aufgrund des hohen Drucks auch in optimalen Anlagen ein erheblicher Energieaufwand erforderlich **(D)**. Der hydrostatische Druck, der erforderlich ist, um den Fluss des Lösungsmittels zu stoppen, ist gleich dem osmotischen Druck, der sich in Abhängigkeit von Temperatur und Konzentration der gelösten Teilchen wie folgt berechnet: $\Pi = c \cdot R \cdot T$ **(E)**.

Die Salzkonzentration ist nicht in allen Meeren gleich – während der Salzgehalt der Ostsee geringer ist als im Durchschnitt, weist das Tote Meer bekanntlich eine extrem hohe Salzkonzentration auf. Somit unterscheiden sich auch die osmotischen Drücke **(F)**.

# Lösung 116        Antwort (C)

Für eine Reaktion 1. Ordnung  A → P  ist die Geschwindigkeit proportional zur jeweils vorhandenen Konzentration von A, also: $\upsilon = -\dfrac{d\,c(A)}{d\,t} = k \cdot c(A)$.

Durch Integration erhält man:  $\ln c(A) = \ln c_0(A) - k\,t$. Der Logarithmus der Konzentration des Edukts sinkt also mit zunehmender Reaktionsdauer $t$.

Für viele Reaktionen vom Typ  A + B → Produkte beobachtet man die unter **(A)** angegebene Abhängigkeit der Geschwindigkeit von beiden Eduktkonzentrationen (Reaktion 2. Ordnung); es sind aber auch verschiedene andere Geschwindigkeitsgesetze möglich. Aus der Stöchiometrie der Reaktion ist es generell nicht möglich, das Geschwindigkeitsgesetz abzuleiten; dieses lässt sich nur empirisch ermitteln. So kann für eine Reaktion mit nur einem Edukt auch nicht zwangsläufig auf eine Reaktion 1. Ordnung geschlossen werden; beispielsweise könnte die Geschwindigkeit auch proportional zu $c^2(A)$ sein **(B)**. Für eine trimolekulare Reaktion müssen drei Teilchen simultan in einem Reaktionsschritt zusammentreffen; dies ist ein höchst unwahrscheinliches Ereignis. Eine Reaktion 3. Ordnung ist daher i. A. nicht trimolekular, sondern setzt sich aus mehreren Elementarreaktionen zusammen **(D)**. Reaktionsordnung und Molekularität einer Reaktion sind nicht dasselbe **(F)**. Während die Molekularität (Anzahl von Teilchen, die an einem Elementarschritt beteiligt ist) immer eine ganze Zahl sein muss (fast immer 1 oder 2, vgl. **(D)**), können mehrstufige Reaktionen auch komplexe Geschwindigkeitsgesetze mit gebrochenen Ordnungen bezüglich der einzelnen Komponenten aufweisen **(E)**.

# Lösung 117        Antwort (D)

Bei einer Reaktion „0. Ordnung" ist die Reaktionsgeschwindigkeit nicht von der Konzentration eines Reaktanden N abhängig, sondern eine Konstante. Es gilt:

$$\upsilon = -\frac{dc(N)}{dt} = k\,.$$ Eine Reaktionsgeschwindigkeit kann also sehr wohl definiert werden.

Aussage **(A)** definiert korrekt die Reaktionsgeschwindigkeit; diese beschreibt die Änderung der Konzentration eines Edukts oder Produkts mit der Zeit. Hat man mehrere Edukte, so ist die Reaktionsgeschwindigkeit im allgemeinen Fall proportional zu deren Konzentrationen, potenziert mit einem Faktor, der als Ordnung der Reaktion bezüglich der jeweiligen Komponente bezeichnet wird **(B)**. Dieser Exponent kann auch gleich 0 sein, d. h. die Reaktionsgeschwindigkeit hängt dann nicht von der Konzentration dieser Komponente ab. Die Geschwindigkeitskonstante $k$ ist temperaturabhängig **(C)**. Diese Abhängigkeit wird für viele Reaktionen durch das empirische Gesetz von Arrhenius beschrieben. Danach gilt: $k = A \cdot e^{-E_A/RT}$ mit dem sogenannten Stoßfaktor $A$, der Aktivierungsenthalpie $E_A$ der Reaktion, der absoluten Temperatur $T$ und der idealen Gaskonstante $R$. Katalysatoren sind in der Lage, Reaktionen zu beschleunigen. Sie beeinflussen grundsätzlich nicht die Lage eines Gleichgewichts, können aber dessen Einstellung oft ganz erheblich beschleunigen. Dies geschieht, indem der Katalysator einen alternativen Reaktionsweg ermöglicht, der eine niedrigere Aktivierungsenthalpie aufweist **(E)**. Für eine Reaktion 1. Ordnung gilt:

Reaktionsgeschwindigkeit $\upsilon = -\dfrac{dc(\mathrm{N})}{dt} = k \cdot c(\mathrm{N})$ $\xrightarrow{\text{Integration}}$ $N = N_0 \cdot e^{-kt}$

Für die Halbwertszeit $t_{1/2}$ gilt: $\quad t_{1/2} = \dfrac{\ln 2}{k}$

Die Halbwertszeit einer Reaktion 1. Ordnung ist also offensichtlich unabhängig von der Konzentration $c$ des Edukts **(F)**.

# Lösung 118     Antwort (A)

Am radioaktiven Zerfall ist generell nur ein Kern beteiligt; weder äußere Einflüsse, wie Temperatur oder Druck, noch die Anwesenheit anderer Substanzen haben darauf einen Einfluss. Daher folgt der radioaktive Zerfall immer einer Kinetik 1. Ordnung und besteht aus nur einer Elementarreaktion, an der nur ein Kern beteiligt ist – der Prozess ist monomolekular.

Hat man eine Reaktion 2. Ordnung bzgl. A, so gilt $\upsilon = -\dfrac{dc(\mathrm{A})}{dt} = k \cdot c^2(\mathrm{A})$.

Eine Verdopplung der Konzentration von A führt demnach zu einer Steigerung der Geschwindigkeit der Reaktion auf das Vierfache **(B)**. Die Reaktionsordnung ist eine empirische Größe. Sie kann nicht aus der Stöchiometrie einer Reaktion abgeleitet werden. So kann beispielsweise eine Reaktion der Stöchiometrie A + B $\rightarrow$ Produkte 1. oder 2. Ordnung sein oder auch einer davon abweichenden Ordnung folgen **(C)**. Für eine Reaktion 1. Ordnung gilt:

$\upsilon = -\dfrac{dc(\mathrm{A})}{dt} = k \cdot c(\mathrm{A})$. Nach Integration des Geschwindigkeitsgesetzes erhält man

$\ln c(\mathrm{A}) = \ln c_0(\mathrm{A}) - kt$ oder $c(\mathrm{A}) = c_0(\mathrm{A}) \cdot e^{-kt}$, d. h. die Eduktkonzentration fällt exponentiell mit der Zeit und nicht linear (letzteres entspräche einer Reaktion 0. Ordnung **(D)**). Eine Reaktion, die sich aus mehreren Elementarschritten zusammensetzt, kann, muss aber keine komplizierte Ordnung aufweisen **(E)**. Ist z. B. der langsamste (= geschwindigkeitsbestimmende) Schritt monomolekular, so resultiert eine sehr einfache Reaktionsordnung. Die Geschwindigkeit einer Reaktion hängt in keiner Weise von ihrer Ordnung ab. Sie wird bestimmt durch die Temperatur, die erforderliche Aktivierungsenthalpie, die Anwesenheit eines Katalysators – nicht aber durch die Ordnung **(F)**.

# Lösung 119     Antwort (D)

Bei der Umsetzung des Radium-Isotops mit der Massenzahl 224 handelt es sich offensichtlich um einen radioaktiven Zerfall, da ein neues Element, das Radon, entsteht. Da die Massenzahl um vier Einheiten und die Ordnungszahl um zwei Einheiten sinkt, zerfällt das $^{224}$Ra unter Aussendung eines Heliumkerns ($^{4}_{2}$He) = $\alpha$-Zerfall:

$$^{224}_{88}\text{Ra} \quad \longrightarrow \quad ^{220}_{86}\text{Rn} + ^{4}_{2}\text{He}$$

Derartige radioaktive Zerfallsprozesse verlaufen grundsätzlich nach einer Kinetik 1. Ordnung; die Zerfallsgeschwindigkeit ist völlig unabhängig von der Anwesenheit irgendwelcher anderer Substanzen und der Umgebung, in der das radioaktive Atom vorliegt.

Die Geschwindigkeitskonstante $k$ einer Reaktion ist nicht abhängig von der Substratkonzentration, wohl aber von der Temperatur **(A, B)**. Das Geschwindigkeitsgesetz für eine Reaktion 1. Ordnung lautet

$$\upsilon = -\frac{dc(\text{A})}{dt} = k \cdot c(\text{A}),$$

d. h. die Geschwindigkeit ist proportional zur vorhandenen Konzentration an Substrat $c(\text{A})$ mit der Geschwindigkeitskonstante $k$ als Proportionalitätskonstante. Daraus ergibt sich, dass die Geschwindigkeit nicht konstant sein kann (wie es bei einer Reaktion 0. Ordnung der Fall ist), sondern sie proportional zur (im Laufe der Reaktion abnehmenden) Konzentration von A sinkt **(F)**. Verdoppelt man die Konzentration des Substrats A, so wird sich auch die Reaktionsgeschwindigkeit verdoppeln. Eine Erhöhung um den Faktor vier **(E)** wäre charakteristisch für eine Reaktion 2. Ordnung in A gemäß $2\,\text{A} \longrightarrow \text{B}$ mit

$$\upsilon = -\frac{dc(\text{A})}{dt} = k \cdot c^2(\text{A}).$$

Für eine Reaktion 1. Ordnung ist die Halbwertszeit $t_{1/2}$ konstant und unabhängig von der Konzentration des Substrats, wie man sich aus dem integrierten Geschwindigkeitsgesetz ableiten kann **(C)**:

$$c(\text{A}) = c_0(\text{A}) \cdot e^{-kt} \quad \rightarrow \quad \frac{c_0(\text{A})}{2} = c_0(\text{A}) \cdot e^{-kt_{1/2}}$$

$$\ln\left(\frac{1}{2}\right) = -k \cdot t_{1/2} \quad \rightarrow \quad t_{1/2} = \frac{\ln 2}{k}$$

# Lösung 120     Antwort (D)

Das Geschwindigkeitsgesetz für die gegebene allgemeine Reaktion lautet:

$$-\frac{dc(\text{A})}{dt} = k \cdot c^2(\text{A})$$

Daraus folgt, dass eine Verdopplung der Konzentration von A die Geschwindigkeit nicht (wie für eine Reaktion 1. Ordnung) verdoppelt, sondern um den Faktor vier erhöht.

Die Aussage zur Temperaturabhängigkeit der Geschwindigkeitskonstante **(A)** gilt allgemein; sie ist nicht auf Reaktionen 2. oder einer anderen Ordnung beschränkt. Während sich die Geschwindigkeit der Reaktion im Laufe der Reaktion infolge Änderung der Konzentrationen ändert, bleibt die Geschwindigkeitskonstante unverändert **(B)**, wenn man voraussetzt, dass die Temperatur konstant bleibt.

Reaktionen können allgemein reversibel oder irreversibel sein (C). Dies hängt ab von der freien Reaktionsenthalpie $\Delta G_R$ für die betreffende Reaktion, jedoch nicht von deren Ordnung. Für die Geschwindigkeit der Produktbildung gilt:

$$\frac{dc(\mathrm{B})}{dt} = -\frac{dc(\mathrm{A})}{dt} = k \cdot c^2(\mathrm{A}) \,;$$

sie hängt also ab von der Konzentration $c(\mathrm{A})$. Da diese sich im Laufe der Reaktion verringert, nimmt auch die Geschwindigkeit der Produktbildung ab (E). Ein Kennzeichen des radioaktiven Zerfalls ist der Verlauf nach 1. Ordnung, d. h. die Zerfallsgeschwindigkeit ist proportional zur Konzentration (Stoffmenge) der radioaktiven Atome:

$$-\frac{dc(\mathrm{A})}{dt} = k \cdot c(\mathrm{A})$$

Eine Reaktion 2. Ordnung (F) ist demnach zur Beschreibung nicht adäquat.

## Lösung 121    Antwort (E)

Eine empirische Beschreibung des Zusammenhangs zwischen der Geschwindigkeitskonstante für eine Reaktion und der Temperatur liefert die sog. Arrhenius-Gleichung. Sie lautet:

$$k(T) = A \cdot e^{-E_\mathrm{A}/RT} \quad \text{oder} \quad \ln k(T) = \ln A - \frac{E_\mathrm{A}}{RT} \,.$$

Bestimmt man $k$ für zwei verschiedene Temperaturen $T_1$ und $T_2$, lässt sich schreiben:

$$\ln \frac{k_2}{k_1} = \frac{E_\mathrm{A}}{R} \cdot \left( \frac{1}{T_1} - \frac{1}{T_2} \right)$$

Die Gleichung kann nach $E_\mathrm{A}$ aufgelöst und so die Aktivierungsenthalpie bestimmt werden.

Mit steigender Temperatur nimmt die kinetische Energie der Teilchen und somit ihre Geschwindigkeit zu; dies führt zu einer Erhöhung der Stoßhäufigkeit, die im präexponentiellen Faktor $A$ steckt. Dadurch erhöht sich die Reaktionsgeschwindigkeit. Mindestens ebenso bedeutsam ist aber, dass bei höherer Temperatur wesentlich mehr Teilchen genügend Energie besitzen, um die Aktivierungsenthalpie $E_\mathrm{A}$ aufzubringen (A). Die Reaktionsgeschwindigkeit nimmt typischerweise mit der Temperatur zu; sie steigt aber nicht proportional zu $T$, wie die Arrhenius-Gleichung zeigt (B). Aus dieser geht auch hervor, dass nicht die Auftragung von $\ln k$ gegen $T$, sondern gegen $1/T$ eine Gerade liefern sollte, deren Steigung gleich $-E_\mathrm{A}/R$ ist (C). Die Höhe der Aktivierungsenthalpie ist entscheidend für das Ausmaß der Temperaturabhängigkeit einer Reaktion. So spielt für eine Reaktion ohne Aktivierungsbarriere ($E_\mathrm{A} \approx 0$) die Temperatur praktisch keine Rolle für die Geschwindigkeit; alle Teilchen haben genügend Energie, um bei einer Kollision zu reagieren. Je höher dagegen die zu überwindende Barriere, desto entscheidender wird die Temperatur im Nenner des exponentiellen Faktors der Arrhenius-Gleichung (D). Nicht nur endotherme Reaktionen haben eine Aktivierungsbarriere, auch exotherme Reaktionen benötigen in den meisten Fällen eine Aktivierungsenthalpie. Somit spielt die Temperatur für die Geschwindigkeit (fast) aller Reaktionen eine wichtige Rolle (F).

# Lösung 122      Antwort (C)

Die Ausbeute einer Reaktion wird (abgesehen von der als ideal angenommenen praktischen Durchführung) von der (temperaturabhängigen) Gleichgewichtslage für die Reaktion bestimmt. Die Lage des Gleichgewichts wiederum ergibt sich aus der Differenz der freien Enthalpien der Produkte und der Edukte ($\Delta G$); diese Größe kann von einem Katalysator grundsätzlich nicht beeinflusst werden. Der Versuch, die Produktausbeute einer Reaktion durch Einsatz eines geeigneten Katalysators zu erhöhen, ist somit zum Scheitern verurteilt.

Katalysatoren sind dadurch gekennzeichnet, dass sie nicht in stöchiometrischer Menge in eine Reaktion eingehen, sondern aus der Reaktion unverändert wieder hervorgehen. Da sie nicht verbraucht werden, sind i. A. recht kleine Mengen ausreichend (A). Man unterscheidet zwei große Gruppen von Katalysatoren – homogene und heterogene. Homogene Katalysatoren sind solche, die sich gelöst in Lösung befinden, also keine separate Phase bilden. Ein solcher einfacher homogener Katalysator ist in der Tat das $H^+$-Ion, das in vielen organischen und biochemischen Reaktionen eine wichtige Rolle spielt (E). Typische Beispiele sind säurekatalysierte Hydrolysereaktionen, z. B. von Estern, Peptiden oder Polysacchariden. Katalysatoren, die eine separate Phase bilden, z. B. als Feststoffe in einer Lösung, werden als heterogene Katalysatoren bezeichnet (B). Die Reaktion läuft hier an der Oberfläche des heterogenen Katalysators ab, beispielsweise eine Hydrierung (Addition von $H_2$) an ein Alken (ungesättigter Kohlenwasserstoff) in Anwesenheit eines fein verteilten Edelmetalls wie Platin. Katalysatoren haben die Aufgabe, Reaktionen zu beschleunigen. Dies geschieht durch Absenkung der Aktivierungsbarriere (d. h. der Energie des Übergangszustands) einer Reaktion (D), in dem ein alternativer Reaktionsweg ermöglicht wird. Diese Funktionsweise eines Katalysators impliziert, dass es nicht möglich ist, nur die Hin- oder die Rückreaktion zu beschleunigen (F). Sinkt die Energie des Übergangszustands, so wird er sowohl von der Edukt- als auch von der Produktseite aus leichter erreicht; die Reaktion in beide Richtungen wird deshalb in gleicher Weise beschleunigt und die Lage des Gleichgewichts bleibt somit unverändert.

# Lösung 123      Antwort (F)

Man unterscheidet homogene und heterogene Katalysatoren. Erstere liegen in derselben Phase vor, wie die Reaktanden, meist also in Lösung. Ein typisches Beispiel sind $H^+$-Ionen, die viele Prozesse katalysieren. Heterogene Katalysatoren bilden eine separate Phase; meist handelt sich um fein verteilte Feststoffe, wie z. B. das genannte „Raney-Nickel" (F). Da es sich um Reaktionen an der Katalysatoroberfläche handelt, hängt die Wirksamkeit heterogener Katalysatoren von einer großen Oberfläche ab, wogegen es bei homogenen Katalysatoren keine Oberfläche/Phasengrenze gibt (D).

Generell ist ein Katalysator dadurch gekennzeichnet, dass er die Reaktionsgeschwindigkeit erhöht, indem er die Aktivierungsenthalpie der Reaktion herabsetzt. Da dies in gleichem Maße für die Hin- wie die Rückreaktion gilt, wird zwar die Einstellung des Gleichgewichts beschleunigt, ein Katalysator kann aber niemals die Gleichgewichtslage verschieben und somit auch nicht die Ausbeute erhöhen (A). Die freie Reaktionsenthalpie ist unabhängig vom Weg der Reaktion (Zustandsfunktion!) und wird somit durch den Katalysator nicht beeinflusst (B).

Ein Katalysator wird i. A. nur in geringen Mengen benötigt, da er bei der Reaktion nicht verbraucht wird (auch nicht in geringer Menge, **(C)**), sondern letztlich unverändert aus der Reaktion hervorgeht. Ein Katalysator, der selektiv nur die Hinreaktion beschleunigt, würde das Gleichgewicht verschieben – solche Katalysatoren sind leider nicht möglich **(E)**.

# Lösung 124    Antwort (E)

Gezeigt ist die Konzentration eines Edukts (hier: Ethanol) als Funktion der Zeit. Die Reaktionsgeschwindigkeit ist definiert als die Änderung eines Edukts oder Produkts pro Zeiteinheit. Der lineare Verlauf der Konzentration zeigt, dass pro Zeiteinheit jeweils die gleiche Menge an Ethanol abgebaut wird, d. h. die Konzentrationsänderung pro Zeit und somit die Reaktionsgeschwindigkeit ist konstant. Der Abbau von Ethanol im Körper folgt eine Kinetik 0. Ordnung.

Würde der Abbau von Ethanol einer Kinetik 1. Ordnung folgen, wäre die Geschwindigkeit proportional zur jeweils vorliegenden Konzentration des Edukts Ethanol. In diesem Fall wäre die Abbaugeschwindigkeit zu Beginn höher, wenn die anfänglich vorliegende Konzentration höher ist **(A)**. Reaktionen 1. Ordnung sind durch eine konstante Halbwertszeit gekennzeichnet. Im vorliegenden Fall (0. Ordnung) ändert sich die Halbwertszeit im Reaktionsverlauf **(B)**. Auch Aussage **(C)** ist charakteristisch für eine Reaktion 1. Ordnung und für den vorliegenden Fall nicht zutreffend – hier ist die Reaktionsgeschwindigkeit konstant.

Natürlich ist auch die Geschwindigkeitskonstante nicht passend zu einer Reaktion 1. Ordnung; ihre Einheit hängt ab von der jeweiligen Reaktionsordnung **(D)**. Abgesehen davon, dass Methanol giftiger ist als Ethanol, würde auch der Ethanolabbau nicht beschleunigt – im Gegenteil. Zusätzlich anwesendes Methanol würde um die Moleküle der Alkohol-Dehydrogenase, das für die Oxidation des Alkohols zuständige Enzym, konkurrieren und dadurch den Abbau verlangsamen **(F)**. Genau diese Konkurrenz kann man sich aber auch zunutze machen: bei einer Methanolvergiftung ist die Gabe von reichlich Ethanol indiziert, um den Abbau von Methanol zu seinen giftigeren Abbauprodukten (Methanal, Methansäure) zu hemmen und so eine teilweise Ausscheidung des Methanols vor seiner Verstoffwechselung zu ermöglichen.

# Lösung 125    Antwort (E)

Die Halbwertszeit ist die Zeit, innerhalb der die Anfangsstoffmenge bei einer Reaktion auf die Hälfte gesunken ist. Somit beträgt die Stoffmenge $n$ nach einer Halbwertszeit $\frac{1}{2}\, n_0$, nach zwei Halbwertszeiten ist $n = \frac{1}{2} \cdot \frac{1}{2} \cdot n_0$ usw. Bei einer Halbwertszeit von 100 Jahren entsprechen 700 Jahre sieben Halbwertszeiten, innerhalb denen die Stoffmengen auf $n = \left(\frac{1}{2}\right)^7 \cdot n_0 = 0{,}0078\, n_0$ abgenommen hat. Natürlich lässt sich die ungefähre Zeit auch aus dem Zerfallsgesetz berechnen: $N(t) = N_0 \cdot e^{-kt} = N_0 \cdot e^{-\ln 2 \cdot t / t_{1/2}}$. Auflösen nach der Zeit $t$ für eine Abnahme auf genau 1 % ergibt:

$$\ln \frac{N(t)}{N_0} = -k\,t; \qquad t = \ln \frac{N_0}{N(t)} \cdot \frac{t_{1/2}}{\ln 2} = \ln \frac{100}{1} \cdot \frac{100\,\text{a}}{\ln 2} = 664\,\text{a}$$

Zwar lässt sich für ein einzelnes radioaktives Atom nicht vorhersagen, wann es zerfällt, für eine sehr große Zahl von Atomen jedoch, wie sie in einer makroskopischen Probe vorliegt, gilt das Zerfallsgesetz 1. Ordnung: die Geschwindigkeit ist proportional zur vorhandenen Stoffmenge an Radionukliden (A). Bei einem $\beta^-$-Zerfall kommt es zu einer Umwandlung eines Neutrons in ein Proton und ein Elektron; das Proton verbleibt im Kern unter Erhöhung der Ordnungszahl um eins, das Elektron („$\beta^-$-Teilchen") wird ausgestoßen (B). Die Geschwindigkeit des radioaktiven Zerfalls ist nicht konstant, sondern abhängig von der zu einem bestimmten Zeitpunkt vorhandenen Stoffmenge; es gilt $\upsilon = k \cdot N$ mit $N$ = Zahl der vorhandenen Radionuklide (C). Bei schweren Elementen und ihren stabilen Isotopen überwiegt tatsächlich in zunehmendem Maß die Anzahl der Neutronen im Kern. Dies gilt aber bei weitem nicht für alle Elemente, insbesondere natürlich nicht für das einfachste Element Wasserstoff ($^1$H), das gar kein Neutron aufweist; ebensowenig für die folgenden Elemente (z. B. $^{12}$C, $^{16}$O). Mit zunehmender Protonenzahl im Kern steigt jedoch die Abstoßung der Protonen im Kern, so dass dann in steigendem Maß ein Neutronenüberschuss benötigt wird, um den Kern stabil zu halten (D). Der radioaktive Zerfall wird, wie oben bereits ausgeführt, durch eine Kinetik 1. Ordnung beschrieben; die Geschwindigkeit ist nicht, wie bei einer Reaktion 0. Ordnung, konstant (F).

## Lösung 126      Antwort (D)

Der radioaktive Zerfall folgt einer Kinetik 1. Ordnung gemäß

$$A(t) = A(t=0) \cdot \mathrm{e}^{-k \cdot t} = A(t=0) \cdot \mathrm{e}^{-\frac{\ln 2}{t_{1/2}} \cdot t}$$

mit der Halbwertszeit $t_{1/2} = \dfrac{\ln 2}{k}$

Nimmt die Aktivität auf 0,1 % ab, so bedeutet dies $A\,(t = 20\ \text{min}) = 10^{-3}\,A\,(t = 0)$. Durch Einsetzen und Logarithmieren erhält man

$$\ln 10^{-3} = \frac{-\ln 2}{t_{1/2}} \cdot 20\ \text{min}$$

$$t_{1/2} = \frac{-\ln 2}{\ln 10^{-3}} \cdot 20\ \text{min} = 2{,}0\ \text{min}$$

Da die Aktivität in einer Halbwertszeit jeweils auf die Hälfte abnimmt, d. h. nach $n$ Halbwertszeiten auf den $1/2^n$-ten Teil, benötigt man offensichtlich 10 Halbwertszeiten, da $2^{10} = 1024$. Dann entsprechen 20 min also 10 Halbwertszeiten, d. h. $t_{1/2} = 2{,}0$ min.

# Lösung 127     Antwort (D)

Die Wechselwirkung eines Positrons mit einem Elektron wird auch als Annihilation bezeichnet. Dabei werden zwei hochenergetische Photonen (γ-Quanten) in einem Winkel von genau 180° zueinander ausgesandt („Vernichtungsstrahlung"). Ziel des Verfahrens ist es, aus der räumlichen und zeitlichen Verteilung der registrierten Zerfallsereignisse auf die räumliche Verteilung des Radiopharmakons im Körperinneren zu schließen und eine Serie von Schnittbildern zu errechnen, vgl. (**B, C, E**).

Es findet hierbei also eine funktionale Abbildung der Stoffwechselprozesse statt (**F**), so dass die PET vor allem für stoffwechselbezogene Fragestellungen, z. B. in der Onkologie, zu Rate gezogen wird. Als Radionuklid wird offensichtlich ein Kern benötigt, der unter Umwandlung eines Protons in ein Neutron unter Aussendung eines Positrons ($\beta^+$) zerfällt. Das $^{14}C$-Isotop weist im Gegensatz zum beispielsweise verwendeten Isotop $^{11}C$ einen Neutronenüberschuss auf und zerfällt deshalb unter Aussendung von $\beta^-$-Strahlung (Elektronen), (**A**). Meist verwendetes Nuklid in der PET ist das radioaktive Fluorisotop $^{18}F$, das mit 110 min eine vergleichsweise lange Halbwertszeit aufweist. Es wird meist in Form von 2-Fluor-2-desoxy-D-glucose (FDG) appliziert, die von der Zelle in gleicher Weise aufgenommen wird wie Glucose. Dies macht man sich z. B. für eine frühe Diagnose von Krebserkrankungen zunutze: Tumorzellen zeichnen sich meist durch erhöhten Stoffwechsel aus und verbrauchen deshalb viel Glucose. Die Phosphorylierung von FDG (erster Schritt der Glykolyse) liefert FDG-6-Phosphat, das nicht weiter verstoffwechselt werden kann und sich somit anreichert. Wo sich das Radiopharmakon angereichert hat, wird dies durch einen erhöhten radioaktiven Zerfall im PET-Bild sichtbar.

# Lösung 128     Antwort (D)

Nur γ-Quanten sind in der Lage, dickere (Gewebe)schichten zu durchdringen. γ-Strahlen, die von außen auf den Körper einwirken, können deshalb auch im Inneren des Organismus zu Schäden führen. Im Vergleich dazu können selbst energiereiche β-Strahlen (Elektronen oder Positronen) kaum mehr als einen Zentimeter Gewebe durchdringen (**B, C**), α-Strahlung hat noch eine deutlich geringere Reichweite (**A**). Eine Aussendung von Neutronen oder Wasserstoffkernen wird bei natürlichen Zerfallsprozessen nicht beobachtet (**E, F**).

# Lösung 129     Antwort (B)

Wie ein Vergleich von $^{99}_{42}\text{Mo}$ mit $^{99}_{43}\text{Tc}^*$ zeigt, muss sich im Zuge der Elementumwandlung die Ordnungszahl = Protonenzahl um eins erhöhen; die Massenzahl = Nukleonenzahl bleibt dagegen gleich. Letzteres wäre auch der Fall bei der Aussendung von γ-Strahlen (= sehr kurzwellige, energiereiche elektromagnetische Strahlung), (F) – dabei bliebe aber natürlich auch die Protonenzahl unverändert. γ-Strahlen werden emittiert, wenn – typischerweise nach einem α- oder β-Zerfall – ein angeregter Kern vorliegt, der Energie verlieren muss, um in einen weniger angeregten oder in den Grundzustand überzugehen. Für die Umwandlung von Mo in Tc muss ein Neutron zu einem Proton und einem Elektron zerfallen; das Proton verbleibt im Kern, das Elektron wird emittiert („β⁻-Strahlung").

Ein α-Teilchen entspricht einem Heliumkern ($^4_2$He ); bei seiner Aussendung verringert sich die Protonenzahl um zwei, die Nukleonenzahl um vier Einheiten (A). Ebenso würde die Aussendung eines Neutrons die Nukleonenzahl verändern (C). Ein Positron ist das Antiteilchen zum Elektron und trägt eine positive Elementarladung; es entsteht bei Umwandlung eines Protons in ein Neutron (D). Die Aussendung eines Protons würde die Protonenzahl erniedrigen; Mo würde dadurch in Niob (Nb) übergehen (E).


# Lösung 130      Antwort (C)

Wie in Aussage (A) richtig zum Ausdruck kommt, bedient man sich bei der Chromatographie immer einer stationären und einer mobilen Phase. Der Aufenthalt der Analyten bei ihrer Retention wechselt zwischen mobiler und stationärer Phase und verursacht die substanzcharakteristische Retentionszeit (B). Die stationäre Phase besteht in der Gaschromatographie aus einer Flüssigkeit (Trennflüssigkeit) oder einem Gel, mit welchem die Innenseite der Kapillare beschichtet ist. Bei der Flüssigchromatographie ist die stationäre Phase normalerweise fest. Die mobile Phase bewegt sich und führt die Analyten mit sich. Bei der Flüssigchromatographie ist die mobile Phase flüssig, bei der Gaschromatographie kommen stattdessen inerte Trägergase wie Helium oder Stickstoff zum Einsatz, in besonderen Fällen auch Wasserstoff.

Bei der Adsorptionschromatographie beruht die Trennung der verschiedenen Komponenten auf ihren unterschiedlich starken adsorptiven Bindungen zur ruhenden Phase. Benutzt man eine polare stationäre Phase (wie Kieselgel oder Aluminiumoxid) zusammen mit einer unpolaren bis mittelpolaren mobilen Phase (wie Kohlenwasserstoffe, Dioxan, Essigsäureethylester), so spricht man von Normalphasenchromatographie. In der *Reversed Phase* Chromatographie arbeitet man dagegen umgekehrt mit einer unpolaren stationären Phase (wie durch Alkylgruppen modifiziertem Kieselgel) und einer polaren mobilen Phase (wie z. B. einem Gemisch aus Wasser und Acetonitril) (C).

Bei der Ionenaustauschchromatographie werden unterschiedlich geladene Teilchen getrennt. Man verwendet dazu eine stationäre Phase, die entweder positive Oberflächenladungen (→ hält Anionen fest: „Anionenaustauscher") oder negative Oberflächenladungen aufweist (→ hält Kationen fest: „Kationenaustauscher") (D). Eine typische Anwendung ist z. B. die Trennung unterschiedlich geladener Proteine. Bei der Gelpermeationschromatographie (Gelfiltration) ist die stationäre Phase porös, d. h. sie weist mehr oder weniger große Hohlräume auf. Genügend kleine Teilchen sind in der Lage, in die Hohlräume der stationären Phase einzudringen; sie sind daher langsamer unterwegs (werden später eluiert) als Moleküle, die aufgrund ihrer Größe aus diesen Hohlräumen (mehr oder weniger oder zur Gänze) ausgeschlossen werden (E). Bei genügender Größe wandern diese unverzögert, da sie sich nur im bewegten Flüssigkeitsstrom aufhalten und nicht im unbewegten Teil der Flüssigkeit (in den Hohlräumen, z. B. des Gels).

Die Affinitätschromatographie beruht auf spezifischen Wechselwirkungen zwischen stationärer Phase und Analytmolekülen, wie sie beispielsweise zwischen einem Antikörper und seinem entsprechenden Antigen auftreten. Bei einer speziellen Variante nutzt man die Wechselwirkung von mehreren (benachbarten) Histidin-Resten in einem Protein mit immobilisierten Metallionen (häufig $Ni^{2+}$), die zur Komplexbildung führt **(F)**. Das interessierende Protein wird dabei durch gentechnische Verfahren mit einer Sequenz von z. B. sechs His-Resten versehen, die zur Bindung an die stationäre Phase führt. Anschließend kann das gebundene Protein mit einer ausreichend konzentrierten Imidazol-Lösung (verdrängt die His-Reste vom Metallion) eluiert werden.

# Kapitel 14

# Lösungen – Multiple-Choice-Aufgaben (Mehrfachauswahl)

## Lösung 131        Antworten (A), (B), (E), (G), (I)

Bei dem beschriebenen Vorgang handelt es sich offensichtlich um einen spontanen Prozess. Für spontane Prozesse gilt $\Delta G < 0$; sie werden als exergon bezeichnet (A). Da die Temperatur der Mischung sinkt, wird im Zuge des Lösungsprozesses Wärme aufgenommen, d. h. der Lösungsvorgang verläuft endotherm; $\Delta H_L > 0$ (B). Dass der Lösungsvorgang trotz des positiven Enthalpieterms spontan verläuft, ist auf die Zunahme der Entropie zurückzuführen. Wenn $\Delta S_L$ ausreichend groß und positiv ist, dann kann der positive Enthalpieterm überkompensiert werden, so dass insgesamt $\Delta G_L < 0$ wird (E). Für die entstehende Lösung ist das Endvolumen nicht bekannt; somit kann keine Massenkonzentration angegeben werden. Das Volumen von 100 g Wasser beträgt ca. 100 mL; man kann aber nicht vorhersagen, ob und wie stark das Gesamtvolumen bei Zugabe des zu lösenden Stoffes zunimmt, oder ob es sogar sinkt (G). Ammoniumnitrat dissoziiert in wässriger Lösung in ein $NH_4^+$- und ein $NO_3^-$-Ion. Sieht man von der geringfügigen Reaktion von $NH_4^+$ mit Wasser unter Bildung von $NH_3$ und $H_3O^+$-Ionen ab, befinden sich in der Lösung etwa gleich viele $NH_4^+$- und $NO_3^-$-Ionen (I).

Da es sich um einen endothermen Vorgang handelt, ist die Lösungsenthalpie $\Delta H_L > 0$ (C). Dementsprechend ist der Betrag der Hydratationsenthalpie $\Delta H_{Hy}$ nicht ausreichend, um die die Gitterenthalpie $\Delta H_{Gi}$ zu kompensieren, d. h. $\left| \Delta H_{Hy} \right| < \left| \Delta H_{Gi} \right|$ (D). Der Massenanteil von Ammoniumnitrat in der Lösung ist definiert durch die Masse an $NH_4NO_3$ dividiert durch die Gesamtmasse der Lösung. Würden die 10 g $NH_4NO_3$ in 90 g Wasser gelöst, so wäre der Massenanteil von Ammoniumnitrat gleich 0,10 = 10 %. Im vorliegenden Fall beträgt er nur 10/110 = 9,09 % (F). Ammoniumnitrat ist ein typisches Salz; es löst sich gut in polaren protischen Lösungsmitteln wie Wasser. Aceton ist wesentlich weniger polar und weitaus weniger als Wasser in der Lage, die $NH_4^+$- bzw. $NO_3^-$-Ionen zu solvatisieren. Die Löslichkeit von Ammoniumnitrat in Aceton ist daher viel geringer als in Wasser (H). Das Ammonium-Ion ist eine ziemlich schwache Säure ($pK_S = 9,25$), das Nitrat-Ion ist eine sehr schwache Base. Daher findet eine Protonenübertragung von $NH_4^+$ auf $NO_3^-$ unter Bildung der viel starkeren Säure $HNO_3$ und der stärkeren Base $NH_3$ nur in vernachlässigbarem Ausmaß statt (J).

## Lösung 132        Antworten (A), (C), (D), (G)

Für die Titration einer schwachen Säure ist eine starke Base (i. A. $OH^-$) zu verwenden. Nur so ist ein vollständiger Ablauf der Säure-Base-Reaktion gewährleistet. Würde man mit einer schwachen Base titrieren, wäre der pH-Sprung geringer und damit schwieriger zu detektieren, außerdem würde die Reaktion nicht quantitativ ablaufen (A). Aus dem Titrationsergebnis

© Springer Fachmedien Wiesbaden GmbH, ein Teil von Springer Nature 2020
R. Hutterer, *Fit in Anorganik*, Studienbücher Chemie,
https://doi.org/10.1007/978-3-658-30486-7_14

(dem Verbrauch an Titrator (Volumen)) kann die Stoffmenge der vorliegenden Säure ermittelt werden, sofern bekannt ist, ob es sich um eine ein- oder eine mehrprotonige Säure handelt, d. h. wenn man weiß, wie viele Protonen die Säure abzugeben in der Lage ist. Um aus der Stoffmenge der Säure die Masse zu berechnen, wird die molare Masse benötigt **(C)**. Damit aus dem Verbrauch $V$ an Titrator auf die Stoffmenge $n = c \cdot V$ geschlossen werden kann, muss die Stoffmengenkonzentration $c$ der Titrator-Lösung bekannt sein **(D)**. Selbstverständlich muss das Volumen an Titrator, das bis zum Erreichen des Äquivalenzpunkts benötigt wird, genau bestimmt werden können. Dafür verwendet man i. A. eine Bürette, die in Schritten von 0,1 mL geeicht ist **(G)**.

Die vorliegende Säure-Lösung kann (v. a. sinnvoll, wenn es sich um ein recht kleines Volumen handelt) mit Wasser verdünnt werden. Sofern das Wasser (annähernd) einen neutralen pH-Wert aufweist, wird die Stoffmenge an $H^+$-Ionen in der Säure-Lösung dadurch nicht signifikant beeinflusst, so dass das zur Verdünnung verwendete Volumen nicht genau bekannt sein muss **(B)**. Ein Magnetrührer ist zur Durchführung einer Titration zwar praktisch, aber keineswegs unverzichtbar. Für eine gute Durchmischung während der Titration kann auch durch Umschwenken per Hand, Rühren mit einem Glasstab o. ä. gesorgt werden **(E)**. Titriert man eine schwache Säure, so fällt der Äquivalenzpunkt i. A. nicht mit dem Neutralpunkt zusammen (höchstens näherungsweise, falls die zu titrierende Säure sehr verdünnt ist). Am Äquivalenzpunkt ist die schwache Säure in die korrespondierende schwache Base überführt. Diese reagiert mit Wasser in geringem Ausmaß unter Rückbildung der schwachen Säure und Bildung von $OH^-$-Ionen, so dass die Lösung am Äquivalenzpunkt schwach basisch reagiert **(F)**. Ein möglichst großer pH-Sprung am Äquivalenzpunkt ist in der Praxis angenehm; er erleichtert auch die Wahl des Indikators, da umso mehr Indikatoren ihren Umschlagspunkt innerhalb des pH-Sprungbereichs aufweisen, je größer dieser ist. Ein Bereich von fünf pH-Einheiten ist aber nicht unbedingt erforderlich, wenngleich mit abnehmender Größe des pH-Sprungs die genaue Bestimmung des Äquivalenzpunkts etwas schwieriger wird **(H)**. Der Indikator für eine Säure-Base-Reaktion ist selbst eine schwache Säure. Durch Übergang in seine korrespondierende Base durch Abspaltung eines $H^+$-Ions am Äquivalenzpunkt ändert er seine Farbe und zeigt so das Erreichen des Äquivalenzpunkts an **(I)**. Bei einer komplexometrischen Titration (z. B. von $Ca^{2+}$ mit EDTA) muss der Indikator zur Komplexbildung in der Lage sein.

# Lösung 133      Antworten  (A), (C), (F), (G), (I), (J), (K), (L)

Damit eine Verbindung durch das Permanganat-Ion ($MnO_4^-$) oxidiert werden kann, muss sie reduzierende Eigenschaften aufweisen. Das jeweilige Element darf sich in keinem Fall im höchstmöglichen Oxidationszustand befinden. Außerdem muss das Standardreduktionspotenzial der zu oxidierenden Verbindung niedriger sein, als dasjenige des Permanganats, das in stark saurer Lösung ca. 1,5 V beträgt.

Das $Fe^{2+}$-Ion **(A)** ist relativ leicht zu $Fe^{3+}$ oxidierbar, das $Cu^+$-Ion **(F)** zu $Cu^{2+}$. Dagegen besitzt das $Na^+$-Ion eine Edelgaskonfiguration und kann daher nicht weiter oxidiert werden, da ein Elektron aus einer vollbesetzten Schale entfernt werden müsste. Im $H_2O_2$ weist Sauerstoff die für das O-Atom ansonsten seltene Oxidationszahl −1 auf. Obwohl $H_2O_2$ auch selbst ein gutes Oxidationsmittel ist (und dabei zu Wasser reduziert wird) kann es durch ein starkes Oxidationsmittel wie $MnO_4^-$ zu Sauerstoff ($O_2$) oxidiert werden **(C)**. Dieser ist durch Permanganat nicht mehr weiter oxidierbar. Von den vorliegenden Anionen liegt im Nitrat-Ion ($NO_3^-$) der Stickstoff in seiner höchsten Oxidationsstufe +5 vor; Nitrat ist daher nicht weiter oxidierbar. Für die anderen Anionen ist eine Erhöhung der Oxidationszahl möglich. Das Sulfit- ($SO_3^{2-}$) und das Sulfid-Ion ($S^{2-}$) **(G, I)** sind beide gute Reduktionsmittel; das Sulfid kann aus der (niedrigsten) Oxidationsstufe −2 in verschiedene höhere Oxidationsstufen übergehen, das Sulfit wird zum Sulfat ($SO_4^{2-}$) oxidiert. Chlorid ($Cl^-$), **(K)** ist wesentlich schwerer zu oxidieren, da Chlor selbst ein starkes Oxidationsmittel ist; unter Standardbedingungen kann die Oxidation aber ablaufen. Das Oxalat-Ion ($C_2O_4^{2-}$) enthält Kohlenstoff in der Oxidationsstufe +3; es kann durch starke Oxidationsmittel zu Hydrogencarbonat ($HCO_3^-$) bzw. $CO_2$ oxidiert werden **(L)**. Stickstoffmonoxid **(J)** schließlich enthält Stickstoff in einer mittleren Oxidationszahl +2; es wird relativ leicht zu $NO_2$ oder $NO_3^-$ oxidiert.

# Lösung 134    Antworten  (A), (D), (F), (I)

Die Koordinationszahl in einem Komplex beschreibt die Anzahl der koordinativen Bindungen in einem Komplex, die ein Zentralatom bzw. -ion eingeht. Sind nur einzähnige Liganden gebunden, stimmt sie mit der Anzahl der Liganden überein, andernfalls jedoch nicht **(A)**. Viele Chelatkomplexe sind farbig, z. B. der $o$-Phenanthrolin-Komplex [Fe($o$-Phen)$_3$]$^{2+}$ von $Fe^{2+}$. Chelatkomplexe weisen auch typischerweise eine hohe Bildungskonstante auf. Allerdings besteht zwischen beiden Aspekten kein direkter Zusammenhang **(D)**. Beispielsweise ist der $Ca^{2+}$-Komplex mit dem sechszähnigen Chelatliganden EDTA$^{4-}$ ([CaEDTA]$^{2-}$) farblos. Selbstverständlich existieren zahlreiche geladene Komplexe; es lassen sich aber auch viele Gegenbeispiele, also ungeladene Komplexe, finden, wie z. B. das Tetracarbonylnickel [Ni(CO)$_4$] oder der Triaquatrichloridoeisen(III)-Komplex [Fe(H$_2$O)$_3$Cl$_3$] **(F)**. Obige Beispiele zeigen bereits, dass als Liganden durchaus nicht nur Anionen in Frage kommen **(I)**, sondern gleichermaßen neutrale Moleküle wie z. B. $H_2O$, $NH_3$ oder CO, sofern sie ein freies Elektronenpaar oder zumindest eine $\pi$-Bindung aufweisen (z. B. Ethen), **(G)**.

Komplexe können in Umkehrung ihrer Bildungsreaktion auch wieder in ihre Bestandteile dissoziieren; sie stehen mit diesen in einem dynamischen Gleichgewicht, das durch die Komplexbildungs- bzw. Dissoziationskonstante beschrieben werden kann **(B)**. Chelatkomplexe sind i. A. recht stabil und haben typischerweise eine größere Bildungskonstante als analoge Nicht-Chelatkomplexe mit gleichem Zentralteilchen **(C)**. Dieses als Chelat-Effekt bezeichnete Phänomen ist entropischer Natur. Bei der Bildung eines Chelatkomplexes aus einem hydratisierten Ion nimmt durch Freisetzung der gebundenen Wassermoleküle die Zahl der unabhängigen Teilchen und damit die Unordnung des Systems (die Entropie) zu. Eisen(II) besitzt 24 Elektronen; um die Konfiguration des nachfolgenden Edelgases Krypton zu erreichen, sind zwölf Elektronen, also sechs Elektronenpaare, erforderlich. Dies ist durch die koordinative Bindung von sechs einzähnigen Liganden möglich. Eisen(III) mit 23 Elektronen kann dagegen aufgrund der ungeraden Elektronenzahl durch Bindung von typischen Elektronenpaardonormolekülen die Edelgaskonfiguration nicht erreichen. Diese Überlegung spricht für eine höhere Stabilität von Eisen(II)- im Vergleich zu Eisen(III)-Komplexen. Es handelt sich dabei aber nur um eine Faustregel, die nicht für alle Komplexe zutreffend ist **(E)**. Moleküle ohne ein Donorelektronenpaar kommen als Ligand nicht in Frage **(G)**. Das Cyanid-Ion ist mit seinem freien Elektronenpaar am vergleichsweise wenig elektronegativen C-Atom ein sehr guter Ligand; es bildet sowohl mit Fe(II)- wie auch mit Cu(II)-Ionen stabile Komplexe. Auch das neutrale $H_2O$-Molekül ist ein geeigneter Ligand **(I)**, wenngleich es deutlich weniger stabile Komplexe bildet **(H)**. Metallionen der 1. und 2. Hauptgruppe des PSE weisen (nach Abgabe von einem bzw. zwei Valenzelektronen) eine stabile Edelgaskonfiguration auf und besitzen deshalb nur eine geringe Neigung zur Bindung von Ligandmolekülen. Dagegen haben typische Übergangsmetall-Ionen wie z. B. $Cr^{3+}$, $Fe^{2+}$ oder $Co^{3+}$ nur teilweise gefüllte d-Orbitale und können in manchen Fällen durch Bindung einer entsprechenden Anzahl von Liganden die (besonders stabile) Elektronenkonfiguration des nachfolgenden Edelgases erreichen **(J)**.

# Lösung 135     Antworten  (A), (D), (G), (I)

Für die Herstellung einer Pufferlösung wird eine schwache Säure und das korrespondierende Anion, eine schwache Base, benötigt. Ein solches Paar bilden die organischen Säuren Oxalsäure ($H_2C_2O_4$) und das korrespondierende Anion Hydrogenoxalat ($HC_2O_4^-$) sowie die Milchsäure (2-Hydroxypropansäure; $C_3H_6O_3$) und das korrespondierende Lactat-Ion ($C_3H_5O_3^-$) **(A, I)**. Geeignet ist auch das Paar $CO_2$ / $NaHCO_3$, da $CO_2$ in Wasser (teilweise) zur schwachen Säure $H_2CO_3$ (Kohlensäure) reagiert, die zusammen mit dem Hydrogencarbonat-Ion im schwach sauren bis neutralen pH-Bereich puffert **(G)**. Das Hydrogencarbonat-Ion kann auch als Puffersäure fungieren und zusammen mit dem korrespondierenden stärker basischen Carbonat-Ion ($CO_3^{2-}$) einen Puffer für den basischen pH-Bereich bilden **(D)**.

Das Paar **(C)** enthält nur das basische Hydrogenphosphat-Ion $HPO_4^{2-}$; es fehlt die dazu korrespondierende schwache Säure, das Dihydrogenphosphat ($H_2PO_4^-$). Paar **(E)** enthält nur eine schwache Säure (das $NH_4^+$-Ion) und zwei sehr schwach basische Anionen. Es fehlt $NH_3$ als korrespondierende schwache Base zum Ammonium-Ion. Im Paar **(B)** findet sich mit dem Nitrat-Ion ($NO_3^-$) das Anion einer starken Säure und mit dem Nitrit-Ion ($NO_2^-$) das Anion einer schwachen Säure. Für die Bildung eines Puffergemisches fehlt eine schwache Säure. Barium- und Calciumcarbonat **(F)** enthalten jeweils das basische Carbonat-Ion ($CO_3^{2-}$), aber keine dazu korrespondierende schwache Säure ($HCO_3^-$). Iodwasserstoff (HI) ist eine sehr starke Säure; das $I^-$-Ion entsprechend eine sehr schwache Base. Sehr starke Säuren und deren korrespondierende sehr schwachen Basen sind nicht als Puffer geeignet **(H)**. Das letzte Paar **(J)** enthält das nur sehr schwach basische Sulfat-Ion und die mittelstarke Säure Hydrogensulfat. Das Sulfat ist zu schwach basisch, um eine brauchbare Pufferwirkung zu erzielen.

# Lösung 136     Antworten  (B), (D), (E), (F), (I)

Das Wasserstoffatom besteht nur aus einem Proton im Kern und einem Elektron. Für das Elektron sind daher keine Wechselwirkungen mit anderen Elektronen in der Hülle möglich; daher ist das H-Atom das einzige, in dem alle Orbitale einer Schale (d. h. mit gleicher Hauptquantenzahl, z. B. 3s, 3p und 3d, die für das H-Atom im Grundzustand alle unbesetzt sind) die gleiche Energie aufweisen **(B)**. Für alle anderen Atome ist das nicht der Fall; hier hängt die

Orbitalenergie von der Nebenquantenzahl $l$ ab. Die Penetration eines Orbitals in den Bereich weiter innen liegender Orbitale führt dazu, dass es näher zum Kern gelangt und damit in höherem Maß dessen Anziehung unterliegt, gleichzeitig weniger durch weiter innen liegende Elektronen abgeschirmt wird. Dadurch wird das Orbital stabilisiert und weist niedrigere Energie auf **(D)**. Die Orbitalenergien sinken innerhalb einer Periode von links nach rechts, da die hinzukommenden Valenzelektronen sich untereinander nur wenig abschirmen und somit einer steigenden effektiven Kernladung unterliegen **(E)**. Die 2s-Elektronen befinden sich in derselben Schale wie die 2p-Elektronen und tragen somit wenig zur Abschirmung bei. Diese kommt v. a. durch die wesentlich kernnäheren 1s-Elektronen zustande **(F)**. Da sich innerhalb der Periode vom Na zum Mg der Atomradius nur wenig verringert, wird die erste Ionisierungsenergie von der Zunahme der effektiven Kernladung dominiert. Sie steigt daher tendenziell innerhalb der Periode an **(I)**.

Ein 2s-Elektron hält sich zwar überwiegend in einem anderen Bereich auf, wie ein 1s-Elektron; es kann aber in den Bereich der inneren Elektronen penetrieren und besitzt somit eine gewisse Aufenthaltswahrscheinlichkeit im Bereich der 1s-Elektronen **(A)**. Die Penetration führt zu geringerer Abschirmung von der Kernladung, also dem Gegenteil von Aussage **(C)**, vgl. **(D)**. Elektronen stoßen sich gegenseitig ab. Daher kostet es Energie, zwei Elektronen in einem Orbital zu paaren (Spinpaarungsenergie); sie folgen deshalb der Hund'schen Regel und besetzen energiegleiche Orbitale zunächst einfach **(G)**. Die Elektronegativität steigt innerhalb einer Periode von links nach rechts. Der Grund hierfür ist, dass die Orbitalenergien infolge zunehmender effektiver Kernladung sinken, und nicht ansteigen **(H)**. Aussage **(J)** trifft zu für alle Edelgase mit Ausnahme des Heliums – in der ersten Schale sind keine p-Orbitale besetzt. Eine Entartung (Energiegleichheit) von Orbitalen hat nichts mit dem absoluten Energieniveau zu tun, entartete Orbitale können also mit niedriger wie mit hoher Energie auftreten. Letzteres ist der Fall bei antibindenden Orbitalen, die häufig unbesetzt bleiben **(K)**.

# Lösung 137    Antworten (A), (B), (C), (D), (F), (K), (L)

In Frage kommen alle mittelstarken und starken Oxidationsmittel, die also selbst relativ leicht reduziert werden können. Das Sulfit-Ion wird zum Sulfat oxidiert.

Das Permanganat-Ion **(A)** ist ein solches starkes Oxidationsmittel, das je nach pH-Wert des Reaktionsmediums zu $Mn^{2+}$ (im Sauren) oder zu $MnO_2$ (im Basischen) reduziert wird. Auch der Hexaaquacobalt(III)-Komplex **(L)** ist ein sehr starkes Oxidationsmittel, das leicht zum entsprechenden Co(II)-Komplex reduziert wird. Wasserstoffperoxid ($H_2O_2$; **(C)**) kann gegenüber starken Oxidationsmitteln als Reduktionsmittel fungieren (z. B. gegenüber $MnO_4^-$); es ist aber gleichzeitig ein gutes Oxidationsmittel. Als solches wird es zu Wasser reduziert. Das Nitrat-Ion **(F)** enthält Stickstoff in seiner höchsten Oxidationsstufe +5. Besonders in saurer Lösung ist auch das Nitrat-Ion ein gutes Oxidationsmittel. Deutlich schwächer ist die oxidierende Wirkung des Nitrit-Ions ($NO_2^-$; **(D)**) mit Stickstoff in der Oxidationsstufe +3; um ein relativ starkes Reduktionsmittel wie das Sulfit-Ion zu oxidieren, sollte die Oxidationskraft aber ausreichen. Iod **(K)** ist ein mildes Oxidationsmittel und wird dabei zu Iodid reduziert. Auch das Redoxpotenzial des Paares $I_2 / 2\ I^-$ ist noch positiv genug, um das Sulfit-Ion zu oxidieren.

Nicht in Frage kommen zur Oxidation alle Verbindungen, die selbst nicht weiter reduzierbar sind. Hierzu gehören das Chlorid-Ion (E) und das Sulfid-Ion (H) ebenso wie Ammoniak (I) mit Stickstoff in der niedrigsten Oxidationszahl –3. Calcium (J) ist selbst ein sehr starkes Reduktionsmittel und deshalb selbstverständlich ebenfalls nicht für eine Oxidation von Sulfit geeignet. Das $Na^+$-Ion (G) ist zwar prinzipiell reduzierbar; allerdings ist $Na^+$ ein sehr schwaches Oxidationsmittel, da es ein stabiles Elektronenoktett aufweist. Entsprechend ist elementares Natrium ein sehr starkes Reduktionsmittel.

## Lösung 138     Antworten (D), (G), (H), (J), (K)

Am Absorptionsmaximum einer Verbindung ist der Absorptionskoeffizient maximal. Daraus ergibt sich, dass bei höherer und niedrigerer Wellenlänge als dem Absorptionsmaximum der Absorptionskoeffizient kleiner wird (D). Nach dem Lambert-Beer'schen Gesetz ist die Absorbanz proportional zur Konzentration. Eine Verdünnung auf das 100-fache Volumen entspricht einer Erniedrigung der Konzentration auf 1/100 des Anfangswerts, entsprechend sinkt auch $A$ auf $1/100 \cdot 2 = 0,02$ ab (G). Die Farbe einer Lösung ergibt sich als die Mischfarbe aller nicht absorbierten Spektralbereiche. Wird kein Licht im sichtbaren Spektralbereich absorbiert, so erscheint die Lösung farblos; wird ein bestimmter Wellenlängenbereich absorbiert, addieren sich die nicht absorbierten Wellenlängen zur Komplementärfarbe des absorbierten Spektralbereichs. Wird überwiegend Licht im grünen Wellenlängenbereich absorbiert, ergibt sich als Komplementärfarbe das typische Violett des Permanganat-Ions (H). Die Schwingungsbanden in einem IR-Spektrum sind zahlreich und typischerweise recht schmal. Dagegen sind Banden elektronischer Übergänge im UV/VIS-Bereich im Allgemeinen ziemlich breit, da die Absorption in zahlreiche unterschiedliche Schwingungsniveaus des angeregten Zustands erfolgt. Die Banden der einzelnen Übergänge überlappen, so dass als Resultat eine breite einhüllende Kurve erhalten wird (J). Für elektronische Übergänge in Metallkomplexen existieren verschiedene sogenannte Auswahlregeln. So sind d–d-Übergänge quantenmechanisch eigentlich „verboten" und besitzen daher häufig vergleichsweise geringe Intensität. Elektronische Übergänge zwischen Liganden und Zentralion sind dagegen „vollständig erlaubt"; solche sogenannten *Charge-Transfer*-Übergänge besitzen daher meist besonders hohe Absorptionskoeffizienten, d. h. die Verbindungen sind intensiv gefärbt (K).

Wenn die Hälfte des eingestrahlten Lichts den Detektor erreicht, so beträgt die Transmission $T = 0,5$. Für die Absorbanz gilt dann $A = -\lg T = -\lg 0,5 = 0,3$ (A). Im gegebenen Fall ($A = 2$) beträgt die Transmission $T = 10^{-2}$; es erreicht also nur der hundertste Teil des eingestrahlten Lichts den Detektor (B). Am Absorptionsmaximum von 525 nm ist die Absorbanz maximal; erhöht man die Wellenlänge, muss die Absorbanz dementsprechend abnehmen (C). Die Absorbanz ist direkt proportional zur Schichtdicke. Wird diese halbiert, sinkt daher auch die Absorbanz auf den halben Wert. Für eine Verdopplung der gemessenen Absorbanz müsste auch die Schichtdicke verdoppelt werden (E). Die Konzentration der Lösung lässt sich aus der gemessenen Absorbanz nach dem Lambert-Beer'schen Gesetz berechnen:

$$A = \varepsilon \cdot c \cdot d \quad \rightarrow \quad c = \frac{A}{\varepsilon \cdot d} = \frac{2}{2 \cdot 10^3 \text{ L/mol cm} \cdot 1 \text{ cm}} = 10^{-3} \text{ mol/L}$$

Die Konzentration der $KMnO_4$-Lösung beträgt also nur 1 mmol/L und nicht 10 mmol/L **(F)**. Die Anwendbarkeit des Lambert-Beer'schen Gesetzes hängt nicht vom Ausmaß der Farbigkeit einer Verbindung ab **(I)**. Allerdings müssen intensiv farbige Verbindungen in größerer Verdünnung gemessen werden, da sehr hohe Absorbanzen ($A > 2$) nicht mehr ausreichend genau gemessen werden können. Es ist ferner darauf zu achten, dass man sich im Gültigkeitsbereich des Lambert-Beer'schen Gesetzes befindet, d. h. dass der Absorptionskoeffizient $\varepsilon$ unabhängig von der Konzentration $c$ ist. Das $Mn^{2+}$-Ion ist praktisch farblos. Die Reduktion von $MnO_4^-$ ergibt also keine grüne, sondern eine nahezu ungefärbte Lösung **(L)**.

# Lösung 139

Innerhalb einer Hauptgruppe (HG) sinkt die Ionisierungsenergie von oben nach unten, da sich die Valenzelektronen in zunehmender Entfernung vom Kern befinden und deshalb vom Kern schwächer angezogen werden. In einer Periode steigt die Ionisierungsenergie i. A. von links nach rechts, da bei vergleichbarer Atomgröße die effektive Kernladung zunimmt.

Der Atomradius steigt innerhalb einer Gruppe von oben nach unten, also mit steigender Anzahl von Schalen in einem Atom. In höheren Perioden kann dieser Effekt allerdings gering ausfallen, insbesondere, wenn Elemente betrachtet werden, zwischen denen innere Übergangselemente stehen, bei denen f-Orbitale besetzt werden. Innerhalb der Periode sinkt der Atomradius tendenziell von links nach rechts (Ausnahmen kommen durch halb besetzte Elektronenschalen zustande), da die effektive Kernladung steigt und die Valenzelektronen daher näher zum Kern gezogen werden.

Die elektronegativsten Elemente stehen rechts oben im Periodensystem; die Elektronegativität sinkt von rechts nach links innerhalb der Periode und von oben nach unten innerhalb der Gruppe. Die Elektronegativität ist ein Maß für das Bestreben eines Elements, die Elektronen einer kovalenten Bindung an sich zu ziehen. Sie ist umso höher, je schwerer ein Element ein Elektron abgibt (Ionisierungsenergie) und je mehr Energie umgekehrt bei der Aufnahme eines zusätzlichen Elektrons frei wird (Elektronenaffinität) Der Trend der Elektronegativitäten korrespondiert mit der Abnahme der Ionisierungsenergie in der gleichen Richtung.

Die Elemente mit dem am stärksten ausgeprägten Metallcharakter befinden sich links im Periodensystem. Der Metallcharakter nimmt innerhalb einer Periode von links nach rechts stark ab; in den niedrigeren Perioden erfolgt der Übergang zu den Nichtmetallen ab der 4. HG. Der metallische Charakter steigt von oben nach unten innerhalb einer Gruppe (entsprechend einer zunehmend leichteren Ionisierbarkeit und abnehmenden Elektronegativität), so dass sich ab der 4. HG in den ersten Perioden noch typische Nichtmetalle, in den höheren Perioden dagegen Elemente mit zunehmendem metallischem Charakter finden (Sn, Pb).

Die beschriebenen Veränderungen geben den allgemeinen Trend wieder, es existieren Ausnahmen, insbesondere bei den Atomradien, die im Allgemeinen aus der jeweiligen Elektronenkonfiguration ableitbar sind.

# Lösung 140

Bei den Wasserstoffverbindungen der Elemente der 6. Hauptgruppe handelt es sich – mit zunehmender Ordnungszahl des Chalkogens – um $H_2O$ (Wasser), $H_2S$ (Schwefelwasserstoff), $H_2Se$ (Selenwasserstoff) und $H_2Te$ (Tellurwasserstoff).

In dieser Reihenfolge steigt (aufgrund der zunehmenden Anzahl von Elektronenschalen) die Größe des Chalkogenatoms und damit auch die Bindungslänge. Die Elektronegativität sinkt innerhalb einer Gruppe von oben nach unten, so dass die Polarität (der Dipolcharakter) der H–X-Bindung vom $H_2O$ zum $H_2Te$ abnimmt. Zunehmende Bindungslänge zusammen mit abnehmender Polarität bewirken eine Verringerung der Bindungsenergie.

Spaltet man eine der H–X-Bindungen, so entsteht das entsprechende Anion $HX^-$. Je größer das Atom X, desto leichter kann die zusätzliche negative Ladung untergebracht werden. Da mit zunehmender Größe von X zugleich die Bindungsenergie abnimmt, wird die H–X-Bindung leichter gespalten; die Säuredissoziationskonstante steigt.

Die Oxidationszahl von X ist für alle oben genannten Wasserstoffverbindungen identisch; sie beträgt –2.

# Lösung 141      Antworten (B), (E), (F), (J), (L)

Zwischen Schmelzpunkt und Löslichkeit eines Salzes gibt es keinen direkten Zusammenhang **(B)**. Ein hoher Schmelzpunkt weist auf starke ionische Wechselwirkung hin; diese steigen gemäß dem Coulomb'schen Gesetz mit der Ladung der Ionen und abnehmendem Radius. Dies geht einher mit einer Zunahme der Gitterenthalpie, gleichzeitig aber auch der Hydratations-enthalpie. Da sich beide in ihrem Betrag oft nur wenig unterscheiden und die Löslichkeit zudem durch die Entropieänderung beim Lösungsvorgang beeinflusst wird, ist die Aussage so nicht verallgemeinerbar. Carbonate enthalten das $CO_3^{2-}$-Ion, Hydrogencarbonate das $HCO_3^-$-Ion. Da die Gitterenthalpien proportional zu den Ionenladungen sind, sind für Carbonate (bei gleichem Kation) höhere Gitterenthalpien zu erwarten **(E)**. Iodide sind oftmals tatsächlich schwerer löslich als Chloride (z. B. AgI vs. AgCl); dies ist aber nicht auf höhere Gitterenthal-pien zurückzuführen. Diese sind vielmehr i. A. kleiner, da das Iodid-Ion deutlich größer ist als das Chlorid **(F)**. Sehr viele, darunter vermutlich die bekanntesten, Salze bestehen aus Metall-kationen und Nichtmetall-Anionen, jedoch nicht alle. Ein bekanntes Gegenbeispiel sind Am-monium-Salze, wie z. B. das $NH_4Cl$ **(J)**. Ein Teil der Aussage **(L)** ist wiederum richtig: die Gitterenthalpie von $MgSO_4$, bestehend aus zwei doppelt geladenen Ionen, ist größer als diejeni-ge von AgCl. Dennoch ist Magnesiumsulfat weitaus besser löslich als das schwer lösliche Silberchlorid. Dies zeigt erneut, dass die Gitterenthalpie nur einen Parameter darstellt, der die Löslichkeit beeinflusst – neben der Hydratationsenthalpie und entropischen Faktoren.

Die Richtigkeit von **(A)** ist aus der der Summenformel des Salzes unmittelbar ersichtlich: $Na_2SO_4$ dissoziiert in Wasser zu $2\ Na^+ + SO_4^{2-}$; die Konzentration des $Na^+$-Ionen wird also doppelt so hoch sein, wie die der Sulfat-Ionen. Für die Hydratisierungsenthalpie gilt das glei-che, wie auch für die Gitterenthalpie – beide nehmen (betragsmäßig) zu mit der Ionenladung und ab mit steigendem Ionenradius **(C)**, **(D)**. In einer Lösung von $CaCl_2$ liegen $Ca^{2+}$- und $Cl^-$-

Ionen vor. Fügt man weitere Chlorid-Ionen (in Form von HCl, das ebenfalls dissoziiert vorliegt) zu, so muss sich das Löslichkeitsgleichgewicht in Richtung auf festes $CaCl_2$ verschieben – die Löslichkeit nimmt ab (Prinzip von Le Chatelier; gleichioniger Zusatz) (G). Zwar lösen sich die meisten leicht löslichen Salze unter Wärmefreisetzung (exotherm), dennoch kann bei entsprechend positiver Lösungsentropie der Gesamtprozess spontan verlaufen, auch wenn die Lösungsenthalpie (schwach) endotherm ist (H). Für das $CaF_2$ lautet das Löslichkeitsprodukt:

$$K_L = [Ca^{2+}] \cdot [F^-]^2 .$$

Aus der Dissoziationsgleichung ergibt sich, dass $[F^-] = 2 \cdot [Ca^{2+}]$ ist. Setzt man dies in den Ausdruck für $L$ ein, erhält man: $K_L = [Ca^{2+}] \cdot (2 \cdot [Ca^{2+}])^2 = 4 [Ca^{2+}]^3$ und damit wie in (I) gefordert $c_S(Ca^{2+}) = [Ca^{2+}] = \sqrt[3]{K_L / 4}$. Calcium-Ionen sind zwar aufgrund ihrer Edelgaskonfiguration keine guten Komplexbildner; mit guten mehrzähnigen Liganden wie Citrat oder EDTA können aber Komplexe gebildet werden. Da $Ca^{2+}$-Ionen essentiell sind bei der Blutgerinnung, lässt sich diese durch die Anwesenheit von Citrat unterbinden („Citrat-Blut"), (K). Löslichkeitsprodukte dürfen nur dann verglichen werden, wenn sie die gleiche Einheit besitzen, die Salze also gleiche stöchiometrische Zusammensetzung aufweisen. Dies ist für $MgSO_4$ und $BaSO_4$ offensichtlich gegeben. Berechnet man die Löslichkeit für beide Salze aus den entsprechenden Löslichkeitsprodukten, wird man also die höhere Löslichkeit für das Salz mit dem größeren Löslichkeitsprodukt erhalten (M).

# Lösung 142    Antworten (D), (F), (H), (K), (L)

Die genannte „kräftig orange" Farbe kommt einer Komplexverbindung von Fe(II) zu, die das Ion mit dem zweizähnigen Chelatliganden Phenanthrolin ausbildet. Fe(II)-Ionen in wässriger Lösung sind nur sehr schwach gefärbt und daher in dieser Form nicht gut für eine photometrische Bestimmung geeignet (D). Auch mit sogenannten Catechinen, phenolischen Verbindungen, die in schwarzem und grünem Tee enthalten sind, bilden Eisen-Ionen stabile Komplexe. Diese werden vom Körper aber kaum resorbiert, so dass Eisenpräparate (bei Eisenmangel) nicht zusammen mit diesen Teesorten eingenommen werden sollten, um die Resorption nicht zu behindern (F). Eisen-Ionen sind essentiell für den menschlichen Körper, als Zentralion im sauerstofftransportierenden Hämoglobin ebenso wie in etlichen Enzymen. Dennoch ist es nicht das häufigste Metall im Körper. Diese Rolle kommt dem Calcium zu, das einerseits als $Ca^{2+}$ eine wichtige Rolle als „*second messenger*" spielt, aber daneben auch Hauptbestandteil von Knochen und Zähnen ist (H). Um vom Löslichkeitsprodukt auf die Sättigungskonzentration zurückzurechnen, ist die Stöchiometrie der Verbindung zu beachten. Eisen(III)-hydroxid ist $Fe(OH)_3$; bei der Dissoziation in die Ionen entstehen also dreimal so viel Hydroxid-Ionen wie $Fe^{3+}$, deshalb darf nicht einfach die vierte Wurzel aus dem Löslichkeitsprodukt gezogen werden. Vielmehr ergibt sich $K_L = [Fe^{3+}] \cdot (3 \cdot [Fe^{3+}])^3 = 27 [Fe^{3+}]^4$ und somit für die Sättigungskonzentration von $Fe^{3+}$: $c_S(Fe^{3+}) = [Fe^{3+}] = \sqrt[4]{K_L / 27}$ (K). Im Oxy-Hämoglobin ist das Eisen-Ion oktaedrisch koordiniert – der Porphyrin-Ring liefert vier N-Atome in quadratisch planarer Koordination, die fünfte Koordinationsstelle wird von einem

Histidin-Rest der Globinkette eingenommen und nur die sechste Position bleibt zur Bindung von Sauerstoff (L).

Antwort (A) ist damit ebenso korrekt, wie auch (B): Eisen hat ein negatives Standardreduktionspotenzial und kann durch $H^+$-Ionen, wie in der Magensäure reichlich vorhanden, zu $Fe^{2+}$ (nicht aber $Fe^{3+}$!) oxidiert werden. Fe(III)-Lösungen verhalten sich als Lewis-Säuren: Aufgrund der hohen positiven Ladungsdichte und des kleinen Radius von $Fe^{3+}$ wirkt es in dem in wässriger Lösung vorliegenden Aquakomplex $[Fe(H_2O)_6]^{3+}$ stark polarisierend auf die gebundenen Wassermoleküle, wodurch es relativ leicht zum Bruch einer O–H-Bindung kommt. Der $pK_S$-Wert liegt zwischen 2 und 3; Fe(III)-Lösungen zeigen also deutlich saure Eigenschaften (C). Die häufigste Koordinationszahl von Fe(III)- wie auch von Fe(II)-Ionen ist sechs, es liegen oktaedrische Komplexe vor (E). Fe(II)-Ionen können durch starke Oxidationsmittel zu Fe(III) oxidiert werden. Daher ist eine Redoxtitration, z. B. mit $KMnO_4$, eine gute Methode, um die Konzentration einer Lösung von $Fe^{2+}$ zu ermitteln (G). Sowohl Eisen wie auch Aluminium sind unedle Metalle, sie besitzen ein negatives Standardreduktionspotenzial. Im Allgemeinen erfolgt die Oxidation umso leichter, je negativer der Wert für $E°$, d. h. je höher die Reduktionskraft ist. So ist z. B. Natrium in Wasser nicht beständig, sondern wird sehr rasch oxidiert. Gleiches Verhalten wäre aufgrund des stark negativen Reduktionspotenzials auch für Aluminium zu erwarten. Seine hohe Beständigkeit gegenüber Wasser kommt durch die Bildung eines dünnen, aber sehr fest haftenden Oxidfilms an der Oberfläche des Metalls zustande, der das Metall vor weiterem Angriff schützt. Im Gegensatz dazu haftet Eisen(III)-oxid nicht am Metall, sondern blättert in Form von Rost ab, wodurch immer wieder neues Metall an der Oberfläche freigesetzt wird und die Korrosion immer weiter fortschreitet (I). Da Eisen wesentlich unedler ist als Kupfer (d. h. ein negativeres Standardreduktionspotenzial aufweist), kann es durch $Cu^{2+}$-Ionen oxidiert werden; dabei scheidet sich gebildetes elementares Kupfer auf der Oberfläche des Eisens ab (J), ( $Fe + Cu^{2+} \rightarrow Fe^{2+} + Cu$ ). Eisen hat die Ordnungszahl 26; im dreiwertigen Zustand besitzt es also 23 Elektronen, d. h. es fehlen 13 Elektronen bis zur Konfiguration des nachfolgenden Edelgases Krypton. In einem oktaedrischen Komplex liefern die Liganden 12 Elektronen, so dass das $Fe^{3+}$-Ion auf 35 Elektronen kommt. Daher ist es ein relativ starkes Oxidationsmittel, da es bei einer Reduktion zum $Fe^{2+}$ das fehlende Elektron erhält (M).

# Lösung 143     Antworten (C), (D), (E), (F), (G), (H), (L)

Für die Lösung der Aufgabe sind folgende Regeln hilfreich:

Alkalimetall-Ionen bilden praktisch keine stabilen Komplexe, die (schwereren) Erdalkalimetall-Ionen nur mit mehrzähnigen Chelatliganden. Grund ist, dass Alkali- und Erdalkalimetall-Ionen bereits über eine Edelgaskonfiguration verfügen und andererseits 18 Elektronen (entsprechend neun einzähnigen Liganden) aufnehmen müssten, um die Konfiguration des folgenden Edelgases zu erreichen, was aus räumlichen (sterischen) Gründen kaum möglich ist. Übergangsmetall-Komplexe sind i. A. besonders stabil, wenn das Zentralatom bzw. Zentralion darin die Edelgaskonfiguration des nachfolgenden Edelgases erreicht. Bevorzugte Koordinationszahlen sind vier und sechs, sofern dadurch nicht die Edelgasschale überschritten wird.

Damit gelangt man zu folgender Einschätzung:

Im Tetraaquazink(II)-Komplex **(C)** erreicht das $Zn^{2+}$-Ion (28 Elektronen) mit vier Liganden Edelgaskonfiguration; der Komplex sollte stabil sein, wenngleich $H_2O$ ein eher schwacher Ligand ist. Auch im $[Mn(CN)_6]^{5-}$ **(D)** und im $[Co(NH_3)_6]^{3+}$ **(F)** erreicht das Mn(I)- bzw. das Co(III)-Ion jeweils die 36-Elektronenkonfiguration des Kryptons; beides sind stabile Komplexe. Gleiches gilt für das Cu(I)-Ion mit 28 Elektronen im $[Cu(CN)_4]^{3-}$ **(L)**. Im $Ni(CO)_4$ **(G)** liegt ebenso wie im (hypothetischen) $Fe(CO)_6$ **(B)** und im (existierenden) $Fe(CO)_5$ das Metall in der Oxidationsstufe 0 vor. Solch niedrige Oxidationsstufen werden durch Liganden stabilisiert, die wie CO und $CN^-$ in der Lage sind, Elektronendichte vom Metall in unbesetzte, antibindende $\pi^*$-Orbitale zu übernehmen (man spricht von einer „Rückbindung"). Dank seiner hohen Ladung bildet auch das $Al^{3+}$-Ion stabile Komplexe, obwohl es formal bereits eine Edelgasschale aufweist. Für das $Ca^{2+}$-Ion gilt dies nur mit speziellen (mehrzähnigen) Liganden, wie dem sechszähnigen Ethylendiamintetraacetat, in basischer Lösung **(E)**.

Die beiden Komplexe von $Na^+$ **(A)** bzw. $K^+$ **(I)** werden nicht beobachtet, da beide Ionen schlechte Komplexbildner sind (Edelgaskonfiguration!); eine Aufnahme von neun Wassermolekülen zu einem $[K(H_2O)_9]^+$ ist auch aus sterischen Gründen unwahrscheinlich. Das $K^+$-Ion liegt dennoch umgeben von mehreren Wassermolekülen (hydratisiert) vor. Diese Wassermoleküle sind aber schwächer als in einem typischen Aquakomplex gebunden. Im $[Fe(CN)_6]^{5-}$ **(J)** läge das Eisen in der (für Fe) sehr ungewöhnlichen Oxidationsstufe +1 vor und hätte insgesamt 37 Elektronen; die Kryptonschale würde also um ein Elektron überschritten. Ähnliches gilt im $Fe(CO)_6$ **(B)** mit 38 Elektronen. Dagegen existiert das Pentacarbonyleisen ($Fe(CO)_5$ – Edelgasschale!) trotz der weniger häufigen Koordinationszahl fünf und der niedrigen Oxidationszahl (0) für das Eisen. Ethylendiamin („en"; 1,2-Diaminoethan) ist ein zweizähniger Ligand; im $[Co(en)_6]^{3+}$ **(K)** würden dem Cobalt(III)-Ion (24 Elektronen) daher insgesamt 24 zusätzliche Elektronen zur Verfügung gestellt, was die Edelgasschale des nachfolgenden Kryptons bei Weitem überschreitet. Mit drei Ethylendiamin-Liganden bildet $Co^{3+}$ dagegen den sehr stabilen $[Co(en)_3]^{3+}$-Komplex.

# Kapitel 15

# Lösungen – Atombau, Periodensystem, chemische Bindungen, Molekülstruktur

## Lösung 144

a) Die Nichtmetalle befinden sich (mit Ausnahme des Wasserstoffs) rechts oben innerhalb des Periodensystems, beginnend mit dem Element Bor in der 3. Hauptgruppe und dem Kohlenstoff der 4. Hauptgruppe (die weiteren Elemente in der 3. und 4. HG sind Halbmetalle (Si, Ge) oder Metalle. Die weiteren Nichtmetalle finden sich in der 5. HG (Stickstoffgruppe), der 6. HG (Chalkogene), der 7. HG (Halogene) und der 8. HG (Edelgase). Zu den typischen Nichtmetallen rechnet man die sechs Edelgase, sowie weitere zwölf Elemente.

b) Es sind dies: Wasserstoff, Bor, Kohlenstoff, Stickstoff, Sauerstoff, Fluor, Phosphor, Schwefel, Chlor, Selen, Brom, Iod, sowie die Edelgase Helium, Neon, Argon, Krypton, Xenon und Radon.

c) Das gesuchte Element steht offensichtlich in der 3. Periode und weist insgesamt sieben Valenz-elektronen auf (Elektronenkonfiguration $3s^2\ 3p^5$); es ist also ein Halogen, nämlich das Chlor.

## Lösung 145

Dies beruht auf der Aufenthaltswahrscheinlichkeit der Elektronen in den jeweiligen Orbitalen. Elektronen im 2s-Orbital können sich mit einer bestimmten Wahrscheinlichkeit innerhalb des Bereichs des 1s-Orbitals aufhalten, d. h. in den Bereich der inneren Elektronen penetrieren. Sie erfahren dadurch eine höhere effektive Kernladung als ein Elektron in einem 2p-Orbital, das weniger in den Bereich der inneren Elektronen penetriert, d. h. durch die inneren 1s-Elektronen besser von der Kernladung abgeschirmt wird.

Nach dem Pauli-Prinzip müssen sich alle Elektronen in einem Atom in mindestens einer Quantenzahl unterscheiden. Zwei Elektronen, die das gleiche Orbital besetzen, haben die gleiche Haupt-, Neben- und Magnetquantenzahl, müssen sich also in der vierten, der Spinquantenzahl unterscheiden. Da diese aber nur zwei verschiedene Werte annehmen kann ($+\frac{1}{2}$; $-\frac{1}{2}$), kann jedes Orbital mit maximal zwei Elektronen besetzt werden. Für das dritte Elektron des Li-Atoms muss also eine neue Schale begonnen werden; es ergibt sich somit die Elektronenkonfiguration $1s^2\ 2s^1$.

© Springer Fachmedien Wiesbaden GmbH, ein Teil von Springer Nature 2020
R. Hutterer, *Fit in Anorganik*, Studienbücher Chemie,
https://doi.org/10.1007/978-3-658-30486-7_15

# Lösung 146

Nur für den Sauerstoff entspricht die gezeigte Elektronenkonfiguration dem Grundzustand. Beim Kohlenstoff sind zwei Elektronen im 2p-Orbital gepaart (was der Hund'schen Regel widerspricht), für Stickstoff befinden sich die drei 2p-Elektronen zwar in verschiedenen Orbitalen, weisen aber nicht alle parallelen Spin auf, während sich bei Beryllium ein Elektron im (energetisch höheren) 2p-Orbital befindet, anstatt das erst einfach besetzte 2s-Orbital vollständig zu besetzen.

# Lösung 147

a) Die potentielle Energie ist nach dem Coulomb'schen Gesetz indirekt proportional zum Abstand der Ladungen, also $E_{pot} \sim 1/r$. Für entgegengesetzte Ladungen ist die potentielle Energie negativ und sinkt mit einer Verringerung des Abstands.

b) Ein Elektron in einem 2s-Orbital besitzt eine höhere Wahrscheinlichkeit, sich sehr nahe am Kern (im Bereich des 1s-Orbitals) aufzuhalten, als ein 2p-Elektron (stärkere Penetration). Es erfährt daher eine geringere Abschirmung von der Kernladung durch die inneren Elektronen, d. h. es spürt eine höhere effektive Kernladung, wird also stärker angezogen und weist daher eine niedrigere (stärker negative) Energie auf.

c) Auch wenn die zur Ionisierung von Na benötigte Energie (die 1. Ionisierungsenergie) vergleichsweise gering ist, kostet es für alle Elemente Energie, ein Elektron aus der Schale zu entfernen; eine Ionisierung ist also *immer* endergon. Der Grund dafür, dass das Na-Atom dennoch relativ „leicht" ein Elektron abgibt und ein $Na^+$-Ion bildet, ist, dass die aufgewendete Energie durch ionische Wechselwirkungen (z. B. mit einem durch die Elektronenabgabe gebildeten $Cl^-$-Ion in einem Ionengitter) kompensiert werden kann, so dass insgesamt eine exergone Reaktion resultiert.

# Lösung 148

a) Innerhalb einer Periode nimmt die 1. Ionisierungsenergie tendenziell von links nach rechts zu. Grund ist die Zunahme der effektiven Kernladung, die die Valenzelektronen stärker festhält, so dass der Atomradius sinkt. Da sich die Valenzelektronen untereinander nur wenig abschirmen, wird die zusätzliche positive Ladung im Kern kaum abgeschirmt, so dass die Anziehung auf die Valenzelektronen steigt.

b) Während im Stickstoffatom die drei 2p-Orbitale jeweils einfach besetzt sind, ist bei Sauerstoff durch das zusätzliche Elektron eines der 2p-Orbitale doppelt besetzt. Die resultierende Abstoßung der beiden Elektronen kompensiert die Zunahme der Kernladung. Eine Abspaltung dieses Elektrons ergibt eine halb besetzte 2p-Schale analog zum N-Atom, die ebenso wie eine vollbesetzte Schale besondere Stabilität aufweist.

# Lösung 149

a)

Ga: $[Ar]\, 3d^{10}\, 4s^2\, 4p^1$  (1 ungepaartes Elektron)

Ge: $[Ar]\, 3d^{10}\, 4s^2\, 4p^2$  (2 ungepaarte Elektronen)

As: $[Ar]\, 3d^{10}\, 4s^2\, 4p^3$  (3 ungepaarte Elektronen)

Se: $[Ar]\, 3d^{10}\, 4s^2\, 4p^4$  (2 ungepaarte Elektronen)

Br: $[Ar]\, 3d^{10}\, 4s^2\, 4p^5$  (1 ungepaartes Elektron)

b) Der Atomradius nimmt innerhalb einer Periode von links nach rechts (mit zunehmender effektiver Kernladung) ab; somit ist für das Bromatom der kleinste Radius zu erwarten. Das größte Atom der 4. Periode findet sich entsprechend in der 1. Hauptgruppe, das Kalium.

# Lösung 150

Chlor ist ein Halogen und befindet sich in der 7. Hauptgruppe des PSE; es besitzt folglich sieben Valenzelektronen. Die höchstmögliche positive Oxidationszahl entspricht der Gruppennummer und beträgt daher +7. Bis zur Edelgaskonfiguration des nachfolgenden Elements Argon fehlt nur ein Elektron, die negativstmögliche Oxidationszahl ist daher $-1$.

Die jeweiligen Elektronenkonfigurationen sind:

für OZ = +7:  $1s^2\, 2s^2\, 2p^6$

für OZ = $-1$:  $1s^2\, 2s^2\, 2p^6\, 3s^2\, 3p^6$

# Lösung 151

a) Der Atomradius steigt erwartungsgemäß mit der Anzahl der Schalen in der Elektronenhülle, also innerhalb einer Gruppe des PSE von oben nach unten, gleichzeitig sinkt er (von kleinen Unregelmäßigkeiten abgesehen) von links nach rechts. Grund hierfür ist die Zunahme der effektiven Kernladung, da nur die Elektronen der inneren Schalen die Valenzelektronen effektiv abschirmen. Die maximalen Atomradien innerhalb einer Periode finden sich daher in der 1. Hauptgruppe, die kleinsten in der 8. Hauptgruppe, den Edelgasen. Schwerstes stabiles (größtes) Alkalimetall ist daher das Caesium (Cs); das kleinste Element ist das leichteste Edelgas in der 1. Periode, das Helium (He).

b) Kationen sind positiv geladen, besitzen weniger Elektronen als das entsprechende Atom; Anionen sind negativ und weisen mehr Elektronen auf. Bei gleicher Kernladung werden die (wenigeren) Elektronen im Kation stärker angezogen, Kationen sind entsprechend kleiner als das jeweilige Atom. In einem Anion muss die (gleiche) Kernladung mehr Elektronen festhalten als im neutralen Atom; Anionen sind dementsprechend immer größer als das zugrundeliegende Atom.

# Lösung 152

a) Die Abnahme des Ionenradius vom Sulfid-Ion hin zum Calcium-Ion beruht auf der Zunahme der Kernladungszahl (der Protonenzahl). Mit zunehmender Protonenzahl steigt die Anziehung auf eine konstante Elektronenzahl, die Elektronen werden fester gehalten und der Radius des Ions verringert sich.

b) Neutronen sind im Vergleich zu einem Atom verschwindend klein, daher haben ein oder zwei zusätzliche Neutronen im Kern keinerlei Einfluss auf die Atomgröße. Da sie neutral sind, bleibt die Anziehung auf die Elektronen in der der Hülle unverändert; der Radius verschiedener Isotope ist somit identisch.

Während die beiden Isotope mit Massenzahl 12 und 13 beide stabil sind, ist der Kern mit Massenzahl 14 instabil (radioaktiv) und zerfällt mit einer Halbwertszeit von ca. 5700 Jahren.

# Lösung 153

a) Die erste Ionisierung betrifft in beiden Fällen ein Valenzelektron. Für die 1. Ionisierungsenergien beobachtet man tendenziell eine Zunahme innerhalb einer Periode von links nach rechts, da die effektive Kernladung in dieser Richtung steigt. Die 1. Ionisierungsenergie ist daher für Mg (2. Hauptgruppe) etwas höher als für Na (1. Hauptgruppe). Die zweite Ionisierung von Magnesium ($Mg^+ \rightarrow Mg^{2+}$) betrifft das zweite Valenzelektron des Magnesiums; sie ist höher als die erste, weil eine negative Ladung gegen die Anziehung des positiven $Mg^+$-Ions entfernt werden muss. Im Fall von Na dagegen liegt im $Na^+$-Ion eine vollbesetzte Edelgasschale vor; für eine zweite Ionisierung ($Na^+ \rightarrow Na^{2+}$) muss daher ein Elektron aus einer inneren, vollbesetzten Schale entfernt werden. Hierfür ist deutlich mehr Energie erforderlich als für die Abspaltung des zweiten Valenzelektrons des Magnesiums.

b) Der allgemeine Trend innerhalb einer Periode, die Zunahme der 1. Ionisierungsenergie, beruht auf der Zunahme der effektiven Kernladung. Diese steigt zwar auch vom Be zum B, jedoch wird beim Bor für das zusätzlich hinzugekommene Elektron eine neue Unterschale besetzt. Das 2p-Orbital wird von den 1s-Elektronen stärker abgeschirmt, als das 2s-Orbital; es spürt daher eine etwas geringere effektive Kernladung und liegt somit energetisch höher, als das 2s-Orbital. Entsprechend wird das 2p-Elektron im Bor etwas leichter abgespalten, als das 2s-Elektron des Berylliums. Für das nächste Element (Kohlenstoff) ist die 1. Ionisierungsenergie erwartungsgemäß wieder höher (Anstieg der effektiven Kernladung).

c) Während die Ionisierungsenergien für die drei ersten Elektronen vergleichsweise moderat ansteigen, erfolgt zwischen der 3. und der 4. Ionisierungsenergie ein sehr drastischer Anstieg. Dies deutet darauf hin, dass hier ein Elektron aus einer vollbesetzten (Edelgas)schale entfernt wird, d. h., das Element muss drei Valenzelektronen aufweisen. In der 3. Hauptgruppe und der dritten Periode findet sich das Element Aluminium.

# Lösung 154

Kationen sind positiv geladen, besitzen weniger Elektronen als das entsprechende Atom; Anionen sind negativ und weisen mehr Elektronen auf. Bei gleicher Kernladung werden die (wenigeren) Elektronen im Kation stärker angezogen, Kationen sind entsprechend kleiner als das jeweilige Atom. In einem Anion muss die Kernladung mehr Elektronen festhalten als im Atom, diese ist dementsprechend größer als das Atom.

Die Anziehung von Kationen und Anionen gehorcht dem Coulomb-Gesetz; danach ist die Wechselwirkungsenergie proportional den Ionenladungen und indirekt proportional zum Abstand $r_{12}$ der Atomkerne der Ionen im Gitter.

$$E = \frac{z_1 z_2 \, e^2}{4\pi \, \varepsilon_0 \, r_{12}}$$

Da sich Kalium im PSE unterhalb des Natriums befindet, ist sein Ionenradius größer. Daher ist die Wechselwirkung der Ionen im NaCl-Gitter stärker, der Betrag der Gitterenergie ist etwas höher.

# Lösung 155

a) Da Stickstoff etwas kleiner ist als Kohlenstoff und seine effektive Kernladung zudem größer, erscheint es zunächst naheliegend, für das N-Atom eine negativere EA zu erwarten als für Kohlenstoff. Es ist aber zu bedenken, dass der Kohlenstoff das zusätzliche Elektron in einem unbesetzten p-Orbital unterbringen kann, während es sich im Fall des Stickstoffs mit einem Elektron in einem p-Orbital paaren muss. Dabei erfährt es erhebliche Abstoßung und unterliegt einer geringeren effektiven Kernladung, so dass die Aufnahme des Elektrons nicht mehr exotherm erfolgt.

b) Die bei der Ausbildung des Kristallgitters eines Salzes freiwerdende Gitterenergie ist proportional zu den Ionenladungen (Coulomb-Gesetz), d. h. die Gitterenergie ist für CaO (aus $Ca^{2+}$ und $O^{2-}$) erheblich größer (ca. Faktor 2) als für $CaO_2$ (aus $Ca^{2+}$ und $O^-$). Dadurch wird der Energieaufwand für die Bildung des zweifach negativ geladenen Oxid-Ions überkompensiert und die Bildung des Salzes CaO insgesamt energetisch vorteilhaft.

# Lösung 156

Der allgemeine Trend zeigt eine Zunahme des Schmelzpunkts mit steigender molarer Masse der Verbindungen. Der Grund ist, dass die Valenzelektronen in größeren Atomen weniger fest gehalten werden und daher mit steigender molarer Masse auch die Polarisierbarkeit der Elektronenhülle zunimmt. Dadurch steigen die Dispersionskräfte, also die Wechselwirkungen, die auf induzierten Dipolen beruhen. Eine Ausnahme von diesem Trend bildet HF, da in dieser Verbindung zusätzlich zu (geringeren) Dispersionskräften Wasserstoffbrückenbindungen ausgebildet werden können, die für stärkere Wechselwirkungen sorgen.

# Lösung 157

a) Natrium als Element der 1. Hauptgruppe besitzt ein Valenzelektron, das unter Aufwand einer vergleichsweise moderaten Ionisierungsenergie unter Bildung eines gasförmigen $Na^+$-Ions abgegeben werden kann. Zur Bildung eines Salzes der Zusammensetzung $NaCl_2$ (welches zwei $Cl^-$-Ionen enthielte) würde demnach ein $Na^{2+}$-Ion benötigt. Da die Abgabe eines zweiten Elektrons beim Natrium aus einer vollbesetzten Edelgasschale (Ne) heraus erfolgen müsste und die Elektronen im 2p-Orbital energetisch viel tiefer liegen, als das Valenzelektron des Na im 3s-Orbital, ist die zweite Ionisierungsenergie für die Bildung des $Na^{2+}$-Ions sehr hoch. Der Energieaufwand zur Ionisierung wird normalerweise (wie auch bei der Bildung von NaCl für die Bildung von $Na^+$) durch die bei der Bildung eines Kristallgitters (hier: mit $Cl^-$) freiwerdende Gitterenthalpie (über)kompensiert, so dass insgesamt ein exothermer Prozess resultiert. Für die Bildung von $Na^{2+}$ ist die Ionisierungsenergie aber so hoch, dass sie durch die Coulomb-Energie (resultierend aus der Anziehung von $Na^{2+}$ und $Cl^-$) nicht wettgemacht werden kann; eine Bildung von $NaCl_2$ ist daher energetisch höchst ungünstig.

b) Die Elektronegativität (die „Fähigkeit eines Elements, in einer Bindung das bindende Elektronenpaar zu sich zu ziehen") steigt innerhalb einer Periode von links nach rechts. Grund ist, dass in dieser Richtung die relativen Energien der Atomorbitale absinken, d. h. Elektronen in zunehmend niedriger liegenden (energetisch günstigeren) Orbitalen untergebracht werden können. Dieser Trend der Orbitalenergien wiederum ist zurückzuführen auf die zunehmende effektive Kernladung. Mit steigender Ordnungszahl nimmt die Kernladung um jeweils eine Einheit (ein zusätzliches Proton im Kern) zu. Da das gleichzeitig hinzugekommene Valenzelektron von den übrigen Elektronen in derselben Schale nur unvollständig abgeschirmt wird, nimmt die effektive Kernladung entsprechend zu – die stärkere Anziehung führt zur Absenkung der Atomorbitale und zur Erhöhung der Elektronegativität.

# Lösung 158

Eine reine Ionenbindung ist am ehesten in Verbindungen verwirklicht, die aus einem Metall mit möglichst niedriger Ionisierungsenergie und einem Nichtmetall mit hoher Tendenz zur Elektronenaufnahme aufgebaut sind. Ein besonders „typisches" Salz wäre somit CsF – das Alkalimetall Caesium hat die niedrigste Ionisierungsenergie, während Fluor als elektronegativstes Element das zusätzliche Elektron besonders fest hält.

In den meisten Fällen liegt keine reine Ionenbindung vor; die Ionen sind mehr oder weniger stark verzerrt. Die zunehmende Deformation der Elektronenwolken führt schließlich zur Bildung einer (polaren) kovalenten Bindung. Wie leicht ein Anion verzerrt werden kann, hängt von seiner Größe und seiner Ladung ab. Große und höher geladene Anionen sind zunehmend leichter polarisierbar; so haben Iodide und Sulfide stärker kovalenten Bindungscharakter als Fluoride und Oxide. Auch die Fähigkeit eines Kations, die Elektronenwolke des Anions zu polarisieren, hängt von seiner Größe und seiner Ladung ab. Je kleiner und je höher geladen das Kation, desto ausgeprägter seine polarisierende Wirkung, d. h. desto kovalenter der Bindungscharakter. So weisen alle Beryllium-Verbindungen mit $Be^{2+}$ stark kovalenten Charakter auf; Boratome bilden nur noch kovalente Bindungen, da das (hypothetische) $B^{3+}$-Ion sehr (zu) stark polarisierend wirken würde.

# Lösung 159

a) Der Betrag der Gitterenthalpie steigt in der Reihenfolge $NaBr < CaF_2 < MgO$.

Ausschlaggebend sind die Ionenladungen und die Ionenradien. Letztere sinken innerhalb der Periode tendenziell von links nach rechts. Den größeren Einfluss haben aber die Ladungen; die elektrostatische Anziehung ist proportional zum Produkt der Ionenladungen und somit für $MgO$ ($Mg^{2+}$ / $O^{2-}$) um etwa den Faktor vier größer als für $NaBr$ ($Na^+$ / $Br^-$).

b) Kalium befindet sich in der 1. Hauptgruppe, Calcium in der zweiten. Daher wird bei der zweiten Ionisierung ($Ca^+ \rightarrow Ca^{2+}$) erneut ein Valenzelektron abgespalten. Dagegen weist $K^+$ die Edelgasschale des Argons auf, d. h. für die zweite Ionisierung muss ein Elektron aus einer vollbesetzten inneren Schale entfernt werden. Elektronen in inneren Schalen befinden sich in energetisch wesentlich tieferliegenden Orbitalen; entsprechend kostet eine Ionisierung wesentlich mehr Energie, als für die Entfernung eines Valenzelektrons erforderlich ist.

# Lösung 160

Während eine homöopolare Bindung (zwischen zwei gleichen Atomen) völlig unpolar ist (rein kovalente Bindung), steigen Polarität und ionischer Charakter einer Bindung mit zunehmender Elektronegativitätsdifferenz $\Delta EN$. Stark elektropositive Metalle der 1. und 2. Hauptgruppe bilden mit Nichtmetallen wie Chalkogenen und Halogenen typische ionische Bindungen, wobei für große, leicht polarisierbare Anionen (z. B. $I^-$) ein gewisser kovalenter Bindungsanteil hinzukommt. Zwischen Nichtmetallen (und mit Halbmetallen wie Si) findet man kovalente Bindungen, die je nach Unterschied der Elektronegativitäten mehr oder weniger stark polarisiert sind.

Demnach sind $NaF$ und $KH$ ionische Verbindungen (Salze), $SiH_4$ ist eine weitgehend unpolare kovalente Verbindung (geringer EN-Unterschied zwischen Si und H); in $HCl$ und $BF_3$ liegen stark polare kovalente Bindungen (Dipolmoleküle) vor.

# Lösung 161

Innerhalb einer Periode des PSE steigen die Elektronegativitäten (da infolge der zunehmenden effektiven Kernladung die Orbitalenergien absinken); innerhalb einer Gruppe nehmen sie tendentiell (es gibt einige Ausnahmen) von oben nach unten ab.

Die Elektronegativität der beteiligten Elemente steigt in folgender Reihenfolge:

Be < H < C < Br < Cl < O

Bei der Be–H-Bindung ist also H der negative Pol des Dipols, in Verbindung mit C bzw. O ist es umgekehrt. Kohlenstoff ist gegenüber Wasserstoff der elektronegativere Partner (negativer Pol), gegenüber den Halogenen und Sauerstoff dagegen der elektropositivere. Die Interhalogenbindung Cl–Br ist nur schwach polar mit Cl als negativem Pol. Daraus ergibt sich die folgende Polaritätsreihenfolge (das rechte Atom ist jeweils der negative Pol):

Br–Cl  <  H–C  <  Be–H  <  C–Cl  <  C–O  <  H–O

## Lösung 162

Für den Aggregatzustand einer Substanz bei gegebener Temperatur und Druck ist die Stärke der zwischenmolekularen Wechselwirkungen verantwortlich. Dispersionskräfte (Van der Waals-Kräfte) treten zwischen allen Substanzen auf; sie steigen mit der Größe der Kontaktfläche und damit i. A. mit der molaren Masse. Diese ist für die gegebenen Verbindungen relativ ähnlich (zwischen ca. 26 g/mol für LiF und 34 g/mol für $H_3CF$ und $H_2O_2$) und kann daher die Unterschiede nicht erklären. LiF ist eine ionische Verbindung; die starken ionischen Wechselwirkungen zwischen $Li^+$- und $F^-$-Ionen sorgen für einen hohen Schmelzpunkt. Die drei übrigen Verbindungen weisen alle ein Dipolmoment auf, sind also polar und bilden Dipol-Dipol-Wechselwirkungen aus. Nur das Wasserstoffperoxid ist aber in der Lage, Wasserstoffbrücken auszubilden, da nur in dieser Verbindung O–H-Bindungen vorkommen. Im Methanal sind die beiden H-Atome an C gebunden, was eine weitgehend unpolare Bindung ergibt; gleiches gilt für das Fluormethan. Die zwischenmolekularen Kräfte sind daher im $H_2O_2$ stärker als in $H_2CO$ und $H_3CF$; Wasserstoffperoxid ist, wie natürlich auch $H_2O$, bei Raumtemperatur und Umgebungsdruck eine Flüssigkeit.

Nach dem VSEPR-Modell erwartet man für Methanal (Typ $AX_3$) eine trigonal planare Struktur, während Fluormethan analog zu Methan tetraedrisch gebaut sein sollte. Im Wasserstoffperoxid besitzt jedes O-Atom wie im Wasser zwei Bindungspartner und zwei freie Elektronenpaare; die Bindungswinkel an den O-Atomen sollten daher sehr ähnlich wie im Wasser sein (ca. 104°).

## Lösung 163

Die stärksten zwischenmolekularen Wechselwirkungen sind ionische Wechselwirkungen (Coulomb-Kraft). Wesentlich schwächer sind Wasserstoffbrücken und Dipol-Dipol-Wechselwirkungen. Noch schwächer sind Wechselwirkungen zwischen unpolaren Teilchen, die durch kurzzeitig induzierte Dipole zustande kommen (Van der Waals-Wechselwirkungen)

Alkohole wie Ethanol weisen eine stark polare Hydroxygruppe auf, die zur Ausbildung von Wasserstoffbrücken in der Lage ist. Butan ist ein Kohlenwasserstoff ohne polare Bindungen; hier sind nur schwache Van der Waals-Wechselwirkungen möglich, so dass (bei vergleichbarer Molekülgröße) die zwischenmolekularen Kräfte viel schwächer sind.

# Lösung 164

Natriumsulfat ist eine ionische Verbindung (ein Salz). Um das Gitter aufzulösen, d. h. daraus einzelne Ionen zu erzeugen, muss die Gitterenthalpie aufgebracht werden. Beim Lösungsvorgang in Wasser werden die entstehenden Ionen hydratisiert, d. h. es bilden sich Hydrathüllen um die Ionen. Diese Ion-Dipol-Wechselwirkungen liefert die sogenannte Hydratationsenthalpie, welche die Gitterenthalpie (mehr oder weniger) kompensiert, so dass der Vorgang letztlich (zusammen mit einer Entropiezunahme durch die Auflösung des Gitters) exergon werden kann.

Siliziumdioxid ist eine Netzwerkverbindung; die Si–O-Bindungen sind kovalent. Um den Stoff zu lösen, müssten gleichzeitig sehr viele kovalente Bindungen gebrochen werden. Der hierfür nötige Energiebetrag kann durch Wechselwirkung der Oberfläche eines $SiO_2$-Kristalls nicht aufgebracht werden.

# Lösung 165

Ziel ist eine möglichst geringe Anzahl von Formalladungen bei gleichzeitiger Einhaltung der Oktettregel. Um die Oktettregel einzuhalten, ist in jedem Fall eine Dreifachbindung zwischen C und N erforderlich. Befindet sich der vierbindige Kohlenstoff in der Mitte, bildet er insgesamt vier Bindungen aus, der terminale dreibindige Stickstoff drei. In dieser Anordnung resultiert für alle Atome die formale Ladung Null, wie nachfolgende Tabelle zeigt. Befindet sich dagegen der Stickstoff in der zentralen Position, erhält er aufgrund seiner vier Bindungen eine formale Ladung von +1, der Kohlenstoff entsprechend –1. Struktur A sollte somit bevorzugt sein.

| | Struktur A | | | Struktur B | | |
|---|---|---|---|---|---|---|
| | $H - C \equiv N:$ | | | $H - N \equiv C:$ | | |
| Anzahl Valenzelektronen | 1 | 4 | 6 | 1 | 5 | 4 |
| – Anzahl freie Elektronen | 0 | 0 | –2 | 0 | 0 | –2 |
| – ½ Anzahl bindende Elektronen | –1/2 (2) | –1/2 (8) | –1/2 (6) | –1/2 (2) | –1/2 (8) | –1/2 (6) |
| **formale Ladung** | **0** | **0** | **0** | **0** | **+1** | **–1** |

# Lösung 166

Im Cyanat-Ion besitzt das zentrale C-Atom in allen Grenzstrukturen, die nur Elektronenoktetts aufweisen, keine formale Ladung. Die Strukturen **1** und **2** mit nur einer Formalladung am O (besser) bzw. C sind wesentlich günstiger als Struktur mit positiver Formalladung am O- und zwei negativen am N-Atom.

Dagegen kommt keine Grenzstruktur für das Fulmiat-Ion ohne formale Ladung am zentralen Stickstoff aus. Hier ist Struktur **4** noch am besten gegenüber den Strukturen **5** und **6** mit zwei bzw. drei negativen Formalladungen am C, dem am wenigsten elektronegativen Element.

# Lösung 167

Während das BF$_3$-Molekül trigonal planar ist, weist das Ammoniakmolekül NH$_3$ eine trigonal pyramidale Gestalt auf. Der Unterschied erklärt sich durch das freie Elektronenpaar am Stickstoff. Während die drei Bindungen am Bor einen 120°-Winkel ausbilden, sind die vier Paare am Stickstoff gemäß dem VSEPR-Modell (nahezu) tetraedrisch angeordnet; die H–N–H-Bindungswinkel sind aufgrund der etwas stärkeren Abstoßung des freien Elektronenpaars mit ca. 107° etwas kleiner als der ideale Tetraederwinkel. Während das planare BF$_3$ kein (Netto)-Dipolmoment aufweist, addieren sich die Einzeldipolmomente der H–N-Bindungen zu einem Nettodipolmoment in Richtung des freien Elektronenpaars.

# Lösung 168

Die Strukturen **b** und **e** sind falsch, da bei diesen das Oktett für den Stickstoff überschritten wird, was für ein Element der 2. Periode nicht erlaubt ist. Struktur **f** ist formal korrekt, weist aber eine ziemlich schwache O–O-(Peroxid)-Bindung auf. Das nach Abspaltung von H$^+$ gebildete NO$_3^-$-Ion wäre unsymmetrisch gebaut, im Gegensatz zur tatsächlichen, symmetrischen (trigonal planaren) Struktur des Nitrat-Ions. Struktur **c** ist formal möglich, aber sehr ungünstig, da an zwei benachbarten Atomen (N und O) jeweils eine positive Formalladung vorliegt. Die beste Beschreibung liefern die beiden gleichwertigen mesomeren Grenzstrukturen **a** und **d**, die bei Beachtung der Oktettregel mit der minimalen Zahl formaler Ladungen auskommen. Tatsächlich sind die beiden N–O-Bindungen identisch und gleich lang.

# Lösung 169

Die Struktur von $OF_2$ lässt sich befriedigend durch eine Lewis-Formel beschreiben, in der das zentrale O-Atom an beide F-Atome gebunden ist. Alle Atome besitzen ein Oktett und es sind keine formalen Ladungen erforderlich. Eine analoge Struktur für $ON_2$ mit zentralem O-Atom würde entweder für einen oder gar beide N-Atome nur ein Elektronensextett ergeben oder zu zwei positiven Formalladungen am Sauerstoff führen; beides ist sehr ungünstig. Der unsymmetrische Bau von $N_2O$ ermöglicht eine Elektronenverteilung unter Einhaltung der Oktettregel, die mit nur zwei Formalladungen auskommt, wobei die Grenzstruktur mit der negativen Formalladung am elektronegativeren O-Atom den etwas größeren Beitrag liefern sollte.

Grenzstrukturen mit größtem Beitrag

# Lösung 170

a) Sollen jeweils alle Atome ein Elektronenoktett erhalten, müssen Mehrfachbindungen formuliert werden. Für die unsymmetrische Struktur erfordert dies die Einführung mehrerer formaler Ladungen, während die symmetrische Struktur mit zwei Doppelbindungen ohne formale Ladungen auskommt. Letztere ist daher, da Ladungstrennung stets mit Energieaufwand verbunden ist, stark begünstigt.

Da am zentralen Kohlenstoffatom kein freies Elektronenpaar vorliegt, ist das $CO_2$-Molekül linear. Die beiden Dipolmomente der C=O-Bindungen kompensieren sich daher; Kohlendioxid besitzt kein Nettodipolmoment. Dies korreliert mit seiner geringen Löslichkeit in Wasser, einem stark polaren Molekül.

b) Das $NO_2$-Molekül weist 17 Valenzelektronen auf und ist somit ein Radikal. Infolge des einsamen Elektrons am N-Atom ist das Molekül gewinkelt, besitzt somit im Gegensatz zum $CO_2$ ein Nettodipolmoment und ist aufgrund des Radikalcharakters wesentlich reaktiver als $CO_2$. Zur Beschreibung seiner Struktur werden mehrere mesomere Grenzstrukturen benötigt, die zeigen, dass beide N–O-Bindungen partiellen Doppelbindungscharakter aufweisen. Es ist daher zu erwarten, dass die Bindungslänge zwischen der einer typischen N–O-Einfach- und einer N=O-Doppelbindung liegt.

## Lösung 171

a) Das Element Iod findet sich ebenso wie Fluor in der 7. Hauptgruppe, weist also sieben Valenzelektronen auf. Fünf dieser Valenzelektronen werden für die Bindungen zu den Fluoratomen benötigt; es verbleibt also ein freies Elektronenpaar am Iod. Die insgesamt sechs Elektronenpaare um das Iod sind nach dem VSEPR-Modell oktaedrisch angeordnet. Eine der Oktaederecken wird also von dem freien Elektronenpaar besetzt, die fünf übrigen von den Fluoratomen. Es resultiert somit eine quadratisch-pyramidale Molekülstruktur.

b) In diesem Ion sind das Zentralatom und die daran gebundenen Atome identisch; das zentrale I-Atom bindet an zwei weitere I-Atome. Insgesamt sind 22 Valenzelektronen vorhanden; zwei Paare bilden die beiden Bindungen zu den I-Atomen aus; jedes dieser beiden I-Atome besitzt noch drei Elektronenpaare. Es verbleiben noch drei freie Elektronenpaar für das zentrale I-Atom, das folglich von fünf Elektronenpaaren umgeben ist. Die elektronische Struktur entspricht also einer trigonalen Bipyramide. Die drei freien Paare ordnen sich in der trigonalen Ebene an; die beiden Spitzen der Bipyramide werden durch die beiden I-Atome besetzt. Das $I_3^-$-Ion ist demnach linear.

## Lösung 172

Einfachbindungen sind immer vom σ-Typ. Sie können entstehen bei Überlappung von zwei (sphärischen) s-Orbitalen (z. B. im $H_2$-Molekül), einem s- und einem $p_z$-Orbital (z = Richtung der Kernverbindungsachse; z. B. in HCl), oder zweier $p_z$-Orbitale („*end-on*-Überlappung", z. B. in $Cl_2$). Eine Doppelbindung besteht nicht aus zwei Einfachbindungen, sondern aus einer σ- und einer π-Bindung. Letztere entsteht durch eine seitliche Überlappung von zwei p-Orbitalen, die senkrecht zur Kern-Kern-Achse orientiert sind ($p_x$ bzw. $p_y$). Während σ-Bindungen rotationssymmetrisch bezüglich der Kern-Kern-Verbindungsachse sind (so dass die Rotation um Einfachbindungen sehr leicht erfolgen kann), führt eine Rotation um die Bindungsachse zum Bruch der π-Bindung. Eine π-Bindung zwischen zwei gegebenen Atomen ist schwächer, als eine σ-Bindung.

Kohlenmonoxid (CO) wird in der Lewis-Schreibweise durch eine Dreifachbindung zwischen C und O beschrieben; diese besteht aus einer σ- und zwei π-Bindungen.

## Lösung 173

a) Die (identische) Zusammensetzung erlaubt keinen Rückschluss auf eine identische dreidimensionale Struktur, da die jeweiligen Zentralatome A (= B / N / I) über unterschiedliche Valenzelektronenzahlen verfügen, so dass sich die elektronische Struktur der drei Fluoride gemäß dem VSEPR-Modell unterscheiden muss. Während das Bor kein freies Elektronenpaar aufweist (Typ $AX_3$), ist am Stickstoff ein freies Paar lokalisiert und am Iod zwei. Während $BF_3$ daher trigonal planar gebaut ist, leitet sich das $NF_3$ (Typ $AX_3E$) vom Tetraeder ab ($\rightarrow$ trigonal pyramidal), während das $IF_3$ (Typ $AX_3E_2$) fünf Elektronenpaare in trigonal bipyramidaler Anordnung um das Iod aufweist. Dabei besetzen die beiden freien Paare (etwas größerer Raumbedarf) zwei der drei äquatorialen Positionen und die F-Atome die übrigen Plätze. Daraus resultiert für $IF_3$ eine T-förmige Struktur, wobei der Winkel zwischen den beiden axial ständigen F-Atomen aufgrund der Abstoßung durch die freien Elektronenpaare etwas von 180° abweicht.

b) Lewis-Säuren sind „Elektronenmangelverbindungen", also beispielsweise solche, bei denen das Zentralatom nur ein Elektronensextett erreicht. Eine solche ist hier das $BF_3$, da Bor nur drei Valenzelektronen aufweist. Aufgrund des Elektronenmangels reagieren solche Verbindungen leicht mit Lewis-Basen, als mit Elektronenpaardonatoren, wie z. B. $NH_3$.

## Lösung 174

Elemente mit ähnlichen Eigenschaften finden sich typischerweise innerhalb derselben Gruppe des Periodensystems. Daneben findet man auch sehr ähnliche Eigenschaften innerhalb der Lanthanoide und Actinoide, da bei diesen Elementen innere Orbitale (4f bzw. 5f) aufgefüllt werden, was sich weniger auf die Eigenschaften auswirkt, als ein zusätzliches Elektron in der äußersten Schale. Derartige Elemente tauchen in der Aufgabe jedoch nicht auf. Es ist also nach Elementen zu suchen, die sich in der gleichen (Haupt)gruppe (HG) des Periodensystems befinden.

In der ersten Spalte sind das die beiden Erdalkalimetalle Ca und Ba (2. Hauptgruppe). Si ist ein Halbmetall (4. HG), P ein Nichtmetall (5. HG) und I ein Halogen (7. HG). Das einzige weitere Metall ist Cu, ein Übergangsmetall, das wesentlich weniger reaktiv („edler") als die beiden Erdalkalimetalle ist.

In der 2. Spalte finden sich keine zwei Elemente, die in der gleichen Gruppe stehen und deshalb sehr ähnliche Eigenschaften besitzen. K ist ein äußerst reaktives Alkalimetall (1. HG), Mg ein (deutlich beständigeres) Erdalkalimetall (2. HG), während sich das Metall Zinn (Sn) in der 4. HG findet. Ag ist ein Nebengruppenmetall mit stark positivem Standardreduktionspotenzial; es wird (im Gegensatz zu den anderen Metallen der Spalte) von $H^+$-Ionen nicht oxidiert.

In der dritten Spalte finden sich mit K und Na zwei typische Vertreter der Alkalimetalle mit sehr ähnlichen Eigenschaften; beide sind sehr reaktiv und typische Salzbildner. Al steht in der 3. HG; es besitzt zwar ebenso wie Na und K ein stark negatives Standardreduktionspotenzial, ist aber im Gegensatz zu jenen recht korrosionsbeständig, da es in Kontakt mit Luft an der Oberfläche eine sehr stabile Oxidschicht aus $Al_2O_3$ bildet. Fe ist ein relativ reaktives Übergangsmetall, das – im Gegensatz zum Al – an feuchter Luft recht rasch korrodiert („rostet"). Stickstoff (N, 5. HG) liegt als zweiatomiges sehr reaktionsträges Gas vor; der Sauerstoff (O) steht in der 6. HG und ist bekanntlich ein gutes Oxidationsmittel.

In der letzten Spalte sind zwei Vertreter aus der Gruppe der Halogene zu finden, nämlich Cl und I, beide liegen als recht reaktive zweiatomige Moleküle vor, die leicht zu den entsprechenden Anionen (mit Edelgaskonfiguration!) reduziert werden. Beide bilden bereitwillig Salze mit zwei anderen Vertretern dieser Spalte, dem Li (einem sehr unedlen Metall der 1. HG) und Ba, einem Erdalkalimetall (2. HG). Kohlenstoff ist das leichteste Element der 4. HG und nimmt mit seiner besonderen Fähigkeit zur Ausbildung von C–C-Bindungen eine gewisse Sonderstellung unter allen Elementen ein. Der Phosphor (5. HG) ist ein weiteres Nichtmetall, das als Element in mehreren Modifikationen auftritt, von denen der weiße Phosphor ($P_4$) besonders reaktiv ist.

## Lösung 175

Die entsprechenden Strukturen sind zusammen mit den Oxidationszahlen im Folgenden angegeben. Zu den reaktiven Sauerstoffspezies gehören das Hydroxyl-Radikal, das Superoxid-Radikalanion und atomarer Sauerstoff.

| Name des Teilchens | Strukturformel des Teilchens | Oxidationszahl des | |
|---|---|---|---|
| | | 1. O-Atoms | 2. O-Atoms |
| Wasser | $\overset{\cdot\cdot}{\underset{}{O}}$ H   H | –2 | — |
| Hydroxid-Anion | $\overset{\ominus}{:}\overset{\cdot\cdot}{\underset{\cdot\cdot}{O}}$—H | –2 | — |

| | | | |
|---|---|---|---|
| Hydroxyl-Radikal | $\cdot\ddot{\underset{\cdot\cdot}{O}}-H$ | –1 | — |
| molekularer Sauerstoff als Biradikal | $\cdot\ddot{\underset{\cdot\cdot}{O}}-\ddot{\underset{\cdot\cdot}{O}}\cdot$ | 0 | 0 |
| atomarer Sauerstoff als Biradikal | $\cdot\ddot{\underset{\cdot\cdot}{O}}\cdot$ | 0 | — |
| Superoxid-Radikalanion | $\overset{\ominus}{:}\ddot{\underset{\cdot\cdot}{O}}-\ddot{\underset{\cdot\cdot}{O}}\cdot$ <br> 1  2 | –1 | 0 |
| Wasserstoffperoxid | $H\overset{\cdot\cdot}{\overset{O}{\diagup}}\underset{O}{\diagdown}H$ | –1 | –1 |
| Monoanion von Wasserstoff-peroxid | $H\overset{\cdot\cdot}{\overset{O}{\diagup}}\underset{O:}{\diagdown}{}^{\ominus}$ | –1 | –1 |

## Lösung 176

a) Wasser ist bekanntlich gewinkelt mit einem HOH-Winkel von ca. 104°. Der Grund ist, dass die insgesamt vier (zwei bindende + zwei freie) Elektronenpaare um den Sauerstoff gemäß dem VSEPR-Modell einen möglichst großen Abstand zueinander einnehmen, was zu einer (näherungsweise) tetraedrischen Anordnung der Elektronenpaare führt. Da freie Paare weniger stark festgehalten werden als bindende, ist ihr Raumbedarf etwas größer, was zu der Stauchung des idealen Tetraederwinkels von 109° auf ca. 104° führt.

b) Die Konsequenz wäre verheerend – es gäbe wohl kein Leben in der uns bekannten Form auf der Erde. Ein lineares Wassermolekül hätte kein permanentes Dipolmoment, würde also mit anderen Wassermolekülen nicht über Dipol-Dipol-Wechselwirkungen und Wasserstoffbrückenbindungen wechselwirken, sondern mit diesen nur über (wesentlich schwächere) Van der Waals-Kräfte interagieren. Die Folge der schwächeren zwischenmolekularen Wechselwirkungen wäre ein wesentlich niedriger Siedepunkt (deutlich < 0° C), so dass es kein flüssiges Wasser auf der Erde gäbe. Selbst wenn es (bei arktischen Temperaturen) noch flüssig wäre, wäre es aufgrund des unpolaren Charakters kein gutes Lösungsmittel mehr für polare Stoffe, wie sie im Cytosol jeder Zelle und im Blutstrom zu finden sind (Salze, Zucker, Aminosäuren, …).

# Lösung 177

Die Metalle der 1. Hauptgruppe (Alkalimetalle) besitzen zusätzlich zur Elektronenkonfiguration des vorangegangenen Edelgases ein Valenzelektron in einem s-Orbital. Dieses wird generell relativ leicht abgegeben (die 1. Ionisierungsenergien für Alkalimetalle sind vergleichsweise niedrig, weil durch die Ionisierung die Edelgaskonfiguration des im PSE vorangehenden Edelgases erreicht wird). Mit zunehmendem Abstand vom Kern sinkt die Anziehung auf das einzelne Valenzelektron, so dass die Ionisierungsenergie vom Lithium zum Caesium hin abnimmt.

Geht man von Silber zu Gold über, so ist neben der Besetzung von Orbitalen in der um eins größeren Hauptquantenzahl auch eine Besetzung der 4f-Orbitale erfolgt, begleitet von einem Anstieg der Kernladung um 14 Einheiten. Die 4f-Orbitale schirmen aufgrund ihrer relativ großen Ausdehnung das 6s-Orbital nicht vollständig vom Kern ab, so dass es eine höhere effektive Kernladung spürt. Deshalb ist die Ionisierungsenergie für dieses Elektron relativ groß. Während die Alkalimetalle mit abnehmender Ionisierungsenergie von oben nach unten im Periodensystem zunehmend reaktiver (leichter oxidierbar) werden, ist Gold „edler" und weniger reaktiv (schwerer oxidierbar) als Silber.

# Lösung 178

a) Hier handelt es sich um durchweg unpolare Verbindungen, die nur durch schwache Dispersionskräfte untereinander wechselwirken. Die Siedepunkte steigen mit zunehmender Polarisierbarkeit und daher mit steigender molarer Masse der Verbindung, d. h. steigender Ordnungszahl des Zentralatoms:

$CH_4 < SiH_4 < GeH_4 < SnH_4$

b) Wasser bildet aufgrund seiner polaren O–H-Bindung relativ starke Wasserstoffbrückenbindungen zwischen den Molekülen aus; dies führt zu einem weitaus höheren Siedepunkt (100 °C), als aufgrund der molaren Masse zu erwarten wäre. Wasser hat daher – trotz der niedrigsten molaren Masse – den höchsten Siedepunkt der aufgeführten Verbindungen. Die übrigen Verbindungen der Reihe sind nur wenig polar; die Siedepunkte steigen daher wieder mit der molaren Masse des Chalkogens, also:

$H_2S < H_2Se < H_2Te < H_2O$

# Lösung 179

Die gegebenen Verbindungen besitzen folgende Strukturformeln:

Fluormethan ($CH_3$–F), Aceton und Schwefelwasserstoff besitzen kein H-Atom an einem stark elektronegativen Atom, daher bilden diese Verbindungen keine Wasserstoffbrücken aus.

Methanol besitzt eine stark polare OH-Gruppe, die zur Ausbildung von H-Brücken in der Lage ist. HF bildet ebenfalls sehr starke H-Brücken aus (F hat die höchste Elektronegativität aller Elemente!). Aceton und Ammoniak können miteinander ebenfalls H-Brücken (rot) ausbilden; dabei fungiert das O-Atom des Acetons als Akzeptor, ein H-Atom am Ammoniak als Donor.

# Lösung 180

a) Der Sauerstoff besitzt sechs Valenzelektronen, so dass die Lewis-Formel insgesamt zwölf Elektronen, also sechs Elektronenpaare, aufweisen muss. Um die Oktettregel für beide Sauerstoffatome zu erfüllen, formuliert man zwischen ihnen eine Doppelbindung; jedes O-Atom weist dann noch zwei freie Elektronenpaare auf. Da keine ungepaarten Elektronen zu sehen sind, erwartet man für den Sauerstoff diamagnetisches Verhalten, d. h. er sollte von einem äußeren Magnetfeld abgestoßen werden.

b) Die zweite Modifikation des Sauerstoffs wird als Ozon bezeichnet; es besteht aus $O_3$-Molekülen, die insgesamt 18 Valenzelektronen aufweisen und gewinkelt sind. Da der Sauerstoff das Oktett nicht überschreiten kann, werden hier zur Beschreibung des experimentellen Befunds (beide O–O-Bindungen sind identisch) zwei mesomere Grenzstrukturen benötigt.

Im Vergleich zur „normalen" Sauerstoffmodifikation, dem $O_2$, ist das Ozon ein noch stärkeres Oxidationsmittel, wie ein Vergleich der beiden Standardreduktionspotenziale zeigt.

c) Tatsächlich verhält sich das $O_2$-Molekül nicht wie nach der Lewis-Struktur (keine ungepaarten Elektronen) zu erwarten diamagnetisch, sondern paramagnetisch, d. h. Sauerstoff wird in das Magnetfeld hineingezogen. Dieses Verhalten ist charakteristisch für Stoffe mit ungepaarten Elektronen; Sauerstoff verhält sich also wie ein Radikal.

Für die MO-Betrachtung müssen nur die Orbitale in der Valenzschale betrachtet werden, da weiter innen liegende Orbitale praktisch keine Wechselwirkung zeigen. Jedes der beiden O-Atome besitzt ein 2s- und drei 2p-Orbitale. Die Wechselwirkung der beiden s-Orbitale führt analog wie beim Wasserstoffmolekül zur Bildung eines bindenden $\sigma_{2s}$- und eines antibindenden (höher liegenden) $\sigma_{2s}$*-Orbitals; beide sind rotationssymmetrisch um die Kern-Kern-Bindungsachse. Die p-Orbitale beider O-Atome, die entlang der Bindungsachse liegen, können ebenfalls zu zwei rotationssymmetrischen σ-Orbitalen kombiniert werden, einem bindenden und einem antibindenden. Die verbliebenen p-Orbitale (senkrecht zur Bindungsachse) können paarweise seitlich miteinander überlappen, so dass zwei bindende $\pi_{2p}$ und zwei antibindende $\pi_{2p}$*-Orbitale entstehen. Da die seitliche Wechselwirkung der p-Orbitale schwächer ist, liegen die $\pi_{2p}$-Orbitale bei etwas höherer Energie, als das $\sigma_{2p}$-Orbital und die antibindenden $\pi_{2p}$*-Orbitale entsprechend niedriger, als das $\sigma_{2s}$*-Orbital. Insgesamt ergibt sich das nachfolgend gezeigte Schema, das nun von unten nach oben (d. h. beginnend mit dem energetisch tiefsten $\sigma$-Orbital) mit den insgesamt zwölf Valenzelektronen besetzt wird.

Werden die insgesamt zwölf Valenzelektronen im $O_2$-Molekül sukzessive in Orbitale steigender Energie aufgefüllt, so folgt unter Anwendung der Hund'schen Regel (energiegleiche Orbitale, hier die beiden $\pi_{2p}$*-Orbitale, werden zunächst einfach besetzt) automatisch der Diradikal-Charakter (zwei ungepaarte Elektronen) von $O_2$.

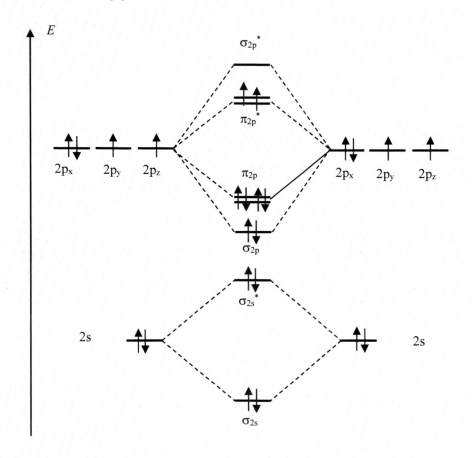

# Lösung 181

a) Schwefel besitzt ebenso wie der Sauerstoff sechs Valenzelektronen. Bei Ausbildung von zwei Einfachbindungen verbleiben an jedem S-Atom zwei freie Elektronenpaare. Jedes S-Atom lässt sich also gemäß der VSEPR-Konvention beschreiben durch $AX_2E_2$, wobei X die an das betrachtete Zentralatom A (in unserem Fall also S) gebundenen Atome (hier: ebenfalls S) und E die freien Elektronenpaare darstellen. A ist also von vier Elektronenpaaren umgeben, die sich, um den maximalen Abstand voneinander zu errei-chen, tetraedrisch anordnen sollten. Der $S_8$-Ring ist also nicht planar (entsprechend einem „Stoppschild" = gleichseitiges regelmäßiges Achteck), sondern liegt gefaltet vor (gewellter Achtring; „Kronenform"). Der mittlere SSS-Winkel beträgt dabei 108°; die Schwefelatome können also als $sp^3$-hybridi-siert betrachtet werden.

b) Auf den allerersten Blick könnte man bei Schwefeltetrafluorid ($SF_4$) in Analogie zu $CF_4$ oder $CH_4$ ebenfalls an eine tetraedrische Verbindung denken. Zusätzlich zu den vier kovalen-ten Bindungen am Schwefel verbleibt aber noch ein freies Elektronenpaar (der Schwefel kann aufgrund seiner d-Orbitale das Elektronenoktett überschreiten, im Gegensatz zum Sauerstoff – ein analoges $OF_4$ kann daher nicht existieren!). Bei einer tetraedrischen Anordnung der vier kovalenten Bindungen ergibt sich die Frage nach dem Verbleib des freien Elektronenpaars, das ebenso wie ein bindendes Elektronenpaar Raum beansprucht. Gemäß dem VSEPR-Modell ist $SF_4$ also als Molekül vom Typ $AX_4E$ zu klassifizieren. Die insgesamt fünf Elektronenpaare weisen, um ihre gegenseitige Wechselwirkung zu minimieren, zu den Ecken einer trigona-len Bipyramide. Dabei zeigen zwei der fünf Paare in soge-nannte axiale Positionen, die übrigen drei in äquatoriale. Jedes axiale Paar bildet mit jedem der drei äquatorialen Paare einen 90°-Winkel (→ größere Abstoßung); jedes äqua-toriale Paar bildet mit den beiden anderen äquatorialen Paa-ren 120°-Winkel (deutlich kleinere Abstoßung) und mit den beiden axialen Paaren 90°-Winkel (→ größere Abstoßung) aus. Ein äquatoriales Paar erfährt daher insgesamt etwas

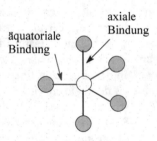

äquatoriale Bindung

axiale Bindung

trigonale Bipyramide

weniger Abstoßung als ein axiales. Da nichtbindende (freie) Elektronenpaare eine größere Abstoßung ausüben, als bindende, besetzen sie aus Gründen der Energieminimierung stets eine äquatoriale Position. Der Winkel zwischen den beiden axialen Bindungen wird durch die stärkere Abstoßung des freien Paars etwas gestaucht, so dass insgesamt eine verzerrt tetraedri-sche Geometrie für das $SF_4$ resultiert.

F — S⁞⁞⁞⁞F, F    ⟹    S :    ⟹    186°    116°

c) Zunächst liegen in einer Schwefelschmelze die unveränderten $S_8$-Ringe vor („$S_\lambda$"), aus denen sich mit der Zeit bis zu einem Gleichgewicht hin Schwefelringe mit anderer Ringgröße (sogenannter „$\pi$-Schwefel") und hochmolekulare Schwefelketten („$\mu$-Schwefel") bilden. Die sonst unübliche Viskositätssteigerung mit steigender Temperatur muss mit einer strukturellen Veränderung des Schwefels einhergehen. Während die kleinen Schwefelringe eine geringe Viskosität des flüssigen Schwefels bedingen, steigt die Viskosität bei 159 °C infolge einer starken Verschiebung des Gleichgewichts Richtung $\mu$-Schwefel drastisch an (die langkettigen $S_x$-Polymere verhaken sich untereinander, so dass die Lösung zähflüssig wird). Erst bei weiter steigender Temperatur sinkt die Viskosität wieder, da die mittlere Länge der Ketten wieder abnimmt.

# Lösung 182

Das Xenon weist als Edelgas acht Valenzelektronen auf; das Selen (ebenso wie die im PSE über ihm stehenden Sauerstoff und Schwefel) nur deren sechs. Fluor trägt als Halogen jeweils sieben Valenzelektronen bei. Beim $XeF_2$ mit insgesamt 22 Valenzelektronen handelt es sich gemäß der VSEPR-Nomenklatur um eine Verbindung vom Typ $AX_2E_3$, beim $SeF_2$ mit nur 20 Valenzelektronen um eine vom Typ $AX_2E_2$.

Für das $SeF_2$ ist daher eine tetraedrische Anordnung von vier Elektronenpaaren um das Selen herum zu erwarten (zwei Se–F-Bindungen + zwei freie Elektronenpaare am Se). Um das Xenon herum müssen entsprechend fünf Elektronenpaare gruppiert werden (zwei bindende + drei freie Paare); hierfür sagt das VSEPR-Modell eine trigonal-bipyramidale Anordnung voraus. Da zwischen den drei freien Elektronenpaaren die größere Abstoßung herrscht, versuchen sie sich in maximalem Abstand voneinander anzuordnen, d. h. sie besetzen die drei Positionen in der trigonalen Ebene der Bipyramide. Entsprechend befinden sich die beiden Fluoratome an den beiden Spitzen der Bipyramide, so dass der F–Xe–F-Winkel 180° beträgt. Das $XeF_2$ ist also ein lineares Molekül. Im Gegensatz dazu ist das $SeF_2$ gewinkelt gebaut, wobei der F–Se–F-Winkel etwas kleiner als der „ideale" Tetraederwinkel sein dürfte, da die beiden freien Elektronenpaare am Se mehr Platz beanspruchen, als die beiden bindenden.

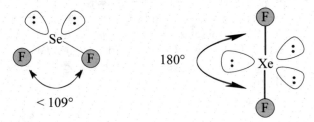

# Lösung 183

a) Einfachbindungen sind rotationssymmetrische σ-Bindungen, d. h. die Überlappung der daran beteiligten Orbitale (und dadurch die Stärke der Bindung) wird durch eine Rotation um die Bindungsachse nicht beeinflusst. Eine Doppelbindung besteht dagegen aus einer σ- und einer π-Bindung, wobei letztere durch eine seitliche Überlappung von p-Orbitalen zustande kommt. Entsprechend führt eine Rotation um die Bindungsachse zum Bruch der π-Bindung, da hierbei die Überlappung verloren geht. Daher sind für die Rotation um eine Doppelbindung hohe Energiebeträge erforderlich, die bei gewöhnlichen Temperaturen nicht aufgebracht werden können.

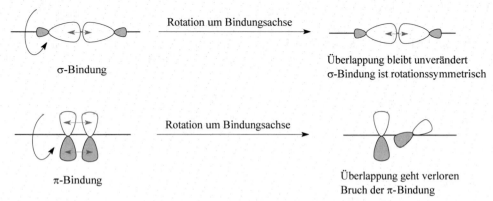

b) Die Energie eines Lichtquants der Wellenlänge 450 nm ist gegeben durch

$$E = h\nu = \frac{h \cdot c}{\lambda} = \frac{6,626 \cdot 10^{-34} \text{ Js} \cdot 3,00 \cdot 10^{8} \text{ m/s}}{450 \cdot 10^{-9} \text{ m}} = 4,42 \cdot 10^{-19} \text{ J}$$

Für 1 mol Photonen dieser Wellenlänge beträgt die Energie dann

$$E = 4,42 \cdot 10^{-19} \text{ J} \cdot 6,022 \cdot 10^{23} \text{ mol}^{-1} = 266 \text{ kJ/mol}$$

Die durchschnittliche Bindungsdissoziationsenergie für eine C–C-Einfachbindung beträgt ca. 340 kJ/mol; für eine C=C-Doppelbindung etwa 610 kJ/mol. Der berechnete Wert für die π-Bindung entspricht in guter Näherung dieser Differenz. Man erkennt, dass die σ-Bindung stärker ist, als die π-Bindung und den größeren Anteil zur Bindungsenergie der Doppelbindung beiträgt.

## Lösung 184

Die zu bildenden Verbindungen können näherungsweise als ionisch betrachtet werden; die aus den Elementen entstehenden Ionen ergeben sich aus ihrer Valenzelektronenzahl unter Beachtung der Oktettregel.

a) Aluminium (3. HG) $\rightarrow$ $Al^{3+}$; Fluor (7. HG) $\rightarrow$ $F^-$

Es bildet sich Aluminium(III)-fluorid (Aluminiumtrifluorid), $AlF_3$. Die Angabe der Oxidationszahl für das Aluminium ist eigentlich nicht unbedingt erforderlich, da Al fast ausschließlich in der Oxidationsstufe +3 auftritt.

b) Lithium (1. HG) $\rightarrow$ $Li^+$; Wasserstoff (1. HG) $\rightarrow$ $H^-$

Zusammen mit anderen Nichtmetallen tritt Wasserstoff i. A. als weniger elektronegatives Element mit der Oxidationszahl +1 auf, in Verbindungen mit typischen Metallen, wie dem Lithium, ist er dagegen der elektronegativere Partner und bildet ein Hydrid-Ion ($H^-$). Es entsteht also das Lithiumhydrid (LiH).

c) Magnesium (2. HG) $\rightarrow$ $Mg^{2+}$; Brom (7. HG) $\rightarrow$ $Br^-$

Magnesium gibt stets beide Valenzelektronen ab und bildet das Magnesium-Kation $Mg^{2+}$, das Brom kann maximal ein Elektron aufnehmen. Es bildet sich das typische Salz Magnesiumbromid ($MgBr_2$). Man verzichtet normalerweise auf die exaktere Bezeichnung Magnesiumdibromid, da ein MgBr nicht existiert und die Zusammensetzung der Verbindung aufgrund der Oxidationszahlen klar ist.

d) Kalium (1. HG) $\rightarrow$ $K^+$; Schwefel (6. HG) $\rightarrow$ $S^{2-}$

Kalium tritt ebenso wie Lithium in Verbindungen mit Nichtmetallen ausschließlich als $K^+$-Ion auf; der Schwefel bildet das Sulfid-Ion $S^{2-}$ und nicht $S^-$, da durch Aufnahme von zwei Elektronen das Oktett erreicht wird und eine höhere Gitterenthalpie resultiert. Das gebildete Salz ist Kaliumsulfid; auch hier verzichtet man aufgrund der Eindeutigkeit normalerweise auf die genaue Bezeichnung Dikaliumsulfid.

## Lösung 185

Verbindungen, die aus einem Metall und einem Nichtmetall aufgebaut sind, besitzen i. A. vorwiegend ionischen Charakter, vor allem dann, wenn es sich um stark elektropositive Metalle (1. und 2. HG des PSE) handelt. Der Unterschied der Elektronegativitäten zwischen den Bindungspartnern ist dann so hoch, dass ein Elektronenübergang zwischen dem Metall und dem Nichtmetall stattfindet und eine ionisch aufgebaute Verbindung (ein Salz) resultiert. Das bekannteste Beispiel hierfür ist das „Kochsalz" (NaCl). Verbindungen aus Nichtmetallen sind im Gegensatz dazu kovalenter Natur, wobei die kovalenten Bindungen umso polarer sind, je unterschiedlicher die Elektronegativitäten der beteiligten Elemente sind. Ein typisches Beispiel ist Wasser ($H_2O$). Die beiden kovalenten O–H-Bindungen haben stark polaren Charakter, da Sauerstoff wesentlich elektronegativer ist, als Wasserstoff.

Vor diesem Hintergrund ergeben sich folgende Vorhersagen:

a) Bor befindet sich zwar ebenso wie das Metall Aluminium in der 3. HG, besitzt aber als leichtestes Element der Gruppe eher nichtmetallische Eigenschaften. Seine Elektronegativität ist ähnlich der des Wasserstoffs; es werden wenig polare kovalente Bindungen ausgebildet.

b) Methanol ($CH_3OH$), der einfachste Alkohol, besteht ebenfalls nur aus Nichtmetallen. Während die C–H-Bindungen weitgehend unpolar sind (geringer Elektronegativitätsunterschied zwischen C und H), ist die O–H-Bindung eine stark polare kovalente Bindung, die C–O-Bindung nimmt eine Mittelstellung ein.

c) Lithiumnitrat ist ein typisches Salz aus dem sehr elektropositiven Metall Lithium und dem Nitrat-Ion, das drei kovalente N–O-Bindungen aufweist.

d) Schwefeldichlorid setzt sich aus zwei Nichtmetallen zusammen und enthält zwei mäßig polare kovalente S–Cl-Bindungen.

e) Silbersulfat enthält das Metall Silber, das (im Gegensatz zum Li) ein weniger elektropositives Übergangsmetall ist. Die $Ag^+$-Ionen bilden Salze mit verschiedenen Anionen, wie z. B. dem Sulfat, in dem ebenso wie im Nitrat-Ion mehrere Sauerstoffatome über polare kovalente Bindungen an ein Zentralatom (hier: Schwefel) gebunden sind.

f) Die Verbindung NOCl besteht offensichtlich ausschließlich aus stark elektronegativen Nichtmetallatomen; es sind daher kovalente Bindungen zu erwarten.

g) Cobaltcarbonat enthält das Metall Cobalt in der Oxidationsstufe +2; es bildet mit dem Carbonat-Ion ($CO_3^{2-}$), in dem kovalente Bindungen vorliegen, ein Salz (vgl. e).

g) Phosphortrichlorid ist, bestehend aus den beiden Nichtmetallen Phosphor und Chlor, eine kovalente Verbindung, in der Phosphor drei polare Atombindungen zu je einem Cl-Atom ausbildet.

# Lösung 186

a) Das Dipolmoment ergibt sich als Produkt aus der Ladung $q$ und ihrem Abstand $r$. Dabei ist $1 \text{ Å} = 10^{-10}$ m.

$$\mu = q \cdot r = 1{,}602 \cdot 10^{-19} \text{ C} \cdot 1{,}27 \cdot 10^{-10} \text{ m} = 2{,}06 \cdot 10^{-29} \text{ Cm} = 6{,}16 \text{ D}$$

b) Löst man umgekehrt die Gleichung nach $q$ auf, so erhält man:

$$q = \frac{\mu}{r} = \frac{1{,}08 \cdot 3{,}34 \cdot 10^{-30} \text{ Cm}}{1{,}27 \cdot 10^{-10} \text{ m}} = 2{,}84 \cdot 10^{-20} \text{ C} = 0{,}177 \, e$$

Die Partialladungen sind also wesentlich kleiner als eins (was selbstverständlich zu erwarten ist, da sonst eine ionische Bindung vorläge).

# Lösung 187

Ionische Verbindungen, sogenannte Salze, werden gebildet, wenn sich die Reaktionspartner stark in ihrer Elektronegativität unterscheiden, meist also zwischen stark elektropositiven Metallen und elektronegativen Nichtmetallen. Dagegen kommt es zwischen Elementen mit nicht zu unterschiedlicher Elektronegativität bevorzugt zur Ausbildung kovalenter Bindungen, in denen also Bindungselektronen geteilt werden. Meist entstehen dadurch definierte Moleküle mit bestimmter Zusammensetzung (Summenformel). Seltener entsteht ein dreidimensionales Netzwerk, das keine definierte Größe besitzt, sondern sich (prinzipiell) unendlich fortsetzen kann. Zur ersten Klasse, den ionischen Verbindungen, gehören von den aufgeführten das Ammoniumdihydrogenphosphat und das Natriumhydrid. In ersterem übernimmt das Ammonium-Ion ($NH_4^+$) anstelle eines Metalls die Rolle des Kations, das mit dem Anion der Phosphorsäure, dem Dihydrogenphosphat, $H_2PO_4^-$, ein Salz bildet. Im Natriumhydrid liegt der Wasserstoff mit negativer Ladung vor; als Kation fungiert das stark elektropositive $Na^+$-Ion. Chlorsäure ($HClO_3$) und Iodwasserstoff (HI) sind in wasserfreiem Zustand typische kovalente Verbindungen, die allerdings in Wasser unter Abgaben von $H^+$ dissoziieren. Die Substanz Tetraammindichloridokupfer(II) stellt eine Komplexverbindung dar. Hier sind vier Ammoniakmoleküle und zwei Chlorid-Ionen als Liganden an das Zentral-Ion $Cu^{2+}$ gebunden. Die Bindungen weisen überwiegend kovalenten Charakter auf und ergeben insgesamt ein neutrales Molekül. Diamant ist eine der Modifikationen des Kohlenstoffs. Darin sind die C-Atome jeweils tetraedrisch von vier benachbarten C-Atomen umgeben, so dass sich letztlich ein „unendlich" ausgedehntes Riesenmolekül ergibt; man spricht deshalb auch von einer Netzwerkstruktur.

| Name der Verbindung | Summenformel | ionische Verbindung | kovalente Molekülverb. | Netzwerk-verbindung |
|---|---|---|---|---|
| Chlorsäure | $HClO_3$ | | x | |
| Diamant | C | | | x |
| Ammoniumdihydro-genphosphat | $(NH_4)H_2PO_4$ | x | | |
| Tetraammindichlorido-kupfer(II) | $[Cu(NH_3)_4Cl_2]$ | | x | |
| Natriumhydrid | NaH | x | | |
| Iodwasserstoff | HI | | x | |

# Lösung 188

a) Die Synthese von Ammoniak erfolgt nach folgender Gleichung:

$$N_2 + 3\,H_2 \; \xrightleftharpoons{\;Kat\;} \; 2\,NH_3$$

Der Prozess wird bei hohen Drücken (typischerweise 150–300 bar; → Verschiebung des Gleichgewichts in Richtung Produkt) und bei Temperaturen von 400–500 °C zur Erzielung ausreichender Reaktionsgeschwindigkeiten durchgeführt. Die Struktur von Ammoniak leitet sich vom Tetraeder ab, wobei eine Ecke durch das freie Elektronenpaar des Stickstoffs besetzt wird. Daraus resultiert die trigonal-pyramidale Struktur des Moleküls. Gemäß dem VSEPR-Modell ergibt sich durch das freie Elektronenpaar eine Abweichung vom idealen Tetraederwinkel (109,5°) und ein Wasserstoff-Stickstoff-Wasserstoff-Winkel von ca. 107°.

b) In der flüssigen Phase bildet Ammoniak Wasserstoffbrückenbindungen aus, was den – in Anbetracht der niedrigen molaren Masse – verhältnismäßig hohen Siedepunkt (–33 °C) und eine hohe Verdampfungsenthalpie (23,35 kJ/mol) begründet. Um diese Bindungen beim Verdampfen aufzubrechen, wird viel Energie gebraucht, die aus der Umgebung zugeführt werden muss. Die starke Abkühlung beim Verdampfen kann zur Kühlung genutzt werden, was man sich früher für Kühlanlagen zunutze machte.

c) Die beiden Stickstoffatome im $N_2H_2$ und im $N_2H_4$ besitzen je ein freies Elektronenpaar, im Gegensatz zum Kohlenstoff in Alkenen (mit C=C-Bindung) bzw. Alkanen (C–C). Diese Elektronenpaare stoßen sich ab, so dass die N=N- und insbesondere die N–N-Bindung (freie Drehbarkeit!) im Vergleich zur C=C- bzw. C–C-Bindung geschwächt werden.

# Lösung 189

Die relativen Energien der Atomorbitale lassen sich aus den Elektronegativitäten von Wasserstoff und Sauerstoff ableiten. Von den 2p-Orbitalen des Sauerstoffs hat nur eines die korrekte Symmetrie für eine Überlappung mit dem 1s-Orbital des Wasserstoffs, nämlich das $2p_z$ (wenn man die Bindung entlang der z-Achse definiert). Aufgrund der größeren Elektronegativität des Sauerstoffs liegt dieses Orbital energetisch unterhalb des 1s-Orbitals des Wasserstoffs. Die beiden anderen 2p-Orbitale des Sauerstoffs sind aus Symmetriegründen nichtbindend, ändern also ihre Energie durch das Zustandekommen einer O–H-Bindung nicht. Bei der Linearkombination des $2p_z$-Obitals von O mit dem 1s-Orbital von H entstehen ein bindendes und ein antibindendes Orbital; dabei trägt das tiefer liegende $2p_z$-Atomorbital des Sauerstoffs mehr zum bindenden, das höher liegende 1s-AO des Wasserstoffs mehr zum antibindenden Orbital bei. Daher ist $\lambda$ in der Wellenfunktion für das bindende MO < 1.

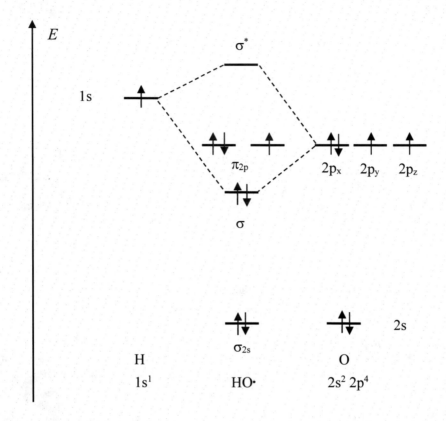

Die nichtbindenden Elektronen tragen nicht zur Bindungsordnung bei. Somit ist ein bindendes MO mit zwei Elektronen besetzt (das σ-MO), das antibindende σ* jedoch leer. Es resultiert eine Bindungsordnung von 1. Gleiches gilt für das OH⁻-Ion, in dem beide nichtbindenden $\pi_{2p}$-Orbitale doppelt besetzt sind.

# Kapitel 16

# Lösungen – Stöchiometrie und chemische Gleichungen

## Lösung 190

Glucose hat die Summenformel $C_6H_{12}O_6$, so dass die molare Masse $M = 180$ g/mol beträgt. Die Massenkonzentration $\beta$ errechnet sich aus der Stoffmengenkonzentration $c$ und der molaren Masse $M$:

$$\beta = c \cdot M = 26 \text{ mmol/L} \cdot 180 \text{ g/mol} = 4,68 \text{ g/L}$$

$$\beta = 4,68 \cdot 10^3 \text{ mg/L} \approx 470 \text{ mg/dL}$$

## Lösung 191

Zur Lösung dieser (an eine Physikumsaufgabe angelehnte) Aufgabe muss nur die Stoffmengenkonzentration $c$ in die Massenkonzentration $\beta$ umgerechnet werden. Beide hängen über die molare Masse zusammen:

$$\beta = c \cdot M = 180 \text{ µmol/L} \cdot 113 \text{ g/mol} = 1,80 \cdot 10^{-4} \text{ mol/L} \cdot 113 \text{ g/mol}$$

$$\beta = 2,034 \cdot 10^{-2} \text{ g/L} \approx 20 \text{ mg/L} = 2 \text{ mg/dL}$$

Die Einheit mg/dL ist in der Chemie unüblich, wird aber im klinischen Alltag verwendet.

## Lösung 192

Die Stoffmenge an Morphin in der finalen verdünnten Infusionslösung muss natürlich genauso groß sein, wie die der Ampulle entnommenen. Die in der Ampulle enthaltenen Stoffmenge ist

$$n(\text{Mo}) = \frac{m(\text{Mo})}{M(\text{Mo})} = \frac{142,5 \text{ mg}}{285 \text{ g mol}^{-1}} = 0,50 \text{ mmol}$$

Um daraus 250 mL einer Lösung mit der Konzentration 0,20 mmol/L herzustellen, ist die benötigte Stoffmenge an Morphin

$$n(\text{Mo}) = c(\text{I-Lg}) \cdot V(\text{I-Lg}) = 0,20 \text{ mmol/L} \cdot 0,25 \text{ L} = 0,05 \text{ mmol}$$

Es wird somit 1/10 der in der Ampulle enthaltenen Lösung benötigt. Somit sind daraus 2,0 mL zu entnehmen und auf das gewünschte Endvolumen von 250 mL zu verdünnen.

© Springer Fachmedien Wiesbaden GmbH, ein Teil von Springer Nature 2020
R. Hutterer, *Fit in Anorganik*, Studienbücher Chemie,
https://doi.org/10.1007/978-3-658-30486-7_16

## Lösung 193

a) Die benötigte Stoffmenge an Natriumcarbonat lässt sich aus dem gegebenen Volumen und der geforderten Stoffmengenkonzentration errechnen. Durch Multiplikation mit der molaren Masse von Natriumcarbonat ergibt sich daraus die benötigte Masse. Für die Bestimmung der molaren Masse wird die Summenformel des Salzes benötigt. Das Carbonat-Ion leitet sich ab von der Kohlensäure ($H_2CO_3$), ist also zweifach negativ geladen ($CO_3^{2-}$); das Natrium existiert nur als einwertiges $Na^+$-Ion $\rightarrow$ $Na_2CO_3$

$$n = c \cdot V = 1,5 \, \frac{mol}{L} \cdot 0,250 \, L = 0,375 \, mol$$

$$M(Na_2CO_3) = 2 \cdot 22,99 \, g/mol + 3 \cdot 16,00 \, g/mol + 12,01 \, g/mol = 106,0 \, g/mol$$

$$m = n \cdot M = 0,375 \, mol \cdot 106,0 \, g/mol = 40 \, g$$

$$\beta = c \cdot M = 1,5 \, mol/L \cdot 106 \, g/mol = 159 \, g/L$$

b) Eine einfache Möglichkeit besteht darin, ein kleines Volumen der Lösung zu entnehmen (z. B. 2 mL) und tropfenweise mit verdünnter Säure (z. B. HCl) zu versetzen. Carbonat-Ionen werden durch HCl zu Kohlensäure protoniert, die instabil ist und zu $H_2O$ und gasförmigem $CO_2$ zerfällt. Ist also eine Gasentwicklung zu beobachten, muss es sich um das Carbonat handeln.

## Lösung 194

Aus der gewünschten Endkonzentration und dem Gesamtvolumen (250 mL) lässt sich leicht die benötigte Stoffmenge errechnen, aus der gegebenen Massenkonzentration und der molaren Masse die Stoffmengenkonzentration. Aus der benötigten Stoffmenge und der vorliegenden Stoffmengenkonzentration ergibt sich dann das Volumen, das einpipettiert werden muss.

benötigte Stoffmenge:

$$n(\text{Lidocain}) = c(\text{Lidocain}) \cdot V = 1,25 \cdot 10^{-4} \, mol/L \cdot 0,250 \, L = 3,125 \cdot 10^{-5} \, mol$$

vorliegende Konzentration:

$$c(\text{Lidocain}) = \frac{\beta(\text{Lidocain})}{M(\text{Lidocain})} = \frac{1,17 \, g/L}{234 \, g/mol} = 5,0 \cdot 10^{-3} \, mol/L$$

zu verwendendes Volumen:

$$V(\text{Lidocain}) = \frac{n(\text{Lidocain})}{c(\text{Lidocain})} = \frac{3,125 \cdot 10^{-5} \, mol}{5,0 \cdot 10^{-3} \, mol/L} = 6,25 \cdot 10^{-3} \, L$$

# Lösung 195

Bei der Beantwortung der Frage muss das Internet helfen – wie groß ist das Volumen aller Meere auf der Erde? Es findet sich (z. B. in Wikipedia) ein Wert von ca. $1,33 \cdot 10^9$ km$^3$. Dies sind $1,33 \cdot 10^9 \cdot 10^9$ m$^3$ oder $1,33 \cdot 10^{21}$ L. Als zweites benötigen wir die ungefähre Zahl der Ethanol-Moleküle in 1 L Bier; hierbei entsprechen 5 Vol-% 50 mL Ethanol in 1 L Bier:

$$N(\text{EtOH}) = \frac{m}{M} \cdot N_A = \frac{\rho(\text{EtOH}) \cdot V}{M(\text{EtOH})} \cdot N_A$$

$$N(\text{EtOH}) = \frac{0,79 \text{ g/mL} \cdot 50 \text{ mL}}{46 \text{ g/mol}} \cdot 6,022 \cdot 10^{23} \text{ mol}^{-1} \approx 5 \cdot 10^{23}$$

Daraus ergibt sich für die Zahl der Ethanol-Moleküle in 1 L Meerwasser nach vollständiger Durchmischung:

$$\frac{N(\text{Ethanol})}{V(\text{Weltmeere})} = \frac{5 \cdot 10^{23}}{1,33 \cdot 10^{23} \text{ L}} \approx 4 \cdot 10^2 \text{ L}^{-1}$$

Rein statistisch betrachtet sollten Sie also mit 1 L Meerwasser rund $4 \cdot 10^2$ Moleküle aus dem Meer fischen. Wer hätte das gedacht, bei der schieren Unendlichkeit des Meeres….?

# Lösung 196

Wir berechnen zunächst die Stoffmenge an AgNO$_3$, die in der benötigten Lösung vorliegt, sowie diejenige, die in 50 mL der gegebenen Lösung vorhanden ist. Die Differenz muss durch Zugabe von festem AgNO$_3$ zugefügt werden.

$$n(\text{AgNO}_3) = c(\text{AgNO}_3) \cdot V_{\text{end}} = 0,075 \text{ mol/L} \cdot 0,100 \text{ L} = 7,5 \cdot 10^{-3} \text{ mol}$$

In 50 mL der gegebenen Lösung ($c = 0,050$ mol/L) befinden sich:

$$n(\text{AgNO}_3)_1 = 0,050 \text{ mol/L} \cdot 0,050 \text{ L} = 2,5 \cdot 10^{-3} \text{ mol}$$

Es werden demnach noch $(7,5 - 2,5) \cdot 10^{-3}$ mol AgNO$_3$ benötigt.

Die molare Masse $M(\text{AgNO}_3)$ ergibt sich als Summe aus den Atommassen zu:

$$M(\text{AgNO}_3) = (1 \cdot 107,9 + 1 \cdot 14,01 + 3 \cdot 16,00) \text{ g/mol} = 169,9 \text{ g/mol}.$$

$$\rightarrow \quad m(\text{AgNO}_3) = n(\text{AgNO}_3) \cdot M(\text{AgNO}_3) = 5,0 \cdot 10^{-3} \text{ mol} \cdot 169,9 \text{ g/mol} = 0,85 \text{ g}.$$

## Lösung 197

Betrachtet man eine Probe des Vitamins von genau 100 g, so enthält diese gemäß der Analyse 40,9 g C, 4,58 g H und 54,52 g O. Die entsprechenden Stoffmengen ergeben sich durch Division der Massen durch die jeweiligen molaren Massen zu

$$n(\text{C}) = \frac{m(\text{C})}{M(\text{C})} = \frac{40,9\,\text{g}}{12,01\,\text{g}\,\text{mol}^{-1}} = 3,41\,\text{mol}$$

$$n(\text{H}) = \frac{m(\text{H})}{M(\text{H})} = \frac{4,58\,\text{g}}{1,01\,\text{g}\,\text{mol}^{-1}} = 4,54\,\text{mol}$$

$$n(\text{O}) = \frac{m(\text{O})}{M(\text{O})} = \frac{54,52\,\text{g}}{16,00\,\text{g}\,\text{mol}^{-1}} = 3,41\,\text{mol}$$

Teilt man jeweils durch die kleinste Stoffmenge, erhält man ein Verhältnis der Stoffmengen C : H : O = 1,00 : 1,33 : 1,00. Da nur ganze Atomzahlen möglich sind, ergibt sich daraus (durch Multiplikation mit drei) ein Verhältnis von 3 : 4 : 3 und somit die empirische Formel $C_3H_4O_3$.

Für diese Formeleinheit berechnet sich die molare Masse zu

$$M(\text{C}_3\text{H}_4\text{O}_3) = 3 \cdot 12{,}01\,\text{g}\,\text{mol}^{-1} + 4 \cdot 1{,}01\,\text{g}\,\text{mol}^{-1} + 3 \cdot 16{,}0\,\text{g}\,\text{mol}^{-1} = 88{,}06\,\text{g}\,\text{mol}^{-1}$$

Dividiert man die tatsächliche molare Masse durch die empirische Formelmasse ergibt sich

$$\frac{\text{molare Masse}}{\text{molare Masse der empirischen Formeleinheit}} = \frac{176{,}14\,\text{g}\,\text{mol}^{-1}}{88{,}06\,\text{g}\,\text{mol}^{-1}} = 2$$

Die Molekülformel von Vitamin C ist somit 2 · „$C_3H_4O_3$" = $C_6H_8O_6$.

## Lösung 198

a) Für den Zerfall in die Elemente gilt folgende Reaktionsgleichung:

$$2\,\text{NaN}_3 \longrightarrow 2\,\text{Na} + 3\,\text{N}_2\,, \quad \text{d. h.}$$

$$n(\text{N}_2) = \frac{3}{2}\,n(\text{NaN}_3) = \frac{3}{2}\,\frac{m(\text{NaN}_3)}{M(\text{NaN}_3)} = \frac{3}{2}\,\frac{160\,\text{g}}{65\,\text{g}\,\text{mol}^{-1}} = 3{,}69\,\text{mol}$$

$$m(\text{N}_2) = n(\text{N}_2) \cdot M(\text{N}_2) = 3{,}69\,\text{mol} \cdot 28{,}0\,\text{g}\,\text{mol}^{-1} = 103\,\text{g}$$

b) Mit der allgemeinen Gasgleichung erhält man

$$pV = nRT$$

$$V = \frac{nRT}{p} = \frac{3{,}69\,\text{mol} \cdot 8{,}314 \cdot 10^{-2}\,\text{L}\,\text{bar}\,\text{mol}^{-1}\,\text{K}^{-1} \cdot 293\,\text{K}}{1{,}013\,\text{bar}} = 88{,}7\,\text{L}$$

# Lösung 199

Bei der Neutralisation von Schwefelsäure mit Calciumcarbonat fällt Calciumsulfat (Gips) aus und es entsteht Kohlendioxid:

$$H_2SO_4 + CaCO_3 \;\rightleftharpoons\; CaSO_4 + H_2O + CO_2$$

Für die Stoffmengenkonzentration der Schwefelsäure (zweiprotonig) ergibt sich aus der Titration mit NaOH:

$$c(H_2SO_4) = \frac{1}{2} \cdot \frac{c(NaOH) \cdot V(NaOH)}{V(H_2SO_4)} = \frac{1}{2} \cdot \frac{0,1 \text{ mol/L} \cdot 0,040 \text{ L}}{0,100 \text{ L}} = 0,020 \text{ mol/L}$$

Die Stoffmenge an Calciumcarbonat, die benötigt wird, entspricht der Stoffmenge an Schwefelsäure im Abwasser ($V = 120 \text{ m}^3 = 1,2 \cdot 10^5 \text{ L}$), also

$$n(CaCO_3) = n(H_2SO_4) = c(H_2SO_4) \cdot V(H_2SO_4)$$

$$n(CaCO_3) = 0,020 \text{ mol/L} \cdot 1,2 \cdot 10^5 \text{ L} = 2,4 \cdot 10^3 \text{ mol}$$

Mit der molaren Masse von $CaCO_3$ ($M = 100$ g/mol) erhält man für die Masse an Kalkstein:

$$m(CaCO_3) = n(CaCO_3) \cdot M(CaCO_3) = 2,4 \cdot 10^3 \text{ mol} \cdot 0,100 \text{ kg/mol} = 240 \text{ kg}$$

# Lösung 200

Der Pfeil mit zwei Spitzen in der ersten Zeile deutet an, dass für die Verbindung A mehrere (zumindest zwei) mesomere Grenzstrukturen formuliert werden können bzw. müssen, um der tatsächlichen Elektronenverteilung näher zu kommen. Dabei kommt weder A noch A' physikalische Realität zu; beide Schreibweisen sind nur als Annäherung an die tatsächliche, mit Hilfe der Lewis-Schreibweise nicht adäquat wiederzugebende Elektronenverteilung aufzufassen. Es existiert kein Übergang von A in A' oder umgekehrt!

Die Gleichung in Zeile zwei beschreibt eine Reaktion von einem Teilchen A in zwei Teilchen B. Die Reaktion scheint „mehr oder weniger" vollständig zu verlaufen, weshalb kein Pfeil für die Rückreaktion angegeben ist.

In Zeile drei ist ein (dynamisches) Gleichgewicht zwischen den Substanzen A und C formuliert (zwei Pfeile). Der längere Pfeil für die Rückreaktion von C zu A soll andeuten, dass das Gleichgewicht weiter auf der Seite von A (Eduktseite) liegt.

## Lösung 201

a) Bariumhydroxid dissoziiert in wässriger Lösung gemäß

$$Ba(OH)_2\,(s) \xrightarrow{\text{H}_2\text{O}} Ba^{2+}\,(aq) + 2\,OH^-\,(aq)$$

d. h. pro mol $Ba(OH)_2$ werden 2 mol $OH^-$-Ionen gebildet.

$$\rightarrow\quad c(OH^-) = 2 \cdot 0,003\,\text{mol/L} = 0,006\,\text{mol/L}$$

$$\rightarrow\quad [OH^-] = 0,006; \qquad\qquad [H_3O^+] = \frac{10^{-14}}{0,006} = 1,7 \cdot 10^{-12}$$

$$\rightarrow\quad pH = -\lg 1,7 \cdot 10^{-12} = 11,8$$

b) Nitrat- und Acetat-Ionen bilden mit allen Kationen leicht lösliche Salze; von den Chloriden sind nur wenige (mit $Ag^+$, $Pb^{2+}$ und $Hg^+$) schwer löslich. Der beobachtbare Niederschlag besteht also aus Bariumsulfat, $BaSO_4$.

$$Ba^{2+}\,(aq) + SO_4^{\,2-}\,(aq) \longrightarrow BaSO_4\,(s)$$

Die Stoffmenge an $Ba^{2+}$-Ionen in 50 mL der Bariumhydroxid-Lösung beträgt

$$n(Ba^{2+}) = c(Ba^{2+}) \cdot V(\text{Lg.}) = 0,003\,\text{mol/L} \cdot 0,05\,\text{L} = 1,5 \cdot 10^{-4}\,\text{mol}$$

Dem stehen jeweils 0,2 mmol der Anionen gegenüber; die $Ba^{2+}$-Ionen sind also für die Menge des entstehenden Niederschlags limitierend. Somit kann maximal $1,5 \cdot 10^{-4}$ mol $BaSO_4$ ausfallen und anschließend abfiltriert, getrocknet und gewogen werden. Eine vollständige Reaktion und verlustfreie Isolation des Produkts vorausgesetzt errechnet sich die maximal erhältliche Masse an Produkt zu

$$m(BaSO_4) = n(BaSO_4) \cdot M(BaSO_4) = 1,5 \cdot 10^{-4}\,\text{mol} \cdot (137,3 + 96)\,\text{g/mol} = 0,035\,\text{g}$$

## Lösung 202

a) Die angegebenen Befunde lassen sich folgendermaßen interpretieren:

1. Es existieren sehr viele schwer lösliche Salze mit verschiedenen Anionen. Für manche Anionen sind außer den Alkalimetall-Salzen praktisch alle Verbindungen schwer löslich, für andere, wie z. B. $Cl^-$, nur einige wenige (z. B. AgCl). Das Salz könnte u. a. ein -phosphat, -carbonat, -hydroxid, -oxid oder -sulfid sein.

2. Da mit einer starken Base keine Reaktion erfolgt, enthält das Salz kein saures Anion, wie z. B. $HSO_4^-$.

3. Das Salz enthält ein schwach basisches Anion. Bei dem Gas könnte es sich um $CO_2$ handeln, das durch Protonierung von Carbonat-Ionen entsteht. Dadurch wird das Lösungsgleichgewicht zugunsten der Auflösung verschoben.

4. Mit der starken Säure HCl reagiert das schwach basische Anion, z. B. $CO_3^{2-}$, rascher.

5. Diese Befunde stärken den Verdacht, dass es sich beim Anion um das Carbonat-Ion handelt. $CO_2$ lässt sich mit $Ba(OH)_2$-Lösung unter Bildung eines $BaCO_3$-Niederschlags nachweisen.

6. Diese Reaktion ist sehr spezifisch und weist das $Fe^{3+}$-Ion nach, denn folgende Komplexbildung (Bildung von Berliner Blau) findet statt:

$$4\,Fe^{3+} + 3\,[Fe(CN)_6]^{4-} \longrightarrow Fe_4[Fe(CN)_6]_3$$

7. Das Reduktionsmittel reduziert das $Fe^{3+}$-Ion zu $Fe^{2+}$. Die schwache Blaufärbung ist auf teilweise Oxidation von $Fe^{2+}$ durch Luftsauerstoff zu $Fe^{3+}$ und anschließende Komplexbildung wie unter Punkt 6 zurückzuführen.

Es handelt sich um Eisen(III)-carbonat mit der Formel $Fe_2(CO_3)_3$.

b) $Fe_2(CO_3)_3\,(s) + 6\,H^+ \longrightarrow 2\,Fe^{3+} + 3\,H_2O + 3\,CO_2\,(g)$

# Lösung 203

a) Elementares Brom liegt als zweiatomiges Molekül vor ($Br_2$). Jedes Brom-Atom besitzt sieben Valenzelektronen und erreicht durch Paarung des ungepaarten Elektrons die Oktettkonfiguration.

b) Die beiden stabilen Isotope von Brom sind $^{79}Br$ und $^{81}Br$. Der erste Peak besteht aus $^{79}Br$–$^{79}Br$, der zweite aus $^{79}Br$–$^{81}Br$ und der dritte aus $^{81}Br$–$^{81}Br$. Die molare Masse des leichteren Isotops beträgt 78,918 g/mol, die des schwereren 80,916 g/mol.

c) Die mittlere molare Masse von $Br_2$ ergibt sich aus den molaren Massen, gewichtet mit ihrem jeweiligen prozentualen Vorkommen (das proportional zu den relativen Peakgrößen sein sollte), also

$$\bar{M}(Br_2) = (157{,}836 \cdot 0{,}2569 + 159{,}834 \cdot 0{,}4999 + 161{,}832 \cdot 0{,}2431)\ g/mol$$

$$\bar{M}(Br_2) = 159{,}79\ g/mol$$

d) Die mittlere molare Masse eines Br-Atoms ist entsprechend gleich der Hälfte der mittleren molaren Masse von $Br_2$:

$$\bar{M}(Br) = \frac{1}{2} \cdot 159{,}79\ g/mol = 79{,}895\ g/mol$$

e) Entsprechend der Peakgrößen macht das Vorkommen der beiden Moleküle $^{79}Br$–$^{79}Br$ und $^{81}Br$–$^{81}Br$ zusammen genau 50 % der Häufigkeit aus. Die Häufigkeit des leichteren Isotops entspricht daher $2 \cdot 0{,}2569 = 0{,}5138 = 51{,}38\ \%$, die des schwereren entsprechend $2 \cdot 0{,}2431 = 0{,}4862 = 48{,}62\ \%$.

# Kapitel 17

# Lösungen – Energetik und chemisches Gleichgewicht

## Lösung 204

Die abzuführende Wärme berechnet sich zu

$$q_p = m \cdot c_p \cdot \Delta T = 75,0 \cdot 10^3 \text{ g} \cdot 3,9 \frac{\text{J}}{\text{g K}} \cdot (-0,50 \text{ K}) = -146 \text{ kJ}$$

Die Wärmemenge muss von dem verdampfenden Wasser auf der Haut aufgenommen werden, d. h. $q\,(H_2O) = -q\,(\text{Körper}) = 146 \text{ kJ}$. Die erforderliche Stoffmenge beträgt

$$n(H_2O) = \frac{146 \text{ kJ}}{44,0 \text{ kJ/mol}} = 3,32 \text{ mol}$$

$$\rightarrow \quad m(H_2O) = n(H_2O) \cdot M(H_2O) = 3,32 \text{ mol} \cdot 18,0 \text{ g/mol} = 59,8 \text{ g}$$

## Lösung 205

Um 150 mL ($\approx$ 150 g) Wasser um 25 K (von 27 °C auf 2 °C) abzukühlen, muss die Wärmemenge $q$ entzogen werden:

$$q = c_p \cdot m \cdot \Delta T = 4{,}18 \text{ J/g K} \cdot 150 \text{ g} \cdot 25 \text{ K} = 1{,}57 \cdot 10^4 \text{ J}$$

Die dafür zu lösende Stoffmenge an Ammoniumnitrat beträgt

$$n(NH_4NO_3) = \frac{1{,}57 \cdot 10^4 \text{ J}}{2{,}57 \cdot 10^4 \text{ J/mol}} = 0{,}609 \text{ mol}$$

$$\rightarrow \quad m(NH_4NO_3) = n(NH_4NO_3) \cdot M(NH_4NO_3) = 0{,}609 \text{ mol} \cdot 80{,}05 \text{ g/mol} = 48{,}8 \text{ g}$$

Das Päckchen muss also knapp 50 g Ammoniumnitrat enthalten.

## Lösung 206

a) Die bei der Verbrennung der Benzoesäure freigesetzte Energie errechnet sich aus der eingesetzten Stoffmenge und der molaren Verbrennungsenergie zu

$$\Delta U\,(\text{Benzoesäure}) = \frac{m\,(\text{Benzoesäure})}{M\,(\text{Benzoesäure})} \cdot \Delta U_m\,(\text{Benzoesäure})$$

© Springer Fachmedien Wiesbaden GmbH, ein Teil von Springer Nature 2020
R. Hutterer, *Fit in Anorganik*, Studienbücher Chemie,
https://doi.org/10.1007/978-3-658-30486-7_17

$$\Delta U \text{ (Benzoesäure)} = \frac{0,386 \text{ g}}{122,1 \text{ g/mol}} \cdot (-3251 \text{ kJ/mol}) = -10,28 \text{ kJ}$$

Der Kalibrationsfaktor für das Kalorimeter ergibt sich zu

$$\text{Kalibrationsfaktor} = \frac{\text{aufgenommene Wärme}}{\text{Temperaturänderung}} = \frac{10,28 \text{ kJ}}{3,24 \text{ K}} = 3,17 \text{ kJ/K}$$

Daraus folgt die bei der Verbrennung der Schokoladenprobe freigesetzte Energie:

$$\Delta U \text{ (Schokolade)} = \text{Kalibrationsfaktor} \cdot \Delta T = 3,17 \text{ kJ/K} \cdot 3,46 \text{ K} = 10,97 \text{ kJ}$$

Die ganze Tafel liefert dann:

$$\Delta U \text{ (Schokolade)} = \frac{10,97 \text{ kJ}}{0,45 \text{ g}} \cdot 100 \text{ g} = 2,44 \cdot 10^3 \text{ kJ}$$

Da 1 W·s = 1 J ist, beträgt die pro Minute verrichtete Arbeit $W$ bei einer konstanten Leistung von $P = 175$ W

$$W = P \cdot t = 175 \text{ W} \cdot 60 \text{ s} = 10,5 \text{ kJ}$$

Um eine Arbeit zu verrichten, die der von der Schokolade gelieferten Energie entspricht, beträgt die erforderliche Trainingszeit auf dem Ergometer:

$$t = \frac{2,44 \cdot 10^3 \text{ kJ}}{10,5 \text{ kJ min}^{-1}} = 232 \text{ min} \quad - \text{ ziemlich lang....!}$$

## Lösung 207

Die Sublimationsenthalpie ergibt sich aus der Differenz der Standardbildungsenthalpien von gasförmigem und festem $CO_2$, also $\Delta H^\circ_{\text{sub}} = \Delta H^\circ_{\text{f}} (CO_2, g) - \Delta H^\circ_{\text{f}} (CO_2, s) = 33,9 \text{ kJ/mol}$.

Wenn sich das Wasser von 88 °C auf 23 °C abkühlt, wird folgende Wärmemenge $q_{\text{p}}$ ($H_2O$) freigesetzt:

$$q_{\text{p}} (H_2O) = c_{\text{p}} (H_2O) \cdot m (H_2O) \cdot \Delta T$$

$$q_{\text{p}} (H_2O) = 4,18 \frac{\text{J}}{\text{g K}} \cdot 1,00 \cdot 10^3 \frac{\text{g}}{\text{L}} \cdot 20,0 \text{ L} \cdot (-65 \text{ K}) = -5,434 \cdot 10^6 \text{ J}$$

Diese Wärmemenge steht für die Sublimation zur Verfügung, d. h. $q_{\text{sub}} = -q_{\text{p}}$ ($H_2O$). Die Stoffmenge an Trockeneis, die damit in den Gaszustand überführt werden kann, ergibt daraus

zu $$n(CO_2) = \frac{q_{\text{sub}}}{\Delta H^\circ_{\text{sub}}} = \frac{5,434 \cdot 10^3 \text{ kJ}}{33,9 \text{ kJ/mol}} = 160 \text{ mol}.$$

Dies entspricht einer Masse an Trockeneis von

$$m(CO_2) = n(CO_2) \cdot M(CO_2) = 160 \text{ mol} \cdot 44,01 \text{ g/mol} = 7,05 \text{ kg}.$$

# Lösung 208

Für die Oxidation von Eisen zu Eisen(III)-oxid lässt sich folgende Gleichung aufstellen:

$$4\,\mathrm{Fe}(s) + 3\,\mathrm{O}_2\,(g) \longrightarrow 2\,\mathrm{Fe}_2\mathrm{O}_3\,(s)$$

Da die Standardbildungsenthalpie der beiden Edukte (= Elemente!) jeweils 0 ist, gilt für die Standardreaktionsenthalpie $\Delta H^\circ_R$ einfach:

$$\Delta H^\circ_R = 2\,\Delta H^\circ_f\,(\text{Produkt}) = -2\,\text{mol} \cdot 824\,\text{kJ/mol} = -1648\,\text{kJ}$$

Beachten Sie, dass sich die Standardbildungsenthalpie immer auf die Bildung von genau ein Mol Substanz aus den Elementen in ihren stabilsten Standardzuständen bezieht; da gemäß Reaktionsgleichung zwei Mol $\mathrm{Fe}_2\mathrm{O}_3$ gebildet werden, ist der angegebene Wert zu verdoppeln.

Die Stoffmenge an Eisen-Pulver beträgt

$$n(\mathrm{Fe}) = \frac{m(\mathrm{Fe})}{M(\mathrm{Fe})} = \frac{25\,\text{g}}{55{,}85\,\text{g\,mol}^{-1}} = 0{,}448\,\text{mol}$$

$$\rightarrow \quad n(\mathrm{Fe}_2\mathrm{O}_3) = \frac{1}{2}\,n(\mathrm{Fe}) = 0{,}224\,\text{mol}$$

$$\rightarrow \quad q = \Delta H^\circ_R = 0{,}224\,\text{mol} \cdot (-824\,\frac{\text{kJ}}{\text{mol}}) = -184\,\text{kJ}$$

# Lösung 209

Die Verbrennung von Butangas liefert Kohlendioxid und Wasser:

$$2\,\mathrm{C}_4\mathrm{H}_{10}\,(g) + 13\,\mathrm{O}_2\,(g) \longrightarrow 8\,\mathrm{CO}_2\,(g) + 10\,\mathrm{H}_2\mathrm{O}(l) \qquad \Delta H^\circ = -5756\,\text{kJ}$$

Um siebenmal 350 kJ freizusetzen (= 2450 kJ), beträgt die erforderliche Stoffmenge an Butan

$$n(\mathrm{C}_4\mathrm{H}_{10}) = \frac{2450\,\text{kJ} \cdot 2\,\text{mol}}{5756\,\text{kJ}} = 0{,}85\,\text{mol}$$

$$\rightarrow \quad m(\mathrm{C}_4\mathrm{H}_{10}) = n(\mathrm{C}_4\mathrm{H}_{10}) \cdot M(\mathrm{C}_4\mathrm{H}_{10}) = 0{,}85\,\text{mol} \cdot 58\,\frac{\text{g}}{\text{mol}} = 49{,}4\,\text{g}$$

Es wird also knapp, könnte sich aber gerade so ausgehen.

Für die Verbrennung von Spiritus lautet die thermochemische Gleichung:

$$\mathrm{C}_2\mathrm{H}_5\mathrm{OH}(l) + 3\,\mathrm{O}_2\,(g) \longrightarrow 2\,\mathrm{CO}_2\,(g) + 3\,\mathrm{H}_2\mathrm{O}(l) \qquad \Delta H^\circ = -1368\,\text{kJ}$$

Da sich die Kohlenstoffatome im Ethanol im Mittel durch die Bindung an Sauerstoff bereits in einem höheren Oxidationszustand befinden, ist zu erwarten, dass die Energieausbeute pro Masseneinheit geringer ausfällt. Die Rechnung ergibt:

$$n(C_2H_5OH) = \frac{2450\ \text{kJ} \cdot 1\ \text{mol}}{1368\ \text{kJ}} = 1,79\ \text{mol}$$

$$\rightarrow\quad m(C_2H_5OH) = n(C_2H_5OH) \cdot M(C_2H_5OH) = 1,79\ \text{mol} \cdot 46\,\frac{\text{g}}{\text{mol}} = 82,4\ \text{g}$$

Es wäre also wie erwartet mehr Brennstoff zu schleppen.

## Lösung 210

Neben den gegebenen Produkten wird als Edukt für diesen Oxidationsprozess natürlich Sauerstoff benötigt. Für die Reaktionsgleichung erhält man dann:

$$2\,H_2NCH_2COOH\,(s) + 3\,O_2\,(g)\ \longrightarrow\ H_2NCONH_2\,(s) + 3\,CO_2\,(g) + 3\,H_2O\,(l)$$

Aus den gegebenen Standardbildungsenthalpien und den ermittelten stöchiometrischen Koeffizienten lässt sich dann die Standardreaktionsenthalpie $\Delta H^{\circ}_R$ berechnen. Beachten Sie, dass $\Delta H^{\circ}_f$ für Sauerstoff als Element gleich 0 ist.

$$\Delta H^{\circ}_R = \sum n\,\Delta H^{\circ}_f\ (\text{Produkte}) = \sum m\,H^{\circ}_f\ (\text{Edukte})$$

$$\Delta H^{\circ}_R\,(\text{Pr.}) = [1\,\text{mol} \cdot \Delta H^{\circ}_f\ (H_2NCONH_2, s) + 3\,\text{mol} \cdot \Delta H^{\circ}_f\ (CO_2, g) + 3\,\text{mol} \cdot \Delta H^{\circ}_f\ (H_2O, l)]$$

$$\Delta H^{\circ}_R\,(\text{Ed.}) = [2\,\text{mol} \cdot \Delta H^{\circ}_f\ (H_2NCH_2COOH, s) + 3\,\text{mol}\ \Delta H^{\circ}_f\,(O_2, g)]$$

$$\Delta H^{\circ}_R = [1\,(-333\ \text{kJ}) + 3\,(-393\ \text{kJ}) + 3\,(-286\ \text{kJ})] - [2\,(-533\ \text{kJ}) + 3\,(0\ \text{kJ})]$$

$$\Delta H^{\circ}_R = -2370\ \text{kJ} - (-1066\ \text{kJ}) = -1304\ \text{kJ}$$

Die Reaktion ist stark exotherm; der Körper kann also wie erwartet Energie aus der (teilweisen) Oxidation von Aminosäuren gewinnen.

## Lösung 211

a) Wenn möglich sollten die Lewis-Formeln für alle Atome ein Elektronenoktett ergeben und möglichst wenige Formalladungen aufweisen. Stickstoffmonoxid (NO) und Stickstoffdioxid (NO$_2$) besitzen eine ungerade Elektronenzahl, sind also Radikale und müssen naturgemäß ein ungepaartes Elektron aufweisen. Für NO$_2$ erhält man so zwei gleichwertige mesomere Grenzstrukturen, während man für N$_2$O zwei annähernd gleichwertige Grenzstrukturen formulieren kann, die oben genannte Kriterien erfüllen.

$$:\overset{..}{N}=\overset{..}{O}\!:$$

$$\overset{\ominus}{\phantom{.}}:\overset{..}{\underset{..}{O}}\!\diagdown\!\!\overset{\overset{\oplus}{\overset{.}{N}}}{}\!\!\diagup\!\overset{..}{\underset{..}{O}}\!: \quad\longleftrightarrow\quad :\overset{..}{O}\!=\!\overset{\overset{\oplus}{\overset{.}{N}}}{}\!\diagdown\!\overset{..}{\underset{..}{O}}\!:\overset{\ominus}{}$$

$$\overset{\ominus}{\phantom{.}}:\overset{..}{\underset{..}{N}}=\overset{\overset{\oplus}{}}{N}=\overset{..}{\underset{..}{O}}\!: \quad\longleftrightarrow\quad :N\!\equiv\!\overset{\overset{\oplus}{}}{N}\!-\!\overset{..}{\underset{..}{O}}\!:\overset{\ominus}{}$$

b) Die erste Gleichung enthält als Produkt das benötigte Edukt $NO_2$; Umkehrung dieser Gleichung und Multiplikation mit ½ ergibt als Gleichung 1:

$$NO_2\,(g) \longrightarrow NO\,(g) + 0,5\,O_2\,(g) \qquad \Delta H_1 = +113\,\text{kJ}\,/\,2$$

Die dritte der obigen Gleichungen enthält das zweite Edukt. Da in der interessierenden Gleichung ein Mol $N_2O$ verbraucht wird, multiplizieren wir wiederum mit ½ (Gleichung 3):

$$N_2O(g) \longrightarrow N_2\,(g) + 0,5\,O_2\,(g) \qquad \Delta H_3 = -163\,\text{kJ}\,/\,2$$

Die Gleichung der gewünschten Reaktion resultiert nun aus der Addition der Gleichungen 1 und 3 sowie der Ausgangsgleichung 2. Dadurch heben sich $N_2$ und $O_2$ als Produkte in Gleichungen 1 und 3 sowie als Edukte in Gleichung 2 auf. Entsprechend ergibt sich die Standardreaktionsenthalpie $\Delta H^\circ{}_R$ für die interessierende Reaktion zu

$$\Delta H_R = \frac{\Delta H_1}{2} + \frac{\Delta H_3}{2} + \Delta H_2 = \frac{113\,\text{kJ}}{2} + \frac{-163\,\text{kJ}}{2} + 183\,\text{kJ} = 158\,\text{kJ}$$

# Lösung 212

Die Enthalpie ist eine Zustandsgröße, d. h. sie ist wegunabhängig, ihr Wert hängt nicht davon ab, wie ein bestimmter Zustand erreicht wurde. Die Enthalpieänderung einer Reaktion lässt sich also als Summe der Enthalpieänderungen von Teilreaktionen ausdrücken, die von den Edukten zu den gleichen Produkten führen („Satz von Hess").

Für den gegebenen Fall bedeutet das, dass die Standardbildungsenthalpie der Glucose berechnet werden kann, wenn man die Reaktionsenthalpien für die Verbrennung von Glucose zu $CO_2$ und Wasser und für die Bildung von $CO_2$ und Wasser aus den Elementen bestimmt.

Verbrennung von Glucose:

$$C_6H_{12}O_6\,(s) + 6\,O_2\,(g) \longrightarrow 6\,CO_2\,(g) + 6\,H_2O(g)$$

Bildung von $CO_2$ und Wasser aus den Elementen:

$$6\,C(s) + 6\,H_2\,(g) + 9\,O_2\,(g) \longrightarrow 6\,CO_2\,(s) + 6\,H_2O(g)$$

Subtrahiert man die erste von der zweiten Gleichung erhält man die Gleichung für die Bildung von Glucose aus den Elementen; die Standardbildungsenthalpie $\Delta H^\circ{}_f$ von Glucose lässt sich also aus den beiden messbaren Reaktionsenthalpien leicht berechnen.

# Lösung 213

a) Die Reaktionsgleichung lautet:

$$C_3H_8 \, (l) + 5\,O_2 \, (g) \quad \longrightarrow \quad 3\,CO_2 \, (g) + 4\,H_2O(g)$$

Für die Standardreaktionsenthalpie folgt aus den Standardbildungsenthalpien:

$$\Delta H^\circ_R = \sum n\,\Delta H^\circ_f \, (\text{Produkte}) \; - \; \sum m\,H^\circ_f \, (\text{Edukte})$$

$$\Delta H^\circ_R = [3\,\text{mol} \cdot \Delta H^\circ_f \, (CO_2, g) + 4\,\text{mol} \cdot \Delta H^\circ_f \, (H_2O, g)] - [1\,\text{mol} \cdot \Delta H^\circ_f \, (C_3H_8, l) + 5\,\text{mol}\,\Delta H^\circ_f \,(O_2, g)]$$

$$\Delta H^\circ_R = [3\,(-393,5\,\text{kJ}) \; + \; 4\,(-241,8\,\text{kJ})] \; - \; [1\,(-70,1\,\text{kJ}) \; + \; 5 \; (0\,\text{kJ})]$$

$$\Delta H^\circ_R = -1180,5\,\text{kJ} \; -967,2\,\text{kJ} + 70,1\,\text{kJ} \; = \; -2077,6\,\text{kJ}$$

Da 90 % der freigesetzten Wärme als Abwärme verloren gehen, muss so viel Propan verheizt werden, bis $1,60 \cdot 10^4$ kJ freigesetzt sind. Bei einer pro Mol Propan erzeugten Wärmemenge von $2,078 \cdot 10^3$ kJ entspricht dies einer Stoffmenge an Propan von

$$n(\text{Propan}) \; = \; \frac{\Delta H_{\text{Bedarf}}}{\Delta H^\circ_R} \; = \; \frac{1,60 \cdot 10^4\,\text{kJ}}{2,078 \cdot 10^3 \; \text{kJ/mol}} \; = \; 7,70 \; \text{mol}$$

Daraus errechnet sich mit der stöchiometrischen Gleichung die Masse an erzeugtem $CO_2$ zu

$$m(CO_2) \; = \; n(CO_2) \cdot M(CO_2) \; = \; 3 \cdot n(\text{Propan}) \cdot M(CO_2)$$

$$m(CO_2) \; = \; 3 \cdot 7,70 \; \text{mol} \cdot 44,01\,\frac{\text{g}}{\text{mol}} \; = \; 973 \; \text{g}$$

Das ist also mehr „$CO_2$-Abfall", als dafür letztlich auf dem Teller liegt.

# Lösung 214

Die Reaktionsgleichung für die Reduktion von $Fe_2O_3$ mit CO lässt sich aus den beiden gegebenen Gleichungen wie folgt generieren:

Umkehrung der ersten Gleichung liefert:

$$1) \; Fe_2O_3(s) \quad \longrightarrow \quad 2\,Fe \, (s) + \frac{3}{2}\,O_2 \, (g) \qquad \Delta H_{R1} \; = \; +824,2\,\text{kJ}$$

Da die Reduktion 3 mol CO erfordert, wird die zweite Gleichung mit drei multipliziert und dann zur umgekehrten ersten Gleichung addiert:

$$2) \; 3\,CO \, (g) + \frac{3}{2}\,O_2 \, (g) \quad \longrightarrow \quad 3\,CO_2(g) \qquad \Delta H_{R2} \; = \; 3 \cdot (-282,7\,\text{kJ})$$

Addition von 1) und 2) liefert die gegebene Reaktionsgleichung. Für deren Reaktionsenthalpie ergibt sich entsprechend:

$$\Delta H_R = \Delta H_{R1} + \Delta H_{R2} = (824,2 + 3 \cdot (-282,7))\,\text{kJ} = -23,9\,\text{kJ}$$

# Lösung 215

Die Reaktionsgleichung lautet:

$$C_{16}H_{32}O_2\,(s) + 23\,O_2\,(g) \longrightarrow 16\,CO_2\,(g) + 16\,H_2O\,(l)$$

Für die Standardreaktionsenthalpie folgt aus den Standardbildungsenthalpien:

$$\Delta H^\circ_R = \sum n \Delta H^\circ_f\ (\text{Produkte}) - \sum m H^\circ_f\ (\text{Edukte})$$

$$\Delta H^\circ_R = [16\,\text{mol} \cdot \Delta H^\circ_f\ (CO_2) + 16\,\text{mol} \cdot \Delta H^\circ_f\ (H_2O) - [1\,\text{mol} \cdot \Delta H^\circ_f\ (C_{16}H_{32}O_2) + 23\,\text{mol}\,\Delta H^\circ_f(O_2)]$$

$$\Delta H^\circ_R = [16\,(-393,5\,\text{kJ}) + 16(-285,8\,\text{kJ})] - [1(-208\,\text{kJ}) + 23\ (0\,\text{kJ})]$$

$$\Delta H^\circ_R = -10660,8\,\text{kJ} = -2550,4\,\text{Cal}$$

Die molare Masse der Palmitinsäure beträgt

$$M\,(C_{16}H_{32}O_2) = (16 \cdot 12,01 + 32 \cdot 1,008 + 2 \cdot 16,00)\,\text{g/mol} = 256,42\,\text{g/mol}\ .$$

Die Verbrennung von 1 mol, entsprechend einer Masse von 256,42 g ergibt 2550,5 Cal; somit beträgt der Energiegehalt = 9,95 Cal/g.

Eine analoge Berechnung für die Saccharose ergibt:

$$C_{12}H_{22}O_{11}\,(s) + 17,5\,O_2\,(g) \longrightarrow 12\,CO_2\,(g) + 11\,H_2O\,(l)$$

Für die Standardreaktionsenthalpie folgt aus den Standardbildungsenthalpien:

$$\Delta H^\circ_R = \sum n \Delta H^\circ_f\ (\text{Produkte}) - \sum m H^\circ_f\ (\text{Edukte})$$

$$\Delta H^\circ_R = [12\,\text{mol} \cdot \Delta H^\circ_f\ (CO_2) + 11\,\text{mol} \cdot \Delta H^\circ_f\ (H_2O) - [1\,\text{mol} \cdot \Delta H^\circ_f\ (C_{12}H_{22}O_{11}) + 17,5\,\text{mol}\,\Delta H^\circ_f(O_2)]$$

$$\Delta H^\circ_R = [12\,(-393,5\,\text{kJ}) + 11(-285,8\,\text{kJ})] - [1(-2226\,\text{kJ}) + 17,5\ (0\,\text{kJ})]$$

$$\Delta H^\circ_R = -5639,8\,\text{kJ} = -1349,2\,\text{Cal}$$

Die molare Masse der Saccharose beträgt

$$M\,(C_{12}H_{22}O_{11}) = (12 \cdot 12,01 + 22 \cdot 1,008 + 11 \cdot 16,00)\,\text{g/mol} = 342,3\,\text{g/mol}\ .$$

Die Verbrennung von 1 mol, entsprechend einer Masse von 342,3 g ergibt 1349,2 Cal; somit beträgt der Energiegehalt = 3,94 Cal/g. Der auf die Masse bezogene Energiegehalt von Palmitinsäure (allg. von Fetten) ist also wesentlich größer als derjenige von Kohlenhydraten, was auf ihrem (im Schnitt) niedrigeren Oxidationszustand beruht.

# Lösung 216

a) Die Reaktionsgleichung lautet:

$$CO(g) + 2\,H_2(g) \rightleftharpoons CH_3OH(g)$$

Sind noch 0,15 mol/L CO nach Einstellung des Gleichgewichts vorhanden, haben offensichtlich 0,35 mol/L reagiert und – laut Gleichung – eine äquivalente Menge an Methanol gebildet, d. h. im Gleichgewicht ist $c$ (CH$_3$OH) = 0,35 mol/L. Dafür müssen 0,70 mol/L Wasserstoff umgesetzt worden sein, d. h. die Gleichgewichtskonzentration $c$ (H$_2$) beträgt 0,30 mol/L. Für die Gleichgewichtskonstante folgt daraus:

$$K = \frac{[CH_3OH]}{[CO]\cdot[H_2]^2} = \frac{0,35}{0,15\cdot 0,30^2} = 26$$

b) Für eine endotherme Reaktion kann Wärme als Edukt aufgefasst werden; eine Temperaturerniedrigung entspricht einem Entzug von Wärme. Dies führt zu einer Verschiebung des Gleichgewichts auf die Eduktseite; $K$ wird also kleiner.

# Lösung 217

a) Aus den Massenanteilen kann auf das Stoffmengenverhältnis der Elemente und damit die Verhältnisformel geschlossen werden; durch Vergleich mit der molaren Masse ergibt sich so die Summenformel. Dazu berechnet man am einfachsten die in 100 g der Verbindung (Phosgen) enthaltenen Stoffmengen:

$$n(C) = \frac{m(C)}{M(C)} = \frac{12,14\,g}{12,01\,g\,mol^{-1}} = 1,011\,mol$$

$$n(O) = \frac{m(O)}{M(O)} = \frac{16,17\,g}{16,00\,g\,mol^{-1}} = 1,011\,mol$$

$$n(Cl) = \frac{m(Cl)}{M(Cl)} = \frac{71,69\,g}{35,45\,g\,mol^{-1}} = 2,022\,mol$$

Die Zusammensetzung von Phosgen ist also (COCl$_2$)$_n$. Durch Vergleich mit der molaren Masse erkennt man sofort, dass n = 1 ist. Der Sauerstoff ist ebenso wie die beiden Cl-Atome an den Kohlenstoff gebunden. Dieser muss, um das Oktett zu erreichen, vier Bindungen ausbilden. Während die erste Grenzstruktur ohne formale Ladungen auskommt (am günstigsten), weisen die beiden anderen jeweils eine (ungünstige) positive Formalladung an einem Cl-Atom auf, sowie eine negative am O-Atom.

b) Mit den beiden gegebenen Edukten ergibt sich für die Bildung von Phosgen folgende einfache Gleichung:

$$:C\equiv O: \;+\; :\overset{..}{\underset{..}{C}}l\!-\!\overset{..}{\underset{..}{C}}l: \;\longrightarrow\; \overset{\displaystyle \overset{..}{O}\!\cdot}{\underset{:\overset{..}{C}l\quad\overset{..}{C}l:}{\underset{\diagdown\;\diagup}{C}}}$$

Dazu muss die Dreifachbindung in CO sowie die Einfachbindung im Chlormolekül gebrochen werden, während eine C=O-Doppelbindung und zwei C–Cl-Bindungen neu geknüpft werden. Entsprechend ergibt sich für die Reaktionsenthalpie mit Hilfe der entsprechenden Bindungsenthalpien:

$$\Delta H \;=\; \Delta H\,(C\equiv O) \;+\; \Delta H\,(Cl-Cl) \;-\; \Delta H\,(C{=}O) \;-\; 2\,\Delta H\,(C-Cl)$$

$$\Delta H \;=\; 1072\ kJ/mol \;+\; 242\ kJ/mol \;-\; 799\ kJ/mol \;-\; 2\cdot 328\ kJ/mol \;=\; -141\ kJ/mol$$

Die Bildung von Phosgen verläuft also unter Freisetzung von Wärme, d. h. exotherm.

## Lösung 218

a) Die Reduktion von Eisen(III)-oxid mit Kohlenstoff zu Eisen erzeugt als Nebenprodukt gasförmiges $CO_2$:

$$2\,Fe_2O_3\,(s) \;+\; 3\,C\,(s) \;\rightleftharpoons\; 4\,Fe\,(s) \;+\; 3\,CO_2\,(g)$$

b) Da bei der Reaktion gasförmiges $CO_2$ entsteht, ist zu erwarten, dass die Entropieänderung für die Reaktion $\Delta S^\circ$ positiv ist. Für positives $\Delta H^\circ$ (endothermer Prozess) kann die freie Standardenthalpie $\Delta G^\circ$ negativ werden, wenn die Temperatur ausreichend hoch ist, so dass der negative Beitrag von $-T\Delta S^\circ$ den positiven Enthalpiebeitrag kompensiert. Die Reaktion wird spontan für $\Delta G^\circ = \Delta H^\circ - T\Delta S^\circ < 0$; dabei gilt $\Delta G^\circ = 0$ für eine Temperatur $T \;=\; \dfrac{\Delta H^\circ}{\Delta S^\circ}$.

## Lösung 219

a) Dieser Vorgang wird Sublimation genannt.

b) Aus den angegebenen Daten lässt sich $\Delta G^\circ_R$ für die Sublimation von Iod leicht berechnen. Es gilt:

$$\Delta H^\circ_R \;=\; \sum n\,\Delta H^\circ_f\ (\text{Produkte}) \;-\; \sum m\,H^\circ_f\ (\text{Edukte})$$

$$\Delta H^\circ_R \;=\; 1\ mol\cdot(62{,}4\ kJ/mol \;-\; 0{,}0\ kJ/mol) \;=\; 62{,}4\ kJ$$

da die Standardbildungsenthalpie für das Element Iod in seinem stabilsten (= festen) Zustand gleich 0 ist. Für die Entropieänderung ergibt sich:

$$\Delta S^\circ_R \;=\; \sum n\,S^\circ\ (\text{Produkte}) \;-\; \sum m\,S^\circ\ (\text{Edukte})$$

$$\Delta S^\circ_R \;=\; 1\ mol\cdot(260{,}7\ J/mol\ K \;-\; 116{,}1\ J/mol\ K) \;=\; 144{,}6\ J/K$$

Für die freie Standardreaktionsenthalpie ergibt sich somit nach Gibbs-Helmholtz:

$$\Delta G^{\circ}_R = \Delta H^{\circ}_R - T\Delta S^{\circ}_R$$

$$\Delta G^{\circ}_R = 62,4\,\text{kJ} - 298,15\,\text{K} \cdot 144,6\,\text{J/K} = 19,3\,\text{kJ}$$

c) Unter Nicht-Standardbedingungen gilt:

$$\Delta G_R = \Delta G^{\circ}_R + RT \ln Q = \Delta G^{\circ}_R + RT \ln \frac{p(I_2, g)}{\text{bar}}$$

i) Für $p(I_2) = 1,0$ mbar:

$$\Delta G_R = 19,3\,\text{kJ/mol} + 8,3143\,\frac{\text{J}}{\text{mol}\,\text{K}} \cdot 298,15\,\text{K} \cdot \ln 10^{-3} = 2,2\,\text{kJ}$$

ii) Für $p(I_2) = 0,10$ mbar:

$$\Delta G_R = 19,3\,\text{kJ/mol} + 8,3143\,\frac{\text{J}}{\text{mol}\,\text{K}} \cdot 298,15\,\text{K} \cdot \ln 10^{-4} = -2,3\,\text{kJ}$$

d) Obwohl $\Delta G^{\circ}_R$ für die Sublimation von Iod deutlich positiv ist, läuft der Vorgang an der Umgebungsluft spontan ab, da der Dampfdruck von $I_2$ in der Luft äußerst gering ist, so dass $\Delta G_R$ unter diesen Bedingungen negativ wird, wie der Fall ii) andeutet.

## Lösung 220

a) NO und $NO_2$ sind Radikale mit einem ungepaarten Elektron, das bevorzugt am Stickstoff lokalisiert ist. Für alle drei Oxide lassen sich mehrere mesomere Grenzstrukturen formulieren; nachstehend sind jeweils nur die günstigsten formuliert, die den größten Beitrag zur tatsächlichen Struktur leisten und in denen keine Atome mit Elektronensextett vorliegen.

b) Damit die Reaktion spontan verläuft muss $\Delta G^{\circ}_R < 0$ sein. Es lässt sich für Standardbedingungen leicht aus den gegebenen freien Standardbildungsenthalpien berechnen:

$$\Delta G^{\circ}_R = \sum n \Delta G^{\circ}_f \,(\text{Produkte}) - \sum m G^{\circ}_f \,(\text{Edukte})$$

$$\Delta G^{\circ}_R = 3\,\text{mol} \cdot \Delta G^{\circ}_f \,(NO, g) - [1\,\text{mol} \cdot \Delta G^{\circ}_f \,(N_2O, g) + 1\,\text{mol} \cdot \Delta G^{\circ}_f \,(NO_2, g)]$$

$$\Delta G^{\circ}_R = 3\,\text{mol} \cdot (87,6\,\text{kJ/mol}) - [1\,\text{mol} \cdot (103,7\,\text{kJ/mol}) + 1\,\text{mol} \cdot (51,3\,\text{kJ/mol})]$$

$$\Delta G^{\circ}_R = 107,8\,\text{kJ/mol}$$

Die Reaktion ist also unter Standardbedingungen nicht spontan.

c) Aus $\Delta G°_R$ lässt sich die Gleichgewichtskonstante berechnen; sie ist offensichtlich sehr klein, da die Reaktion stark endergon ist.

$$K_R = \exp\left(-\Delta G°_R / RT\right) = \frac{p^3(NO)}{p(N_2O) \cdot p(NO_2)}$$

$$K_R = \exp\left(-\frac{107,8 \cdot 10^3 \text{ J/mol}}{8,3143 \text{ J/mol K} \cdot 298 \text{ K}}\right) = 1,27 \cdot 10^{-19}$$

Es wird also nur sehr wenig Produkt gebildet werden, so dass die Konzentrationsänderung der Edukte ausgehend von einem Partialdruck von jeweils 1,0 bar sehr klein sein wird und daher vernachlässigt werden kann. So ergibt sich mit normierten Größen

$$K_R = 1,27 \cdot 10^{-19} = \frac{p^3(NO)}{p(N_2O) \cdot p(NO_2)}$$

$$p^3(NO) = 1,27 \cdot 10^{-19} \cdot p(N_2O) \cdot p(NO_2) = 1,27 \cdot 10^{-19} \cdot 1,0 \cdot 1,0$$

$$p(NO) = \sqrt[3]{1,27 \cdot 10^{-19}} = 5,0 \cdot 10^{-7}$$

Der Partialdruck von NO im Gleichgewicht beträgt nur $5,0 10^{-7}$ bar; die Näherung, die Änderung der Partialdrücke von $N_2O$ und $NO_2$ zu vernachlässigen, ist also gerechtfertigt.

d) Der stark positive Wert für $\Delta G°_R$ weist bereits auf eine endotherme Reaktion hin; die Berechnung von $\Delta H°_R$ aus den Standardbildungsenthalpien bestätigt dies:

$$\Delta H°_R = \sum n \Delta H°_f \text{ (Produkte)} - \sum m H°_f \text{ (Edukte)}$$

$$\Delta H°_R = 3 \text{ mol} \cdot \Delta H°_f (NO, g) - [1 \text{ mol} \cdot \Delta H°_f (N_2O, g) + 1 \text{ mol} \cdot \Delta H°_f (NO_2, g)]$$

$$\Delta H°_R = 3 \text{ mol} \cdot (91,3 \text{ kJ/mol}) - [1 \text{ mol} \cdot (81,6 \text{ kJ/mol}) + 1 \text{ mol} \cdot (33,2 \text{ kJ/mol})]$$

$$\Delta H°_R = 159,1 \text{ kJ/mol}$$

Nach Le Chatelier wird eine endotherme Reaktion mit Erhöhung der Temperatur in Richtung der endothermen Reaktion (zu den Produkten) verschoben. Im vorliegenden Fall ist $\Delta S°_R$ positiv (die Stoffmenge an Gasteilchen erhöht sich); Erhöhung der Temperatur macht also den Term $T\Delta S$ größer, so dass schließlich der positive Enthalpieterm kompensiert werden kann.

$$S°_R = \sum n S°_f \text{ (Produkte)} - \sum m S°_f \text{ (Edukte)}$$

$$S°_R = 3 \text{ mol} \cdot S° (NO, g) - [1 \text{ mol} \cdot S° (N_2O, g) + 1 \text{ mol} \cdot S° (NO_2, g)]$$

$$S°_R = 3 \text{ mol} \cdot (210,8 \text{ J/mol K}) - [1 \text{ mol} \cdot (220,0 \text{ J/mol K}) + 1 \text{ mol} \cdot (240,1 \text{ J/mol K})]$$

$$S°_R = 172,3 \text{ J/mol K}$$

$$\Delta G°_R = \Delta H°_R - T \Delta S°_R$$

Die Reaktion beginnt bei der Temperatur $T$ spontan zu werden, bei der $\Delta G°_R$ das Vorzeichen wechselt und negativ wird:

$$0 = \Delta H^{\circ}_{R} - T \Delta S^{\circ}_{R}$$

$$T = \frac{\Delta H^{\circ}_{R}}{\Delta S^{\circ}_{R}} = \frac{159{,}1 \cdot 10^{3}\ \text{J/mol}}{172{,}3\ \text{J/mol K}} = 923\ \text{K}$$

Es werden also recht hohe Temperaturen benötigt, bis der Entropieterm den positiven Enthalpieterm kompensieren kann.

## Lösung 221

a) Die Van't Hoff-Gleichung für die Temperaturabhängigkeit der Gleichgewichtskonstante lautet:

$$\ln K_{R} = -\frac{\Delta H^{\circ}_{R}}{R} \cdot \frac{1}{T} + \frac{\Delta S^{\circ}_{R}}{R}$$

Unter der Voraussetzung, dass die Temperaturabhängigkeit von $\Delta H^{\circ}_{R}$ und $\Delta S^{\circ}_{R}$ vernachlässigt werden kann, gilt für zwei Temperaturen $T_1$ und $T_2$:

$$\ln K_{R,1} - \ln K_{R,2} = \left( -\frac{\Delta H^{\circ}_{R}}{R} \cdot \frac{1}{T_1} + \frac{\Delta S^{\circ}_{R}}{R} \right) - \left( -\frac{\Delta H^{\circ}_{R}}{R} \cdot \frac{1}{T_2} + \frac{\Delta S^{\circ}_{R}}{R} \right)$$

$$\ln \frac{K_{R,2}}{K_{R,1}} = \frac{\Delta H^{\circ}_{R}}{R} \left( \frac{1}{T_1} - \frac{1}{T_2} \right)$$

Die Standardreaktionsenthalpie ergibt sich aus den Standardbildungsenthalpien zu

$$\Delta H^{\circ}_{R} = [2\ \text{mol} \cdot \Delta H^{\circ}_{f}\ (SO_3, g)] - [2\ \text{mol} \cdot \Delta H^{\circ}_{f}\ (SO_2, g) - (\Delta H^{\circ}_{f}\ (O_2, g)]$$

$$\Delta H^{\circ}_{R} = 2\,(-395{,}7\ \text{kJ}) - 2\,(-296{,}8\ \text{kJ}) - 0\ \text{kJ} = -197{,}8\ \text{kJ}$$

Für Sauerstoff als Element in seinem stabilsten Zustand ist $\Delta H^{\circ}_{f} = 0$!

Einsetzen der Werte ergibt dann

$$\ln \frac{K_{R,2}}{K_{R,1}} = \frac{-197{,}8 \cdot 10^{3}\ \text{J}}{8{,}3143\ \text{J/mol K}} \left( \frac{1}{298\ \text{K}} - \frac{1}{500\ \text{K}} \right) = -3{,}23 \cdot 10^{1}$$

$$K_{R,2} = K_{R,1} \cdot 9{,}84 \cdot 10^{-15} = 3{,}9 \cdot 10^{10}$$

Da die Reaktion stark exotherm verläuft, war zu erwarten, dass das Gleichgewicht durch die Temperaturerhöhung in Richtung der Edukte verschoben wird. Das Ergebnis bestätigt dies; das Gleichgewicht liegt zwar immer noch sehr weit auf der Produktseite, die Gleichgewichtskonstante ist aber wesentlich kleiner als für $T = 25\ °C$.

b) Bekanntlich ist die Lage eines Gleichgewichts von der An- oder Abwesenheit von Katalysatoren aller Art unabhängig; die Gleichgewichtskonstante bleibt also unverändert. Allerdings wird es u. U. untolerierbar lange dauern, bis sich das Gleichgewicht eingestellt hat; die Reaktion ist in diesem Fall für praktische Zwecke unbrauchbar langsam.

## Lösung 222

Für die Gleichgewichtskonstante $K$ ergibt sich anhand der Daten für die erste Reaktionsmischung (die eckigen Klammern symbolisieren die normierten Gleichgewichtspartialdrücke):

$$K_R = \frac{[HI]^2}{[H_2] \cdot [I_2]} = \frac{0,020^2}{0,958 \cdot 0,877} = 4,76 \cdot 10^{-4}$$

Für die zweite Mischung gilt:

$$Q = \frac{p(HI)^2}{p(H_2) \cdot p(I_2)} = \frac{0,101^2}{0,621 \cdot 0,621} = 2,65 \cdot 10^{-2}$$

Diese Mischung ist also offensichtlich nicht im Gleichgewicht; da $Q > K_R$ wird die Reaktion nach links unter Verbrauch von HI ablaufen. Da für die Bildung von $x$ mol $H_2$ bzw. $I_2$ $2x$ mol HI zerfallen müssen, gilt:

$$K_R = \frac{[HI]^2}{[H_2] \cdot [I_2]} = \frac{(0,101 - 2x)^2}{(0,621 + x)^2} = 4,76 \cdot 10^{-4}$$

$$0,101 - 2x = (0,621 + x) \cdot \sqrt{4,76 \cdot 10^{-4}}$$

$$0,101 - 0,621 \cdot 0,0218 = 2x + 0,0218x$$

$$2,0218x = 0,0875$$

$$x = 0,0433$$

$$\rightarrow \quad [HI] = 0,101 - 2 \cdot 0,0433 = 0,0145$$

d. h. $p$ (HI) im Gleichgewicht beträgt 0,0145 bar.

## Lösung 223

Für das ursprüngliche Gleichgewicht gilt:

$$K_R = \frac{[COCl_2]}{[CO] \cdot [Cl_2]} = \frac{0,60}{0,30 \cdot 0,10} = 20$$

Für das neue Gleichgewicht nach der Zugabe von Chlor muss gelten:

$$K_R = \frac{[COCl_2]}{[CO] \cdot [Cl_2]} = \frac{(0,60 + x)}{(0,30 - x) \cdot (0,10 + 0,40 - x)} = 20$$

$$(0,60 + x) = 20 (0,30 - x) \cdot (0,50 - x)$$

$$(0,60 + x) = 20 (0,15 - 0,8x + x^2)$$

$$20 x^2 - 17x + 2,4 = 0$$

$$x_{1/2} = \frac{17 \pm \sqrt{17^2 - 192}}{40}$$

$[x_1 = 0{,}67]$

$x_2 = 0{,}179$

$\rightarrow \quad [CO] = 0{,}30 - 0{,}18 = 0{,}12$

Im neuen Gleichgewicht beträgt der Partialdruck von CO nur noch 0,12 bar.

## Lösung 224

Iodwasserstoff ist HI; es reagieren also jeweils ein Mol $H_2$ mit einem Mol $I_2$. Im Ausdruck für die Gleichgewichtskonstante $K$ kürzen sich die Konzentrationen heraus.

Stickstoff steht in der 5. Hauptgruppe und bildet drei kovalente Bindungen aus, um ein Oktett zu erreichen. Für die Bildung von Ammoniak ($NH_3$) werden daher drei Mol $H_2$ pro Mol $N_2$ benötigt. Der Ausdruck für $K$ bekommt die Einheit $L^2/mol^2$. Da es sich um eine Reaktion in der Gasphase handelt, könnten hier (analog bei vergleichbaren Aufgaben) anstelle der Konzentrationen die Partialdrücke (Einheit: bar) verwendet werden; die Einheit von $K$ wäre dann für die zweite Reaktion $1/bar^2$.

$$H_2 + I_2 \;\rightleftharpoons\; 2\,HI \qquad K = \frac{c^2(HI)}{c(H_2) \cdot c(I_2)} \;:\; \text{keine Einheit!}$$

$$3\,H_2 + N_2 \;\rightleftharpoons\; 2\,NH_3 \qquad K = \frac{c^2(NH_3)}{c^3(H_2) \cdot c(N_2)} \;:\; (L^2/mol^2)$$

Die erste Reaktion ist druckunabhängig, da sich die Teilchenzahl bei der Reaktion nicht ändert. Bei der zweiten Reaktion erniedrigt sich die Teilchenzahl bei der Bildung von $NH_3$. Eine Druckerhöhung führt daher zu einer Verschiebung des Gleichgewichts nach rechts auf die Seite des Ammoniaks, wovon man bei der technischen Herstellung von $NH_3$ Gebrauch macht.

## Lösung 225

Zur Berechnung der Standardreaktionsenthalpie wird zunächst eine stöchiometrisch korrekte Reaktionsgleichung benötigt. Diese lässt sich relativ leicht ermitteln zu

$$C_6H_6\,(l) + \frac{15}{2}\,O_2\,(g) \;\longrightarrow\; 6\,CO_2\,(g) + 3\,H_2O\,(l)$$

Für die Standardreaktionsenthalpie gilt:

$$\Delta H^\circ_R = \sum n\,\Delta H^\circ_f\,(\text{Produkte}) - \sum m\,\Delta H^\circ_f\,(\text{Edukte})$$

Damit erhält man:

$$\Delta H^\circ_R = [6\,\Delta H^\circ_f\,(CO_2) + 3\,\Delta H^\circ_f\,(H_2O)] - [\Delta H^\circ_f\,(C_6H_6) + \frac{15}{2}\,\Delta H^\circ_f\,(O_2)]$$

$$= [6\cdot(-393,5\,\text{kJ}) + 3\cdot(-285,8\,\text{kJ})] - [(49,0\,\text{kJ} + \frac{15}{2}\,(0\,\text{kJ})]$$

$$= -3267\,\text{kJ}$$

Beachten Sie, dass die Standardbildungsenthalpie für $O_2$ definitionsgemäß gleich 0 ist, da es sich um ein Element in seinem Standardzustand handelt.

## Lösung 226

Gemäß dem Satz von Hess ist die Standardreaktionsenthalpie unabhängig davon, ob die Reaktion auf direktem Weg vom Ethin zum Benzol oder über irgendwelche Zwischenstufen verläuft. Wir können also den Prozess zerlegen und zunächst Ethin in die Elemente (C, H) überführen und aus diesen im zweiten Schritt das Benzol bilden:

$$C_2H_2\,(g) \longrightarrow 2\,C\,(\text{Graphit})\,(s) + H_2\,(g) \qquad \Delta H^\circ_1 = -\Delta H^\circ_f\,(C_2H_2\,(g))$$

$$6\,C\,(\text{Graphit})\,(s) + 3\,H_2\,(g) \longrightarrow C_6H_6\,(g) \qquad \Delta H^\circ_2 = \Delta H^\circ_f\,(C_6H_6\,(g))$$

Die erste Reaktion entspricht der umgekehrten Bildungsreaktion von Ethin aus den Elementen; sie muss mit drei multipliziert werden, um die Edukte für die zweite Reaktion, die Bildungsreaktion von Benzol, zu erhalten. Die Gesamtreaktionsgleichung ergibt sich dann aus der Summe beider Teilreaktionen.

Somit erhält man für die Standardreaktionsenthalpie $\Delta H^\circ_R$

$$\Delta H^\circ_R = 3\cdot\Delta H^\circ_1 + \Delta H^\circ_2 = -3\,\Delta H^\circ_f\,(C_2H_2\,(g)) + \Delta H^\circ_f\,(C_6H_6\,(g))$$

$$\Delta H^\circ_R = -3\cdot 226,7\,\text{kJ/mol} + 82,9\,\text{kJ/mol} = -597,2\,\text{kJ/mol}$$

## Lösung 227

Aus dem Volumenanteil und der Dichte lässt sich die Masse an Ethanol in einer Mass (bayerische Volumeneinheit = 1 L) berechnen:

$$V\,(\text{EtOH}) = 6,9\,\%\cdot 1\,\text{L} = 69\,\text{mL}$$

$$\rightarrow \quad m\,(\text{EtOH}) = \rho\,(\text{EtOH})\cdot V\,(\text{EtOH}) = 0,79\,\frac{\text{g}}{\text{mL}}\cdot 69\,\text{mL} = 54,5\,\text{g}$$

Der Brennwert ergibt sich dann aus dem molaren Brennwert und der Stoffmenge an Ethanol:

$$\text{Brennwert}\,(\text{EtOH}) \;=\; \frac{\Delta H \cdot m\,(\text{EtOH})}{M\,(\text{EtOH})} \;=\; \frac{1,37 \cdot 10^3 \ \text{kJ/mol} \cdot 54,5 \ \text{g}}{46,07 \ \text{g/mol}} \;=\; 1,62 \cdot 10^3 \ \text{kJ}$$

Wie man sieht – eine Mass Bier ist eine nahrhafte Angelegenheit.

b) Die Masse an Äpfeln ergibt sich aus dem Brennwert dividiert durch den spezifischen Brennwert der Äpfel:

$$m\,(\text{Äpfel}) \;=\; \frac{1,62 \cdot 10^3 \ \text{kJ}}{2,2 \ \text{kJ/g}} \;=\; 0,74 \ \text{kg}$$

Da zum Nährwert des Bieres nicht nur der Alkohol beiträgt, dürfte es in der Praxis wahrscheinlich auch noch ein Apfel mehr sein.

## Lösung 228

Die Einzelreaktionen mit ihren zugehörigen Gleichgewichtskonstanten lauten:

$$N_2(g) + O_2(g) \;\rightleftharpoons\; 2\,NO(g) \qquad K_1 \;=\; \frac{p^2\,(NO)}{p(N_2)\,p(O_2)} \;=\; 2,3 \cdot 10^{-19}$$

$$2\,NO\,(g) + O_2\,(g) \;\rightleftharpoons\; 2\,NO_2\,(g) \qquad K_2 \;=\; \frac{p^2(NO_2)}{p^2(NO)\,p(O_2)} \;=\; ? \;\left(\frac{1}{\text{bar}}\right)$$

Die Gesamtreaktion ergibt sich als die Summe der beiden Teilreaktionen, die Gleichgewichtskonstante für die Gesamtreaktion als Produkt der Konstanten der Einzelreaktionen:

$$N_2(g) + 2\,O_2\,(g) \;\rightleftharpoons\; 2\,NO_2\,(g) \qquad K \;=\; \frac{p^2(NO_2)}{p(N_2)\,p^2(O_2)} \;=\; 7,0 \cdot 10^{-13} \;\left(\frac{1}{\text{bar}}\right)$$

$$K = K_1 \cdot K_2 = \frac{p^2(NO)}{p(N_2)\,p(O_2)} \cdot \frac{p^2(NO_2)}{p^2(NO)\,p(O_2)} = \frac{p^2(NO_2)}{p(N_2)\,p^2(O_2)}$$

$$\rightarrow K_2 \;=\; \frac{K}{K_1} \;=\; \frac{7,0 \cdot 10^{-13} \ \text{bar}^{-1}}{2,3 \cdot 10^{-19}} \;=\; 3,0 \cdot 10^6 \;\left(\frac{1}{\text{bar}}\right)$$

Während das Gleichgewicht für Teilreaktion 1 sehr weit auf der Eduktseite liegt, ist es für die zweite Teilreaktion umgekehrt – es liegt auf der Produktseite. Die Gleichgewichtskonstante für die Gesamtreaktion zeigt aber, dass unter den gegebenen Bedingungen dennoch nur sehr wenig $NO_2$ aus den Elementen gebildet werden wird.

## Lösung 229

Wasserstoff und Iod stehen mit Iodwasserstoff in folgendem Gleichgewicht:

$$H_2\,(g) + I_2\,(g) \rightleftharpoons 2\,HI\,(g) \qquad K = 50$$

Der Reaktionsquotient für die Reaktion lautet:

$$Q = \frac{c^2\,(HI)}{c\,(H_2)\,c\,(I_2)}$$

Mit den entsprechenden gegebenen Konzentrationen (oder alternativ den Partialdrücken) folgt daraus:

$$Q = \frac{(0,010)^2}{(0,01)\,(0,01)} = 1,0 < K \qquad \rightarrow \text{Reaktion verläuft unter Bildung von HI}$$

$$Q = \frac{(0,30)^2}{(0,012)\,(0,15)} = 50,0 = K \qquad \rightarrow \text{Reaktion ist im Gleichgewicht}$$

$$Q = \frac{(0,10)^2}{(0,10)\,(0,001)} = 1,0 \cdot 10^2 > K \qquad \rightarrow \text{Reaktion verläuft unter Bildung von } H_2 + I_2$$

(Anmerkung: Anstelle der Konzentration könnten auch die entsprechenden Partialdrücke verwendet werden. Dies gilt analog für weitere Aufgaben, bei denen Reaktionen in der Gasphase betrachtet werden.)

## Lösung 230

a) Die Reaktionsgleichung für den Zerfall von $SO_3$ sowie der zugehörige Ausdruck für die Gleichgewichtskonstante lauten:

$$2\,SO_3 \rightleftharpoons 2\,SO_2 + O_2 \qquad K = \frac{c^2(SO_2) \cdot c(O_2)}{c^2(SO_3)} = 1,6 \cdot 10^{-10}\ \text{mol/L}$$

b) Für die Konzentrationen lässt sich als Bilanz aufstellen:

| | $SO_3$ | $SO_2$ | $O_2$ |
|---|---|---|---|
| $c$ (Anfang) / mol L$^{-1}$ | 0,100 | 0 | 0 |
| $c$ (Gleichgewicht) / mol L$^{-1}$ | $0,100 - 2\,\Delta c$ | $2\,\Delta c$ | $\Delta c$ |

Dies führt zu folgendem Ausdruck für $K$:

$$K = \frac{c^2(SO_2) \cdot c(O_2)}{c^2(SO_3)} = \frac{(2\Delta c)^2 \Delta c}{(0,100 - 2\Delta c)^2} = 1,6 \cdot 10^{-10} \text{ mol/L}$$

Man erhält daraus eine unerfreuliche, da kubische, Gleichung für $\Delta c$, die sich ohne entsprechende Vereinfachung nicht problemlos lösen lässt. Vergleichen Sie den Reaktionsquotienten $Q$ zu Beginn der Reaktion mit der Gleichgewichtskonstante. Da die Konzentrationen an $SO_2$ bzw. $O_2$ zu Beginn gleich 0 sind, ist auch $Q = 0$. Die Gleichgewichtskonstante $K$ hat einen sehr kleinen Wert, d. h. der Anfangszustand unterscheidet sich nicht sehr stark vom Gleichgewichtszustand. Daraus folgt, dass $\Delta c$ ziemlich klein sein muss, zumindest im Vergleich zur Anfangskonzentration an $SO_3$ ($c = 0,100$ mol/L). Daher kann $2\Delta c$ gegenüber 0,100 im Nenner des Ausdrucks für $K$ näherungsweise vernachlässigt werden und man erhält:

$$K = \frac{c^2(SO_2) \cdot c(O_2)}{c^2(SO_3)} = \frac{(2\Delta c)^2 \Delta c}{(0,100 \text{ mol/L})^2} = 1,6 \cdot 10^{-10} \text{ mol/L}$$

$$\rightarrow \quad 4\Delta c^3 \approx 1,6 \cdot 10^{-12} \text{ mol}^3 / \text{L}^3$$

$$\rightarrow \quad \Delta c \approx 7,4 \cdot 10^{-5} \text{ mol/L}$$

Offensichtlich ist die Annahme, dass $\Delta c \ll 0,100$ mol/L ist, in guter Näherung erfüllt. Die Änderung der $SO_3$-Konzentration ($2\Delta c$) macht nur 0,15 % der Anfangskonzentration aus. Für die Konzentrationen erhält man demnach:

$$c(SO_3) = (0,100 - 2 \cdot 7,4 \cdot 10^{-5}) \text{ mol/L} \approx 0,100 \text{ mol/L}$$

$$c(SO_2) = 2 \cdot 7,4 \cdot 10^{-5} \text{ mol/L} \approx 1,50 \cdot 10^{-4} \text{ mol/L}$$

$$c(O_2) = 7,4 \cdot 10^{-5} \text{ mol/L}$$

Einsetzen dieser Werte zur Kontrolle ergibt für $K = 1,7 \cdot 10^{-10}$ mol/L; die geringfügige Abweichung beruht auf der gemachten Vereinfachung sowie Rundungsfehlern.

## Lösung 231

Analog zur vorangegangenen Aufgabe gilt:

$$2\,SO_3 \quad \rightleftharpoons \quad 2\,SO_2 + O_2 \qquad K = \frac{c^2(SO_2) \cdot c(O_2)}{c^2(SO_3)} = 1,6 \cdot 10^{-10} \text{ mol/L}$$

|                                    | $SO_3$          | $SO_2$      | $O_2$            |
|------------------------------------|-----------------|-------------|------------------|
| $c$ (Anfang) / mol L$^{-1}$        | 0,100           | 0           | 0,100            |
| $c$ (Gleichgewicht) / mol L$^{-1}$ | $0,100 - 2\,\Delta c$ | $2\,\Delta c$ | $0,100 + \Delta c$ |

Dies führt zu folgendem Ausdruck für $K$:

$$K = \frac{c^2(SO_2) \cdot c(O_2)}{c^2(SO_3)} = \frac{(2\Delta c)^2 \cdot (0,100 + \Delta c)}{(0,100 - 2\Delta c)^2} = 1,6 \cdot 10^{-10} \text{ mol/L}$$

Da in diesem Fall zusätzlich bereits ein Produkt in relativ hoher Konzentration vorliegt, wird die Näherung, dass $\Delta c$ klein sein wird gegenüber 0,100, sogar noch besser erfüllt sein. Es ergibt sich also:

$$K = \frac{c^2(SO_2) \cdot c(O_2)}{c^2(SO_3)} = \frac{(2\Delta c)^2 \cdot 0,100 \text{ mol/L}}{(0,100 \text{ mol/L})^2} = 1,6 \cdot 10^{-10} \text{ mol/L}$$

$$\rightarrow \quad 4\,\Delta c^2 \approx 1,6 \cdot 10^{-11} \text{ mol}^2/\text{L}^2$$

$$\rightarrow \quad \Delta c \approx 2 \cdot 10^{-6} \text{ mol/L}$$

in Übereinstimmung mit unserer Annahme.

Für die Konzentrationen erhält man demnach:

$$c(SO_3) = (0,100 - 2 \cdot 2 \cdot 10^{-6}) \text{ mol/L} \approx 0,100 \text{ mol/L}$$

$$c(SO_2) = 2 \cdot 2 \cdot 10^{-6} \text{ mol/L} \approx 4 \cdot 10^{-6} \text{ mol/L}$$

$$c(O_2) = (0,100 + 2 \cdot 10^{-6}) \text{ mol/L} \approx 0,100 \text{ mol/L}$$

## Lösung 232

Der Ausdruck für die Gleichgewichtskonstante wird nach der Glucose-Konzentration aufgelöst und durch Einsetzen der Werte die erforderliche Gleichgewichtskonzentration ermittelt:

$$K = \frac{c(\text{Glucose-6-P})}{c(\text{Glucose}) \cdot c(P_i)} = 5 \cdot 10^{-3} \text{ L/mol}$$

$$c(\text{Glucose}) = \frac{c(\text{Glucose-6-P})}{K \cdot c(P_i)} = \frac{10^{-4} \text{ mol/L}}{5 \cdot 10^{-3} \text{ L/mol} \cdot 10^{-2} \text{ mol/L}} = 2 \text{ mol/L}$$

Das System wäre also bei einer Glucose-Konzentration von 2 mol/L im Gleichgewicht. Damit die Reaktion von links nach rechts abläuft, müsste der Reaktionsquotient $Q$ kleiner als $K$ werden, entsprechend einer Glucosekonzentration von mehr als 2 mol/L.

Eine solche Konzentration ist offensichtlich viel höher als die in der Zelle normalerweise vorliegende (etwa 5 mmol/L), d. h. die Reaktion kann so nicht unter Bildung von Glucose-6-phosphat ablaufen. Die Lösung zur Phosphorylierung der Glucose besteht darin, dass anstelle von anorganischem Phosphat ein reaktives Derivat („Adenosintriphosphat") zum Einsatz kommt. Hierfür weist das Phosphorylierungsgleichgewicht eine wesentlich günstigere Gleichgewichtskonstante auf.

## Lösung 233

Für die Reaktionsgleichung und den Ausdruck für die Gleichgewichtskonstante findet man:

$$PCl_5 \rightleftharpoons PCl_3 + Cl_2 \qquad K = \frac{c(PCl_3) \cdot c(Cl_2)}{c(PCl_5)} = 0,030 \text{ mol/L}$$

|  | $PCl_5$ | $PCl_3$ | $Cl_2$ |
|---|---|---|---|
| $c$ (Anfang) / mol L$^{-1}$ | 0,100 | 0 | 0 |
| $c$ (Gleichgewicht) / mol L$^{-1}$ | $0,100 - \Delta c$ | $\Delta c$ | $\Delta c$ |

Aus der Stöchiometrie der Reaktion ergibt sich, dass jeweils $x$ mol $PCl_3$ bzw. $Cl_2$ entstehen, wenn $x$ mol $PCl_5$ zerfallen. Es ist also nur eine Unbekannte vorhanden, die aus dem Ausdruck für $K$ berechnet werden kann.

$$K = \frac{\Delta c \cdot \Delta c}{0,100 - \Delta c} = 0,030 \text{ mol/L}$$

$$\Delta c^2 + 0,030 \, \Delta c - 0,0030 = 0$$

$$\Delta c = \frac{-0,030 \pm \sqrt{0,030^2 - 4 \cdot (-0,0030)}}{2}$$

$\Delta c_1 = 0,042 \qquad (\Delta c_2 = -0,072)$ : physikalisch sinnlos

$\rightarrow \Delta c = 0,042 \text{ mol/L} = c(PCl_3) = c(Cl_2)$

$c(PCl_5) = 0,100 \text{ mol/L} - 0,042 \text{ mol/L} = 0,058 \text{ mol/L}$

Zur Kontrolle ist es sinnvoll, die erhaltenen Werte nochmal in den Ausdruck für $K$ einzusetzen; es ergibt sich der erwartete Zahlenwert von 0,03.

## Lösung 234

a) Da die Gleichgewichtskonstante $K$ sehr groß ist, liegt das Gleichgewicht weit auf der Produktseite; es werden also nur sehr geringe Mengen der Edukte $H_2$ und $Br_2$ verbleiben. Da gemäß der Reaktionsgleichung (s.u.) pro mol Edukt 2 mol Produkt (HBr) entstehen, wird die Menge an Bromwasserstoff im Gleichgewicht annähernd 2 mol betragen.

b) Die Anfangskonzentration an HBr beträgt $c = n / V = 3,0$ mol / 10 L $= 0,30$ mol/L. Da zu Beginn weder $H_2$ noch $Br_2$ vorliegt, geht der Wert des Reaktionsquotienten $Q$ gegen unendlich, ist also größer als $K$. Die Reaktion muss sich daher in Richtung auf die Elemente verschieben.

$$H_2(g) + Br_2(g) \rightleftharpoons 2 \, HBr(g) \qquad K = \frac{c^2(HBr)}{c(H_2) \cdot c(Br_2)} = 2,0 \cdot 10^6$$

|  | $H_2$ | $Br_2$ | HBr |
|---|---|---|---|
| $c$ (Anfang) / mol L$^{-1}$ | 0 | 0 | 0,30 |
| $c$ (Gleichgewicht) / mol L$^{-1}$ | $\Delta c$ | $\Delta c$ | $0{,}30 - 2\,\Delta c$ |

Daraus ergibt sich für $K$:

$$K = \frac{(0{,}30 - 2\,\Delta c)^2}{\Delta c \cdot \Delta c} = 2{,}0 \cdot 10^6$$

Aufgrund der Größe von $K$ lässt sich folgern, dass $\Delta c$ sehr klein sein wird und gegenüber der Anfangskonzentration an HBr von 0,30 mol/L vernachlässigt werden kann. Damit vereinfacht sich die Lösung zu:

$$K = \frac{(0{,}30\ \text{mol/L})^2}{\Delta c \cdot \Delta c} = 2{,}0 \cdot 10^6$$

$$\rightarrow \Delta c^2 = \frac{0{,}30^2}{2{,}0 \cdot 10^6}\ \text{mol}^2/\text{L}^2$$

$$\rightarrow \Delta c = 2{,}1 \cdot 10^{-4}\ \text{mol/L}$$

Die Annahme, dass $2\,\Delta c$ ($= 4 \cdot 10^{-4}$) gegenüber 0,30 vernachlässigt werden kann, ist also gerechtfertigt. Die Konzentrationen im Gleichgewicht betragen:

$$c(\text{H}_2) = c(\text{Br}_2) = 2{,}1 \cdot 10^{-4}\ \text{mol/L}$$

$$c(\text{HBr}) \approx 0{,}30\ \text{mol/L}$$


# Lösung 235

a) Da die Reaktion endotherm ist, fördert eine Temperaturerhöhung den Zerfall von $SO_3$, also die endotherme Reaktion.

b) Die Anzahl der Teilchen erhöht sich bei obiger Reaktion von links nach rechts. Das Gleichgewicht versucht (gemäß dem Prinzip von Le Chatelier) dem Zwang, also der Druckerhöhung, auszuweichen und die Anzahl an Teilchen zu verringern. Das Gleichgewicht wird deshalb nach links verschoben.

c) Zugabe eines Produkts ($O_2$) verschiebt das Gleichgewicht auf die Eduktseite, d. h. nach links.

d) Entzug eines Produkts aus dem Gleichgewicht fördert die Bildung von Produkten, hier also den Zerfall von $SO_3$.

## Lösung 236

a) Die Gleichung für die Ammoniak-Synthese aus den Elementen lautet:

$$N_2 + 3\,H_2 \; \rightleftharpoons \; 2\,NH_3 \qquad \Delta H_R < 0$$

b) Die Konzentrationen der reagierenden Spezies betragen:

$$c(N_2) = \frac{0,250\;mol}{5\;L} = 0,050\;mol/L$$

$$c(H_2) = \frac{0,030\;mol}{5\;L} = 0,006\;mol/L$$

$$c(NH_3) = \frac{6,0 \cdot 10^{-4}\;mol}{5\;L} = 1,2 \cdot 10^{-4}\;mol/L$$

Für den Massenwirkungsbruch $Q$ ergibt sich daraus:

$$Q = \frac{c^2(NH_3)}{c(N_2) \cdot c^3(H_2)} = \frac{(1,2 \cdot 10^{-4}\;mol/L)^2}{(0,050\;mol/L) \cdot (0,006\;mol/L)^3} = 1,33\;L^2/mol^2$$

Es gilt demnach $Q > K$, d. h. das Gleichgewicht muss sich unter Bildung der Edukte $N_2$ und $H_2$ nach links verschieben.

c) Da die Reaktion exotherm ist, wird eine Temperaturerhöhung das Gleichgewicht weiter auf die Seite der Edukte verschieben. Da die Reaktion bei niedrigen Temperaturen zu langsam ist, ist man trotz der ungünstigen Gleichgewichtslage gezwungen, bei relativ hohen Temperaturen zu arbeiten. Die Ausbeute an $NH_3$ lässt sich dadurch verbessern, dass $NH_3$ laufend aus dem Gleichgewicht entfernt wird. Das ist relativ leicht möglich, da sich $NH_3$ schon bei relativ hohen Temperaturen ($-33,5$ °C) verflüssigen lässt. Nach Reaktion in Anwesenheit eines Katalysators kühlt man das Gasgemisch stark ab, so dass $NH_3$ verflüssigt und damit aus dem Gleichgewicht entfernt wird. Wasserstoff und Stickstoff, die gasförmig bleiben, werden anschließend in die Reaktion zurückgeführt.

## Lösung 237

a) Das Gleichgewicht lautet:

$$HbO_2 + H^+ \; \rightleftharpoons \; HbH^+ + O_2$$

Im Stoffwechsel entstehendes $CO_2$ steht im Gleichgewicht mit Kohlensäure ($H_2CO_3$), die wiederum teilweise zu $HCO_3^-$ und $H_3O^+$ dissoziiert. Es kommt also zu einer Erhöhung der Protonenkonzentration und dadurch zu einer Verschiebung des obigen Gleichgewichts nach rechts, d. h. zu einer vermehrten Sauerstoffabgabe durch das oxygenierte Hämoglobin. Dies entspricht dem biologischen Bedarf, da vermehrte Stoffwechselleistung mit vermehrtem Sauerstoffbedarf einhergeht.

b) Eine Abnahme des Luftdrucks mit steigender Höhe führt auch zu einer Abnahme des Sauerstoff-Partialdrucks. Dies bewirkt eine Verschiebung des Gleichgewichts nach rechts, d. h. es wird weniger $HbO_2$ gebildet. Die Sauerstoffversorgung im Organismus verschlechtert sich.

c) Dem kann durch eine Erhöhung der Hämoglobin-Konzentration entgegengewirkt werden. Mit der Zeit bildet der Körper mehr Hämoglobin, so dass trotz verringerter $O_2$-Konzentration ausreichend $HbO_2$ gebildet wird. Dieser Prozess dauert allerdings einige Zeit, so dass der Organismus sich nur langsam (und nur in einem gewissen Maß) der Höhe anpassen kann. In großen Höhen kann der niedrige Sauerstoff-Partialdruck dadurch aber nicht mehr kompensiert werden; so ist ein Aufenthalt in Höhen > 8000 m bekanntlich auch bei bester Anpassung (Akklimatisierung) bestenfalls wenige Stunden lang möglich.

## Lösung 238

Soll ein Salz gut löslich sein, so muss die Gibb'sche freie Enthalpie $\Delta G$ für den Lösungsvorgang negativ sein. Es gilt:

$$\Delta G = \Delta H - T \cdot \Delta S$$

Die Lösungsenthalpie $\Delta H_L$ ergibt sich als Summe aus Gitterenthalpie und Hydratationsenthalpie zu 4 kJ/mol. Die Summe aus Gitterentropie und den Hydratationsentropien für $Na^+$ und $Cl^-$ ist die Lösungsentropie $\Delta S_L$ :

$$\Delta S_L = (229,3 + (-89) + (-96,9))\ \text{J/mol K} = 43,4\ \text{J/mol K}$$

Bei 25 °C = 298 K errechnet sich daraus für $T \Delta S_L$ ein Wert von 12,9 kJ/mol. Für die freie Enthalpie $\Delta G_L$ ergibt sich damit ein Wert von 4 – 12,9 = –8,9 kJ/mol. Der negative Wert zeigt an, dass es sich bei NaCl um ein gut lösliches Salz handelt.

Unter Standardbedingungen hängt die freie Enthalpie $\Delta G°_L$ gemäß $\Delta G°_L = -RT \ln K_L$ unmittelbar mit dem Löslichkeitsprodukt $K_L$ zusammen. Für dieses Beispiel folgt:

$$K_L = c(Na^+) \cdot c(Cl^-)$$

$$\ln K_L = \frac{-\Delta G°_L}{RT} = \frac{8,9 \cdot 10^3\ \text{J/mol}}{8,3143\ \text{J/mol K} \cdot 298\ \text{K}} = 3,59$$

$$\rightarrow K_L = 36,3$$

Berücksichtigt man die Stöchiometrie von NaCl, ergibt sich als Einheit für $K_L$ (NaCl) selbstverständlich $\text{mol}^2/\text{L}^2$, d. h.

$$c(Na^+) \cdot c(Cl^-) = 36,3\ \text{mol}^2/\text{L}^2$$

$$\rightarrow \text{Löslichkeit (NaCl)} = c(Na^+) = \sqrt{36,3\ \text{mol}^2/\text{L}^2} \approx 6\ \text{mol/L}$$

# Lösung 239

Im Dissoziationsgleichgewicht steht das feste Salz ($CaCl_2$) im Gleichgewicht mit hydratisierten $Ca^{2+}$- und $Cl^-$-Ionen.

$$CaCl_2(s) \longrightarrow Ca^{2+}(aq) + 2\,Cl^-(aq) \qquad \Delta H° < 0\ \text{kJ/mol}$$

Es ist zu prüfen, ob und wie die Änderungen den Ausdruck für den Massenwirkungsbruch $Q$ beeinflussen:

$$Q = c(Ca^{2+}(aq)) \cdot c^2(Cl^-(aq))$$

a) Da festes Calciumchlorid $CaCl_2$ (s) im Ausdruck für $Q$ nicht auftritt, beeinflusst eine Zugabe von festem $CaCl_2$ das Löslichkeitsgleichgewicht nicht.

b) Die Auflösung von NaCl erhöht die Chlorid-Konzentration $c(Cl^-(aq))$; dadurch wird $Q > K_L$. Die Reaktion verläuft nach links; es fällt $CaCl_2$ aus.

c) Die Konzentrationen von $Na^+$ und $NO_3^-$ kommen nicht im Ausdruck für $Q$ vor; daher führt die Zugabe von $NaNO_3$ zu keiner Beeinflussung des Löslichkeitsgleichgewichts.

d) Die Zugabe von reinem Wasser entspricht einer Verdünnung der Lösung; die Konzentrationen $c(Ca^{2+}(aq))$ und $c(Cl^-(aq))$ sinken daher. Damit wird $Q < K_L$ und es geht festes $CaCl_2$ in Lösung.

e) Da die Reaktion exotherm ist, nimmt die Gleichgewichtskonstante $K_L$ mit der Temperatur ab. Es wird weniger $CaCl_2$ gelöst.

# Lösung 240

Die in der wässrigen Phase vorliegende Stoffmenge der bioaktiven Komponente sei $n$. Dann gilt für einmalige Extraktion („Ausschütteln") mit 2 L Ether:

$$\frac{c(\text{aktive Komponente})_{\text{Ether}}}{c(\text{aktive Komponente})_{\text{Wasser}}} = 10 = \frac{n(\text{aktive Komponente})_{\text{Ether}} \cdot V_{\text{Wasser}}}{n(\text{aktive Komponente})_{\text{Wasser}} \cdot V_{\text{Ether}}}$$

$$\frac{n(\text{aktive Komponente})_{\text{Ether}}}{n(\text{aktive Komponente})_{\text{Wasser}}} = 10 \cdot \frac{V_{\text{Ether}}}{V_{\text{Wasser}}} = 2$$

d. h. von der gesamten Stoffmenge $n$ der bioaktiven Komponente können 2/3 in die organische Ether-Phase extrahiert werden.

Bei zweimaligem Ausschütteln mit je 1 L erhält man für den ersten Schritt:

$$\frac{c(\text{aktive Komponente})_{\text{Ether}}}{c(\text{aktive Komponente})_{\text{Wasser}}} = 10 = \frac{n(\text{aktive Komponente})_{\text{Ether}} \cdot V_{\text{Wasser}}}{n(\text{aktive Komponente})_{\text{Wasser}} \cdot V_{\text{Ether}}}$$

$$\frac{n(\text{aktive Komponente})_{\text{Ether}}}{n(\text{aktive Komponente})_{\text{Wasser}}} = 10 \cdot \frac{V_{\text{Ether}}}{V_{\text{Wasser}}} = 1$$

d. h. die Hälfte der bioaktiven Komponente ist in die Ether-Phase extrahiert worden.

Anschließend wird erneut 1 L Ether zu den 10 L wässrigen Extrakts gegeben. Dadurch wird erneut die Hälfte des noch in der wässrigen Lösung vorhandenen bioaktiven Materials in die Ether-Phase extrahiert. In der wässrigen Phase verbleibt also

$$n(\text{aktive Komponente})_{\text{Wasser}} = \frac{1}{2} \cdot \frac{1}{2} \cdot n(\text{aktive Komponente})_{\text{Wasser (Anfang)}}$$

$$= \frac{1}{4} \cdot n(\text{aktive Komponente})_{\text{Wasser (Anfang)}}$$

d. h. drei Viertel (75 %) der aktiven Komponente sind extrahiert worden, gegenüber 66,6 % bei einmaligem Ausschütteln mit dem Gesamtvolumen an Extraktionsmittel.

Generell ist mehrmaliges Ausschütteln (d. h. Einstellung des Verteilungsgleichgewichts) mit kleineren Volumina effektiver als einmaliges Ausschütteln mit einem größeren Volumen.

# Lösung 241

a) Calciumcarbonat wird bei hohen Temperaturen zu Calciumoxid und $CO_2$ gespalten:

$$CaCO_3(s) \xrightarrow{\Delta} CaO(s) + CO_2(g)$$

$$K = \frac{p(CO_2)}{p^0}$$

Da Calciumcarbonat und Calciumoxid beide Feststoffe sind und ihre Aktivität definitionsgemäß gleich 1 gesetzt wird, hängt $K$ nur vom $CO_2$-Druck ab.

b) Da das feste $CaCO_3$ nicht in den Ausdruck für die Gleichgewichtskonstante eingeht, ändert sich der Druck von $CO_2$ in einem geschlossenen Ofen auch durch Zugabe von weiterem Kalkstein nicht.

c) Bei der Berechnung für $T = 1273$ K wird vernachlässigt, dass sich $\Delta H_R$ und $\Delta S_R$ mit der Temperatur auch etwas verändern.

$$\Delta G^\circ_R = \Delta H^\circ_R - T\Delta S^\circ_R = 178,3 \text{ kJ/mol} - 298 \text{ K} \cdot 160,6 \text{ J/mol K} = 130,4 \text{ kJ/mol}$$

bzw. für $T = 1273$ K:

$$\Delta G^\circ_R = 178,3 \text{ kJ/mol} - 1273 \text{ K} \cdot 160,6 \text{ J/mol K} = -26,14 \text{ kJ/mol}$$

Für die Gleichgewichtskonstanten ergibt sich dann:

$$\Delta G^{\circ}_{R} = -RT \ln K \quad \rightarrow \quad K = \exp\left(-\Delta G^{\circ}_{R} / RT\right)$$

Für $T = 298$ K:

$$K = \exp\left(\frac{-130,4 \cdot 10^3 \text{ J/mol}}{8,3143 \text{ J/mol K} \cdot 298 \text{ K}}\right) = 1,4 \cdot 10^{-23}$$

Für $T = 1273$ K:

$$K = \exp\left(\frac{26,14 \cdot 10^3 \text{ J/mol}}{8,3143 \text{ J/mol K} \cdot 1273 \text{ K}}\right) = 11,8$$

Der Prozess beginnt spontan zu verlaufen, wenn $\Delta G_{R} < 0$ wird. Mit der erwähnten Näherung (Temperaturabhängigkeit von $\Delta H_{R}$ und $\Delta S_{R}$ bleibt jeweils unberücksichtigt) erhält man die entsprechende Temperatur durch Umstellen der Gibbs-Helmholtz-Gleichung zu

$$\Delta G^{\circ}_{R} = \Delta H^{\circ}_{R} - T \Delta S^{\circ}_{R} \equiv 0$$

$$\rightarrow \quad T = \frac{\Delta H^{\circ}_{R}}{\Delta S^{\circ}_{R}} = \frac{178,3 \text{ kJ/mol}}{160,6 \text{ J/mol K}} = 1110 \text{ K}$$

## Lösung 242

Aus $\Delta G^{\circ}_{R} = \Delta H^{\circ}_{R} - T \Delta S^{\circ}_{R} = -RT \ln K_{R}$ folgt:

$$\ln K_{R} = \frac{-\Delta H^{\circ}_{R}}{RT} + \frac{\Delta S^{\circ}_{R}}{R} \qquad \text{(Van't Hoff-Gleichung)}$$

Für zwei Temperaturen $T_1$ und $T_2$ :

$$\ln K_{R,1} = \frac{-\Delta H^{\circ}_{R}}{RT_1} + \frac{\Delta S^{\circ}_{R}}{R} \quad \text{bzw.} \quad \ln K_{R,2} = \frac{-\Delta H^{\circ}_{R}}{RT_2} + \frac{\Delta S^{\circ}_{R}}{R}$$

$$\rightarrow \quad \ln K_{R,1} - \ln K_{R,2} = \frac{-\Delta H^{\circ}_{R}}{R} \cdot \left(\frac{1}{T_1} - \frac{1}{T_2}\right) = \ln \frac{K_{R,1}}{K_{R,2}}$$

$$\ln 4 = \frac{-\Delta H^{\circ}_{R}}{R} \cdot \left(\frac{1}{310} - \frac{1}{273}\right)$$

$$\Delta H^{\circ}_{R} = \frac{-R \ln 4}{\left(\frac{1}{310} - \frac{1}{273}\right)} = 26,4 \text{ kJ/mol}$$

# Kapitel 18

# Lösungen – Säure-Base-Gleichgewichte, pH-Wert, Puffersysteme

## Lösung 243

a) Bariumchlorid enthält das Erdalkalimetall-Ion $Ba^{2+}$, das sich wie alle Alkali- und Erdalkali-Ionen neutral verhält. Chlorid ist das Anion einer starken Säure (HCl) und zeigt daher keine basischen Eigenschaften → $BaCl_2$ reagiert in Wasser neutral.

b) Das $Al^{3+}$-Ion ist ein sehr kleines, hoch geladenes Ion, das die Wassermoleküle in seiner Hydrathülle sehr stark polarisiert und so eine Dissoziation erleichtert. Es verhält sich als schwache (Lewis)-Säure. Das Bromid ist wiederum das Anion einer starken Säure und reagiert neutral. Eine Lösung von $AlBr_3$ reagiert daher insgesamt sauer.

c) Das Methylammonium-Ion $CH_3NH_3^+$ ist die korrespondierende Säure zu einer schwachen Base (dem Methanamin $CH_3NH_2$); es verhält sich schwach sauer. Das Nitrat-Ion ist das Anion der starken Säure $HNO_3$ (Salpetersäure) und weist somit keine basischen Eigenschaften auf. Die Lösung reagiert insgesamt sauer.

d) Das $Na^+$-Ion reagiert neutral. Das Anion (Acetat; $H_3CCOO^-$) der korrespondierenden schwachen Essigsäure ist eine schwache Base; insgesamt verhält sich das Salz in wässriger Lösung somit basisch.

e) Das Ammonium-Ion reagiert als korrespondierende Säure zur schwachen Base Ammoniak ($NH_3$) schwach sauer. Ameisensäure ist eine schwache organische Säure; das Formiat-Ion ($HCOO^-$) reagiert schwach basisch. Um abschätzen zu können, ob insgesamt eine saure, basische oder neutrale Lösung resultiert, müssen die entsprechenden Säure- bzw. Basenkonstanten bekannt sein. Dabei zeigt sich, dass der $K_S$-Wert für das Kation $NH_4^+$ etwas größer ist, als der $K_B$-Wert für das Formiat-Ion, so dass insgesamt eine (sehr schwach) saure Reaktion zu erwarten ist.

## Lösung 244

a) Ampholyte sind Moleküle oder Ionen, die sich (abhängig vom Reaktionspartner) sowohl als Säure wie auch als Base verhalten können, d. h. sie müssen ein H-Atom besitzen, das als Proton abgegeben werden kann, und ein freies Elektronenpaar, das zur Bindung eines Protons zur Verfügung steht. Typische Beispiele sind Wasser ($H_2O$), Hydrogencarbonat ($HCO_3^-$), Dihydrogenphosphat ($H_2PO_4^-$), Hydrogenphosphat ($HPO_4^{2-}$), Aminosäuren ($^+H_3N–CHR–COO^-$) und viele andere.

© Springer Fachmedien Wiesbaden GmbH, ein Teil von Springer Nature 2020
R. Hutterer, *Fit in Anorganik*, Studienbücher Chemie,
https://doi.org/10.1007/978-3-658-30486-7_18

b) Nach Arrhenius sind Säuren Verbindungen, die in Wasser Hydroxonium-Ionen ($H_3O^+$) bilden, Basen solche, die in Wasser Hydroxid-Ionen ($OH^-$) bilden. Die Brønstedt'sche Definition bezeichnet Säuren als Protonendonatoren und Basen als Protonenakzeptoren. Die Beteiligung von Wasser ist dabei nicht erforderlich.

Eine typische Brønstedt-Säure ist Chlorwasserstoffgas (HCl), eine typische Brønstedt-Base Ammoniak ($NH_3$). Beide reagieren in der Gasphase miteinander unter Bildung von Ammoniumchlorid ($NH_4Cl$), ohne dass hierfür Wasser erforderlich ist und $OH^-$-Ionen entstehen:

$$HCl(g) + NH_3(g) \longrightarrow NH_4Cl(s)$$

## Lösung 245

Schwefeldioxid ist das Anhydrid der schwefligen Säure, reagiert also mit Wasser zu $H_2SO_3$, einer schwachen bis mittelstarken Säure. Daneben kann $SO_2$ durch Sauerstoff zu $SO_3$, dem Anhydrid der Schwefelsäure, oxidiert werden. Beide Säuren führen natürlich zu einer Erhöhung der Protonenkonzentration im Regen.

$$SO_2 + H_2O \rightleftharpoons H_2SO_3 \rightleftharpoons HSO_3^- + H^+$$

$$2\,SO_2 + O_2 \rightleftharpoons 2\,SO_3$$

$$SO_3 + H_2O \rightleftharpoons H_2SO_4 \rightleftharpoons HSO_4^- + H^+$$

Durch die Reaktion der Schwefeloxide mit Wasser zu den entsprechenden Säuren steigt die Konzentration an $H_3O^+$-Ionen im Regen an, der pH-Wert des Regens erniedrigt sich.

Eine Halbierung des pH-Werts durch die geplante Maßnahme ist natürlich unsinnig, vielmehr soll der Abnahme des pH-Werts gegengesteuert werden, d. h. der pH-Wert soll wieder (in Richtung des normalen pH-Werts von Regenwasser im Bereich 5–6) zunehmen. Ziel ist also nicht eine Halbierung des pH-Werts (was den Regen noch viel (!) saurer machen würde), sondern der $H_3O^+$-Konzentration.

## Lösung 246

Das Carbonat-Ion nimmt ein Proton auf und bildet Hydrogencarbonat:

$$CaCO_3\,(s) + H^+\,(aq) \longrightarrow Ca^{2+}\,(aq) + HCO_3^-\,(aq)$$

Die Protonenkonzentration im See beträgt $10^{-5,5} = 3,16 \cdot 10^{-6}$ mol/L; um den See zu neutralisieren, muss sie auf $1,00 \cdot 10^{-7}$ mol/L gesenkt werden, d. h. es müssen $3,06 \cdot 10^{-6}$ mol/L Protonen neutralisiert werden. In $4,0 \cdot 10^9$ L entspricht das einer Stoffmenge von

$$n(H^+) = c(H^+) \cdot V = 3,06 \cdot 10^{-6}\,\frac{mol}{L} \cdot 4,00 \cdot 10^9\,L = 1,225 \cdot 10^4\,mol$$

Damit ergibt sich für die benötigte Masse an Kalkstein:

$$m(CaCO_3) = n(CaCO_3) \cdot M(CaCO_3) = n(H^+) \cdot M(CaCO_3)$$

$$m(CaCO_3) = 1{,}125 \cdot 10^4 \text{ mol} \cdot 100{,}09 \frac{g}{mol} = 1{,}13 \cdot 10^3 \text{ kg}$$

## Lösung 247

a) Salze verhalten sich in wässriger Lösung neutral, wenn weder Kation noch Anion saure oder basische Eigenschaften aufweist. Kationen, die sich pH-neutral verhalten, finden sich z. B. in den beiden ersten Hauptgruppen; Anionen verhalten sich neutral, wenn sie sich von einer korrespondierenden starken Säure ableiten. Beispiele sind NaCl, KBr, Ca(NO3)2 etc.

Salze aus pH-neutralen Kationen (s. o.) und Anionen von schwachen Säuren reagieren basisch, da die Anionen schwache Basen sind. Beispiele sind Na(CH3COO), KNO2, CaCO3 und viele andere.

Umgekehrt verhalten sich Salze in Lösung sauer, wenn sich das Kation sauer verhält und sich das Anion wiederum von einer starken Säure ableitet, also keine basischen Eigenschaften aufweist. Hierzu gehören Ammoniumsalze neutraler Anionen (NH4Cl) und Salze von Kationen, die als Lewis-Säuren wirken, wie Fe(NO3)3 oder AlCl3.

b) Im Ammoniumfluorid liegt ein schwach saures Kation und ein schwach basisches Anion vor. Das Verhalten in Wasser hängt in solchen Fällen davon ab, ob das Kation stärker sauer ist, als das Anion basisch, oder umgekehrt. Dies lässt sich aus den jeweiligen Säurekonstanten ermitteln. Im vorliegenden Fall gilt

$$K_S(NH_4^+) = \frac{K_W}{K_B(NH_3)} = \frac{10^{-14}}{1{,}76 \cdot 10^{-5}} = 5{,}68 \cdot 10^{-10}$$

$$K_B(F^-) = \frac{K_W}{K_S(HF)} = \frac{10^{-14}}{3{,}5 \cdot 10^{-4}} = 2{,}9 \cdot 10^{-11}$$

Für NH4F gilt also $K_S > K_B$, so dass die wässrige Lösung (schwach) sauer reagieren wird.

## Lösung 248

Oxosäuren sind Verbindungen, die aus Sauerstoff, Wasserstoff und mindestens einem weiteren Element bestehen. Als Säuregruppe tragen sie eine oder mehrere H–O-Gruppen gebunden an das Zentralatom. Das Präfix „Oxo" bezieht sich auf den Sauerstoff in der Säuregruppe, während in den Element-Wasserstoffsäuren (wie z. B. HCl) das Wasserstoffatom der Säuregruppe an ein anderes Element als Sauerstoff gebunden ist.

Vergleich man Oxosäuren mit der gleichen Anzahl an O-Atomen der Form H–O–X, findet man eine Zunahme der Säurestärke mit steigender Elektronegativität von X. So nimmt die Säurestärke der hypohalogenigen Säuren HOCl, HOBr und HOI in dieser Reihenfolge ab: mit steigender EN von X wird die O–H-Bindung polarer; das $H^+$-Ion wird leichter abgegeben. In gleicher Weise stabilisiert ein Halogenatom mit höherer Elektronegativität das entstehende Anion besser; es zieht Elektronendichte ab und erschwert so die Bindung eines Protons.

Noch deutlicher sind die Unterschiede der Säurestärke bei unterschiedlicher Zahl an Sauerstoffatomen: Je mehr O-Atome an das Zentralatom gebunden sind, desto stärker wird die Oxosäure. Für die Stärke der Oxosäuren des Chlors gilt also: $HClO < HClO_2 < HClO_3 < HClO_4$. Die Sauerstoffatome tragen zur Polarisation der H–O-Bindung bei und erlauben eine zusätzliche Stabilisierung des entstehenden Anions, da die negative Ladung auf mehrere O-Atome verteilt werden kann.

In der Phosphorsäure sind alle drei H-Atome an Sauerstoff gebunden und somit potenziell acide, während in der Phosphonsäure ($H_3PO_3$) eines der H-Atome an das Phosphoratom gebunden ist (($HO)_2PHO$). Die H–P-Bindung ist infolge der fehlenden Elektronegativitätsdifferenz zwischen H und P kaum polar und wird nicht gebrochen.

# Lösung 249

a) Die Aussage ist richtig. Innerhalb einer Periode steigt die Elektronegativität der Elemente von links nach rechts. Innerhalb einer Periode ist die Zunahme der Bindungspolarität der entscheidende Faktor; sie nimmt beispielsweise von $CH_4$ (unpolar) nach HF (sehr polar) stark zu. Während $CH_4$ keinerlei saure Eigenschaften zeigt, ist HF eine schwache Säure. Innerhalb einer Gruppe wird der Effekt der Bindungspolarität von der von oben nach unten abnehmenden Bindungsstärke überkompensiert; die Säurestärke nimmt daher von oben nach unten innerhalb einer Gruppe zu.

b) Die Aussage ist falsch. Die Säurestärke steigt mit der Anzahl nicht-protonierter Sauerstoffatome am Zentralatom, nicht mit der Anzahl der H-Atome. Zusätzliche O-Atome erhöhen den Elektronenzug auf das Zentralatom und erhöhen dadurch die Polarität der O–H-Bindung, z. B. in der Reihe $HClO < HClO_2 < HClO_3 < HClO_4$.

c) Tellurwasserstoff ist eine stärkere Säure als Schwefelwasserstoff, jedoch nicht aufgrund einer höheren Elektronegativität des Tellurs (sie ist etwas niedriger), sondern aufgrund der größeren Bindungslänge und der schwächeren Te–H-Bindung, die daher leichter gebrochen wird, als die S–H-Bindung.

d) Die Aussage ist richtig. Zwar sinkt die Polarität der Bindung mit zunehmender Größe von X; gleichzeitig wird die Bindung aber schwächer und die negative Ladung in dem resultierenden Anion $X^-$ führt in einem größeren Atom X zu geringerer elektrostatischer Abstoßung.

e) Die Aussage ist falsch. Obwohl Fluor das elektronegativste aller Elemente ist, ist HF eine wesentlich schwächere Säure als HCl, HBr oder HI. Grund ist wiederum die hohe Bindungsstärke in HF verglichen mit den anderen Halogenwasserstoffsäuren. Außerdem führt die zusätzliche negative Ladung im kleinen $F^-$-Ion zu höherer elektrostatischer Abstoßung, als bei den größeren Halogeniden und damit zu verminderter Stabilität des Anions.

# Lösung 250

a) Für den p$K_W$-Wert gilt:  $pK_W = pH + pOH$

In reinem Wasser ist pH = pOH; somit ergibt sich für Wasser bei 100 °C ein pH-Wert von 6,5. Dies zeigt, dass der Wert des Neutralpunkts abhängig ist von der Temperatur.

b) Ein pH-Wert von 6,5 entspricht einer $H_3O^+$-Konzentration von $10^{-6,5}$ mol/L. Die Konzentration an Ionen in reinem Wasser ist bei 100 °C also höher als bei 20 °C. Dementsprechend nimmt die Leitfähigkeit mit der Temperatur zu.

c) Die Autoprotolyse nimmt mit steigender Temperatur zu, d. h. das Autoprotolyse-Gleichgewicht des Wassers $2 \, H_2O \; \rightleftharpoons \; H_3O^+ + OH^-$ verschiebt sich mit zunehmender Temperatur etwas weiter nach rechts. Gemäß dem Prinzip von Le Chatelier begünstigt eine Temperaturerhöhung (Zufuhr von Energie) die endotherme Reaktion. Die Autoprotolyse von Wasser ist also erwartungsgemäß endotherm.

d) Destilliertes Wasser ist von Ionen wie $Ca^{2+}$, $Mg^{2+}$, $HCO_3^-$ usw. befreit, die in gewöhnlichem (Leitungs-)wasser die sogenannte Wasserhärte verursachen. Wenn Wasser in Kontakt mit Luft steht, nimmt es aber Gase aus der Luft auf. Stickstoff und Sauerstoff lösen sich nur mäßig in Wasser und verursachen keine Änderung des pH-Werts, gelöstes Kohlendioxid reagiert jedoch teilweise mit Wasser unter Bildung von Kohlensäure. Diese ist eine schwache Säure und dissoziiert teilweise, was den sauren pH-Wert von destilliertem Wasser verursacht.

# Lösung 251

Der pH-Wert einer Lösung ergibt sich aus ihrer Protonenkonzentration; diese wiederum hängt ab von der Stoffmengenkonzentration einer Säure bzw. Base in Lösung und ihrer Stärke. Mischt man starke Säuren und starke Basen (die in Wasser jeweils vollständig dissoziiert vorliegen), so neutralisieren sich gleiche Stoffmengen der Säure und der Base (wie bei einer Titration zum Äquivalenzpunkt); überwiegt eine der Stoffmengen, so bestimmen die verbleibenden $H^+$- bzw. $OH^-$-Ionen den pH-Wert. In der vorliegenden Aufgabe liegt folgendes Säure-Base-Gleichgewicht vor:

$$CH_3COOH + NH_3 \; \rightleftharpoons \; CH_3COO^- + NH_4^+$$

Aus den gegebenen Werten für p$K_S$ bzw. p$K_B$ können die entsprechenden Werte für die korrespondierende Base Acetat bzw. die korrespondierende Säure $NH_4^+$ berechnet werden (9,25); die stärkere Säure bzw. Base liegt also auf der Eduktseite vor, d. h. das Gleichgewicht ist auf der Produktseite (auf Seiten der schwächeren Säure bzw. Base). Da sich Säure- und Basenstärke entsprechen, sollten sich nahezu gleiche Mengen an $H^+$- bzw. $OH^-$-Ionen bilden, d. h. es ist ein pH-Wert von etwa 7 zu erwarten.

# Lösung 252

Das Oxid-Ion ($O^{2-}$) ist eine extrem starke Base und in Wasser nicht beständig. Es reagiert quantitativ zu $OH^-$-Ionen, d. h. das Gleichgewicht liegt vollständig auf der rechten Seite.

Essigsäure ist eine schwache organische Säure; das Hydrogensulfid-Ion eine schwache Base. Da ihre korrespondierende Säure $H_2S$ jedoch schwächer ist, als die Essigsäure, liegt das Gleichgewicht etwas auf der rechten Seite.

Das Nitrat-Ion ist das korrespondierende Anion zu einer starken Säure ($HNO_3$); es besitzt daher praktisch keine basischen Eigenschaften und kann von der sehr schwachen Säure Wasser nicht protoniert werden. Das Gleichgewicht liegt vollständig auf der Eduktseite.

Im Gegensatz zu den anderen Halogenid-Ionen ($Cl^-$, $Br^-$, $I^-$) zeigt das Fluorid ($F^-$) schwach basische Eigenschaften. Von der starken Säure $HNO_3$ kann es daher leicht protoniert werden; das Gleichgewicht liegt (weit) auf der rechten Seite.

Die Kohlensäure ist bekanntlich eine schwache Säure. Das amphotere Hydrogencarbonat ist sowohl eine schwache Säure wie auch eine schwache Base; gleiches gilt für das Anion der schwefligen Säure ($HSO_3^-$). Da die schweflige Säure etwas stärker ist als die Kohlensäure, liegt das Gleichgewicht bevorzugt auf der linken Seite.

Die Lage des Gleichgewichts ist jeweils durch die Reaktionspfeile angedeutet.

$$O^{2-}(aq) + H_2O(l) \longrightarrow 2\,OH^-(aq)$$

$$CH_3COOH(aq) + HS^-(aq) \rightleftharpoons CH_3COO^-(aq) + H_2S(aq)$$

$$NO_3^-(aq) + H_2O(l) \longleftarrow HNO_3(aq) + OH^-(aq)$$

$$F^-(aq) + HNO_3(aq) \rightleftharpoons HF(aq) + NO_3^-(aq)$$

$$H_2CO_3(aq) + HSO_3^-(aq) \rightleftharpoons HCO_3^-(aq) + H_2SO_3(aq)$$

# Lösung 253

Für die Dissoziation der schwachen Säure gilt folgendes Gleichgewicht:

$$HA(aq) + H_2O(l) \rightleftharpoons A^-(aq) + H_3O^+(aq)$$

Aus dem gemessenen pH-Wert kann die $H_3O^+$-Konzentration ermittelt werden; sie ist hinreichend groß, dass die Eigendissoziation des Wassers keine Rolle spielt:

$$[H_3O^+] = 10^{-pH} = 10^{-4,25} = 5,6 \cdot 10^{-5}$$

Pro $H_3O^+$-Ion ist auch ein $A^-$-Ion entstanden, d. h. $[A^-] = [H_3O^+]$
Die Gleichgewichtskonzentration der schwachen Säure ergibt sich gemäß

$$[HA] = [HA]_A - [A^-] = 0,100 - 5,6 \cdot 10^{-5} \approx 0,100$$

Die schwache Säure dissoziiert nur geringfügig, so dass die Gleichgewichtskonzentration in guter Näherung gleich der Anfangskonzentration gesetzt werden kann.

Einsetzen in den Ausdruck für die Säurekonstante ergibt dann:

$$K_S = \frac{[H_3O^+] \cdot [A^-]}{[HA]_A} = \frac{(5,6 \cdot 10^{-5})^2}{0,100} = 3,1 \cdot 10^{-8}$$

$$pK_S = -\lg K_S = -\lg 3,1 \cdot 10^{-8} = 7,5$$

## Lösung 254

Ein Anteil von 0,070 % aller Moleküle bei einer Konzentration von 0,0020 mol/L entspricht

$$\frac{0,070}{100} \cdot 0,0020 \text{ mol/L} = 1,4 \cdot 10^{-6} \text{ mol/L}$$

Die Lösung enthält also $1,4 \cdot 10^{-6}$ mol/L $H^+$, entsprechend einem pH-Wert von 5,85. Mit den entsprechenden normierten Konzentrationen gilt für die schwache Säure HCN:

$$[H^+] = \sqrt{K_S \cdot [HCN]_A})$$

$$K_S = \frac{[H^+]^2}{[HCN]_A} = \frac{(1,4 \cdot 10^{-6})^2}{0,0020} = 9,8 \cdot 10^{-10}$$

$$pK_S = -\lg (9,8 \cdot 10^{-10}) = 9,0$$

## Lösung 255

Da die Natrium-Ionen keinerlei saure oder basische Eigenschaften aufweisen, spielen für die beiden Salze nur folgende Gleichgewichte eine Rolle:

$$HPO_4^{2-} + H_2O \;\rightleftharpoons\; PO_4^{3-} + H_3O^+$$

$$HPO_4^{2-} + H_2O \;\rightleftharpoons\; H_2PO_4^- + OH^-$$

bzw.

$$C_6H_6O_7^{2-} + H_2O \;\rightleftharpoons\; C_6H_5O_7^{3-} + H_3O^+$$

$$C_6H_6O_7^{2-} + H_2O \;\rightleftharpoons\; C_6H_7O_7^- + OH^-$$

Ob die Lösung sauer oder basisch reagiert hängt davon ab, welche der beiden Gleichgewichtskonstanten den größeren Wert hat. Dazu sind die Säurekonstanten für die dritte Dissoziationsstufe ($K_{S3}$) und die Basenkonstanten für die Dianionen zu vergleichen. Letztere sind aus den Säurekonstanten der korrespondieren Säuren ($K_{S2}$) zu berechnen:

$$K_{S2} \cdot K_B = K_W \quad \rightarrow \quad K_B = \frac{K_W}{K_{S2}}$$

$$K_B \left( HPO_4^{2-} \right) = \frac{K_W}{K_{S2} \left( H_2PO_4^- \right)} = \frac{10^{-14}}{6,2 \cdot 10^{-8}} = 1,6 \cdot 10^{-7}$$

$$K_B \left( C_6H_6O_7^{2-} \right) = \frac{K_W}{K_{S2} \left( C_6H_7O_7^- \right)} = \frac{10^{-14}}{1,7 \cdot 10^{-5}} = 5,9 \cdot 10^{-10}$$

Im Fall von $HPO_4^{2-}$ ist also $K_B$ erheblich größer als $K_{S3}$, d. h. es ist zu erwarten, dass Hydrogenphosphat basisch reagiert. Für die Citronensäure sind die Verhältnisse umgekehrt. Die Säurekonstante $K_{S3}$ des Hydrogencitrats $C_6H_6O_7^{2-}$ ist immer noch größer als die Basenkonstante $K_B$, so dass die Hydrogencitrat-Lösung sauer reagiert.

## Lösung 256

Die beiden Lösungen zeigen stark unterschiedliche pH-Werte. Die Kationen ($Na^+$ bzw. $Fe^{3+}$) liegen in hydratisierter Form vor; dabei ist die Stärke der Wechselwirkung eines Wassermoleküls mit einem Kation wesentlich stärker, wenn das Kation klein und hoch geladen ist. Die Verschiebung der Elektronendichte zum Kation hin lockert die polare O–H-Bindung des Wassermoleküls und erleichtert die Abspaltung eines $H^+$-Ions unter Bildung von $H_3O^+$. Während für das relativ große $Na^+$-Ion die Wechselwirkung mit Wassermolekülen zu schwach ist, um eine Hydrolyse zu bewirken (die $NaNO_3$-Lösung reagiert daher neutral), fungiert das hydratisierte $Fe^{3+}$-Ion ($[Fe(H_2O)_6]^{3+}$; $Fe^{3+}$ $(aq)$) als Protonenquelle:

$$[Fe(H_2O)_6]^{3+}(aq) \quad \rightleftharpoons \quad [Fe(H_2O)_5(OH)]^{2+}(aq) + H^+(aq)$$

Die $Fe(NO_3)_3$-Lösung reagiert also deutlich sauer; die Dissoziationskonstante $K_S$ für das hydratisierte $Fe^{3+}$-Ion beträgt ca. $10^{-3}$. Allgemein wächst die Säurestärke von Aquakomplexen mit zunehmender Ladung und abnehmender Größe des Kations.

## Lösung 257

Der Dissoziationsgrad $\alpha$ ist definiert als

$$\alpha = \frac{[A^-]}{[HA]_A}$$

Solange die Eigendissoziation des Wassers vernachlässigt werden kann, gilt:

$[H_3O^+] = [A^-]$, und damit:

$$K_S = \frac{[A^-]^2}{[HA]} = \frac{\alpha^2 [HA]_A^2}{(1-\alpha)[HA]_A} = \frac{\alpha^2}{(1-\alpha)} [HA]_A$$

$$K_S = \frac{0,0134^2}{(1-0,0134)} \cdot 0,100 = 1,82 \cdot 10^{-5}$$

Mit $pK_S = -\lg K_S$ ergibt sich für den $pK_S$-Wert der Säure: $pK_S = -\lg 1,82 \cdot 10^{-5} = 4,74$. Dieser Wert entspricht der Essigsäure.

Da $K_S$ für eine gegebene Temperatur konstant ist, muss der Dissoziationsgrad mit abnehmender Anfangskonzentration der schwachen Säure $[HA]_A$ zunehmen.

## Lösung 258

Man berechnet zunächst die Stoffmengen an $H^+$ und $OH^-$, die von der Schwefelsäure abgegeben werden können bzw. in der KOH-Lösung vorliegen:

$$n(H^+) = 0,050 \text{ mmol/mL} \cdot 5,0 \text{ mL} \cdot 2 = 0,50 \text{ mmol}$$

$$n(OH^-) = 0,010 \text{ mmol/mL} \cdot 150 \text{ mL} \cdot 1 = 1,50 \text{ mmol}$$

Die Protonen werden also vollständig neutralisiert, es verbleiben 1,0 mmol $OH^-$-Ionen pro L.

$$\rightarrow c(OH^-) = 10^{-3} \text{ mol/L} \rightarrow pOH = 3 \rightarrow pH = 11$$

## Lösung 259

Am Äquivalenzpunkt liegt das jeweilige Anion der Säure, also $X^-$ bzw. $Y^-$ vor, das eine schwache Base darstellt und somit die Einstellung eines basischen pH-Werts am Äquivalenzpunkt bewirkt. Dabei wird für $Y^-$ ein höherer pH-Wert gemessen als für $X^-$; ersteres ist also das stärker basische Anion. Dementsprechend ist HY die schwächere und HX somit die stärkere Säure.

Für die $OH^-$-Konzentration am Äquivalenzpunkt der Titration von HX gilt:

$$[OH^-] = 10^{-pOH} = 10^{-(14-pH)} = 10^{-6,2} = 6,31 \cdot 10^{-7}$$

Gemäß der Gleichung für die Neutralisation ($HX + NaOH \rightarrow Na^+ + X^- + H_2O$) ergibt sich aus den gleichen Anfangskonzentration der Säure HX und der NaOH-Lösung, dass bis zum Äquivalenzpunkt ein dem Anfangsvolumen der HX-Lösung äquivalentes Volumen an NaOH-Lösung benötigt wird, d. h. $[X^-]_{Äp} = \frac{1}{2} [HX]_A = 0,10$.

Gleichzeitig gilt:

$$[OH^-] = \sqrt{K_B \cdot [X^-]} = 6,31 \cdot 10^{-7}$$

$$K_B = \frac{[OH^-] \cdot [HX]}{[X^-]} = \frac{[OH^-]^2}{[X^-]} = \frac{(6,31 \cdot 10^{-7})^2}{0,10} = 3,98 \cdot 10^{-12}$$

$$K_S = \frac{K_W}{K_B} = \frac{10^{-14}}{3,98 \cdot 10^{-12}} = 2,51 \cdot 10^{-3}$$

## Lösung 260

a) Die Behauptung ist leicht zu überprüfen – wir müssen einfach den pH-Wert in die Protonenkonzentration umrechnen und daraus das Verhältnis für die beiden Weine bilden.

$$c(H^+)_{SB} = 10^{-pH(SB)} = 10^{-3,23} = 5,89 \cdot 10^{-4}$$

$$c(H^+)_{CS} = 10^{-pH(CS)} = 10^{-3,64} = 2,29 \cdot 10^{-4}$$

Für das Verhältnis des Säuregehalts gilt also:

$$\frac{c(H^+)_{SB}}{c(H^+)_{CS}} = \frac{5,89 \cdot 10^{-4}}{2,29 \cdot 10^{-4}} = 2,57$$

Tatsächlich enthält also der Weißwein mehr als 2,5-mal so viel Säure wie der Rote.

b) Ein Mol $Mg(OH)_2$ neutralisiert zwei Mol Protonen gemäß der Gleichung:

$$Mg(OH)_2 + 2\,H^+ \longrightarrow Mg^{2+} + 2\,H_2O$$

Die Stoffmenge der Protonen im Wein beträgt

$$n(H^+) = c(H^+) \cdot V = 5,89 \cdot 10^{-4}\,\frac{mol}{L} \cdot 0,75\,L = 4,42 \cdot 10^{-4}\,mol\,.$$

Um diese Stoffmenge zu neutralisieren, werden entsprechend $4,42 \cdot 10^{-4}$ mol $OH^-$-Ionen, also $2,21 \cdot 10^{-4}$ mol $Mg(OH)_2$ benötigt. In einer Dosis $Mg(OH)_2$ enthalten sind

$$n(OH^-) = 2\,n(Mg(OH)_2) = \frac{2\,m(Mg(OH)_2)}{M(Mg(OH)_2)} = \frac{2 \cdot 0,040\,g}{58,32\,g/mol} = 1,37 \cdot 10^{-3}\,mol\,.$$

Eine typische Dosis an Magnesiamilch ist also zur Neutralisation der Säure in einer Flasche Wein mehr als ausreichend.

# Lösung 261

a) Alkalimetalle wie Natrium oder Kalium reagieren sehr heftig mit Wasser. Dabei wirken die im Wasser vorhandenen $H^+$-Ionen als Oxidationsmittel, die zu elementarem Wasserstoff reduziert werden. Dieser entweicht als Gas und kann sich aufgrund der stark exothermen Reaktion sogar entzünden.

$$2\,K\,(s) + 2\,H_2O \longrightarrow 2\,KOH\,(aq) + H_2\,(g)$$

Zur Berechnung des pH-Werts muss die Konzentration an $OH^-$-Ionen berechnet werden. KOH ist eine starke Base und dissoziiert vollständig.

$$n\,(K) = \frac{0{,}195\ g}{39{,}1\ g/mol} = 0{,}0050\ mol$$

$$\rightarrow \quad c(K^+) = c(OH^-) = c(KOH) = \frac{0{,}0050\ mol}{0{,}50\ L} = 0{,}010\ mol/L$$

(aufgrund der vollständigen Dissoziation von KOH)

$$\rightarrow \quad [OH^-] = 0{,}010$$

$$\rightarrow \quad pOH = -\lg 0{,}010 = 2$$

$$\rightarrow \quad pH = 12$$

b) Der pH-Wert bleibt unverändert bei 7 (pH-Wert des reinen Wassers), da das Bromid-Ion als Anion der sehr starken Säure HBr keine basischen Eigenschaften hat und nicht mit Wasser reagiert.

# Lösung 262

a) Am Äquivalenzpunkt der Titration liegt das Anion der Milchsäure, das Lactat, vor. Dabei handelt es sich um eine schwache Base, die zu einem geringen Anteil gemäß folgender Gleichung reagiert:

$$Lactat^- + H_2O \rightleftharpoons Milchsäure + OH^-$$

Daher liegt der Äquivalenzpunkt im schwach basischen pH-Bereich bei ca. 8–9.

Benötigt wird ein Indikator, dessen Umschlagsbereich in diesem pH-Bereich liegt. Der Umschlagsbereich ist gegeben durch $pH = pK_S \pm 1$. Von den gegebenen Indikatoren kommt daher praktisch nur Phenolphthalein in Betracht; mit Einschränkung auch noch Bromthymolblau.

b) Aus dem Titrationsergebnis lässt sich unmittelbar die Stoffmenge $n$ der Milchsäure berechnen:

$$n(NaOH) = 0{,}10\ mol/L \cdot 0{,}0125\ L = 1{,}25\ mmol = n(Milchsäure)$$

Die Masse ergibt sich mit Hilfe der molaren Masse zu:

$$m = n \cdot M \quad \rightarrow \quad m(Milchsäure) = 1{,}25\ mmol \cdot 90\ mg/mmol = 113\ mg$$

Am Äquivalenzpunkt liegen 1,25 mmol des Anions der Milchsäure (Lactat) in einem Gesamtvolumen von 50 mL vor.

$\rightarrow c(\text{Lactat}) = 1{,}25 \text{ mmol} / 50 \text{ mL} = 25 \text{ mM};$     $[\text{Lactat}] = 0{,}025 = 2{,}5 \cdot 10^{-2}$ ;

Aus $pK_S$ (Milchsäure) $= 3{,}5$ folgt: $pK_B$ (Lactat) $= 10{,}5$

$$[\text{OH}^-] = \sqrt{[\text{Lactat}] \cdot K_B} = \sqrt{2{,}5 \cdot 10^{-2} \cdot 10^{-10{,}5}} = 8{,}89 \cdot 10^{-7}$$

$\rightarrow [\text{H}^+] = 1{,}1 \cdot 10^{-8};$     $c(\text{H}^+) = 1{,}1 \cdot 10^{-8} \text{ mol/L}$

$\rightarrow \text{pH} = -\lg[\text{H}^+] = 7{,}95$

Der pH-Wert am Äquivalenzpunkt beträgt 7,95.

## Lösung 263

Phosphorsäure ($H_3PO_4$) dissoziiert als dreiprotonige Säure in drei Stufen über $H_2PO_4^-$ und $HPO_4^{2-}$ zu Phosphat ($PO_4^{3-}$). Da die Dissoziationskonstanten für die zweite und dritte Dissoziationsstufe viel kleiner sind, als für die erste, spielen die $HPO_4^{2-}$- und $PO_4^{3-}$-Ionen in einer Lösung von Phosphorsäure in Wasser praktisch keine Rolle. In den Anionen ist die negative Ladung jeweils über mehrere Sauerstoffatome delokalisiert.

Mit dem gegebenen $K_S$-Wert und der Anfangskonzentration ergibt sich mit der Näherungsformel für eine schwache Säure:

$$[\text{H}_3\text{O}^+] = \sqrt{K_S \cdot [\text{H}_3\text{PO}_4]_A} = \sqrt{10^{-2{,}0} \cdot 1{,}0 \cdot 10^{-1}} = 3{,}16 \cdot 10^{-2}$$

$\rightarrow \text{pH} = -\lg[\text{H}_3\text{O}^+] = 1{,}5$

Da Phosphorsäure eine verhältnismäßig starke schwache Säure ist und in einer Konzentration $\gg 10^{-7}$ mol/L vorliegt, können Protonen, die aus der Eigendissoziation des Wassers stammen, ohne signifikanten Fehler vernachlässigt werden („1. Näherung").

Die ermittelte Protonenkonzentration zeigt aber, dass Phosphorsäure zu einem erheblichen Anteil (deutlich > 5 %) dissoziiert, so dass Gleichsetzen der Konzentration an $H_3PO_4$ im Gleichgewicht mit der Anfangskonzentration („2. Näherung") eigentlich nicht mehr erlaubt ist. Der berechnete pH-Wert ist daher nicht exakt.

# Lösung 264

a) Am Äquivalenzpunkt liegt die korrespondierende schwache Säure des Amphetamins ($pK_S \approx$ 10) vor. Der Äquivalenzpunkt liegt daher im sauren pH-Bereich; es wird folglich ein Indikator benötigt, der im Sauren umschlägt. Es kommt also nur Methylorange in Frage.

b) Die Stoffmenge ergibt sich unmittelbar aus dem Titrationsergebnis:

$n$(HCl) $= 0{,}10$ mol/L $\cdot 0{,}018$ L $= 1{,}8$ mmol $= n$(Amphetamin)

$\rightarrow$ $c$(Amphetamin) $= 1{,}8$ mmol / 50 mL $= 36$ mmol/L

Am Äquivalenzpunkt liegen 1,8 mmol des korrespondierenden Kations R–NH$_3^+$ in einem Gesamtvolumen von 68 mL vor.

$\rightarrow$ $c$ (R–NH$_3^+$) $= 1{,}8$ mmol / 68 mL $= 26{,}5$ mmol/L

Aus $pK_B$ (Amphetamin) $= 4$ folgt: $pK_S$ (R–NH$_3^+$) $= 10$

$$c(\text{H}^+) = \sqrt{c(\text{R}-\text{NH}_3^+)\cdot K_S} = \sqrt{26{,}5\cdot 10^{-3}\cdot 10^{-10}} = 1{,}627\cdot 10^{-6}\ \text{mol/L}$$

$[\text{H}^+] = 1{,}627\cdot 10^{-6}$

$\rightarrow$ pH $= 5{,}79$

c) Nach Zugabe von 9,0 mL der HCl-Lösung ist der Halbäquivalenzpunkt erreicht. Es liegen also gleiche Stoffmengen des Amphetamins (R–NH$_2$) und des korrespondierenden Hydrochlorids R–NH$_3^+$ Cl$^-$ vor. Da die Ausgangsstoffmenge in der Probe 1,8 mmol betrug, liegen am Halbäquivalenzpunkt jeweils 0,9 mmol R–NH$_2$ und R–NH$_3^+$ Cl$^-$ vor. Der pH-Wert entspricht dem $pK_S$-Wert des Hydrochlorids, also pH $= pK_S = 10$.

# Lösung 265

a) Natriumhypochlorit ist ein leicht lösliches Salz; es dissoziiert in Wasser vollständig in Na$^+$- und ClO$^-$-Ionen. Das Natrium-Ion besitzt aufgrund seiner nur einfach positiven Ladung eine verhältnismäßig geringe Ladungsdichte (im Gegensatz zu Metall-Ionen wie Al$^{3+}$ oder Fe$^{3+}$, die sich aufgrund ihrer hohen Ladungsdichte und starken polarisierenden Wirkung als Lewis-Säuren verhalten) und zeigt keinerlei saure Eigenschaften. Das Hypochlorit-Ion ist das Anion einer ziemlich schwachen Säure, so dass man für dieses Ion schwach basische Eigenschaften erwarten kann.

b) Die Gleichung für die schwach basische Reaktion einer Hypochlorit-Lösung lautet:

$$\text{ClO}^- + \text{H}_2\text{O} \;\rightleftharpoons\; \text{HOCl} + \text{OH}^-; \qquad K_B = \frac{[\text{HOCl}]\cdot[\text{OH}^-]}{[\text{ClO}^-]}$$

Da gilt: $K_S \cdot K_B = K_W = 10^{-14}$, erhält man für den $K_B$-Wert des Hypochlorit-Ions:

$$K_B = \frac{10^{-14}}{3{,}0\cdot 10^{-8}} = 3{,}3\cdot 10^{-7}$$

Vernachlässigt man die Eigendissoziation des Wassers, so sind die Hypochlorit-Ionen die einzige Quelle für OH⁻, d. h. [HOCl] = [OH⁻] = $x$. Da das Hypochlorit eine recht schwache Base ist und die Anfangskonzentration mit $c = 0{,}10$ mol/L relativ hoch ist, kann die Änderung der Konzentration an Hypochlorit in guter Näherung vernachlässigt werden:

$$K_B = \frac{x \cdot x}{(0{,}10 - x)} \approx \frac{x \cdot x}{0{,}10} = 3{,}3 \cdot 10^{-7}$$

$$\rightarrow x = [OH^-] = \sqrt{K_B \cdot [ClO^-]_A} = \sqrt{3{,}3 \cdot 10^{-7} \cdot 0{,}10} = 1{,}8 \cdot 10^{-4}$$

$$c(OH^-) = 1{,}8 \cdot 10^{-4} \text{ mol/L}$$

$$\rightarrow pOH = -\lg(1{,}8 \cdot 10^{-4}) = 3{,}74$$

$$\rightarrow pH = 14 - 3{,}74 = 10{,}26$$

Die NaOCl-Lösung reagiert also wie erwartet deutlich basisch.

## Lösung 266

a) Aus der Reaktionsgleichung folgt, dass die vorliegende Stoffmenge an Essigsäure gleich der bis zum Äquivalenzpunkt verbrauchten Stoffmenge an NaOH ist.

$$CH_3COOH + NaOH \longrightarrow CH_3COO^- + Na^+ + H_2O$$

$$n(CH_3COOH) = c(NaOH) \cdot V(NaOH) = 0{,}30 \text{ mol/L} \cdot 33{,}5 \text{ mL} = 0{,}01005 \text{ mol}$$

$$\rightarrow c(CH_3COOH) = \frac{n(CH_3COOH)}{V(CH_3COOH)} = \frac{0{,}01005 \text{ mol}}{0{,}0100 \text{ L}} = 1{,}005 \text{ mol/L}$$

Mit den üblichen Näherungen errechnet sich der pH-Wert wie folgt:

$$[H^+] = \sqrt{K_S \cdot [CH_3COOH]_A} = \sqrt{10^{-4{,}75} \cdot 1{,}005} = 4{,}23 \cdot 10^{-3}$$

$$c(H^+) = 4{,}23 \cdot 10^{-3} \text{ mol/L}$$

$$pH = -\lg[H^+] = -\lg(4{,}23 \cdot 10^{-3}) = 2{,}37$$

b) Für die Berechnung des Massenanteils wird die Masse der Essigsäure und die Masse der Essigprobe benötigt. Erstere ergibt sich aus der Stoffmenge an Essigsäure und ihrer molaren Masse, letztere aus dem Volumen und der Dichte des Essigs.

$$M(CH_3COOH) = (2 \cdot 12{,}01 + 4 \cdot 1{,}01 + 2 \cdot 16{,}00) \text{ g/mol} = 60{,}06 \text{ g/mol}$$

$$m(CH_3COOH) = n(CH_3COOH) \cdot M(CH_3COOH) = 0{,}01005 \text{ mol} \cdot 60{,}06 \text{ g/mol} = 0{,}604 \text{ g}$$

$$m(\text{Essig}) = \rho(\text{Essig}) \cdot V(\text{Essig}) = 1{,}05 \text{ g/mL} \cdot 10{,}0 \text{ mL} = 10{,}5 \text{ g}$$

$$\omega = \frac{m(CH_3COOH)}{m(\text{Essig})} = \frac{0{,}604 \text{ g}}{10{,}5 \text{ g}} = 5{,}75\%$$

Der tatsächliche Säuregehalt ist also höher als angegeben; die relative Abweichung beträgt $0{,}75\% / 5{,}0\% = +15\%$.

# Lösung 267

a) In der Titrationskurve sind die drei Äquivalenzpunkte gut zu erkennen. Dabei wird bis zum dritten Äquivalenzpunkt, also der vollständigen Abspaltung der drei Protonen, eine Stoffmenge an NaOH von 3,0 mmol verbraucht. Die Stoffmenge an Glutaminsäure betrug also ein Drittel davon: $n_0$ (Glu) = 1,0 mmol

b) Die p$K_S$-Werte finden sich an den jeweiligen Halbäquivalenzpunkten, d. h. nach Zugabe von 0,50 mmol bzw. 1,50 mol bzw. 2,50 mmol NaOH:

$$pK_{S1} = 2,1 \qquad pK_{S2} = 5,0 \qquad pK_{S3} = 9,0$$

c) Die Äquivalenzpunkte sind durch den jeweils starken Anstieg des pH-Werts bei Zugabe einer geringen Menge der Base gekennzeichnet; man findet sie etwa bei

$$pH_{Ä1} = 3,5 \qquad pH_{Ä2} = 7,0 \qquad pH_{Ä3} = 11,0$$

d) Eine geringe Pufferkapazität liegt vor, wenn die Zugabe einer kleinen Stoffmenge der Base einen vergleichsweise starken Anstieg des pH-Werts zur Folge hat. Dies ist im Bereich der Äquivalenzpunkte gegeben:

1. pH-Bereich: 3–4

2. pH-Bereich: 6,5–7,5

3. pH-Bereich: 10,5–11,5

Eine hohe Pufferkapazität findet man im Bereich des Halbäquivalenzpunkts; hier ist die Steigung der Kurve am geringsten:

1. pH-Bereich: 1,6–2,6

2. pH-Bereich: 4,5–5,5

3. pH-Bereich: 8,5–9,5

e) Die vollständig deprotonierte Form der Glutaminsäure findet sich bei hohen pH-Werten, zu mehr als 90 % etwa für pH > 10.

f) Die vollständig protonierte Form liegt dagegen nur bei niedrigem pH vor. Für pH < 1,5 ist es die praktisch ausschließlich vorliegende Spezies.

g) Hier ist nach dem zweiten Halbäquivalenzpunkt gefragt, der nach Zugabe von 1,50 mmol NaOH erreicht ist; der pH beträgt dann 5,0.

# Lösung 268

Die Konzentration der vollständig deprotonierten Spezies ist am höchsten am Endpunkt der Titration, also bei VII.

Die Konzentration der vollständig protonierten Spezies ist am höchsten am Startpunkt der Titration, also bei I.

Die Konzentration der Spezies $H_2A^-$ ist am 1. Äquivalenzpunkt (steiler pH-Anstieg) maximal, also bei III.

Der pH-Wert wird gemäß der Henderson-Hasselbalch-Gleichung jeweils gleich einem $pK_S$-Wert, wenn gleiche Konzentrationen an Säure und korrespondierendem Anion vorliegen. Damit also pH = $pK_S$ ($H_3A$) wird, müssen gleiche Stoffmengen an $H_3A$ und $H_2A^-$ vorliegen, d. h. das System befindet sich am 1. Halbäquivalenzpunkt bei II.

Entsprechend gilt $c$ ($H_2A^-$) = $c$ ($HA^{2-}$) am 2. Halbäquivalenzpunkt bei IV.

Die höchste Konzentration an zweifach deprotonierter Spezies $HA^{2-}$ liegt am 2. Äquivalenzpunkt vor, also bei V.

Die Gleichung $c$ ($HA^{2-}$) = $c$ ($A^{3-}$) charakterisiert den 3. Halbäquivalenzpunkt, der bei VI erreicht wird.

Die Pufferkapazität des Systems ist jeweils maximal im Bereich der entsprechenden Halbäquivalenzpunkte, für das System $H_2A^-/HA^{2-}$ also bei IV, für das System $HA^{2-}/A^{3-}$ bei VI.

Am 3. Äquivalenzpunkt, entsprechend dem letzten deutlichen pH-Anstieg, ist die Säure vollständig titriert; dann liegt praktisch ausschließlich $A^{3-}$ vor (VII).

Schlechte Pufferkapazität zeigt ein Säure-Base-System immer in der Nähe eines Äquivalenzpunkts (dort ist der pH-Anstieg infolge Zugabe einer geringen Menge an Base stark); im vorliegenden Fall gilt dies demnach an den Punkten III, V und VII.


# Lösung 269

a) Das Diphosphat $Na_2H_2P_2O_7$ überträgt ein Proton auf das Hydrogencarbonat ($NaHCO_3$); die entstehende Kohlensäure ist instabil und zerfällt zu $CO_2$ und $H_2O$.

$$Na_2H_2P_2O_7 + NaHCO_3 \longrightarrow 3\,Na^+ + HP_2O_7^{3-} + CO_2 + H_2O$$

b) Für den gewünschten pH-Wert von 6,3 muss aus dem Diphosphat $H_2P_2O_7^{2-}$ durch Umsetzung mit einer entsprechenden Menge an KOH ein Gemisch aus $HP_2O_7^{3-}$ und $H_2P_2O_7^{2-}$ hergestellt werden.

$$pH = pK_S + \lg \frac{n(HP_2O_7^{3-})}{n(H_2P_2O_7^{2-})}$$

$$6,30 = 6,60 + \lg \frac{n(HP_2O_7^{3-})}{n(H_2P_2O_7^{2-})}$$

$$10^{-0,30} = 0,5 = \frac{n(HP_2O_7^{3-})}{n(H_2P_2O_7^{2-})}$$

Ausgehend von 0,30 mol $Na_2H_2P_2O_7$ müssen also 0,10 mol in $HP_2O_7^{3-}$ umgewandelt werden. Dafür wird 0,10 mol, somit 0,20 L der KOH-Lösung benötigt. Man versetzt deshalb das $Na_2H_2P_2O_7$ mit 0,20 L KOH-Lösung und ergänzt das Volumen mit Wasser auf 1,0 L.

# Lösung 270

Die Titrationskurve der starken Säure beginnt bei pH = 1, entsprechend einer Konzentration der Säure von $c = 0,10$ mol/L. Die Kurve zeigt einen großen pH-Sprung. Am Äquivalenzpunkt **1** liegt das äußerst schwach basische korrespondierende Anion vor, so dass der Äquivalenzpunkt am Neutralpunkt (pH = 7) liegt.

Die Titrationskurve der schwachen Säure beginnt bei pH = 3; aus dem gegebenen $pK_S$-Wert von 5 lässt sich leicht berechnen, dass auch diese Säure in einer Konzentration von $c = 0,10$ mol/L vorliegt. Am Halbäquivalenzpunkt **3** (Titrationsgrad = 50 %) gilt pH = $pK_S$, also pH = 5. Der pH-Sprung am Äquivalenzpunkt ist wesentlich schwächer ausgeprägt, was bei der Wahl eines geeigneten Indikators beachtet werden muss. Am Äquivalenzpunkt **2** liegt das schwach basische korrespondierende Anion der schwachen Säure vor, so dass der Äquivalenzpunkt im basischen pH-Bereich (pH = 9) liegt.

Der Umschlagsbereich eines geeigneten Indikators muss im pH-Sprungbereich liegen. Für die Titration der schwachen Säure sollte der Umschlagsbereich **4** daher bei ca. pH = 8–10 liegen.

Der Pufferbereich **5** umfasst den Halbäquivalenzpunkt **3**, also den Bereich $pK_S \pm 1$.

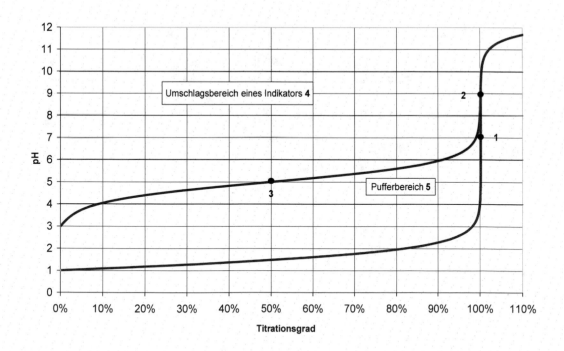

## Lösung 271

Die Salpetersäure ist eine starke Säure, das korrespondierende Nitrat-Ion entsprechend eine sehr schwache Base, die mit Wasser nicht reagiert. Entsprechend lassen sich die vorhandenen Konzentrationen an $H_3O^+$- bzw. $OH^-$-Ionen leicht ermitteln. Es gilt:

$$c(H_3O^+) = \frac{n(\text{Säure})_{\text{Anfang}} - n(OH^-)_{\text{zugegeben}}}{V(\text{Säure})_{\text{Anfang}} + V(OH^-)_{\text{zugegeben}}}$$

a) Vor Beginn der Titration ist $[H_3O^+] = 0{,}100$ mol/L, der pH-Wert demnach $= 1$.

b) Nach Zugabe von 10 mL KOH-Lösung:

$$c(H_3O^+) = \frac{5{,}0\,\text{mmol} - (0{,}200\,\text{mol/L} \cdot 0{,}010\,\text{L})}{50\,\text{mL} + 10\,\text{mL}} = \frac{3{,}0\,\text{mmol}}{60\,\text{mL}} = 0{,}05\,\text{mol/L}$$

$$pH = -\lg[H_3O^+] = -\lg 0{,}05 = 1{,}30$$

c) Nach Zugabe von 20 mL KOH-Lösung:

$$c(H_3O^+) = \frac{5{,}0\,\text{mmol} - (0{,}200\,\text{mol/L} \cdot 0{,}020\,\text{L})}{50\,\text{mL} + 20\,\text{mL}} = \frac{1{,}0\,\text{mmol}}{70\,\text{mL}} = 1{,}43 \cdot 10^{-2}\,\text{mol/L}$$

$$pH = -\lg[H_3O^+] = -\lg 1{,}43 \cdot 10^{-2} = 1{,}85$$

d) Am Äquivalenzpunkt wurden 5,0 mmol $OH^-$-Ionen zugegeben; die Säure ist vollständig neutralisiert. Da das entstandene Salz ($KNO_3$) weder saure noch basische Eigenschaften aufweist, ist der pH-Wert $= 7$.

e) nach Zugabe von 30 mL KOH-Lösung:

$$c(OH^-) = \frac{n(OH^-)_{\text{zugegeben}} - n(OH^-)_{\text{ÄP}}}{V(\text{Säure})_{\text{Anfang}} + V(OH^-)_{\text{zugegeben}}}$$

Von der zugegeben Stoffmenge an $OH^-$ (6,0 mmol) wurden 5,0 mmol zur Neutralisation der Säure verbraucht, 1,0 mmol ist also noch übrig. Somit ist

$$c(OH^-) = \frac{6{,}0\,\text{mmol} - 5{,}0\,\text{mmol}}{50\,\text{mL} + 30\,\text{mL}} = 0{,}125\,\text{mol/L}$$

$$pOH = -\lg[OH^-] = -\lg 0{,}125 = 1{,}90$$

$$pH = 12{,}10$$

## Lösung 272

a) Vor Beginn der Titration liegt eine schwache Säure vor; mit den üblichen Näherungen (die aufgrund der Stärke der Säure und ihrer relativ hohen Konzentration gerechtfertigt sind) gilt:

$$c(H_3O^+) = \sqrt{K_S \cdot c(\text{Säure})_{\text{Anfang}}}$$

$$[H_3O^+] = \sqrt{10^{-4,75} \cdot 0,100} = 1,33 \cdot 10^{-3}$$

$$pH = -\lg [H_3O^+] = -\lg (1,33 \cdot 10^{-3}) = 2,88$$

b) nach Zugabe von 10 mL Kaliumhydroxid-Lösung:

Die Stoffmenge der zugegebenen Base ist geringer als die Anfangsstoffmenge der Säure, d. h. es wurde ein Teil der Säure in das korrespondierende Anion umgesetzt, das eine schwache Base darstellt. Es liegt somit ein Puffergemisch vor; der pH-Wert kann mit Hilfe der Henderson-Hasselbalch-Gleichung berechnet werden:

$$[H_3O^+] = K_S \cdot \frac{[HA]}{[A^-]} \quad \text{bzw.} \quad pH = pK_S + \lg \frac{[A^-]}{[HA]}$$

$$c(HA) = \frac{n(\text{Säure})_{\text{Anfang}} - n(OH^-)_{\text{zugegeben}}}{V(\text{Säure})_{\text{Anfang}} + V(OH^-)_{\text{zugegeben}}} = \frac{5,0 \text{ mmol} - 2,0 \text{ mmol}}{60 \text{ mL}} = 0,05 \text{ mol/L}$$

$$c(A^-) = \frac{n(OH^-)_{\text{zugegeben}}}{V(\text{Säure})_{\text{Anfang}} + V(OH^-)_{\text{zugegeben}}} = \frac{2,0 \text{ mmol}}{60 \text{ mL}} = 0,033 \text{ mol/L}$$

$$pH = 4,75 + \lg \frac{0,033}{0,050} = 4,57$$

c) nach Zugabe von 20 mL Kaliumhydroxid-Lösung

Die Stoffmenge der zugegebenen Base ist immer noch geringer als die Anfangsstoffmenge der Säure; es liegt also weiterhin ein Puffergemisch vor:

$$pH = pK_S + \lg \frac{[A^-]}{[HA]}$$

$$c(HA) = \frac{n(\text{Säure})_{\text{Anfang}} - n(OH^-)_{\text{zugegeben}}}{V(\text{Säure})_{\text{Anfang}} + V(OH^-)_{\text{zugegeben}}} = \frac{5,0 \text{ mmol} - 4,0 \text{ mmol}}{70 \text{ mL}} = 1,43 \cdot 10^{-2} \text{ mol/L}$$

$$c(A^-) = \frac{n(OH^-)_{\text{zugegeben}}}{V(\text{Säure})_{\text{Anfang}} + V(OH^-)_{\text{zugegeben}}} = \frac{4,0 \text{ mmol}}{70 \text{ mL}} = 5,71 \cdot 10^{-2} \text{ mol/L}$$

$$pH = 4,75 + \lg \frac{5,71 \cdot 10^{-2}}{1,43 \cdot 10^{-2}} = 5,35$$

d) Am Äquivalenzpunkt liegt das Anion der Essigsäure, das Acetat-Ion, vor. Die Essigsäure wurde durch eine äquivalente Stoffmenge an OH⁻-Ionen vollständig umgesetzt, d. h. die Stoffmenge an Acetat ist gleich der Anfangsstoffmenge der Essigsäure = 5,0 mmol. Bis zum Äquivalenzpunkt werden 25,0 mL der KOH-Lösung benötigt; das Gesamtvolumen beträgt nun 75 mL. Wir benötigen jetzt die Gleichung zur pH-Berechnung für eine schwache Base. Analog wie für die schwache Säure unter a) gilt nun:

$$c(\text{OH}^-) = \sqrt{K_B \cdot c(\text{Base})_{\text{ÄP}}} \qquad K_B = \frac{10^{-14}}{K_S}$$

$$c(\text{OH}^-) = \sqrt{K_B \cdot \frac{n(\text{Säure})_{\text{Anfang}}}{V(\text{Säure})_{\text{Anfang}} + V(\text{OH}^-)_{\text{zugegeben}}}}$$

$$[\text{OH}^-] = \sqrt{10^{-9,25} \cdot \frac{5,0 \text{ mmol}}{50 \text{ mL} + 25 \text{ mL}}} = 6,12 \cdot 10^{-6}$$

$$\text{pOH} = -\lg [\text{OH}^-] = -\lg (6,12 \cdot 10^{-6}) = 5,21$$

$$\text{pH} = 8,79$$

e) nach Zugabe von 30 mL KOH-Lösung:

$$c(\text{OH}^-) = \frac{n(\text{OH}^-)_{\text{zugegeben}} - n(\text{OH}^-)_{\text{ÄP}}}{V(\text{Säure})_{\text{Anfang}} + V(\text{OH}^-)_{\text{zugegeben}}}$$

Von der zugegeben Stoffmenge an OH⁻ (6,0 mmol) wurden 5,0 mmol zur Neutralisation der Säure verbraucht, 1 mmol ist also noch übrig. Somit ist analog wie für die Titration der starken Säure:

$$c(\text{OH}^-) = \frac{6,0 \text{ mmol} - 5,0 \text{ mmol}}{50 \text{ mL} + 30 \text{ mL}} = 0,125 \text{ mol/L}$$

$$\text{pOH} = -\lg [\text{OH}^-] = -\lg 0,125 = 1,90$$

$$\text{pH} = 12,10$$

## Lösung 273

a) Zur Berechnung des pH-Werts wird die Stoffmengenkonzentration benötigt:

$$c = \frac{n(\text{H}_3\text{PO}_4)}{V} = \frac{m(\text{H}_3\text{PO}_4)}{M(\text{H}_3\text{PO}_4) \cdot V} = \frac{\rho \cdot V(\text{H}_3\text{PO}_4)}{M(\text{H}_3\text{PO}_4) \cdot V}$$

$$m(\text{H}_3\text{PO}_4) = 1,89 \frac{\text{g}}{\text{mL}} \cdot 0,52 \text{ mL} = 0,98 \text{ g}$$

$$n(\text{H}_3\text{PO}_4) = \frac{0,98 \text{ g}}{98 \text{ g mol}^{-1}} = 1,0 \cdot 10^{-2} \text{ mol}$$

$$c(\text{H}_3\text{PO}_4) = \frac{1,0 \cdot 10^{-2} \text{ mol}}{0,10 \text{ L}} = 1,0 \cdot 10^{-1} \frac{\text{mol}}{\text{L}}$$

$$[\text{H}_3\text{O}^+] = \sqrt{K_S \cdot [\text{H}_3\text{PO}_4]_A} = \sqrt{10^{-2,0} \cdot 1,0 \cdot 10^{-1}} = 3,16 \cdot 10^{-2}$$

$$\rightarrow \quad \text{pH} = -\lg [\text{H}_3\text{O}^+] = 1,5$$

Die ermittelte Protonenkonzentration zeigt, dass Phosphorsäure zu einem erheblichen Anteil (deutlich > 5 %) dissoziiert, so dass Gleichsetzen der Konzentration an $H_3PO_4$ im Gleichgewicht mit der Anfangskonzentration eigentlich nicht mehr erlaubt ist. Der berechnete pH-Wert ist nicht exakt.

Stattdessen ist die quadratische Gleichung in $[H^+]$ zu lösen:

$$K_S = \frac{[H^+]^2}{[H_3PO_4]_A - [H^+]}$$

$$\rightarrow \quad [H^+]^2 = K_S \cdot ([H_3PO_4]_A - [H^+])$$

$$\rightarrow \quad [H^+]^2 + K_S \cdot [H^+] - K_S \cdot [H_3PO_4]_A = 0$$

$$\rightarrow \quad [H^+] = \frac{-K_S \pm \sqrt{K_S^2 + 4K_S \cdot [H_3PO_4]_A}}{2}$$

$$\rightarrow \quad [H^+] = \frac{-10^{-2} \pm 6,4 \cdot 10^{-2}}{2} = 2,7 \cdot 10^{-2}$$

$$\rightarrow \quad pH = -\lg(2,7 \cdot 10^{-2}) = 1,57$$

Setzt man, wie oben erläutert, statt der Gleichgewichtskonzentration wie sonst üblich die Anfangskonzentration der Phosphorsäure ein, ergäbe sich pH = $-\lg(3,2 \cdot 10^{-2})$ = 1,50.

b) Aufgrund der gegebenen $pK_S$-Werte sollte für pH = 7 gelten: pH = $pK_{S2}$, dies gilt gemäß der Henderson-Hasselbalch-Gleichung für ein äquimolares Gemisch aus $H_2PO_4^-$ und $HPO_4^{2-}$. Ursprünglich liegen 0,010 mol Phosphorsäure vor; diese muss also zu 50 % in $H_2PO_4^-$ und zu 50 % in $HPO_4^{2-}$ überführt werden. Dafür werden 0,015 mol NaOH benötigt. Dies entspricht einem Volumen an NaOH von

$$V(\text{NaOH}) = \frac{n(\text{NaOH})}{c(\text{NaOH})} = \frac{0,0150\,\text{mol}}{0,50\,\text{mol}\,\text{L}^{-1}} = 0,030\,\text{L} = 30\,\text{mL}$$

c)

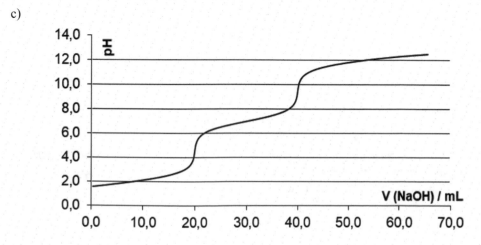

## Lösung 274

Mit der üblichen Näherungsformel für eine schwache Base gilt:

$$[OH^-] = [\text{Zalticabin-H}^+] = \sqrt{K_B \cdot [\text{Zalticabin}]_A}$$

$$c(\text{Zalticabin}) = \frac{\beta(\text{Zalticabin})}{M(\text{Zalticabin})} = \frac{0,515 \text{ g/L}}{211,22 \text{ g/mol}} = 2,44 \cdot 10^{-3} \frac{\text{mol}}{\text{L}}$$

$$[\text{Zalticabin-H}^+] = \sqrt{10^{-9,8} \cdot 2,44 \cdot 10^{-3}} = 6,21 \cdot 10^{-7}$$

Für den Anteil an protoniertem Wirkstoff ergibt sich daraus:

$$\frac{[\text{Zalticabin-H}^+]}{[\text{Zalticabin}]_A} = \frac{6,21 \cdot 10^{-7}}{2,44 \cdot 10^{-3}} \cdot 100\,\% = 2,55 \cdot 10^{-2}\,\%$$

## Lösung 275

Bromwasserstoff ist eine starke Säure; sie liegt daher vollständig dissoziiert vor und liefert eine Protonenkonzentration entsprechend ihrer Konzentration von $c = 0{,}00115$ mol/L. Hinzu kommen noch die Protonen, die von der mittelstarken Säure $HClO_2$ in Anwesenheit der schon vorhandenen Protonen freigesetzt werden. Es gilt

$$K_S(HClO_2) = \frac{[H_3O^+] \cdot [ClO_2^-]}{[HClO_2]} = \frac{(0,00115 + x) \cdot x}{(0,0100 - x)} = 1,1 \cdot 10^{-2},$$

wobei $x$ die Konzentration der Protonen angibt, die von $HClO_2$ freigesetzt werden. Da $HClO_2$ eine verhältnismäßig starke Säure ist, darf $x$ hier nicht gegenüber der Anfangskonzentration vernachlässigt werden. Auflösen dieser quadratischen Gleichung ergibt

$$0,00115\,x + x^2 = 1,1 \cdot 10^{-4} - 1,1 \cdot 10^{-2}\,x$$

$$x^2 + 0,01215\,x - 1,1 \cdot 10^{-4} = 0$$

$$x_{1/2} = \frac{-0,01215 \pm \sqrt{0,01215^2 + 4 \cdot 1,1 \cdot 10^{-4}}}{2}$$

$$[x_1 < 0]$$

$$x_2 = 0,0060$$

Die gesamte Protonenkonzentration beträgt also $(0{,}001125 + 0{,}0060)$ mol/L $= 0{,}007125$. Man erkennt daraus, die die mittelstarke Säure $HClO_2$ zu einem erheblichen Anteil dissoziiert, wenn sie in relativ niedriger Konzentration vorliegt.

Für den pH-Wert der Mischung ergibt sich daraus pH $= -\lg 0{,}00715 = 2{,}14$.

# Lösung 276

In der vereinfachten Gleichung wird zum einen angenommen, dass Wasser als Protonenquelle vernachlässigt werden kann, d. h., alle $H^+$-Ionen kommen in guter Näherung aus der schwachen Säure. Zum anderen wird als Gleichgewichtskonzentration für die schwache Säure die Anfangskonzentration eingesetzt, da angenommen wird, dass sich diese bei einer schwachen Säure durch die Reaktion mit Wasser nur unwesentlich ändert. Die erste Annahme ist bei einer Säure mit einem relativ hohen $K_S$-Wert wie im vorliegenden Fall recht gut erfüllt. Die Anfangskonzentration der Chloressigsäure ist mit $c = 0{,}01$ mol/L nicht allzu hoch; daher muss aufgrund der relativ hohen Säurestärke (des relativ hohen $K_S$-Werts) damit gerechnet werden, dass ein signifikanter Anteil der Chloressigsäure-Moleküle dissoziiert und deren Gleichgewichtskonzentration somit deutlich von der Anfangskonzentration abweicht.

Die entstehende Konzentration an Protonen $x$ kann also gegenüber der Anfangskonzentration von 0,01 mol/L (ohne größeren Fehler) nicht mehr vernachlässigt werden:

$$K_S = \frac{x \cdot x}{(0{,}01 - x)} = 1{,}4 \cdot 10^{-3} \neq \frac{x \cdot x}{0{,}01}$$

$$x^2 = 1{,}4 \cdot 10^{-3} \cdot (0{,}01 - x)$$

$$x^2 + 1{,}4 \cdot 10^{-3}\, x - 1{,}4 \cdot 10^{-5} = 0$$

$$x = \frac{-1{,}4 \cdot 10^{-3} \pm \sqrt{(1{,}4 \cdot 10^{-3})^2 - 4 \cdot 1{,}4 \cdot 10^{-5}}}{2}$$

$$x = \frac{-1{,}4 \cdot 10^{-3} \pm \sqrt{2 \cdot 10^{-6} - 5{,}6 \cdot 10^{-5}}}{2}$$

$$x = \frac{-1{,}4 \cdot 10^{-3} \pm 7{,}6 \cdot 10^{-3}}{2}$$

$$x = [H_3O^+] = 3{,}1 \cdot 10^{-3}$$

$$c(H_3O^+) = 3{,}1 \cdot 10^{-3}\ \text{mol/L}$$

Man erkennt, dass die errechnete Konzentration an $H^+$- bzw. $H_3O^+$-Ionen gegenüber der Anfangskonzentration von 0,01 mol/L nicht zu vernachlässigen ist; die Konzentration an Chloressigsäure im Gleichgewicht beträgt nur noch etwa 0,007 mol/L. Der pH-Wert ergibt sich zu

$$pH = -\lg(3{,}1 \cdot 10^{-3}) = 2{,}51$$

Rechnet man zum Vergleich mit der vereinfachten Formel, so erhält man:

$$x = [H_3O^+] = \sqrt{K_S \cdot [ClCH_2COOH]_A} = \sqrt{1{,}4 \cdot 10^{-3} \cdot 0{,}01} = 3{,}74 \cdot 10^{-3}$$

$$c(H_3O^+) = 3{,}74 \cdot 10^{-3}\ \text{mol/L}$$

$$\rightarrow pH = -\lg(3{,}74 \cdot 10^{-3}) = 2{,}43$$

## Lösung 277

a) Für die Berechnung des pH-Werts der Lösung wird die $H^+$-Ionen-Konzentration benötigt. Die Konzentration der Ascorbinsäure in Lösung ergibt sich aus der Masse der Tablette multipliziert mit dem Wert für den Massenanteil der Ascorbinsäure und der molaren Masse. Da es sich um eine schwache Säure handelt, gilt:

$$c(H^+) = \sqrt{[Vit\,C]_A \cdot K_S}$$

$$c(Vit\,C) = \frac{m(Vit\,C)}{M(Vit\,C) \cdot V} = \frac{0,25 \cdot 3,50\ g}{176,1\ g/mol \cdot 0,10\ L} = 0,050\ mol/L$$

$$\rightarrow [H^+] = \sqrt{0,050 \cdot 6,31 \cdot 10^{-5}} = 1,78 \cdot 10^{-3}$$

$$\rightarrow pH = -lg\,(1,78 \cdot 10^{-3}) = 2,75$$

b) Wir ermitteln zunächst aus dem Titrationsergebnis die in der eingewogenen Probe vorhandene Stoffmenge an schwacher Säure:

$$n(NaOH) = 0,20\ mol/L \cdot 0,015\ L = 3,0\ mmol = n(Ascorbinsäure)$$

$$\rightarrow m(Ascorbinsäure) = n(Ascorbinsäure) \cdot M(Ascorbinsäure)$$

$$= 3,0\ mmol \cdot 176,1\ g/mol = 528\ mg$$

Vorausgesetzt sei, dass die Probe keine andere titrierbare Säure enthielt.

Offensichtlich bestand die Probe bei Weitem nicht aus reiner Ascorbinsäure, da die gefundene Stoffmenge an Säure nur 3,0 mmol gegenüber den zu erwartenden 5,00 mmol ergab. Der Massenanteil an Ascorbinsäure in der Probe betrug also $\omega = 528 / 880,6 = 0,60$.

c) Am Äquivalenzpunkt liegen 3,0 mmol des Anions der Ascorbinsäure (Ascorbat) in einem Gesamtvolumen $V = V_{Lösung} + V_{Titrator} = 65$ mL vor. Dabei handelt es sich um eine schwache Base, die zu einem geringen Anteil gemäß folgender Gleichung reagiert:

$$C_6H_7O_6^- + H_2O \rightleftharpoons C_6H_8O_6 + OH^-$$

$$\rightarrow c(Ascorbat) = \frac{n(Ascorbat)}{V} = 3,0\ mmol / 65\ mL = 46\ mmol/L$$

Aus $K_S$ (Ascorbinsäure) $= 6,31 \cdot 10^{-5}$ ergibt sich: $pK_S = 4,2 \rightarrow pK_B$ (Ascorbat) $= 9,8$

Unter Verwendung der Näherungsformel ergibt sich dann für den pH-Wert am Äquivalenzpunkt:

$$[OH^-] = \sqrt{[Ascorbat]_{ÄP} \cdot K_B} = \sqrt{46 \cdot 10^{-3} \cdot 10^{-9,8}} = 2,71 \cdot 10^{-6}$$

$$\rightarrow [H^+] = \frac{K_W}{[OH^-]} = \frac{10^{-14}}{2,71 \cdot 10^{-6}} = 3,70 \cdot 10^{-9}$$

$$\rightarrow pH = -lg\,(3,70 \cdot 10^{-9}) = 8,43$$

# Lösung 278

a) Am 1. Äquivalenzpunkt ist das Dianion vollständig zum Monoanion protoniert; am 2. Halbäquivalenzpunkt liegen dann gleiche Stoffmengen des Monoanions und der Dicarbonsäure vor:

$$2 \ ^-OOC - COO^- + 3 \ HCl \longrightarrow \ ^-OOC - COOH + HOOC - COOH + 3 \ Cl^-$$

Die Anfangsstoffmenge des Dianions betrug 1,5 mmol; entsprechend liegen am 2. HÄP 0,75 mmol des Monoanions und 0,75 mmol der Dicarbonsäure vor. Hierfür wurden 1,5·1,5 mmol = 2,25 mmol HCl verbraucht; es liegen also 2,25 mmol $Cl^-$-Ionen in der Lösung vor.

Am 2. ÄP ist das Dianion vollständig zur Dicarbonsäure protoniert worden. Für die Berechnung des pH-Werts wird also die Konzentration der Dicarbonsäure am 2. ÄP sowie die Säurekonstante ($pK_{S1}$) benötigt. Bis zum 2. ÄP werden 2·1,5 mmol = 3,0 mmol HCl-Lösung benötigt. Dies entspricht bei einer Konzentration von 0,1 mol/L einem Titratorvolumen von 30 mL. Damit beträgt das Gesamtvolumen am 2. ÄP 70 mL + 30 mL = 100 mL. Die Stoffmenge der Dicarbonsäure ist gleich der Anfangsstoffmenge, also 1,5 mmol, die Konzentration somit

$$c(HOOC - COOH) = \frac{n(HOOC - COOH)}{V_{Lg.}} = \frac{1,5 \ mmol}{0,10 \ L} = 1,5 \cdot 10^{-2} \ mol/L$$

Damit errechnet sich die $H_3O^+$-Konzentration unter Benutzung der üblichen Näherungen zu

$$[H_3O^+] = \sqrt{K_S \cdot [HA]_A} = \sqrt{10^{-3} \cdot 1,5 \cdot 10^{-2}} = 3,9 \cdot 10^{-3}$$

$$pH = -lg \ [H_3O^+] = -lg \ 3,9 \cdot 10^{-3} = 2,4$$

b) Da der gewünschte pH-Wert relativ nahe am $pK_S$-Wert der korrespondierenden Säure des Dianions liegt, eignet sich dieses Puffersystem für den benötigten pH-Wert. Mit der Henderson-Hasselbalch-Gleichung kann das benötigte Stoffmengenverhältnis berechnet werden:

$$pH = pK_S + lg \frac{n(Dianion)}{n(Monoanion)}$$

$$5,2 = 5,5 + lg \frac{n(Dianion)}{n(Monoanion)}$$

$$10^{-0,30} = 0,50 = \frac{n(Dianion)}{n(Monoanion)}$$

Ausgehend von 0,30 mol des Dianions müssen also 0,20 mol zum Monoanion protoniert werden. Dafür werden 0,20 mol an starker einprotoniger Säure benötigt; bei einer Konzentration von 1 mol/L entspricht das 200 mL. Abschließend wird mit Wasser auf 1 L aufgefüllt.

c) Die Gesamtkonzentration der beiden Pufferkomponenten (Monoanion + Dianion) beträgt 0,30 mol/L. Eine Verdünnung um den Faktor 100 würde die Konzentration auf 3,0 mmol/L verringern; sie wäre damit immer noch vier Zehnerpotenzen größer als $10^{-7}$, so dass die Henderson-Hasselbalch-Gleichung nach wie vor gültig ist und die Eigendissoziation des Wassers noch keine Rolle spielt. Der pH-Wert wird höchstens geringfügig vom Sollwert 5,2 abweichen. Allerdings wäre die Pufferkapazität des verdünnten Puffers stark verringert.

## Lösung 279

a) Die Stoffmenge an OH$^-$-Ionen beträgt 2,0 mol/L $\cdot$ 0,60 L = 1,20 mol. Dadurch wird die Phosphorsäure zunächst vollständig zu H$_2$PO$_4{}^-$ deprotoniert, die verbleibenden 0,20 mol der Base deprotonieren 0,20 mol der H$_2$PO$_4{}^-$-Ionen zu HPO$_4{}^{2-}$. Es liegen also vor: 0,80 mol H$_2$PO$_4{}^-$ und 0,20 mol HPO$_4{}^{2-}$. Damit ergibt sich für den pH-Wert (näherungsweise)

$$\text{pH} = pK_{S2} + \lg \frac{n(\text{HPO}_4{}^{2-})}{n(\text{H}_2\text{PO}_4{}^-)} = 7,2 + \lg \frac{0,20}{0,80} = 6,60$$

Nach der Bildung von 0,050 mol an H$^+$-Ionen ist die Stoffmenge an HPO$_4{}^{2-}$ entsprechend verringert und die an H$_2$PO$_4{}^-$ erhöht. Für den pH-Wert ergibt sich jetzt:

$$\text{pH} = pK_{S2} + \lg \frac{n(\text{HPO}_4{}^{2-})}{n(\text{H}_2\text{PO}_4{}^-)} = 7,2 + \lg \frac{0,20 - 0,050}{0,80 + 0,050} = 6,45$$

Da im gegebenen Puffer die Stoffmenge der korrespondierenden Säure H$_2$PO$_4{}^-$ größer ist, als der korrespondierenden Base HPO$_4{}^{2-}$, kann der Puffer besser OH$^-$- als H$^+$-Ionen abpuffern. Der pH-Anstieg infolge einer Bildung von 50 mmol OH$^-$ wäre daher etwas geringer als die Erniedrigung durch 50 mmol H$^+$-Ionen.

## Lösung 280

a) Die entsprechenden Stoffmengen- bzw. Volumenverhältnisse lassen sich leicht mit Hilfe der Henderson-Hasselbalch-Gleichung berechnen, wenn nach dem Stoffmengenverhältnis aufgelöst wird:

$$\text{pH} = pK_S + \lg \frac{c(\text{HPO}_4{}^{2-})}{c(\text{H}_2\text{PO}_4{}^-)} = pK_S + \lg \frac{n(\text{HPO}_4{}^{2-})}{n(\text{H}_2\text{PO}_4{}^-)}$$

$$\frac{n(\text{HPO}_4{}^{2-})}{n(\text{H}_2\text{PO}_4{}^-)} = 10^{(\text{pH} - pK_S)} = 10^{(7,5 - 7,2)} = 2$$

Da insgesamt 1 L des Puffers mit einer Gesamtkonzentration an H$_2$PO$_4{}^-$ und HPO$_4{}^{2-}$ von 0,060 mol/L hergestellt werden soll, muss die Summe beider Stoffmengen 0,060 mol betragen.

$$2\,n(\text{H}_2\text{PO}_4{}^-) + n(\text{H}_2\text{PO}_4{}^-) = 0,060\,\text{mol}$$

$$n(\text{H}_2\text{PO}_4{}^-) = 0,020\,\text{mol} \quad \rightarrow \quad V(\text{H}_2\text{PO}_4{}^-) = \frac{n(\text{H}_2\text{PO}_4{}^-)}{c(\text{H}_2\text{PO}_4{}^-)} = \frac{0,020\,\text{mol}}{0,10\,\text{mol/L}} = 0,20\,\text{L}$$

$$n(\text{HPO}_4{}^{2-}) = 0,040\,\text{mol} \quad \rightarrow \quad V(\text{HPO}_4{}^{2-}) = \frac{n(\text{HPO}_4{}^{2-})}{c(\text{HPO}_4{}^{2-})} = \frac{0,040\,\text{mol}}{0,10\,\text{mol/L}} = 0,40\,\text{L}$$

Es sind demnach 0,20 L der H$_2$PO$_4{}^-$-Lösung und 0,40 L der HPO$_4{}^{2-}$-Lösung zu vereinigen und mit destilliertem Wasser auf 1,0 L Gesamtvolumen aufzufüllen.

b) HCl ist eine starke Säure; eine Zugabe von 30 mL einer HCl-Lösung der Konzentration $c =$ 1,0 mol/L entspricht daher einer Zugabe von 0,030 mol $H^+$-Ionen. Diese reagieren mit den im Puffer vorhandenen $HPO_4^{2-}$-Ionen vollständig gemäß

$$HPO_4^{2-}(aq) + H^+(aq) \longrightarrow H_2PO_4^-(aq)$$

Der neue pH-Wert ergibt sich dann zu

$$pH = pK_S + \lg \frac{c(HPO_4^{2-})}{c(H_2PO_4^-)} = pK_S + \lg \frac{n(HPO_4^{2-})}{n(H_2PO_4^-)}$$

$$pH = 7,2 + \lg \frac{(0,040 - 0,030)\,mol}{(0,020 + 0,030)\,mol} = 7,2 + \lg \frac{0,10}{0,50} = 7,2 - 0,7 = 6,5$$

c) Aus $pK_S(H_2PO_4^-) = 7,2$ folgt: $pK_B(HPO_4^{2-}) = 6,8$

$$[OH^-] = \sqrt{[HPO_4^{2-}] \cdot K_B} = \sqrt{1,0 \cdot 10^{-1} \cdot 10^{-6,8}} = 1,26 \cdot 10^{-4}$$

$$\rightarrow \quad [H^+] = 7,94 \cdot 10^{-11}; \quad c(H^+) = 7,94 \cdot 10^{-11}\,mol/L$$

$$\rightarrow \quad pH = -\lg[H^+] = 10,1$$

Der pH-Wert der Hydrogenphosphat-Lösung beträgt ca. 10,1.


## Lösung 281

Mit Hilfe der Henderson-Hasselbalch-Gleichung und der gegebenen Gesamtkonzentration der Pufferkomponenten ($c(Tris) + c(Tris\text{-}HCl) = 200$ mmol/L) kann die vorliegende Zusammensetzung des Puffers ermittelt werden.

$$pH = pK_S + \lg \frac{c(Tris)}{c(Tris\text{-}HCl)} \quad \rightarrow$$

$$\frac{c(Tris)}{c(Tris\text{-}HCl)} = 10^{(pH - pK_s)} = 10^{-0,6} = 0,25$$

$$0,25 \cdot c(Tris\text{-}HCl) + c(Tris\text{-}HCl) = 200\,mmol/L$$

$$\rightarrow \quad 1,25 \cdot c(Tris\text{-}HCl) = 200\,mmol/L;$$

$$\rightarrow \quad c(Tris\text{-}HCl) = 160\,mmol/L; \quad c(Tris) = 40\,mmol/L$$

Die Konzentration der gebildeten Protonen im Blut beträgt $c(H_3O^+) / V = 4,0$ mmol / 0,50 L $= 8,0$ mmol/L. Dadurch ändert sich die Zusammensetzung des Puffersystems zu

$$c(Tris) = (40 - 8)\,mmol/L; \quad c(Tris\text{-}HCl) = (160 + 8)\,mmol/L$$

$$\rightarrow \quad pH = 8,2 + \lg \frac{32\,mmol/L}{168\,mmol/L} = 7,48$$

Die pH-Wert-Senkung wäre also vergleichsweise gering; das System bietet gute Puffereigenschaften im physiologischen pH-Bereich.

## Lösung 282

a) Der pH-Wert einer Mischung aus gleichen Stoffmengen an Ammoniak und Ammonium-Ionen hätte einen pH-Wert von 9,25 = $pK_S$ (Ammonium-Ionen). Die Menge an HCl, die zugegeben werden muss, um einen pH von 8,65 zu erreichen, lässt sich mit der Henderson-Hasselbalch-Gleichung berechnen:

$$pH = pK_S + \lg \frac{n(NH_3)}{n(NH_4^+)}$$

nach HCl-Zugabe:

$$8,65 = 9,25 + \lg \frac{20 \text{ mmol} - x}{x}$$

$$10^{-0,60} = \frac{20 \text{ mmol} - x}{x}$$

$$0,25\, x = 20 \text{ mmol} - x$$

$$1,25\, x = 20 \text{ mmol}$$

$$x = 16 \text{ mmol}$$

Es müssen 16 mmol HCl-Lösung, entsprechend einem Volumen von 32 mL zugegeben werden.

b) 50 mL der HCl-Lösung entsprechen 25 mmol. Damit würde das Ammoniak (20 mmol) vollständig neutralisiert; es lägen 20 mmol Ammonium-Ionen vor + 5 mmol HCl, die nicht mehr neutralisiert werden konnten. Bei einem (angenommenen) unveränderten Endvolumen von 1 L entspricht das einer Konzentration von $0,5 \cdot 10^{-2}$ mol/L HCl $\rightarrow$ pH = 2,3. Die Pufferkapazität würde bei Weitem überschritten.

## Lösung 283

Mit Hilfe der Henderson-Hasselbalch-Gleichung und der gegebenen Gesamtkonzentration der Pufferkomponenten ($c\,(H_2PO_4^-) + c\,(HPO_4^{2-}) = 100$ mmol/L) kann die vorliegende Zusammensetzung des Puffers ermittelt werden.

$$pH = pK_S + \lg \frac{c(HPO_4^{2-})}{c(H_2PO_4^-)} \quad \rightarrow$$

$$\frac{c(HPO_4^{2-})}{c(H_2PO_4^-)} = 10^{(pH - pK_S)} = 10^{0,6} = 4,0$$

$$4 \cdot c(H_2PO_4^-) + c(H_2PO_4^-) = 100 \text{ mmol/L}$$

$$\rightarrow \quad c(H_2PO_4^-) = 20 \text{ mmol/L}; \quad c(HPO_4^{2-}) = 80 \text{ mmol/L}$$

Die Konzentration der gebildeten Protonen im Blut beträgt

$$c(H_3O^+) = \frac{n(H_3O^+)}{V} = \frac{50 \text{ mmol}}{5 \text{ L}} = 10 \text{ mmol/L}$$

Dadurch ändert sich die Zusammensetzung des Puffersystems zu

$$c(H_2PO_4^-) = (20 + 10) \text{ mmol/L}; \qquad c(HPO_4^{2-}) = (80 - 10) \text{ mmol/L}$$

$$\rightarrow \quad pH = 6{,}8 + \lg \frac{70 \text{ mmol/L}}{30 \text{ mmol/L}} = 7{,}2$$

Die pH-Wert-Senkung wäre also vergleichsweise gering; das System bietet gute Puffer-eigenschaften im physiologischen pH-Bereich.

b) Dennoch könnte der pH-Wert des Blutes mit diesem Puffersystem längerfristig nicht kon-stant gehalten werden, da es durch die laufende Protonenzufuhr aufgrund der beschränkten Pufferkapazität rasch erschöpfen würde. Dies kann nur durch ein sogenanntes offenes Puffer-system vermieden werden, bei dem es zu einer ständigen Regeneration der Pufferkapazität kommen kann. Ein solches System ist der Kohlensäure-Hydrogencarbonat-Puffer, der den Hauptbeitrag zur Pufferkapazität des Blutes leistet.

$$CO_2 + H_2O \; \rightleftharpoons \; H_2CO_3 \; \rightleftharpoons \; HCO_3^- + H^+$$

Beim normalen pH-Wert des Blutes beträgt das Verhältnis von $[CO_2]$ zu $[HCO_3^-]$ etwa 1:20 ($pK_S$ ($H_2CO_3$) = 6,1 für $T$ = 37 °C). Durch Abpufferung der im Stoffwechsel gebildeten $H_3O^+$-Ionen erhöht sich der Partialdruck $p$ ($CO_2$) im Blut; überschüssiges $CO_2$ kann jedoch über die Atmung abgegeben werden. Da im Stoffwechsel kontinuierlich $CO_2$ gebildet wird, bleibt die Gesamtpufferkapazität erhalten. Die Niere sorgt dabei durch eine verstärkte Ausscheidung von $H_3O^+$ (in Form von $NH_4^+$ infolge verstärkter Produktion von $NH_3$) dafür, dass die Pufferbase des obigen Gleichgewichts ($HCO_3^-$) wieder nachgeliefert wird. Im Gegensatz zu dem Phos-phat-Puffer stellt der Kohlensäure-Puffer ein offenes Fließgleichgewicht dar.

## Lösung 284

Mit Hilfe der Henderson-Hasselbalch-Gleichung kann leicht berechnet werden, welcher Anteil (und damit welche Stoffmenge) an Pyrimethamin in der neutralen (unprotonierten) Form vor-liegt:

$$pH = pK_S + \lg \frac{[A]}{[HA^+]}$$

Aus dem $pK_B$-Wert des Pyrimethamins ergibt sich der $pK_S$-Wert der korrespondierenden Säu-re: $pK_S = 14 - pK_B = 7{,}0$. Für den pH-Wert des Blutes (7,4) folgt daraus:

$$0,4 = \lg \frac{[A]}{[HA^+]} \quad \rightarrow \quad \frac{[A]}{[HA^+]} = 2,51$$

$$n(A) + n(HA^+) = 10 \,\mu\text{mol}$$

$$3,51 \, n(HA^+) = 10 \,\mu\text{mol}$$

$$\rightarrow \quad n(HA^+) = 2,85 \,\mu\text{mol}; \quad n(A) = 7,15 \,\mu\text{mol}$$

Es liegen also 7,15 µmol des Pyrimethamins in der unprotonierten Form im Blut vor; der Rest (2,85 µmol) ist protoniert.

b) Im Urin (pH = 6,0) ergibt sich analog:

$$-1,0 = \lg \frac{[A]}{[HA^+]} \quad \rightarrow \quad \frac{[A]}{[HA^+]} = \frac{1}{10}$$

$$n(A) + n(HA^+) = 5 \,\mu\text{mol}$$

$$1,1 \, n(HA^+) = 5,0 \,\mu\text{mol}$$

$$\rightarrow \quad n(HA^+) = 4,55 \,\mu\text{mol}; \quad n(A) = 0,45 \,\mu\text{mol}$$

Jetzt liegt erwartungsgemäß der Großteil der Substanz in der wasserlöslichen protonierten Form vor und kann ausgeschieden werden.

c) Die Ausscheidung einer schwach sauren Verbindung wird erleichtert, wenn der pH-Wert erhöht und somit ein größerer Anteil der entsprechenden Verbindung in die anionische, gut wasserlösliche Form überführt wird. Es sollte also versucht werden, durch Gabe einer schwach basischen Verbindung, wie z. B. Hydrogencarbonat ($HCO_3^-$), den pH-Wert des Urins zu erhöhen.

# Kapitel 19

# Lösungen – Redoxprozesse und Elektrochemie

## Lösung 285

$$\overset{+3}{Fe}Br_4^- \qquad H\overset{+5}{Cl}O_3 \qquad H_3\overset{+3}{P}O_3 \qquad \overset{+3}{Al_2}(OH)_2Cl_4 \qquad Ca\overset{-1}{H_2} \qquad [\overset{+1}{Mn}(\overset{-3}{CN})_6]^{5-}$$

$$\overset{-3}{N}H_4\overset{+5}{N}O_3 \qquad \overset{O}{\underset{H\diagup \overset{|}{C}^0\diagdown H}{}} \qquad \overset{+4}{Cl}O_2$$

$$H-\overset{-1}{C}\equiv\overset{-1}{C}-H \qquad \overset{+6}{Mn}O_4^{2-} \qquad \overset{+1}{Na}\overset{-1/2}{O_2} \qquad H_2\overset{-1}{N}-OH$$

## Lösung 286

Gemäß den Regeln zur Bestimmung von Oxidationszahlen (vgl. Werkzeugkasten) ergeben sich die nachfolgenden Werte:

a) $\quad \overset{-2}{S^{2-}} \ / \ H_2\overset{+6}{S}O_4 \ / \ H\overset{+4}{S}O_3^- \ / \ \overset{+4}{S}OCl_2 \ / \ KH\overset{-2}{S}$

b) $\quad \overset{+2}{C}HBr_3 \ / \ H_2\overset{0}{C}(OH)_2 \ / \ Cl_2\overset{+4}{C}O \ / \ H\overset{+2}{C}N \ / \ \overset{0}{C} \text{ (Diamant)}$

c) $\quad \overset{-1}{I}Cl_5 \ / \ \overset{+3}{Cl}O_2^- \ / \ H\overset{+7}{Cl}O_4 \ / \ \overset{0}{Cl_2} \ / \ Ca\overset{-1}{Cl_2}$

d) $\quad \overset{-3}{N}H_4^+ \ / \ \overset{+2}{N_2}O_4 \ / \ H\overset{+5}{N}O_3 \ / \ Mg_3\overset{-3}{N_2} \ / \ \overset{+3}{N}F_3$

e) $\quad Na\overset{+1}{O}I \ / \ H\overset{+5}{I}O_3 \ / \ \overset{+7}{I}O_4^- \ / \ \overset{+3}{I}F_3 \ / \ H\overset{-1}{C}l_3$

© Springer Fachmedien Wiesbaden GmbH, ein Teil von Springer Nature 2020
R. Hutterer, *Fit in Anorganik*, Studienbücher Chemie,
https://doi.org/10.1007/978-3-658-30486-7_19

## Lösung 287

Die mittlere Oxidationszahl der C-Atome in der Glucose beträgt 0. Elementarer Schwefel nimmt zwei Elektronen auf und hat in $H_2S$ die Oxidationszahl $-2$.

$$\text{Ox:} \quad \overset{0}{C_6H_{12}O_6} + 6\ H_2O \longrightarrow 6\ \overset{+4}{CO_2} + 24\ e^{\ominus} + 24\ H^{\oplus}$$

$$\text{Red:} \quad \overset{0}{S} + 2\ e^{\ominus} + 2\ H^{\oplus} \longrightarrow \overset{-2}{H_2S} \quad \Big| \quad \cdot 12$$

$$\text{Redox:} \quad C_6H_{12}O_6 + 12\ S + 6\ H_2O \longrightarrow 6\ CO_2 + 12\ H_2S$$

## Lösung 288

a) Die zwei wichtigsten Grenzstrukturen für das $N_2O$-Molekül sind die beiden folgenden:

$$\overset{\ominus}{:}N=\overset{\oplus}{N}=\overset{..}{O}: \quad \longleftrightarrow \quad :N\equiv\overset{\oplus}{N}-\overset{..}{\underset{..}{O}}:^{\ominus}$$

Gegenüber anderen möglichen mesomeren Grenzstrukturen weisen sie den Vorteil auf, dass darin alle drei Atome ein Elektronenoktett besitzen, was in den unten gezeigten Strukturen nicht der Fall ist. Hier weist das terminale N-Atom jeweils nur ein Elektronensextett auf, was für ein elektronegatives Element wie Stickstoff ungünstig ist. Außerdem sind Strukturen mit möglichst hoher Anzahl kovalenter Bindungen bevorzugt (vgl. oben: insgesamt vier Bindungen vs. unten: nur drei Bindungen).

$$:\overset{..}{N}-\overset{..}{N}=\overset{..}{O}: \quad \longleftrightarrow \quad :N=\overset{..}{N}-\overset{..}{\underset{..}{O}}:^{\ominus}$$

Elektronensextett

b) Die Oxidationszahl des Stickstoffs im Lachgas beträgt $+1$; es müssen zwei Nitrat- bzw. Nitrit-Ionen entstehen. Damit lauten die Oxidationsteilgleichungen:

$$\text{Ox:} \quad \overset{+1}{N_2O} + 5\ H_2O \longrightarrow 2\ \overset{+5}{NO_3^-} + 8\ e^{\ominus} + 10\ H^{\oplus}$$

$$\text{Ox:} \quad \overset{+1}{N_2O} + 3\ H_2O \longrightarrow 2\ \overset{+3}{NO_2^-} + 4\ e^{\ominus} + 6\ H^{\oplus}$$

c) Im Nitrat besitzt der Stickstoff die Oxidationszahl $+5$, im Distickstoffoxid $+1$. Beachten Sie, dass zwei Nitrat-Ionen benötigt werden.

$$\text{Red:} \quad \overset{+5}{NO_3^-} + 8\ e^{\ominus} + 10\ H^{\oplus} \longrightarrow \overset{+1}{N_2O} + 5\ H_2O$$

$$\text{Ox:} \quad \overset{+3}{H_2C_2O_4} + 2\ H_2O \longrightarrow 2\ \overset{+4}{HCO_3^-} + 2\ e^{\ominus} + 4\ H^{\oplus} \quad \Big| \quad \cdot 4$$

$$\text{Redox:} \quad 2\ NO_3^- + 4\ H_2C_2O_4 + 3\ H_2O \longrightarrow N_2O + 8\ HCO_3^- + 6\ H^{\oplus}$$

## Lösung 289

Die Oxidationszahl des Kohlenstoffs erhöht sich von +2 im Cyanid auf +4 im Thiocyanat. Bei den Strukturformeln ist darauf zu achten, dass alle Atome ein Oktett erlangen.

In der Reduktionsteilgleichung sind die Reduktion von Sauerstoff zu Wasser (wobei insgesamt vier Elektronen aufgenommen werden) und die Oxidation von NADPH/H$^+$ zu NADP$^+$ (unter Abgabe von zwei Elektronen) miteinander kombiniert. Insgesamt führt diese Reaktion zur Aufnahme der beiden Elektronen, die in der Oxidationsteilgleichung freigesetzt werden.

Ox:  $^{\ominus}\!:\!\overset{+2}{C}\!\equiv\!N\!:\ +\ H\!-\!\ddot{\underset{..}{S}}\!:^{\ominus}\ \longrightarrow\ :\!\ddot{S}\!=\!\overset{+4}{C}\!=\!\ddot{\underset{..}{N}}\!:^{\ominus}\ +\ 2\ e^{\ominus}\ +\ H^{\oplus}$

Red:  $O_2\ +\ NADPH/H^{\oplus}\ +\ 2\ e^{\ominus}\ +\ 2\ H^{\oplus}\ \longrightarrow\ 2\ H_2O\ +\ NADP^+$

Redox:  $:\!C\!\equiv\!N\!:\ +\ H\!-\!\ddot{\underset{..}{S}}\!:^{\ominus}\ +\ O_2\ +\ NADPH/H^{\oplus}\ +\ H^{\oplus}\ \longrightarrow\ :\!\ddot{S}\!=\!C\!=\!\ddot{N}\!:^{\ominus}\ +\ 2\ H_2O\ +\ NADP^+$

## Lösung 290

Im Iodat besitzt das Iod die Oxidationszahl +5; es werden also 6 Elektronen aufgenommen. Im Thiosulfat wird je eines der S-Atome von −1 auf 0 oxidiert.

Red:  $\overset{+5}{IO_3^-}\ +\ 6\ e^{\ominus}\ +\ 6\ H^{\oplus}\ \longrightarrow\ \overset{-1}{I^-}\ +\ 3\ H_2O$

Ox:  $2\ \overset{+2}{S_2O_3^{2-}}\ \longrightarrow\ \overset{+2{,}5}{S_4O_6^{2-}}\ +\ 2\ e^{\ominus}$   $\Big|\ \cdot\,3$

Redox:  $IO_3^-\ +\ 6\ S_2O_3^{2-}\ +\ 6\ H^{\oplus}\ \longrightarrow\ I^-\ +\ 3\ S_4O_6^{2-}\ +\ 3\ H_2O$

## Lösung 291

Im Sulfat liegt der Schwefel in seiner höchsten Oxidationszahl +6 vor; im Sulfid in seiner niedrigsten (−2). Es müssen also acht Elektronen aufgenommen werden. Im Formaldehyd hat der Kohlenstoff die Oxidationszahl 0 und gibt vier Elektronen ab.

Ox:  $\overset{0}{CH_2O}\ +\ H_2O\ \longrightarrow\ \overset{+4}{CO_2}\ +\ 4\ e^{\ominus}\ +\ 4\ H^{\oplus}$   $\Big|\ \cdot\,2$

Red:  $\overset{+6}{SO_4^{2-}}\ +\ 8\ e^{\ominus}\ +\ 10\ H^{\oplus}\ \longrightarrow\ \overset{-2}{H_2S}\ +\ 4\ H_2O$

Redox:  $SO_4^{2-}\ +\ 2\ CH_2O\ +\ 2\ H^{\oplus}\ \longrightarrow\ H_2S\ +\ 2\ CO_2\ +\ 2\ H_2O$

## Lösung 292

Es erscheint erstaunlich, dass Wasser in der Lage ist, das Halbedelmetall Kupfer zu oxidieren. Tatsächlich ist diese Reaktion nur in Anwesenheit der Cyanid-Ionen möglich, die einen sehr stabilen Komplex mit den $Cu^+$-Ionen bilden. Daher wird die Konzentration an $Cu^+$ in Lösung extrem niedrig gehalten, wodurch das Redoxpotenzial für das Paar $Cu/Cu^+$ stark unter den Wert für das Standardreduktionspotenzial ($E°$ ($Cu^+/Cu$) > 0!) fällt.

$$\text{Red:} \quad \overset{+1}{2\ H_2O} + 2\ e^{\ominus} \longrightarrow \overset{0}{H_2} + 2\ OH^{\ominus}$$

$$\text{Ox:} \quad \overset{0}{Cu} + 2\ CN^- \longrightarrow \overset{+1}{[Cu(CN)_2]^-} + e^{\ominus} \quad \Big| \quad \cdot 2$$

$$\text{Redox:} \quad 2\ H_2O + 2\ Cu + 4\ CN^- \longrightarrow 2\ [Cu(CN)_2]^- + H_2 + 2\ OH^{\ominus}$$

## Lösung 293

Im Braunstein ($MnO_2$) liegt Mangan in der Oxidationszahl +4 vor. Im Thiosulfat besitzt der Schwefel die mittlere Oxidationszahl +2; im Schnitt werden daher pro S-Atom beim Übergang zum Sulfat vier Elektronen abgegeben. Betrachtet man die Strukturformel des Thiosulfats, so erkennt man, dass die Oxidationszahl des zentralen S-Atoms infolge der Bindung eines zusätzlichen O- anstelle des S-Atoms nur um eine Einheit erhöht wird, die des daran gebundenen S-Atoms dagegen von −1 auf +6.

$$\text{Red:} \quad \overset{+4}{MnO_2} + 2\ e^{\ominus} + 4\ H^{\oplus} \longrightarrow \overset{+2}{Mn^{2+}} + 2\ H_2O \quad \Big| \quad \cdot 4$$

$$\text{Ox:} \quad \overset{+2}{S_2O_3^{2-}} + 5\ H_2O \longrightarrow 2\ \overset{+6}{SO_4^{2-}} + 8\ e^{\ominus} + 10\ H^{\oplus}$$

$$\text{Redox:} \quad 4\ MnO_2 + S_2O_3^{2-} + 6\ H^{\oplus} \longrightarrow 4\ Mn^{2+} + 2\ SO_4^{2-} + 3\ H_2O$$

## Lösung 294

Im Carbonat liegt der Kohlenstoff mit seiner höchsten Oxidationszahl +4 vor; er wird bei der Reduktion zu Methan in seine niedrigste (−4) überführt.

$$\text{Red:} \quad \overset{+4}{CaCO_3} + 8\ e^{\ominus} + 10\ H^{\oplus} \longrightarrow Ca^{2+} + \overset{-4}{C}H_4 + 3\ H_2O$$

$$\text{Ox:} \quad \overset{+2}{2\ FeO} + H_2O \longrightarrow \overset{+3}{Fe_2O_3} + 2\ e^{\ominus} + 2\ H^{\oplus} \quad \Big| \quad \cdot 4$$

$$\text{Redox:} \quad CaCO_3 + 8\ FeO + 2\ H^{\oplus} + H_2O \longrightarrow Ca^{2+} + CH_4 + 4\ Fe_2O_3$$

## Lösung 295

Im Hypochlorit hat Chlor die Oxidationszahl +1 und nimmt daher beim Übergang in elementares Chlor ein Elektron auf. Die Reaktion stellt letztlich eine Komproportionierung dar – Chlor geht aus einer höheren (+1) und einer niedrigen (–1) in eine mittlere Oxidationszahl (0) über.

$$\text{Red:} \quad 2 \overset{+1}{Cl}O^- + 2\,e^\ominus + 4\,H^\oplus \longrightarrow \overset{0}{Cl_2} + 2\,H_2O$$

$$\text{Ox:} \quad 2 \overset{-1}{Cl^-} \longrightarrow \overset{0}{Cl_2} + 2\,e^\ominus$$

$$\text{Redox:} \quad 2\,ClO^- + 2\,Cl^- + 4\,H^\oplus \longrightarrow 2\,Cl_2 + 2\,H_2O \qquad \text{bzw.}$$

$$\text{Redox:} \quad ClO^- + Cl^- + 2\,H^\oplus \longrightarrow Cl_2 + H_2O$$

## Lösung 296

Im Nitrat liegt der Stickstoff mit seiner höchsten Oxidationszahl +5 vor; er nimmt also fünf Elektronen auf. Im Pyrit liegt das Ion $S_2^{2-}$ vor; hierin haben die beiden S-Atome die Oxidationszahl –1. Bei der Bildung von Sulfat (Oxidationszahl S: +6) werden also pro Schwefel sieben Elektronen abgegeben. Denken Sie daran, dass zwei Sulfat-Ionen gebildet werden müssen.

$$\text{Ox:} \quad \overset{-1}{Fe}S_2 + 8\,H_2O \longrightarrow Fe^{2+} + 2\,\overset{+6}{S}O_4^{2-} + 14\,e^\ominus + 16\,H^\oplus \mid \cdot 5$$

$$\text{Red:} \quad 2\,\overset{+5}{N}O_3^- + 10\,e^\ominus + 12\,H^\oplus \longrightarrow \overset{0}{N_2} + 6\,H_2O \mid \cdot 7$$

$$\text{Redox:} \quad 14\,NO_3^- + 5\,FeS_2 + 4\,H^\oplus \longrightarrow 7\,N_2 + 5\,Fe^{2+} + 10\,SO_4^{2-} + 2\,H_2O$$

## Lösung 297

Ein Sauerstoffatom des Ozons ($O_3$) wird von der Oxidationszahl 0 auf –2 reduziert. Der Stickstoff im Harnstoff hat die Oxidationszahl –3; jedes der beiden N-Atome gibt also acht Elektronen ab, wenn Nitrat gebildet wird. Damit ergibt sich:

Red:     $\overset{0}{O_3}$ + 2 $e^{\ominus}$ + 2 $H^{\oplus}$ $\longrightarrow$ $\overset{0}{O_2}$ + $\overset{-2}{H_2O}$   $\Big|$ · 8

Ox:     $\underset{H_2N}{\overset{O}{\underset{\phantom{x}}{\overset{\|}{\underset{\overset{-3}{\phantom{x}}}{C}}}}}\underset{NH_2}{\overset{-3}{\phantom{x}}}$ + 7 $H_2O$ $\longrightarrow$ $CO_2$ + 2 $\overset{+5}{NO_3^-}$ + 16 $e^{\ominus}$ + 18 $H^{\oplus}$

Redox:   8 $O_3$ + $\underset{H_2N}{\overset{O}{\underset{\phantom{x}}{\overset{\|}{\underset{\phantom{x}}{C}}}}}\underset{NH_2}{\phantom{x}}$ $\longrightarrow$ 8 $O_2$ + 2 $NO_3^-$ + $CO_2$ + 2 $H^{\oplus}$ + $H_2O$

# Lösung 298

a) Für die Oxidation von Fe zu $Fe(OH)_2$ mit Sauerstoff lässt sich die folgende Redoxgleichung aus den Teilgleichungen aufstellen; da sich als Produkt das schwer lösliche Eisen(II)-hydroxid bildet, erfolgt der Ladungsausgleich der Teilgleichungen sinnvollerweise mit $OH^-$-Ionen.

Ox:     $\overset{0}{Fe}$ $\longrightarrow$ $\overset{+2}{Fe^{2+}}$ + 2 $e^{\ominus}$   $\Big|$ · · 2

Red:    $\overset{0}{O_2}$ + 4 $e^{\ominus}$ + 2 $H_2O$ $\longrightarrow$ $\overset{-2}{4\,OH^{\ominus}}$

Redox:  2 Fe + $O_2$ + 2 $H_2O$ $\longrightarrow$ 2 $Fe(OH)_2$

Im zweiten Schritt wird das Eisen(II)-hydroxid weiter zum $Fe_2O_3 \cdot H_2O$ umgesetzt. Auch hier erfolgt der Ladungsausgleich mit $OH^-$.

Ox:     2 $\overset{+2}{Fe(OH)_2}$ + 2 $OH^{\ominus}$ $\longrightarrow$ $\overset{+3}{Fe_2O_3} \cdot H_2O$ + 2 $e^{\ominus}$ + 2 $H_2O$   $\Big|$ · 2

Red:    $\overset{0}{O_2}$ + 4 $e^{\ominus}$ + 2 $H_2O$ $\longrightarrow$ $\overset{-2}{4\,OH^{\ominus}}$

Redox:  4 $Fe(OH)_2$ + $O_2$ $\longrightarrow$ 2 $Fe_2O_3 \cdot H_2O$ + 2 $H_2O$

b) Die Korrosionsbeständigkeit von Aluminium beruht auf der Tatsache, dass die sich an Luft bildende Oxidschicht aus $Al_2O_3$ sehr dicht ist und fest an dem Metall haftet, im Gegensatz zu den porösen Eisenhydroxiden und -oxiden, die leicht vom Metall abblättern und dadurch immer wieder neue Metalloberfläche freisetzen. Durch die fest haftende Schicht aus Aluminiumoxid bleibt das elementare Aluminium vor weiterer Korrosion geschützt.

c) Solange die Schutzschicht aus Kupfer auf dem Eisen völlig intakt ist, ist das unedlere Eisen dadurch vor Korrosion durch verdünnte wässrige Säuren geschützt. Wird diese Schutzschicht allerdings beschädigt, so gelangt Säure an das zu schützende Metall, das mit dem Überzug aus Kupfer ein sogenanntes Lokalelement bildet.

Durch diese Lokalelement-Bildung kommt es zu einer umso schnelleren Auflösung des unedleren, zu schützenden Metalls, so dass dieses rascher korrodiert, als es für Eisen ohne einen Überzug aus einem edleren Metall der Fall wäre.

# Lösung 299

a) Das Rösten von Blei(II)-sulfid, das zur Oxidation der Sulfid-Ionen führt, lässt sich durch folgende Teilgleichungen beschreiben:

$$\text{Ox:} \quad \overset{+2\ -2}{\text{PbS}} + 2\,H_2O \longrightarrow Pb^{2+} + \overset{+4}{SO_2} + 6\,e^{\ominus} + 4\,H^{\oplus} \quad \Big| \; \cdot\,2$$

$$\text{Red:} \quad \overset{0}{O_2} + 4\,e^{\ominus} \longrightarrow 2\,O^{2\ominus} \quad\qquad\qquad \Big| \; \cdot\,3$$

$$\text{Redox:}\ 2\,PbS + 3\,O_2 \longrightarrow 2\,PbO + 2\,SO_2$$

Die $H^+$-Ionen sowie die verbleibenden (nicht mit $Pb^{2+}$ zu PbO reagierenden) Oxid-Ionen vereinigen sich zu Wasser, so dass dieses in der Gesamtgleichung nicht mehr auftritt. Die Reduktion des Blei(II)-oxids mit Kohlenstoff (Koks) zu Blei und Kohlenmonoxid verläuft nach der folgenden, sehr einfachen Gleichung:

$$PbO + C \overset{\Delta}{\longrightarrow} Pb + CO$$

b) Am Pluspol wird Blei(IV)-oxid zu $Pb^{2+}$ reduziert, das mit den anwesenden Sulfat-Ionen schwer lösliches Bleisulfat ($PbSO_4$) bildet. Am Minuspol des Bleiakkus wird elementares Blei zu Bleisulfat oxidiert. Man hat also die beiden folgenden Teilreaktionen:

$$\text{Pluspol:} \quad \overset{+4}{PbO_2} + 2\,e^{\ominus} + 4\,H^{\oplus} + SO_4^{2-} \longrightarrow \overset{+2}{PbSO_4} + 2\,H_2O$$
$$\text{(Red:)}$$

$$\text{Minuspol:} \quad \overset{0}{Pb} + SO_4^{2-} \longrightarrow \overset{+2}{PbSO_4} + 2\,e^{\ominus}$$
$$\text{(Ox:)}$$

$$\text{Entladevorgang:} \quad PbO_2 + Pb + 2\,SO_4^{2-} + 4\,H^{\oplus} \longrightarrow 2\,PbSO_4 + 2\,H_2O$$
$$\text{(Redox:)}$$

# Lösung 300

a) Das Reduktionsvermögen ist umso höher, je negativer das Standardreduktionspotenzial ist. Negative Standardreduktionspotenziale kennzeichnen sog. „unedle" Metalle, die durch $H^+$-Ionen oxidiert werden und z. T. bereits mit Wasser stürmisch reagieren. Allgemein nimmt die Reduktionskraft der Metalle im PSE von links nach rechts ab; Alkalimetalle sind also besonders starke Reduktionsmittel, die ihr (einzelnes) Valenzelektron relativ bereitwillig abgeben. Die Reihe beginnt also mit K gefolgt von Al und Fe (letzteres korrodiert bekanntlich in Kontakt mit Luft und Wasser („Rosten"). Das Cu hingegen hat ein positives Standardreduktionspotenzial und ist gegenüber $H^+$-Ionen stabil, Pt ist ein edles (korrosionsbeständiges) und daher wertvolles Metall. Die – gemessen an seinem stark negativen Standardreduktionspotenzial – erstaunliche Korrosionsbeständigkeit des Aluminiums beruht auf der Ausbildung einer stabilen, sehr dünnen und festhaftenden Oxidschicht auf der Oberfläche, die das Metall vor weiterer Korrosion schützt.

b) Als „edel" werden Metalle bezeichnet, die korrosionsbeständig, d. h. in natürlicher Umgebung unter Einwirkung von Wasser und Sauerstoff dauerhaft stabil sind. Aufgrund dieser Eigenschaft sind Gold und Silber seit dem Altertum zur Herstellung von Münzen, Schmuck etc. in Gebrauch. In späteren Jahrhunderten wurden zusätzlich die Platinmetalle entdeckt, die ähnlich korrosionsbeständig sind wie Gold. Als Halbedelmetalle bezeichnet man alle Metalle, die in der elektrochemischen Spannungsreihe ein positives Standardpotenzial besitzen, aber nicht so korrosionsbeständig wie klassische Edelmetalle sind. Mit nichtoxidierenden Säuren wie HCl oder verdünnter $H_2SO_4$ reagieren sie nicht unter Wasserstoffentwicklung, die Korrosion mit Sauerstoff erfolgt i. A. recht langsam.

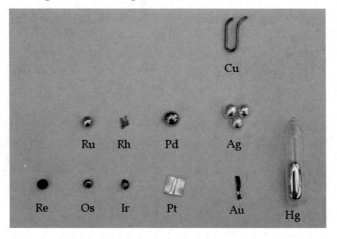

Klassische Edelmetalle und die Halbedelmetalle Kupfer und Rhenium.

Quelle: https://de.wikipedia.org/wiki/Edelmetalle

# Lösung 301

a) Für das Standardreduktionspotenzial einer galvanischen Zelle gilt:

$E°_{Zelle} = E°_{Kathode} - E°_{Anode}$ ; ist der Wert für $E°_{Zelle} > 0$, läuft die Reaktion spontan in der angegebenen Richtung ab. Folglich läuft an der Kathode die Reduktion von $MnO_4^-$ ab, während an der Anode Cr zu $Cr^{3+}$ oxidiert wird. Die erste Gleichung ist also umzukehren, ferner muss durch entsprechende Multiplikation der beiden Teilgleichungen dafür gesorgt werden, dass sich die Elektronen herauskürzen. Die Gesamtreaktion lautet also:

$$5\,\text{Cr} + 3\,\text{MnO}_4^- + 24\,\text{H}^+ \;\rightleftharpoons\; 3\,\text{Mn}^{2+} + 5\,\text{Cr}^{3+} + 12\,\text{H}_2\text{O}$$

Für das Standardreduktionspotenzial erhält man:

$$E^\circ_{\text{Zelle}} = E^\circ(\text{MnO}_4^-) - E^\circ(\text{Cr}^{3+}) = 1{,}51\,\text{V} - (-0{,}74\,\text{V}) = 2{,}25\,\text{V}$$

b) Hier erfolgt an der Kathode die Reduktion von $Ag_2O$ zu Ag und an der Anode die Oxidation von Fe zu $Fe(OH)_2$. Die zweite Gleichung (für die Anodenreaktion) muss also umgekehrt werden und zur Reduktionsteilgleichung addiert werden. Dies ergibt:

$$\text{Fe} + \text{Ag}_2\text{O} + \text{H}_2\text{O} \;\rightleftharpoons\; 2\,\text{Ag} + \text{Fe(OH)}_2$$

Für das Standardreduktionspotenzial erhält man:

$$E^\circ_{\text{Zelle}} = E^\circ(\text{Ag}_2\text{O}) - E^\circ(\text{Fe(OH)}_2) = 0{,}81\,\text{V} - (-0{,}88\,\text{V}) = 1{,}69\,\text{V}$$

## Lösung 302

a) Das Chromat-Ion wird bei sinkendem pH-Wert zum Hydrogenchromat ($HCrO_4^-$) protoniert; zwei Hydrogenchromat-Ionen können anschließend unter Abspaltung von einem Molekül Wasser miteinander kondensieren:

$$2\,\text{CrO}_4^{2-}\,(aq) + 2\,\text{H}^+\,(aq) \;\rightleftharpoons\; \text{Cr}_2\text{O}_7^{2-}\,(aq) + \text{H}_2\text{O}\,(l)$$

Das Dichromat-Ion besitzt nebenstehende, dem Disulfat $S_2O_7^{2-}$ analoge Struktur:

b) Pro Chromatom werden drei Elektronen aufgenommen; insgesamt bei der Reduktion von Dichromat zu Chrom(III) also sechs Elektronen. Die Oxidation von Ethanol zu Ethansäure (Essigsäure) setzt pro Molekül vier Elektronen frei. Damit ergibt sich als Redoxgleichung:

Red: $\overset{+6}{\text{Cr}_2}\text{O}_7^{2-} + 6\,\text{e}^\ominus + 14\,\text{H}^\oplus \longrightarrow 2\,\overset{+3}{\text{Cr}}{}^{3+} + 7\,\text{H}_2\text{O} \qquad \Big|\; \cdot 2$

Ox: $\text{CH}_3\overset{-1}{\text{C}}\text{H}_2\text{OH} + \text{H}_2\text{O} \longrightarrow \text{CH}_3\overset{+3}{\text{C}}\text{OOH} + 4\,\text{e}^\ominus + 4\,\text{H}^\oplus \qquad \Big|\; \cdot 3$

Redox: $2\,\text{Cr}_2\text{O}_7^{2-} + 3\,\text{CH}_3\text{CH}_2\text{OH} + 16\,\text{H}^\oplus \longrightarrow 4\,\text{Cr}^{3+} + 3\,\text{CH}_3\text{COOH} + 11\,\text{H}_2\text{O}$

c) Aus der Reduktionsteilgleichung ergibt sich (mit normierten Konzentrationen) folgender Ausdruck für die Nernst-Gleichung:

$$E = E^\circ(\text{Cr}_2\text{O}_7^{2-}\,/\,2\,\text{Cr}^{3+}) + \frac{0{,}059\,\text{V}}{6} \cdot \lg \frac{[\text{Cr}_2\text{O}_7^{2-}]\cdot[\text{H}^+]^{14}}{[\text{Cr}^{3+}]^2}$$

$$E = 1{,}33\,\text{V} + \frac{0{,}059\,\text{V}}{6} \cdot \lg \frac{(0{,}50\cdot 10^{-3})\,(10^{-3})^{14}}{(2{,}0\cdot 10^{-3})^2} = 1{,}33\,\text{V} - 0{,}39\,\text{V} = 0{,}94\,\text{V}$$

Da die Protonenkonzentration in einer hohen Potenz eingeht, ist das Potenzial dieser Reaktion stark pH-abhängig.

## Lösung 303

a) Das Alkalimetall Lithium ist ein sehr starkes Reduktionsmittel, erkennbar an seinem stark negativen Standardreduktionspotenzial. Iod ist ein mäßig starkes Oxidationsmittel. An der Anode erfolgt die Oxidation; Lithium stellt folglich die Anode dar.

$$\text{Ox:} \quad \overset{0}{\text{Li}} \longrightarrow \overset{+1}{\text{Li}^+} + e^{\ominus} \quad \Big| \cdot 2$$

$$\text{Red:} \quad \overset{0}{\text{I}_2} + 2\,e^{\ominus} \longrightarrow 2\,\overset{-1}{\text{I}^-}$$

$$\text{Redox:} \quad 2\,\text{Li} + \text{I}_2 \longrightarrow 2\,\text{Li}^+ + 2\,\text{I}^-$$

b) Für das Standardreduktionspotenzial $E°$ gilt: $E° = E°$ (Kathode) $- E°$ (Anode). Es beträgt $E° = 0{,}54\,\text{V} - (-3{,}05\,\text{V}) = +3{,}59\,\text{V}$. Da in der Redoxgleichung keine Protonen vorkommen, tauchen diese auch nicht in der Nernst-Gleichung für diesen Redoxprozess auf; das Potenzial ist daher pH-unabhängig. Für die freie Standardenthalpie gilt:

$$\Delta G° = -z \cdot F \cdot \Delta E° = -2 \cdot 96485\,\frac{\text{J}}{\text{V mol}} \cdot 3{,}59\,\text{V} = -693\,\text{kJ/mol}$$

Es handelt sich also um eine stark exergone Reaktion, entsprechend dem hohen positiven Standardreduktionspotenzial.

## Lösung 304

a) Die Oxidationszahl von Mangan wird um fünf Einheiten erhöht, diejenige von Blei um zwei erniedrigt. Es ergibt sich folgende Redoxgleichung aus den Teilgleichungen:

$$\text{Ox:} \quad \overset{+2}{\text{Mn}^{2+}} + 4\,\text{H}_2\text{O} \longrightarrow \overset{+7}{\text{MnO}_4^-} + 5\,e^{\ominus} + 8\,\text{H}^{\oplus} \quad \Big| \cdot 2$$

$$\text{Red:} \quad \overset{+4}{\text{PbO}_2} + 2\,e^{\ominus} + 4\,\text{H}^{\oplus} \longrightarrow \overset{+2}{\text{Pb}^{2+}} + 2\,\text{H}_2\text{O} \quad \Big| \cdot 5$$

$$\text{Redox:} \quad 2\,\text{Mn}^{2+} + 5\,\text{PbO}_2 + 4\,\text{H}^{\oplus} \longrightarrow 2\,\text{MnO}_4^- + 5\,\text{Pb}^{2+} + 2\,\text{H}_2\text{O}$$

b) Da die Reaktionen in stark basischer Umgebung ablaufen, sind die Teilgleichungen mit $\text{OH}^-$ auszugleichen:

$$\text{Ox:} \quad \overset{0}{\text{Zn}} + 2\,\text{OH}^{\ominus} \longrightarrow \overset{+2}{\text{Zn(OH)}_2} + 2\,e^{\ominus}$$

$$\text{Red:} \quad \overset{+4}{\text{MnO}_2} + e^{\ominus} + \text{H}_2\text{O} \longrightarrow \overset{+3}{\text{MnO(OH)}} + \text{OH}^{\ominus} \quad \Big| \cdot 2$$

$$\text{Redox:} \quad \text{Zn} + 2\,\text{MnO}_2 + 2\,\text{H}_2\text{O} \longrightarrow \text{Zn(OH)}_2 + 2\,\text{MnO(OH)}$$

# Lösung 305

a) Chlor ist ein noch etwas stärkeres Oxidationsmittel als Brom, so dass für die Reaktion von Chlor mit Bromid-Ionen ein positives Standardreduktionspotenzial, entsprechend einer negativen freien Standardreaktionsenthalpie, resultiert. Das Chlor wird dabei zu Chlorid reduziert.

$$2\,NaBr + Cl_2 \longrightarrow 2\,NaCl + Br_2$$

Das Brom-Molekül ist unpolar und daher gut löslich in unpolaren Solventien. Wird die Reaktion mit Chlorwasser in Anwesenheit eines unpolaren Lösungsmittels wie Hexan durchgeführt, kann daher das entstehende Brom in die unpolare organische Phase ausgeschüttelt werden. Es löst sich gut in Hexan mit orangebrauner Farbe. Gleiches gilt auch für Iod, das in Wasser nur mäßig mit brauner Farbe, in wenig polaren Lösungsmitteln wie z. B. $CH_2Cl_2$ dagegen gut mit violetter Farbe löslich ist.

b) Die beiden Schwefelatome im Thiosulfat besitzen die Oxidationszahl $-1$ bzw. $+5$; die mittlere Oxidationszahl ist demnach $+2$, so dass beim Übergang in $SO_2$ (Oxidationszahl $+4$) insgesamt vier Elektronen abgegeben werden. Das Brom wird dabei selbstverständlich zu Bromid reduziert.

$$\text{Ox:} \quad \overset{+2}{S_2O_3^{2-}} + H_2O \longrightarrow 2\,\overset{+4}{SO_2} + 4\,e^{\ominus} + 2\,H^{\oplus}$$

$$\text{Red:} \quad \overset{0}{Br_2} + 2\,e^{\ominus} \longrightarrow 2\,\overset{-1}{Br^-} \qquad \Big| \quad \cdot\,2$$

$$\text{Redox:} \quad S_2O_3^{2-} + 2\,Br_2 + H_2O \longrightarrow SO_2 + 4\,Br^- + 2\,H^{\oplus}$$

# Lösung 306

In der gegebenen Reaktion läuft an der Kathode die Reduktion von $Cu^{2+}$ zu $Cu$ ab, an der Anode wird $Ni$ zu $Ni^{2+}$ oxidiert.

$$Ni(s) + Cu^{2+}(aq) \rightleftharpoons Cu(s) + Ni^{2+}(aq)$$

Daher gilt für das Zellpotenzial unter Standardbedingungen:

$$\Delta E^{\circ}_{Zelle} = E^{\circ}_{Kath} - E^{\circ}_{An} = E^{\circ}(Cu^{2+}/Cu) - E^{\circ}(Ni^{2+}/Ni) = 0,58\ V$$

$$\rightarrow \quad E^{\circ}(Ni^{2+}/Ni) = 0,34\ V - 0,58\ V = -0,24\ V$$

Für die freie Enthalpie der Zelle ergibt sich $\Delta G^{\circ}$:

$$\Delta G^{\circ} = -z \cdot F \cdot \Delta E^{\circ}_{Zelle}$$

$$\Delta G^{\circ} = -2 \cdot 96485\ J/Vmol \cdot (+0,58\ V) = -1,12 \cdot 10^5\ J/mol$$

## Lösung 307

Damit die Reaktion unter Standardbedingungen abläuft, muss
$\Delta E°_{Zelle} = E°_{Kath} - E°_{An} > 0$ V sein.

Daraus folgt, dass an der Kathode $Pb^{2+}$ reduziert und an der Anode Sn oxidiert wird:

$Sn(s) + Pb^{2+}(aq) \longrightarrow Pb(s) + Sn^{2+}(aq)$, somit

$\Delta E°_{Zelle} = E°_{Kath} - E°_{An} = -0,126$ V $-(-0,138$ V$) = 0,012$ V

Für die angegebenen Nicht-Standardbedingungen erhält man:

$$\Delta E = \Delta E° - \frac{0,059\,V}{2} \cdot \lg Q \quad \text{mit} \quad Q = \frac{[Sn^{2+}]}{[Pb^{2+}]}$$

$$\Delta E = 0,012\ V - \frac{0,059\,V}{2} \cdot \lg \frac{1,0}{1,0 \cdot 10^{-3}}$$

$$\Delta E = 0,012\ V - 0,0885\ V = -0,077\ V$$

Unter diesen Bedingungen wird $\Delta E < 0$ V; die Reaktion läuft in umgekehrter Richtung ab.

## Lösung 308

a) In saurer Lösung ist das Permanganat-Ion ein starkes Oxidationsmittel; es wird unter Aufnahme von fünf Elektronen zu $Mn^{2+}$-Ionen reduziert.

Red:  $\overset{+7}{Mn}O_4^- + 5\,e^{\ominus} + 8\,H^{\oplus} \longrightarrow \overset{+2}{Mn}^{2+} + 4\,H_2O \quad \Big| \quad \cdot 2$

Ox:  $2\,\overset{-1}{Cl}^- \longrightarrow \overset{0}{Cl_2} + 2\,e^{\ominus} \quad \Big| \quad \cdot 5$

Redox:  $2\,MnO_4^- + 10\,Cl^- + 16\,H^{\oplus} \longrightarrow 2\,Mn^{2+} + 5\,Cl_2 + 8\,H_2O$

b) Aus der Teilgleichung für die Reduktion folgt (mit normierten Konzentrationen):

$$E = E° + \frac{0,059\,V}{5} \cdot \lg \frac{[MnO_4^-] \cdot [H^+]^8}{[Mn^{2+}]}$$

Die Protonenkonzentration geht in der achten Potenz ein und hat dementsprechend großen Einfluss auf die Höhe des Redoxpotenzials. Eine Erniedrigung der $H^+$-Konzentration (= Erhöhung des pH-Werts) führt zu einer Absenkung des Redoxpotenzials $E$, da der Wert des Bruches (und damit auch sein Logarithmus) sinkt.

c) Da sowohl Chlorid als auch Chlor in der Konzentration $c = 1,0$ mol/L vorliegen sollen, muss das Potenzial $E$ ($MnO_4^-/Mn^{2+}$) mindestens gleich dem Standardreduktionspotenzial $E°$ des Paares $Cl_2/2$ $Cl^-$ sein, d. h. es muss noch 1,36 V betragen:

$$1,36 \text{ V} = 1,54 \text{ V} + \frac{0,059 \text{ V}}{5} \cdot \lg \frac{1 \cdot [\text{H}^+]^8}{0,10}$$

Diese Gleichung ist nach der $\text{H}^+$-Konzentration aufzulösen:

$$\frac{-0,18 \text{ V}}{0,012 \text{ V}} = \lg \frac{1 \cdot [\text{H}^+]^8}{0,10}$$

$$10^{-15} = 10 \cdot [\text{H}^+]^8$$

$$\rightarrow [\text{H}^+] = 10^{-2}$$

$$\rightarrow \text{pH} = -\lg 10^{-2} = 2,0$$

Die Oxidation von $\text{Cl}^-$ zu $\text{Cl}_2$ ist bei den vorgegebenen Konzentrationen von $\text{MnO}_4^-$ bzw. $\text{Mn}^{2+}$ also nur bei stark saurem pH-Wert möglich.

## Lösung 309

In der gegebenen Reaktion läuft an der Kathode die Reduktion Wasser zu Wasserstoff ab, an der Anode wird Natrium zu $\text{Na}^+$ oxidiert.

$$2 \text{ Na}(s) + 2 \text{ H}_2\text{O}(l) \longrightarrow 2 \text{ Na}^+(aq) + \text{H}_2(g) + 2 \text{ OH}^-(aq)$$

Daher gilt für das Zellpotenzial unter Standardbedingungen:

$$\Delta E^\circ_{\text{Zelle}} = E^\circ_{\text{Kath}} - E^\circ_{\text{An}} = -0,83 \text{ V} - (-2,71 \text{ V}) = +1,88 \text{ V}$$

Die Reaktion läuft in dieser Richtung spontan ab, $\Delta G^\circ$ wird daher $< 0$ sein:

$$\Delta G^\circ = -z \cdot F \cdot \Delta E^\circ_{\text{Zelle}}$$

$$\Delta G^\circ = -2 \cdot 96485 \text{ J/V mol} \cdot (1,88 \text{ V}) = -3,63 \cdot 10^5 \text{ J/mol}$$

Für die Gleichgewichtskonstante ergibt sich daraus ein sehr großer Wert (das Gleichgewicht liegt komplett auf der rechten Seite):

$$\Delta G^\circ = -RT \ln K \qquad \rightarrow \qquad K = \exp(-\Delta G^\circ / RT)$$

$$K = \exp(3,63 \cdot 10^5 \text{ Jmol}^{-1} / 8,3143 \text{ J mol}^{-1} \text{K}^{-1} \cdot 298 \text{ K}) = 4,24 \cdot 10^{63}$$

## Lösung 310

Die Redoxgleichung für den Gesamtprozess lautet:

$$4 \text{ Cyt c-Fe}^{2+} + \text{O}_2 + 4 \text{ H}^\oplus \longrightarrow 4 \text{ Cyt c-Fe}^{3+} + 2 \text{ H}_2\text{O}$$

Daraus ergibt sich für das Redoxpotenzial:

$$\Delta E = \Delta E° - \frac{0,059\,\text{V}}{4} \cdot \lg Q \qquad \text{mit}$$

$$Q = \frac{[\text{Cyt c-Fe}^{3+}]}{[\text{Cyt c-Fe}^{2+}] \cdot p(O_2) \cdot [H^+]^4}$$

$$\Delta E = \Delta E° + \frac{0,059\,\text{V}}{4} \cdot \lg \left( p(O_2) \cdot [H^+]^4 \right) = \Delta E° + \frac{0,059\,\text{V}}{4} \cdot \lg p(O_2) - 0,059\,\text{V} \cdot \text{pH}$$

$$\Delta E = 1,00\ \text{V} + \frac{0,059\,\text{V}}{4} \cdot \lg 0,20 - 0,059\,\text{V} \cdot 5 = 0,695\,\text{V}$$

Die freie Enthalpie $\Delta G$ ergibt sich daraus zu

$$\Delta G = -z \cdot F \cdot \Delta E$$

$$\Delta G = -4 \cdot 96485\ \text{J/Vmol} \cdot 0,695\ \text{V} = -268\ \text{kJ/mol}$$

b) Würde die gesamte Energie zur Bildung von ATP zur Verfügung stehen, könnten pro reduziertem $O_2$-Molekül 268 / 32 $\approx$ 8,4 Moleküle ATP gebildet werden.

## Lösung 311

In dem galvanischen Element läuft die folgende Reaktion ab:

$$\text{Zn} + 2\,\text{H}^+ \longrightarrow \text{Zn}^{2+} + \text{H}_2$$

An der Kathode wird $H^+$ reduziert, an der Anode Zn oxidiert. Das Standardreduktionspotenzial dieser Zelle ergibt sich also aus dem Standardreduktionspotenzial für das Redoxpaar $Zn^{2+}/Zn$ ($E° = -0,76$ V) und dem Standardreduktionspotenzial der Normalwasserstoffelektrode, das konventionsgemäß = 0 V ist. Somit ist

$$\Delta E°_{\text{Zelle}} = E°_{\text{Kath}} - E°_{\text{An}} = 0\ \text{V} - (-0,76\ \text{V}) = 0,76\ \text{V}$$

Ferner gilt:

$$\Delta E = \Delta E° - \frac{0,059\,\text{V}}{2} \cdot \lg Q \qquad \text{mit}$$

$$Q = \frac{[\text{Zn}^{2+}] \cdot p(H_2)}{[H^+]^2}$$

$$0,55\ \text{V} = 0,76\ \text{V} - \frac{0,059\,\text{V}}{2} \cdot \lg Q$$

$$\lg Q = \frac{(0,76\ \text{V} - 0,55\ \text{V}) \cdot 2}{0,059\ \text{V}} = 7,12 \quad \rightarrow \quad Q = 1,3 \cdot 10^7$$

$$[H^+]^2 = \frac{[\text{Zn}^{2+}] \cdot p(H_2)}{Q} \quad \rightarrow \quad [H^+] = \sqrt{\frac{0,250 \cdot 0,80}{1,3 \cdot 10^7}} = 1,24 \cdot 10^{-4}$$

$$\text{pH} = -\lg 1,24 \cdot 10^{-4} = 3,91$$

b) Das Potenzial des beschriebenen galvanischen Elements ist von der $Zn^{2+}$-Konzentration abhängig; es kann daher anstelle zur Bestimmung der $H^+$-Konzentration auch zur Bestimmung der $Zn^{2+}$-Konzentration eingesetzt werden, vorausgesetzt, die Pt-Elektrode wird von einer Lösung mit bekanntem pH-Wert (d. h. bekannter $H^+$-Konzentration) umgeben. Dann kann die Nernst-Gleichung analog zu oben nach der $Zn^{2+}$-Konzentration aufgelöst und das für die Trinkwasserprobe gemessene Potenzial eingesetzt werden.

# Lösung 312

In dem galvanischen Element läuft folgende Reaktion ab:

$$Cu + 2\,Ag^+ \longrightarrow Cu^{2+} + 2\,Ag$$

Kupfer fungiert also als Anode, die $Ag/Ag^+$-Elektrode als Kathode. Das Standardreduktionspotenzial der Zelle ist

$$\Delta E^\circ_{Zelle} = E^\circ_{Kath} - E^\circ_{An} = 0,80\,V - 0,34\,V = 0,46\,V$$

Mit Hilfe der Nernst-Gleichung erhält man den folgenden Ausdruck, in die das gemessene Potenzial $E$, das Standardpotenzial $E^\circ$, die Temperatur, die Konzentration an $Ag^+$-Ionen und die Faraday-Konstante eingesetzt und der Ausdruck nach der gesuchten Konzentration der Kupfer-Ionen aufgelöst werden.

$$E = E^\circ - \frac{8,3143\,J/mol\,K \cdot 293\,K}{2 \cdot 96485\,C/mol}\ln Q = 0,46\,V - \frac{8,3143\,J/mol\,K \cdot 293\,K}{2 \cdot 96485\,C/mol} \cdot \ln \frac{[Cu^{2+}]}{[Ag^+]^2}$$

$$\ln \frac{[Cu^{2+}]}{[Ag^+]^2} = -\frac{0,08\,V}{1,26 \cdot 10^{-2}\,V} = -6,35$$

$$\rightarrow \quad [Cu^{2+}] = 1,75 \cdot 10^{-5}$$

$$\rightarrow \quad c(Cu^{2+}) = 17,5\,\mu mol/L$$

Die $Cu^{2+}$-Konzentration in der untersuchten Wasserprobe liegt also im als unbedenklich angesehenen Bereich.

# Lösung 313

a) Für das Standardpotenzial der Zelle gilt $E^\circ = E^\circ_{Kath} - E^\circ_{An} = +0,26\,V$. Die Silberelektrode fungiert als Kathode; hier wird $Ag^+$ zu $Ag$ reduziert. An der Anode wird Iodid zu Iod oxidiert, die Pt-Elektrode fungiert als inerte „Elektronenübergabestation".

$$2\,I^-(aq) + 2\,Ag^+(aq) \longrightarrow I_2(s) + 2\,Ag(s)$$

Gesucht ist das Halbzellenpotenzial für die Anodenreaktion:

$$E^\circ_{An} = E^\circ_{Kath} - E^\circ = 0,80\,V - 0,26\,V = +0,54\,V$$

b) Da Silber und Iod als Feststoffe die Aktivität = 1 besitzen, liefert die Nernst-Gleichung:

$$\Delta E = \Delta E° - \frac{0,059\,\text{V}}{2} \cdot \lg Q \quad \text{mit} \quad Q = \frac{1}{[\text{Ag}^+]^2 \cdot [\text{I}^-]^2}$$

$$\Delta E = 0,26\,\text{V} - \frac{0,059\,\text{V}}{2} \cdot \lg \frac{1}{(0,150)^2 \cdot (0,005)^2}$$

$$\Delta E = 0,26\,\text{V} - 0,184\,\text{V} = 0,08\,\text{V}$$

## Lösung 314

a) Die Kalomelelektrode hat ein Standardreduktionspotenzial $E° > 0$ V und fungiert daher gegenüber der Normalwasserstoffelektrode als Kathode, an der die Reduktion erfolgt; $H_2$ wird also zu $H^+$ oxidiert:

$$\text{Hg}_2\text{Cl}_2\,(s) + \text{H}_2\,(g) \longrightarrow 2\,\text{Hg}\,(l) + 2\,\text{H}^+\,(aq) + 2\,\text{Cl}^-\,(aq) \qquad E° = +0,27\,\text{V}$$

Damit wird $Q = \dfrac{[\text{H}^+]^2 \cdot [\text{Cl}^-]^2}{p(\text{H}_2)}$, da $Hg_2Cl_2$ als Feststoff sowie Hg als reine Flüssigkeit die Aktivität $a = 1$ aufweisen. Die Nernst-Gleichung lautet somit:

$$E = E° - \frac{RT}{2F} \cdot \ln \frac{[\text{H}^+]^2 \cdot [\text{Cl}^-]^2}{p(\text{H}_2)}$$

b) Berücksichtigt man nun, dass $p(H_2) = 1$ so erhält man

$$E = E° - \frac{RT}{F} \cdot \ln [\text{Cl}^-] - \frac{RT}{F} \cdot \ln [\text{H}^+]$$

Ist, wie vorausgesetzt, die Chlorid-Konzentration konstant, kann sie in $E°$ miteinbezogen werden und es ergibt sich nach Umrechnung auf den dekadischen Logarithmus mit pH = $-\lg [\text{H}^+]$:

$$E = E°' - \frac{RT}{F} \cdot \ln [\text{H}^+] = E°' - 0,059\,\text{V} \cdot \lg [\text{H}^+]$$

$$E = E°' + 0,059\,\text{V} \cdot \text{pH}$$

## Lösung 315

Das organische Redoxpaar Chinon / Hydrochinon, abgekürzt Ch/ChH$_2$, ist ein typisches Beispiel für eine Redoxelektrode. Für dieses Redoxpaar gilt die Teilgleichung:

$$\text{ChH}_2 \rightleftharpoons \text{Ch} + 2\,\text{e}^- + 2\,\text{H}^+$$

Für das Redoxpotenzial gilt dann (unter Verwendung der normierten Konzentrationen):

$$E(\text{ChH}_2/\text{Ch}) = E°(\text{ChH}_2/\text{Ch}) + \frac{59\,\text{mV}}{2} \cdot \lg \frac{[\text{Ch}] \cdot [\text{H}^+]^2}{[\text{ChH}_2]}$$

Ein Molekül des Reduktionsmittels Hydrochinon $\text{ChH}_2$ bildet mit einem Molekül des Oxidationsmittels Chinon Ch eine stabile 1:1-Anlagerungsverbindung mit dem Namen „Chinhydron". Dieses Chinhydron kann man in fester Form herstellen und reinigen; es ist schwer löslich. Auch wenn man den in Lösung gehenden Anteil nicht kennt, ist wegen der definierten 1:1-Zusammensetzung auf jeden Fall sichergestellt, dass immer gilt: $[\text{ChH}_2] = [\text{Ch}]$ .

Damit vereinfacht sich die Nernst-Gleichung zu

$$E = E(\text{Ch}/\text{ChH}_2) - E_{\text{Ref}} = E°(\text{Ch}/\text{ChH}_2) + 59\,\text{mV} \cdot \lg[\text{H}^+] - E_{\text{Ref}}$$

$$E = E(\text{Ch}/\text{ChH}_2) - E_{\text{Ref}} = E°(\text{Ch}/\text{ChH}_2) - 59\,\text{mV} \cdot \text{pH} - E_{\text{Ref}}$$

Das Potenzial der Chinhydron-Elektrode ist also nur noch vom pH-Wert der Lösung abhängig und kann somit zur pH-Messung verwendet werden. Setzt man den gefundenen Wert für das Potenzial ein, so erhält man für den pH-Wert:

$$E + E_{\text{Ref}} - E°(\text{Ch}/\text{ChH}_2) = -59\,\text{mV} \cdot \text{pH}$$

$$\text{pH} = \frac{0,30\,\text{V} + 0,22\,\text{V} - 0,70\,\text{V}}{-0,059\,\text{V}} \approx 3$$

Die Lösung hat also einen pH-Wert von etwa 3.

# Lösung 316

Für das Membranpotenzial zwischen extra- und intrazellulärer Seite lässt sich die Nernst-Gleichung wie folgt formulieren:

$$E = E° + 0,059\,\text{V} \cdot \lg \frac{c(\text{Cl}^-_{\text{extraz.}})}{c(\text{Cl}^-_{\text{intraz.}})}$$

Vor dem durch die Rezeptorbindung vermittelten $\text{Cl}^-$-Einstrom gilt für das Potenzial $E$:

$$E_{\text{vor}} = E° + 0,059\,\text{V} \cdot \lg \frac{c(\text{Cl}^-_{\text{extraz.}})_{\text{vor}}}{c(\text{Cl}^-_{\text{intraz.}})_{\text{vor}}} = E° + 0,059\,\text{V} \cdot \lg \frac{3}{1} = E° + 0,028\,\text{V}$$

Nach dem Chlorid-Einstrom gilt:

$$E_{\text{nach}} = E° + 0,059\,\text{V} \cdot \lg \frac{c(\text{Cl}^-_{\text{extraz.}})_{\text{nach}}}{c(\text{Cl}^-_{\text{intraz.}})_{\text{nach}}} = E° + 0,059\,\text{V} \cdot \lg \frac{1}{7} = E° - 0,050\,\text{V}$$

Damit ergibt sich eine Änderung des Membranpotenzials $\Delta E$ von

$$\Delta E = E_{\text{nach}} - E_{\text{vor}} = (E° - 0,050\,\text{V}) - (E° + 0,028\,\text{V}) = -0,078\,\text{V}$$

# Kapitel 20
# Lösungen – Komplexverbindungen; Absorptionsspektroskopie

## Lösung 317

Wie allgemein bei Salzen wird auch in den Formeln von Komplexverbindungen das Kation immer vor dem Anion genannt. In den Namen von Komplexen werden die Liganden grundsätzlich in alphabetischer Reihenfolge vor dem Zentralion genannt. Oft wird auch die Oxidationszahl des Zentralions mit angegeben. Namen anionischer Liganden enden jeweils auf -o. Sie werden vom Namen des freien Anions abgeleitet. Für die neutralen Liganden Wasser, Ammoniak und Kohlenmonoxid verwendet man die Bezeichnungen aqua-, ammin- und carbonyl-. Bei kationischen oder neutralen Komplexen bleibt der Name des Zentralions unverändert; bei anionischen Komplexen endet der Name des Zentralions dagegen auf -at (Beispiele 1, 4–7). Sofern das Elementsymbol nicht dem deutschen Namen entspricht, wird die Endung -at an den lateinischen Namen angehängt (1, 5–7).

Die Anwendung dieser Regeln auf die gegebenen Verbindungen ergibt folgende Bezeichnungen:

1. $K_4[Fe(CN)_6]$      Kaliumhexacyanidoferrat(II)
2. $[CoCl(NH_3)_5]SO_4$      Pentaamminchloridocobalt(III)-sulfat
3. $[Ni(CO)_4]$      Tetracarbonylnickel(0)
4. $Na_3[AlF_6]$      Natriumhexafluoridoaluminat(III)
5. $K_2[HgI_4]$      Kaliumtetraiodidomercurat(II)
6. $Na[Au(CN)_2]$      Natriumdicyanidoaurat(I)
7. $K[Sn(OH)_3]$      Kaliumtrihydroxidostannat(II)
8. $[Cr(H_2O)_4Cl_2]Br$      Tetraaquadichloridochrom(III)-bromid

## Lösung 318

a) Koordinationszahl (KoZ) 5 bedeutet, dass das Zentralteilchen 26 Elektronen aufweisen muss, um die Edelgasschale zu erreichen. Da der Komplex ungeladen sein soll und CO keine Ladung aufweist, muss das Zentralteilchen in der Oxidationszahl 0 vorliegen: Fe(0). Der Komplex lautet $Fe(CO)_5$.

b) KoZ 6 bedeutet, dass das Zentralteilchen 24 Elektronen aufweisen muss, um die Edelgasschale zu erreichen. Da das Zentralteilchen die Ladung +3 haben soll, muss es ursprünglich 27 Elektronen besessen haben (Co). Der zweizähnige Ligand „en" weist keine Ladung auf, so dass der Komplex lautet: $[Co(en)_3]^{3+}$.

© Springer Fachmedien Wiesbaden GmbH, ein Teil von Springer Nature 2020
R. Hutterer, *Fit in Anorganik*, Studienbücher Chemie,
https://doi.org/10.1007/978-3-658-30486-7_20

c) Bei einer Oxidationszahl von +1 für das Zentralteilchen und maximal sechs Liganden kommen in Frage: $Mn^+$ (24 $e^-$) mit sechs Liganden, $Co^+$ (26 $e^-$) mit fünf Liganden oder $Cu^+$ (28 $e^-$) mit vier Liganden. Also sind folgende Komplexe möglich: $[Mn(CN)_6]^{5-}$, $[Co(CN)_5]^{4-}$, oder $[Cu(CN)_4]^{3-}$.

d) KoZ 4 bedeutet, dass das Zentralteilchen 28 Elektronen aufweisen muss, um die Edelgasschale zu erreichen. Da der Komplex ungeladen sein soll und CO keine Ladung aufweist, muss das Zentralteilchen in der Oxidationszahl 0 vorliegen: Ni. Der Komplex lautet $Ni(CO)_4$.

e) Da ein sechszähniger Ligand (EDTA) vorliegen, die KoZ also 6 betragen soll, muss das Zentralteilchen 24 Elektronen aufweisen, um die Edelgasschale zu erreichen. Da das Zentralteilchen die Ladung +3 haben soll, muss es ursprünglich 27 Elektronen besessen haben (Co). Der sechszähnige Ligand EDTA weist die Ladung −4 auf, der Komplex lautet: $[Co(EDTA)]^-$.

f) Bei einer Oxidationszahl von +2 für das Zentralteilchen und maximal sechs Liganden kommen in Frage: $Fe^{2+}$ (24 $e^-$) mit sechs, $Ni^{2+}$ (26 $e^-$) mit fünf oder $Zn^{2+}$ (28 $e^-$) mit vier Liganden. Also sind folgende Komplexe möglich: $[Fe(CN)_6]^{4-}$, $[Ni(CN)_5]^{3-}$, $[Zn(CN)_4]^{2-}$.

g) Bei einer Koordinationszahl 6 muss das Zentralteilchen 24 Elektronen aufweisen, um die Krypton-Schale zu erreichen. In Frage kommen also $Fe^{2+}$ mit dem 4-zähnigen Porphyrin-Liganden (quadratisch-planare Koordination) plus zwei weiterer Liganden, welche die verbliebenden axialen Positionen besetzen, wie es z. B. in der Häm-Gruppe vorliegt. In gleicher Weise kann $Co^{3+}$ zu einem oktaedischen Komplex gelangen, wie er z. B. im Cobalamin (Vitamin $B_{12}$) mit dem quadratisch-planaren Corrin-Liganden vorliegt. Die fünfte Koordinationsstelle besetzt ein Stickstoffatom des nukleotidartig an den Corrinring gebundenen 5,6-Dimethylbenzimidazol-Rings. Namensgebend für das jeweilige Cobalamin indes ist der sechste, austauschbare Ligand, der in den chemischen Strukturformeln meist mit R (für „Rest") abgekürzt wird: Ist R eine Methylgruppe, handelt es sich dabei um Methylcobalamin, ist R eine Cyanogruppe, um Cyanocobalamin, und bei einem 5'-Desoxyadenosyl-Liganden als „Rest" um 5'-Desoxyadenosylcobalamin, kurz Coenzym $B_{12}$.

Für die Bindung an das Zentralatom bzw. -ion ist jeweils das Elektronenpaar am Kohlenstoff verantwortlich. C ist in beiden Liganden das weniger elektronegative Element und stellt das freie Paar daher leichter zur Verfügung. Genauer kann man sagen, dass jeweils das HOMO (*highest occupied molecular orbital*) des Liganden, welches für die koordinative Bindung benutzt wird, überwiegend am Kohlenstoff lokalisiert ist.

$$\xrightarrow{\phantom{xx}} \ \overset{\ominus \ +2}{:C\!\equiv\!N:} \qquad \xrightarrow{\phantom{xx}} \ \overset{+2}{:C\!\equiv\!O:}$$

# Lösung 319

Das Ammonium-Ion ($NH_4^+$) kommt nicht als Ligand in Frage, da es weder ein freies noch ein π-Elektronenpaar aufweist. Chlorid ist offensichtlich einzähnig; das Oxalat ($^-OOC\text{–}COO^-$) und das Phenanthrolin sind zweizähnige Liganden. Das Amin $HN(CH_2CH_2NH_2)_2$ weist drei Stickstoffatome mit jeweils einem freien Elektronenpaar auf; es ist ein dreizähniger Ligand. Ethylendiamintetraacetat ($EDTA^{4-}$) ist ein sechszähniger Chelatligand.

# Lösung 320

Die Komplexe mit jeweils sechs einzähnigen Liganden sind oktaedrisch; die sechs Positionen im Oktaeder sind gleichwertig. Von der Verbindung $[CrCl(H_2O)_5]Br_2$ existiert daher nur ein Stereoisomer; es spielt keine Rolle, welche der sechs Koordinationsstellen das Cl besetzt. Auch für den tetraedrischen Eisen-Komplex sind keine Isomere möglich, da in einem Tetraeder alle Koordinationsstellen in gleicher Weise benachbart sind. Dies gilt nicht für die vier Bindungsstellen in einem quadratisch-planaren Komplex; von dem Platin-Komplex gibt es daher ein *cis*- und ein *trans*-Isomer:

$$\begin{array}{cc} Cl\diagdown\!\!\!\diagup NH_3 & Cl\diagdown\!\!\!\diagup NH_3 \\ Cl\diagup Pt \diagdown NH_3 & H_3N\diagup Pt \diagdown Cl \end{array}$$

*cis*-Diammindichloridoplatin(II)    *trans*-Diammindichloridoplatin(II)

Auch die beiden Co-Komplexe existieren als *cis*- und *trans*- bzw. *fac-/mer*-Isomere:

$$\left[\begin{array}{c} NH_3 \\ Cl\diagdown \overset{|}{Co}\diagup NH_3 \\ Cl\diagup \overset{|}{\underset{NH_3}{}}\diagdown NH_3 \end{array}\right]^{\oplus} Cl^{\ominus}\cdot H_2O$$

$$\left[\begin{array}{c} NH_3 \\ H_3N\diagdown \overset{|}{Co}\diagup Cl \\ Cl\diagup \overset{|}{\underset{NH_3}{}}\diagdown NH_3 \end{array}\right]^{\oplus} Cl^{\ominus}\cdot H_2O$$

*cis*-Tetraammindichloridocobalt(III)-    *trans*-Tetraammindichloridocobalt(III)-
chlorid-Hydrat    chlorid-Hydrat

$$\left[\begin{array}{c} NH_3 \\ OC\diagdown \overset{|}{Co}\diagup NH_3 \\ OC\diagup \overset{|}{\underset{CO}{}}\diagdown NH_3 \end{array}\right]^{3\oplus}$$

$$\left[\begin{array}{c} CO \\ H_3N\diagdown \overset{|}{Co}\diagup NH_3 \\ OC\diagup \overset{|}{\underset{CO}{}}\diagdown NH_3 \end{array}\right]^{3\oplus}$$

*cis*-Triammintricarbonylcobalt(III)    *trans*-Triammintricarbonylcobalt(III)
(*fac*)    (*mer*)

# Lösung 321

a) Die unter A und B genannten Komplexe sind Konstitutionsisomere; sie unterscheiden sich in der Verknüpfung. Da in beiden jeweils ein Ligand und das Gegenion den Platz getauscht haben, spricht man von Ionisationsisomeren.

b) A und B sind jeweils aus einem Komplex-Kation und einem Gegenion zusammengesetzt. In Lösung sind sie in die Ionen dissoziiert. Am einfachsten lässt sich das jeweilige Anion durch eine Fällungsreaktion nachweisen, im Fall des Sulfats gelingt dies mit Barium-Ionen, im Fall des Chlorids mit Silber-Ionen:

$$[CrCl(NH_3)_5]SO_4 \;\rightleftharpoons\; [CrCl(NH_3)_5]^{2+} + SO_4^{2-} \xrightarrow{\;Ba^{2+}\;} [CrCl(NH_3)_5]^{2+} + BaSO_4$$

$$[Cr(NH_3)_5 SO_4]Cl \;\rightleftharpoons\; [Cr(NH_3)_5 SO_4]^+ + Cl^- \xrightarrow{\;Ag^+\;} [Cr(NH_3)_5 SO_4]^+ + AgCl$$

c) Für die Komplexe A und B ist jeweils ein Ligand nur einmal vorhanden; es sind somit keine geometrischen Isomere möglich. Bei einem Tetraeder (Komplex C) sind alle vier Positionen äquivalent; es kann daher – im Gegensatz zu quadratisch-planaren Komplexen (in diesen weist das Zentralion meist $d^8$-Konfiguration auf, z. B. $Ni^{2+}$, $Pd^{2+}$, $Pt^{2+}$) – keine *cis/trans*-Isomerie geben. Möglich wären dagegen zwei Enantiomere, falls ein tetraedrischer Komplex vier verschiedene Liganden aufweist.

d) Ein Komplex mit Edelgaskonfiguration ergibt sich für Mangan am einfachsten in der Oxidationsstufe +1; dann weist das Mn 24 Elektronen auf und erreicht mit 6 $CN^-$-Ionen als Liganden die Edelgaskonfiguration des Kryptons. Da das Komplexion $[Mn(CN)_6]^{5-}$ fünffach negativ geladen ist, werden fünf $NH_4^+$-Ionen als Gegenionen benötigt. Der Komplex lautet also: $(NH_4)_5[Mn(CN)_6]$.

## Lösung 322

Die gegebenen Chrom(III)-chlorid-Hexahydrate unterscheiden sich offensichtlich in der Anzahl der an das Zentralion $Cr^{3+}$ gebundenen Chlorid-Ionen bzw. Wassermoleküle, wobei jeweils sechs Liganden gebunden sind. Nicht an das $Cr^{3+}$ gebundene $Cl^-$-Ionen fungieren als Gegenionen; nicht gebundene $H_2O$-Moleküle als sogenanntes „Hydratwasser". Drei mit der Summenformel übereinstimmende Komplexe sind:

$[Cr(H_2O)_6]Cl_3$ (graublau)

$[CrCl(H_2O)_5]Cl_2 \cdot H_2O$ (hellgrün) bzw.

*trans*-$[CrCl_2(H_2O)_4]Cl \cdot 2\,H_2O$ (grün)
(ein entsprechendes *cis*-Derivat käme selbstverständlich ebenfalls in Frage).

In einer Lösung des graublauen Komplexes liegen pro Komplexmolekül vier Ionen vor ($[Cr(H_2O)_6]^{3+}$ + 3 $Cl^-$), in einer Lösung des grünen Komplexes drei Ionen ($[CrCl(H_2O)_5]^{2+}$ + 2 $Cl^-$ und in einer Lösung des grünen Komplexes schließlich zwei Ionen (wie in einer NaCl-Lösung), nämlich *trans*-$[CrCl_2(H_2O)_4]^+$ + $Cl^-$.

## Lösung 323

Das Hexacyanidoferrat(III)-Ion ist zu formulieren als $[Fe(CN)_6]^{3-}$; das Diaquatetrafluoridoferrat(III)-Ion ist $[FeF_4(H_2O)_2]^-$. Beide enthalten das Eisen(III)-Ion mit fünf d-Elektronen. Im Hexacyanidoferrat ist mit dem Cyanid-Ion ein starker Ligand gebunden, während der zweite Komplex mit Wasser und Fluorid nur zwei schwache Liganden aufweist. Diese bewirken nur eine relativ geringe Aufspaltung der d-Orbitale, so dass ein *highspin*-Komplex resultiert (alle fünf d-Orbitale sind mit je einem Elektron mit parallelem Spin besetzt).

Die Cyanid-Liganden bewirken demgegenüber eine große Aufspaltung der d-Orbitale, so dass die Spinpaarung in den drei energetisch tiefer liegenden d-Orbitalen energetisch günstiger ist. Es liegt ein *lowspin*-Komplex vor, der aber noch ein ungepaartes Elektron besitzt, somit ebenfalls paramagnetisch ist.

Ein Komplex ist diamagnetisch, wenn er keine ungepaarten (d-)Elektronen enthält. Da dem Eisen(III)-Ion mit 23 Elektronen in Anwesenheit von sechs einzähnigen Liganden noch genau ein Elektron zur Edelgasschale des Kryptons fehlt, lässt sich das Hexacyanidoferrat(III) relativ leicht zum Hexacyanidoferrat(II) reduzieren; dieses besitzt nun sechs d-Elektronen, die alle gepaart sind. Natürlich kann auch der Diaquatetrafluoridoferrat(III)-Komplex zum entsprechenden Eisen(II)-Komplex reduziert werden; dieser ist aber nach wie vor ein *high-spin*-Komplex, nun mit vier ungepaarten d-Elektronen.

# Lösung 324

Die Elektronenkonfiguration von Kupfer ist: $1s^2\,2s^2\,2p^6\,3s^2\,3p^6\,3d^{10}\,4s^1$

Bei Abgabe des 4s-Elektrons ($\rightarrow$ $Cu^+$) verbleibt daher die volle 3d-Schale, während für $Cu^{2+}$ die Konfiguration $3d^9$ resultiert. Im $Cu^+$-Ion ist daher keine Anregung von d-Elektronen aus einem niedrigeren in ein höheres d-Orbital (z. B. $t_{2g} \rightarrow e_g$ im oktaedrischen Komplex) möglich, während im $Cu^{2+}$-Ion ($3d^9$) mit sichtbarem Licht (mit unterschiedlichen Wellenlängen je nach Art der Liganden) ein d-Elektron aus einem niedriger in ein höher gelegenes Orbital angeregt werden kann.

# Lösung 325

a) Die jeweils sichtbare Farbe ist die Komplementärfarbe zur der vom Komplex absorbierten Farbe. Ein gelber Komplex absorbiert somit im (energiereicheren) blauen Spektralbereich (ca. 400–480 nm), ein blauer dagegen im gelben Bereich (550–600 nm). Fluorid ist ein schwacher Ligand, der nur eine relativ geringe Aufspaltung der d-Orbitale in einem oktaedrischen Komplex bewirkt; Ethylendiamin (en) ist ein wesentlich stärkerer ($\rightarrow$ größere Aufspaltung). Eine größere Aufspaltung der d-Orbitale bedeutet, dass energiereicheres Licht zur Anregung eines Elektrons von einem niedriger liegenden $t_{2g}$-Orbital in ein höheres $e_g$-Orbital benötigt wird. Somit absorbiert der $[Co(en)_3]^{3+}$-Komplex im Blauen und erscheint gelb; der Fluorido-Komplex wird bereits durch weniger energiereiches gelbes Licht angeregt und erscheint daher blau.

b) Im $Zn^{2+}$-Ion [Ar] $3d^{10}$ sind alle d-Orbitale vollständig besetzt; es gibt daher keine Möglichkeit zu einer elektronischen Anregung aus einem niedriger liegenden $t_{2g}$-Orbital in ein höher liegendes $e_g$-Orbital. Es käme somit nur eine elektronische Anregung in noch höher liegende Orbitale in Frage, wofür entsprechend energiereiches (und somit kurzwelliges) Licht benötigt wird. Die erforderlichen Wellenlängen liegen nicht mehr im sichtbaren, sondern im UV-Bereich, so dass Zn(II)-Komplexe i. A. farblos sind.

# Lösung 326

Das Nitrit-Ion ($NO_2^-$) steuert als Ligand eine negative Ladung bei, sechs Nitrit-Liganden in einem oktaedrischen Komplex entsprechend sechs negative Ladungen. Mit $Cr^{3+}$ als Zentralion ergibt sich für den Komplex damit eine Ladung von $-3$: $[Cr(NO_2)_6]^{3-}$. Es handelt sich also um einen anionischen Komplex, d. h. zur Bildung eines Salzes wird ein Kation als Gegenion benötigt. Da Ca-Ionen zweifach positiv geladen sind, lautet die Zusammensetzung des Salzes $Ca_3[Cr(NO_2)_6]_2$. Die Verbindung ist als Calciumhexanitritochromat(III) zu bezeichnen.

b) In einem linearen Komplex besitzt das Zentralatom die Koordinationszahl zwei. Thiosulfat ist $S_2O_3^{2-}$; der Komplex mit $Ag^+$ lautet daher $[Ag(S_2O_3)_2]^{3-}$. Somit werden drei Ammonium-Ionen benötigt, um die negativen Ladungen auszugleichen, d. h. die Formel des Salzes ist $(NH_4)_3[Ag(S_2O_3)_2]$. Der Name des Komplexanions endet auf -at; im Fall von Silber wird die lateinische Bezeichnung verwendet: Ammoniumdithiosulfatoargentat(I).

# Lösung 327

Ammoniak reagiert in Wasser als Base; ein kleiner Teil der Ammoniak-Moleküle nimmt ein Proton auf, so dass $OH^-$-Ionen entstehen. Diese bilden mit den Kupfer-Ionen das schwer lösliche Kupfer(II)-hydroxid.

$$Cu^{2+}(aq) + 2\,H_2O + 2\,NH_3 \longrightarrow Cu(OH)_2\,(s) + 2\,NH_4^+\,(aq)$$

Mit steigender Konzentration an $NH_3$ in der Lösung kommt es zur Bildung des löslichen, tiefblauen Tetraamminkupfer(II)-Komplexes (s. rechts, als Feststoff):

$$Cu(OH)_2\,(s) + 4\,NH_3 \longrightarrow [Cu(NH_3)_4]^{2+}\,(aq) + 2\,OH^-$$

Durch die Säurezugabe wird freies Ammoniak aus dem Gleichgewicht entfernt. Dadurch stellt sich auch das Dissoziationsgleichgewicht des Komplexes immer wieder neu ein, bis dieser schließlich vollständig dissoziiert ist und wieder hydratisierte $Cu^{2+}$-Ionen (hellblau) vorliegen.

$$[Cu(NH_3)_4]^{2+}\,(aq) + 4\,HCl \longrightarrow Cu^{2+}(aq) + 4\,NH_4^+(aq) + 4\,Cl^-(aq)$$

Die Cyanid-Ionen sind ein stärkerer Ligand als Ammoniak. Es kommt daher zu einer Ligandenaustauschreaktion unter Bildung des stabileren Tetracyanidocuprat(II)-Komplexes. Dieser ist im Gegensatz zum Tetraamminkupfer(II)-Komplex farblos.

$$[Cu(NH_3)_4]^{2+}\,(aq) + 4\,CN^-(aq) \longrightarrow [Cu(CN)_4]^{2-}\,(aq) + 4\,NH_3$$

Das Löslichkeitsprodukt des entstehenden Kupfer(II)-sulfids ist extrem niedrig, so dass praktisch alle mit dem Tetraammin-Komplex im Gleichgewicht stehenden $Cu^{2+}$-Ionen durch die $S^{2-}$-Ionen aus dem Gleichgewicht entfernt werden und so das Gleichgewicht vollständig verschoben wird.

$$[Cu(NH_3)_4]^{2+}\,(aq) + S^{2-}(aq) \longrightarrow CuS(s) + 4\,NH_3$$

# Lösung 328

a) Die Komplexbildungsreaktion und die entsprechende Komplexbildungskonstante lauten:

$$Ag^+ (aq) + 2\,NH_3 \longrightarrow [Ag(NH_3)_2]^+ (aq)$$

$$K_B = \frac{c([Ag(NH_3)_2]^+ (aq))}{c(Ag^+ (aq)) \cdot c^2 (NH_3 (aq))} = 10^{7,2}\, \frac{L^2}{mol^2}$$

Die Bindung von nur zwei Liganden in einem linearen Komplex ist eine typische Eigenschaft des $Ag^+$-Ions; die meisten Metallionen bevorzugen eine KoZ von vier oder sechs.

Die obige Reaktion liefert praktisch quantitativ das $[Ag(NH_3)_2]^+$-Ion. Berücksichtigt man das verdoppelte Volumen der Mischung nach Vereinigung beider Lösungen, so gilt in guter Näherung $c([Ag(NH_3)_2]^+) = 10^{-2}$ mol/L und $c(NH_3) = 1,0$ mol/L.

Mit den gegebenen Zahlenwerten erhält man durch Auflösen nach der $Ag^+$-Konzentration, wenn man für die Gleichgewichtskonzentration an $NH_3$ näherungsweise die Anfangskonzentration einsetzt:

$$c(Ag^+ (aq)) = \frac{c([Ag(NH_3)_2]^+ (aq))}{K_B \cdot c^2 (NH_3 (aq))} = \frac{10^{-2}}{10^{7,2} \cdot 1}\,\frac{mol}{L} = 10^{-9,2}\,\frac{mol}{L} = 6,3 \cdot 10^{-10}\,\frac{mol}{L}$$

Bei einem Löslichkeitsprodukt von $K_L$ (AgCl) = $2 \cdot 10^{-10}$ mol$^2$/L$^2$ wäre demnach eine relativ konzentrierte Cl$^-$-Lösung ($c > 0,3$ mol/L) erforderlich, um AgCl auszufällen.

b) Silberbromid wird durch Bildung des sehr stabilen Dithiosulfatoargentat(I)-Komplexes gelöst:

$$AgBr\,(s) + 2\,S_2O_3^{2-} (aq) \longrightarrow [Ag(S_2O_3)_2]^{3-} (aq) + Br^- (aq)$$

Aus einer Lösung dieses Komplexes könnte mit $S^{2-}$-Ionen das extrem schwer lösliche Ag$_2$S ausgefällt werden.

# Lösung 329

1) Diese Reaktion ist insofern ungewöhnlich, da i. A. die Bildung von Chelatkomplexen gegenüber Nicht-Chelatkomplexen begünstigt ist. Der Hexacyanidocobaltat(II)-Komplex ist aber so stabil, dass diese Reaktion überwiegend in die Richtung der Bildung dieses Komplexes abläuft.

$$[Co(EDTA)]^{2-} + 6\,CN^- \rightleftharpoons [Co(CN)_6]^{4-} + EDTA^{4-}$$

2) Im Thiosulfat besitzt eines der beiden S-Atome die Oxidationszahl +5, das andere die Oxidationszahl −1 (→ mittlere Oxidationszahl +2). Das S-Atom mit der Oxidationszahl −1 wird zum Sulfid (Oxidationszahl − 2) reduziert. Der Kohlenstoff im Cyanid wird von +2 auf +4 im Thiocyanat oxidiert; die Oxidationszahl des hinzukommenden Schwefels (−2) bleibt dabei unverändert.

Red:   $\overset{+2}{S_2O_3^{2-}} + 2\,e^{\ominus} \longrightarrow \overset{+4}{SO_3^{2-}} + S^{2-}$

Ox:    $\overset{+2}{CN^-} + S^{2-} \longrightarrow \overset{+4}{SCN^-} + 2\,e^{\ominus}$

---

Redox:   $S_2O_3^{2-} + CN^- \longrightarrow SO_3^{2-} + SCN^-$

## Lösung 330

a) Es wird mit dem starken sechszähnigen Liganden Ethylendiamintetraacetat ($EDTA^{4-}$) titriert; damit bilden $Mg^{2+}$- und $Ca^2$-Ionen hinreichend stabile Chelatkomplexe, nicht aber $Na^+$.

$$Mg^{2+}(aq) + Ca^{2+}(aq) + 2\,EDTA^{4-}(aq) \longrightarrow [MgEDTA]^{2-} + [CaEDTA]^{2-}$$

Ein zugegebener Indikatorligand bildet mit $Mg^{2+}$- und $Ca^{2+}$-Ionen einen (rotgefärbten) Chelatkomplex. Zugabe des Titrators $EDTA^{4-}$ komplexiert zunächst alle freien Erdalkali-Ionen. Erst dann kommt es zur Ligandenaustauschreaktion; der Indikatorligand wird durch das $EDTA^{4-}$ von den $Mg^{2+}$- bzw. $Ca^{2+}$-Ionen verdrängt; er liegt nun in freier Form vor (grün).

Die Stoffmengen der Erdalkali-Ionen betragen:

$$n(Mg^{2+}) = \frac{\beta \cdot V}{M} = \frac{48,6\ mg/L \cdot 0,05\ L}{24,3\ g/mol} = 0,1\ mmol$$

$$n(Ca^{2+}) = \frac{\beta \cdot V}{M} = \frac{120\ mg/L \cdot 0,05\ L}{40\ g/mol} = 0,15\ mmol$$

Daraus folgt für den Verbrauch an $EDTA^{4-}$:

$$n(EDTA^{4-}) = n(Mg^{2+}) + n(Ca^{2+}) = 0,25\ mmol$$

$$V(EDTA^{4-}) = \frac{n(EDTA^{4-})}{c(EDTA^{4-})} = \frac{0,25\ mmol}{0,01\ mol/L} = 25\ mL$$

## Lösung 331

a) Fe(II) erreicht durch Bindung von sechs einzähnigen Liganden (oder einer entsprechenden Anzahl an mehrzähnigen Liganden) die Elektronenkonfiguration des nächsten Edelgases Krypton (Ordnungszahl = 36). Fe(III) besitzt eine ungerade Elektronenzahl (23) und kann deshalb durch Bindung von Liganden, die jeweils zwei Elektronen zur Verfügung stellen, keine Edelgaskonfiguration erreichen.

b) Ein quadratisch-planarer Komplex hat die Koordinationszahl vier; es werden also zwei zweizähnige HDMG-Liganden benötigt.

$$Fe^{2+} + 2\,HDMG^- \longrightarrow [Fe(HDMG)_2]$$

c) Es wird das Lambert-Beer'sche Gesetz benutzt:

$$A = \varepsilon \cdot c \cdot d$$

Hierbei ist $A$ die Absorbanz der Lösung, $\varepsilon$ der molare Absorptionskoeffizient, $c$ die Konzentration der Lösung und $d$ die Schichtdicke.

d) Die Stoffmenge an freien Eisen-Ionen in Wasser beträgt:

$$n(Fe^{2+}) = 2,5 \text{ mmol/L} \cdot 0,01 \text{ L} = 2,5 \cdot 10^{-5} \text{ mol} \rightarrow A_1 = 0,50$$

Die Stoffmenge an freien Eisen-Ionen im Tee ergibt sich aus der Gesamtstoffmenge an $Fe^{2+}$ abzüglich der Stoffmenge des $[Fe(Gal)_3]^{2+}$-Komplexes; sie liefert die Absorbanz $A_2$:

$$\rightarrow A_2 = 0,15 \rightarrow n_2(Fe^{2+}) = \frac{0,15}{0,50} \cdot 2,5 \cdot 10^{-5} \text{ mol} = 0,75 \cdot 10^{-5} \text{ mol}$$

$$\rightarrow \text{Stoffmenge an } [Fe(Gal)_3]^{2+} = 1,75 \cdot 10^{-5} \text{ mol}$$

$$\rightarrow \text{Stoffmenge an Gal vor Komplexierung} = 3 \cdot 1,75 \cdot 10^{-5} \text{ mol/L} = 5,25 \cdot 10^{-5} \text{ mol}$$

$$\rightarrow m = n \cdot M = 5,25 \cdot 10^{-5} \text{ mol} \cdot 458,4 \text{ mg/mmol} = 0,024 \text{ g} \quad (\text{in 100 mL Tee})$$

$$\rightarrow \beta = m / V = 0,024 \text{ g} / 100 \text{ mL} = 0,240 \text{ g/L}$$

# Lösung 332

a) Das $EDTA^{4-}$ (Ethylendiamintetraacetat) ist ein starker sechszähniger Ligand, der mit den meisten Metallionen (Ausnahme: Alkalimetall-Ionen) stabile Komplexe ausbildet. Sein Einsatz in Lebensmitteln dient dazu, Spuren von Schwermetall-Ionen zu komplexieren, die ansonsten z. B. die Oxidation von ungesättigten Fettsäuren durch Sauerstoff und andere Reaktionen, die zu einem rascheren Verderb führen, katalysieren können. Durch die Verwendung des Ca-Salzes wird sichergestellt, dass es nicht zur Komplexierung von $Ca^{2+}$-Ionen kommt, die ansonsten dem Mineralstoffhaushalt von Knochen und Zähnen entzogen würden.

In Shampoos und ähnlichen Reinigungsmitteln dient das EDTA zur Herabsetzung der Wasserhärte durch Bindung von $Ca^{2+}$- und $Mg^{2+}$-Ionen, die mit Seifen schwer lösliche Niederschläge bilden und so die Waschwirkung herabsetzen. Während Schwermetalle wie z. B. $Fe^{2+}$ stabilere Komplexe mit EDTA bilden als $Ca^{2+}$ (und dieses daher aus dem $CaEDTA^{2-}$-Komplex verdrängen) ermöglicht der Einsatz von $Na_4EDTA$ die Komplexierung von $Ca^{2+}$- und $Mg^{2+}$-Ionen im Wasser.

b) EDTA wird Blutproben zugesetzt, um die Gerinnung zu verhindern. Die Blutgerinnungskaskade enthält mehrere Schritte, die $Ca^{2+}$-abhängig sind (z. B. die Bildung von Thrombin aus Prothrombin durch den Prothrombinase-Komplex). Durch die Komplexierung der $Ca^{2+}$-Ionen im Blut werden diese Schritte unterbunden und das Blut kann nicht gerinnen.

## Lösung 333

Calcium-Ionen weisen (im Gegensatz zu den meisten Schwermetall-Ionen) bereits eine Edelgasschale auf. Ihre Neigung, Komplexe auszubilden ist daher vergleichsweise recht gering. Nur sehr starke, mehrzähnige Liganden sind in der Lage, stabile Komplexe mit $Ca^{2+}$-Ionen zu bilden. Die Struktur von EDTA und des Ca-EDTA-Komplexes sind unten gezeigt. EDTA als sechszähniger Ligand besetzt dabei die Ecken eines Oktaeders um das $Ca^{2+}$-Ion herum.

Ethylendiamintetraacetat EDTA$^{4-}$          oktaedrischer Chelatkomplex [Ca(EDTA)]$^{2-}$

## Lösung 334

a) Dimercaprol ist ein Chelatligand; die beiden SH-Gruppen besitzen eine hohe Affinität zu Schwermetall-Ionen wie $Pb^{2+}$ und bilden mit diesem einen stabilen Komplex. Die hydrophile OH-Gruppe im Liganden verbessert dessen Wasserlöslichkeit.

b) Man berechnet zunächst die gesamte im Blut vorhandene Stoffmenge an $Pb^{2+}$:

$$n(Pb^{2+}) = \frac{\beta \cdot V}{M} = \frac{24 \cdot 10^{-6}\,g \cdot 6{,}0 \cdot 10^{3}\,mL}{100\,mL \cdot 207{,}2\,g/mol} = 6{,}95\,\mu mol$$

Geht man von der vollständigen Bildung eines Chelatkomplexes mit zwei Dimercaprol-Liganden pro $Pb^{2+}$ aus, so wird eine Stoffmenge $n$(Ligand) $= 2 \cdot 6{,}95\,\mu mol = 13{,}9\,\mu mol$ benötigt. Bei einer Konzentration der Dimercaprol-Lösung von $c = 10^{-3}$ mol/L entspricht dies

einem Volumen $V = \dfrac{n}{c} = \dfrac{13{,}9 \cdot 10^{-6}\,mol}{10^{-3}\,mol/L} = 13{,}9\,mL$ .

# Lösung 335

Bei beiden Reaktionen handelt es sich um die Bildung sogenannter Chelatkomplexe aus dem Hexaamminnickel(II)-Komplex, in dem das Zentralion $Ni^{2+}$ nur einzähnige Liganden aufweist. Als koordinierendes Atom fungiert in allen Komplexen Stickstoff, so dass die Bindungsenthalpie $\Delta H$ in allen Fällen vergleichbar sein sollte.

Das Gleichgewicht liegt dennoch in beiden Fällen klar auf der rechten Seite („Chelat-Effekt"): Nachdem das erste koordinierende Atom eines Chelatbildners (eines mehrzähnigen Liganden) gebunden hat, wird die Anlagerung des zweiten (oder weiterer) begünstigt, da es sich als Teil des gleichen Moleküls zwangsläufig in der Nähe des Zentralteilchens aufhalten muss; die Wahrscheinlichkeit einer Bindung wird also durch die räumliche Nähe erhöht. Bei einzähnigen Liganden hat die Koordination des ersten Liganden dagegen keinen begünstigenden Einfluss auf eine Anlagerung der völlig unabhängigen weiteren Liganden. Gleichzeitig wird im Zuge der Bildung des Chelatkomplexes die Anzahl unabhängiger Teilchen erhöht. Diese Vergrößerung der Teilchenzahl bewirkt eine Zunahme der Entropie und gemäß der Gibbs-Helmholtz-Gleichung $\Delta G = \Delta H - T\Delta S$ einen stärker negativen Wert für $\Delta G$. Das Gleichgewicht für die Chelatkomplex-Bildung liegt demnach auf der Seite der Produkte.

Die in den beiden formulierten Gleichgewichten gebildeten Chelatkomplexe unterscheiden sich in der Größe des gebildeten Chelatrings. Mit 1,2-Diaminoethan (Ethylendiamin; „en") als zweizähnigem Chelatligand kommt es mit dem $Ni^{2+}$-Ion als Zentralteilchen zur Bildung eines Fünfrings, mit 1,3-Diaminopropan (Propylendiamin; „pn") entsprechend zur Bildung eines Sechsrings. Wie die Erfahrung zeigt, sind kleine Ringe mit nur vier Ringgliedern (z. B. mit $CO_3^{2-}$-Ionen als zweizähnigem Ligand) energetisch aufgrund der hohen Ringspannung relativ ungünstig. Chelat-Fünfringe wie mit „en" sind bevorzugt; mit steigender Anzahl an Ringgliedern nimmt die Stabilität wieder ab. Dies ist verständlich, da mit zunehmender Zahl an Ringgliedern die Wahrscheinlichkeit für die Bindung des zweiten koordinierenden Atoms abnimmt. Bezogen auf die beiden gegebenen Gleichgewichte bedeutet dies, dass das erste Gleichgewicht etwas weiter auf der Seite des Chelatkomplexes liegen wird, als das zweite.

# Lösung 336

Kupfersulfat und Bariumhydroxid sind leicht lösliche Salze; sie liegen in Lösung daher dissoziiert vor. Sulfat- und Barium-Ionen vereinigen sich in der Lösung zu schwer löslichem Bariumsulfat, so dass diese beiden Ionen praktisch quantitativ als $BaSO_4$ ausgefällt werden. Durch die $OH^-$-Ionen werden die Glycin-Moleküle in ihre anionische Form, also das $Gly^-$ überführt. Dieses ist ein wesentlich besserer zweizähniger Chelatligand als das protonierte HGly, und bildet mit in der Lösung verbliebenen Kupfer-Ionen einen ungeladenen Chelatkomplex mit $Cu^{2+}$ in der Koordinationszahl vier als Zentralion.

Insgesamt laufen somit die folgenden Reaktionen ab:

$$CuSO_4\,(aq) + Ba(OH)_2\,(aq) \longrightarrow BaSO_4(s) + Cu^{2+}\,(aq) + 2\,OH^-$$

$$2\,HGly + 2\,OH^-\,(aq) \longrightarrow 2\,Gly^-\,(aq) + 2\,H_2O(l)$$

$$Cu^{2+}\,(aq) + 2\,Gly^-\,(aq) \longrightarrow [Cu(Gly)_2]\,(aq)$$

Nettoreaktion:

$$CuSO_4(aq) + Ba(OH)_2(aq) + 2\,HGly \longrightarrow BaSO_4(s) + [Cu(Gly)_2](aq) + 2\,H_2O(l)$$

# Lösung 337

a) Da H₂DMG als zweizähniger Ligand fungiert, werden für eine quadratisch-planare Koordination des Ni²⁺-Ions zwei H₂DMG-Moleküle benötigt:

Bis(diacetyldioximato)-nickel(II)

b) Die molare Masse des ausgefällten Ni(HDMG)₂-Komplexes errechnet sich zu $M\,([Ni(HDMG)_2]) = 286,89$ g/mol. Setzt man eine vollständige Ausfällung des Nickels aus der Lösung in Form des unter a) formulierten Komplexes voraus, so erhält man die in der Lösung vorliegende Stoffmenge $n\,(Ni^{2+})$ und daraus die Konzentration $c\,(Ni^{2+})$ zu

$$n(Ni^{2+}) = n([Ni(HDMG)_2]) = \frac{m([Ni(HDMG)_2])}{M\,([Ni(HDMG)_2])} = \frac{78,89\ mg}{286,89\ g/mol} = 0,275\ mmol$$

$$\rightarrow c(Ni^{2+}) = \frac{n(Ni^{2+})}{V\,(Ni^{2+})} = \frac{0,275\ mmol}{50\ mL} = 5,50\ mmol/L$$

# Lösung 338

Ein häufig eingesetztes Verfahren ist die Enthärtung mit einem Kationenaustauscher. Das Wasser strömt durch eine Kationenaustauschersäule, wobei das Austauschermaterial aus einem festen Polymerharz besteht, an das negativ geladene Gruppen (v. a. $-COO^-$ und $-SO_3^-$) angeknüpft sind. An diese sind als Gegenionen $Na^+$-Ionen gebunden. Die $Ca^{2+}$- und $Mg^{2+}$-Ionen besitzen aufgrund ihrer zweifachen Ladung eine höhere Affinität zu den Festladungen und werden daher anstelle der $Na^+$-Ionen gebunden. Das enthärtete Wasser enthält nun mehr $Na^+$-Ionen sowie andere vor der Behandlung vorhandene einwertige Kationen und alle Anionen wie $SO_4^{2-}$-, $Cl^-$-, $NO_3^-$- und $HCO_3^-$-Ionen. Sind alle Bindungsplätze an den Festladungen durch $Mg^{2+}$- oder $Ca^{2+}$-Ionen besetzt, ist der Austauscher erschöpft und muss regeneriert werden. Die Regenerierung des erschöpften Kationenaustauschers erfolgt mit einer NaCl-Lösung („Regeneriersalz").

Eine andere Methode besteht darin, Substanzen zur Wasserenthärtung zuzusetzen, die mit den Erdalkali-Kationen starke Wechselwirkungen eingehen, so dass diese anschließend nicht mehr für störende Reaktionen zur Verfügung stehen. Die Erdalkali-Kationen werden dabei nicht aus dem Wasser entfernt, sondern ausgefällt oder in Komplexe überführt. Das Wasser verhält sich aber dadurch wie „weiches" Wasser. Für eine Fällung käme z. B. ein Zusatz von $Na_2CO_3$ in Frage; durch die $CO_3^{2-}$-Ionen werden $Ca^{2+}$-Ionen als Kalk ($CaCO_3$) gefällt. Häufiger versucht man jedoch, die Erdalkali-Ionen zu komplexieren.

In Waschmitteln wurden früher oft Triphosphate verwendet, die aber zu einer hohen Gewässerbelastung führten (Eutrophierung). Häufig eingesetzt werden heute Ethylendiamintetraacetat (EDTA) oder Citrat, das Salz der Citronensäure. EDTA fungiert dabei als sechszähniger Chelatligand und komplexiert $Ca^{2+}$- oder $Mg^{2+}$-Ionen; Citrat ist ein dreizähniger Ligand. Im Zuge der Komplexbildung werden von dem Anion $H_2EDTA^{2-}$ im Allgemeinen beide Protonen abgegeben, so dass das $EDTA^{4-}$ den eigentlichen Liganden darstellt. Für die Komplexierung von $Ca^{2+}$ mit EDTA lässt sich folgende Gleichung aufstellen:

$$Ca^{2+}(aq) + H_2EDTA^{2-}(aq) \longrightarrow [CaEDTA]^{2-}(aq) + 2\,H^+(aq)$$

Mit Citrat ($C_6H_5O_7^{3-}$) als dreizähnigem Chelatligand ergibt sich:

$$Ca^{2+}(aq) + 2\,C_6H_5O_7^{3-}(aq) \longrightarrow [Ca(C_6H_5O_7)_2]^{4-}(aq)$$

# Lösung 339

a) Offensichtlich ist der Pb-EDTA-Komplex wesentlich stabiler als der entsprechende Ca-Komplex. Nur dann ist es möglich, dass $Ca^{2+}$ von den $Pb^{2+}$-Ionen aus dem Chelatkomplex verdrängt wird, d. h. das folgende Gleichgewicht weit auf der rechten Seite liegt und $Pb^{2+}$ damit effektiv gebunden wird.

$$[Na_2Ca(EDTA)](aq) + Pb^{2+}(aq) \longrightarrow 2\,Na^+(aq) + Ca^{2+}(aq) + [Pb(EDTA)]^{2-}(aq)$$

Der Einsatz eines $Ca^{2+}$-Komplexes hat den Sinn, dass die Konzentration der $Ca^{2+}$-Ionen im Blutserum unverändert bleibt. Die Gefahr einer Tetanie (Muskelkrampf) bei zu geringer $Ca^{2+}$-Konzentration (durch Bindung freier $Ca^{2+}$-Ionen und ihrer Ausscheidung als EDTA-Komplex) wird damit vermieden.

b) In stärker saurer Lösung liegt EDTA („Y") bevorzugt (in Richtung abnehmender pH-Werte) als $H_2Y^{2-}$, $H_3Y^-$ bzw. $H_4Y$ vor. Die Konzentration des in erster Linie wirksamen Liganden $Y^{4-}$ ist in saurer Lösung somit sehr klein, so dass sich nur extrem stabile Komplexe einigermaßen quantitativ bilden können. Mit dem pH-Wert steigt naturgemäß auch die Konzentration des $Y^{4-}$-Ions an, so dass mit zunehmendem pH-Wert auch solche Metallionen nahezu vollständig gebunden werden, deren EDTA-Komplexe weniger stabil sind.

c) Während $Fe^{3+}$ mit EDTA einen sehr stabilen Komplex ausbildet, ist die Bildung des entsprechenden $Ca^{2+}$-Komplexes weitaus weniger begünstigt. Für eine vollständige Komplexierung von $Fe^{3+}$ ist demnach eine wesentlich niedrigere $Y^{4-}$-Konzentration ausreichend, als für $Ca^{2+}$. Die Bestimmung von $Fe^{3+}$ kann daher in schwach saurer Lösung erfolgen, bei einem pH-Wert, bei dem sich noch kein Ca-EDTA-Komplex bildet. Nach erfolgter Komplexierung von $Fe^{3+}$ kann man anschließend den pH-Wert erhöhen (auf einen Wert von ca. 11, bei dem der Ca-EDTA-Komplex optimal gebildet wird) und so die zweite Ionensorte in Lösung durch Titration mit EDTA (in Anwesenheit eines geeigneten Indikator-Liganden) bestimmen.


# Lösung 340

a) Aufgrund der vier Liganden denkt man zunächst an einen tetraedrischen Komplex. Von tetraedrischen Komplexen der allgemeinen Zusammensetzung $AX_2Y_2$ gibt es aber nur ein einziges Isomer. Die Bezeichnung Cisplatin weist darauf hin, dass es noch ein zweites Isomer gibt. Dies ist möglich, wenn die vier Liganden nicht tetraedrisch, sondern quadratisch-planar um das Zentralion angeordnet sind. Befinden sich dann zwei identische Liganden (z. B. Cl) nebeneinander, liegt der entsprechende *cis*-Komplex vor, ansonsten der *trans*-Komplex. Cisplatin besitzt demnach die nebenstehend gezeigte Struktur.

Die Verbindung heißt *cis*-Diammindichloridoplatin(II).

b) Ausgehend von Tetrachloridoplatinat(II), $[PtCl_4]^{2-}$, erhält man das *cis*-Diammindichlorido-platin(II) durch eine Ligandensubstitution mit Ammoniak:

$$[PtCl_4]^{2-}(aq) + 2\,NH_3(aq) \;\rightleftharpoons\; [Pt(NH_3)_2Cl_2](aq) + 2\,Cl^-(aq)$$

Hierbei wird überwiegend das *cis*-Isomer gebildet, was man mit Hilfe des sogenannten *trans*-Effekts erklärt. Nach Substitution eines ersten Cl-Atoms unter Bildung von $[Pt(NH_3)Cl_3]^-$ könnte das zweite $NH_3$-Molekül entweder in *trans*- oder in *cis*-Stellung zum ersten $NH_3$ gebunden werden. Da Chlor als Substituent einen stärkeren *trans*-Effekt (= in *trans*-Stellung dirigierende Wirkung) ausübt als Ammoniak, wird das zweite $NH_3$-Molekül in *trans*-Position zu Chlor und damit *cis*-ständig zum ersten $NH_3$ eingebaut.

Dieser Effekt erklärt auch, warum man zu der isomeren Verbindung gelangt, wenn man vom Tetraamminplatin(II)-Ion, $[Pt(NH_3)_4]^{2+}$, ausgeht. Nach Substitution eines ersten Moleküls Ammoniak durch Chlorid unter Bildung von $[Pt(NH_3)_3Cl]^+$ bewirkt nun der stärkere *trans*-Effekt des Chloratoms, dass das zweite Cl-Atom in *trans*-Stellung zum ersten gebunden wird. Es entsteht also *trans*-Diammindichloridoplatin(II). Diese Verbindung ist zwar ebenfalls toxisch, besitzt aber nicht den gewünschten pharmakologischen Effekt und aufgrund der Symmetrie auch kein Dipolmoment.

Um in der Praxis möglichst selektiv das *cis*-Diammindichloridoplatin(II) zu erhalten, nimmt man bei der Synthese noch einem Umweg über das Tetraiodidoplatinat(II), $[PtI_4]^{2-}$, in Kauf, da der *trans*-Effekt von Iod noch ausgeprägter ist, als von Chlor.

# Lösung 341

Das Tetracyclin besitzt mehrere funktionelle Gruppen mit freien Elektronenpaaren, die sich aufgrund des starren Ringgerüsts in idealen Abständen befinden, um als Liganden in einem Metallkomplex zu fungieren; das Molekül wirkt daher als Chelatligand. Milch enthält reichlich $Ca^{2+}$- (und auch $Mg^{2+}$-) Ionen, die zwar keine guten Komplexbildner sind, mit starken mehrzähnigen Liganden aber durchaus stabile Komplexe bilden können. Daher wird oral zugeführtes Tetracyclin durch $Ca^{2+}$- bzw. $Mg^{2+}$-Ionen in einen schwer löslichen Chelatkomplex überführt. Dies führt dazu, dass der Wirkstoff nur noch schlecht resorbiert werden kann, und so die Wirksamkeit des Medikaments stark eingeschränkt wird.

schwer löslicher Chelatkomplex

Auch $Mg^{2+}$- oder $Al^{3+}$-haltige Antacida, die zur symptomatischen Behandlung von Sodbrennen, saurem Aufstoßen oder säurebedingten Schmerzen bei Magengeschwüren eingesetzt werden, sollten daher nicht gleichzeitig mit Tetracyclinen eingenommen werden.

# Lösung 342

a) Eine farbig erscheinende Verbindung absorbiert Licht der entsprechenden Komplementärfarbe. Ein grün erscheinender Komplex absorbiert also im roten Spektralbereich, ein violetter im grünen und eine gelber im kurzwelligen blauen Wellenlängenbereich. Die Wellenlänge des Lichts nimmt vom roten über den grünen zum blauen Spektralbereich hin ab; seine Energie entsprechend zu. Das $F^-$-Ion bewirkt somit eine relativ geringe energetische Aufspaltung $\Delta$, $H_2O$ eine größere und $NH_3$ eine noch größere.

Für die spektrochemische Reihe folgt daher:  $F^- < H_2O < NH_3$.

b) Das Cyanid-Ion ist ein sogenannter „starker" Ligand; er bewirkt eine besonders große Aufspaltung $\Delta$ zwischen den d-Orbitalen eines Zentralions. Daher wird zur Anregung von d-Elektronen in Cyanido-Komplexen besonders kurzwelliges (energiereiches) Licht benötigt. Häufig erfolgt daher die Absorption im UV-Bereich, so dass der entsprechende Komplex farblos erscheint.

## Lösung 343

Bei Komplexen mit gleichen Liganden führt eine Erhöhung der Oxidationszahl des Zentralions zu einer Vergrößerung der Aufspaltung der d-Orbitale $\Delta_o$. Im Co(III)-Komplex mit sechs d-Elektronen ist die Aufspaltung also wesentlich größer als im Co(II)-Komplex (d$^7$). Somit ist für den Co(III)-Komplex der Wert für $\Delta_o$ (270 kJ/mol) größer als die Spinpaarungsenergie (210 kJ/mol), während es sich für den Co(II)-Komplex umgekehrt verhält. Im Co(III)-Komplex liegen daher alle sechs d-Elektronen gepaart in den drei tieferliegenden d-Orbitalen vor („*low-spin*"), während im Co(II)-Komplex die Spinpaarung durch Besetzung der höher liegenden d-Orbitale so weit möglich vermieden wird („*high-spin*").

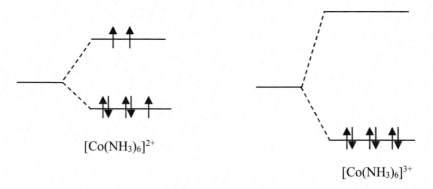

## Lösung 344

a) Das Permanganat ist ein Komplex von Mn(VII), der höchsten Oxidationsstufe des Mangans. Es besitzt hierin die Elektronenkonfiguration [Ar] 3d$^0$, d. h. es sind keine anregbaren d-Elektronen in der Valenzschale vorhanden. Gleiches gilt für das Cr(VI) im Chromat-Ion. Die Anregung kommt in beiden Ionen durch einen sogenannten „*Charge-Transfer*-Übergang" zustande, d. h. es wird ein (nichtbindendes) Elektron von einem Sauerstoffliganden in ein d-Orbital des Zentralions angeregt („*ligand-to-metal charge transfer*"; *LMCT*).

Auch der umgekehrte Fall ist möglich, also der Transfer eines Elektrons des Metallions auf einen Liganden („*metal-to-ligand charge transfer*" *MLCT*), vorausgesetzt natürlich, das Zentralion besitzt d-Elektronen in der Valenzschale.

b) Für das Cl-Atom als Hauptgruppenelement werden keine d-Orbitale besetzt. Diese liegen, verglichen mit den d-Orbitalen der Übergangsmetalle, energetisch wesentlich höher. Daher erfordert die Anregung eines Elektrons im $ClO_4^-$-Ion vom Sauerstoff zum Chlor ein energiereicheres Photon; die Absorption erfolgt dementsprechend im UV-Bereich und Perchlorat ist daher farblos.

## Lösung 345

Im $Cr^{2+}$-Ion besitzt das Chrom vier d-Elektronen. Im *high-spin*-Zustand besetzen drei davon je eines der $t_{2g}$-Orbitale, das vierte befindet sich in einem der $e_g$-Orbitale. Im *low-spin*-Zustand sind alle vier Elektronen in den $t_{2g}$-Orbitalen untergebracht, wobei eines doppelt besetzt werden muss.

Für die Energien ergibt sich daraus:

CFSE (*high-spin*) = $3 \times (-0{,}4\,\Delta_o) + 0{,}6\,\Delta_o = -0{,}6\,\Delta_o = -0{,}6 \times 380$ kJ/mol $= -228$ kJ/mol

CFSE (*low-spin*) = $4 \times (-0{,}4\,\Delta_o) + P = -1{,}6\,\Delta_o + P = (-1{,}6 \times 380 + 245)$ kJ/mol
$= -363$ kJ/mol

Der *low-spin*-Zustand weist also die niedrigere Energie auf und sollte daher bevorzugt sein.

## Lösung 346

a) Aus $A = \varepsilon \cdot c \cdot d$ ergibt sich $\varepsilon$ aus der Steigung der Geraden: $\varepsilon = \dfrac{A}{c \cdot d}$

Für den linearen Bereich erhält man $\varepsilon = 5{,}0$ L/mol cm.

b) Auflösung des Lambert-Beer'schen Gesetzes nach $c$ ergibt:

$$c = \frac{A}{\varepsilon \cdot d} = \frac{0,11}{5,0 \text{ L/mol cm} \cdot 1 \text{ cm}}$$

$$c = 0,022 \text{ mol/L}$$

$$n = c \cdot V = 0,022 \text{ mol/L} \cdot 0,050 \text{ L}$$

$$n = 1,1 \text{ mmol}$$

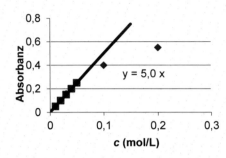

c) Mit verlässlichen Ergebnissen kann im linearen Bereich der Eichkurve gerechnet werden, also bis ca. $c = 0,05$ mol/L.

d) Mit Hilfe von geeigneten Liganden können die $Cu^{2+}$-Ionen in intensiver gefärbte Komplexe überführt werden. Gut geeignet hierfür ist Ammoniak, der zusammen mit $Cu^{2+}$-Ionen den intensiv blau gefärbten Tetraamminkupfer(II)-Komplex bildet:

$$Cu^{2+}(aq) + 4\,NH_3\,(aq) \longrightarrow [Cu(NH_3)_4]^{2+}(aq)$$

# Lösung 347

a) Ein Absorptionsspektrum beschreibt die Absorbanz ($A = -\lg I / I_0$) einer Substanz in Abhängigkeit von der Wellenlänge des eingestrahlten Lichts.

b) Die Absorbanz hängt ab von der Schichtdicke der Lösung sowie von ihrer Konzentration. Nicht beeinflussen kann man den Absorptionskoeffizienten der Substanz in dem gegebenen Lösungsmittel (dieser ändert sich allerdings mit der Wahl des Lösungsmittels!). Der Absorptionskoeffizient hängt ab von der eingestrahlten Wellenlänge sowie den Einzelheiten der Molekülstruktur des gelösten Stoffes und des Lösungsmittels.

c) Da auf der Ordinate die Absorbanz aufgetragen ist, muss diese für die angegebenen Wellenlängen aus der Transmission berechnet werden. Es gilt:

$$A = -\lg T$$

und damit für $T_{450\,nm} = 40\,\%$ bzw. $T_{550\,nm} = 10\,\%$:

$$A_{450\,nm} = -\lg 0,40 = 0,40 \text{ bzw. } A_{550\,nm} = -\lg 0,10 = 1,00.$$

Außerdem gilt für $T = 80\,\%$ und $T = 60\,\%$:

$$A = -\lg 0,80 = 0,10 \text{ bzw. } A = -\lg 0,60 = 0,22$$

Damit kann das gesuchte Spektrum skizziert werden.

d) Die Absorptionskoeffizienten für die beiden Maxima ergeben sich zu:

$$A = \varepsilon \cdot c \cdot d$$

$$\rightarrow \varepsilon_1 = \frac{A_1}{c \cdot d} = \frac{0,40}{2,0 \cdot 10^{-4} \text{ mol/L} \cdot 1 \text{ cm}} = 2,0 \cdot 10^3 \frac{\text{L}}{\text{mol cm}}$$

$$\rightarrow \varepsilon_2 = \frac{A_2}{c \cdot d} = \frac{1,00}{2,0 \cdot 10^{-4} \text{ mol/L} \cdot 1 \text{ cm}} = 5,0 \cdot 10^3 \frac{\text{L}}{\text{mol cm}}$$

## Lösung 348

a) Beim Übergang vom Nitrat ($NO_3^-$) zum Nitrit ($NO_2^-$) werden zwei Elektronen aufgenommen:

Red:  $\overset{+5}{N}O_3^- + 2\,e^{\ominus} + 2\,H^{\oplus} \longrightarrow \overset{+3}{N}O_2^- + H_2O$

Ox:  $BH_2 \longrightarrow B(ox) + 2\,e^{\ominus} + 2\,H^{\oplus}$

Redox:  $NO_3^- + BH_2 \longrightarrow NO_2^- + B(ox) + H_2O$

b) Die für die fünf Nitrit-Konzentrationen erhaltenen Absorbanzen werden um die Absorbanz des Nullwerts ($A = 0,002$) korrigiert und gegen die jeweilige Massenkonzentration aufgetragen. Wie durch das Lambert-Beer'sche Gesetz beschrieben ergibt sich dabei ein linearer Zusammenhang. Durch die Punkte legt man eine Trendlinie („beste Ausgleichsgerade"), was von einem Tabellenkalkulationsprogramm wie Excel übernommen oder per Hand erledigt werden kann. Im folgenden Diagramm sind die Punkte aufgetragen, die Ausgleichsgerade eingezeichnet und die Gleichung für die Ausgleichsgerade angegeben. Der für die Probe gemessene Absorbanzwert ist ebenfalls eingezeichnet. Fällt man vom Schnittpunkt mit der Trendlinie das Lot auf die x-Achse, so erhält man graphisch eine Massenkonzentration an Nitrit von ca. 12 µg/mL. Die rechnerische Bestimmung mit Hilfe der Gleichung der Ausgleichsgerade liefert:

$$A = 0,0264\,\beta \quad \rightarrow \quad \beta = \frac{A}{0,0264} = \frac{0,322}{0,0264} = 12,2\,,$$

also eine Massenkonzentration $\beta$ ($NO_2^-$) = 12,2 µg/mL. Ein Liter der ursprünglichen Urinprobe enthielt demnach 12,2 mg Nitrit.

**Photometrische Nitrit-Bestimmung**

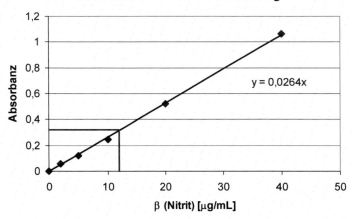

β (Nitrit) [µg/mL]

# Lösung 349

a) Die Transmission ist definiert als $T = \dfrac{I}{I_0}$.

Bei einer Transmission von 40 % = 0,40 erreichen also 40 % der eingestrahlten Lichtintensität den Detektor. Nach Durchgang der zweiten Küvette beträgt die Intensität $I_2$ noch $0{,}40 \cdot I_1 = 0{,}40 \cdot 0{,}40 \cdot I_0 = 0{,}16 \cdot I_0$; nach Durchgang der dritten identischen Küvette analog:

$I_3 = 0{,}40 \cdot I_2 = 0{,}40 \cdot 0{,}40 \cdot 0{,}40 \cdot I_0 = 0{,}064 \cdot I_0$.

Es erreichen also 6,4 % der ursprünglich eingestrahlten Intensität den Detektor.

Die Absorbanz $A$ (= Extinktion) ist definiert als

$$A = -\lg T = -\lg \frac{I}{I_0}$$

Nach Durchgang durch die erste Küvette beträgt die Absorbanz $A_1 = -\lg 0{,}40 = 0{,}398$; nach Durchgang durch die zweite $A_2 = -\lg (0{,}40^2) = 0{,}796$, nach Durchgang durch die dritte ist $A_3 = -\lg (0{,}40^3) = 1{,}193$. Die Absorbanz steigt also linear mit der Konzentration $c$ der Lösung bzw. der Schichtdicke $d$ (wie hier durch die Hintereinanderschaltung mehrerer Küvetten).

b) Die meisten Kunststoff-Küvetten eignen sich nur für Wellenlängen oberhalb ca. 300 nm, da die Kunststoffe im kurzwelligeren UV-Bereich selbst stark absorbieren. Bei einer Messwellenlänge von 270 nm verfälscht daher die starke Eigenabsorption des Küvettenmaterials im Falle von (herkömmlichen) Kunststoff-Küvetten das Messergebnis erheblich. Für solche Wellenlängen werden daher typischerweise Quarzglas-Küvetten benutzt, die bis unterhalb von 250 nm transparent sind.

# Lösung 350

Es laufen folgende Komplexbildungsreaktionen ab:

$$Cu^{2+} + 4\,NH_3 \longrightarrow [Cu(NH_3)_4]^{2+} \quad \text{(tiefblau)}$$

$$Cu^{2+} + 4\,CN^- \longrightarrow [Cu(CN)_4]^{2-} \quad \text{(farblos)}$$

a) Das Gesamtvolumen der Lösung beträgt $(10 + 100 + 15)$ mL $= 125$ mL. Da die Stoffmenge $n\,(Cu^{2+})$ ursprünglich 5,0 mmol/L $\cdot$ 10 mL $= 5{,}0 \cdot 10^{-5}$ mol betrug und die Komplexbildung nahezu vollständig verlaufen soll, beträgt die Konzentration $c$ des Komplexes

$$c = \frac{n}{V} = \frac{5{,}0 \cdot 10^{-5}\,\text{mol}}{0{,}125\,\text{L}} = 0{,}40\,\text{mmol/L}\,.$$

Aus $A = \varepsilon \cdot c \cdot d$ ergibt sich für den Absorptionskoeffizienten $\varepsilon$

$$\varepsilon = \frac{A}{c \cdot d} = \frac{1{,}25}{0{,}40 \cdot 10^{-3}\,\text{mol L}^{-1} \cdot 1\,\text{cm}} = 3{,}1 \cdot 10^3\,\text{L mol}^{-1}\,\text{cm}^{-1}$$

b) In Abwesenheit von Cyanid wird durch den Überschuss an Ammoniak-Lösung praktisch quantitativ der Tetraamminkupfer(II)-Komplex gebildet; die Lösung ergibt eine Absorbanz von 1,25. Im zweiten Fall wird ein Großteil der $Cu^{2+}$-Ionen durch die Cyanid-Ionen der unbekannten Lösung in den Tetracyanidocuprat(II)-Komplex überführt; dabei noch verbliebene $Cu^{2+}$-Ionen reagieren anschließend mit Ammoniak zum Tetraamminkupfer(II)-Komplex. Die erhaltene Lösung zeigt eine Absorbanz von 0,25. Da der Tetracyanidocuprat(II)-Komplex farblos ist und daher nicht zur Absorbanz beiträgt, beträgt der Anteil an $Cu^{2+}$-Ionen, der als Tetraamminkupfer(II)-Komplex vorliegt, im zweiten Fall:

$$\frac{n([Cu(NH_3)_4]^{2+})}{n(Cu^{2+})_{\text{ges}}} = \frac{A(\text{mit CN}^-)}{A(\text{ohne CN}^-)} = \frac{0{,}25}{1{,}25} = 0{,}20$$

Da die Stoffmenge $n(Cu^{2+})$ ursprünglich in beiden Fällen 5,0 mmol/L $\cdot$ 10 mL $= 5{,}0 \cdot 10^{-5}$ mol betrug, hat in Anwesenheit der Cyanid-Lösung noch 1/5 der Stoffmenge an $Cu^{2+}$ zum Tetraammin-Komplex reagiert, während die restlichen 4/5 durch Cyanid in den stabileren Tetracyanidocuprat-Komplex überführt worden sind.

Dessen Stoffmenge beträgt demnach

$$n\,([Cu(CN)_4]^{2-}) = 4{,}0 \cdot 10^{-5}\,\text{mol}$$

Da die Koordinationszahl in diesem Komplex vier beträgt, folgt für die Stoffmenge an Cyanid in der zugegebenen Cyanidlösung:

$$n\,(CN^-) = 4n\,([Cu(CN)_4]^{2-}) = 1{,}60 \cdot 10^{-4}\,\text{mol}$$

Diese Stoffmenge war enthalten in 100 mL der Cyanid-Lösung; somit beträgt die Stoffmenge pro Liter 1,60 mmol. Dies entspricht einer Masse an Cyanid von:

$$m\,(CN^-) = n\,(CN^-) \cdot M\,(CN^-) = 1{,}60\,\text{mmol} \cdot (12{,}01 + 14{,}01)\,\text{g/mol} = 41{,}6\,\text{mg}\,.$$

# Lösung 351

a) Das an den Detektionsantikörper gebundene Enzym setzt im letzten Schritt ein geeignetes Substrat zu einem farbigen Produkt um; dieses wird photometrisch detektiert. Ein häufig verwendetes Enzym ist hierbei die Meerrettich-Peroxidase, welche die Verbindung 2,2′-Azino-di(3-ethylbenzthiazolin-6-sulfonsäure (kurz: ABTS) in ein grün gefärbtes Radikal-Kation umsetzt.

b) Die gemessene Transmission von 0,32 % lässt sich umrechnen in die Absorbanz und ergibt $A = -\lg (3{,}2{\cdot}10^{-3}) = 2{,}5$.

Auflösen des Lambert-Beer'schen Gesetzes nach der Konzentration und Einsetzen liefert:

$$c = \frac{A}{\varepsilon \cdot d} = \frac{2{,}5}{2{,}0{\cdot}10^4 \ \text{L/mol cm} \cdot 0{,}25 \ \text{cm}} = 5{,}0{\cdot}10^{-4} \ \frac{\text{mol}}{\text{L}}$$

c) Es bietet sich ein Sandwich-Assay an. Das Influenzavirus trägt an seiner Oberfläche Antigene, die von einem geeigneten, an einer Festphase immobilisierten Antikörper erkannt werden. Ein weiterer gegen das Virus gerichteter Sekundär-Antikörper ist mit einem Enzym markiert. Dieses setzt nach Entfernung aller nicht spezifisch gebundener Komponenten durch einen Waschschritt ein Substrat zu einer (photometrisch) detektierbaren Verbindung um.

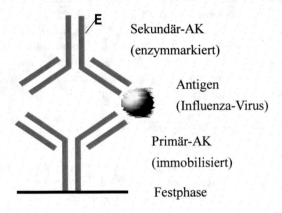

Sekundär-AK
(enzymmarkiert)

Antigen
(Influenza-Virus)

Primär-AK
(immobilisiert)

Festphase

# Kapitel 21

# Lösungen – Lösungen und Lösungsgleichgewichte

## Lösung 352

a) In Anwesenheit von $Ca^{2+}$-Ionen fällt Oxalat als schwer lösliches Calciumoxalat aus:

$$CaCl_2\,(aq) + C_2O_4{}^{2-}\,(aq) \longrightarrow CaC_2O_4\,(s) + 2\,Cl^-\,(aq)$$

b) Man berechnet zunächst die molare Masse von Calciumoxalat. Sie beträgt:

$$M\,(CaC_2O_4) = 128\ \text{g/mol}$$

Daraus ergibt sich mit der Masse des Niederschlags seine Stoffmenge:

$$\rightarrow n(CaC_2O_4) = 0{,}032\ \text{g} / 128\ \text{g/mol} = 2{,}5 \cdot 10^{-4}\ \text{mol}$$

Die Konzentration an Oxalat-Ionen in der Lösung betrug somit:

$$c(C_2O_4{}^{2-}) = n(CaC_2O_4)\,/\,V = 2{,}5 \cdot 10^{-4}\ \text{mol} / 0{,}125\ \text{L} = 0{,}0020\ \text{mol/L}$$

c) Da das Oxalat-Ion (schwach) basische Eigenschaften aufweist, kann es durch Behandlung des Niederschlags mit einer (starken) Säure aus dem Dissoziationsgleichgewicht entfernt werden. Alternativ kann versucht werden, das Kation ($Ca^{2+}$) durch eine Komplexbildung aus dem Dissoziationsgleichgewicht zu entfernen. Dafür wird allerdings ein starker mehrzähniger Ligand wie $EDTA^{4-}$ benötigt, da $Ca^{2+}$-Ionen mit gewöhnlichen Liganden keine stabilen Komplexe bilden.

$$CaC_2O_4\,(s) + 2\,H^+\,(aq) \longrightarrow Ca^{2+}\,(aq) + H_2C_2O_4\,(aq)$$

$$CaC_2O_4\,(s) + EDTA^{4-}\,(aq) \longrightarrow [CaEDTA]^{2-}\,(aq) + C_2O_4{}^{2-}\,(aq)$$

## Lösung 353

Alle Ionen in den folgenden Gleichungen liegen solvatisiert vor; auf den Zusatz $(aq)$ wurde daher der Übersichtlichkeit halber verzichtet. Niederschläge sind mit $(s)$ gekennzeichnet.

E1: Ammonium- und Natrium-Ionen bilden praktisch ausschließlich leicht lösliche Salze; es überrascht daher nicht, dass keine Reaktion zu beobachten ist.

$$2\,Na^+ + CrO_4{}^{2-} + 2\,NH_4^+ + C_2O_4^{2-} \longrightarrow \text{keine Reaktion}$$

E2: Die Silber-Ionen reagieren mit Chromat zu schwer löslichem Silberchromat:

$$2\,Na^+ + CrO_4{}^{2-} + 2\,Ag^+ + 2\,NO_3^- \longrightarrow Ag_2CrO_4\,(s) + 2\,Na^+ + 2\,NO_3^-$$

© Springer Fachmedien Wiesbaden GmbH, ein Teil von Springer Nature 2020
R. Hutterer, *Fit in Anorganik*, Studienbücher Chemie,
https://doi.org/10.1007/978-3-658-30486-7_21

E3:  Im Gegensatz zum Silberchromat ist das Calciumchromat offensichtlich leicht löslich, es tritt keine Reaktion ein:

$$2\,Na^+ + CrO_4^{2-} + Ca^{2+} + 2\,Cl^- \longrightarrow \text{keine Reaktion}$$

E4:  Ebenso wie wie das Chromat ist auch das Silberoxalat schwer löslich und fällt als weißer Niederschlag aus:

$$2\,NH_4^+ + C_2O_4^{2-} + 2\,Ag^+ + 2\,NO_3^- \longrightarrow Ag_2C_2O_4(s) + 2\,NH_4^+ + 2\,NO_3^-$$

E5:  Auch das Calcium bildet ein schwer lösliches weißes Oxalat:

$$2\,NH_4^+ + C_2O_4^{2-} + Ca^{2+} + 2\,Cl^- \longrightarrow CaC_2O_4(s) + 2\,NH_4^+ + 2\,Cl^-$$

E6:  Silber-Ionen gehören zu den wenigen Kationen (neben $Pb^{2+}$ und $Hg_2^{2+}$), die mit Chlorid ein schwer lösliches Salz bilden:

$$2\,Ag^+ + 2\,NO_3^- + Ca^{2+} + 2\,Cl^- \longrightarrow 2\,AgCl(s) + Ca^{2+} + 2\,NO_3^-$$

## Lösung 354

Die Verbindungen lassen sich am einfachsten identifizieren, wenn es gelingt, jeweils eine charakteristische Fällungsreaktion zu finden, so dass nur für eine der drei gegebenen Verbindungen eine Niederschlagsbildung zu erwarten ist. Dies ist im vorliegenden Fall recht leicht möglich. Von den drei jeweils vorliegenden Kationen $Ag^+$, $K^+$ und $Al^{3+}$ bildet nur das $Ag^+$-Ion mit Halogenid-Ionen schwer lösliche Niederschläge. Gibt man z. B. eine Chlorid- oder Bromid-Lösung zu, so fällt AgCl bzw. AgBr aus. Die Halogenide von $K^+$ und $Al^{3+}$ sind dagegen leicht löslich.

Von den drei Anionen $NO_3^-$, $Cl^-$ und $SO_4^{2-}$ bildet das Nitrat-Ion praktisch ausschließlich leicht lösliche Salze; Chlorid ließe sich mit $Ag^+$- oder $Pb^{2+}$-Ionen ausfällen, und das Sulfat beispielsweise mit $Sr^{2+}$ oder $Ba^{2+}$-Ionen. Ein Blick auf die im Labor vorhandenen Lösungen weist den Weg zur Lösung des Problems. Mit Kaliumbromid ist ein Halogenid vorhanden, das mit $Ag^+$-Ionen zu einem sehr schwer löslichen Halogenid, dem AgBr, reagiert. Die beiden anderen Kationen bilden mit $Br^-$ keinen Niederschlag, so dass die Lösung mit $AgNO_3$ identifiziert werden kann. Das Sulfat-Ion in der $Al_2(SO_4)_3$-Lösung lässt sich durch Zugabe von Barium-Ionen ausfällen; mit $Cl^-$ und $NO_3^-$ bilden diese dagegen keinen Niederschlag. Damit kann auch diese Lösung eindeutig zugeordnet werden. Die verbleibende Lösung, in der sich weder bei Zugabe von KBr noch von $Ba(NO_3)_2$ ein Niederschlag bildet, muss dann die KCl-Lösung sein. Zum Nachweis der Chlorid-Ionen wäre eine $Ag^+$-Lösung geeignet. Folgende Reaktionen laufen ab (wie in der vorherigen Aufgabe wurde auf den Zusatz $(aq)$ für die solvatisierten Ionen verzichtet):

$$AgNO_3\,(aq) + K^+ + Br^- \longrightarrow AgBr(s) + K^+ + NO_3^-$$

$$Al_2(SO_4)_3\,(aq) + 3\,Ba^{2+} + 6\,NO_3^- \longrightarrow 3\,BaSO_4(s) + 2\,Al^{3+} + 6\,NO_3^-$$

## Lösung 355

Im Dissoziationsgleichgewicht steht das feste Salz ($CaCl_2$) im Gleichgewicht mit hydratisierten $Ca^{2+}$- und $Cl^-$-Ionen.

$$CaCl_2(s) \longrightarrow Ca^{2+}(aq) + 2\,Cl^-(aq) \qquad \Delta H° < 0\ kJ/mol$$

Es ist zu prüfen, ob und wie die Änderungen den Ausdruck für den Massenwirkungsbruch $Q$ beeinflussen:

$$Q = c(Ca^{2+}(aq)) \cdot c^2(Cl^-(aq))$$

a) Da festes Calciumchlorid $CaCl_2$ (s) im Ausdruck für $Q$ nicht auftritt, beeinflusst eine Zugabe von weiterem festen $CaCl_2$ das Löslichkeitsgleichgewicht nicht.

b) Die Auflösung von $NaCl$ erhöht die Chlorid-Konzentration $c(Cl^-(aq))$; dadurch wird $Q > K_{eq}$. Die Reaktion verläuft nach links; es fällt $CaCl_2$ aus.

c) Die Konzentrationen von $Na^+$ und $NO_3^-$ kommen nicht im Ausdruck für $Q$ vor; daher führt die Zugabe von $NaNO_3$ zu keiner Beeinflussung des Löslichkeitsgleichgewichts.

d) Die Zugabe von reinem Wasser entspricht einer Verdünnung der Lösung; die Konzentrationen $c(Ca^{2+}(aq))$ und $c(Cl^-(aq))$ sinken daher. Damit wird $Q < K_{eq}$ und es geht festes $CaCl_2$ in Lösung.

e) Da die Reaktion exotherm ist, nimmt die Gleichgewichtskonstante $K_{eq}$ mit der Temperatur ab. Es wird weniger $CaCl_2$ gelöst.


## Lösung 356

a) Phosphorsäure ist eine dreiprotonige Säure; in Anwesenheit einer starken Base wie $Ca(OH)_2$ können alle drei Protonen abgegeben werden.

$$3\,Ca(OH)_2 + 2\,H_3PO_4 \longrightarrow Ca_3(PO_4)_2 + 6\,H_2O$$

b) Calciumphosphat dissoziiert in wässriger Lösung – wenn auch nur geringem Ausmaß – in die zugrunde liegenden Ionen:

$$Ca_3(PO_4)_2\,(s) \;\rightleftharpoons\; 3\,Ca^{2+}(aq) + 2\,PO_4^{3-}(aq)$$

c) Für das Löslichkeitsprodukt von Calciumphosphat gilt:

$$K_L = c^3(Ca^{2+}) \cdot c^2(PO_4^{3-})$$

Zur Berechnung der Sättigungskonzentration muss der Dissoziationsgleichung das Stoffmengen- bzw. Konzentrationsverhältnis von $Ca^{2+}$ und $PO_4^{3-}$ entnommen werden und der Ausdruck für das Löslichkeitsprodukt nach einer der beiden Konzentrationen aufgelöst werden:

$$c(PO_4^{3-}) = \frac{2}{3} \cdot c(Ca^{2+}) = x$$

$$K_L = \left(\frac{3}{2}x\right)^3 \cdot x^2 = \frac{27}{8}x^5 = 4,45 \cdot 10^{-30} \text{ mol}^5/L^5$$

$$\rightarrow \quad x = \sqrt[5]{\frac{8}{27} \cdot 4,45 \cdot 10^{-30}} \text{ mol/L} = 1,056 \cdot 10^{-6} \text{ mol/L}$$

$$\rightarrow \quad c(Ca^{2+})_{\text{Sätt}} = \frac{3}{2}x = 1,585 \cdot 10^{-6} \text{ mol/L}$$

## Lösung 357

a) Das Lösungsgleichgewicht lautet:

$$PbCl_2 (s) \rightleftharpoons Pb^{2+} (aq) + 2\,Cl^- (aq)$$

b) Für das Löslichkeitsprodukt gilt:

I)

$$K_L = c(Pb^{2+}) \cdot c^2(Cl^-) = 3,2 \cdot 10^{-20} \text{ mol}^3/L^3$$
$$= c(Pb^{2+}) \cdot [2\,c(Pb^{2+})]^2 = 4\,c^3(Pb^{2+})$$
$$\rightarrow \quad c(Pb^{2+}) = \sqrt[3]{\tfrac{1}{4} \cdot 3,2 \cdot 10^{-20} \text{ mol}^3/L^3} = 2,0 \cdot 10^{-7} \text{ mol/L}$$
$$n(Pb^{2+}) = c(Pb^{2+}) \cdot V = 2,0 \cdot 10^{-7} \text{ mol/L} \cdot 6\,L = 1,2 \cdot 10^{-6} \text{ mol}$$
$$m(Pb^{2+}) = n(Pb^{2+}) \cdot M(Pb^{2+}) = 1,2 \cdot 10^{-6} \text{ mol} \cdot 207 \text{ g/mol} = 0,25 \text{ mg}$$

II)

Gegenüber einer Chlorid-Konzentration von $10^{-2}$ mol/L kann weiteres aus der Dissoziation von $PbCl_2$ stammendes Chlorid vernachlässigt werden, d. h. $c\,(Cl^-) = 10^{-2}$ mol/L

$$\rightarrow \quad c(Pb^{2+}) = \frac{3,2 \cdot 10^{-20} \text{ mol}^3/L^3}{(10^{-2} \text{ mol/L})^2} = 3,2 \cdot 10^{-16} \text{ mol/L}$$

$$n(Pb^{2+}) = c(Pb^{2+}) \cdot V = 3,2 \cdot 10^{-16} \text{ mol/L} \cdot 6\,L = 1,9 \cdot 10^{-15} \text{ mol}$$
$$m(Pb^{2+}) = n(Pb^{2+}) \cdot M(Pb^{2+}) = 1,9 \cdot 10^{-15} \text{ mol} \cdot 207 \text{ g/mol} = 3,9 \cdot 10^{-13} \text{ g}$$

Man erkennt daraus, wie ein sogenannter „gleichioniger Zusatz", d. h. das Vorhandensein eines Ions, das auch in einem Dissoziationsgleichgewicht eines schwer löslichen Salzes steht, dessen Löslichkeit drastisch reduziert.

# Lösung 358

Die Auflösungsreaktion lautet:

$$Mg(OH)_2\,(s) \;\rightleftharpoons\; Mg^{2+}\,(aq) + 2\,OH^-\,(aq)$$

| | $Mg^{2+}$ | $OH^-$ |
|---|---|---|
| $c$ (Anfang) / mol L$^{-1}$ | 0 | 0,010 |
| $c$ (Gleichgewicht) / mol L$^{-1}$ | $\Delta c$ | $0,010 + 2\,\Delta c$ |

Aufgrund des pH-Wertes von 12 in der NaOH-Lösung beträgt die OH$^-$-Konzentration in der Lösung zu Beginn 0,010 mol/L. Für das Löslichkeitsprodukt gilt:

$$K_L = c(Mg^{2+}) \cdot c^2(OH^-) = 1,8 \cdot 10^{-11}\ \text{mol}^3/\text{L}^3$$

$$K_L = \Delta c \cdot (0,010 + 2\,\Delta c)^2 = 1,8 \cdot 10^{-11}\ \text{mol}^3/\text{L}^3 \approx \Delta c \cdot (0,010)^2$$

$$\to \Delta c \approx 1,8 \cdot 10^{-7}\ \text{mol/L}$$

Da $K_L$ klein ist, kann der Beitrag $2\,\Delta c$ gegenüber 0,010 mol/L an OH$^-$-Ionen vernachlässigt werden; das Ergebnis bestätigt diese Annahme. Für die in einem Liter der NaOH-Lösung in Lösung gehende Masse an Mg(OH)$_2$ ergibt sich:

$$m\,(Mg(OH)_2) = n\,(Mg(OH)_2) \cdot M\,(Mg(OH)_2)$$

$$= \Delta c\,(Mg(OH)_2) \cdot V \cdot M(Mg(OH)_2)$$

$$= 1,8 \cdot 10^{-7}\ \text{mol/L} \cdot 1,0\ \text{L} \cdot (24,30 + 2 \cdot 16,00 + 2 \cdot 1,008)\ \text{g/mol}$$

$$= 1,8 \cdot 10^{-7}\ \text{mol} \cdot 58,32\ \text{g/mol} = 1,05 \cdot 10^{-5}\ \text{g}$$

# Lösung 359

a) Aragonit (Calciumcarbonat) steht im Lösungsgleichgewicht mit Ca$^{2+}$ und CO$_3^{2-}$. Kohlendioxid als Verbrennungsprodukt fossiler Brennstoffe löst sich in Wasser zum Teil physikalisch, zum Teil unter Bildung von Kohlensäure (H$_2$CO$_3$). Diese reagiert mit Calciumcarbonat unter Bildung des löslichen Hydrogencarbonats.

$$CaCO_3\,(s) \;\rightleftharpoons\; Ca^{2+}\,(aq) + CO_3^{2-}\,(aq)$$

$$CO_2\,(g) + H_2O\,(l) \;\rightleftharpoons\; H_2CO_3\,(aq)$$

$$CaCO_3\,(s) + CO_2\,(g) + H_2O\,(l) \;\rightleftharpoons\; Ca^{2+}\,(aq) + 2\,HCO_3^-\,(aq)$$

b) Aus der Dissoziationsgleichung für CaCO$_3$ ergibt sich der folgende Ausdruck für das Löslichkeitsprodukt. Daraus lässt sich leicht die Sättigungskonzentration $c_S$ errechnen:

$$K_L = c(Ca^{2+}) \cdot c(CO_3^{2-}) = 4,9 \cdot 10^{-9}\ \frac{\text{mol}^2}{\text{L}^2}$$

$$\rightarrow \quad c_S(Ca^{2+}) = c_S(CaCO_3) = \sqrt{4,9 \cdot 10^{-9} \frac{mol^2}{L^2}} = 7,0 \cdot 10^{-5} \frac{mol}{L}$$

$$\rightarrow \quad \beta_S(CaCO_3) = c_S(CaCO_3) \cdot M(CaCO_3) = 7,0 \cdot 10^{-5} \frac{mol}{L} \cdot 100 \frac{g}{mol} = 7,0 \, g/m^3$$

c) Durch die Anwesenheit von $CaCl_2$ wird die Löslichkeit von $CaCO_3$ erheblich erniedrigt; die Anwesenheit von NaCl spielt, da kein gemeinsames Ion mit $CaCO_3$ vorliegt, zumindest näherungsweise keine Rolle. Da $CaCl_2$ leicht löslich ist und daher vollständig dissoziiert vorliegt, beträgt die $Ca^{2+}$-Konzentration 0,10 mol/L. Gegenüber dieser Konzentration kann zusätzliches, aus $CaCO_3$ stammendes $Ca^{2+}$ vernachlässigt werden:

$$K_L = c(Ca^{2+}) \cdot c(CO_3^{2-}) \approx 0,10 \frac{mol}{L} \cdot c(CO_3^{2-}) = 4,9 \cdot 10^{-9} \frac{mol^2}{L^2}$$

$$\rightarrow \quad c_S(CO_3^{2-}) = c_S(CaCO_3) = 4,9 \cdot 10^{-8} \frac{mol}{L}$$

$$\rightarrow \quad \beta_S(CaCO_3) = c_S(CaCO_3) \cdot M(CaCO_3) = 4,9 \cdot 10^{-8} \frac{mol}{L} \cdot 100 \frac{g}{mol} = 4,9 \, mg/m^3$$

Die Löslichkeit verringert sich also um mehr als den Faktor $10^3$.

# Lösung 360

a) Man beobachtet die Ausfällung von Calciumphosphat:

$$3 \, Ca^{2+}(aq) + 2 \, PO_4^{3-}(aq) \longrightarrow Ca_3(PO_4)_2 \, (s)$$

b) Man berechnet zunächst die Stoffmengen der Edukte:

$$n(Ca^{2+}) = c(Ca^{2+}) \cdot V(Ca^{2+}) = 0,25 \, mol/L \cdot 0,15 \, L = 0,0375 \, mol$$

$$n(PO_4^{3-}) = c(PO_4^{3-}) \cdot V(PO_4^{3-}) = 0,20 \, mol/L \cdot 0,10 \, L = 0,020 \, mol$$

Aufgrund der Stöchiometrie der Reaktion werden die 0,020 mol Phosphat vollständig unter Bildung von 0,010 mol $Ca_3(PO_4)_2$ ausgefällt; dafür werden 0,030 mol $Ca^{2+}$-Ionen benötigt.

In Lösung verbleiben also 0,0075 mol $Ca^{2+}$, ferner $2 \cdot 0,0375 = 0,075$ mol $Cl^-$ Ionen und $3 \cdot 0,020 = 0,060$ mol $K^+$-Ionen. Das Gesamtvolumen beträgt dann 250 mL.

Daraus errechnen sich folgende Konzentrationen in der Lösung:

$$c(Ca^{2+}) = \frac{n(Ca^{2+})}{V} = \frac{0,0075 \, mol}{0,25 \, L} = 0,030 \, mol/L$$

$$c(K^+) = \frac{n(K^+)}{V} = \frac{0,060 \, mol}{0,25 \, L} = 0,24 \, mol/L$$

$$c(Cl^-) = \frac{n(Cl^-)}{V} = \frac{0,075 \, mol}{0,25 \, L} = 0,30 \, mol/L$$

c) Säuert man die CaCl$_2$-Lösung vor der Zugabe zur Phosphat-Lösung an, so unterbleibt die Fällung, sofern die zugegebene Stoffmenge an H$^+$-Ionen größer ist, als die Stoffmenge an Phosphat. Dann wird PO$_4$$^{3-}$ vollständig in HPO$_4$$^{2-}$ (oder H$_2$PO$_4$$^-$) umgewandelt; die entsprechenden Ca-Salze sind wesentlich besser löslich.

$$n(\text{H}^+) = c(\text{H}^+) \cdot V(\text{H}^+) = 10 \text{ mol/L} \cdot 0,0030 \text{ L} = 0,030 \text{ mol}$$

Die zugegebene Stoffmenge $n$ (H$^+$) ist > 20 mmol, so dass das gesamte PO$_4$$^{3-}$ protoniert wird.


# Lösung 361

a) Arsen(III)-oxid enthält das Arsen in der Oxidationsstufe +3; die Summenformel lautet daher As$_2$O$_3$ und die Reaktionsgleichung für die Bildung aus den Elementen

$$4 \text{As}(s) + 3 \text{O}_2(g) \longrightarrow 2 \text{As}_2\text{O}_3(s)$$

b) Bei der Hydrolyse des Arsen(III)-oxids zum Arsenit-Ion bleibt die Oxidationsstufe des Arsens erhalten:

$$\text{As}_2\text{O}_3(s) + 6 \text{OH}^-(aq) \longrightarrow 2 \text{AsO}_3^{3-}(aq) + 3 \text{H}_2\text{O}(l)$$

c) Für die Bildung des Arsen(III)-sulfids (As$_2$S$_3$) lautet die Gleichung:

$$2 \text{AsO}_3^{3-}(aq) + 3 \text{Na}_2\text{S}(aq) + 6 \text{H}_2\text{O} \longrightarrow \text{As}_2\text{S}_3(s) + 6 \text{Na}^+(aq) + 12 \text{OH}^-(aq)$$

d) Die Dissoziationsgleichung für das Arsen(III)-sulfid lautet:

$$\text{As}_2\text{S}_3(s) \longrightarrow 2 \text{As}^{3+}(aq) + 3 \text{S}^{2-}(aq)$$

Lösen sich in einem Liter Wasser $10^{-15}$ mol As$_2$S$_3$, so hat man $2 \cdot 10^{-15}$ mol As$^{3+}$-Ionen und $3 \cdot 10^{-15}$ mol S$^{2-}$-Ionen (die aufgrund ihrer Basizität z. T. mit Wasser reagieren) in Lösung.

Für das Silber(I)-sulfid gilt:

$$K_\text{L} = c^2(\text{Ag}^+) \cdot c(\text{S}^{2-}) = 2 \cdot 10^{-48} \text{ mol}^3/\text{L}^3$$

$$c(\text{Ag}^+) = 2 c(\text{S}^{2-})$$

$$\rightarrow \quad [2 c(\text{S}^{2-})]^2 \cdot c(\text{S}^{2-}) = 4 c^3(\text{S}^{2-}) = 2 \cdot 10^{-48} \text{ mol}^3/\text{L}^3$$

$$\rightarrow \quad c(\text{S}^{2-}) = \sqrt[3]{0,5 \cdot 10^{-48} \text{ mol}^3/\text{L}^3} = 7,9 \cdot 10^{-17} \text{ mol/L}$$

$$\rightarrow \quad c(\text{Ag}^+) \approx 1,6 \cdot 10^{-16} \text{ mol/L}$$

Die Konzentration an Arsen(III)-Ionen im Gleichgewicht mit As$_2$S$_3$ ist also etwas höher als diejenige der Silber(I)-Ionen im Gleichgewicht mit Ag$_2$S.

## Lösung 362

a) Die Auflösungsreaktion lautet:

$$PbI_2(s) \; \rightleftharpoons \; Pb^{2+}(aq) + 2\,I^-(aq)$$

Für die Lösung in reinem Wasser gilt:

|                                      | $Pb^{2+}$ | $I^-$      |
| ------------------------------------ | --------- | ---------- |
| $c$ (Anfang) / mol $L^{-1}$          | 0         | 0          |
| $c$ (Gleichgewicht) / mol $L^{-1}$   | $\Delta c$ | $2\,\Delta c$ |

$$K_L = c(Pb^{2+}) \cdot c^2(I^-) = 8{,}49 \cdot 10^{-9} \; mol^3/L^3$$

$$K_L = \Delta c \cdot (2\,\Delta c)^2 = 4\,\Delta c^3 = 8{,}49 \cdot 10^{-9} \; mol^3/L^3$$

$$\rightarrow \Delta c = \sqrt[3]{\frac{8{,}49 \cdot 10^{-9}}{4}} \; mol/L = 1{,}28 \cdot 10^{-3} \; mol/L$$

$$\beta_{Sätt.}(PbI_2) = c_{Sätt.}(PbI_2) \cdot M_r(PbI_2)$$

$$\beta_{Sätt.}(PbI_2) = 1{,}28 \cdot 10^{-3} \; mol/L \cdot 461\,g/mol = 0{,}592 \; g/L$$

b) In Anwesenheit von NaI wird die Löslichkeit von $PbI_2$ wesentlich niedriger sein, da eine hohe Konzentration des gemeinsamen $I^-$-Ions vorliegt:

|                                      | $Pb^{2+}$  | $I^-$             |
| ------------------------------------ | ---------- | ----------------- |
| $c$ (Anfang) / mol $L^{-1}$          | 0          | 0,10              |
| $c$ (Gleichgewicht) / mol $L^{-1}$   | $\Delta c$ | $0{,}10 + 2\,\Delta c$ |

$$K_L = c(Pb^{2+}) \cdot c^2(I^-) = 8{,}49 \cdot 10^{-9} \; mol^3/L^3$$

$$K_L = \Delta c \cdot (0{,}10 + 2\,\Delta c)^2 \approx \Delta c \cdot (0{,}10)^2 = 8{,}49 \cdot 10^{-9} \; mol^3/L^3$$

$$\rightarrow \Delta c \approx 8{,}5 \cdot 10^{-7} \; mol/L$$

Da $K_L$ klein ist, kann der Beitrag $\Delta c$ an $I^-$ aus der Dissoziation gegenüber der hohen $I^-$-Konzentration aus dem vollständig dissoziierenden NaI vernachlässigt werden.

$$\beta_{Sätt.}(PbI_2) = c_{Sätt.}(PbI_2) \cdot M(PbI_2)$$

$$\beta_{Sätt.}(PbI_2) = 8{,}5 \cdot 10^{-7} \; mol/L \cdot 461\,g/mol = 3{,}92 \cdot 10^{-4} \; g/L$$

Vergleichen Sie mit dem Ergebnis in Abwesenheit von NaI!

# Lösung 363

a) Die Löslichkeit von BaCO$_3$ ist gleich der Sättigungskonzentration an Ba$^{2+}$ bzw. an CO$_3^{2-}$-Ionen; diese ergibt sich einfach aus der Wurzel des Löslichkeitsprodukts.

$$K_L(BaCO_3) = c(Ba^{2+}) \cdot c(CO_3^{2-}) = 1{,}6 \cdot 10^{-9} \ mol^2/L^2$$

$$\rightarrow \ c(Ba^{2+}) = c(CO_3^{2-}) = \sqrt{1{,}6 \cdot 10^{-9}} \ mol/L = 4{,}0 \cdot 10^{-5} \ mol/L$$

Silbercarbonat besitzt eine andere stöchiometrische Zusammensetzung; da Ag$^+$ einwertig ist, liegen im Dissoziationsgleichgewicht mit festem Ag$_2$CO$_3$ zwei Ag$^+$-Ionen pro Carbonat-Ion vor. Zur Berechnung der Löslichkeit muss nach der Konzentration einer der beiden Ionen aufgelöst werden.

$$K_L(Ag_2CO_3) = c^2(Ag^+) \cdot c(CO_3^{2-}) = 8{,}2 \cdot 10^{-12} \ mol^3/L^3$$

$$\rightarrow \ c(Ag^+) = 2\,c(CO_3^{2-})$$

$$\rightarrow \ 4\,c^2(CO_3^{2-}) \cdot c(CO_3^{2-}) = 8{,}2 \cdot 10^{-12} \ mol^3/L^3$$

$$\rightarrow \ c(CO_3^{2-}) = \sqrt[3]{\frac{1}{4} \cdot 8{,}2 \cdot 10^{-12}} = 1{,}27 \cdot 10^{-4} \ mol/L$$

Die Sättigungskonzentration von Ag$_2$CO$_3$ entspricht der Sättigungskonzentration an Carbonat-Ionen; diese ist höher als für Bariumcarbonat. Die Löslichkeit von BaCO$_3$ ist also geringer.

b) Carbonat-Ionen zeigen deutlich basische Eigenschaften. Sie lassen sich deshalb durch Reaktion mit einer starken Säure aus dem Dissoziationsgleichgewicht entfernen, wobei Kohlensäure gebildet wird, welche leicht zu CO$_2$ und Wasser zerfällt. CO$_2$ ist leicht flüchtig und entweicht daher, so dass das Gleichgewicht vollständig auf die rechte Seite verschoben wird.

$$BaCO_3\,(s) + 2\,HCl(aq) \longrightarrow Ba^{2+}\,(aq) + 2\,Cl^-\,(aq) + CO_2(g) + H_2O$$

Das Gleichgewicht kann auch dadurch verschoben werden, dass die Ba$^{2+}$-Ionen aus dem Gleichgewicht entfernt werden. Dies ist durch Komplexbildung möglich, wobei allerdings ein starker Chelatligand benötigt wird, da die Erdalkalimetall-Ionen, welche bereits eine Edelgasschale besitzen, nur wenige hinreichend stabile Komplexe bilden. Ein geeigneter Ligand ist H$_2$EDTA$^{2-}$ („Titriplex III").

$$BaCO_3(s) + H_2EDTA^{2-}\,(aq) \longrightarrow [BaEDTA]^{2-}\,(aq) + CO_2(g) + H_2O$$

# Lösung 364

In einer konzentrierten Ammoniak-Lösung geht der Niederschlag von AgCl unter Bildung des [Ag(NH$_3$)$_2$]$^+$-Komplexes in Lösung:

$$AgCl\,(s) + 2\,NH_3\,(aq) \rightleftharpoons [Ag(NH_3)_2]^+\,(aq) + Cl^-(aq)$$

Für die Komplexbildungskonstante des Diamminsilber(I)-Komplexes gilt:

$$K_B = \frac{c\left([Ag(NH_3)_2]^+\right)}{c(Ag^+) \cdot c^2(NH_3)} = 10^7 \, L^2/mol^2 \rightarrow c(Ag^+) = \frac{c\left([Ag(NH_3)_2]^+\right)}{K_B \cdot c^2(NH_3)}$$

Setzt man diese geringe $Ag^+$-Konzentration in den Ausdruck für das Löslichkeitsprodukt von AgCl ein, erhält man

$$K_L = c(Ag^+) \cdot c(Cl^-) = 10^{-10} \, mol^2/L^2 = \frac{c\left([Ag(NH_3)_2]^+\right) \cdot c(Cl^-)}{K_B \cdot c^2(NH_3)}$$

Aus der Gleichung für die Auflösung von AgCl unter Bildung des Ammin-Komplexes folgt:

$$c(Cl^-) = c\left([Ag(NH_3)_2]^+\right) = \sqrt{K_L \cdot K_B \cdot c^2(NH_3)}$$

$$= \sqrt{10^{-10} \, mol^2/L^2 \cdot 10^7 \, L^2/mol^2 \cdot (10 \, mol/L)^2}$$

$$c(Cl^-) = \sqrt{0{,}1} \, mol/L = 0{,}31 \, mol/L$$

Die in 100 mL aufgeschlämmte Masse von 1,0 g AgCl entspricht einer Stoffmenge an Chlorid-Ionen von

$$n(Cl^-) = \frac{m(AgCl)}{M(AgCl)} = \frac{1{,}0 \, g}{143{,}3 \, g/mol} = 6{,}98 \cdot 10^{-3} \, mol,$$

entsprechend einer Konzentration von $c = 6{,}98 \cdot 10^{-2}$ mol/L. Da sich in der konzentrierten $NH_3$-Lösung bis zu 0,31 mol/L AgCl lösen könnten, geht das feste AgCl vollständig in Lösung. Das Löslichkeitsprodukt von AgI ist wesentlich niedriger als dasjenige von AgCl; das Iodid ist also schwerer löslich.

Eine analoge Betrachtung wie oben ergibt:

In einer konzentrierten Ammoniak-Lösung geht ein Niederschlag von AgI nicht unter Bildung des $[Ag(NH_3)_2]^+$-Komplexes in Lösung:

$$AgI(s) + 2 \, NH_3(aq) \rightleftharpoons [Ag(NH_3)_2]^+(aq) + I^-(aq)$$

Setzt man die $Ag^+$-Konzentration in den Ausdruck für das Löslichkeitsprodukt von AgI ein, erhält man

$$K_L = c(Ag^+) \cdot c(I^-) = 10^{-16} \, mol^2/L^2 = \frac{c\left([Ag(NH_3)_2]^+\right) \cdot c(I^-)}{K_B \cdot c^2(NH_3)}$$

Aus der Gleichung für die Auflösung von AgI unter Bildung des Ammin-Komplexes folgt:

$$c(I^-) = c\left([Ag(NH_3)_2]^+\right) = \sqrt{K_L \cdot K_B \cdot c^2(NH_3)}$$

$$= \sqrt{10^{-16} \, mol^2/L^2 \cdot 10^7 \, L^2/mol^2 \cdot (10 \, mol/L)^2}$$

$$c(I^-) = \sqrt{10^{-7}} \, mol/L = 3{,}16 \cdot 10^{-4} \, mol/L$$

Die in 100 mL aufgeschlämmte Masse von 1,0 g AgI entspricht einer Stoffmenge an Iodid-Ionen von

$$n(\text{I}^-) = \frac{m(\text{AgI})}{M(\text{AgI})} = \frac{1,0 \text{ g}}{234,8 \text{ g/mol}} = 4,26 \cdot 10^{-3} \text{ mol},$$

entsprechend einer Konzentration von $4,26 \cdot 10^{-2}$ mol/L. Das Löslichkeitsprodukt von AgI bleibt also auch in Anwesenheit von konzentriertem Ammoniak überschritten, d. h. die Komplexbildungskonstante für die Bildung des Diamminsilber(I)-Komplexes ist nicht groß genug, um das oben formulierte Gleichgewicht zwischen AgI und $[\text{Ag(NH}_3)_2]^+$ auf die Seite des Komplexes zu verschieben und dadurch das AgI in Lösung zu bringen.

Aber auch AgI kann durch Komplexbildung wieder gelöst werden, wenn ein stärkerer Ligand als Ammoniak (mit höherer Komplexbildungskonstante) verwendet wird. Ein solcher Ligand ist das Cyanid-Ion, für das folgendes Gleichgewicht weit auf der rechten Seite liegt:

$$\text{AgI}(s) + 2\,\text{CN}^-(aq) \;\rightleftharpoons\; [\text{Ag(CN)}_2]^-(aq) + \text{I}^-(aq)$$

## Lösung 365

a) In einer idealen Lösung (bestehend aus den beiden Komponenten A und B) sind die Wechselwirkungen zwischen den unterschiedlichen Teilchen (A und B) genauso stark, wie diejenigen zwischen den A-Teilchen bzw. den B-Teilchen untereinander. Dagegen sind in realen Lösungen die Wechselwirkungen A–A, A–B und B–B unterschiedlich. Bezeichnet man mit $p_A$ den Dampfdruck der Komponente A in der Lösung und mit $p^*_A$ den Dampfdruck der reinen Flüssigkeit A, so gilt für eine ideale Lösung das Raoult'sche Gesetz. Es besagt, dass der Quotient $p_A / p^*_A$ im ganzen Bereich von reinem A bis zu reinem B proportional zum Stoffmengenanteil $\chi_A$ von A ist:    $p_A = \chi_A \cdot p^*_A$.

Für eine ideale Lösung ist die Enthalpieänderung, die beim Mischen der beiden Komponenten auftritt, gleich Null; Triebkraft für die Ausbildung der Mischung ist die Zunahme der Entropie.

b) Ethanol-Wasser-Mischungen zeigen starke Abweichungen vom idealen Verhalten einer Lösung. Solche Abweichungen können zu Maxima oder Minima in der Siedepunktskurve der Mischung führen. Ein Minimum bedeutet, dass die Mischung weniger stabil ist, als eine ideale Mischung, d. h. die A–B-Wechselwirkungen sind schwächer. Ethanol-Wasser-Mischungen beispielsweise zeigen dieses Verhalten. Die Siedepunktskurve besitzt ein Minimum bei ca. 78 °C und einem Stoffmengenanteil an Ethanol von 0,96. Am Kopf der Destillationskolonne entweicht daher das sogenannte Azeotrop (96%iges Ethanol).

# Lösung 366

Vitamin E (Tocopherol) weist eine ausgedehnte Kohlenwasserstoffstruktur auf; diesem (relativ großen) unpolaren Molekülteil steht nur eine einzige polare OH-Gruppe gegenüber:

Tocopherol          Ascorbinsäure

Es handelt sich also insgesamt um ein weitgehend unpolares Molekül, das sich nur sehr wenig in Wasser, gut aber in unpolaren Lösungsmitteln und in Fett löst. Vitamin C (Ascorbinsäure) ist im Gegensatz dazu eine stark polare Verbindung mit mehreren polaren Hydroxygruppen. Ascorbinsäure ist sehr gut wasserlöslich und wird daher vom Körper leicht mit dem Urin ausgeschieden, während das fettlösliche Vitamin auf diesem Weg den Körper nicht verlassen kann.

# Lösung 367

Saccharose als Feststoff besitzt nur einen sehr geringen Dampfdruck und trägt damit praktisch nicht zum Dampfdruck der Lösung bei. Zur dessen Berechnung nach dem Raoult'schen Gesetz wird der Stoffmengenanteil des Wassers in der Lösung benötigt. Hierfür sind zunächst die Stoffmengen beider Komponenten zu ermitteln:

$$n(C_{12}H_{22}O_{11}) = \frac{m(C_{12}H_{22}O_{11})}{M(C_{12}H_{22}O_{11})} = \frac{98,5 \text{ g}}{342,4 \text{ g/mol}} = 0,2878 \text{ mol}$$

$$n(H_2O) = \frac{\rho(H_2O) \cdot V(H_2O)}{M(H_2O)} = \frac{1,00 \text{ g/mL} \cdot 250 \text{ mL}}{18,02 \text{ g/mol}} = 13,87 \text{ mol}$$

Daraus ergibt sich für den Stoffmengenanteil des Wassers:

$$\chi(H_2O) = \frac{n(H_2O)}{n(H_2O) + n(C_{12}H_{22}O_{11})} = \frac{13,87 \text{ mol}}{13,87 \text{ mol} + 0,2878 \text{ mol}} = 0,9794$$

Damit ergibt sich für den Dampfdruck der Lösung:

$$p = \chi(H_2O) \cdot p^*(H_2O) = 0,9794 \cdot 31,3 \text{ mbar} = 30,7 \text{ mbar}$$

# Lösung 368

Die Massenanteile müssen zunächst in die Stoffmengenanteile umgerechnet werden:

$$\chi(\text{Benzol}) = \frac{\omega(\text{Benzol}) \,/\, M(\text{Benzol})}{\omega(\text{Benzol}) \,/\, M(\text{Benzol}) \,+\, \omega(\text{Toluol}) \,/\, M(\text{Toluol})}$$

$$\chi(\text{Benzol}) = \frac{0,24 \,/\, 78,11\,\text{g/mol}}{0,24 \,/\, 78,11\,\text{g/mol} \,+\, 0,76 \,/\, 92,13\,\text{g/mol}} = 0,271$$

$$\chi(\text{Toluol}) = 1 - \chi(\text{Benzol}) = 0,729$$

Damit ergibt sich für die Dampfdrücke:

$$p(\text{Benzol}) = \chi(\text{Benzol}) \cdot p^*(\text{Benzol}) = 0,271 \cdot 0,124\,\text{bar} = 0,0336\,\text{bar}$$

$$p(\text{Toluol}) = \chi(\text{Toluol}) \cdot p^*(\text{Toluol}) = 0,729 \cdot 0,0374\,\text{bar} = 0,0273\,\text{bar}$$

$$p = p(\text{Benzol}) + p(\text{Toluol}) = 0,0609\,\text{bar}$$

Für die Stoffmengenanteile in der Gasphase erhält man:

$$\chi(\text{Benzol}) = \frac{p(\text{Benzol})}{p} = \frac{0,0336}{0,0609} = 0,552$$

$$\chi(\text{Toluol}) = \frac{p(\text{Toluol})}{p} = \frac{0,0273}{0,0609} = 0,448$$

Daraus lässt sich auf den Massenanteil zurückrechnen:

$$\omega(\text{Benzol}) = \frac{m(\text{Benzol})}{m(\text{Benzol}) + m(\text{Toluol})}$$

$$\omega(\text{Benzol}) = \frac{\chi(\text{Benzol}) \cdot M(\text{Benzol})}{\chi(\text{Benzol}) \cdot M(\text{Benzol}) \,+\, \chi(\text{Toluol}) \cdot M(\text{Toluol})}$$

$$\omega(\text{Benzol}) = \frac{0,552 \cdot 78,11}{0,552 \cdot 78,11 \,+\, 0,448 \cdot 92,13} = 0,512$$

Man erkennt, dass Benzol, die wesentlich leichter flüchtige Komponente in der Lösung, in der Gasphase deutlich angereichert ist.

# Lösung 369

Der Stoffmengenanteil an NaCl ergibt sich aus dem Verhältnis der Dampfdrücke der Lösung und des reinen Wassers. Dabei ist zu berücksichtigen, dass NaCl vollständig dissoziiert vorliegt, d. h. 1 mol NaCl ergibt in Lösung 2 mol Ionen. Die Gesamtstoffmenge ist daher gleich der doppelten Stoffmenge an NaCl ($\rightarrow Na^+ + Cl^-$) plus der Stoffmenge an Wasser. Damit ergibt sich:

$$p = \chi(H_2O) \cdot p^*(H_2O)$$

$$\chi(H_2O) = \frac{p}{p^*(H_2O)} = \frac{n(H_2O)}{n(H_2O) + 2n(NaCl)} = \frac{0,338}{0,418} = 0,8086$$

$$\rightarrow \quad \chi(H_2O) \cdot [n(H_2O) + 2n(NaCl)] = n(H_2O)$$

$$n(NaCl) = \frac{n(H_2O) - \chi(H_2O) \cdot n(H_2O)}{2 \cdot \chi(H_2O)}$$

$$n(NaCl) = \frac{1,20 \text{ mol } (1 - 0,8086)}{2 \cdot 0,8086} = 0,142 \text{ mol}$$

$$m(NaCl) = n(NaCl) \cdot M(NaCl) = 0,142 \text{ mol } \cdot 58,44 \text{ g/mol} = 8,30 \text{ g}$$

## Lösung 370

Das Raoult'sche Gesetz liefert den Zusammenhang zwischen dem Dampfdruck einer Lösung und dem Stoffmengenanteil des Lösungsmittels. Um diesen zu berechnen müssen zunächst die Stoffmengen von der gelösten Saccharose und dem Lösungsmittel Wasser ermittelt werden.

Für die molare Masse der Saccharose erhält man aus der Summe der Atommassen den Wert 342,3 g/mol; die von Wasser beträgt 18,02 g/mol. Damit erhält man folgende Stoffmengen:

$$n(C_{12}H_{22}O_{11}) = \frac{m(C_{12}H_{22}O_{11})}{M(C_{12}H_{22}O_{11})} = \frac{100 \text{ g}}{342,3 \text{ g/mol}} = 0,292 \text{ mol}$$

$$n(H_2O) = \frac{m(H_2O)}{M(H_2O)} = \frac{\rho(H_2O) \cdot V(H_2O)}{M(H_2O)} = \frac{1,0 \text{ g/mL} \cdot 300 \text{ mL}}{18,02 \text{ g/mol}} = 16,65 \text{ mol}$$

Damit kann der Stoffmengenanteil des Wassers in der Lösung berechnet werden:

$$\chi(H_2O) = \frac{n(H_2O)}{n(H_2O) + n(C_{12}H_{22}O_{11})} = \frac{16,65 \text{ mol}}{16,65 \text{ mol} + 0,292 \text{ mol}} = 0,983$$

Der Dampfdruck des reinen Wassers, umgerechnet in die Einheit bar, beträgt:

$$p^*(H_2O) = \frac{23,8 \text{ Torr}}{760 \text{ Torr}} \cdot 1,00 \text{ bar} = 3,13 \cdot 10^{-2} \text{ bar}$$

Einsetzen in das Raoult'sche Gesetz ergibt dann für den Dampfdruck der Lösung:

$$p_{\text{Solution}} = \chi(H_2O) \cdot p^*(H_2O) = 0,983 \cdot 3,13 \cdot 10^{-2} \text{ bar} = 3,08 \cdot 10^{-2} \text{ bar}$$

Der Dampfdruck der Lösung ist also nur geringfügig gegenüber reinem Wasser verringert, da der Stoffmengenanteil des Wassers als Lösungsmittels aufgrund seiner kleinen molaren Masse typischerweise sehr hoch ist.

# Lösung 371

Die in der wässrigen Phase vorliegende Stoffmenge der bioaktiven Komponente sei $n$. Dann gilt für einmalige Extraktion („Ausschütteln") mit 2 L Ether:

$$\frac{c(\text{aktive Komponente})_{\text{Ether}}}{c(\text{aktive Komponente})_{\text{Wasser}}} = 10 = \frac{n(\text{aktive Komponente})_{\text{Ether}} \cdot V_{\text{Wasser}}}{n(\text{aktive Komponente})_{\text{Wasser}} \cdot V_{\text{Ether}}}$$

$$\frac{n(\text{aktive Komponente})_{\text{Ether}}}{n(\text{aktive Komponente})_{\text{Wasser}}} = 10 \cdot \frac{V_{\text{Ether}}}{V_{\text{Wasser}}} = 2$$

d. h. von der gesamten Stoffmenge $n$ der bioaktiven Komponente können 2/3 in die organische Ether-Phase extrahiert werden.

Bei zweimaligem Ausschütteln mit je 1 L erhält man für den ersten Schritt:

$$\frac{c(\text{aktive Komponente})_{\text{Ether}}}{c(\text{aktive Komponente})_{\text{Wasser}}} = 10 = \frac{n(\text{aktive Komponente})_{\text{Ether}} \cdot V_{\text{Wasser}}}{n(\text{aktive Komponente})_{\text{Wasser}} \cdot V_{\text{Ether}}}$$

$$\frac{n(\text{aktive Komponente})_{\text{Ether}}}{n(\text{aktive Komponente})_{\text{Wasser}}} = 10 \cdot \frac{V_{\text{Ether}}}{V_{\text{Wasser}}} = 1$$

d. h. die Hälfte der bioaktiven Komponente ist in die Ether-Phase extrahiert worden.

Anschließend wird erneut 1 L Ether zu den 10 L wässrigen Extrakts gegeben. Dadurch wird erneut die Hälfte des noch in der wässrigen Lösung vorhandenen bioaktiven Materials in die Ether-Phase extrahiert. In der wässrigen Phase verbleibt also

$$n(\text{aktive Komponente})_{\text{Wasser}} = \frac{1}{2} \cdot \frac{1}{2} \cdot n(\text{aktive Komponente})_{\text{Wasser (Anfang)}}$$

$$= \frac{1}{4} \cdot n(\text{aktive Komponente})_{\text{Wasser (Anfang)}}$$

d. h. drei Viertel (75 %) der aktiven Komponente sind extrahiert worden, gegenüber 66,6 % bei einmaligem Ausschütteln mit dem Gesamtvolumen an Extraktionsmittel.

Generell ist (bei Verwendung gleicher Gesamtvolumina an Extraktionsmittel) mehrmaliges Ausschütteln (d. h. Einstellung des Verteilungsgleichgewichts) mit kleineren Volumina effektiver als einmaliges Ausschütteln mit einem größeren Volumen.

# Lösung 372

Für verdünnte Lösungen gilt:

$\Delta T = K_G \cdot c_m$, wobei $c_m$ die Molalität der Lösung ist. Die gegebene Mischung ist sicher keine verdünnte Lösung mehr, so dass kein exaktes Ergebnis zu erwarten ist.

Die molare Masse von Ethylenglycol errechnet sich zu 62,07 g/mol.

Die Stoffmenge ist dann:

$$n = \frac{m}{M} = \frac{2,00 \cdot 10^3 \text{ g}}{62,07 \text{ g/mol}} = 32,2 \text{ mol}$$

5,00 L Wasser entsprechen in guter Näherung einer Masse von 5,00 kg; dann beträgt die Molalität der Mischung:

$$c_m = \frac{32,2 \text{ mol}}{5,00 \text{ kg}} = 6,44 \text{ mol/kg}$$

Einsetzen in obige Gleichung ergibt:

$$\Delta T = K_G \cdot c_m = 1,86 \text{ K kg/mol} \cdot 6,44 \text{ mol/kg} = 12,0 \text{ K}$$

Die Gefrierpunktserniedrigung beträgt also nur ca. 12 K; d. h. der Frostschutz wirkt bis zu einer Temperatur von $-12$ °C. Für einen Winter in Sibirien dürfte das zu wenig sein.

## Lösung 373

Die Gefrierpunktserniedrigung ist eine sogenannte kolligative Eigenschaft, d. h. der Gefrierpunkt einer Lösung wird durch die Stoffmenge der darin gelösten Teilchen bestimmt. Je größer diese Stoffmenge (und damit die Molalität der Lösung), desto niedriger ist der Gefrierpunkt, desto stärker also die Gefrierpunktserniedrigung. Für die in der Aufgabe genannten Lösungen ist daher jeweils die Stoffmenge an freien gelösten Teilchen zu ermitteln, d. h. es muss neben der Konzentration der gelösten Substanz berücksichtigt werden, ob (und in welchem Ausmaß) der Stoff dissoziiert.

Dabei sind KCl und $MgCl_2$ leicht lösliche Salze, die vollständig in ihre Ionen dissoziieren; HCl ist eine starke Säure und dissoziiert ebenfalls vollständig. Dagegen dissoziiert die schwache Essigsäure ($CH_3COOH$) nur zu einem sehr geringen Anteil, ebenso das schwer lösliche Salz Hydroxylapatit ($Ca_5(PO_4)_3OH$). Für diese beiden Substanzen wird sich daher die Stoffmenge an freien Teilchen nur wenig von der in Lösung befindlichen Gesamtstoffmenge der undissoziierten Substanz unterscheiden; der Apatit geht überdies nur zu einem kleinen Anteil überhaupt in Lösung. Ethylenglycol ist ein Nichtelektrolyt und dissoziiert praktisch gar nicht.

Damit ergeben sich die folgenden Konzentrationen an Teilchen in den Lösungen:

$KCl \rightarrow K^+ + Cl^-$ ; $c_{gesamt} = 0,40$ mol/L

$MgCl_2 \rightarrow Mg^{2+} + 2\,Cl^-$; $c_{gesamt} = 0,30$ mol/L

Ethylenglycol: $c_{gesamt} = 0,35$ mol/L

$CH_3COOH \rightleftharpoons CH_3COO^- + H_3O^+$; $0,30 < c_{gesamt} < 0,40$ mol/L

$HCl \rightarrow H^+ + Cl^-$ ; $c_{gesamt} = 0,24$ mol/L

$Ca_5(PO_4)_3OH \rightleftharpoons 5\,Ca^{2+} + 3\,PO_4^{3-} + OH^-$ ; $c_{gesamt} < 0,05$ mol/L

Die maximale Gefrierpunktserniedrigung wäre also zu erwarten für die KCl-Lösung, die minimale für Hydroxylapatit.

# Lösung 374

Die molare Masse von NaCl beträgt 58,45 g/mol. Ein Liter der isotonen NaCl-Lösung enthält 9,00 g NaCl, was einer Stoffmenge $n = m\,/\,M$ = 9,00 g / 58,45 g mol$^{-1}$ = 0,154 mol entspricht. Da NaCl in dieser Lösung vollständig dissoziiert vorliegt, beträgt die Stoffmenge an Ionen in der Lösung insgesamt 2 · 0,154 mol = 0,308 mol.

a) Der osmotische Druck $\Pi$ ist gegeben durch:

$$\Pi = c \cdot R \cdot T = \frac{m \cdot R \cdot T}{M \cdot V}$$

$$\Pi = \frac{9,00\ \text{g} \cdot 2 \cdot 0,083143\ \text{L bar / mol K} \cdot 310\ \text{K}}{58,45\ \text{g/mol} \cdot 1\ \text{L}} = 7,94\ \text{bar}$$

Der Faktor zwei ergibt sich aufgrund der Dissoziation von NaCl in Na$^+$ und Cl$^-$-Ionen.

b) Die herzustellende Glucose-Lösung sollte demnach einen osmotischen Druck von 7,94 bar aufweisen. Da Glucose in Lösung in undissoziierter Form vorliegt, werden für einen Liter einer isotonen Glucose-Lösung 0,308 mol Glucose (also die doppelte Stoffmenge gegenüber NaCl) benötigt.

Die molare Masse der Glucose, $M$ (Glucose), beträgt 180,2 g/mol.

$\rightarrow\ m(\text{Glucose}) = n \cdot M = 0,308\ \text{mol} \cdot 180,2\ \text{g/mol} = 55,5\ \text{g}$    (für 1 L)

Für 500 mL werden demnach 27,75 g Glucose benötigt.

# Lösung 375

Die Umrechnung des gemessenen Druckes in bar liefert:

$$\Pi = \frac{16,0}{760} \cdot 1,013\ \text{bar} = 0,0213\ \text{bar}.\ \text{Die Temperatur beträgt 293 K.}$$

Ferner gilt:

$$\Pi = c \cdot R \cdot T = \frac{m \cdot R \cdot T}{M \cdot V}$$

$$\rightarrow\ M = \frac{m \cdot R \cdot T}{\Pi \cdot V} = \frac{0,122\ \text{g} \cdot 0,083143\ \text{L bar / mol K} \cdot 293\ \text{K}}{21,3 \cdot 10^{-3}\ \text{bar} \cdot 0,100\ \text{L}} = 1,40 \cdot 10^{3}\ \text{g/mol}$$

Die Messung des osmotischen Druckes ergibt also eine molare Masse, die etwa dem zweifachen des mittels Massenspektrometrie bestimmten Werts entspricht. Daraus kann gefolgert werden, dass die Verbindung in wässriger Lösung in zwei unabhängige Teilchen dissoziiert, so dass die tatsächliche Teilchen-Konzentration doppelt so hoch ist, wie aufgrund der eingesetzten Masse und der molaren Masse der Verbindung zu erwarten wäre.

# Lösung 376

a) Proteine weisen vergleichsweise hohe molare Massen auf; die gelösten Stoffmengen (und damit die Konzentrationen) sind daher typischerweise recht niedrig. Da die kryoskopische Konstante für Wasser mit 1,86 °C/mol recht niedrig ist, ist die messbare Gefrierpunktserniedrigung sehr klein und damit schwierig genau zu bestimmen. Der osmotische Druck erreicht im Gegensatz dazu schon bei millimolaren Konzentrationen sehr leicht und genau messbare Werte.

b) Der osmotische Druck $\Pi$ ist gegeben durch:

$$\Pi = c \cdot R \cdot T = \frac{m \cdot R \cdot T}{M \cdot V} = 4,90 \text{ Torr} = \frac{4,90 \text{ Torr}}{760 \text{ Torr/atm}} = 6,45 \cdot 10^{-3} \text{ atm}$$

Umstellen der Gleichung nach $M$ ergibt:

$$M = \frac{m \cdot R \cdot T}{\Pi \cdot V} = \frac{23,48 \cdot 10^{-3} \text{g} \cdot 0,08206 \text{ L atm / mol K} \cdot 298 \text{ K}}{6,45 \cdot 10^{-3} \text{ atm} \cdot 0,020 \text{ L}} = 4,45 \cdot 10^3 \text{ g/mol}$$

c) Da nur die Wassermoleküle, nicht aber die Proteine die Membran passieren können, werden aufgrund der höheren Konzentration der Wassermoleküle in reinem Wasser pro Zeiteinheit mehr Wassermoleküle von links nach rechts wie von rechts nach links diffundieren, d. h. der Flüssigkeitsspiegel im rechten Arm des U-Rohrs steigt. Die Protein-Lösung wird dadurch verdünnt: Osmose. Dadurch steigt der hydrostatische Druck im rechten Arm, was die Tendenz der Wassermoleküle, von rechts nach links zu fließen, erhöht. Irgendwann ist die Druckdifferenz gerade so groß, dass der Wasserfluss in beide Richtungen gleich groß ist, d. h. es hat sich ein Gleichgewicht eingestellt. Der aus der Höhendifferenz der Wassersäulen resultierende hydrostatische Druck wird als osmotischer Druck bezeichnet. Dieser wurde bereits in Aufgabe b) berechnet. Eine Wassersäule mit Grundfläche 1 cm² und Höhe 10 m hat eine Masse von 1,0 kg, entsprechend einer Gewichtskraft von 9,81 N cm$^{-2}$ = 0,981 bar. Ein osmotischer Druck von 6,45·10$^{-3}$ atm = 6,53·10$^{-3}$ bar erzeugt daher eine Höhendifferenz von

$$h = \frac{6,53 \cdot 10^{-3} \text{ bar}}{0,981 \text{ bar}} \cdot 10^3 \text{ cm} = 6,67 \text{ cm} .$$

# Lösung 377

a) Osmose tritt auf, wenn eine Lösung und das Lösungsmittel (allgemein zwei Lösungen unterschiedlicher Konzentration) durch eine semipermeable Membran getrennt sind, die permeabel für die Lösungsmittelmoleküle ist, nicht aber für die gelösten Stoffe. Es strömen solange Lösungsmittelmoleküle entlang des Konzentrationsgradienten in die konzentriertere Lösung ein, bis der entstehende osmotische Druck in der Lösung den weiteren Strom verhindert. Übt man auf die konzentriertere Lösung einen Druck aus, der höher ist, als der osmotische Druck der Lösung, so kann der Prozess umgekehrt werden: Das Lösungsmittel strömt nun in Richtung des reinen Lösungsmittels (bzw. der verdünnteren Lösung).

Dieses Verfahren der Umkehrosmose wird eingesetzt zur Entsalzung wässriger Lösungen. Bei Einsatz geeigneter Hochleistungsmembranen ist es heute möglich, über 99 % aller Salze aus einer wässrigen Lösung zu entfernen.

Innerhalb der Verfahren der Membranfiltration ist die Umkehrosmose das Verfahren mit der höchsten Trenngrenze. Dabei wird das zu entsalzende Rohwasser in eine Kammer eingebracht, die durch eine semipermeable Membran abgeschlossen ist. Entgegen dem osmotischen Druckgefälle wird in der Kammer ein künstlicher Druck erzeugt. Da die Membran nur durchlässig für reines Wasser ist, nicht aber für die darin gelösten Ionen und sonstige Partikel, wird aus dem Rohwasser (= konzentrierte Lösung) ein Teil reines, entsalztes Wasser (Permeat) und ein Teil weiter aufkonzentrierte Lösung (Konzentrat) hergestellt.

b) Für den osmotischen Druck gilt: $\Pi = c \cdot R \cdot T$

Es können die osmotischen Drücke für das salzhaltige Brackwasser und das annähernd saubere Wasser mit einer Salzkonzentration von maximal 0,01 mol/L berechnet werden. Die Differenz beider Drücke muss mindestens aufgebracht werden, um einen Nettostrom von reinem Wasser in Richtung der niedrigeren Konzentration zu erreichen.

Für den Druck gilt also:

$$\Pi = \Delta c \cdot R \cdot T = 0,22 \frac{\text{mol}}{\text{L}} \cdot 0,083143 \frac{\text{L bar}}{\text{mol K}} \cdot 304 \text{ K} = 5,56 \text{ bar}$$

Es muss demnach mehr als der fünffache Atmosphärendruck aufgebracht werden.

# Kapitel 22

# Lösungen – Reaktionskinetik und radioaktiver Zerfall

## Lösung 378

a) Für die Reaktionsgeschwindigkeit gilt unter Berücksichtigung der stöchiometrischen Koeffizienten:

$$v = -\frac{1}{2}\frac{\Delta c(\text{HBr})}{\Delta t} = \frac{\Delta c(\text{H}_2)}{\Delta t} = \frac{\Delta c(\text{Br}_2)}{\Delta t}$$

b) Die Konzentrationsänderung von HBr innerhalb von 15 s beträgt (0,374 − 0,500) mol/L, also −0,126 mol/L (die Eduktkonzentration verringert sich!). Damit ergibt sich

$$v = -\frac{1}{2}\frac{(-0,126\ \text{mol/L})}{15\ \text{s}} = 4,2 \cdot 10^{-3}\ \frac{\text{mol}}{\text{L}\cdot\text{s}}$$

c) Pro 2 mol HBr entsteht 1 mol $\text{Br}_2$; die Konzentrationsänderung beträgt also +0,126/2 mol/L = 0,063 mol/L.

Mit $V = 0,250$ L erhält man für die gebildete Stoffmenge: $n(\text{Br}_2) = 1,58 \cdot 10^{-2}$ mol.

## Lösung 379

a) Die freie Aktivierungsenthalpie entspricht der Differenz von $G$ zwischen Edukt (E) und erstem Übergangszustand (Ü1$^\#$) bzw. vom Zwischenprodukt (Z) zum 2. Übergangszustand (Ü2$^\#$). Es gibt offensichtlich ein Zwischenprodukt.

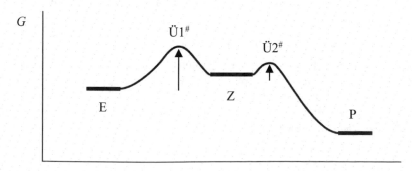

b) Da die freie Aktivierungsenthalpie für den ersten Schritt deutlich größer ist, als für den zweiten, ist dieser Schritt der langsame (geschwindigkeitsbestimmende) für die Gesamtreaktion.

© Springer Fachmedien Wiesbaden GmbH, ein Teil von Springer Nature 2020
R. Hutterer, *Fit in Anorganik*, Studienbücher Chemie,
https://doi.org/10.1007/978-3-658-30486-7_22

Der Übergangszustand ähnelt nach dem sog. „Hammond-Postulat" in struktureller Hinsicht und in seinen Eigenschaften am meisten derjenigen Spezies, von der er sich energetisch am wenigsten unterscheidet. Dementsprechend ist hier der Ü1$^{\#}$ ähnlicher dem Zwischenprodukt als dem Edukt (= „später" Übergangszustand).

c) Da die Reaktion in zwei Schritten über ein Zwischenprodukt verläuft, handelt es sich um eine E1-Reaktion. Hierbei ist stets der erste Schritt (Bildung des Carbenium-Ions aus dem Halogenalkan) geschwindigkeitsbestimmend, so dass die Konzentration der Base für die Gesamtgeschwindigkeit keine Rolle spielt und nicht im differentiellen Geschwindigkeitsgesetz auftaucht:

$$\upsilon = -\frac{dc(\mathrm{R-X})}{dt} = k \cdot c(\mathrm{R-X})$$

# Lösung 380

a) Es handelt sich um eine sogenannte nucleophile Substitution, in der das Bromatom durch das Nucleophil OH$^-$ als Bromid aus dem Substrat verdrängt wird:

$$CH_3 - Br + OH^- \longrightarrow CH_3 - OH + Br^-$$

Da es sich um eine Elementarreaktion handelt, muss die Reaktion in einem Schritt verlaufen; für Elementarreaktionen (und nur für diese!) kann das Geschwindigkeitsgesetz unmittelbar aus der Reaktionsgleichung abgelesen werden. Es lautet entsprechend

$$\upsilon = k \cdot c(CH_3Br) \cdot c(OH^-)$$

Es handelt sich also um eine Reaktion 2. Ordnung. Nur für Reaktionen 1. Ordnung ist die Halbwertszeit konstant ($t_{1/2} = \ln 2 / k$); für die hier betrachtete Reaktion muss sie demnach von den Konzentrationen abhängen.

b) Für die Hydrolyse von *tert*-Butylbromid (($CH_3)_3CBr$) wurde ein Geschwindigkeitsgesetz 1. Ordnung gefunden. Dieses ergibt sich nicht aus der Gleichung für die ablaufende Reaktion, so dass es sich bei dieser um keine Elementarreaktion handeln kann.

$$(CH_3)_3C - Br + OH^- \longrightarrow (CH_3)_3C - OH + Br^-$$

Die Reaktion muss also in mehreren Schritten verlaufen, von denen einer geschwindigkeitsbestimmend ist. Da das Nucleophil OH$^-$ nicht im Geschwindigkeitsgesetz auftaucht, muss der langsame Reaktionsschritt ohne seine Beteiligung verlaufen. Plausibel ist die Annahme, dass im ersten Schritt die C–Br-Bindung bricht und Br$^-$ das Molekül verlässt, bevor im zweiten Schritt das gebildete positive Carbenium-Ion (($CH_3)_3C^+$) durch das OH$^-$-Ion zum Produkt abgefangen wird.

$$(CH_3)_3C - Br \longrightarrow (CH_3)_3C^+ + Br^-$$

$$(CH_3)_3C^+ + OH^- \longrightarrow (CH_3)_3C - OH$$

Die Summe beider Schritte muss selbstverständlich der Gesamtgleichung entsprechen.

# Lösung 381

a) Da der Stickstoff im NO reduziert wird, muss der Wasserstoff oxidiert werden; als zweites Produkt entsteht demnach Wasser. Die Reaktionsgleichung lautet entsprechend:

$$2\,NO + 2\,H_2 \longrightarrow N_2 + 2\,H_2O$$

b) Für diese Reaktion erwartet man allgemein ein Geschwindigkeitsgesetz folgender Form:

$$\upsilon = -\frac{dc\,(H_2)}{dt} = k \cdot c^m(H_2) \cdot c^n(NO)$$

In den ersten drei Experimenten wurde die Anfangskonzentration an NO konstant gehalten und nur diejenige des Wasserstoffs variiert; sie erlauben die Ermittlung der Reaktionsordnung bezüglich des Wasserstoffs. Man erkennt, dass eine Verdopplung der Anfangskonzentration von $H_2$ in Experiment 2 gegenüber 1 zu einer Verdopplung der Anfangsproduktbildungsgeschwindigkeit führt; eine Verdreifachung in Experiment 3 verdreifacht die Anfangsproduktbildungsgeschwindigkeit. Offensichtlich ist die Geschwindigkeit proportional zur Wasserstoffkonzentration, d. h. der Exponent $m$ muss gleich eins sein.

In Experiment 4 wurde gegenüber Experiment 3 die NO-Konzentration verdoppelt und die $H_2$-Konzentration konstant gehalten; dies ergab eine Erhöhung der Anfangsproduktbildungsgeschwindigkeit um den Faktor vier. Die Reaktionsgeschwindigkeit ist somit proportional zum Quadrat der NO-Konzentration, d. h. $n = 2$. Entsprechend führt die Verdreifachung der NO-Konzentration bei konstanter $H_2$-Konzentration (Experiment 5 gegenüber 3) zu einer Steigerung der Anfangsproduktbildungsgeschwindigkeit um den Faktor neun.

Das Geschwindigkeitsgesetz lautet also:

$$\upsilon = -\frac{dc(H_2)}{dt} = k \cdot c(H_2) \cdot c^2(NO)$$

c) Die Geschwindigkeitskonstante $k$ ergibt sich durch Auflösen des Geschwindigkeitsgesetzes und Einsetzen der ermittelten Daten für eines der Experimente. Dabei muss sich, abgesehen von Ungenauigkeiten bedingt durch experimentelle Messfehler, für jedes der Experimente derselbe Wert für die Geschwindigkeitskonstante ergeben.

$$k = \frac{\upsilon}{c(H_2) \cdot c^2(NO)} = \frac{1{,}23 \cdot 10^{-3}\ mol\ L^{-1}\ s^{-1}}{0{,}10\ mol/L \cdot (0{,}10\ mol/L)^2} = 1{,}23\ \frac{L^2}{mol^2\ s}$$

# Lösung 382

Für eine Kinetik 1. Ordnung erhält man nach Integration

$$\ln c(t) = \ln c(0) - k_e \cdot t$$

$$t = \frac{(\ln c(0) - \ln c(t))}{k_e}$$

Die Geschwindigkeitskonstante errechnet sich aus der Halbwertszeit gemäß

$$t_{1/2} = \frac{\ln 2}{k_e} \quad \rightarrow \quad k_e = \frac{\ln 2}{t_{1/2}} = \frac{\ln 2}{6,0\,\text{h}} = 0,116\,\text{h}^{-1}$$

$$t = \frac{(\ln 0,016 - \ln 0,0016)}{0,116}\,\text{h} = 20\,\text{h}$$

## Lösung 383

a) Liefert eine Auftragung von ln [Edukt] gegen die Zeit eine Gerade, so liegt eine Reaktion 1. Ordnung mit der Steigung $-k$ vor. Die Geschwindigkeitskonstante ist also direkt aus der Auftragung zu entnehmen und beträgt $k = 4,5 \cdot 10^{-3}\,\text{s}^{-1}$. Das Geschwindigkeitsgesetz lautet:

$$\ln [C_4H_8] = \ln [C_4H_8]_0 - k \cdot t \quad \text{oder} \quad \ln\frac{[C_4H_8]_0}{[C_4H_8]} = k \cdot t$$

b) Für eine Reaktion 1. Ordnung ist die Halbwertszeit

$$\tau_{1/2} = \frac{\ln 2}{k} = \frac{\ln 2}{4,5 \cdot 10^{-3}\,\text{s}^{-1}} = 1,5 \cdot 10^2\,\text{s} \,.$$

Die Konzentration zur Zeit $t = 240$ s erhält man dann gemäß

$$[C_4H_8] = [C_4H_8]_0 \cdot e^{-k \cdot t} = 0,200 \cdot e^{-0,0045\,\text{s}^{-1} \cdot 240\,\text{s}}\,\text{mol/L} = 0,068\,\text{mol/L}$$

## Lösung 384

a) Distickstoffpentoxid zerfällt gemäß folgender Reaktionsgleichung:

$$N_2O_5\,(g) \quad \longrightarrow \quad 2\,NO_2\,(g) + 0,5\,O_2\,(g)$$

b) Mit den gegebenen Daten lässt sich der nach der Zeit $t = 220$ min verbliebene Partialdruck des Edukts $N_2O_5$ berechnen; die Differenz zum Ausgangsdruck liefert den zerfallenen Anteil. Daraus lässt sich dann anhand der Stöchiometrie der Reaktion (es entsteht 0,5 mol $O_2$ pro Mol $N_2O_5$) auf die gebildete Menge an $O_2$ (bzw. dessen Partialdruck) schließen.

$$p(N_2O_5)_{(t)} = p(N_2O_5)_0 \cdot e^{-kt} = p(N_2O_5)_0 \cdot e^{-\ln 2 \cdot t/t_{1/2}}$$

$$p(N_2O_5)_{(220\,\text{min})} = 0,90\,\text{bar} \cdot \exp(-\ln 2 \cdot 220 / (2,8 \cdot 60)) = 0,363\,\text{bar}$$

$$\rightarrow p(O_2)_{(220\,\text{min})} = 0,5 \cdot (0,90 - 0,363)\,\text{bar} = 0,27\,\text{bar}$$

# Lösung 385

a) Die zugrunde liegende Reaktionsgleichung lautet:

$$N_2O_5\,(g) \longrightarrow 2\,NO_2\,(g) + 0{,}5\,O_2\,(g)$$

Wir bezeichnen die zerfallene Menge an $N_2O_5$ mit $x$; dann haben sich entsprechend der Gleichung $2\,x$ an $NO_2$ und $0{,}5\,x$ an $O_2$ gebildet. Daraus ergibt sich folgende Gleichung:

$$(0{,}100\,\text{bar} - x) + 2\,x + 0{,}5\,x = 0{,}145\,\text{bar}$$

$$1{,}5\,x = 0{,}045\,\text{bar} \quad \rightarrow \quad x = 0{,}030\,\text{bar}$$

Der Partialdruck von $N_2O_5$ muss also um 0,030 bar auf 0,070 bar abgenommen haben. Die dafür erforderliche Zeit berechnet sich für einen Prozess nach 1. Ordnung gemäß:

$$\ln \frac{p(t)}{p_0} = -kt;$$

$$t = \ln \frac{p_0}{p(t)} \cdot \frac{1}{k} = \ln \frac{0{,}100}{0{,}070} \cdot \frac{1}{0{,}0075\,\text{min}^{-1}} = 48\,\text{min}$$

b) Es lässt sich die nach 100 min verbliebene Menge an $N_2O_5$ berechnen; daraus ergibt sich der zerfallene Anteil $x$ und daraus der Gesamtdruck:

$$p(N_2O_5)_{(t)} = p(N_2O_5)_0 \cdot e^{-kt}$$

$$p(N_2O_5)_{(100\,\text{min})} = 0{,}100\,\text{bar} \cdot \exp\,(-0{,}0075\,\text{min}^{-1} \cdot 100\,\text{min}) = 0{,}047\,\text{bar}$$

$$\rightarrow p(N_2O_5)_{(\text{zerfallen})} = 0{,}100\,\text{bar} - 0{,}047\,\text{bar} = 0{,}053\,\text{bar} = x$$

Zerfallen $x$ mol $N_2O_5$ entstehen daraus $2{,}5\,x$ mol Produkte, d. h. der Gesamtdruck beträgt:

$$p_{\text{ges}} = (0{,}100\,\text{bar} - x) + 2{,}5\,x = (0{,}047 + 2{,}5 \cdot 0{,}053)\,\text{bar} = 0{,}180\,\text{bar}\,.$$

# Lösung 386

a) Für eine Reaktion 1. Ordnung des Typs $A \rightarrow$ Produkte gilt für das Geschwindigkeitsgesetz:

$$\upsilon = -\frac{dc(A)}{dt} = k \cdot c(A)$$

Durch Integration im Zeitraum von $t = 0$ (Anfangskonzentration $= c_0(A)$) bis zur Zeit $t$ (Konzentration $= c(A)$) erhält man (mit normierten Konzentrationen $[A]_0$ bzw. $[A]$):

$$\ln[A] = -kt + \ln[A]_0\,.$$

Setzt man die gegebenen Werte ein, so erhält man für die Massenkonzentration von PFOA in einem Jahr:

$$\ln[\text{PFOA}] = -1,3\,\text{Jahre}^{-1} \cdot 1\,\text{Jahr} + \ln(80 \cdot 10^{-6}) = -10,73$$

$$\rightarrow [\text{PFOA}] = e^{-10,73} = 21,8 \cdot 10^{-6} \rightarrow \beta(\text{PFOA}) = 21,8 \cdot 10^{-6}\,\text{g/L}$$

Die Konzentration an PFOA sollte in einem Jahr also auf knapp 22 µg/L gesunken sein.

b) Das integrierte Geschwindigkeitsgesetz ist nach der Zeit $t$ aufzulösen:

$$\ln[A] = -kt + \ln[A]_0$$

$$t = \frac{\ln[A]_0 - \ln[A]}{k} = \frac{\ln(80 \cdot 10^{-6}) - \ln(50 \cdot 10^{-6})}{1,3}\,\text{Jahre}$$

$$t = \frac{-9,43 - (-9,90)}{1,3}\,\text{Jahre} = 0,36\,\text{Jahre}$$

Da in einem Jahr eine Abnahme der Konzentration von 80 µg/L auf ca. 22 µg/L zu erwarten ist, vergeht naturgemäß eine deutlich kürzere Zeit, bis die Konzentration auf 50 µg/L gesunken ist.

# Lösung 387

Die Geschwindigkeitsgleichung für die gegebene Reaktion kann allgemein folgendermaßen formuliert werden:

$$\upsilon = -\frac{dc(\text{I}_2)}{dt} = k \cdot c^m(\text{I}_2) \cdot c^n(\text{1-Penten})$$

Da 1-Penten in großem Überschuss vorliegt, kann seine Konzentration als näherungsweise konstant angesehen werden, so dass sich das Geschwindigkeitsgesetz wie folgt vereinfacht:

$$\upsilon = -\frac{dc(\text{I}_2)}{dt} = k' \cdot c^m(\text{I}_2), \text{ mit } k' \text{ als effektiver Geschwindigkeitskonstante.}$$

Der Wert für $m$ ist zu ermitteln, wobei zu prüfen ist, welches der integrierten Geschwindigkeitsgesetze für 0., 1. oder 2. Ordnung die Änderung der $\text{I}_2$-Konzentration mit der Zeit richtig beschreibt.

Für eine Reaktion 0. Ordnung ist die Geschwindigkeit konstant und unabhängig von der Konzentration, d. h. in gleichen Zeiträumen ändert sich die Konzentration in gleichem Maße. Man erkennt sofort aus den Daten in der Tabelle, dass dies nicht der Fall ist; die Konzentrationsänderung von Iod in aufeinanderfolgenden Zeitintervallen von $2 \cdot 10^3$ s nimmt offensichtlich ab. Die Auftragung von $c(\text{I}_2)$ versus $t$ liefert also keine Gerade, wie es für eine Reaktion 0. Ordnung zu erwarten ist.

Für eine Reaktion 1. Ordnung lautet das integrierte Geschwindigkeitsgesetz (mit normierten Konzentrationen):

$$\ln [A] = \ln[A]_0 - k' t;$$

eine Auftragung von ln $[I_2]$ gegen die Zeit sollte eine Gerade liefern.

Aus den gegebenen Daten erhält man:

| $t / 10^3$ s | 0 | 1,0 | 3,0 | 5,0 | 7,0 | 9,0 | 11,0 | 13,0 | 15,0 |
|---|---|---|---|---|---|---|---|---|---|
| $\ln [I_2] / 10^{-3}$ | –3,91 | –4,05 | –4,26 | –4,45 | –4,60 | –4,72 | –4,84 | –4,95 | –5,04 |

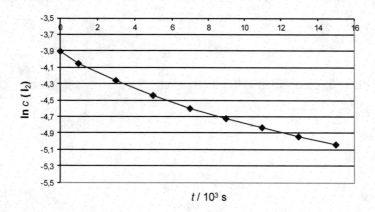

Wie aus der Auftragung zu erkennen ist, ergibt sich keine Gerade, d. h. die Reaktion ist nicht 1. Ordnung bzgl. der Iod-Konzentration. In Frage kommt demnach noch eine Reaktion 2. Ordnung, d. h. $m = 2$. Dafür lautet das allgemeine integrierte Geschwindigkeitsgesetz:

$$\frac{1}{c(A)} = \frac{1}{c_0(A)} + k' t$$

Die Daten für diese Auftragung lauten:

| $t / 10^3$ s | 0 | 1,0 | 3,0 | 5,0 | 7,0 | 9,0 | 11,0 | 13,0 | 15,0 |
|---|---|---|---|---|---|---|---|---|---|
| $1 / c (I_2) / Lmol^{-1}$ | 50 | 57,1 | 70,9 | 85,5 | 100 | 112 | 127 | 141 | 154 |

Die folgende Auftragung ergibt einen linearen Plot, d. h. die Reaktion ist tatsächlich 2. Ordnung bzgl. der Konzentration an $I_2$.

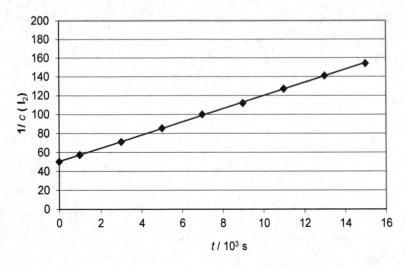

$t / 10^3$ s

Das Geschwindigkeitsgesetz für diese Reaktion pseudo-2. Ordnung lautet also:

$$v = -\frac{dc(I_2)}{dt} = k' \cdot c^2(I_2)$$

## Lösung 388

Die gegebene Gleichung lässt sich (mit normierten Konzentrationen) logarithmieren und nach $k_e$ auflösen:

$$\ln[S]_t = \ln[S]_0 - k_e \cdot t$$

$$k_e = \frac{\ln[S]_0 - \ln[S]_t}{t}$$

Setzt man $[S]/2$ anstelle von $[S]_t$, so ergibt sich die Halbwertszeit der Elimination, nach der die Anfangskonzentration auf die Hälfte abgesunken ist, zu

$$t_{1/2} = \frac{\ln 2}{k_e} \quad \text{bzw.} \quad k_e = \frac{\ln 2}{t_{1/2}}$$

Nach der Zeit $t_{1/2}$ sind definitionsgemäß noch 50 % der Substanz vorhanden, nach $2 \cdot t_{1/2}$ ist die Substanzmenge auf 25 % gefallen, d. h. 75 % wurden ausgeschieden. Eine Ausscheidung von 75 % innerhalb von 4 h entspricht demnach einer Eliminationshalbwertszeit $t_{1/2}$ von 2 h.

Daraus errechnet sich $k_e$ zu

$$k_e = \frac{\ln 2}{t_{1/2}} = \frac{\ln 2}{2\,\text{h}} = 0,347\,\text{h}^{-1} = \frac{\ln 2}{7200\,\text{s}} = 9,627 \cdot 10^{-5}\,\text{s}^{-1}$$

Die noch vorhandene Masse der Substanz ist zu ihrer Konzentration proportional; es gilt also:

$$m(S)_{10h} = m(S)_0 \cdot \exp(-k_e \cdot 10\,h)$$

$$m(S)_{10h} = 0,50\,g \cdot \exp(-9,627 \cdot 10^{-5} \cdot 3,6 \cdot 10^4) = 15,6\,mg$$

## Lösung 389

Aus der genannten Definition des Blutalkoholspiegels lässt sich leicht auf die Masse an Ethanol schließen, die der Mann zum Zeitpunkt des Tests im Körper hatte.

$$\varpi(EtOH) = \frac{m(EtOH)}{m(Körper)}$$

$$\rightarrow \quad m(EtOH) = \varpi(EtOH) \cdot m(Körper) = 0,0020 \cdot 70\,kg = 140\,g$$

Nach 4 h sind also 40 g Ethanol abgebaut worden, nach 8 h entsprechend 80 g, d. h. die Reaktionsgeschwindigkeit ist konstant und unabhängig von der Anfangskonzentration. Es handelt sich um eine Reaktion 0. Ordnung.

$$-\frac{dc(EtOH)}{dt} = k \quad \rightarrow \quad dc(EtOH) = -k\,dt$$

$$\int_{c(0)}^{c} dc(EtOH) = -k \int_0^t dt$$

$$c_t(EtOH) = c_0(EtOH) - k \cdot t$$

Da die Konzentration an Ethanol zur Masse proportional ist, gilt analog

$$m_t(EtOH) = m_0(EtOH) - k \cdot t$$

$$\rightarrow \quad k = \frac{m_0(EtOH) - m_t(EtOH)}{t} = \frac{(140 - 100)\,g}{4\,h} = 10\,g/h$$

Daraus ergibt sich leicht die Zeit nach der $m\,(EtOH)$ auf 0 gesunken ist:

$$0 = m_0(EtOH) - k \cdot t$$

$$\rightarrow \quad t = \frac{m_0(EtOH)}{k} = \frac{140\,g}{10\,g/h} = 14\,h$$

## Lösung 390

a) Eine Elimination nach 0. Ordnung bedeutet, dass der Vorgang mit konstanter Geschwindigkeit verläuft, dass also in gleichen Zeitintervallen gleiche Änderungen der Stoffmengen- ($c$) bzw. Massenkonzentration ($\beta$) erfolgen.

Dies lässt sich bereits bei einem Blick auf die ersten drei Datenpaare ausschließen: Während innerhalb der ersten 50 min die Massenkonzentration um 410 ng/mL sinkt, beträgt die Abnahme in den folgenden 50 min nur noch 282 ng/mL.

Für eine Elimination von X nach 1. Ordnung gilt (in gleicher Weise mit $c$ oder $\beta$):

$$-\frac{d[X]}{dt} = k \cdot [X]$$

$$\ln[X] = \ln[X]_0 - kt$$

Ist der Vorgang 2. Ordnung, lauten differentielles und integriertes Geschwindigkeitsgesetz

$$-\frac{d[X]}{dt} = k \cdot [X]^2 \quad \text{bzw.} \quad \frac{1}{c(X)} = \frac{1}{c_0(X)} + kt$$

Wir berechnen daher für die verschiedenen Zeiten jeweils $\ln \beta$ (mit normierter Massenkonzentration) bzw. $1/\beta$ und untersuchen die Auftragungen gegen die Zeit.

| $t$ / min | $\beta$ / ng cm$^{-3}$ | $\ln (\beta$ / ng cm$^{-3})$ | $1/\beta$ / ng$^{-1}$cm$^3$ |
|---|---|---|---|
| 50  | 1300 | 7,17 | $7{,}692 \cdot 10^{-4}$ |
| 100 | 890  | 6,79 | $1{,}124 \cdot 10^{-3}$ |
| 150 | 608  | 6,41 | $1{,}645 \cdot 10^{-3}$ |
| 200 | 415  | 6,03 | $2{,}410 \cdot 10^{-3}$ |
| 250 | 283  | 5,65 | $3{,}534 \cdot 10^{-3}$ |
| 300 | 195  | 5,27 | $5{,}128 \cdot 10^{-3}$ |
| 400 | 90   | 4,5  | $1{,}111 \cdot 10^{-2}$ |
| 500 | 43   | 3,76 | $2{,}326 \cdot 10^{-2}$ |

Für die Auftragung von $1/\beta$ gegen $t$ ergibt sich das folgende Diagramm.

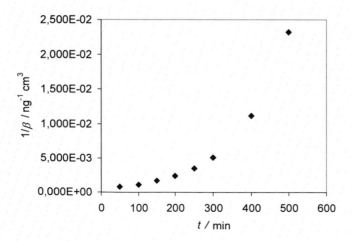

Offensichtlich liefern die experimentellen Daten keinen linearen Zusammenhang; die Elimination kann daher nicht 2. Ordnung sein.

Für die Auftragung von $\ln \beta$ (mit normierter Massenkonzentration) gegen $t$ erhalten wir:

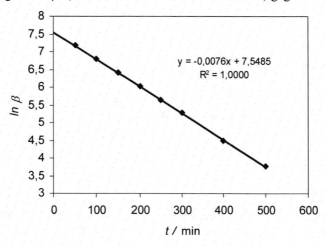

Diese Auftragung ergibt offensichtlich einen linearen Zusammenhang, d. h. die Elimination erfolgt nach 1. Ordnung. Die Geschwindigkeitskonstante ergibt sich aus der Steigung der Trendlinie zu $k = 7{,}6 \cdot 10^{-3}$ min$^{-1}$. Die Halbwertszeit beträgt damit

$$t_{1/2} = \frac{\ln 2}{k} = \frac{\ln 2}{7{,}6 \cdot 10^{-3} \text{ min}^{-1}} = 91 \text{ min}.$$

## Lösung 391

a) Die Arrhenius-Gleichung lautet:

$$k = A \cdot e^{-E_A/RT}$$

Hierbei entspricht die Konstante $A$ nach der sogenannten Stoßtheorie dem Produkt aus der Anzahl der Zusammenstöße zwischen den reagierenden Teilchen (Stoßzahl) und einem „Orientierungsfaktor", der sich auf die gegenseitige Orientierung der zusammenstoßenden Teilchen bezieht. $E_A$ ist die Aktivierungsenthalpie; sie entspricht näherungsweise der Mindestenergie der zusammenstoßenden Teilchen, die für eine Reaktion erforderlich ist. $R$ ist die allgemeine Gaskonstante ($= 8{,}3143$ J/mol K) und $T$ die absolute Temperatur (in K).

b) Gegeben sind die Temperaturen $T_1 = 300$ K und $T_2 = 310$ K sowie das zugehörige Verhältnis der Geschwindigkeitskonstanten $k_2 / k_1 = 3$.

Daraus folgt:

$$\frac{k_2}{k_1} = \frac{e^{-E_A/RT_2}}{e^{-E_A/RT_1}} = 3$$

$$\rightarrow \ln 3 = \left( \frac{1}{T_1} - \frac{1}{T_2} \right) \cdot \frac{E_A}{R}$$

$$\rightarrow E_A = \left( \frac{1}{300\ \text{K}} - \frac{1}{310\ \text{K}} \right)^{-1} \cdot 8{,}3143\ \frac{\text{J}}{\text{mol K}} \cdot \ln 3 = 85\ \text{kJ/mol}$$

Dies ist ein typischer Wert für eine mittelgroße Aktivierungsenthalpie.

## Lösung 392

Der Zusammenhang zwischen der Geschwindigkeitskonstante und der Temperatur einerseits und der Aktivierungsenthalpie andererseits wird durch die Arrhenius-Gleichung gegeben; sie lautet:

$$k = A \cdot \exp \left( \frac{-E_A}{R \cdot T} \right) \quad \text{oder} \quad \ln k = \ln A - \frac{E_A}{R \cdot T}$$

Bezeichnet man mit $k$ die Geschwindigkeitskonstante der unkatalysierten Reaktion mit der Aktivierungsenthalpie $E_A = 98$ kJ/mol und mit $k_1$ die Geschwindigkeitskonstante der katalysierten Reaktion, so ergibt sich

$$k_1 = A \cdot \exp \left( \frac{-E_{A1}}{R \cdot T} \right) \quad \text{oder} \quad \ln k_1 = \ln A - \frac{E_{A1}}{R \cdot T}$$

$$\ln \frac{k_1}{k} = \ln 10^3 = \frac{E_A - E_{A1}}{RT}$$

$$E_{A1} = E_A - RT \cdot \ln 10^3 = 98\ \text{kJ/mol} - 8{,}3143\ \text{J/mol K} \cdot 298\ \text{K} \cdot \ln 10^3 = 81\ \text{kJ/mol}$$

## Lösung 393

a) Wasserstoffperoxid zerfällt in Sauerstoff und Wasser gemäß folgender Gleichung:

$$2\ H_2O_2\ (l) \longrightarrow 2\ H_2O\ (l) + O_2\ (g)$$

b) Nach der empirischen Gleichung von Arrhenius gilt für die Geschwindigkeitskonstante folgende Temperaturabhängigkeit:

$$k = A \cdot e^{-E_A/RT} \quad \text{bzw.} \quad \ln k = \ln A - \frac{E_A}{RT}$$

Aus einer Auftragung von ln $k$ gegen $1/T$ lässt sich daher aus der Steigung die Aktivierungsenthalpie $E_A$ ermitteln. Auch eine rechnerische Bestimmung ist möglich, wenn zwei Werte für $k$ bei verschiedenen Temperaturen vorhanden sind:

$$\ln \frac{k_1}{k_2} = \frac{E_A}{R} \left( \frac{1}{T_2} - \frac{1}{T_1} \right)$$

Für die gegebenen Temperaturen muss die absolute Temperatur (in K) und daraus der reziproke Wert $1/T$ berechnet werden; ferner werden die Werte für ln $k$ benötigt. Sie sind in der folgenden Tabelle zusammengefasst.

| $T$ / K | $1/T$ / K$^{-1}$ | ln $k$ |
|---|---|---|
| 453 | $2{,}2075 \cdot 10^{-3}$ | $-10{,}637$ |
| 465 | $2{,}1505 \cdot 10^{-3}$ | $-9{,}721$ |
| 498 | $2{,}008 \cdot 10^{-3}$ | $-7{,}094$ |
| 523 | $1{,}912 \cdot 10^{-3}$ | $-5{,}381$ |

Für die Bestimmung von $E_A$ werden die Daten für ln $k$ gegen $1/T$ aufgetragen und die Steigung bestimmt. Im Folgenden ist eine Auftragung mit Excel gezeigt; die Punkte wurden durch eine lineare Trendlinie verbunden und die Steigung berechnet.

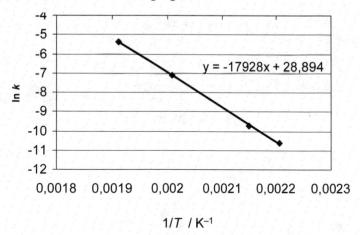

Die Steigung (gleich $\Delta y$ / $\Delta x$) beträgt also $-1{,}793 \cdot 10^4$ K $= -E_A/R$. Die Aktivierungsenthalpie ergibt sich aus dem negativen Wert für die Steigung multipliziert mit der Gaskonstante $R$.

$$E_A = -(-1{,}793 \cdot 10^4 \text{ K}) \cdot 8{,}3143 \text{ J/mol K} = 149 \text{ kJ/mol}$$

Diese vergleichsweise hohe Aktivierungsenthalpie bedingt, dass die Zersetzungsreaktion bei Raumtemperatur nur äußerst langsam abläuft.

c) Für die Berechnung der Geschwindigkeitskonstante bei einer vorgegebenen Temperatur wird die Aktivierungsenthalpie sowie der Wert der Geschwindigkeitskonstante bei einer anderen Temperatur benötigt. Beispielsweise kann aus der vorgegebenen Tabelle das erste Zahlenpaar für die niedrigste Temperatur ($T = 180\ °C = 453\ K;\ k = 2{,}4 \cdot 10^{-5}\ s^{-1}$) verwendet werden. Der Wert für die Aktivierungsenthalpie wurde in Teil b) ermittelt.

$$\ln \frac{k_1}{k_2} = \frac{E_A}{R}\left(\frac{1}{T_2} - \frac{1}{T_1}\right)$$

$$k_1 = k_2 \cdot \exp\left\{\frac{E_A}{R}\left(\frac{1}{T_2} - \frac{1}{T_1}\right)\right\}$$

$$k_1 = 2{,}4 \cdot 10^{-5}\ s^{-1} \cdot \exp\left\{\frac{149 \cdot 10^3\ \text{J/mol}}{8{,}3143\ \text{J/mol K}}\cdot\left(\frac{1}{453\ K} - \frac{1}{573\ K}\right)\right\} = 9{,}51 \cdot 10^{-2}\ s^{-1}$$

## Lösung 394

a) Das OH-Radikal abstrahiert ein Wasserstoffatom vom Methan unter Bildung eines Methyl-Radikals:

$$CH_4 + OH\cdot \longrightarrow \cdot CH_3 + H_2O$$

Da wie beschrieben die Konzentration an OH-Radikalen nahezu konstant ist, resultiert eine Reaktion pseudo-1. Ordnung:

$$\upsilon = k \cdot c(CH_4) \cdot c(OH\cdot) = k' \cdot c(CH_4),\ \text{da}\ c(OH\cdot) = \text{const.}$$

b) Für das integrierte Geschwindigkeitsgesetz gilt demnach

$$\ln\frac{c_t(CH_4)}{c_0(CH_4)} = -k' \cdot t\ \ \text{und mit}\ c_\tau(CH_4) = c_0(CH_4)/e$$

$$\ln\frac{1}{e} = -k' \cdot \tau\ \ \rightarrow\ \ \tau = \frac{\ln e}{k'} = \frac{1}{k'}$$

Da $k' = k \cdot c(OH\cdot) = \text{const.}$ erhält man:

$$\tau = \frac{1}{k \cdot c(OH\cdot)} = \frac{1}{3{,}9 \cdot 10^6\ \text{L/mol s} \cdot 10^{-15}\ \text{mol/L}} = 2{,}564 \cdot 10^8\ s\ \approx\ 8{,}1\ \text{Jahre}$$

Entsprechend ihrer langen Lebenszeit können Methan-Moleküle ausgehend vom Ort ihrer Emission sehr weite Strecken zurücklegen und werden daher global verteilt.

c) Den Zusammenhang zwischen Temperatur, Aktivierungsenthalpie und Geschwindigkeitskonstante liefert die Arrhenius-Gleichung:

$$k = A \cdot \exp\left(-E_A/RT\right)$$

Für zwei Temperaturen $T_1$ und $T_2$ ergibt sich nach Logarithmieren:

$$\ln \frac{k_1}{k_2} = -\frac{E_A}{R} \cdot \left( \frac{1}{T_1} - \frac{1}{T_2} \right)$$

Das Einsetzen der gegebenen Werte liefert

$$\ln \frac{k_1}{k_2} = -\frac{2,0 \cdot 10^4 \text{ J/mol}}{8,3143 \text{ J/mol K}} \cdot \left( \frac{1}{220 \text{ K}} - \frac{1}{295 \text{ K}} \right)$$

$$\ln \frac{k_1}{k_2} = -2,78 \quad \rightarrow \quad \frac{k_2}{k_1} = 16$$

Die Geschwindigkeitskonstante auf der Erde ist also um ca. den Faktor 16 höher. Unter der Voraussetzung identischer Konzentrationen der Reaktionspartner verliefe die Abbaureaktion auf der Erde um den entsprechenden Faktor rascher als in der Troposphäre.

# Lösung 395

a) Der $\alpha$-Zerfall erfolgt unter Emission eines He-Kerns; dabei sinkt die Protonenzahl um zwei und die Massenzahl um vier Einheiten:

$$^{212}_{86}\text{Rn} \longrightarrow \, ^{208}_{84}\text{Po} + \, ^{4}_{2}\text{He}$$

b) Der $\beta^-$-Zerfall erfolgt unter Umwandlung eines Neutrons in ein Proton und ein Elektron; des Weiteren wird noch ein Antineutrino freigesetzt. Die Ordnungszahl erhöht sich also um eine Einheit, d. h. aus Ne entsteht das Element Na.

$$^{24}_{10}\text{Ne} \longrightarrow \, ^{24}_{11}\text{Na} + \, ^{0}_{-1}\text{e} + \tilde{\nu}$$

# Lösung 396

Das Radon-Isotop $^{222}$Rn zerfällt gemäß folgender Gleichung:

$$^{222}\text{Rn} \longrightarrow \, ^{218}\text{Po} + \, ^{4}_{2}\text{He} \longrightarrow \, ^{214}\text{Pb} + \, ^{4}_{2}\text{He}$$

Einerseits ist der RBE-Wert der emittierten $\alpha$-Strahlung hoch, andererseits ist die Halbwertszeit des Radons recht kurz, d. h. es zerfällt rasch. Als Edelgas ist Radon extrem wenig reaktiv, und kann so nach seiner Entstehung leicht aus dem Boden entweichen.

Es wird daher mit der Luft ein- und ausgeatmet, ohne dass es zu einem chemischen Prozess kommt und kann in der Lunge zerfallen, wobei seinerseits mit dem $^{218}$Po ein weiterer $\alpha$-Strahler mit noch kürzerer Halbwertszeit von 3,11 min entsteht. Das Polonium wird in der Lunge festgehalten und schädigt durch die $\alpha$-Strahlung das empfindliche Lungengewebe. Es wird geschätzt, dass ca. 10 % aller Fälle von Tod durch Lungenkrebs in den Vereinigten Staaten auf die Wirkung von Radon zurückgehen.

## Lösung 397

a) Kalium besitzt die Ordnungszahl 19; im Kern befinden sich also 19 Protonen und 21 Neutronen. Ebenso wie bestimmte Elektronenzahlen aufgrund der Schalenstruktur der Elektronenhülle zu besonders stabilen Konfigurationen führen, gibt es auch bestimmte Zahlen für Protonen und Neutronen im Kern („magische Zahlen"), die besonders stabile Kerne ergeben. Generell findet man, dass Kerne mit geradzahliger Protonen- und Neutronenzahl stabiler sind, als solche mit ungerader. Entsprechend sind nur wenige stabile Isotope mit ungerader Protonen- und Neutronenzahl bekannt.

Das Isotop $^{40}$Ca entsteht durch $\beta^-$-Zerfall, d. h. durch Aussendung eines Elektrons aus dem Kern infolge der Umwandlung eines Neutrons in ein Proton. Für die Bildung von Argon muss die Kernladungszahl dagegen um eine Einheit sinken. Dies ist möglich, indem ein Elektron auf einer inneren Schale durch den Kern eingefangen wird, oder indem es zur Aussendung eines Positrons ($\beta^+$) aus dem Kern kommt, wobei jeweils ein Proton in ein Neutron übergeht.

b) Die Stoffmenge des Kaliumcarbonats ($K_2CO_3$) beträgt

$$n(K_2CO_3) = \frac{m(K_2CO_3)}{M(K_2CO_3)} = \frac{0,500\,g}{138,21\,g/mol} = 3,618\,mmol$$

Mit dem Stoffmengenanteil an $^{40}$K von $\chi = 0,0117\,\% = 1,17 \cdot 10^{-4}$ ergibt sich für die Anzahl an $^{40}$K$^+$-Ionen:

$$N(^{40}K) = 2\,n(K_2CO_3) \cdot N_A \cdot \chi(^{40}K) = 2 \cdot 3,618 \cdot 10^{-3}\,mol \cdot 6,022 \cdot 10^{23}\,mol^{-1} \cdot 1,17 \cdot 10^{-4}$$

$$N(^{40}K) = 5,10 \cdot 10^{17}$$

c) Der radioaktive Zerfall gehorcht einer Kinetik 1. Ordnung:

$$N(t) = N(0) \cdot e^{-k \cdot t} = N(0) \cdot \exp\left(-\frac{\ln 2 \cdot t}{t_{1/2}}\right) \quad \text{mit } t_{1/2} = \text{Halbwertszeit}$$

Gesucht ist die Zeit, nach der 1 % zerfallen, d. h. 99 % der $^{40}$K-Atome noch vorhanden sind. Löst man nach der Zeit $t$ auf, so erhalt man:

$$t = \ln\frac{N(0)}{N(t)} \cdot \frac{t_{1/2}}{\ln 2} = \ln\frac{1}{0,99} \cdot \frac{1,28 \cdot 10^9\,a}{\ln 2} \approx 1,86 \cdot 10^7\,a$$

## Lösung 398

Für die Kinetik 1. Ordnung berechnet sich die Zerfallskonstante $k$ zu

$$k = \frac{\ln 2}{t_{1/2}} = \frac{\ln 2}{8,04\,d} = \frac{0,693}{8,04 \cdot 86400\,s} = 9,97 \cdot 10^{-7}\,s^{-1} = 9,97 \cdot 10^{-7}\,Bq$$

Die Aktivität ist gleich der Anzahl Zerfälle pro Sekunde; im vorliegenden Fall:

$$-\frac{\mathrm{d}N}{\mathrm{d}t} = kN = 1{,}5 \cdot 10^4 \text{ Bq}$$

Umstellung nach der Zahl der $^{131}$I-Atome ergibt:

$$N = \frac{1{,}5 \cdot 10^4 \text{ Bq}}{k} = \frac{1{,}5 \cdot 10^4 \text{ Bq}}{9{,}97 \cdot 10^{-7} \text{ Bq}} = 1{,}50 \cdot 10^{10}$$

Für die Masse pro Quadratmeter erhält man dann:

$$m(^{131}\text{I}) = n(^{131}\text{I}) \cdot M(^{131}\text{I}) = \frac{N(^{131}\text{I})}{N_A} \cdot M(^{131}\text{I})$$

$$m(^{131}\text{I}) = \frac{1{,}5 \cdot 10^{10}}{6{,}02 \cdot 10^{23} \text{ mol}^{-1}} \cdot 131 \,\mathrm{g\,mol}^{-1} = 3{,}26 \cdot 10^{-12} \text{ g}$$

## Lösung 399

Es ist die Anzahl an $^{40}_{19}\text{K}$ -Atomen in 1 L Milch zu berechnen:

$$N(^{40}_{19}\text{K}) = \frac{m(\text{K})}{M(\text{K})} \cdot N_A \cdot \chi(^{40}_{19}\text{K})$$

$$N(^{40}_{19}\text{K}) = \frac{1{,}39 \text{ g}}{39{,}1 \,\mathrm{g\,mol}^{-1}} \cdot 6{,}022 \cdot 10^{23} \,\mathrm{mol}^{-1} \cdot 0{,}0117\,\% = 2{,}50 \cdot 10^{18}$$

Die Aktivität pro Liter beträgt dann

$$-\frac{\mathrm{d}N}{\mathrm{d}t} = kN = \frac{\ln 2}{t_{1/2}} \cdot N = \frac{\ln 2}{1{,}28 \cdot 10^9 \cdot 3600 \cdot 24 \cdot 365 \text{ s}} \cdot 2{,}50 \cdot 10^{18} = 42{,}9 \text{ Bq}$$

## Lösung 400

Während im Zusammenhang mit Radioaktivität meist von der Halbwertszeit eines Radionuklids (= die Zeit, nach der die Hälfte der ursprünglichen Stoffmenge an Radionukliden noch vorhanden ist) die Rede ist, ist hier die mittlere Lebensdauer gegeben. Sie ist definiert als die reziproke Zerfallskonstante und entspricht der Zeit, nach der die Anzahl der Teilchen auf den Bruchteil $1/e \approx 0{,}368$ abgefallen ist. Der Zusammenhang zwischen der mittleren Lebensdauer und der Halbwertszeit ist also:

$$t_{1/2} = \frac{\ln 2}{k} = \ln 2 \cdot \tau$$

Die Aktivität $A$ ist proportional zur Menge vorhandener Teilchen $N$, so dass gelten muss:

$$A = -\frac{dN}{dt} = k \cdot N = \frac{1}{\tau} \cdot N = 200 \, \text{kBq} = 2 \cdot 10^5 \, \text{s}^{-1}$$

$$N = A \cdot \tau = 2 \cdot 10^5 \, \text{s}^{-1} \cdot 3 \cdot 10^4 \, \text{s} = 6 \cdot 10^9$$

$$n = \frac{N}{N_A} = \frac{6 \cdot 10^9}{6,022 \cdot 10^{23} \, \text{mol}^{-1}} \approx 10^{-14} \, \text{mol}$$

## Lösung 401

a) Die Massenzahl sinkt bei den drei Zerfällen um acht Einheiten, die Protonenzahl um drei. Bei einem α-Zerfall wird ein $^4_2\text{He}$ -Kern ausgesandt, bei einem β⁻-Zerfall ein Elektron, wobei ein Neutron in ein Proton umgewandelt wird und die Kernladungszahl um eine Einheit zunimmt. Es müssen also zwei α-Zerfälle und ein β⁻-Zerfall auftreten:

$$^{241}_{95}\text{Am} \xrightarrow{\;-\frac{4}{2}\text{He}\;} {}^{237}_{93}\text{Np} \xrightarrow{\;-\frac{4}{2}\text{He}\;} {}^{233}_{91}\text{Pa} \xrightarrow{\;-\frac{0}{1}\text{e}^-\;} {}^{233}_{92}\text{U}$$

b) Eine Abnahme von 0,20 mg auf 12,5 μg entspricht einer Verringerung auf $1/16 = 1/2^4$ der ursprünglichen Masse. Dazu sind vier Halbwertszeiten erforderlich, d. h. bei einer Halbwertszeit von 432 Jahren eine Zeitspanne von ca. 1728 Jahren.

## Lösung 402

a) Da beim Zerfall ein β⁻-Teilchen (d. h. ein Elektron) aus dem Kern frei wird, muss gleichzeitig ein Neutron in ein Proton umgewandelt werden, d. h. die Kernladung steigt um eine Einheit. Kohlenstoff wird dadurch in Stickstoff, das Element mit der nächsthöheren Ordnungszahl (= Protonenzahl), umgewandelt; zusätzlich wird ein Antineutrino freigesetzt.

$$^{14}_{6}\text{C} \longrightarrow {}^{14}_{7}\text{N} + \beta^- + \tilde{\nu}$$

Die Bildung von $^{14}$C erfolgt durch Aufnahme eines Neutrons durch $^{14}$N und Aussendung eines Protons, so dass die Kernladung um eine Einheit sinkt und das Element Kohlenstoff entsteht.

$$^{14}_{7}\text{N} + {}^1_0\text{n} \longrightarrow {}^{14}_{6}\text{C} + {}^1_1\text{p}$$

b) Der radioaktive Zerfall ist eine Reaktion 1. Ordnung; für die Zerfallsgeschwindigkeit gilt:

$$\text{Zerfallsgeschwindigkeit} = -\frac{dN}{dt} = k \cdot N \qquad \rightarrow \qquad N = N_0 \cdot e^{-kt}$$

Für die Halbwertszeit $t_{1/2}$ gilt:  $t_{1/2} = \dfrac{\ln 2}{k}$

Daraus errechnet sich $k = \dfrac{\ln 2}{t_{1/2}} = 1,21 \cdot 10^{-4}$ Jahre$^{-1}$

Im integrierten Geschwindigkeitsgesetz steht $N$ für die Aktivität zum Zeitpunkt $t$, $N_0$ für die Aktivität zum Zeitpunkt $t = 0$. Bei $t = 0$ wird die Aktivität des frisch gefällten Baums gemessen.

$$\rightarrow \ln \frac{N}{N_0} = \ln \frac{0,36}{0,52} = -1,21 \cdot 10^{-4} \text{ Jahre}^{-1} \cdot t$$

$$\rightarrow t = 3,04 \cdot 10^{3} \text{ Jahre}$$

Der Sarkophag ist der Bestimmung zufolge schon mehr als 3000 Jahre alt.

## Lösung 403

a) Für den $\beta^-$-Zerfall von Tritium gilt die folgende Zerfallsgleichung:

$$_1^3\text{H} \longrightarrow {}_2^3\text{He} + {}_{-1}^0\text{e} + {}_0^0\tilde{\nu}$$

Die Anzahl gebildeter Tochterkerne muss gleich der Differenz zwischen der Zahl an Tritiumkernen zum Zeitpunkt $t = 0$ und zum Zeitpunkt $t$ sein, d. h.

$$N(_2^3\text{He}) = N_0(^3\text{T}) - N(^3\text{T})$$

Für das Anzahlverhältnis $\chi$ von Mutter- zu Tochterkernen folgt dann

$$\chi = \frac{N(^3\text{T})}{N_0(^3\text{T}) - N(^3\text{T})} = \frac{N_0(^3\text{T}) \cdot e^{-\lambda \cdot t}}{N_0(^3\text{T})(1 - e^{-\lambda \cdot t})}$$

$$\chi = \frac{N_0(^3\text{T}) \cdot e^{-\lambda \cdot t}}{N_0(^3\text{T})(1 - e^{-\lambda \cdot t})} \cdot \frac{e^{\lambda \cdot t}}{e^{\lambda \cdot t}} = \frac{1}{e^{\lambda \cdot t} - 1}$$

Dieser Ausdruck ist nach der Zeit $t$ aufzulösen:

$$e^{\lambda \cdot t} = 1 + \frac{1}{\chi}$$

$$t = \frac{1}{\lambda} \ln\left(1 + \frac{1}{\chi}\right) = \frac{t_{1/2}}{\ln 2} \ln\left(1 + \frac{1}{\chi}\right)$$

$$t = \frac{12,3\,\text{a}}{\ln 2} \ln\left(1 + \frac{1}{0,12}\right) = 39,6\,\text{a}$$

Das Alter der Eisprobe ist demnach knapp 40 Jahre.

b) Wenn bereits He-Kerne vor den Tests in der Probe waren, so wird der Faktor $\chi$ kleiner (da mehr $^3$He-Kerne vorhanden sind) und die nach obiger Gleichung berechnete Zeit größer. Man berechnet also ein zu hohes Alter der Probe. Das tatsächliche Alter der Probe ist somit kleiner.

c)  Vierzig Jahre entspricht mehr als drei Halbwertszeiten. Die Muttersubstanz ist nach dieser Zeit schon weitgehend zerfallen. Kleinere Fehler bei der Konzentrationsbestimmung von $^3$H wirken sich dann relativ gravierend aus, da sich $\chi$ und damit das berechnete Alter stark verändern. Zudem hat sich der Tritiumgehalt in der Atmosphäre seit 1960 markant verändert. Er war vor 1960 wesentlich kleiner.

# Kapitel 23

# Lösungen – Gase, Flüssigkeiten, Festkörper

## Lösung 404

Beide Gase nehmen nach der Öffnung des Hahns das gesamte Volumen des Containers ein, also 5 L; es ist also nicht so, dass etwa der Stickstoff durch den anfangs höheren Druck im anderen Container „an der Ausbreitung gehindert" würde. Das dem Stickstoff zur Verfügung stehende Volumen vergrößert sich also um den Faktor 5/2, entsprechend sinkt sein Partialdruck auf $p(N_2) = 2/5 \cdot 1,0$ bar $= 0,40$ bar. Entsprechend ändert sich der Partialdruck des Sauerstoffs auf $p(O_2) = 3/5 \cdot 2,0$ bar $= 1,20$ bar. Der Gesamtdruck im Container ist gleich der Summe der Partialdrücke, also $p = p(N_2) + p(O_2) = 1,6$ bar.

## Lösung 405

a) Ammoniak und Chlorwasserstoff reagieren miteinander in äquimolarem Verhältnis in einer Säure-Base-Reaktion zu Ammoniumchlorid: $NH_3 + HCl \rightarrow NH_4Cl$

Die Stoffmenge an $NH_3$ beträgt 7,00 g / 17,02 g/mol = 0,411 mol, diejenige von HCl 10,0 g / 36,45 g/mol = 0,274 mol. Chlorwasserstoff ist somit das limitierende Reagenz; die Differenz beider Stoffmengen (= 0,137 mol $NH_3$) verbleibt im Reaktionsgefäß.

b) Der Druck im Reaktionsgefäß (Gesamtvolumen $V = 4,0$ L!) ergibt sich leicht mit Hilfe der allgemeinen Gasgleichung. Dabei gilt für die Einheiten: $1\ N/m^2 = 1\ J/m^3 = 1\ Pa = 10^{-5}$ bar.

$$p = \frac{nRT}{V} = \frac{0,137\ \text{mol} \cdot 8,3143\ \text{J mol}^{-1}\text{K}^{-1} \cdot 296\ \text{K}}{4,0 \cdot 10^{-3}\ \text{m}^3} = 8,43 \cdot 10^4\ \text{Pa} = 0,843\ \text{bar}$$

## Lösung 406

a) Die Temperatur in K beträgt 24,4 + 273,15 = 297,6 K.

Aus den Angaben lässt sich mit Hilfe der allgemeinen Gasgleichung die Stoffmenge des Gases berechnen:

$$n = \frac{pV}{RT} = \frac{1,010\ \text{bar} \cdot 0,250\ \text{L}}{0,083143\ \text{L bar}/\text{mol K} \cdot 297,6\ \text{K}} = 0,010\ \text{mol}$$

Aus der Massendifferenz des Kolbens in gefülltem bzw. evakuiertem Zustand ergibt sich die Masse des Gases zu 0,581 g.

© Springer Fachmedien Wiesbaden GmbH, ein Teil von Springer Nature 2020
R. Hutterer, *Fit in Anorganik*, Studienbücher Chemie,
https://doi.org/10.1007/978-3-658-30486-7_23

Da $n = \dfrac{m}{M}$, folgt für $M$:   $M = \dfrac{0,581\,\text{g}}{0,010\,\text{mol}} = 58,1\,\text{g/mol}$

b) Aufgrund der molaren Masse kann das Gas also maximal vier C-Atome ($M = 12,01$ g/mol) enthalten; dann verbleiben zehn H-Atome.

Die Summenformel lautet $C_4H_{10}$ – es handelt sich um Butan.

## Lösung 407

a) Der Druck von 4 Torr muss in bar umgerechnet werden, bevor mit Hilfe der allgemeinen Gasgleichung das Volumen des Gases berechnet werden kann.

$$p_1 = p_0 \cdot \dfrac{1,013\,\text{bar}}{760\,\text{Torr}} = 4,0\,\text{Torr} \cdot \dfrac{1,013\,\text{bar}}{760\,\text{Torr}} = 5,33 \cdot 10^{-3}\,\text{bar}$$

Die allgemeine Gasgleichung lautet:

$$\dfrac{p_1 \cdot V_1}{T_1} = \dfrac{p_2 \cdot V_2}{T_2} \quad \rightarrow \quad V_2 = \dfrac{p_1 \cdot V_1}{T_1} \cdot \dfrac{T_2}{p_2}$$

$$V_2 = \dfrac{0,98\,\text{bar} \cdot 1400\,\text{L}}{291\,\text{K}} \cdot \dfrac{271\,\text{K}}{5,33 \cdot 10^{-3}\,\text{bar}} = 2,40 \cdot 10^{5}\,\text{L}$$

b) Mit steigender Tauchtiefe nimmt der Druck zu; entsprechend erhöht sich gemäß dem Henry'schen Gesetz die Löslichkeit von Gasen im Blut. Beim Auftauchen sinkt der Druck, die Gaslöslichkeit verringert sich und es besteht die Gefahr der Bildung von Gasbläschen in den Blutgefäßen, die zu tödlichen Komplikationen wie Nervenschäden oder Embolien führen können. Daher wird beim Tauchen häufig ein Gasgemisch aus Sauerstoff und Helium (anstelle von Stickstoff) eingesetzt, da die Löslichkeit von Helium im Blut deutlich geringer ist, als diejenige von Stickstoff. Daher ist die Gefahr der Bildung einer Embolie beim Auftauchen geringer. Dennoch ist Vorsicht geboten und Tiefseetaucher müssen Dekompressionszeiten in Druckbehältern einhalten, um ein stetes Abatmen der langsam ausperlenden Atemgase zu gewährleisten.

## Lösung 408

Auflösen der allgemeinen Gasgleichung nach der Stoffmenge $n$ des Gases liefert

$$p \cdot V = n \cdot R \cdot T \quad \rightarrow \quad n = \dfrac{p \cdot V}{R \cdot T}$$

$$n = \dfrac{0,70\,\text{bar} \cdot 0,250\,\text{L}}{0,08314\,\text{L bar mol}^{-1}\,\text{K}^{-1} \cdot 298\,\text{K}} = 7,06 \cdot 10^{-3}\,\text{mol}$$

Daraus ergibt sich zusammen mit der Masse der Gasprobe die molare Masse des Gases:

$$M = \frac{m}{n} = \frac{0,311\,\text{g}}{7,06 \cdot 10^{-3}\,\text{mol}} = 44,1\,\frac{\text{g}}{\text{mol}}$$

Der Vergleich mit den molaren Massen der angegebenen Elemente legt nahe, dass es sich bei dem Gas um $CO_2$ handelt, das im Zuge der Einwirkung von $H^+$-Ionen der Salzsäure aus Carbonat ($CO_3^{2-}$) freigesetzt worden ist. Es könnte sich also um Kalkstein ($CaCO_3$) oder Dolomit (ein Calcium-Magnesiumcarbonat, $CaMg(CO_3)_2$) handeln.

## Lösung 409

a) In Sprudelflaschen wird Kohlendioxid mit erheblichem Überdruck eingepresst; dadurch erhöht sich die Löslichkeit von $CO_2$ entsprechend dem Henry'schen Gesetz. Der erforderliche Druck lässt sich für die gegebene Konzentration an gelöstem $CO_2$ leicht berechnen:

$$c(CO_2) = K_H \cdot p(CO_2) \qquad K_H = \text{Henry-Konstante}$$

$$\rightarrow \quad p(CO_2) = \frac{c(CO_2)}{K_H(CO_2)} = \frac{0,12\,\text{mol}\,\text{L}^{-1}}{3,4 \cdot 10^{-2}\,\text{mol}\,\text{L}^{-1}\,\text{bar}^{-1}} = 3,5\,\text{bar}$$

Beim Öffnen der Flasche entweicht deshalb zunächst der Überdruck; außerdem muss sich nun das neue Gleichgewicht zwischen gelöstem $CO_2$ und dem Kohlendioxid in der Atmosphäre einstellen. Da der Partialdruck von $CO_2$ in der Atmosphäre sehr gering ist, geht bei längerem Stehen der Flasche in geöffnetem Zustand fast das gesamte ursprünglich gelöste $CO_2$ aus der Lösung in die Atmosphäre über. Will man dies verhindern, muss die Flasche wieder fest verschlossen werden, so dass sich ein gewisser Druck aufbauen kann, der für die gewünschte Löslichkeit sorgt.

b) Die Gasbläschen bestehen vorwiegend aus Stickstoff und Sauerstoff. Kaltes Wasser löst, wie oben diskutiert, größere Mengen an Luft als heißes; mit zunehmender Wassertemperatur sinkt also die Löslichkeit und gelöste Gase gehen zunehmend in die Gasphase über.

## Lösung 410

a) Für den Grenzfall einer ideal verdünnten Lösung (sehr geringer Stoffmengenanteil der gelösten Substanz), z. B. für in Wasser gelöste Gase wie $O_2$ oder $N_2$, gilt das Henry'sche Gesetz, wonach die Konzentration des Gases in der Lösung proportional zum Partialdruck des Gases über der Lösung ist.

$$c = K_H \cdot p \qquad K_H = \text{Henry-Konstante}$$

Trockene Luft besteht zu ca. 78 % aus Stickstoff und zu ca. 21 % aus Sauerstoff; entsprechend betragen die Partialdrücke

$$p_i = \chi_i \cdot p$$

$$p(O_2) = 0,21 \cdot 1,020 \text{ bar} = 0,214 \text{ bar}$$

$$p(N_2) = 0,78 \cdot 1,020 \text{ bar} = 0,796 \text{ bar}$$

Daraus ergibt sich mit der Henry-Konstante für die Sauerstoff-Konzentration in Wasser:

$$c(O_2) = 0,214 \text{ bar} \cdot 1,3 \cdot 10^{-3} \text{ mol L}^{-1} \text{ bar}^{-1} = 2,78 \cdot 10^{-4} \text{ mol L}^{-1}$$

Umrechnung auf die Massenkonzentration $\beta$ ergibt:

$$\beta(O_2) = c(O_2) \cdot M(O_2) = 2,78 \cdot 10^{-4} \text{ mol L}^{-1} \cdot 32,0 \text{ g mol}^{-1} = 8,9 \text{ mg L}^{-1}$$

In einem Liter Wasser lösen sich bei 25 °C also 8,9 mg $O_2$. Mit steigender Temperatur nimmt die Löslichkeit von Gasen ab. Somit sinkt beispielsweise die Sauerstoffsättigung von Gewässern, was u. U. drastische Konsequenzen für die darin lebenden Organismen (z. B. Fische!) haben kann.

b) Aufgrund der Stärke der C–F-Bindung sind die Perfluorkohlenwasserstoffe chemisch völlig inert und können so dem Organismus gefahrlos als Emulsion verabreicht werden. Ihre entscheidende Eigenschaft ist aber, dass sie vergleichsweise große Mengen an Gasen wie Sauerstoff oder $CO_2$ zu lösen vermögen, was auf ihren unpolaren Charakter (im Gegensatz zu Wasser!) zurückzuführen ist. So lösen sich beispielsweise in einem Liter eines Perfluorkohlenwasserstoffs wie dem Perfluordecalin bei Körpertemperatur und Atmosphärendruck ca. 500 mL $O_2$ gegenüber nur ca. 25 mL in Wasser. Während zwar im Vergleich zum Blut der Sauerstoff nicht wie an Hämoglobin chemisch gebunden werden und dadurch in größerem Maße transportiert werden kann, sorgt die im Vergleich zu Wasser größere Löslichkeit und der im Vergleich zum Hämoglobin raschere Gasaustausch des physikalisch gelösten Sauerstoffs für eine zumindest teilweise Kompensation der durch den Blutverlust eingetretenen Sauerstoff-Transportkapazität. Während eines operativen Eingriffs kann eine Perfluorkohlenwasserstoff-Emulsion dem Plasmaexpander zugesetzt werden, so dass eine normovolämische Hämodilution auch bei größeren operativen Blutverlusten möglich ist, ohne dass im Gewebe Sauerstoffmangel auftritt.

# Lösung 411

Zur Berechnung der Stoffmengenanteile werden zunächst die Stoffmengen von He und $O_2$ benötigt:

$$n(\text{He}) = \frac{24,2 \text{ g}}{4,00 \text{ g mol}^{-1}} = 6,05 \text{ mol}$$

$$n(O_2) = \frac{4,32 \text{ g}}{32,00 \text{ g mol}^{-1}} = 0,135 \text{ mol}$$

Daraus ergeben sich die Stoffmengenanteile zu

$$\chi(\text{He}) = \frac{n(\text{He})}{n(\text{He}) + n(\text{O}_2)} = \frac{6{,}05 \text{ mol}}{6{,}05 \text{ mol} + 0{,}135 \text{ mol}} = 0{,}978$$

$$\chi(\text{O}_2) = \frac{n(\text{O}_2)}{n(\text{He}) + n(\text{O}_2)} = \frac{0{,}135 \text{ mol}}{6{,}05 \text{ mol} + 0{,}135 \text{ mol}} = 0{,}0218$$

Der Gesamtdruck errechnet sich mit dem allgemeinen Gasgesetz zu

$$p = \frac{(n(\text{O}_2) + n(\text{He})) \cdot R \cdot T}{V} = \frac{(6{,}05 + 0{,}135) \text{ mol} \cdot 0{,}08314 \text{ L bar mol}^{-1} \text{ K}^{-1} \cdot 298 \text{ K}}{12{,}5 \text{ L}}$$

$$p = 12{,}3 \text{ bar}$$

Die Partialdrücke sind dann

$$p(\text{He}) = \chi(\text{He}) \cdot p_{\text{ges}} = 0{,}978 \cdot 12{,}3 \text{ bar} = 12{,}0 \text{ bar}$$

$$p(\text{O}_2) = \chi(\text{O}_2) \cdot p_{\text{ges}} = 0{,}0128 \cdot 12{,}3 \text{ bar} = 0{,}268 \text{ bar}$$

## Lösung 412

a) Gewöhnlich ist die Dichte einer Substanz im Festzustand größer als im flüssigen Zustand. Im Gegensatz dazu weist flüssiges Wasser eine größere Dichte auf als Eis; bekanntlich schwimmt Eis auf Wasser. Erhöht man den Druck auf eine Flüssigkeit, versucht das System diesem Zwang auszuweichen, und in den Zustand mit kleinerem Volumen überzugehen; dies ist normalerweise der Festzustand. Deshalb nimmt der Schmelzpunkt mit wachsendem Druck i. A. zu. Dagegen sinkt der Gefrierpunkt von Wasser unter zunehmendem Druck, da hier eine Druckerhöhung die dichtere flüssige Phase bevorzugt.

b) Die Werte für die Schmelz- bzw. Verdampfungsenthalpie von Wasser betragen:

$\Delta H_{\text{schm}} = 6{,}02$ kJ/mol; $\Delta H_{\text{verd}} = 40{,}7$ kJ/mol;

Die molare Masse von Wasser beträgt 18 g/mol; 90 g Eis entsprechen somit 5,0 mol. Damit beträgt die nötige Schmelzenthalpie $\Delta H_{\text{schm}} = 6{,}02$ kJ/mol $\cdot$ 5,0 mol = 30,1 kJ. Dagegen erfordert das Verdampfen von 1 mol Wasser 40,7 kJ/mol, also mehr Energie, als zum Schmelzen der 5-fachen Menge an Eis erforderlich ist. Die ungewöhnlich hohe Verdampfungsenthalpie von Wasser beruht auf der Vielzahl von Wasserstoffbrückenbindungen (vier pro Wassermolekül), die in der Flüssigkeit ausgebildet werden können und für den starken Zusammenhalt der Wassermoleküle sorgen.

c) Um den Eiswürfel von –20 auf 0 °C zu bringen, muss pro g die Wärmemenge $q = c_{\text{sp}} \cdot \Delta T$ aufgebracht werden, also $q = 2{,}09$ J/g K $\cdot$ 20 K = 41,8 J/g. Die Schmelzenthalpie ist in kJ/mol angegeben; sie kann mit Hilfe der molaren Masse ($M = 18{,}0$ g/mol) leicht in die Einheit J/g umgerechnet werden.

$\Delta H_{\text{schm}} = 6{,}02$ kJ/mol $= 6{,}02$ kJ / 18 g $= 334$ J/g.

Das Schmelzen des Eiswürfels erfordert also eine wesentlich größere Energiezufuhr, als das Erwärmen um 20 K, und sorgt somit für eine wesentlich stärkere Abkühlung des Wassers im Glas.

# Lösung 413

a) Für den Zerfall in die Elemente gilt folgende Reaktionsgleichung:

$2\,NaN_3 \longrightarrow 2\,Na + 3\,N_2$ , d. h.

$$n(N_2) = \frac{3}{2}\,n(NaN_3) = \frac{3}{2}\,\frac{m(NaN_3)}{M(NaN_3)} = \frac{3}{2}\cdot\frac{160\,g}{65\,g\,mol^{-1}} = 3{,}69\,mol$$

$$m(N_2) = n(N_2)\cdot M(N_2) = 3{,}69\,mol\cdot 28{,}0\,g\,mol^{-1} = 103\,g$$

b) Mit der allgemeinen Gasgleichung erhält man

$$pV = nRT$$

$$V = \frac{nRT}{p} = \frac{3{,}69\,mol\cdot 8{,}314\cdot 10^{-2}\,L\,bar\,mol^{-1}\,K^{-1}\cdot 293\,K}{1{,}013\,bar} = 88{,}7\,L$$

# Lösung 414

Die Dampfdrücke in den Bechergläsern A und B sind gleich; der Dampfdruck ist eine (temperaturabhängige) Stoffeigenschaft. Da die Flüssigkeitsoberfläche in B allerdings größer ist als in A, können dort pro Zeiteinheit mehr Moleküle aus der Flüssigkeit in die Gasphase übergehen; das Wasser verdampft also im Glas B deutlich schneller. B und C weisen die gleiche Oberfläche auf. Da Aceton wesentlich schwächere zwischenmolekulare Wechselwirkungen ausbildet, als Wasser (nur Dipol-Dipol-WW, im Gegensatz zu den stärkeren Wasserstoffbrückenbindungen im Wasser) verdampft es viel rascher als Wasser.

# Lösung 415

Insgesamt gibt es nur zwei Elemente, die unter Standardbedingungen flüssig vorliegen: Brom und Quecksilber. Nur in der Gruppe der Halogene (7. Hauptgruppe) existieren gasförmige Elemente (Fluor, Chlor), ein flüssiges (Brom) sowie feste Elemente (Iod, Astat; letzteres ist radioaktiv, extrem selten und spielt kaum eine Rolle). Sie liegen alle als zweiatomige Moleküle vor, die naturgemäß unpolar sind. Die unterschiedlichen Aggregatzustände weisen aber auf unterschiedlich starke zwischenmolekulare Kräfte hin. Diese unterschiedlich starken Van der Waals-Wechselwirkungen (Dispersionskräfte) beruhen auf der unterschiedlichen Polarisierbarkeit, die mit der Größe der Atome in der Reihe F < Cl < Br < I steigt. Je ausgedehnter und leichter polarisierbar die Elektronenhülle ist, desto stärker sind die Dispersionskräfte zwischen kurzzeitig induzierten Dipolen; die Folge sind steigende Schmelz- und Siedepunkte.

# Lösung 416

Für den Aggregatzustand einer Substanz bei gegebener Temperatur und Druck ist die Stärke der zwischenmolekularen Wechselwirkungen verantwortlich. Dispersionskräfte (Van der Waals-Kräfte) treten zwischen allen Substanzen auf; sie steigen mit der Größe der Kontaktfläche und damit i. A. mit der molaren Masse. Diese ist für die gegebenen Verbindungen relativ ähnlich (zwischen ca. 26 g/mol für LiF und 34 g/mol für $H_3CF$ und $H_2O_2$) und kann daher die Unterschiede nicht erklären. LiF ist eine ionische Verbindung; die starken ionischen Wechselwirkungen zwischen $Li^+$- und $F^-$-Ionen sorgen für einen hohen Schmelzpunkt. Die drei übrigen Verbindungen weisen alle ein Dipolmoment auf, sind also polar und bilden Dipol-Dipol-Wechselwirkungen aus. Nur das Wasserstoffperoxid ist aber in der Lage, Wasserstoffbrücken auszubilden, da nur in dieser Verbindung O–H-Bindungen vorkommen. Im Methanal sind die beiden H-Atome an C gebunden, was eine weitgehend unpolare Bindung ergibt; gleiches gilt für das Fluormethan. Die zwischenmolekularen Kräfte sind daher im $H_2O_2$ stärker als in $H_2CO$ und $H_3CF$; Wasserstoffperoxid ist, wie natürlich auch $H_2O$, bei Raumtemperatur und Umgebungsdruck eine Flüssigkeit.

Nach dem VSEPR-Modell erwartet man für Methanal (Typ $AZ_3$) eine trigonal planare Struktur, während Fluormethan analog zu Methan tetraedrisch gebaut sein sollte. Im Wasserstoffperoxid besitzt jedes O-Atom wie im Wasser zwei Bindungspartner und zwei freie Elektronenpaare; die Bindungswinkel an den O-Atomen sollten daher sehr ähnlich wie im Wasser sein (ca. 104°).

# Lösung 417

Chlorethan weist einen Siedepunkt von 12 °C auf; es lässt sich unter Druck (z. B. in einer Spraydose) leicht verflüssigen. Sprüht man es auf die Haut oder eine Zahnoberfläche, verdampft das Chlorethan. Der Übergang aus der flüssigen in die Gasphase ist ein endothermer Phasenübergang; er entzieht also der Umgebung Wärme und kühlt diese dadurch ab. Dadurch lässt sich eine Kälteanästhesie hervorrufen.

Ethanol enthält statt des Chloratoms eine Hydroxygruppe. Diese ist zur Ausbildung von Wasserstoffbrücken in der Lage, so dass trotz niedrigerer molarer Masse der Siedepunkt von Ethanol mit 78 °C erheblich höher ist als der von Chlorethan. Dementsprechend ist der Dampfdruck viel niedriger und Ethanol verdunstet auf der Haut vergleichsweise langsam, d. h. es wird (pro Zeiteinheit) nur wenig Wärme entzogen.

# Lösung 418

Das Verfahren ist ein typischer Extraktionsprozess, der auf einem Verteilungsgleichgewicht beruht. Da Coffein eine wenig polare Substanz ist, wird dafür ein relativ unpolares Extraktionsmittel benötigt. Während in früheren Zeiten beispielsweise Dichlormethan ($CH_2Cl_2$) verwendet wurde, führt man die Extraktion heutzutage fast ausschließlich mit superkritischem

$CO_2$ durch. Während Kohlendioxid bei Normaldruck nicht verflüssigt werden kann, ist dies bei Drücken größer ca. 5 bar möglich; oberhalb von 304 K und einem Druck von 73,8 bar geht $CO_2$ in den superkritischen Zustand über. Man versteht darunter einen Aggregatzustand, bei dem die Unterschiede zwischen flüssig und gasförmig aufhören zu existieren. Während die Dichte des $CO_2$ derjenigen einer Flüssigkeit entspricht, ist seine Viskosität nur äußerst gering. Gegenüber organischen Lösungsmitteln wie Dichlormethan hat superkritisches $CO_2$ daher mehrere Vorteile. Einerseits werden durch $CH_2Cl_2$ auch verschiedene andere Stoffe entfernt, die zum Aroma des Kaffees wesentlich beitragen, zum anderen muss aufgrund der gesundheitsschädlichen Eigenschaften von Dichlormethan sichergestellt werden, dass es nach dem Extraktionsprozess wieder vollständig aus dem Kaffee entfernt wird. Kohlendioxid ist dagegen weder gesundheitsschädlich, noch bereitet die Entfernung Probleme, da es bei Normaldruck einfach verdampft.

## Lösung 419

Das Edelgas Argon (Ar) liegt stets einatomig vor; entsprechend bildet es auch als Feststoff (bei sehr niedrigen Temperaturen) ein Gitter aus einzelnen Atomen. Das Element Nickel (Ni) ist ein Metall und bildet ein Metallgitter aus, in dem die Metallatome typischerweise in einer dichtesten Kugelpackung vorliegen. Dagegen ist Methanol ($CH_3OH$) offensichtlich eine Molekülverbindung und bildet daher ein Molekülgitter aus, in dem die einzelnen Moleküle über Wasserstoffbrücken assoziiert sind. Was schließlich ist $(Zn,Cu)_5[(OH)_6(CO_3)_2]$? Es handelt sich um ein Mineral namens Aurichalcit, das offensichtlich aus Ionen ($Zn^{2+}$, $Cu^{2+}$, $OH^-$, $CO_3^{2-}$) zusammengesetzt ist, also ein Salz darstellt und ein Ionengitter ausbildet.

b) Der Schmelzpunkt eines kristallinen Festkörpers ist abhängig von der Stärke der Wechselwirkungen zwischen den Atomen, Molekülen oder Ionen. Zwischen den Ar-Atomen existieren nur sehr schwache Van der Waals-Wechselwirkungen durch induzierte Dipolmomente. Entsprechend ist der Schmelzpunkt von Argon mit −189 °C sehr niedrig. Tetrachlormethan ($CCl_4$) und Iod ($I_2$) bilden Molekülgitter; beide Substanzen sind weitgehend unpolar und werden in erster Linie durch Van der Waals-Wechselwirkungen zusammengehalten. Während $CCl_4$ bei Raumtemperatur bereits flüssig ist, sorgt die hohe Polarisierbarkeit der ausgedehnten Elektronenhülle im Iod für einen Schmelzpunkt deutlich oberhalb Raumtemperatur (ca. 114 °C). Den mit Abstand höchsten Schmelzpunkt weist das Lithiumchlorid als Salz auf. Die Coulomb-Wechselwirkungen zwischen den Ionen sind wesentlich stärker als Van der Waals-Wechselwirkungen, Dipolkräfte oder Wasserstoffbrücken.

## Lösung 420

Der Aufbau des Kristallgitters und die jeweilige Koordinationszahl der Ionen (die Anzahl der Anionen um ein Kation u. u.) hängen entscheidend von der Größe der Ionen ab. So sind die $Na^+$-Ionen mit einem Radius von 102 pm deutlich kleiner als die $Cl^-$-Ionen (181 pm). Die Struktur lässt sich beschreiben als ein kubisch flächenzentriertes Gitter von $Na^+$-Ionen (d. h.

$Na^+$-Ionen befinden sich an den Ecken eines Würfels sowie im Zentrum der sechs Würfelseiten). Zwischen den Na-Ionen sind Hohlräume, die als Oktaederlücken bezeichnet werden; in diese passt jeweils ein $Cl^-$-Ion hinein, so dass es von sechs $Na^+$-Ionen umgeben ist. In der gleichen Weise ist in der entstehenden „NaCl-Struktur" jedes $Na^+$-Ion oktaedrisch von sechs Chlorid-Ionen umgeben; die Koordinationszahl für beide Ionen beträgt also sechs. Im Vergleich zum $Na^+$-Ion ist das $Cs^+$-Ion deutlich größer (167 pm). Um das größere $Cs^+$-Ion können sich jeweils acht $Cl^-$-Ionen anordnen, die die Ecken eines Würfels besetzen, in dessen Mitte sich das $Cs^+$-Ion befindet. In gleicher Weise findet man jeweils acht $Cs^+$-Ionen in kubischer Anordnung, in deren Mitte ein $Cl^-$-Ion sitzt. Man spricht von einem kubisch primitiven Gitter; beide Ionen haben die Koordinationszahl acht. Im Gegensatz hierzu sind das $Zn^{2+}$-Ion und das Sulfid-Ion ($S^{2-}$) von sehr unterschiedlicher Größe. Ähnlich wie im NaCl bildet das größere Anion ein kubisch flächenzentriertes Gitter aus; das kleine $Zn^{2+}$-Ion besetzt aber nicht die (größeren) Oktaederlücken, sondern die Hälfte der kleineren Tetraederlücken, so dass sich für die beiden Ionen jeweils die Koordinationszahl vier ergibt.

Je nach Größenverhältnis von Kation zu Anion werden also unterschiedliche Gittertypen bevorzugt, um die Wechselwirkungen der Ionen zu optimieren.

# Lösung 421

Wasser geht bei normalem Atmosphärendruck (1 bar) vom festen (Eis) in den flüssigen Zustand über und siedet bei 100 °C (Übergang in die Gasphase). Der Endpunkt der Phasengrenzlinie zwischen Wasser und Dampf ist der kritische Punkt. Die kritische Temperatur beträgt für Wasser $T_c = 374{,}5$ °C, der kritische Druck beträgt ca. 217 bar. Oberhalb der kritischen Temperatur kann eine Substanz auch bei Anwendung sehr hoher Drücke nicht mehr verflüssigt werden. Charakteristisch für Wasser ist, dass die Phasengrenzlinie zwischen festem Eis und flüssigem Wasser eine negative Steigung aufweist, d. h. die Schmelztemperatur sinkt mit steigendem Druck. Der Grund für dieses ungewöhnliche Verhalten liegt in der „offenen" Struktur von Eis, die durch die Wasserstoffbrücken zustande kommt. Festes Wasser besitzt eine geringere Dichte als flüssiges, d. h. es nimmt ein größeres Volumen ein. Nach dem Prinzip von Le Chatelier führt ein höherer Druck zur Verschiebung des Fest-flüssig-Gleichgewichts auf die Seite der Flüssigkeit (→ Verringerung des Volumens); der Schmelzpunkt sinkt.

Für Kohlendioxid weist die Phasengrenzlinie zwischen festem und flüssigem $CO_2$ dagegen die „normale" positive Steigung auf. Auffallend ist hier, dass der sogenannte Tripelpunkt, an dem sich feste, flüssige und gasförmige Phase miteinander im Gleichgewicht befinden, erheblich oberhalb des Atmosphärendrucks liegt (bei ca. 5,1 bar). Dies bedeutet, dass Kohlendioxid bei Normaldruck von der festen Phase direkt in die Gasphase übergeht (sublimiert). Flüssiges $CO_2$ ist daher nur bei höheren Drücken (> 5,1 bar) existenzfähig. Die Grenzlinie zwischen flüssigem und gasförmigem $CO_2$ endet am kritischen Punkt bei 31°C und 72 bar; oberhalb davon liegt „superkritisches" $CO_2$ vor, das ein gutes Lösungs- und Extraktionsmittel darstellt.

# Kapitel 24

# Lösungen – Stoffchemie; themenübergreifende Probleme

## Lösung 422

a) Sowohl elementarer Stickstoff ($N_2$) wie auch das Cyanid-Ion besitzen eine Dreifachbindung; beide Verbindungen sind isoelektronisch. Stickstoff als elektronegativeres Element im $CN^-$ erhält die negative Oxidationszahl.

$$\overset{\ominus \;\; +2 \;\; -3}{: C \equiv N :} \qquad \overset{0 \quad 0}{: N \equiv N :}$$

b) Es ist der pH-Wert der Lösung einer schwachen Base zu berechnen:

$$c(OH^-) = \sqrt{c(CN^-) \cdot K_B}$$

$$K_B = 10^{-14} \; mol^2/L^2 \; / K_S = 10^{-5} \; mol/L$$

$$c(OH^-) = \sqrt{0{,}10 \; mol/L \cdot 10^{-5} \, mol/L} = 10^{-3} \; mol/L \;\; \rightarrow \;\; [OH^-] = 10^{-3}$$

$$\rightarrow \; pOH = -\lg [OH^-] = 3$$

$$\rightarrow \; pH = 14 - pOH = 11$$

c) Der Wasserdampf in der Luft steht zusammen mit dem Kohlendioxid im Gleichgewicht mit der Kohlensäure; diese ist in der Lage, das Cyanid-Ion zu protonieren:

$$H_2O + CO_2 \;\; \rightleftharpoons \;\; H_2CO_3$$

$$H_2CO_3 + KCN \;\; \rightleftharpoons \;\; HCN(g) + K^+(aq) + HCO_3^- \, (aq)$$

d) $Cu^{2+}$ bildet mit Cyanid-Ionen einen stabilen Komplex mit kleiner Dissoziationskonstante. Dadurch wird die Konzentration an freien $Cu^{2+}$-Ionen in Lösung so gering, dass das Löslichkeitsprodukt von $Cu(OH)_2$ nicht mehr überschritten wird.

$$Cu^{2+}(aq) + 4\,CN^-(aq) \;\; \longrightarrow \;\; [Cu(CN)_4]^{2-}(aq)$$

e) Kupfer(II) nimmt ein Elektron auf und wird dadurch zum Kupfer(I)-Komplex reduziert. Der Schwefel erhöht seine Oxidationszahl beim Übergang vom Sulfit zum Sulfat um zwei Einheiten.

Red: $\quad [\overset{+2}{Cu}(CN)_4]^{2-} + e^{\ominus} \;\; \longrightarrow \;\; [\overset{+1}{Cu}(CN)_4]^{3-} \quad \Big| \cdot 2$

Ox: $\quad \overset{+4}{S}O_3^{2-} + H_2O \;\; \longrightarrow \;\; \overset{+6}{S}O_4^{2-} + 2\,e^{\ominus} + 2\,H^{\oplus}$

Redox: $\; 2\,[Cu(CN)_4]^{2-} + SO_3^{2-} + H_2O \;\; \longrightarrow \;\; 2\,[Cu(CN)_4]^{3-} + SO_4^{2-} + 2\,H^{\oplus}$

© Springer Fachmedien Wiesbaden GmbH, ein Teil von Springer Nature 2020
R. Hutterer, *Fit in Anorganik*, Studienbücher Chemie,
https://doi.org/10.1007/978-3-658-30486-7_24

# Lösung 423

a) Die Oxidationszahl des Kohlenstoffs im Oxalat-Ion ($C_2O_4^{2-}$) beträgt +3; sie erhöht sich also um eine Einheit auf +4 im $CO_2$. Permanganat enthält Mn in seiner höchsten Oxidationsstufe +7; es nimmt in saurer Lösung fünf Elektronen auf und wird zum $Mn^{2+}$-Ion reduziert.

Die Redoxgleichung lautet:

$$\text{Red:} \quad \overset{+7}{Mn}O_4^- + 5\,e^{\ominus} + 8\,H^{\oplus} \longrightarrow \overset{+2}{Mn}{}^{2+} + 4\,H_2O \quad \Big| \cdot 2$$

$$\text{Ox:} \quad \overset{+3}{C_2O_4^{2-}} \longrightarrow 2\,\overset{+4}{C}O_2 + 2\,e^{\ominus} \quad \Big| \cdot 5$$

$$\text{Redox:} \quad 2\,MnO_4^- + 5\,C_2O_4^{2-} + 16\,H^{\oplus} \longrightarrow 2\,Mn^{2+} + 10\,CO_2 + 8\,H_2O$$

Das Stoffmengenverhältnis $CaC_2O_4$ / $MnO_4^-$ beträgt also 5/2.

b) Mit Hilfe des Stoffmengenverhältnisses lässt sich aus dem Titrationsergebnis leicht die Stoffmenge an Oxalat berechnen, aus dem sich zusammen mit der molaren Masse von Calciumoxalat die Masse im Nierenstein ergibt. Für den Massenanteil muss dieser Wert dann durch die Masse des Steins dividiert werden.

$$n(C_2O_4^{2-})\,/\,n(MnO_4^-) = 5/2$$

$$n(C_2O_4^{2-}) = \frac{5}{2}\,c(MnO_4^-) \cdot V(MnO_4^-) = \frac{5}{2} \cdot 0{,}020\ \text{mol/L} \cdot 0{,}020\ \text{L} = 1{,}0\ \text{mmol}$$

$$\rightarrow \quad m(C_2O_4^{2-}) = n(C_2O_4^{2-}) \cdot M(C_2O_4^{2-}) = 1{,}0\ \text{mmol} \cdot 128\ \text{mg/mmol} = 128\ \text{mg}$$

$$\rightarrow \quad \omega(C_2O_4^{2-}) = \frac{m(C_2O_4^{2-})}{m(\text{Stein})} = \frac{128\ \text{mg}}{640\ \text{mg}} = 20\,\%$$

# Lösung 424

a) Die Reaktionsgleichung für die Hydrolyse von Arsen(III)-oxid lautet:

$$As_2O_3(s) + 3\,H_2O \longrightarrow 2\,H_3AsO_3(aq)$$

b) Zink als unedles Metall wird durch $H^+$-Ionen leicht oxidiert; dabei entsteht elementarer Wasserstoff. Steht nicht unmittelbar ein Reaktionspartner zur Verfügung, vereinigen sich die H-Atome rasch zu $H_2$, also molekularem Wasserstoff. In Anwesenheit einer reduzierbaren Verbindung können die H-Atome dagegen im Augenblick ihres Entstehens („*in statu nascendi*") als Reduktionsmittel fungieren.

$$Zn + 2\,HCl(aq) \longrightarrow Zn^{2+}(aq) + 2\,Cl^-(aq) + 2\,H$$

$$As_2O_3 + 12\,H \longrightarrow 2\,AsH_3 + 3\,H_2O$$

c) Arsen wird von der Oxidationsstufe +3 in der arsenigen Säure zur Oxidationsstufe +5 in der Arsensäure oxidiert. Permanganat nimmt in saurer Lösung fünf Elektronen auf und wird zum $Mn^{2+}$-Ion.

$$\text{Red:} \quad \overset{+7}{MnO_4} + 5\,e^{\ominus} + 8\,H^{\oplus} \longrightarrow \overset{+2}{Mn^{2+}} + 4\,H_2O \quad \Big| \cdot 2$$

$$\text{Ox:} \quad \overset{+3}{H_3AsO_3} + H_2O \longrightarrow \overset{+5}{H_3AsO_4} + 2\,e^{\ominus} + 2\,H^{\oplus} \quad \Big| \cdot 5$$

$$\text{Redox:} \quad 2\,MnO_4^- + 5\,H_3AsO_3 + 6\,H^{\oplus} \longrightarrow 2\,Mn^{2+} + 5\,H_3AsO_4 + 3\,H_2O$$

d) Aus der Redoxgleichung ergibt sich für das Stoffmengenverhältnis:

$$\frac{n(\text{Permanganat})}{n(\text{arsenige Säure})} = \frac{2}{5}$$

$$n(MnO_4^-) = c(MnO_4^-) \cdot V(MnO_4^-) = 0,020 \text{ mol/L} \cdot 0,0120 \text{ L} = 0,24 \text{ mmol}$$

$$\rightarrow \quad n(H_3AsO_3) = \frac{5}{2}\,n(MnO_4^-) = 0,60 \text{ mmol} \quad (\text{in 15 mL})$$

$$\rightarrow \quad n(H_3AsO_3) = \frac{100}{15} \cdot 0,60 \text{ mmol} = 4,0 \text{ mmol} \quad (\text{in 100 mL})$$

e) $m(\text{As}) = n(H_3AsO_3) \cdot M(\text{As}) = 4,0 \text{ mmol} \cdot 75 \text{ g/mol} = 300 \text{ mg}$

Die aufgenommene Masse an Arsen liegt zum Glück noch deutlich unter der tödlichen Dosis.

# Lösung 425

a) Die Stoffmenge der Festladungen auf dem Ionenaustauscher beträgt

$$n(\text{Festladung}) = \frac{0,020 \text{ mol}}{100 \text{ g}} \cdot 30 \text{ g} = 6,0 \cdot 10^{-3} \text{ mol}$$

Er kann demnach maximal 6,0 mmol Ionen $M^+$- oder 3,0 mmol $M^{2+}$-Ionen oder 2,0 mmol $M^{3+}$-Ionen binden.

$$n(Fe^{3+}) = 0,015 \text{ L} \cdot 0,20 \text{ mol/L} = 3,0 \cdot 10^{-3} \text{ mol}$$

$\rightarrow$ Es werden 2,0 mmol $Fe^{3+}$ gebunden; sie setzen 6,0 mmol $H^+$ frei, die im Eluat erscheinen; der Rest an $Fe^{3+}$-Ionen wird nicht gebunden und erscheint ebenfalls im Eluat (1,0 mmol).

$\rightarrow$ $c(H^+)$ im Eluat $= 6,0 \cdot 10^{-3} \text{ mol} / 100 \text{ mL} = 0,060 \text{ mol/L}$

$\rightarrow$ pH $= -\lg 0,060 = 1,22$

b) Die $Fe^{3+}$-Ionen im Eluat bilden mit zugesetztem $SCN^-$ den Triaquatrithiocyanatoeisen(III)-Komplex, der intensiv tiefrot gefärbt ist.

$$[Fe(H_2O)_6]^{3+} + 3\,SCN^- \longrightarrow [Fe(H_2O)_3(SCN)_3] + 3\,H_2O$$

c) Jetzt gilt:

$$n(\text{Festladung}) = \frac{0{,}040\ \text{mol}}{100\ \text{g}} \cdot 30\ \text{g} = 12{,}0 \cdot 10^{-3}\ \text{mol} ,$$

d. h. dieser Ionenaustauscher kann maximal 12,0 mmol Ionen $M^+$- oder 6,0 mmol $M^{2+}$- oder 4,0 mmol $M^{3+}$-Ionen binden. Die $Fe^{3+}$-Ionen ($n = 3{,}0$ mmol) werden nun praktisch komplett gebunden ($\rightarrow$ Freisetzung von 9,0 mmol $H^+$-Ionen) und sind nicht mehr im Eluat nachweisbar, d. h. bei Zugabe von Thiocyanat-Ionen erfolgt keine Komplexbildung mehr.

Der pH-Wert des Eluats beträgt:

$\rightarrow\ c(H^+)$ im Eluat $= 9{,}0 \cdot 10^{-3}$ mol / 100 mL $= 0{,}090$ mol/L

$\rightarrow$ pH $= -\lg 0{,}090 = 1{,}05$

# Lösung 426

a) Eine Konzentrationsbestimmung mit Hilfe der Photometrie beruht auf dem Lambert-Beer'-schen Gesetz, das den Zusammenhang zwischen der Messgröße Absorbanz $A$ und der Stoffmengenkonzentration $c$ herstellt: $A = \varepsilon \cdot c \cdot d$ , wobei $d$ die Schichtdicke der Küvette und $\varepsilon$ der molare dekadische Absorptionskoeffizient sind. Wenn der Absorptionskoeffizient für die zu bestimmende Verbindung nicht bekannt ist, arbeitet man mit einer Reihe von Eichlösungen bekannter Konzentration und bestimmt daraus durch Auftragung von $A$ gegen $c$ den Wert von $\varepsilon$. Viele Substanzen von analytischem Interesse besitzen recht niedrige Absorptionskoeffizienten, so dass kleine Konzentrationen gar nicht oder nicht zuverlässig bestimmt werden können. In diesen Fällen versucht man, die nachzuweisende Spezies in eine Verbindung mit größerem $\varepsilon$ zu überführen. Im Fall von Metallionen wie $Cu^{2+}$ eignet sich dafür häufig die Bildung eines Komplexes, im vorliegenden Fall z. B. die Überführung der schwach hellblauen solvatisierten $Cu^{2+}$-Ionen in den tiefblauen Tetraamminkupfer(II)-Komplex nach folgender Gleichung:

$$Cu^{2+}(aq) + 4\,NH_3(aq) \longrightarrow [Cu(NH_3)_4]^{2+}(aq)$$

b) Aus den gegebenen Standardreduktionspotenzialen folgt, dass Kupfer die Anode ist (hier erfolgt die Oxidation) und die Silberelektrode die Kathode bildet (Reduktion). Die entsprechende Reaktionsgleichung für die galvanische Zelle und ihr Standardreduktionspotenzial lauten also:

$$Cu(s) + 2\,Ag^+(aq) \longrightarrow Cu^{2+}(aq) + 2\,Ag(s)$$

$$E^\circ = E^\circ(Ag^+) - E^\circ(Cu^{2+}) = 0{,}80\ \text{V} - 0{,}34\ \text{V} = 0{,}46\ \text{V}$$

Es werden zwei Elektronen übertragen, somit erhalten wir für die Konzentrationsabhängigkeit des Potenzials die folgende Nernst-Gleichung:

$$E = E^\circ - \frac{RT}{2F} \cdot \ln \frac{[Cu^{2+}]}{[Ag^+]^2}$$

Dies Gleichung ist nach der unbekannten $Cu^{2+}$-Konzentration aufzulösen:

$$\ln \frac{[Cu^{2+}]}{[Ag^+]^2} = \frac{2\,F\,(E° - E)}{RT} = \frac{2 \cdot 96485 \text{ C/mol} \cdot (-0,16 \text{ V})}{8,3143 \text{ J/mol K} \cdot 298 \text{ K}} = -12,5$$

$$[Cu^{2+}] = e^{-12,5} \cdot [Ag^+]^2 = e^{-12,5} \cdot 1,00 = 3,87 \cdot 10^{-6}$$

$$c(Cu^{2+}) = 3,87 \cdot 10^{-6} \text{ mol/L}$$

Für die Massenkonzentration an $Cu^{2+}$ in der Probe ergibt sich dann:

$$\beta(Cu^{2+}) = c(Cu^{2+}) \cdot M(Cu^{2+}) = 3,87 \cdot 10^{-6} \text{ mol/L} \cdot 63,55 \text{ g/mol} = 2,46 \cdot 10^{-4} \text{ g/L}$$

Der Grenzwert wird bei dieser Wasserprobe also problemlos eingehalten.


# Lösung 427

Die Säure-Base-Reaktion beim Einleiten von Kohlendioxid in eine Lösung aus Natriumchlorid und Ammoniak führt zur Protonierung von Ammoniak; das Proton stammt von zwischenzeitlich gebildeter Kohlensäure, die in Hydrogencarbonat übergeht:

(1) $CO_2(g) + NH_3(aq) + H_2O \longrightarrow NH_4^+(aq) + HCO_3^-(aq)$

Die Ausfällung von Natriumhydrogencarbonat lautet einfach:

(2) $HCO_3^-(aq) + Na^+(aq) \rightleftharpoons NaHCO_3(s)$

Da Natriumhydrogencarbonat ein relativ leicht lösliches Salz ist, erfordert dieser Vorgang eine ziemlich hohe Ionenkonzentration. Hydrogencarbonate gehen beim Erhitzen leicht in $CO_2$ und das entsprechende Carbonat über; so entsteht aus dem Natriumhydrogencarbonat das Natriumcarbonat:

(3) $2\,NaHCO_3(s) \longrightarrow Na_2CO_3(s) + H_2O(g) + CO_2(g)$

Für die Wiedergewinnung von Ammoniak muss das in (1) gebildete Ammonium wieder durch eine Base deprotoniert werden; hierfür kommt Calciumhydroxid $(Ca(OH)_2)$ zum Einsatz:

(4) $2\,NH_4^+(aq) + 2\,Cl^-(aq) + Ca(OH)_2(s) \longrightarrow 2\,NH_3(aq) + CaCl_2(aq) + 2\,H_2O(l)$

Beim Kalkbrennen wird Calciumcarbonat bei hoher Temperatur zu Calciumoxid und Kohlendioxid umgesetzt; das Calciumoxid reagiert dann als starke Base mit Wasser zu Calciumhydroxid:

(5) $CaCO_3(s) \xrightarrow{1000\,°C} CaO(s) + CO_2(g)$

(6) $CaO(s) + H_2O(l) \longrightarrow Ca(OH)_2(aq)$

Als Summengleichung für die Reaktionen (1) – (6) erhält man:

(1) – (6) $2\,NaCl(aq) + CaCO_3(s) \longrightarrow Na_2CO_3(s) + CaCl_2(aq)$

# Lösung 428

a) Calcium besitzt in der Oxidationsstufe +II eine abgeschlossene Edelgasschale (Argon-Schale), während Eisen als Übergangsmetall d-Elektronen besitzt. Durch Bindung einer entsprechenden Zahl an Liganden (insgesamt sechs Elektronenpaare) kann $Fe^{2+}$ die Edelgaskonfiguration des Kryptons erreichen.

b) Mit seinen beiden Stickstoffatomen, die jeweils ein freies Elektronenpaar zur Verfügung stellen können, ist $o$-Phenanthrolin ein zweizähniger Ligand. Die Gleichung für die Bildung des Phenanthrolin-Eisen-Komplexes lautet entsprechend:

$$Fe^{2+}(aq) + 3\,Phen\,(aq) \longrightarrow [Fe(Phen)_3]^{2+}(aq)$$

c) Die Stoffmenge an $Fe^{2+}$ beträgt:

$$n(Fe^{2+}) = c(Fe^{2+}) \cdot V(Fe^{2+}) = 5,0\,mmol/L \cdot 0,020\,L = 0,10\,mmol$$

Sie liefert (nach Bildung des $o$-Phenanthrolin-Komplexes) eine Absorbanz von 1,20.

Aus der in Anwesenheit von Tee gemessenen Absorbanz von 0,24 ergibt sich für die Stoffmenge des $o$-Phenanthrolin-Komplexes:

$$n(Fe(Phen)_3) = \frac{A_2}{A_1} \cdot n(Fe^{2+}) = \frac{0,24}{1,20} \cdot 0,10\,mmol = 0,020\,mmol,$$

d. h. die restliche Stoffmenge $Fe^{2+}$ (0,080 mmol) wurde von Epigallocatechingallat (EGCG) komplexiert. Aufgrund der Zusammensetzung des Komplexes ($[Fe(EGCG)_3]^{2+}$) sind dafür 0,240 mmol an EGCG erforderlich.

$$\rightarrow \quad m(EGCG) = n \cdot M = 0,240\,mmol \cdot 458,4\,g/mol = 0,110\,g \quad \text{(in 100 mL Tee)}$$

In 1 L Teeaufguss sind dann entsprechend 1,10 g EGCG enthalten.

d) Für die Transmission gilt:

$$T = 10^{-A} = 10^{-1,2} = 6,3\,\%$$

Damit der Komplex orange erscheint muss Licht im Wellenlängenbereich der Komplementärfarbe blau ($\approx 500$ nm) absorbiert werden.

e) Für die in Anwesenheit der Teavigo$^{\circledR}$-Lösung gemessenen Absorbanz von 0,21 ergibt sich für die Stoffmenge des $o$-Phenanthrolin-Komplexes:

$$n(Fe(Phen)_3) = \frac{A_3}{A_1} \cdot n(Fe^{2+}) = \frac{0,21}{1,20} \cdot 0,10\,mmol = 0,0175\,mmol,$$

d. h. die restliche Menge ($8,25 \cdot 10^{-2}$ mmol) wurde von dem im Präparat enthaltenen EGCG komplexiert. Hierfür sind 0,2475 mmol an EGCG erforderlich. Dies entspricht der Masse

$$m(EGCG) = n \cdot M = 0,2475\,mmol \cdot 458,4\,g/mol = 0,113\,g,$$

die in dem Teavigo$^{\circledR}$-Präparat enthalten war.

Der Massenanteil an EGCG darin ist demnach $\omega = 113\,mg / 140\,mg = 0,81 = 81\,\%$, d. h. der versprochene Anteil von 94 % wird nicht erreicht.

# Lösung 429

a) Die Borsäure-Moleküle sind trigonal planar gebaut; das zentrale Boratom ist $sp^2$-hybridisiert. Die geringe Wasserlöslichkeit trotz des Vorhandenseins von drei hydrophilen OH-Gruppen pro Boratom beruht darauf, dass die OH-Gruppen sehr gut untereinander Wasserstoffbrückenbindungen ausbilden können und die Borsäure-Moleküle auf diese Weise untereinander zu Schichten vernetzt werden.

b) Borsäure gibt kein $H^+$-Ion von einer der OH-Gruppen ab, sondern lagert ein $OH^-$-Ion aus Wasser an, so dass insgesamt ein $H^+$-Ion frei wird:

$$B(OH)_3\,(aq) + H_2O\,(l) \;\rightleftharpoons\; [B(OH)_4]^-\,(aq) + H^+\,(aq)$$

Das gebildete Anion enthält nun $sp^3$-hybridisiertes Bor und ist tetraedrisch gebaut.

Am Äquivalenzpunkt einer Titration von Borsäure mit $OH^-$-Ionen liegt das basisch reagierende $[B(OH)_4]^-$-Ion vor; der pH-Wert muss also im schwach basischen Bereich sein.

Die Konzentration an $[B(OH)_4]^-$ ergibt sich aus dem Titratorverbrauch und dem Endvolumen der Lösung:

$$n(OH^-) = n(B(OH)_3) = n([B(OH)_4]^-) = c(OH^-) \cdot V(OH^-)$$
$$= 0,20\,\text{mol/L} \cdot 0,015\,\text{L} = 3,0\,\text{mmol}$$

$$\rightarrow c([B(OH)_4]^-) = \frac{n([B(OH)_4]^-)}{V_{\text{Lösung}}} = \frac{3,0\,\text{mmol}}{60\,\text{mL}} = 0,050\,\text{mol/L}$$

Aus $pK_S\,(B(OH)_3) = 9,25$ folgt $pK_B\,([B(OH)_4]^-) = 4,75$ und $K_B = 10^{-4,75}$. Daraus errechnet sich der pH-Wert der Lösung näherungsweise zu

$$[OH^-] = \sqrt{K_B \cdot [B(OH)_4]^-} = \sqrt{10^{-4,75} \cdot 0,050} = 9,43 \cdot 10^{-4}$$

$$\rightarrow pOH = -\lg[OH^-] = 3,03$$

$$\rightarrow pH = 14 - pOH = 10,97$$

c) Das $sp^2$-hybridisierte Boratom im Bortrifluorid ($BF_3$) besitzt ein leeres $p_z$-Orbital; die $2p_z$-Orbitale der Fluoratome umgekehrt sind jeweils mit zwei Elektronen besetzt und parallel zum leeren Orbital des Bors ausgerichtet. Dadurch kann sich ein delokalisiertes $\pi$-System durch seitliche Überlappung der $p_z$-Orbitale ausbilden. Tatsächlich sind die B–F-Bindungen im $BF_3$ kürzer als im $BF_4^-$-Ion (das sich aus $BF_3$ und $F^-$-Ionen leicht bildet), in dem keine Orbitale mehr für $\pi$-Bindungen zur Verfügung stehen. Dies spricht für einen partiellen Doppelbindungscharakter der B–F-Bindung im $BF_3$, wie er auch in den mesomeren Valenzstrichschreibweisen für $BF_3$ zum Ausdruck kommt:

# Lösung 430

a) Kohlenmonoxid (CO) besitzt eine sehr hohe Bindungsaffinität zu Hämoglobin; diese ist ca. 200-fach höher als diejenige von Sauerstoff. Deshalb sind bereits relativ niedrige CO-Gehalte in der Atemluft (ca. 0,2 %) ausreichend, um die Sauerstoff-Bindungsstellen des Hämoglobins in einem Ausmaß zu blockieren, das keine ausreichende Sauerstoff-Aufnahme und entsprechenden -transport mehr ermöglicht. Für CO existiert deshalb ein MAK-Wert (Maximale Arbeitsplatz-Konzentration); danach ist maximal ein Volumenanteil an CO in der Luft von 0,003 % zulässig.

b) Für die Gewinnung von Eisen aus Eisen(III)-oxid mittels CO lässt sich die folgende Gleichung formulieren. Das Kohlenmonoxid wird dabei zu Kohlendioxid ($CO_2$) oxidiert.

$$Fe_2O_3(s) + 3\,CO(g) \quad \xrightarrow{\Delta} \quad 2\,Fe(l) + 3\,CO_2(g)$$

c) Beim Einleiten von Kohlendioxid in eine Calciumhydroxid-Lösung reagieren die $OH^-$-Ionen im Sinne eines nucleophilen Angriffs mit dem elektrophilen Kohlenstoff des Kohlendioxids; dabei entsteht zunächst Hydrogencarbonat, das sofort durch weitere $OH^-$-Ionen deprotoniert wird. Die so gebildeten Carbonat-Ionen bilden dann mit den Calcium-Ionen einen Niederschlag von schwer löslichem Calciumcarbonat:

$$Ca(OH)_2\,(aq) + CO_2\,(g) \quad \longrightarrow \quad CaCO_3(s) + H_2O(l)$$

Leitet man weiter $CO_2$ ein, so verschwindet die Fällung allmählich wieder, da sich zwischen $CO_2$ und Calciumcarbonat schließlich das folgende Gleichgewicht einstellt:

$$CaCO_3(s) + CO_2(g) + H_2O(l) \quad \rightleftharpoons \quad Ca(HCO_3)_2(aq)$$

Durch Erhitzen der Lösung ließe sich das Gleichgewicht wieder auf die linke Seite verschieben, weil dadurch $CO_2$ aus der Lösung ausgetrieben würde; Calciumcarbonat („Kesselstein") fällt wieder aus der Lösung aus.

d) Die molare Masse von $CO_2$ beträgt ca. 44 g/mol; eine Löslichkeit von 1,5 g $CO_2$ pro Liter Wasser bei 25 °C entspricht daher einer Konzentration $c$ ($CO_2$) von 0,034 mol/L. Ein pH-Wert von 3,9 entspricht einer Protonenkonzentration von $1{,}26 \cdot 10^{-4}$ mol/L. Dies bedeutet, dass $1{,}26 \cdot 10^{-4}$ mol $CO_2$ mit Wasser (via Kohlensäure) zu entsprechenden Stoffmengen an Hydrogencarbonat ($HCO_3^-$) und $H^+$ reagiert haben. Von der Gesamtkonzentration an $CO_2$ in Lösung hat demnach ein Anteil von $1{,}26 \cdot 10^{-4}$ / 0,034 = 0,0037 = 0,37 % reagiert.

e) Betrachtet man das Phasendiagramm eines Stoffes, so endet die Dampfdruckkurve (die das Gleichgewicht zwischen Flüssigkeit und Gasphase beschreibt) stets abrupt an einem bestimmten Punkt, dem sogenannten kritischen Punkt. Oberhalb der jeweiligen kritischen Temperatur und dem kritischen Druck verhält sich die Substanz weder als Flüssigkeit noch als Gas, sondern liegt in einem einzigartigen Zustand vor. Dieser Zustand wird oft als superkritisches Fluid bezeichnet. Die Lösungsfähigkeit eines solchen Fluids im superkritischen Zustand ähnelt dem einer Flüssigkeit, während seine Viskosität eher der eines Gases entspricht. Für Kohlendioxid liegt der kritische Punkt bei ca. 31 °C und 74 bar.

f) Nach dem Nernst'schen Verteilungsgesetz gilt für das beschriebene Extraktionsgleichgewicht von Coffein

$$K = \frac{c(\text{Coffein})_{CO_2}}{c(\text{Coffein})_{\text{Kaffee}}} = 7$$

Arbeitet man mit identischen Volumina an Kaffee bzw. Extraktionsmittel, verhalten sich auch die Stoffmengen an Coffein in beiden Phasen entsprechend dem Verteilungskoeffizienten. Nach einmaliger Extraktion bleibt von acht Teilen Coffein noch einer im Kaffee zurück (= $1/8^1$), nach zweimaliger Extraktion wiederum der achte Teil von dem bei der ersten Extraktion verbliebenen Anteil (= $1/8^2$), also 1,56 %.

# Lösung 431

a) Stickstoffdioxid ist ein saures Oxid mit Stickstoff in der Oxidationsstufe +4. Es reagiert mit Wasser unter Disproportionierung (d. h. Übergang in eine höhere (+5) und in eine niedrigere (+3) Oxidationsstufe zur mittelstarken salpetrigen Säure (HNO$_2$) und zur starken Salpetersäure (HNO$_3$). Letztere ist in Wasser praktisch vollständig dissoziiert und führt daher zu einer Erniedrigung des pH-Werts.

$$2 \overset{+4}{N}O_2(g) + H_2O(l) \longrightarrow H\overset{+3}{N}O_2(aq) + H^+(aq) + \overset{+5}{N}O_3^-(aq)$$

b) Das giftige Kohlenmonoxid soll durch ausreichend Sauerstoff zum großen Teil zu Kohlendioxid oxidiert werden:

$$2\,CO(g) + O_2(g) \longrightarrow 2\,CO_2(g)$$

Nicht vollständig verbrannte Kohlenwasserstoffe sollen ebenfalls durch ausreichend Sauerstoff vollständig zu CO$_2$ und H$_2$O umgesetzt werden. Für Octan (C$_8$H$_{18}$) beispielsweise lautet diese Reaktion:

$$2\,C_8H_{18}(g) + 25\,O_2(g) \longrightarrow 16\,CO_2(g) + 18\,H_2O(g)$$

Während für diese beiden Reaktionen ein Sauerstoff-Überschuss vorteilhaft wäre, würde ein solcher gleichzeitig zur Bildung von hohen Mengen an unerwünschten Stickoxiden führen. Ziel ist es aber, eine weitere Oxidation von NO zu NO$_2$ zu verhindern und das NO umgekehrt zu elementarem Stickstoff zu reduzieren. Als Reduktionsmittel kommt dabei das ebenfalls im Abgas enthaltene CO in Frage, sofern dieses nicht durch eine zu hohe Konzentration an Sauerstoff vollständig oxidiert wird.

$$2\,NO(g) + 2\,CO(g) \longrightarrow N_2(g) + 2\,CO_2(g)$$

# Lösung 432

a) Die Reaktion für die Umsetzung von Ammoniak zu Stickstoffmonoxid erhält man am leichtesten aus den entsprechenden Teilgleichungen. Die Oxidationszahl des Stickstoffs nimmt dabei um fünf Einheiten zu:

$$\text{Ox:} \quad \overset{-3}{\text{N}}\text{H}_3 + \text{H}_2\text{O} \longrightarrow \overset{+2}{\text{N}}\text{O} + 5\,e^{\ominus} + 5\,\text{H}^{\oplus} \quad \bigg| \cdot 4$$

$$\text{Red:} \quad \overset{0}{\text{O}}_2 + 4\,e^{\ominus} + 4\,\text{H}^{\oplus} \longrightarrow 2\,\overset{-2}{\text{H}}_2\text{O} \quad \bigg| \cdot 5$$

$$\text{Redox:} \quad 4\,\text{NH}_3 + 5\,\text{O}_2 \longrightarrow 4\,\text{NO} + 6\,\text{H}_2\text{O}$$

Wenn diese Reaktion abläuft, obwohl sie gegenüber der beschriebenen Konkurrenzreaktion thermodynamisch weniger begünstigt ist, liegt es daran, dass sie kinetisch bevorzugt ist, d. h. wesentlich schneller abläuft. Dies wird dadurch möglich, dass man sie in Anwesenheit eines Platin-Katalysators ablaufen lässt, so dass die Aktivierungsenthalpie für die gewünschte Reaktion (die Verbrennung zu NO) niedriger wird als für die konkurrierende Reaktion, bei der elementarer Stickstoff entsteht.

b) Die Redoxgleichung für die Bildung von NO bei der Reaktion von Nitrat-Ionen mit Eisen(II)-Ionen ergibt sich leicht aus den beiden Teilgleichungen:

$$\text{Red:} \quad \overset{+5}{\text{N}}\text{O}_3^- + 3\,e^{\ominus} + 4\,\text{H}^{\oplus} \longrightarrow \overset{+2}{\text{N}}\text{O} + 2\,\text{H}_2\text{O}$$

$$\text{Ox:} \quad \overset{+2}{\text{Fe}}{}^{2+} \longrightarrow \overset{+3}{\text{Fe}}{}^{3+} + e^{\ominus} \quad \bigg| \cdot 3$$

$$\text{Redox:} \quad \text{NO}_3^- + 3\,\text{Fe}^{2+} + 4\,\text{H}^{\oplus} \longrightarrow \text{NO} + 3\,\text{Fe}^{3+} + 2\,\text{H}_2\text{O}$$

Das Stickstoffmonoxid-Molekül kann anschließend als Ligand an Eisen-Ionen binden und dabei ein Wasser-Molekül als Ligand verdrängen; es entsteht der braun gefärbte Pentaaquanitrosyleisen(II)-Komplex:

$$[\text{Fe}(\text{H}_2\text{O})_6]^{2+}\,(aq) + \text{NO}(g) \rightleftharpoons [\text{Fe}(\text{H}_2\text{O})_5\text{NO}]^{2+}\,(aq) + \text{H}_2\text{O}(l)$$

# Lösung 433

a) Die Masse der Luft im Raum beträgt:

$$m\,(\text{Luft}) = \rho\,(\text{Luft}) \cdot V\,(\text{Luft}) = 1{,}18\,\text{kg/m}^3 \cdot 60\,\text{m}^3 = 70{,}8\,\text{kg}$$

$$\rightarrow m\,(\text{HCN})_{\text{letal}} = 300\,\text{mg/kg} \cdot m\,(\text{Luft}) = 21{,}2\,\text{g}$$

Eine Masse von ca. 21 g HCN verteilt im Raumvolumen würde demzufolge eine tödliche Konzentration bilden.

b) Da Schwefelsäure eine zweiprotonige Säure ist, werden pro Molekül $H_2SO_4$ jeweils zwei Cyanid-Ionen protoniert:

$$2\,NaCN(s) + H_2SO_4(aq) \longrightarrow 2\,HCN(g) + Na_2SO_4(aq)$$

Die Masse an NaCN ergibt sich aus der oben berechneten Masse an HCN multipliziert mit dem Verhältnis der molaren Massen beider Substanzen.

$$m(NaCN) = m(HCN) \cdot \frac{M(NaCN)}{M(HCN)} = 21,2\,g \cdot \frac{49,01\,g/mol}{27,03\,g/mol} = 38,5\,g$$

c) Der gegebene Teppich enthält die Masse an Acrilan® von $15\ m^2 \cdot 860\ g/m^2 = 12,9\ kg$. Die pro kg Acrilan® maximal freisetzbare Masse an HCN ergibt sich aus dem Verhältnis der molaren Massen:

$$m(HCN) = m(Acrilan®) \cdot \frac{M(HCN)}{M(CH_2CHCN)} = 1,0\,kg \cdot \frac{27,03}{53,28} = 0,507\,kg$$

Verbrennt der Teppich zu 50 % und beträgt die Ausbeute aus den Fasern 10 %, so beträgt die insgesamt freigesetzte Masse an HCN:

$$m(HCN) = m(Acrilan®) \cdot 0,507 \cdot 0,50 \cdot 0,10$$
$$m(HCN) = 12,9\,kg \cdot 0,0254 = 0,327\,kg$$

Der Brand könnte demnach eine weitaus höhere als die minimale letale Masse an HCN freisetzen.


# Lösung 434

a) Im Gleichgewicht (1) ist auf der Eduktseite (links) die weiche Säure Quecksilber(II) mit der harten Base $F^-$ verbunden, während das Beryllium-Ion als harte Säure mit der weichen Base $I^-$ verbunden ist. Gemäß dem beschriebenen HSAB-Prinzip werden aber eher Verbindungen zwischen gleichartigen Partnern bevorzugt, so dass zu erwarten ist, dass das Gleichgewicht bevorzugt auf der rechten Seite liegt.

Im Gleichgewicht (2) handelt es sich sowohl beim $Br^-$- wie auch beim $I^-$-Ion um eher weiche Basen; das $Ag^+$-Ion ist eine sehr weiche Säure. Man kann daher davon ausgehen, dass das sehr weiche $Ag^+$-Ion von den beiden Basen die weichere bevorzugen wird, also das Iodid gegenüber dem etwas härteren Bromid. Tatsächlich läuft Reaktion (2) bevorzugt von rechts nach links ab; Silberiodid ist das am schwersten lösliche aller Silberhalogenide. Genau umgekehrt ist es im Fall der Natriumhalogenide: hier bevorzugt $Na^+$ als relativ harte Säure das harte Fluorid-Ion; die Löslichkeit der Natriumhalogenide steigt vom -Fluorid zum -Iodid hin an.

Im Gleichgewicht (3) bevorzugt das Quecksilber(II)-Ion als sehr weiche Säure die weichere der beiden Basen, nämlich das Selenid-Ion, während das härtere Cadmium-Ion bevorzugt das etwas weniger weiche Sulfid bindet. Das Gleichgewicht wird sich also auf die rechte Seite verschieben.

b) Das $Al^{3+}$-Ion ist eine harte Säure; man findet es in großen Mengen im Bauxit, das als Hauptbestandteil Aluminiumoxidhydroxid (AlO(OH)) enthält, also an harte Basen gebunden ist.

Auch $Ca^{2+}$ ist zu den harten Säuren zu rechnen – entsprechend ist Calciumcarbonat (in Form von Kalkstein, Kreide, Marmor) die häufigste Calciumverbindung. Das Carbonat-Ion ist eine harte Base.

$Zn^{2+}$ ist eine eher weiche Säure; man findet es überwiegend gebunden an das weiche Sulfid-Ion als Zinksulfid (ZnS) in der Form von Zinkblende. Gleiches gilt für das noch weichere Quecksilber(II)-Ion, das ebenfalls überwiegend in Form von Quecksilber(II)-sulfid (Zinnober, HgS) vorkommt.

Zur chalkophilen Kategorie gehören auch einige Halb- bzw. Nichtmetalle wie das Arsen(III)-Ion, das als häufigstes Mineral das Arsen(III)-sulfid, (Auripigment, $As_2S_3$) ausbildet.

Eisen(III) ist eine harte Säure; man findet es bevorzugt in Verbindung mit dem (ebenfalls harten) Oxid-Ion als Eisen(III)-oxid (Hämatit), während Eisen(II) (als Grenzfall) häufig mit dem Disulfid-Ion ($S_2^{2-}$) als weicher Base im Eisen(II)-disulfid (Pyrit, $FeS_2$) auftritt.

c) Da es sich bei der Thiol-Gruppe um eine weiche Base handelt, sind für eine Verdrängung von Zink(II)-Ionen insbesondere noch weichere Säuren von Bedeutung. Typische (und toxikologisch außerordentlich relevante!) derartige Metallionen sind Cadmium(II), Indium(I), Quecksilber(II), Thallium(I) und Blei(II). Umgekehrt ist das Beryllium(II)-Ion eine sehr harte Säure und wirkt aufgrund seiner Bindung an Stellen, die normalerweise von Magnesium-Ionen besetzt werden, toxisch.

## Lösung 435

Im ersten Schritt reagiert das elementare Silicium unter Spaltung der Kohlenstoff-Chlor-Bindung mit Chlormethan zum Hauptprodukt Dichlordimethylsilan.

$$2\,CH_3Cl\,(g) + Si\,(s) \xrightarrow{\ 300\,°C\ } (CH_3)_2SiCl_2\,(l)$$

Hydrolyse bedeutet Spaltung mit Wasser; gespalten wird im nächsten Schritt die Silicium-Chlor-Bindung, die durch eine noch stärkere Silicium-Sauerstoff-Bindung ersetzt wird:

$$(CH_3)_2SiCl_2\,(l) + 2\,H_2O\,(l) \longrightarrow (CH_3)_2Si(OH)_2\,(l) + 2\,HCl\,(g)$$

Die Abspaltung von Wasser zwischen $-Si(OH)_x$-Gruppen ist eine typische Reaktion in der Silicatchemie, wobei $SiO_4$-Tetraeder, die über gemeinsame Sauerstoffatome verknüpft sind, entstehen. Hier dagegen führt die Kondensation zur Ausbildung des polymeren Silicons:

$$n\,(CH_3)_2Si(OH)_2\,(l) \longrightarrow [-O-Si(CH_3)_2-]_n\,(l) + n\,H_2O\,(l)$$

# Lösung 436

a) Das Permanganat-Ion nimmt beim Übergang in Braunstein drei Elektronen auf; Mangan(II) gibt gleichzeitig zwei Elektronen ab:

$$\text{Red:} \quad \overset{+7}{\text{MnO}_4^-} + 3\,e^{\ominus} + 4\,\text{H}^{\oplus} \longrightarrow \overset{+4}{\text{MnO}_2} + 2\,\text{H}_2\text{O} \quad \Big| \cdot 2$$

$$\text{Ox:} \quad \overset{+2}{\text{Mn}^{2+}} + 2\,\text{H}_2\text{O} \longrightarrow \overset{+4}{\text{MnO}_2} + 2\,e^{\ominus} + 4\,\text{H}^{\oplus} \quad \Big| \cdot 3$$

$$\text{Redox:} \quad 2\,\text{MnO}_4^- + 3\,\text{Mn}^{2+} + 2\,\text{H}_2\text{O} \longrightarrow 5\,\text{MnO}_2 + 4\,\text{H}^{\oplus}$$

b) Für die Oxidation von $\text{Mn(OH)}_2$ durch Luftsauerstoff zu MnO(OH) lassen sich leicht die folgenden Teilgleichungen aufstellen; Mangan erhöht dabei seine Oxidationszahl um eins:

$$\text{Ox:} \quad \overset{+2}{\text{Mn(OH)}_2} + \text{OH}^{\ominus} \longrightarrow \overset{+3}{\text{MnO(OH)}} + e^{\ominus} + \text{H}_2\text{O} \quad \Big| \cdot 4$$

$$\text{Red:} \quad \overset{0}{\text{O}_2} + 4\,e^{\ominus} + 2\,\text{H}_2\text{O} \longrightarrow \overset{-2}{4\,\text{OH}^{\ominus}}$$

$$\text{Redox:} \quad 4\,\text{Mn(OH)}_2 + \text{O}_2 \longrightarrow 4\,\text{MnO(OH)} + 2\,\text{H}_2\text{O}$$

Das Mangan(III) wird nach Ansäuern durch Iodid wieder zum $\text{Mn}^{2+}$ reduziert; das Iodid-Ion geht in elementares Iod über. Dieses wird anschließend durch das Thiosulfat-Ion ($\text{S}_2\text{O}_3^{2-}$) mit Schwefel in einer mittleren Oxidationszahl von +2 zum Tetrathionat-Ion ($\text{S}_4\text{O}_6^{2-}$) oxidiert (mittlere Oxidationszahl des Schwefels = 2,5).

$$\text{Red:} \quad \overset{+3}{\text{MnO(OH)}} + e^{\ominus} + 3\,\text{H}^{\oplus} \longrightarrow \overset{+2}{\text{Mn}^{2+}} + 2\,\text{H}_2\text{O} \quad \Big| \cdot 2$$

$$\text{Ox:} \quad 2\,\overset{-1}{\text{I}^-} \longrightarrow \overset{0}{\text{I}_2} + 2\,e^{\ominus}$$

$$\text{Redox:} \quad 2\,\text{MnO(OH)} + 2\,\text{I}^- + 6\,\text{H}^{\oplus} \longrightarrow 2\,\text{Mn}^{2+} + \text{I}_2 + 4\,\text{H}_2\text{O}$$

$$\text{Red:} \quad \overset{0}{\text{I}_2} + 2\,e^{\ominus} \longrightarrow \overset{-1}{2\,\text{I}^-}$$

$$\text{Ox:} \quad 2\,\overset{+2}{\text{S}_2\text{O}_3^{2-}} \longrightarrow \overset{+2,5}{\text{S}_4\text{O}_6^{2-}} + 2\,e^{\ominus}$$

$$\text{Redox:} \quad \text{I}_2 + 2\,\text{S}_2\text{O}_3^{2-} \longrightarrow 2\,\text{I}^- + \text{S}_4\text{O}_6^{2-}$$

c) Aus den Redoxgleichungen ergibt sich, dass pro Molekül Sauerstoff vier Äquivalente MnO(OH) entstehen; daraus wiederum werden zwei Moleküle Iod gebildet, deren Reduktion vier Thiosulfat-Ionen erfordert. Insgesamt resultiert also ein Stoffmengenverhältnis $\text{O}_2 / \text{S}_2\text{O}_3^{2-}$ = ¼. Aus dem Verbrauch an Thiosulfat-Lösung lässt sich die Stoffmenge an Sauerstoff in der Wasserprobe berechnen:

$$n(S_2O_3{}^{2-}) = c(S_2O_3{}^{2-}) \cdot V(S_2O_3{}^{2-}) = 0,0020 \text{ mol/L} \cdot 0,0312 \text{ L} = 6,24 \cdot 10^{-5} \text{ mol}$$

$$\rightarrow n(O_2) = 1,56 \cdot 10^{-5} \text{ mol}$$

$$\rightarrow m(O_2) = n(O_2) \cdot M(O_2) = 1,56 \cdot 10^{-5} \text{ mol} \cdot 32,00 \text{ g/mol} = 0,500 \text{ mg}$$

Bei einem Probevolumen von 0,125 L ergibt sich daraus die Massenkonzentration

$$\beta = \frac{m}{V} = \frac{0,50 \text{ mg}}{0,125 \text{ L}} = 4,0 \text{ mg/L}$$

Dies entspricht etwa der Hälfte der maximalen Sauerstoffsättigung bei 25 °C von $\approx 8$ mg/L.


## Lösung 437

a) Die Reaktion von Quecksilber(II)-iodid mit überschüssigen Iodid-Ionen liefert das tetraedrisch gebaute Tetraiodidomercurat(II)-Ion $[HgI_4]^{2-}$, das mit Silber(I)-Ionen ausfällt:

$$HgI_2(s) + 2\,I^-(aq) \longrightarrow [HgI_4]^{2-}(aq)$$

$$[HgI_4]^{2-}(aq) + 2\,Ag^+(aq) \longrightarrow Ag_2[HgI_4](s)$$

b) Quecksilber(II)-Ionen bilden mit Sulfid-Ionen einen außerordentlich schwer löslichen Niederschlag von Quecksilbersulfid (HgS), das als natürlich vorkommendes Erz mit der Bezeichnung Zinnober das wichtigste Quecksilbererz darstellt. Durch diese Bildung von HgS werden dem Disproportionierungsgleichgewicht $Hg^{2+}$-Ionen entzogen, so dass sich das Gleichgewicht auf die rechte Seite verschiebt.

$$Hg_2{}^{2+}(aq) + H_2S \rightleftharpoons Hg(l) + HgS(s) + 2\,H^+(aq)$$


## Lösung 438

a) Deferoxamin ist in seiner Struktur ein typischer Komplexbildner. Dabei sind mehrere Donorgruppen (mit Pfeil gekennzeichnet) vorhanden, die die Bildung eines stabilen Chelatkomplexes erlauben, ähnlich wie bei der Ethylendiamintetraessigsäure (EDTA). Insgesamt fungieren sechs Gruppen als Donor, so dass Deferoxamin als sechszähniger Ligand wirken kann. Da Eisen(II)-Ionen die Koordinationszahl sechs bevorzugen, ist davon auszugehen, dass pro $Fe^{2+}$-Ion ein Molekül Deferoxamin („Def") über sechs Koordinationsstellen gebunden wird.

$$Fe^{2+}(aq) + Def(aq) \longrightarrow [Fe(Def)]^{2+}(aq)$$

b) Durch eine Deprotonierung der OH-Gruppen erhält man als Donor jeweils ein –O⁻-Atom, das ein stärkerer Elektronendonor ist, als –OH. Ebenso wie im Fall von EDTA, das die stabilsten Komplexe als $EDTA^{4-}$ (in basischer Lösung) bildet, ist auch für Deferoxamin zu erwarten, dass die deprotonierte Form als besserer Ligand fungiert.

c) Gemäß der Reaktionsgleichung bildet $Fe^{2+}$ mit Deferoxamin einen Komplex mit 1:1-Stöchiometrie. Eine vollständige Reaktion vorausgesetzt muss also gelten:

$$n(Fe^{2+}) = n(Def)$$

Die Stoffmengen lassen sich mit Hilfe der molaren Massen berechnen; als Summenformel für Deferoxamin findet man $C_{25}H_{48}N_6O_8$.

Daraus erhält man als molare Masse $M(Des) = 560,7$ g/mol.

$$n(Fe^{2+}) = \frac{m(Fe^{2+})}{M(Fe^{2+})} = \frac{0,250\,g}{55,85\,g/mol} = 4,476\,mmol$$

$$\rightarrow n(Des) = 4,476\,mmol = \frac{m(Des)}{M(Des)}$$

$$m(Des) = n(Des) \cdot M(Des) = 4,476\,mmol \cdot 560,7\,g/mol = 2,51\,g$$

$$V(Des) = \frac{m(Des)}{\beta(Des)} = \frac{2,51\,g}{50,0\,g/L} = 50,2\,mL$$

Es werden also ca. 50 mL der Deferoxamin-Lösung benötigt.

# Lösung 439

a) Aus dem Hexaaqua-Komplex bilden sich bei höherer Temperatur das wasserfreie $CoCl_2$ und freie $H_2O$-Moleküle:

$$CoCl_2 \cdot 6\,H_2O\,(s) \equiv [Co(H_2O)_6]Cl_2 \xrightleftharpoons{120\,°C} CoCl_2\,(s) + 6\,H_2O\,(g)$$

b) Die Oxidation von $Co^{2+}$ zu $Co^{3+}$ verläuft unter Ligandenaustausch; der „stärkere" Ligand $NH_3$ verdrängt den „schwächeren" Liganden Wasser. Das Oxidationsmittel Sauerstoff wird zu $OH^-$-Ionen reduziert.

$$\text{Ox:} \quad \overset{+2}{[Co(H_2O)_6]^{2+}} + 6\,NH_3 \longrightarrow \overset{+3}{[Co(NH_3)_6]^{3+}} + e^{\ominus} + 6\,H_2O \quad \Big| \cdot 4$$

$$\text{Red:} \quad \overset{0}{O_2} + 4\,e^{\ominus} + 2\,H_2O \longrightarrow \overset{-2}{4\,OH^{\ominus}}$$

$$\text{Redox:} \quad 4\,[Co(H_2O)_6]^{2+} + 24\,NH_3 + O_2 \longrightarrow 4\,[Co(NH_3)_6]^{3+} + 4\,OH^{\ominus} + 22\,H_2O$$

Im Hexaammincobalt(III)-Komplex ist $Co^{3+}$ oktaedrisch von sechs Molekülen $NH_3$ umgeben. Das Co(III)-Ion besitzt 24 Elektronen und erreicht somit durch Koordination von sechs einzähnigen Liganden die Edelgaskonfiguration des Kryptons (36 e$^-$), während ein analoger Co(II)-Komplex ein „überzähliges" Elektron aufweist.

# Lösung 440

a) Im Ammonium-Ion liegt Stickstoff in seiner niedrigsten Oxidationsstufe $-3$ vor und wird durch das starke Oxidationsmittel Dichromat ($Cr_2O_7^{2-}$; enthält Chrom(VI)) leicht zu elementarem Stickstoff oxidiert.

Ox: $\quad 2 \overset{-3}{N}H_4^+ \longrightarrow \overset{0}{N_2} + 6\,e^\ominus + 8\,H^\oplus$

Red: $\quad \overset{+6}{Cr_2}O_7^{2-} + 6\,e^\ominus + 8\,H^\oplus \longrightarrow \overset{+3}{Cr_2}O_3 + 4\,H_2O$

---

Redox: $\quad (NH_4)_2Cr_2O_7 \longrightarrow Cr_2O_3 + N_2 + 4\,H_2O$

Quelle: http://www.versuchschemie.de/topic,11655,-Vulkan+mit+Ammoniumdichromat.html

b) Das $Cr^{3+}$-Ion ist relativ klein und weist eine hohe Ladung auf. Es ist daher eine recht starke Lewis-Säure und bewirkt eine starke Polarisierung der O–H-Bindung in koordinativ gebundenen Wasser-Molekülen. Ebenso wie in $[Al(H_2O)_6]^{3+}$ oder $[Fe(H_2O)_6]^{3+}$ geben auch im $[Cr(H_2O)_6]^{3+}$ einige Wasser-Moleküle ein Proton ab; die Lösung reagiert sauer:

$$[Cr(H_2O)_6]^{3+} + H_2O \rightleftharpoons [Cr(H_2O)_5(OH)]^{2+} + H_3O^+$$

c) Die Stöchiometrie aller drei Verbindungen lässt sich beschreiben als Chrom(III)-chlorid-Hexahydrat, $CrCl_3 \cdot 6\,H_2O$. Es liegt eine sogenannte Hydratisomerie vor, bei der jeweils eine unterschiedliche Anzahl von Wasser-Molekülen bzw. Chlorid-Ionen als Liganden fungieren.

Bei den drei erwähnten Verbindungen handelt es sich um $[Cr(H_2O)_6]Cl_3$ (rosa), $[CrCl(H_2O)_5]Cl_2 \cdot H_2O$ (blaugrün) und $[CrCl_2(H_2O)_4]Cl \cdot 2\,H_2O$. Derartige Isomerien sind bei zahlreichen Übergangsmetall-Komplexen zu finden.

## Lösung 441

a) Die Reaktion kann vollständig ablaufen, weil die sich bildenden $Cu^+$-Kationen sofort als schwer lösliches Kupfer(I)-iodid fast vollständig aus dem Gleichgewicht entzogen werden. Das Konzentrationsverhältnis im logarithmischen Glied der Nernst-Gleichung ist also unter den realen Bedingungen der Reaktion weit entfernt vom Wert eins, wie es unter Normalbedingungen der Fall ist. Unter den realen Bedingungen kann das Verhältnis mehrere Zehnerpotenzen groß sein (weil $[Cu^+]$ sehr klein ist), was eine drastische Erhöhung des Redoxpotenzials (Verstärkung der Oxidationskraft der $Cu^{2+}$-Kationen) zur Folge hat:

$$E = E° + \frac{59}{1} mV \cdot lg \frac{[Cu^{2+}]}{[Cu^+]} = 170\,mV + 59\,mV \cdot lg \frac{[Cu^{2+}]}{[Cu^+]}$$

Wenn $\quad \dfrac{[Cu^{2+}]}{[Cu^+]} = 1 \rightarrow E = 170\,mV$

Wenn z. B. $\quad \dfrac{[Cu^{2+}]}{[Cu^+]} = \dfrac{10^{-2}}{10^{-12}} = 10^{10} \quad \rightarrow \quad E = 750\,mV$

Die Redoxgleichungen lauten:

Ox: $\quad 2\ \overset{-1}{I^-} \longrightarrow \overset{0}{I_2} + 2\ e^{\ominus}$

Red: $\quad Cu^{2+} + e^{\ominus} + I^- \longrightarrow \overset{+1}{CuI} \quad \Big| \cdot 2$

Redox: $\quad 2\ Cu^{2+} + 4\ I^- \longrightarrow 2\ CuI + I_2$

Red: $\quad \overset{0}{I_2} + 2\ e^{\ominus} \longrightarrow 2\ \overset{-1}{I^-}$

Ox: $\quad 2\ \overset{+2}{S_2O_3}{}^{2-} \longrightarrow \overset{+2,5}{S_4O_6}{}^{2-} + 2\ e^{\ominus}$

Redox: $\quad I_2 + 2\ S_2O_3{}^{2-} \longrightarrow 2\ I^- + S_4O_6{}^{2-}$

b) Es findet also eine Ligandenaustauschreaktion mit gleichzeitiger Reduktion des Zentralions statt:

Red: $\quad \overset{+2}{[Cu(NH_3)_4]}{}^{2+} + e^{\ominus} + 4\ CN^- \longrightarrow \overset{+1}{[Cu(CN)_4]}{}^{3-} + 4\ NH_3 \quad \Big| \cdot 2$

Ox: $\quad 2\ \overset{+2}{CN^-} \longrightarrow \overset{+3}{(CN)_2} + 2\ e^{\ominus}$

Redox: $\quad 2\ [Cu(NH_3)_4]^{2+} + 10\ CN^- \longrightarrow 2\ [Cu(CN)_4]^{3-} + 8\ NH_3 + (CN)_2$

# Lösung 442

Im Folgenden sind entsprechende Gleichungen für die beschriebenen Vorgänge zusammengefasst. Neben der einfachen Ausfällungsreaktion des schwer löslichen Silberbromids handelt es sich um Redoxprozesse (Belichtung, Entwicklung), die zur Reduktion von $Ag^+$ zu elementarem Silber führen und um eine Komplexbildung bei der „Fixierung".

- Ausfällung von Silberbromid:

$$Ag^+ (aq) + NO_3^- (aq) + NH_4^+ (aq) + Br^- (aq) \longrightarrow AgBr(s) + NH_4^+ (aq) + NO_3^- (aq)$$

- Belichtung:

$$Ox: \quad 2 \overset{-1}{Br^-} \xrightarrow{\;hv\;} \overset{0}{Br_2} + 2 e^{\ominus}$$

$$Red: \quad 2 \overset{+1}{Ag^+} + 2 e^{\ominus} \longrightarrow 2 \overset{0}{Ag}$$

- Entwicklung:

$$Red: \quad 2 \overset{+1}{Ag^+} + 2 e^{\ominus} \longrightarrow 2 \overset{0}{Ag}$$

$$Ox:$$

- Fixierung:

$$AgBr(s) + 2 S_2O_3^{2-} (aq) \longrightarrow [Ag(S_2O_3)_2]^{3-} (aq) + Br^- (aq)$$

# Lösung 443

a) Der Dicyanidoaurat(I)-Komplex ist sehr stabil, so dass die Konzentration an freien $Au^+$-Ionen in Lösung nur äußerst gering ist. Dadurch sinkt gemäß der Nernst-Gleichung das Potenzial $E$ weit unter den Wert für das Standardreduktionspotenzial:

$$E = E° + \frac{59\,mV}{1} \cdot \lg[Au^+] = 1,61\,V + \frac{59\,mV}{1} \cdot \lg[Au^+]$$

Dadurch ist Sauerstoff in der Lage, elementares Gold in Anwesenheit von Cyanid-Ionen zum $[Au(CN)_2]^-$-Komplex zu oxidieren.

$$\text{Ox:} \quad \overset{0}{Au} + 2\,CN^- \longrightarrow \overset{+1}{[Au(CN)_2]^-} + e^\ominus \quad \Big| \cdot 4$$

$$\text{Red:} \quad \overset{0}{O_2} + 4\,e^\ominus + 2\,H_2O \longrightarrow 4\,\overset{-2}{OH}^\ominus$$

$$\text{Redox:} \quad 4\,Au + O_2 + 8\,CN^- + 2\,H_2O \longrightarrow 4\,[Au(CN)_2]^- + 4\,OH^\ominus$$

b) Elementares Gold hat die Elektronenkonfiguration $[Xe]\,4f^{14}\,5d^{10}\,6s^1$. Im einwertigen Zustand bleibt die $d^{10}$-Schale erhalten (das im PSE über dem Gold stehende Silber kommt praktisch ausschließlich als $Ag^+$ vor); im dreiwertigen Zustand werden zwei d-Elektronen zusätzlich abgegeben, so dass ein $d^8$-System vorliegt. Aus elektronischen Gründen wird für diese Elektronenkonfiguration sehr häufig eine quadratisch-planare Anordnung gegenüber der tetraedrischen bevorzugt, obwohl letztere sterisch günstiger ist. Die Verbindung $H[AuCl_4]$ weist tatsächlich das quadratisch-planar gebaute Tetrachloridoaurat(III)-Ion auf.

c) In der Tetrachloridogoldsäure liegt das Gold in der Oxidationsstufe +3 vor; es müssen also drei Elektronen aufgenommen werden. Die Abbildung rechts zeigt eine kolloidale Gold-Lösung. Die darin enthaltenen Gold-Nanopartikel finden breite (bio)-analytische Anwendung.

$$\text{Red:} \quad H[AuCl_4] + 3\,e^\ominus + 3\,H^\oplus \longrightarrow Au + 4\,HCl \quad \Big| \cdot 2$$

$$\text{Redox:} \quad 3 \quad + 2\,H[AuCl_4] \longrightarrow 3 \quad + 2\,Au + 8\,HCl$$

# Lösung 444

a) Zink hat die Elektronenkonfiguration [Ar] $3d^{10}\,4s^2$. Durch Abgabe der beiden s-Elektronen wird eine Konfiguration mit voller d-Schale erreicht. Eine Abgabe weiterer Elektronen aus der vollbesetzten 3. Schale unter Bildung höher geladener Ionen ist offensichtlich wie im Fall der Erdalkalimetalle energetisch ungünstig. Aufgrund der Elektronenkonfiguration [Ar] $3d^{10}$ fehlen vier Elektronenpaare bis zur Edelgasschale des Kryptons. Die bevorzugte Koordinationszahl von $Zn^{2+}$ ist daher vier. Da bei einer $d^{10}$-Konfiguration im Gegensatz zur $d^8$-Konfiguration keine speziellen elektronischen Stabilisierungseffekte einer planaren Konfiguration auftreten, sind diese Komplexe tetraedrisch (entsprechend der sterisch günstigsten Anordnung von vier Liganden).

b) Es liegt ein galvanisches Element vor, wobei die beiden Halbzellen in direktem Kontakt stehen. Das Zn-Blech wird durch die $Cu^{2+}$-Ionen in der Lösung oxidiert und geht in Form von $Zn^{2+}$ in Lösung; gleichzeitig scheidet sich elementares Kupfer auf dem Blech ab.

$$Zn\,(s) + Cu^{2+}\,(aq) \longrightarrow Zn^{2+}\,(aq) + Cu\,(s)$$

c) Die Zellreaktion lautet:

$$Zn\,(s) + 2\,H^+\,(aq) \longrightarrow Zn^{2+}\,(aq) + H_2\,(g)$$

Für die freie Enthalpie gilt:

$$\Delta G^\circ = -nF\,E^\circ = -2\cdot 96485\,\frac{J}{V\,mol}\cdot 0{,}76\,V = -146{,}7\,kJ/mol$$

Dieser stark negativen freien Enthalpie entspricht ein sehr hoher Wert für die Gleichgewichtskonstante:

$$\Delta G^\circ = -RT\ln K \;\rightarrow\; K = e^{-\frac{\Delta G^\circ}{RT}} = e^{-\frac{-146{,}7\,kJ/mol}{8{,}3143\,J/molK\,\cdot\,298\,K}} = 5{,}2\cdot 10^{25}$$

Für das Potenzial gilt:

$$E = E^\circ + \frac{59}{2}\,mV\cdot lg\,\frac{[H^+]^2}{[Zn^{2+}]\,p(H_2)}$$

$$0{,}45\,V = 0{,}76\,V + \frac{59}{2}\,mV\cdot lg\,[H^+]^2$$

$$lg\,[H^+] = \frac{-0{,}31}{0{,}059}$$

$$[H^+] = 5{,}56\cdot 10^{-6}, \quad \text{d.h.} \quad c(H^+) = 5{,}56\cdot 10^{-6}\,mol/L$$

Die Lösung ist also nur schwach sauer, entsprechend verringert ist die Oxidationskraft von $H^+$ und das Potenzial der Zelle gegenüber dem Potenzial unter Standardbedingungen.

# Lösung 445

a) Lithium ist ein stark elektropositives, sehr reaktives Metall. Selbstverständlich kann für therapeutische Zwecke kein elementares Lithium verwendet werden (auch wenn in der Literatur sehr häufig von der Gabe von Lithium und nicht von Lithium-Verbindungen die Rede ist), da es bereits mit Spuren von Feuchtigkeit und sogar (im Gegensatz zu den anderen Alkalimetallen) langsam mit elementarem Stickstoff reagiert.

Zur Therapie akuter Manien wie auch zur Prophylaxe der bipolaren Störung werden also ausschließlich Lithiumsalze (z. B. Lithiumcarbonat oder -acetat) eingesetzt; noch heute gilt es hierbei als Standardtherapie, obwohl inzwischen alternative Substanzen verfügbar sind. Einigen Hinweisen zufolge ist Lithium auch bei der Behandlung anderer Störungen hilfreich; es kann z. B. bei zuvor therapieresistenten depressiven Patienten die Wirksamkeit der Behandlung mit Antidepressiva verstärken.

Der Mechanismus, über den Lithium seine antimanische Wirkung entfaltet, scheint immer noch nicht genau geklärt. Nachweislich beeinflusst werden Nervenzellmembranen, prä- und postsynaptische Rezeptoren und die postsynaptischen intrazellulären Signalübertragungswege der sekundären Botenstoffe (*second messenger*). Diskutiert wird u. a., dass Lithium eine erhöhte präsynaptische Rückaufnahme von Noradrenalin und Serotonin bewirkt bzw. die Freisetzung der beiden Neurotransmitter senkt. Auch eine Senkung der Anzahl postsynaptischer Noradrenalin-Rezeptoren könnte eine Rolle spielen.

b) Einem Vorkommen von elementarem Lithium in der Natur steht erneut seine hohe Reaktivität entgegen, vgl. a). In zahlreichen silicatischen Gesteinen ist es dagegen weit verbreitet, wenngleich es immer nur in niedriger Konzentration vorkommt.

c) Das Lithium-Ion ist sehr klein und weist ein größeres Ladungs-/Radiusverhältnis auf. Es zieht die Wasser-Dipole daher stärker an und ist stärker hydratisiert als die schwereren Alkalimetall-Ionen. Seine Hydratationsenthalpie ist mit 499,5 kJ/mol höher als diejenige von $Na^+$ oder $K^+$.

d) Wie andere sehr unedle Metalle wird Lithium leicht durch $H^+$-Ionen oxidiert; dabei bildet sich elementarer Wasserstoff. Im Gegensatz zur analogen Reaktion von Natrium oder Kalium reicht beim Lithium die freiwerdende Wärme jedoch nicht aus, um den entstehenden Wasserstoff zu entzünden.

$$2\,Li(s) + 2\,H_2O(l) \longrightarrow 2\,LiOH(aq) + H_2(g)$$

# Lösung 446

Die Masse der gelösten Probe ist selbstverständlich gleich der Summe aus Cocain- und Lactose-Einwaage:

$$m(\text{Probe}) = m(\text{Cocain}) + m(\text{Lactose})$$

Für den osmotischen Druck der Lösung gilt, da keiner der beiden Stoffe dissoziiert:

$n(\text{Cocain}) + n(\text{Lactose}) = n(\text{Probe})$

$$\Pi = \frac{n(\text{Probe}) \cdot R \cdot T}{V(\text{Lösung})}$$

$$\rightarrow \quad n(\text{Probe}) = \frac{\Pi \cdot V(\text{Lösung})}{R \cdot T} = \frac{1{,}126 \text{ bar} \cdot 0{,}10 \text{ L}}{0{,}083143 \text{ bar L/mol K} \cdot 298 \text{ K}} = 4{,}543 \cdot 10^{-3} \text{ mol}$$

Die molaren Massen von Cocain und Lactose sind:

$M(\text{Cocain}) = 303{,}3$ g/mol  bzw.  $M(\text{Lactose}) = 342{,}3$ g/mol

Aus der Stoffmenge und der Probeneinwaage lässt sich die durchschnittliche molare Masse der Probe bestimmen; sie setzt sich aus den beiden Stoffmengenanteilen, multipliziert mit den zugehörigen molaren Massen zusammen.

$$M(\text{Probe}) = \frac{m(\text{Probe})}{n(\text{Probe})} = \frac{1{,}50 \text{ g}}{4{,}543 \cdot 10^{-3} \text{ mol}} = 330{,}2 \text{ g/mol}$$

$M(\text{Probe}) = \chi(\text{Cocain}) \cdot M(\text{Cocain}) + \chi(\text{Lactose}) \cdot M(\text{Lactose})$

$\chi(\text{Cocain}) + \chi(\text{Lactose}) = 1$

$$\rightarrow \quad \chi(\text{Cocain}) = \frac{M(\text{Probe}) - M(\text{Lactose})}{M(\text{Cocain}) - M(\text{Lactose})}$$

$$\chi(\text{Cocain}) = \frac{(330{,}2 - 342{,}3) \text{ g/mol}}{(303{,}3 - 342{,}3) \text{ g/mol}} = 0{,}310 = 31{,}0 \%$$

Somit entfallen nur 31,0 % des Gemisches auf Cocain; 69,0 % davon sind Milchzucker.


# Lösung 447

a) Am günstigsten sind die Grenzstrukturen **1**, **4** und **5**, da hier alle Atome ein Oktett aufweisen. In **1** und **4** ist dabei die Anzahl formaler Ladungen minimal; **5** dagegen erfordert drei formale Ladungen. Struktur **1** trägt die negative Ladung am elektronegativeren N-Atom, **4** dagegen am weniger elektronegativen Schwefel. Daher dürfte Grenzstruktur **1** den größten Betrag zur Beschreibung des Thiocyanat-Ions liefern. In **2** und **3** besitzt der zentrale Kohlenstoff jeweils nur ein Elektronensextett; zudem sind viele formale Ladungen erforderlich. Diese Strukturen liefern kaum einen signifikanten Beitrag.

b) Die beiden S-Atome im Thiosulfat werden reduziert, der Kohlenstoff des Cyanids dagegen oxidiert. Die Redoxteilgleichungen lauten:

Ox: $\quad \overset{+2}{:}C\equiv\overset{-3}{N}:^{\ominus} + \; S^{2-} \longrightarrow \; \overset{-2\;+4\;-3}{:S=C=N:}^{\ominus} + \; 2\,e^{\ominus}$

Red: $\quad \overset{-1}{\ominus}:\overset{\cdot\cdot}{\underset{\cdot\cdot}{S}}-\overset{\overset{\cdot\cdot}{O}\cdot}{\underset{\overset{\|}{\cdot\cdot}{O}\cdot}{\overset{\|+5}{S}}}-O:^{\ominus} + \; 2\,e^{\ominus} \longrightarrow \; \overset{+4}{S}-O:^{\ominus} + \; S^{2-}$

Redox: $\quad :C\equiv N:^{\ominus} + \; ^{\ominus}:\overset{\cdot\cdot}{\underset{\cdot\cdot}{S}}-\overset{\overset{\cdot\cdot}{O}\cdot}{\underset{\overset{\|}{\cdot\cdot}{O}\cdot}{S}}-O:^{\ominus} \longrightarrow \; :S=C=N:^{\ominus} + \; S-O:^{\ominus}$

# Lösung 448

a) Im sauren Medium löst sich Aluminiumhydroxid (Al(OH)$_3$) unter Bildung von hydratisierten Al$^{3+}$-Ionen, in basischer Lösung unter Bildung des Hexahydroxy-Komplexes:

$$\text{Al(OH)}_3\,(s) + 3\,\text{H}^+ \longrightarrow \text{Al}^{3+}\,(aq) + 3\,\text{H}_2\text{O} \xrightarrow{\;6\,\text{H}_2\text{O}\;} [\text{Al(H}_2\text{O})_6]^{3+}\,(aq)$$

$$\text{Al(OH)}_3\,(s) + 3\,\text{OH}^- \longrightarrow [\text{Al(OH)}_6]^{3-}\,(aq)$$

In der Realität sind die Verhältnisse aber deutlich komplizierter; so können in Abhängigkeit von der Konzentration und vom pH-Wert eine Vielzahl von Verbindungen, wie z. B. auch zwei- und mehrkernige Spezies auftreten, z. B. der Komplex [Al$_2$(OH)$_2$(H$_2$O)$_8$]$^{4+}$.

b) Wiederum entstehen (neben elementarem Wasserstoff) in saurer Lösung Al$^{3+}$-Ionen, in basischer Lösung dagegen der Hexahydroxy-Komplex.

$$2\,\text{Al}(s) + 6\,\text{H}^+ \longrightarrow 2\,\text{Al}^{3+}\,(aq) + 3\,\text{H}_2$$

$$2\,\text{Al}(s) + 6\,\text{OH}^- + 6\,\text{H}_2\text{O} \longrightarrow 2\,[\text{Al(OH)}_6]^{3-}\,(aq) + 3\,\text{H}_2$$

c) In Wasser tritt die sogenannte Passivierung der Metalloberfläche ein. Es bildet sich eine sehr dünne und fest haftende (im Gegensatz zum Eisen!) Hydroxid-/Oxidschicht, die das Aluminium vor weiterem Angriff von Wasser schützt und somit korrosionsbeständig macht.

d) Wie aus der Reaktionsgleichung unter a) hervorgeht, vermag ein Mol Aluminiumhydroxid drei Mol Protonen zu binden. Ein pH-Wert von 1,3 entspricht einer H$^+$-Konzentration von

$$c(\mathrm{H}^+) \;=\; 10^{-\mathrm{pH}} \;=\; 10^{-1,3} \;=\; 0,05\,\mathrm{mol/L}$$

$$\rightarrow n(\mathrm{H}^+) \;=\; c(\mathrm{H}^+)\cdot V \;=\; 0,05\,\mathrm{mol/L}\cdot 0,10\,\mathrm{L} \;=\; 0,0050\,\mathrm{mol}$$

$$\rightarrow n(\mathrm{Al(OH)_3}) \;=\; \frac{1}{3}\cdot 0,0050\,\mathrm{mol} \;=\; 1,67\,\mathrm{mmol}$$

$$\rightarrow m(\mathrm{Al(OH)_3}) \;=\; n(\mathrm{Al(OH)_3})\cdot M(\mathrm{Al(OH)_3}) \;=\; 1,67\,\mathrm{mmol}\cdot 78,01\,\mathrm{g/mol} \;=\; 130\,\mathrm{mg}$$

Es müssen demnach ca. 130 mg Aluminiumhydroxid verabreicht werden.

# Lösung 449

a) Die kürzere der beiden Bindungen liegt mit ihrer Länge zwischen derjenigen einer N=N-Doppelbindung und der einer N≡N-Dreifachbindung; man kann ihr also eine ungefähre Bindungsordnung von 2,5 zuordnen. Die längere der beiden Bindungen ist etwas länger als eine typische N=N-Doppelbindung und kann daher etwa als 1,5-fach-Bindung angesehen werden. Diese Folgerung passt zu den beiden Grenzstrukturen für die Stickstoffwasserstoffsäure, in denen die terminale N–N-Bindung einmal eine Doppel- und einmal eine Dreifachbindung ist, die interne N–N-Bindung andererseits einmal eine Einfach- und einmal eine Doppelbindung:

b) Beim Zerfall von Natriumazid (NaN₃) kommt es zu einer internen Redoxreaktion unter Reduktion von Na⁺ zu elementarem Natrium und Oxidation des Azid-Ions zu elementarem Stickstoff:

$$2\,\mathrm{NaN_3}\,(s) \longrightarrow 2\,\mathrm{Na}\,(s) + 3\,\mathrm{N_2}\,(g)$$

Das Natrium wird anschließend durch das Nitrat-Ion zu Natriumoxid umgewandelt, das mit SiO₂ zu Natriumsilicat (Na₂SiO₃) reagiert:

$$2\,\mathrm{Na} + \mathrm{KNO_3} \longrightarrow \mathrm{Na_2O} + \mathrm{KNO_2}$$

$$\mathrm{Na_2O} + \mathrm{SiO_2} \longrightarrow \mathrm{Na_2SiO_3}$$

c) Die Stoffmenge an Stickstoff wird mit Hilfe der allgemeinen Gasgleichung berechnet (der Stickstoff wird hier näherungsweise als ideales Gas behandelt):

$$p\cdot V = n\cdot R\cdot T \;\rightarrow\; n = \frac{p\cdot V}{R\cdot T} = \frac{10^5\,\mathrm{N/m^2}\cdot 0,065\,\mathrm{m^3}}{8,3143\,\mathrm{N\,m\,/\,mol\,K}\cdot 298\,\mathrm{K}} = 2,62\,\mathrm{mol}$$

Gemäß der unter a) formulierten Reaktionsgleichung wird dafür folgende Stoffmenge bzw. Masse an NaN₃ benötigt:

$$n(\mathrm{NaN_3}) = \frac{2}{3}\,n(\mathrm{N_2}) \;\rightarrow\; m(\mathrm{NaN_3}) = n(\mathrm{NaN_3})\cdot M(\mathrm{NaN_3}) = 113,7\,\mathrm{g}$$

# Lösung 450

Bei der Betrachtung von Valinomycin fällt die große Anzahl an potenziellen Donoratomen auf, die für die Komplexbindung eines Metallions in Frage kommen. Das Kalium-Ion hat zwar aufgrund seiner niedrigen Ladung und der Edelgaskonfiguration nur eine sehr geringe Neigung zur Ausbildung von Komplexen (mit typischen einzähnigen Liganden werden keine stabilen Komplexe gebildet). Von seiner Größe her passt es aber genau in den zentralen Hohlraum, der von den Donoratomen der Peptidgruppen des Valinomycins mit ihren freien Elektronenpaaren als Ersatz für die beim Eintritt in die Membran abgestreifte Hydrathülle gebildet wird. Daher wird das $K^+$-Ion in der zentralen

Kavität relativ fest gebunden (die Komplexbildungskonstante für den Kalium-Valinomycin-Komplex beträgt ca. $10^6$), während das kleinere $Na^+$-Ion kaum gebunden wird. Eine solch hohe Selektivität spielt allgemein beim Transport von Ionen über biologische Membranen hinweg eine wichtige Rolle. Nach außen (zur umgebenden Lipiddoppelschicht hin) ist Valinomycin durch die unpolaren Alkylgruppen sehr hydrophob und daher zwischen den Lipidketten gut beweglich.

Normalerweise besteht für die verschiedenen Ionen ($Na^+$, $K^+$, $Mg^{2+}$, $Ca^{2+}$, $Cl^-$) ein Konzentrationsgradient zwischen Intra- und Extrazellularraum. Dieses Ungleichgewicht der Ionen sorgt für das sogenannte Ruhepotenzial der Zelle, das in 1. Näherung durch die $K^+$-Ionen zustande kommt, für die die Membran von den genannten Ionen die höchste Permeabilität aufweist. Durch eine Diffusion des Valinomycin-$K^+$-Komplexes durch die Membran kommt es nun zu einem Konzentrationsausgleich; das Membranpotenzial bricht zusammen. Dies führt zum Tod der Bakterienzelle (antibakterielle Wirkung). Allerdings sind auch menschliche Zellen von diesem Prozess betroffen, so dass Valinomycin auch für den Menschen ebenfalls ein starkes Gift darstellt.

# Anhang

# Relative molare Massen und physikalische Konstanten

| | $M_r$ / g mol$^{-1}$ |
|---|---|
| Wasserstoff | 1,008 |
| Helium | 4,003 |
| Lithium | 6,94 |
| Kohlenstoff | 12,01 |
| Stickstoff | 14,01 |
| Sauerstoff | 16,00 |
| Natrium | 22,99 |
| Magnesium | 24,31 |
| Aluminium | 26,98 |
| Silizium | 28,09 |
| Schwefel | 32,07 |
| Chlor | 35,45 |
| Kalium | 39,10 |
| Calcium | 40,08 |
| Eisen | 55,85 |
| Nickel | 58,69 |
| Kupfer | 63,55 |
| Zink | 65,39 |
| Arsen | 74,92 |
| Rubidium | 85,47 |
| Silber | 107,87 |
| Caesium | 132,91 |
| Blei | 207,2 |

© Springer Fachmedien Wiesbaden GmbH, ein Teil von Springer Nature 2020
R. Hutterer, *Fit in Anorganik*, Studienbücher Chemie,
https://doi.org/10.1007/978-3-658-30486-7

allgemeine Gaskonstante  $R$

$$8,3143 \text{ J/mol K} =$$
$$0,08206 \text{ L atm/mol K} =$$
$$0,083143 \text{ L bar/mol K}$$

Avogadro-Konstante  $N_A$                     $6,022 \cdot 10^{23}$

Faraday-Konstante  $F$                         $96485 \text{ C/mol}$

Planck'sches Wirkungsquantum  $h$              $6,636 \cdot 10^{-34} \text{ Js}$

Elementarladung  $e$                           $1,602 \cdot 10^{-19} \text{ C}$

1 atm  =  1,013 bar  =  760 torr

# Sachverzeichnis

## A

© Springer Fachmedien Wiesbaden GmbH, ein Teil von Springer Nature 2020
R. Hutterer, *Fit in Anorganik*, Studienbücher Chemie,
https://doi.org/10.1007/978-3-658-30486-7

# M